（第二版）

测井原理与应用

Well Logging for Earth Scientists

2nd Edition

[美] 达尔文·V.埃利斯（Darwin V.Ellis）
[英] 朱利安·M.辛格（Julian M.Singer） ◎著

赵 平 陈文辉 闫伟林 周利军 ◎译

石油工业出版社

内 容 提 要

本书详细介绍了电法测井、声波测井、核测井及核磁共振测井的方法、仪器及其应用。对大斜度井和水平井、黏土含量确定、岩性和孔隙度估算及饱和度和渗透率的估算也进行了介绍。本书涵盖了当今测井技术的各种方法，图文并茂、深入浅出，是一本综合、系统、全面介绍测井知识的通俗易懂的专业书籍。

本书可以作为从事石油勘探和开发工作的技术人员的参考书籍及培训教材，同时也可以作为相关大专院校从事测井、石油工程、地质专业的大学生及教师的学习读物和教科书。

图书在版编目（CIP）数据

测井原理与应用：第二版／（美）达尔文·V. 埃利斯（Darwin V. Ellis），（英）朱利安·M. 辛格（Julian M. Singer）著；赵平等译. -- 北京：石油工业出版社，2024.7. -- ISBN 978-7-5183-6673-6

Ⅰ. P631.8

中国国家版本馆 CIP 数据核字第 2024SP3249 号

First published in English under the title
Well Logging for Earth Scientists, Second Edition
by Darwin V. Ellis, Julian M. Singer

© 2007, 2008 Springer Science + Business Media B. V.
This edition has been translated and published under licence from Springer Nature Switzerland AG.

本书经 Springer Nature 授权石油工业出版社有限公司翻译出版。版权所有，侵权必究。
北京市版权局著作权合同登记号：01-2024-3494

出版发行：石油工业出版社
（北京市朝阳区安华里二区 1 号楼　100011）
网　　址：www.petropub.com
编辑部：（010）64523693
图书营销中心：（010）64523633
经　　销：全国新华书店
印　　刷：北京晨旭印刷厂

2024 年 7 月第 1 版　2024 年 7 月第 1 次印刷
787×1092 毫米　开本：1/16　印张：32
字数：740 千字

定价：110.00 元
（如发现印装质量问题，我社图书营销中心负责调换）
版权所有，翻印必究

译者序

接触到这本书的原著时,我正想要找一本关于测井科学的著作,以便让我作为一名非测井专业的测井科研工作人员能够通过阅读此书,对测井的学科发展和各个分支有一个全面深入的了解。最初让我萌生翻译这本书的想法也在于此。

本书的几位译者基本上都是从事测井工作 30 多年的科研人员,经历了测井技术由数字到成像、由二维到三维的快速发展过程,测井仪器更新换代十分迅速。在我们从事测井研究工作的过程中,需要阅读大量的专业书籍,同时,也在不断地与测井行业的其他人员,如测井解释和油藏工程师进行技术交流,接触各种新型仪器的技术说明书。在此过程中,我们发现这些书籍或说明,有的过于简明扼要,有的过于深奥晦涩,而且大多数缺乏针对性。市场上急需一本类似手册的书籍,它囊括各类测井仪器和岩石物理基础及其解释应用,以放置案头备查。我认为这本原版名为《Well Logging for Earth Scientists》的测井专著正好满足上述需求,也愿意将其与同仁分享。

《Well Logging for Earth Scientists》第一版发表于 20 多年前,备受使用者的欢迎,但市面上已经难觅其踪迹。第二版增加了第一版发表后出现的各种新仪器的内容,而且在介绍原理时结合了最新数据,对于相关的岩石物理实验引用了最新的成果。将书名译为"测井原理与应用"就是考虑了它的内容和适用的读者。本书最适合想要了解测井资料和测井新技术的地球物理从业人员、地质师、油藏工程师和测井分析家使用,同时也可供非测井专业的地质、石油工程等专业师生阅读参考。

赵平
2024 年 3 月 25 日

前　　言

　　20年前，当本书第一版出版时，笔者雄心勃勃地确定了无数的目标：（1）揭开测井分析过程的神秘面纱；（2）考查众多地球物理测量方法的物理基础；（3）清晰地描述通常用于从这些地球物理测量中提取岩石物理信息的假设和近似值；（4）向更为广泛的地球物理界介绍各种测井仪器和技术。最后，还有一个重要目标，即为地球物理和石油工程专业的大学生和研究生提供一本教科书，以便填补当时的空白。

　　20年后，发生了怎样的变化？首先，本书第一版已经售罄。此时，测井技术的主要应用领域——石油工业已经发生了巨大的变化：技术人员不断流失，油气资源的勘探、开发和生产的难度日益增大。另外，大斜度或水平井的钻井新技术使得大量测井方法在钻铤上得以实现，并且将成为常规技术或在不利于传统"电缆"测井仪器的环境中发挥作用。石油资源日益减少，而需求却在稳步增长。大量企业的兼并重组和劳动力人口的"老龄化"使得与石油勘探和开发密切相关的技术能力变得不足。尽管笔者目标只是试图通过本书解决这种不足，但笔者意图远不止于此！

　　在新版本中，笔者试图囊括近20年来所有测井技术的新进展，并增加了其测量结果在岩石物理中的应用。与本书的第一版一样，笔者将主要介绍引领储层评价技术进步的测井技术的发展，而对其可能在其他领域的应用却鲜有涉及。笔者还追溯了测井技术的历史发展过程，以便对其有更深刻的理解。本书的目的一如既往：为任何执业的地球科学家（地球物理学家、地质学家、石油工程师、岩石物理学家）提供一本研究生水平的教科书和实用手册！

目 录

1 概 述 ... 1
1.1 引言 ... 1
1.2 什么是测井? ... 2
1.3 储层岩石性质 ... 5
1.4 测井的应用 ... 6
1.5 测量技术 ... 7
1.6 测井的扩展应用 ... 8
参考文献 ... 11

2 测井解释概论 ... 12
2.1 引言 ... 12
2.2 基本解释原理 ... 12
2.3 井眼环境 ... 15
2.4 阅读曲线 ... 18
2.5 曲线表现和测井显示的实例 ... 21
2.6 样品快速解释 ... 26
参考文献 ... 28
习题 ... 28

3 电阻率和自然电位测井物理基础 ... 30
3.1 引言 ... 30
3.2 体电阻率概念 ... 30
3.3 岩石和盐水的电学特征 ... 33
3.4 自然电位 ... 36
3.5 SP 测井实例 ... 41
参考文献 ... 42
习题 ... 43

4 测井解释基本经验 ... 46
4.1 引言 ... 46
4.2 早期的电法测井解释 ... 46
4.3 解释的经验方法 ... 49
4.4 注意事项 ... 52

4.5 静电学综述 ··· 57
4.6 测井应用的思维实验 ·· 58
4.7 各向异性 ··· 60
参考文献 ·· 63
习题 ·· 64

5 电极型电阻率测井仪器及其发展历程 ··· 67

5.1 引言 ··· 67
5.2 非聚焦型仪器 ·· 67
5.3 聚焦型仪器 ·· 74
5.4 发展方向 ··· 81
参考文献 ·· 87
习题 ·· 88

6 其他电极型和螺旋管线圈型电阻率仪器 ··· 90

6.1 引言 ··· 90
6.2 微电极仪器 ·· 91
6.3 R_{xo}的应用 ·· 93
6.4 方位测量 ··· 96
6.5 随钻电阻率测量 ·· 98
6.6 套管井电阻率测量 ··· 103
参考文献 ·· 106
习题 ·· 107

7 感应测井仪器 ··· 109

7.1 引言 ··· 109
7.2 静磁场和感应的回顾 ·· 109
7.3 双线圈感应仪器 ·· 113
7.4 双线圈探头的几何因子 ·· 114
7.5 双线圈探头的聚焦 ··· 118
7.6 趋肤效应 ··· 119
7.7 双线圈探头的趋肤效应 ·· 121
7.8 多线圈感应仪器 ·· 122
7.9 感应还是侧向？ ·· 125
7.10 感应测井实例 ·· 127
参考文献 ·· 129
习题 ·· 130

8 多阵列感应和三分量感应 ... 131

- 8.1 引言 ... 131
- 8.2 相量感应 ... 132
- 8.3 高分辨率感应 ... 137
- 8.4 多阵列感应 ... 137
- 8.5 多分量感应测井仪和各向异性 ... 147
- 参考文献 ... 154
- 习题 ... 156

9 电磁波传播测井 ... 158

- 9.1 引言 ... 158
- 9.2 介电常数特性分析 ... 158
- 9.3 导电性介电材料中电磁波的传播 ... 165
- 9.4 介电混合定律 ... 167
- 9.5 地层介电性质的测量 ... 169
- 9.6 2 MHz 测量 ... 171
- 参考文献 ... 180
- 习题 ... 182

10 伽马射线测井的核物理学基础 ... 183

- 10.1 引言 ... 183
- 10.2 核辐射 ... 184
- 10.3 放射性衰变和统计 ... 184
- 10.4 辐射效应 ... 186
- 10.5 伽马射线相互作用的基本原理 ... 187
- 10.6 伽马射线的衰减 ... 190
- 10.7 伽马射线探测器 ... 191
- 参考文献 ... 194
- 习题 ... 195

11 伽马射线测井 ... 196

- 11.1 引言 ... 196
- 11.2 天然放射源 ... 197
- 11.3 伽马射线仪器 ... 199
- 11.4 自然伽马测量的应用 ... 200
- 11.5 自然伽马能谱测井 ... 201
- 11.6 自然伽马能谱测井的发展 ... 208

11.7 关于探测深度的说明 ·· 209
参考文献 ··· 210
习题 ·· 212

12 伽马射线散射和吸收测量 ·· 213

12.1 引言 ··· 213
12.2 密度与伽马射线衰减 ·· 213
12.3 岩性测井 ·· 222
12.4 使用多探测器仪器反演正演模型 ··· 229
12.5 随钻测井（LWD）密度仪 ·· 230
12.6 环境影响 ·· 231
12.7 根据密度测量结果估算孔隙度 ·· 233
参考文献 ··· 236
习题 ·· 237

13 测井应用中的中子物理学基础 ··· 239

13.1 引言 ··· 239
13.2 中子反应的基本原理 ·· 239
13.3 核反应和中子源 ·· 244
13.4 有用的体积参数 ·· 244
13.5 中子探测器 ··· 254
参考文献 ··· 256
习题 ·· 256

14 中子孔隙度仪器 ·· 258

14.1 引言 ··· 258
14.2 中子孔隙度仪器的用途 ·· 259
14.3 中子仪器的类型 ·· 259
14.4 测量基础 ·· 260
14.5 测量技术概述 ··· 263
14.6 通用热中子仪器 ·· 264
14.7 典型的测井曲线 ·· 266
14.8 环境效应 ·· 268
14.9 中子孔隙度的主要扰动 ·· 271
14.10 探测深度 ··· 274
14.11 LWD 中子孔隙度仪器 ·· 276
14.12 总结 ··· 277
参考文献 ··· 278

习题 ··· 279

15 脉冲中子仪器与能谱 ·· 281

15.1 引言 ·· 281
15.2 热中子衰减测井 ·· 281
15.3 脉冲中子能谱 ·· 289
15.4 脉冲中子孔隙度 ·· 297
15.5 能谱 ·· 298
参考文献 ·· 300
习题 ·· 303

16 核磁共振测井 ··· 305

16.1 引言 ·· 305
16.2 磁陀螺仪 ·· 307
16.3 核感应的一些细节 ··· 310
16.4 体积流体的 NMR 属性 ··· 320
16.5 多孔介质中的 NMR 弛豫 ·· 323
16.6 第一代 NMR 测井仪器的操作 ··· 329
16.7 "由内而外"设备的 NMR 复兴之路 ·· 331
16.8 应用及测井实例 ·· 336
16.9 NMR 展望 ··· 344
16.10 扩散的物理推导 ·· 345
参考文献 ·· 346
习题 ·· 350

17 声波测井介绍 ··· 351

17.1 引言 ·· 351
17.2 井眼声波测量简史 ··· 351
17.3 井眼声波测井的应用 ·· 353
17.4 弹性介质性质综述 ··· 354
17.5 波的传播 ·· 358
17.6 基本声波测井 ·· 362
17.7 基本声波测井解释 ··· 363
参考文献 ·· 364
习题 ·· 365

18 声波在多孔岩石和井眼中的传播 ·· 366

18.1 引言 ·· 366

18.2 实验室测量回顾 366
18.3 多孔弹性岩石模型 372
18.4 v_p/v_s 的前景 376
18.5 井眼中的声波 379
参考文献 384
习题 386

19 声波测井方法 388

19.1 引言 388
19.2 换能器——发射器和接收器 388
19.3 传统声波测井 390
19.4 声波测井仪器的演化 397
19.5 声波测井应用 403
19.6 超声波仪器 409
参考文献 411
习题 413

20 大斜度井和水平井 415

20.1 引言 415
20.2 为什么大斜度井和水平井不同？ 416
20.3 测量响应 417
20.4 地质导向 424
参考文献 430
习题 431

21 定量确定黏土含量 433

21.1 引言 433
21.2 什么是黏土/泥岩？ 433
21.3 通过单一测井方法确定泥岩 443
21.4 中子—密度交会图 449
21.5 元素分析 451
21.6 黏土分类 453
参考文献 454
习题 455

22 岩性和孔隙度的估算 457

22.1 引言 457
22.2 二元混合物的图形方法 458

22.3 三种孔隙度测井组合 ……………………………………………………………… 463
22.4 确定岩性的数值方法 ……………………………………………………………… 468
22.5 常规评价方法 ……………………………………………………………………… 471
参考文献 ………………………………………………………………………………… 472
习题 ……………………………………………………………………………………… 473

23 饱和度和渗透率的估算 …………………………………………………………… 475

23.1 引言 ………………………………………………………………………………… 475
23.2 纯地层 ……………………………………………………………………………… 476
23.3 泥质地层 …………………………………………………………………………… 480
23.4 碳酸盐岩和非均质岩石 …………………………………………………………… 489
23.5 根据测井曲线求取渗透率 ………………………………………………………… 491
参考文献 ………………………………………………………………………………… 496
习题 ……………………………………………………………………………………… 499

1 概 述

1.1 引 言

测井一词的法语翻译是 carottage électrique❶，字面意思为"电子取心"，这是对这种地球物理勘探技术在 1927 年发明时相当精确的描述[1,2]，也可以翻译为"井眼中测量装置穿过地层时对地层特性的记录"。然而，测井的意义因人而异。对于地质学家而言，它主要是一种用于井中勘探的成像技术。对于岩石物理学家而言，它是评价储层油气生产潜力的一种手段。对于地球物理学家而言，它是对地面地震分析的补充。对于油藏工程师而言，它可以为储层模拟提供有价值的信息。

测井的最初用途是将一口井与另一口井之间（有时井间距很大）类似的电导率模式的简单相关进行对比分析。随着测量技术的进步和测量方法的多样化，其应用开始定位于定量评价储层的含烃量。以下大部分章节的介绍旨在了解用于该目的的测量装置和解释技术。

尽管石油工业对评价油气含量的特殊需求促进了测井技术的发展，然而其发展也与地球科学家对其他领域的兴趣有关。科学家开发出了对地面成像有用的新测量方法，这些方法在构造成像、储层描述和沉积相识别方面得到了应用。其测量结果可用于识别裂缝或判断地层岩性。在讨论这些技术的应用之前，本书详细介绍了这些技术的测量原理。在该过程中，测井被视为不同学科（物理学、化学、电化学、地球化学、声学和地质学）的综合学科。

本章的目的是讨论测井技术在地层油气评价方面的传统应用，以及其宽泛的物理测量所对应的有关的岩石物理参数。本章从描述测井过程开始，指出进行测量所需的试验环境。

---

❶ 提到法语的定义有两个原因：一是对测井起源国家的致谢；二是在该领域法语的简洁性超过了盎格鲁—撒克逊人时代的英语。

1.2 什么是测井？

测井技术的诞生可追溯到1927年9月5日，亨利·道尔和斯伦贝谢兄弟（以及其他几个人）在法国Pechelbronn的Alsace废弃的老油田进行了半连续的电阻率测量[1]。测量采用很粗糙的装置（探测器）——一个圆柱形电木上缠绕一对金属电极。用电缆或电线将该装置与地面相连，这就是电缆测井的由来。电缆是指铠装电缆，通过它将测量装置下放和从井中回收，通过电缆内部的多根屏蔽绝缘电线为井下装置提供电源并将测量数据传至地面。最近，该装置与钻铤结合在一起，通过钻井液柱传输数据，这就是随钻测井（LWD）。

1.2.1 什么是电缆测井？

测井过程涉及许多元素，如图1.1所示。我们主要关注测量装置或探头。目前，为了满足不同的信息需求和功能，各类测井仪器已经超过50种。一些仪器采用无源方式，另一些采用有源方式对地层施加影响。测量结果通过电缆传至地面。

图1.1 测井施工基本构成：井中探头、电缆和测井车（由斯伦贝谢提供）

接下来的各章节主要探究的是各种探头的基本测量原理，而不涉及实际装置的细节。有必要提及制造某种装置的一些基本要点。表面上看，它们大同小异，都是外径为 4 in 左右的圆柱形设备，这是为了适应在井径小至 6 in 的井中测量地层特性。仪器的长度取决于所使用的传感器阵列和所需的相关电子线路的复杂程度。可将多种装置同时连接在一起，仪器串长度可达 100 ft❶。

一些探头的设计需要满足在井中居中测量的需求。一般在仪器外部采用弓形弹簧或采用更为复杂的液压铰链"支臂"。一些测量要求传感器（在这种情况下，称为极板）紧贴地层，这也需要液压铰链支臂。图 1.2 给出了四种不同探头的测量部分，其中最右边的是采用四支臂的居中仪器，每个支臂外端都有一个测量极板；右二是结构更为复杂的极板装置，支臂处于最大张开状态；右三是利用弹簧居中的仪器，图中未显示；仪器与第一支仪器类似，但附加一个与井壁相贴的传感器极板。

图 1.2　四种测井仪器（由斯伦贝谢提供）
左侧为倾角仪器，其传感器位于 4 个处于最大张开位置上的铰链支臂上，其中一个支臂的底部有嵌在橡胶"极板"上的电极阵列。紧接着是声波测井仪器，其特点是仪器仓具有隔声功能的槽形结构。然后是密度仪器，支臂处于完全张开状态。最右侧的是每个极板上都有阵列电极的另一种形式的倾角仪器

---

❶　1 ft = 12 in = 0.3048 m。

这些特殊设计的仪器可以探测一种或多种地层参数，它们被地面仪器绞车送入井中。这种可移动地面设备为井下仪器提供电源。车上配有可下放和提升仪器的电缆和滚筒，并装有进行数据处理、解释和永久储存的计算机系统。

接下来的各章节所讨论的测量方法都采用的是仪器上提时连续测量的方式，实际的测量速度因测量仪器而不同。受统计精度误差影响或需要传感器和地层之间的物理接触的测量往往测速较慢，在 600 ft/h 和 1 800 ft/h 之间，较新仪器的测速可达 3 600 ft/h。而一些声波和电法仪器的速度更快。传统的仪器采样率为仪器每移动 6 in 平均测量一次，对于一些高分辨率仪器，采样间隔为 1.2 in。还有一些具有地质应用（如评价沉积环境）的仪器，它们的垂直分辨率更高，采样率为毫米数量级。

狭义上讲，测井是对取心、井壁采样和钻屑分析的替代或补充。尽管岩心分析具有连续分析一段地层的优势，但经济和技术问题却限制了它们的应用❶。井壁取心属于电缆操作的另一范畴，它是在钻井完成后对地层进行离散采样，其缺点是样品小和不连续。钻屑则由钻井液带回地面，是最大的地层样品源，但由于深度定位问题，由其得到的岩性层序是不精确的。

尽管测井技术（井壁取心除外）并不直接获取岩样的物理样本，但通过非直接方式，它们确实是以上三种直接方式的补充。测井曲线提供了与孔隙度、岩性、含烃显示及其他有用岩石性质有关的连续的现场测量结果。

1.2.2 什么是LWD？

目前测井诸多影响因素中至关重要的井眼及其钻进过程一直以来被忽略了。尽管钻井已经超出本书讨论的范畴，但其与测井有关的几个方面值得探讨。为了帮助司钻完成旋转钻井作业的复杂任务，需要实时获取诸如井下钻压和井下钻头扭矩等多种类型的信息。为此，20 世纪 70 年代末[3]，随钻测量（MWD）技术应运而生。典型的 MWD 系统包括近钻头传感器、电源、遥测系统，以及接收和显示数据的地面系统。遥测系统通常采用编码的钻井液压力脉冲系统将井下测量总成的测量结果传送（速率只有每秒钟几比特）至地面。电源由涡轮发电机和电池组成。井下总成测量结果日趋复杂多样，从钻头重量和扭矩到井眼压力、温度、钻井液流速、自然伽马（GR），以及基本的电阻率测量。

依靠重力下放的测井仪器适合于垂直井的地层评价。然而，垂直井并不总是钻井的常态，总有一些原因使人们希望钻井眼倾斜的井。这包括：在海洋钻井平台上钻井时，需在一个地点钻多个丛式井，避免钻遇盐丘，或需要井眼在储层中有最大延伸的平行于储层界面的水平井。尽管为了"输送"电缆测井仪下井而发明了许多所谓的输送系统（如挠性管）以使仪器通过井眼几何形状复杂的非垂直井，但针对这种情况也兴起了另一种技术，即随钻测井（LWD）。它除了能够提供钻井所需的 MWD 结果以外，还可以提供一系列与传统电缆测井完全类似的测量结果。

LWD 仪器全部内置于具有厚重壁的钻铤中，厚重壁钻铤是钻柱的特殊部分，用于

---

❶ 取心需要时间，因此，成本高昂。在许多松软和易碎岩石中，只能在部分层段取心。

抵消浮力并为钻柱的下段提供刚度。因此，与电缆测井仪器一样，所有 LWD 装置都大同小异。图 1.3 给出了一款包含多个传感器的随钻仪器结构示意图。传感器内置于钻铤壁上，并在钻铤壁表面有一些突出部分，然而，还必须为钻井液流动留有合适的通道。如图 1.3 所示的两款仪器，既可以用于"滑动"钻井方式，也可以用于"稳定"钻井方式。后一种仪器将钻铤及其包含的传感器集中在一起。在"滑动"模式下，该仪器在水平井中可以贴在井眼下部。图 1.3 还显示了 LWD 仪器的一个特殊功能，随着钻铤的转动，可以采集到井眼多个方位的数据，而这通常在电缆测井中是无法实现的。

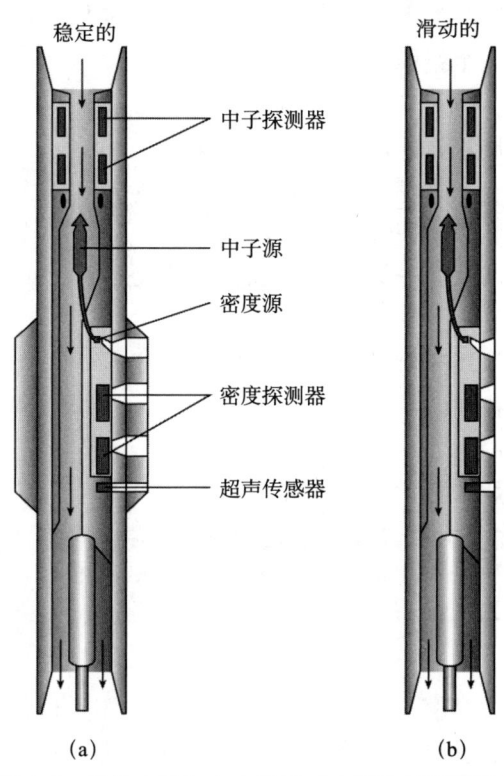

图 1.3　随钻中子和密度装置（由斯伦贝谢提供）
(a) 具有耐磨箍，仪器直径与钻头尺寸相近；(b) 为"滑动"模式

与通常具有标准直径的电缆仪器不同，许多 LWD 仪器都有不同的尺寸系列（例如，4 in、6 in 和 8 in）。这是为了适应流行的钻头尺寸和钻铤尺寸，因为 LWD 设备必须适应不同钻柱组合的需求。

LWD 和电缆测井之间的另一个区别是钻井速度不容易控制。由于没有简易的在采集数据时记录深度的方法，因此，一般采用时间驱动数据记录方式，这会导致在深度尺度上仪器数据采样率不均匀。地面软件已经能够将时间采样数据序列转换为沿着井深的等距空间数据序列。

1.3　储层岩石性质

在讨论用于提取有关井眼中遇到的岩层信息的测井测量结果之前，需要简要介绍一下储层岩石的一些性质，以便从中找到所需要的参数，并深入探究以后章节所涉及的间接测井测量的原因。以下描述可根据不同的应用而加以修正或补充[4,5]，例如，地质学家、油藏工程师、地球物理学家或岩石物理学家所讨论的方式或侧重点会有所不同。

构成储层岩石的多孔介质的粒间性质是我们研究的基础。最重要的是，岩石必须是多孔的，测量其孔隙度是首要考虑的因素。

岩石可能是纯净的，也可能含有黏土。纯净岩石本身的岩性就是一个非常重要的参数。黏土的存在不但影响测井结果，同时也对渗透率有重要影响，渗透率是衡量孔隙空间流体流动难易的一个指标。

岩石可能是压实的，也可能是非压实的，这一力学属性将影响声波测量结果，并对井壁的稳定性以及地层流体的流动性产生影响。

地层可能是均质的、有裂缝的或层状的。天然或次生裂缝的存在对渗透率有重要影响。因此，探测裂缝和预测裂缝的形成就非常重要。在层状岩石中，各个层的渗透率和厚度差异很大，层厚从几分之一英寸到几十英尺不等。识别薄层是对测井的一项挑战。

储层岩石的内表面积用于评价孔隙空间的产液能力。该参数与颗粒性质有关，可以用颗粒大小和分布来描述。

尽管我们一直在讨论岩石的性质，但通常其中所含有的流体才具有商业价值。区分正常充满孔隙空间的烃和盐水至关重要。经常用于描述孔隙中烃和盐水分布的术语是"饱和度"。含水饱和度是指盐水而不是烃所占孔隙空间的百分比。

对于含烃地层，重要的是区分烃是气态的还是液态的。这不仅对最终的生产过程非常重要，而且对地震测量结果的解释也非常重要，因为含气地层在地震资料上通常会有明显的反射特征。

虽然流体的性质通常是根据间接的测井测量结果推断出来的，但也有专门设计用于采集地层流体样品并测量目的层流体压力的电缆装置。所含流体的压力和温度对于钻井和生产两个过程都很重要。必须确定并考虑超压区域，以避免井喷。温度可能对流体黏度有很大影响：低于一定温度时，流体可能过于黏稠而无法流动。然而，对这些设备的描述超出了本书的范畴。

岩石所含流体与其构造形状密切相关，重要的是要弄清楚储层岩石是怎样形成的，例如，是源于蜿蜒河流水系的小河流沙洲，还是广阔的石灰岩平原，这将对储量估算和后续的钻井生产产生重要影响。

1.4 测井的应用

在含烃储层成功开发过程中，测井扮演着重要角色。在一口井的生命周期内，测井结果处于两项里程碑工作的核心位置。这两项里程碑工作分别是地面地震勘探（对井位布置决策有影响）和生产测试。传统电缆测井的任务主要局限于两个方面：地层评价和完井评价。

在烃的生产过程中，地层评价的目标可以归纳为四个主要方面的问题：

（1）存在烃吗？如果存在，是油还是气？

首先，有必要识别或推断井眼穿过的地层是否存在烃。

（2）烃在什么位置？

必须确定烃汇集的地层的深度。

（3）地层中含有多少烃？

首先，要定量确定地层中可供烃存在的体积分数。孔隙度这一变量非常重要。其次，要定量确定岩石骨架中烃所占流体的体积分数。第三，要确定含烃地层或地质体的分布范围，它在很大程度上超出了传统测井的能力范畴。

（4）烃的可采性如何？

事实上，所有的问题都归结为这一实际问题。不幸的是，从推断的地层参数中很难得到答案。最有可能的解是渗透率的确定。许多经验方法都可从测井结果中得到该参数，只是准确程度不同。另一个重要因素是油的黏度，通常根据其质量来确定烃是重油还是轻油。

地层评价基本上是以逐井评价为基础，已经开发出了许多测井仪器和解释技术。利用区域地质和随着储层开发而累积的流体特性的知识，这些技术主要提供随深度变化的孔隙度和油气饱和度。由于地下地质构造种类繁多，因此，需要许多不同的测井仪器组合才能进行储层岩性预测。尽管测井仪器众多，但它们相互补充，所得到的最终结果主要有三个：油气层的位置、油气层可生产能力的预测，以及储层中烃储量的评估。

传统电缆测井的第二个应用是完井评价，主要包括水泥胶结质量、油管和套管腐蚀情况、压力测量，以及全套的生产测井服务。虽然完井评价不是本书的主要关注点，但本书也讨论了一些可用于完井评价的测量技术，如黏土矿物识别和岩石力学参数的估算。

1.5 测量技术

测井技术最直接的应用是提供可用于判断多孔地层中油气类型和体积分数的测量值。测量技术源于三大学科：电学、核物理和声学。通常情况下，测量方法要么对岩石的性质敏感，要么对孔隙所含的流体敏感。

开发的第一项技术是测量电导率。多孔地层具有导电性，导电性取决于填充孔隙空间的电解质的性质。很简单，岩石骨架不导电，而通常的饱和流体是导电盐水。因此，当盐水被非导电的烃取代时，会产生电导率的差异。电导率测量通常在低频下进行。以直流方式测量自然电位，以确定盐水的电导率。

影响多孔地层导电性的另一个因素是其孔隙度。不同孔隙度的盐水饱和岩石将具有截然不同的电导率：孔隙度越小，导电能力越低；孔隙度越大，导电能力越强。因此，为了正确理解电导率测量结果并建立烃的可能求解关系，必须了解地层的孔隙度。

许多核测量对地层的孔隙度很敏感。测量地层孔隙度的第一次尝试是基于高能中子和氢之间的相互作用比其他地层元素更有效地降低中子能量这一事实。然而，以后章节将看到，中子孔隙度测井仪对地层中的所有形态的氢元素都敏感，而不仅仅是对孔隙空间中的氢元素敏感。这会加剧含黏土地层解释的复杂性，因为与黏土矿物相关的氢与孔隙空间中所含有的氢对仪器具有相同的作用。另一种方法是利用伽马射线衰减来确定地层的体积密度。已知岩石类型，更具体地说是颗粒密度，很容易将该测量值转换为充满流体的孔隙度值。

地层中的元素俘获低能中子会产生特征能量的伽马射线。通过分析这些伽马射线的能量，可以对地层进行选择性的化学分析。这对于识别岩石中存在的矿物特别有用。利用高能中子与地层相互作用所产生的碳（C）原子和氧（O）原子的比值可以直接判断烃的存在与否。

核磁共振，本质上属于电测井，对地层中的自由质子的数量和分布很敏感。自由质子只存在于流体中，因此，其数量又是反映孔隙度的一项指标。存在于不同孔隙尺寸中的自由质子的分布可用于确定平均孔隙尺寸，从而通过各种经验变换预测渗透率。在核磁共振测量过程中，流体的黏度也会影响质子的运动，因此，该参数可用于解释求取黏度。

压缩波和剪切波速度测井可用于求取地层孔隙度并判断岩性。在反射测量模式下，声波测井可以对井眼形状和地层声阻抗进行成像；对套管弯曲波的分析可用于衡量套管的完整性和水泥胶结情况。低频单极子激励发射器所产生的斯通利波可用于识别裂缝或生成一条指示地层渗透率的测井曲线。剪切波及其色散分析技术可得到用于分析近井眼应力场的结果，而应力场可用于指导钻井设计，以避免井眼坍塌或钻井引起的裂缝的发生。

从以上的分析中可以看出，测井测量结果只是与实际需要的参数相关，但并不相同。因此，还存在一个与测井相关的单独领域——测井解释。测井解释是试图将测井仪器测量结果与地质知识相结合的过程，它将随井深变化的重要岩石物理参数以综合图像的方式显示出来。

1.6 测井的扩展应用

图1.4展示了有关沉积环境所需的地质参数的简略形式[6]。地层组成是这里唯一详细考虑的部分，分为框架和流体。框架必须按其矿物学属性分类。如果存在黏土，则需对其定量评价。请注意，在测井中，常用术语骨架指的是岩层。黏土或泥岩则分别对待。流体则必须分为水和烃。各种测井测量结果可为表中的最终参数提供定量信息。在原始表中，显示数十个测井测量结果与地质参数相关[6]。

表1.1列出了测井技术在石油工程中的一些应用[7]。这13种不同的应用可分为三个截然不同的方面：识别、估算和生产。识别涉及地下成像或相关对比分析。估算是指测井的定量应用，其中需要具有一定精度的物理参数，如含水饱和度或压力。最后一个方面是指储层监测测井技术，用于监测储层在其生产阶段的变化。

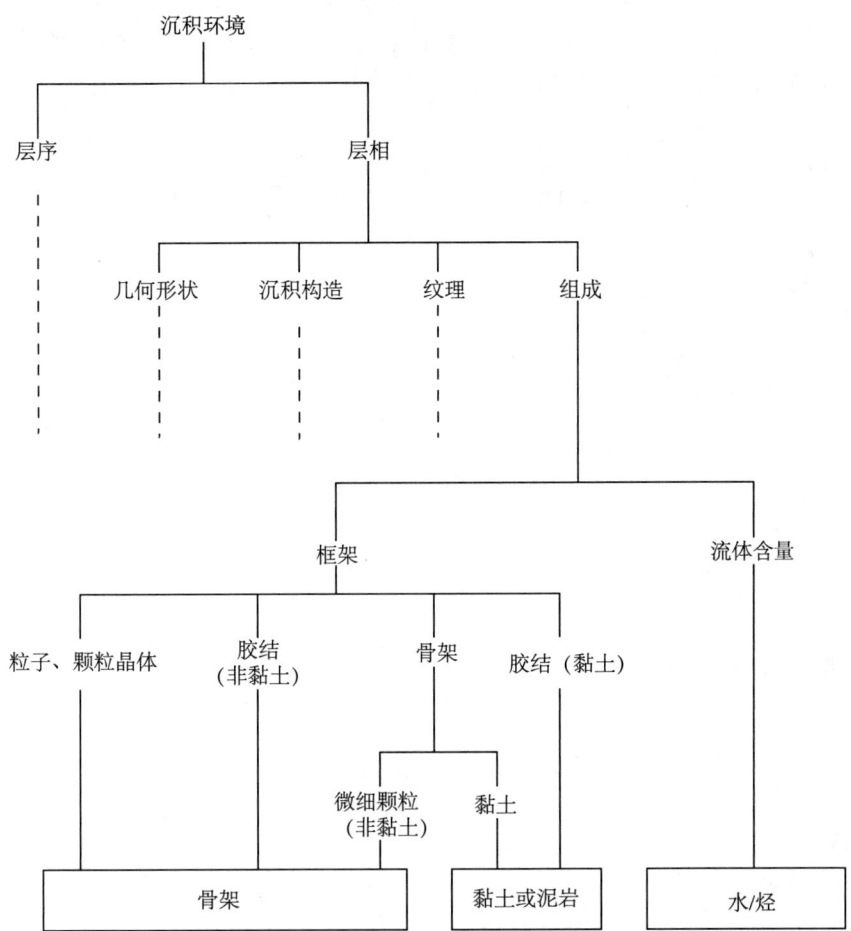

图 1.4　有关沉积环境的地质参数[6]

图中只详细列出了地层组成这一部分内容。最底层的每一项都可通过各种测井测量得到

表 1.1　测井在石油工程中的应用[7]

岩石分类
地质环境的识别
储层流体界面确定
裂缝探测
烃储量的估算
可采收烃的估算
水矿化度的确定
储层压力确定
孔隙度/孔隙尺寸分布确定
水驱可行性
储层品质描述
层间流体流通概率
储层流体流动监测

表 1.2 是由一家商业教育机构编制的测井曲线用途清单。如果仅从字面上理解，可以看出每个人都需要测井曲线。为了验证这种推测的有效性，我们需要更详细地探究这些测量结果。为此，我们从测井起源时为何称为电子取心开始研究。

表 1.2　测井曲线的用途（来自一家商业教育机构）

一口井的测井序列的应用通常因人而异，我们列出了不同人的需求和（或）寻求的答案

地球物理学家：
作为一名地球物理学家，你想要追寻什么？
"这是你所预测的盖层吗？"
"你根据地震资料预测的潜在地层是多孔的吗？"
"合成的地震剖面代表什么？"

地质学家：
地质学家或许问：
"地层盖层的深度是多少？"
"地质环境是否易于烃的聚集？"
"井中有烃的显示吗？"
"烃的类型是什么？"
"所含有的烃是否具有商业开发价值？"
"钻井的质量如何？"
"储量是多少？"
"该地层在补偿井中是否具有商业价值？"

钻井工程师：
"井眼固井的体积是多少？"
"是键槽井还是严重的狗腿子井？"
"试井时何处放置桥塞最佳？"
"最佳造斜位置在何处？"

储层工程师：
储层工程师需要了解：
"产层厚度是多少？"
"产层的均匀性如何？"
"每立方米含有多少烃？"
"这口井能够盈利吗？"
"它能开采多长时间？"

生产工程师：
生产工程师更专注于以下问题：
"应在什么层完井？"
"预期的采收率是多少？"
"产水吗？"
"该如何完井？"
"潜在产油层是否被水层隔开？"

参考文献

[1] Allaud L, Martin M. Schlumberger: the history of a technique. New York: Wiley, 1977.

[2] Segesman F F. Well logging method. Geophysics, 1980, 45 (11): 1667 – 1684.

[3] Segesman F F. Measurement while drilling. Reprint No 40, SPE Reprint Series, SPE, Dallas, TX, 1995.

[4] Jordan J R, Campbell F. Well logging I-borehole environment, rock properties, and temperature logging. SPE Monograph Series, SPE, Dallas, TX, 1984.

[5] Collins R E. Flow of fluids through porous materials. New York: Reinhold, 1961.

[6] Serra O. Fundamentals of well-log interpretation. Amsterdam: Elsevier, 1984.

[7] Pickett G R. Formation evaluation. Golden: Colorado School of Mines, 1974.

2

测井解释概论

2.1 引 言

本章概述了测井解释的问题,并探讨了由测井曲线所解决的有关地层潜在油气产量的基本问题。根据井眼环境对电法测井测量结果的影响,描述了井眼环境,并介绍了简单测井解释所需的所有定性概念。

在不涉及测井测量结果细节的情况下,介绍了测井绘图格式的惯例,并且通过一个实例展示了根据测井曲线定位可能的油气层的过程。虽然该解释实例仅仅是定性测井分析技巧的一个练习,但它可以引出一系列的相关问题——涉及如何根据测井曲线提取定量的岩石物理参数,这是本书后续章节讨论的主题。建立了相应的关系之后,将进一步阐述更多的定量解释方法与过程。

2.2 基本解释原理

测井解释或地层评价需要综合考虑测井仪器响应物理学原理、相关的地质知识,以及辅助的测量项目或附加信息,以最大限度地获取地层的岩石物理信息。本节将讨论此过程的一部分——测井现场解释,即通过使用快速而略显粗略的方法来浏览手头可用的测井曲线,划分出可能的目的层,并得出相应的一些结论。这些可能的含烃层段,只有在掌握更多的额外知识和增加更多的测量项目之后,才可以进行更为细致和更加定量的分析。

测井现场解释需要回答的三个最重要的问题是:

(1) 地层中是否含有烃,如果是,在什么深度? 它们是石油还是天然气?

(2) 如果含有烃,目前的储量是多少?

(3) 其中的烃是否可以采出?

为了回答上述问题,必须首先明确一些定义。孔隙度是排除掉岩石骨架材料以后的可能被流体充填的那部分空间所占岩石的体积分数。如图2.1所示，在一个单位体积的岩石中，孔隙空间的体积分数用 ϕ 表示，骨架材料所占剩余部分的体积分数为 $1-\phi$。

此外，体积分数的概念也可用于描述所含有的孔隙流体。含水饱和度 S_w 是含水部分所占孔隙度 ϕ 的分数，如图2.1所示。在油/水混合物中，含油饱和度 S_o 由 $1-S_w$ 给出。请注意，此时水所占地层的总体积分数为 $\phi \times S_w$，而油所占地层的总体积分数为 $\phi \times S_o$。束缚水饱和度 S_{wirr} 对应于在不施加过大压力或温度的情况下无法从岩石中去除的那部

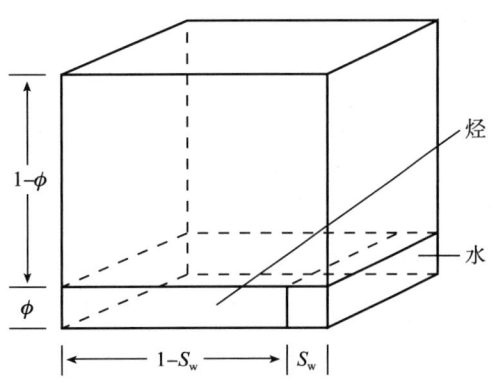

图2.1 单位体积的地层
孔隙度为 ϕ，水所占孔隙体积分数为 S_w，烃的体积分数为 $\phi \times (1-S_w)$

分水。残余油饱和度 S_{or} 对应于如果不采用特殊的采收技术就无法移出的那部分油。

由于定量分析含烃饱和度的主要测井测量项目之一本质上是电法测量，因此，有必要提及一些用于描述这些测量项目的术语。电法测量用于该项定量分析是很自然的，因为电流可以被诱导在含有导电性电解液的多孔岩石中流动。地层的电阻率是衡量导电难易程度的指标。电阻率，作为表示电阻特性一个物理量，将在稍后进行更详细的讨论。用基本上不导电的烃替换多孔介质中导电的盐水可以阻碍电流的流动，从而增大其电阻率。

稍微远离井眼的原状地层的电阻率称为真电阻率，用 R_t 表示。一般来说，地层真电阻率 R_t 是由视电阻率测量结果经过必要的校正后得到的。在井眼周围区域，地层受到钻井液侵入的干扰，电阻率可能与 R_t 大不相同。该区域称为冲洗带，其电阻率用 R_{xo} 表示。

此外，还有两种电阻率也是我们的研究目标：可能存在于孔隙空间中的盐水的电阻率 R_w 和可以侵入井眼附近地层并置换原始流体的钻井液滤液的电阻率 R_{mf}。

现在我们回到测井现场解释必须解决的三个问题，请参见图2.2，它试图给出这些问题中隐含的相互关系。对于问题（1），必须正确划分出含烃层段。众所周知，泥质含量低的地层更有可能储集烃类。因此，首要任务是找出泥质含量（$V_{泥岩}$）低的层段，即所谓的纯地层。这项任务传统上是通过以下两种测量来完成的：伽马射线和自然电位（SP）。随着地层泥质含量的增加，SP（记录的是电压，单位为mV）表现为负异常变小，而伽马射线信号则通常表现为幅度增大。最近，还使用了其他技术确定泥质含量，例如，中子和密度测井曲线之间的差值、核磁共振（NMR）分布以及元素能谱分析。

第二步要回答这样的问题："地层中是否含烃？"只有在地层具有孔隙时，答案才有可能是肯定的。目前以下四种测井仪器可以用于估算地层孔隙度：密度仪器、中子仪器、声波仪器和NMR仪器。密度仪器测量地层的体积密度 ρ_b，随着地层孔隙度的增大，其体积密度 ρ_b 减小；中子仪器对于地层中的氢敏感，它测量地层的中子孔隙度 ϕ_n，反映地层的含氢量；声波仪器测量地层的压缩波慢度，或称为声波时差 Δt（单位

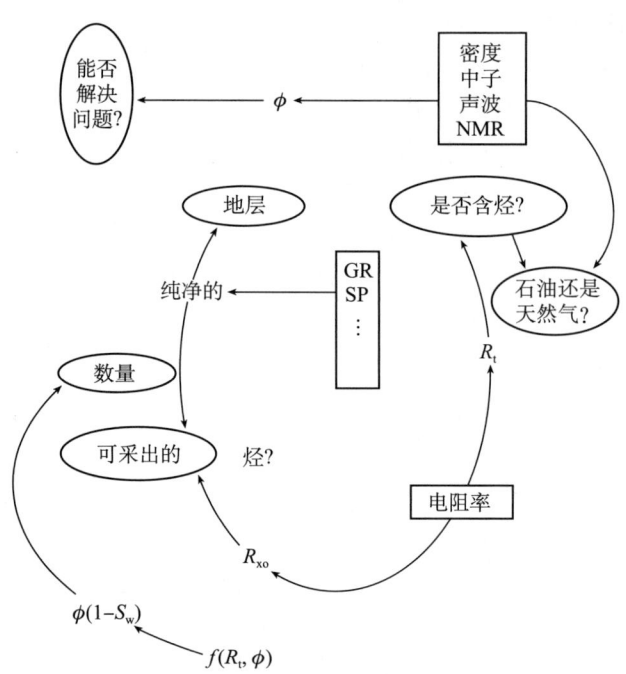

图 2.2 为解决测井现场解释的基本问题而使用的测井项目和确定的岩石物理参数的示意图

为 μs/ft），它会随着孔隙度的增大而增大；NMR 总信号取决于地层中氢的含量，因此，也随着孔隙度的增大而增大。

一旦划分出了多孔、纯净的地层，解释员就需要确定其中是否含烃。该分析是通过使用地层的电阻率 R_t 以相当间接的方式完成的。基本上，如果多孔地层中含有导电的盐水，则其电阻率会较低；相反，如果地层中含有相当多的不导电的烃类，则其电阻率将会很大。然而，孔隙度对电阻率也有影响。如果地层含水饱和度保持不变，随着孔隙度的增加，地层电阻率 R_t 值将减小。地层中的烃可能是石油，也可能是天然气。这通过比较地层密度和中子孔隙度测量值最容易进行区分（将在第 2.6 节中讨论）。

为了回答问题（2）并确定地层中的含烃量，必须获得孔隙度和饱和度的乘积（$\phi \times S_w$）。这时只需确定含水饱和度 S_w 与地层电阻率 R_t 及孔隙度 ϕ 之间的函数关系即可。

另一种常见的电阻率测量为 R_{xo}，对应于冲洗带的电阻率。冲洗带是钻井液可能已侵入并置换了原始地层流体的靠近井眼的那部分地层区域。R_{xo} 的测量可用于了解地层中烃的可采性。方法如下：如果 R_{xo} 值与 R_t 一致，则冲洗带中极有可能还存在原始的地层流体，说明没有发生地层流体的置换；然而，如果 R_{xo} 值与 R_t 有所不同，则说明发生了钻井液的侵入，而且地层流体是可移动的。进一步，如果 R_{xo}/R_t 值与这两个区域中水的电阻率比值（即 R_{mf}/R_w）相等，则说明冲洗带和原状地层中要么含有等量的烃，要么都不含烃。在这种情况下，任何烃都不太可能被采出。如果 R_{xo}/R_t 值小于 R_{mf}/R_w，则说明一些烃已经被钻井液移走，而且地层中的烃可能是可采的。

表 2.1 总结了这些关系。

表 2.1 解释概要

描述符	测量项目	函数特性		
纯净地层或含泥岩	SP GR	$V_{泥岩}\uparrow$ $V_{泥岩}\uparrow$	$\longrightarrow$ $\longrightarrow$	SP$\uparrow$ GR$\uparrow$
孔隙度（ϕ）	密度 中子 声波	$\phi\uparrow$ $\phi\uparrow$ $\phi\uparrow$	$\longrightarrow$ $\longrightarrow$ $\longrightarrow$	$\rho_b\downarrow$ $\phi_n\uparrow$ $\Delta t\uparrow$
烃	R_t	$S_w\uparrow$ ($S_o\uparrow$ $\phi\downarrow$	$\longrightarrow$ $\longrightarrow$ $\longrightarrow$	$R_t\downarrow$ $R_t\uparrow$) $R_t\uparrow$
可采出或可移动	R_{xo} 与 R_t （浅与深）	$R_{xo}=R_t$ $R_{xo}=R_t$ $\dfrac{R_{xo}}{R_t}\neq\dfrac{R_{mf}}{R_w}$	$\longrightarrow$ $\longrightarrow$ $\longrightarrow$	无侵入 如果 $R_{mf}=R_w$，则没有流动的烃 可移动的流体

2.3 井眼环境

从测井仪器设计及其作业范围角度来看，测井时的井眼环境是比较有趣的。此外，它会对井壁附近地层的测量特性造成重大干扰。

可以使用以下一组概念对井眼环境进行一些描述：井眼深度通常在 1 000 ~ 20 000 ft 之间；井眼直径在 5 ~ 15 in 之间，当然，也可能存在更大的井眼；真正的垂直井眼是罕见的，井眼斜度一般在 0° ~ 5° 之间，20° ~ 60° 之间的大斜度井常见于海上环境；整个井眼深度中的井眼温度变化范围在 100 ~ 300 ℉ 之间。

自 20 世纪 90 年代初以来，钻了越来越多的水平井。这些井眼以适当的斜度向下钻至接近储层顶部时，斜度逐渐增加，直到穿出储层时与水平面夹角仅为几度，然后在 1 000 ~ 5 000 ft 之间与水平面夹角保持在 5° 范围内。

钻井液的密度范围在 9 ~ 16 lb/gal❶ 之间；有时加入额外的添加剂，如重晶石［硫酸钡（$BaSO_4$）］或赤铁矿，以确保井眼内的流体静压力大于地层孔隙空间中的流体压力，从而防止井喷等灾害发生。钻井液矿化度的变化范围在 1 000 ~ 200 000 mg/L 之间。通常超压的井眼会导致钻井液侵入多孔的渗透性地层。侵入过程的结果如图 2.3 所示。在渗透性层段，由于流体静压力欠平衡，钻井液开始进入地层，但通常会因钻井液中黏土颗粒形成的滤饼堆积而迅速停止。

---

❶ 1 lb/gal = 0.12 kg/m³。

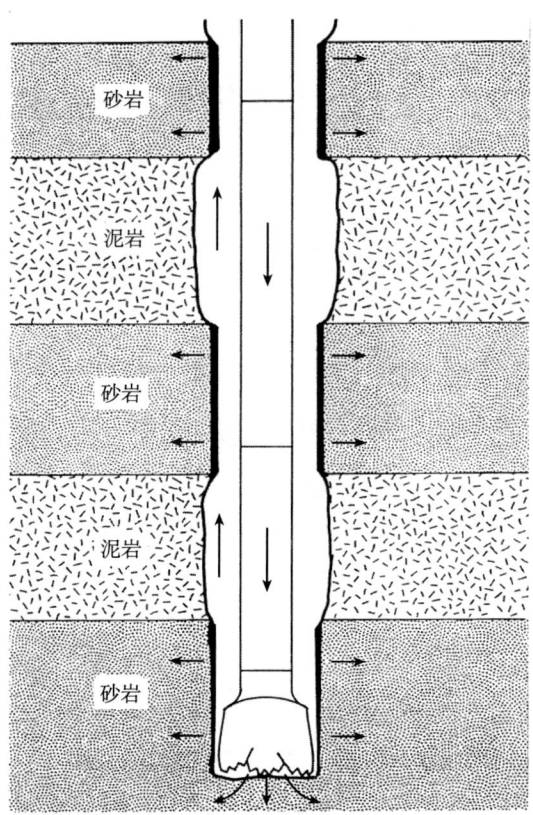

图 2.3　钻井期间及钻井后地层的退化[2]
超压钻井液侵入多孔渗透性砂岩地层并形成滤饼。钻井液循环也会导致泥岩段井眼冲蚀

这种最初的侵入称为初滤失。随着钻井深度的加深，钻井液将透过滤饼缓慢地发生进一步的侵入，在钻井液循环时为动态，而在钻井液静止时为静态。此外，钻柱的运动可以去除一些滤饼，导致这一过程重新启动。因此，虽然电缆测井时的典型侵入深度为 20 in，但在某些情况下，侵入深度可达到 10 ft 或更高。

为了解释电法测井中经常出现的失真，针对具有水平层的垂直井，设计出了一个简单的井眼/地层模型。该模型假设被侵入的电阻率为 R_t 的目的层被电阻率为 R_s 的"围岩"层所包围。图 2.4 的示意剖面所包含的研究区域以及相应参数可以描述其侵入过程。首先形成的是厚度为 h_{mc}、电阻率为 R_{mc} 的滤饼。下一个直径为 d_i 的环形区为冲洗带，其电阻率由 R_{xo} 表示，主要取决于钻井液滤液的电阻率。在侵入带之外是未侵入区域或原状地层，电阻率为 R_t。冲洗带与原状地层之间还存在一个分隔区，称为过渡带❶。过渡带的电阻率在二者之间可能是平滑过渡的，但当地层含有烃时，其电阻率会明显低于 R_{xo} 或 R_t。这种情况被称为环带，主要在石油或天然气比地层水更具流动性时发生，此时由冲洗带迁离的地层水积聚于过渡带，而石油或天然气则比它迁移得更远。

---

❶ 侵入带最初被描述为一连串的径向层，以 R_{x0} 开始，然后是 R_{x1}、R_{x2} 等。下标中的数值部分原本用于表示其与井壁的距离，例如，R_{x1} 表示进入地层 1 in。R_{x0} 表示井壁处的电阻率，但随着时间的推移，它演变成为 R_{xo}，而其他距离不再使用[1]。

环带随着时间的推移而消失，但在测井时仍然存在。

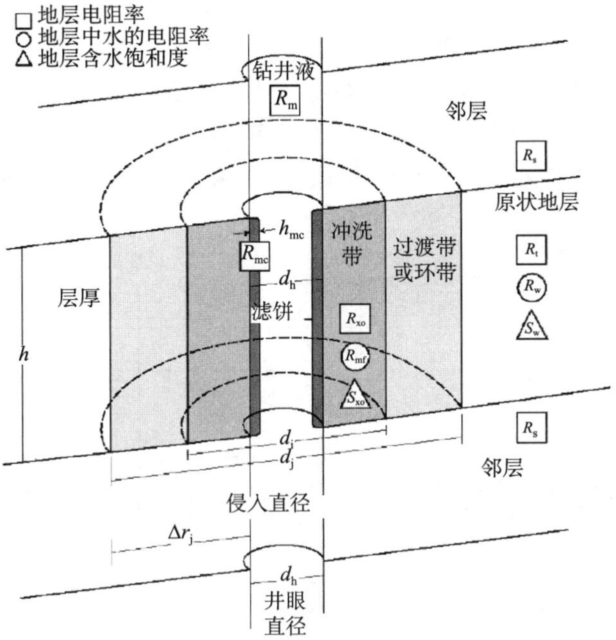

图 2.4　用于描述电法测井测量和校正的井眼和地层示意模型（由斯伦贝谢提供）

最简单的侵入模型被称为台阶型侵入剖面模型，它忽略了过渡带，并且仅使用电阻率 R_{xo} 和直径 d_i 这两个参数来描述侵入带。图 2.5 概略地给出了原状地层、过渡带及冲洗带中孔隙流体的分布。该模型还假设井眼周围是方位对称的。在水平井中，重力会导致密度较高的钻井液滤液沉到井的下部，而在其上部留下更多密度较低的石油或天然气。重力效应也会影响斜井周围或高倾角地层中的流体分布。

图 2.5 对电缆测井和随钻测井（LWD）均适用。LWD 曲线通常是在地层钻开后的数小时内测量并记录的，因此，与电缆测井曲线相比，LWD 曲线的侵入性更小，电缆测井曲线可能是在钻井后的若干天内记录的。然而，情况并非总是如此：一些 LWD 曲线是在钻柱从较深的井眼中上提时测量的，因而记录得稍晚一些。

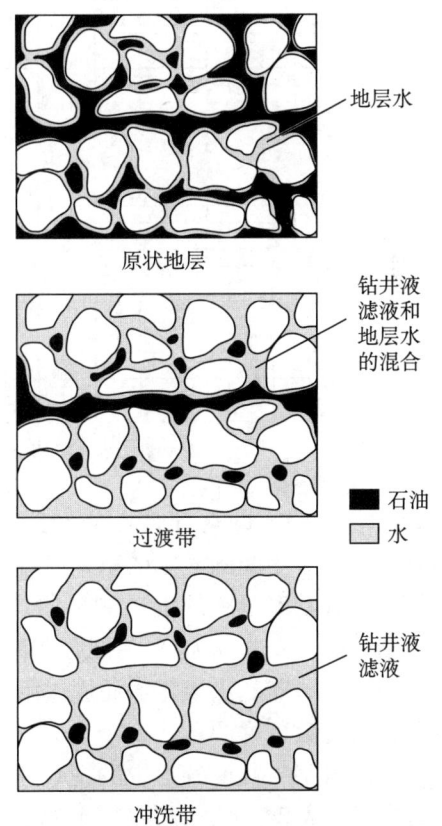

图 2.5　最初含烃的井眼周围区域中孔隙流体的分布[2]

2.4 阅读曲线

如要轻松地阅读测井曲线，需要先熟悉一些标准测井曲线的绘图格式。传统测井曲线和大多数现场测井曲线的绘图格式如图 2.6 所示。可以看出，它们都包含三个道。在第 1 道与第 2、3 道之间有一个较窄的深度道。第 2、3 道是紧密相邻的。

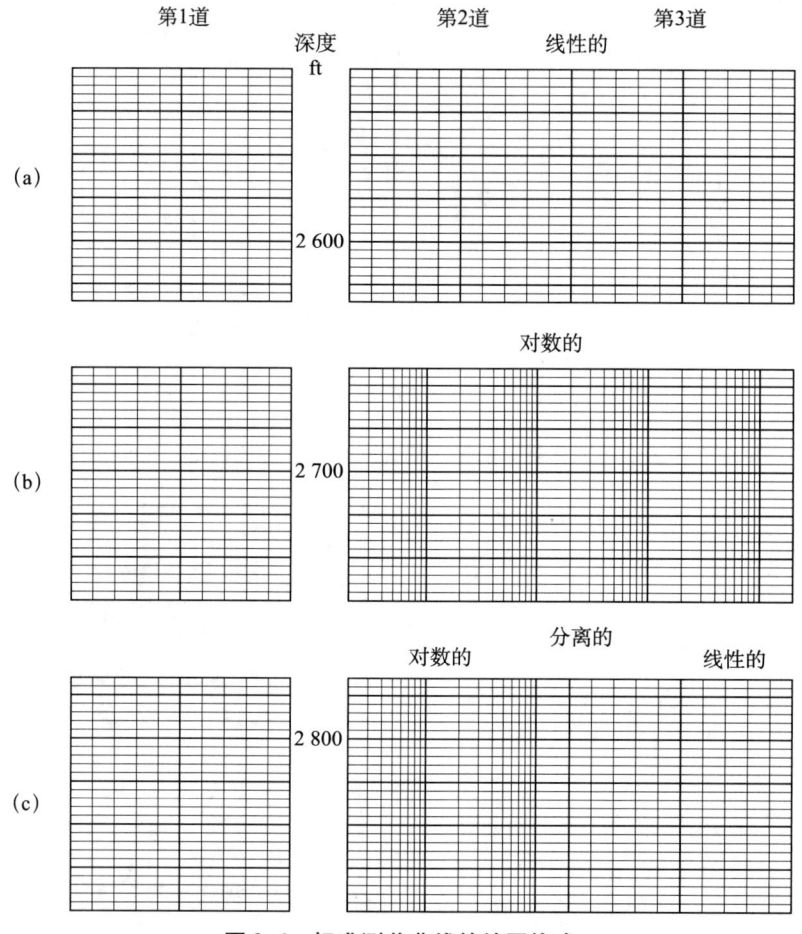

图 2.6　标准测井曲线的绘图格式

图 2.6（a）显示的是普通的线性绘图，所有三个道中的网格线都有线性刻度，每个刻度有十个格。中间图显示的第 2、3 道为对数绘图，这一格式已使用了 40 多年，主要用于具有较大动态范围的电法测井曲线。请注意，这种对数刻度是以 2 而非 1 的倍数开始和结束的。图 2.6（c）为混合式刻度，第 2 道为对数网格，第 3 道为线性网格。电法测井曲线有可能超出第 2 道而进入第 3 道，尽管第 3 道显示的是线性刻度，但超出的部分仍将是对数刻度的。

中间道的数字与其他各道中的横线用来表示深度。图 2.6 中的深度比例为 1/240，即 1 ft 的绘图代表 240 ft 的地层。图中每 2 ft 为一个细的横线，每 10 ft 为一个中等粗细的横线，每 50 ft 为一个粗的横线。

图2.7显示了我们即将用到的一些基本曲线的典型曲线图头。图2.7（a）（b）显示了SP的两种绘制方式，它总是绘制在第1道。图2.7（c）显示的是井径（单轴的井眼直径测量曲线）和伽马射线，通常也绘制在第1道。请注意，SP曲线值向左侧降低。寻找纯地层的规则是，随着泥质含量的增加，SP的负异常变小，因此，SP曲线向右的偏移将对应于泥质含量的增加。由于自然伽马（GR）曲线被刻度为放射性强度［以美国石油协会（API）单位］向右逐渐增大，它也会随着泥质含量的增加而产生向右的曲线偏移，因此，随着泥岩含量的变化，可以预计这两个泥岩指标将相继出现。

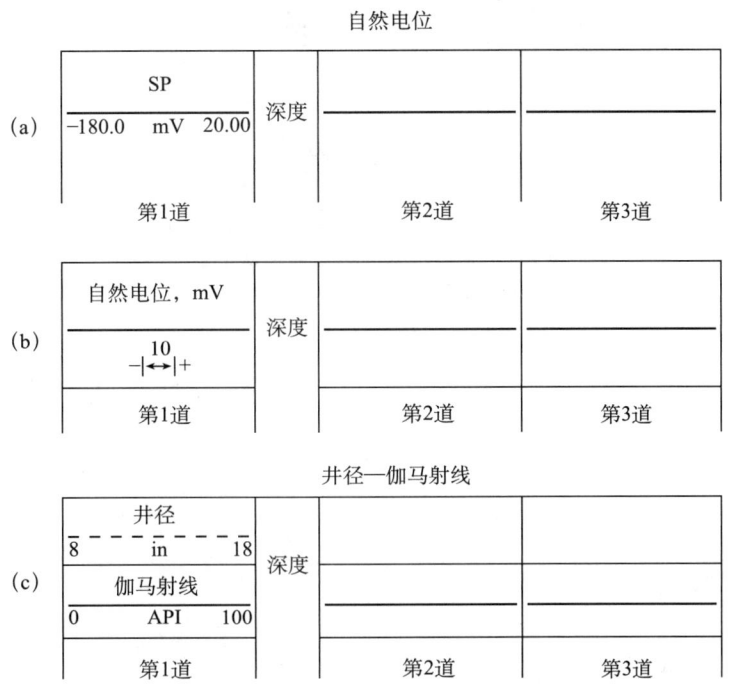

图2.7 用于确定纯地层的 SP 和 GR 曲线图头

虽然现代仪器可以测量更多具有不同探测深度的曲线，但其显示格式是相似的。图2.8显示了传统的电阻率测井曲线图头及其探测区域。与此格式相关的特定仪器称为双感应—球形聚焦测井（SFL）仪，它通常会显示三条电阻率曲线（单位为 Ω·m，见第3章）。编码为ILD（深感应测井，见第7章）的曲线对应于最深的电阻率测量，并且在侵入并不严重时，可对应于 R_t 的值。标记为ILM（中感应测井）的曲线是中等探测深度的辅助测量，受侵入深度的影响很大。在本例中标记为SFLU（球形聚焦测井，见第5章）的第三条曲线是浅探测深度的测量，读数最接近于侵入带电阻率 R_{xo}。通过结合这三种电阻率测量，在许多情况下，可以补偿侵入对ILD读数的影响。

在图2.9中，显示了三种类型孔隙度仪器的三个典型曲线图头。孔隙度用小数或孔隙度单位（p.u.）表示，每个单位对应于1%的孔隙度。顶部的曲线图头显示了同时测量的中子和密度孔隙度的曲线格式。在本例中，孔隙度刻度范围为 -0.15~0.45，实际情况可能因当地的用法而有所不同。图2.9（b）显示了密度测井的附加校正曲线，该曲线可用于了解密度测量过程中遇到的滤饼和井眼的不规则信息。

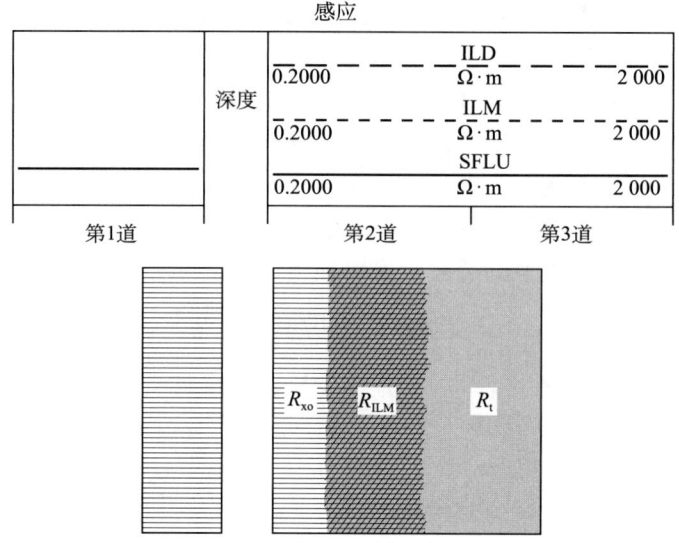

图 2.8 感应测井曲线头与地层示意图

三个区域大致对应于同时进行的不同探测深度的电法测量

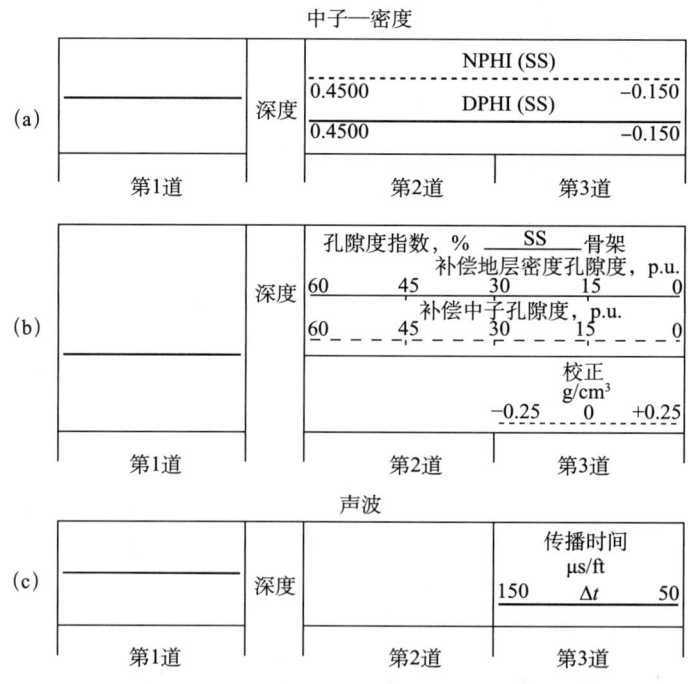

图 2.9 三种类型孔隙度仪器的测井曲线头

(a)、(b) 为同时测量的密度和中子曲线的两种可能格式,(c) 为声波的曲线格式

还有一种常见的做法是,将密度曲线以 g/cm^3 为单位进行绘制,密度曲线在全道(有时为两道)的动态范围为 $1\ g/cm^3$,如图 2.17 所示。显而易见,在充满水的地层中,$1\ g/cm^3$ 的体积密度变化对应于约 60 p.u. 的孔隙度变化。因此,中子曲线通常以 60 p.u. 的动态范围绘制在密度道中。然后,移动密度曲线,使中子曲线上的零点对应于骨架的密度。通常使用两种这样的兼容性刻度:一种用于砂岩,其孔隙度零点为

2.65 g/cm³，如图 2.17 所示；另一种用于石灰岩，其孔隙度零点为 2.7 g/cm³。

图 2.9（c）的曲线图头用于传统的声波测井曲线，视传播时间 Δt 向左增大。在所有的三个图中，绘图格式都使得随着孔隙度的增大而产生向左的曲线偏移。

对于中子和密度测井曲线，另一点需要注意的是骨架设定。该设定对应于根据中子和密度测井曲线在方便的预解释中计算孔隙度所假设的岩石类型。在如图 2.9 所示的这两个实例中，列出的骨架设定为 SS，这意味着岩石类型为砂岩。如果测量的地层确实是砂岩，则测井曲线上记录的孔隙度值将与地层的实际孔隙度非常接近。然而，如果实际的地层骨架不同，比如石灰岩，则需要改变或校正孔隙度值，以获得该特定骨架中的真实孔隙度。

2.5　曲线表现和测井显示的实例

本节将单独显示后面章节中使用的每一种主要曲线，以使大家更加熟悉在预期的岩性和孔隙度变化中它们的图形与表现。第一个例子是 SP，如图 2.10 所示，显示了深度超过 150 ft 的层段。对于 8 500 ft 以上和 8 580 ft 以下的 SP 高值段，通常确定为泥岩段。如图所示，典型的平直响应值称为泥岩基线。具有较大 SP 偏移（即与泥岩基线相比，呈较大的负异常）的测井层段被视为纯地层，或至少较纯的地层层段。8 510～8 550 ft 之间的地层就是一个纯地层层段。

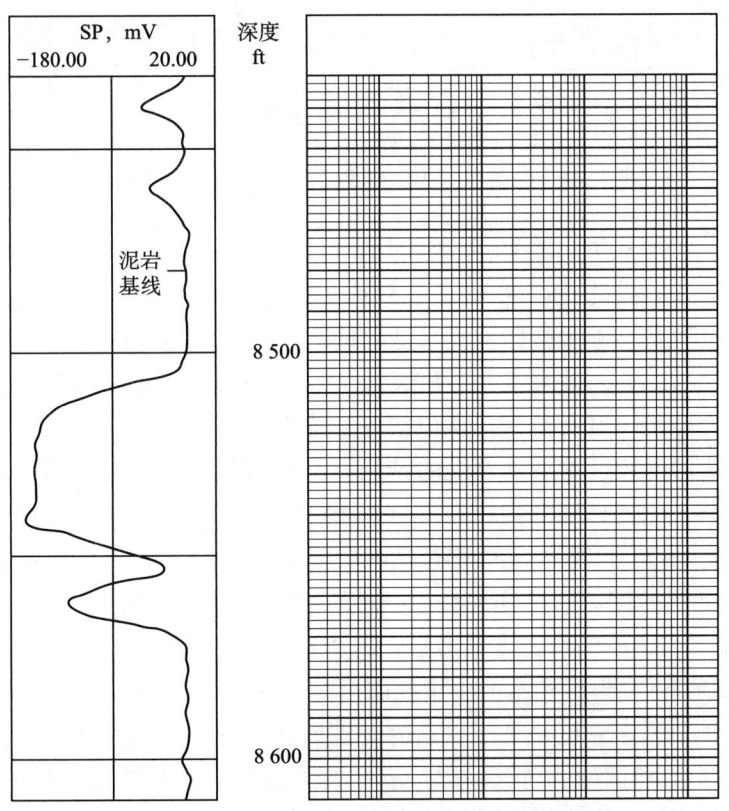

图 2.10　以泥岩为界的纯地层的 SP 测井曲线

图 2.11 显示了同一井段的井径（虚线）和 GR（实线）曲线。请注意图 2.11 的 GR 曲线和图 2.10 的 SP 曲线之间的相似性。在纯地层中，自然伽马射线读数约为 15～30 API，而泥岩段的读数可能高达 75 API。还要注意的是，在该实例中，井径也表现出了与此大致相同的趋势。这种趋势是由于泥岩段可以"冲洗"，与保持其结构完整性的纯砂岩段相比，增大了井眼尺寸。

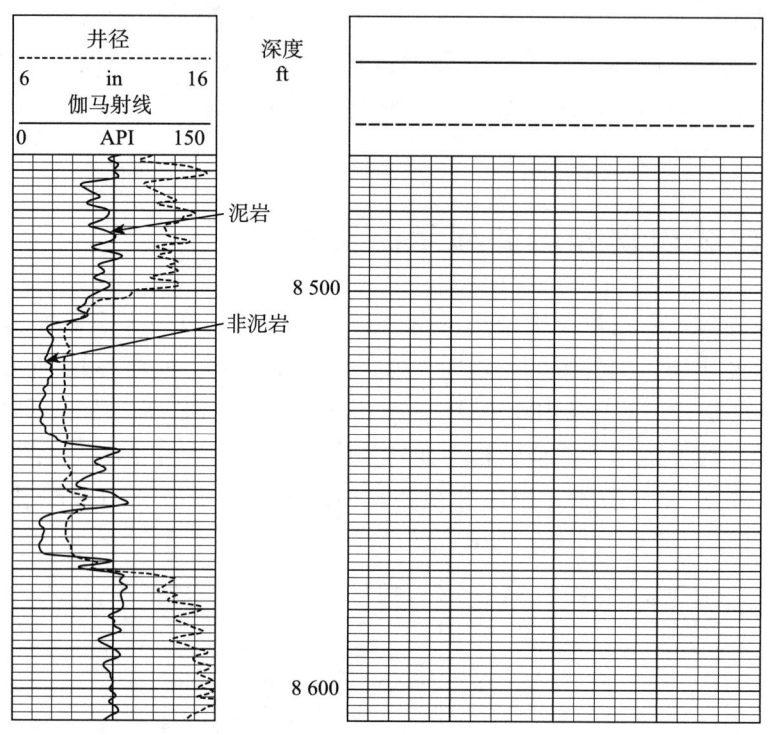

图 2.11　与图 2.10 相同层段的 GR 和井径测井曲线

图 2.12 是一条 150 ft 井段的感应测井曲线，包括浅、深、中三种深度的电阻率曲线。根据许多默认的假设，5 300 ft 以下的区域可能是水层。首先，假设地层水的电阻率比钻井液的电阻率小得多（即地层水是矿化度较大的水）。可以在浅电阻率曲线中看到钻井液电阻率的影响，该曲线大部分保持在 2 Ω·m 左右。在 5 275 ft 的深处，发现了一个可能的含烃层。很明显，其深电阻率读数（ILD）远大于此前认定的水层。然而，电阻率的这种增大可能不是含烃的结果。孔隙度的降低可以对仅用水饱和的地层产生相同的影响。此处真正的提示在于，虽然 R_{xo} 读数也有所增加（这表明孔隙度已经降低），但 R_{xo} 和 R_t 曲线之间的分离比在水层中的要小。这意味着 R_t 的值高于仅从孔隙度变化中预期的值。通过这种合理的推理，我们倾向于认为该层可能含烃。

图 2.13 是典型的中子和密度仪器组合的测井曲线。除了实线表示的密度—孔隙度估值（ϕ_d 或 DPHI）和虚线表示的中子孔隙度外，还显示了补偿曲线 $\Delta\rho$（或 DRHO）。后者用于密度测井的滤饼和井眼不规则的校正。如果其值在零附近徘徊，通常可以忽略，如图 2.13 中某些深度的情况一样。请再次注意骨架为砂岩的内置假设。如果由密度和中子计算的孔隙度值相等，则可以确认该处存在流体充填的砂岩。图中 700 ft 以下

的 20 ft 长的层段就是这种情况。这两条曲线的分离可能是由骨架设定错误或存在黏土（或气体）造成的。

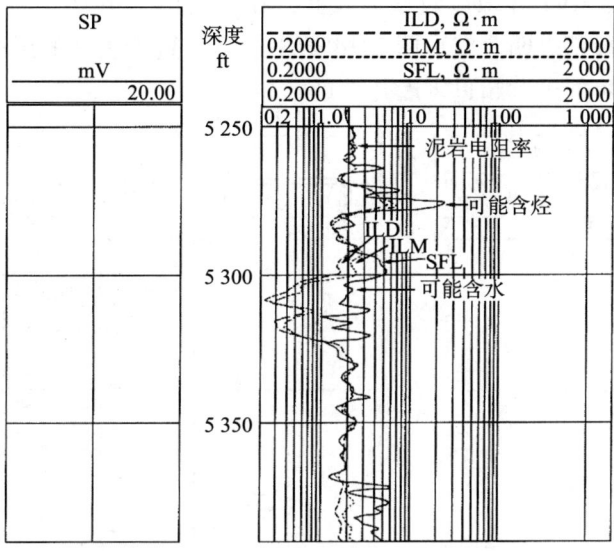

图 2.12　可能被解释为水层（其上方为含烃层）层段的感应测井曲线

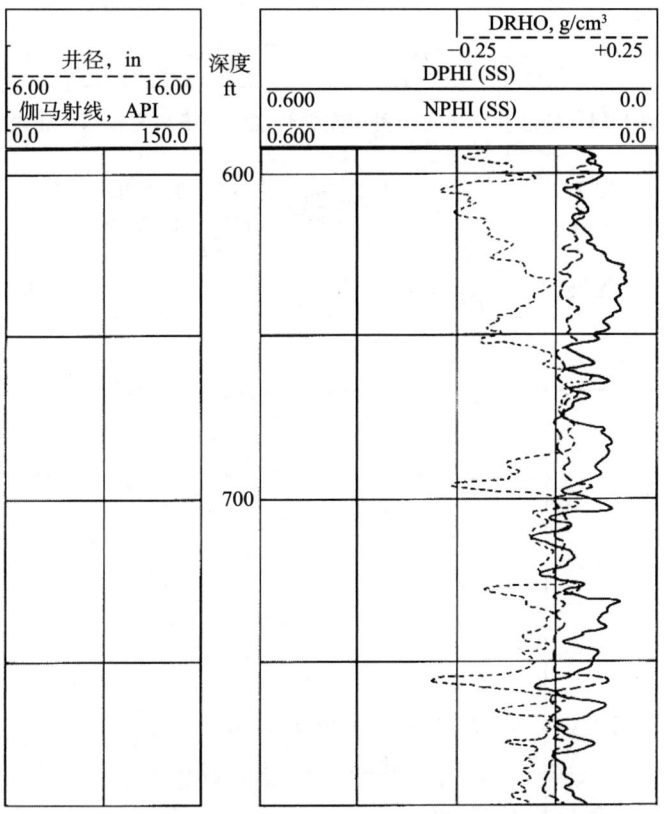

图 2.13　已转换为砂岩孔隙度的中子和密度测井曲线实例
辅助曲线 $\Delta\rho$ 表明井眼不规则性很小

通过中子和密度测井曲线的比较，可以非常容易地发现气体的存在。孔隙中含有气体时，地层密度小于含油或含水，因而视密度孔隙度较高。同时，气体中的氢含量低于油或水，所以，中子孔隙度较低。因此，在最简单的情况下，中子孔隙度小于密度孔隙度的任何层段都表明含气。图 2.14 给出了具有这种表现的层段。泥岩的情况相反——中子孔隙度可能远远超过密度孔隙度，如图 2.15 所示。

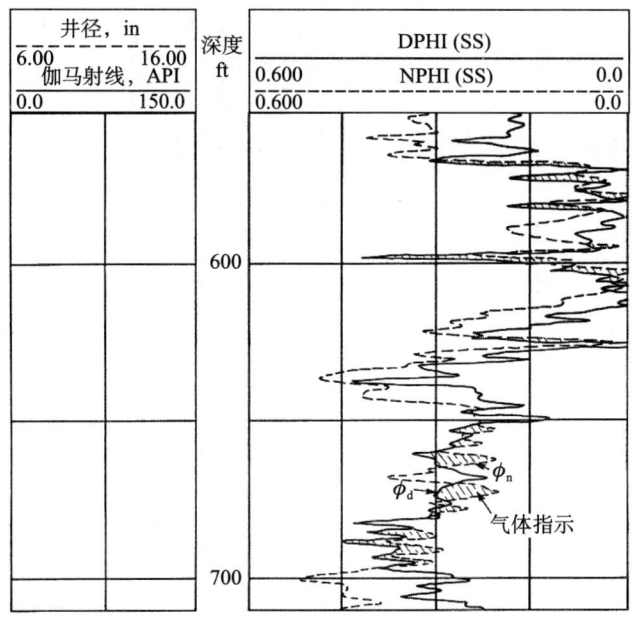

图 2.14　地层含气导致的呈现交叠特征的中子和密度测井曲线

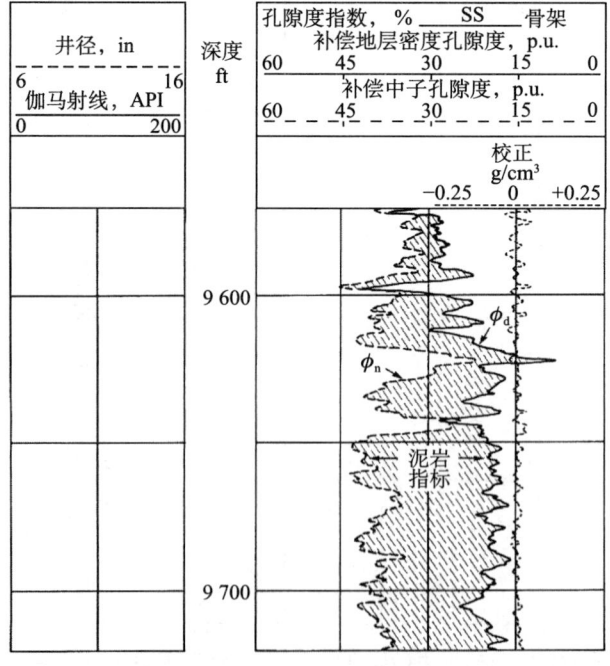

图 2.15　泥岩在中子和密度组合测井曲线上的特征

只有当主骨架对应于测井曲线上的骨架设定时，所有这些一般性才成立。错误的骨架设定对测井曲线的影响（或骨架随深度变化）如图 2.16 所示。一些层段呈现负密度孔隙度。这些可能是由硬石膏夹层引起的，因其密度比预定骨架的密度高得多而被错误地解释为负孔隙度。

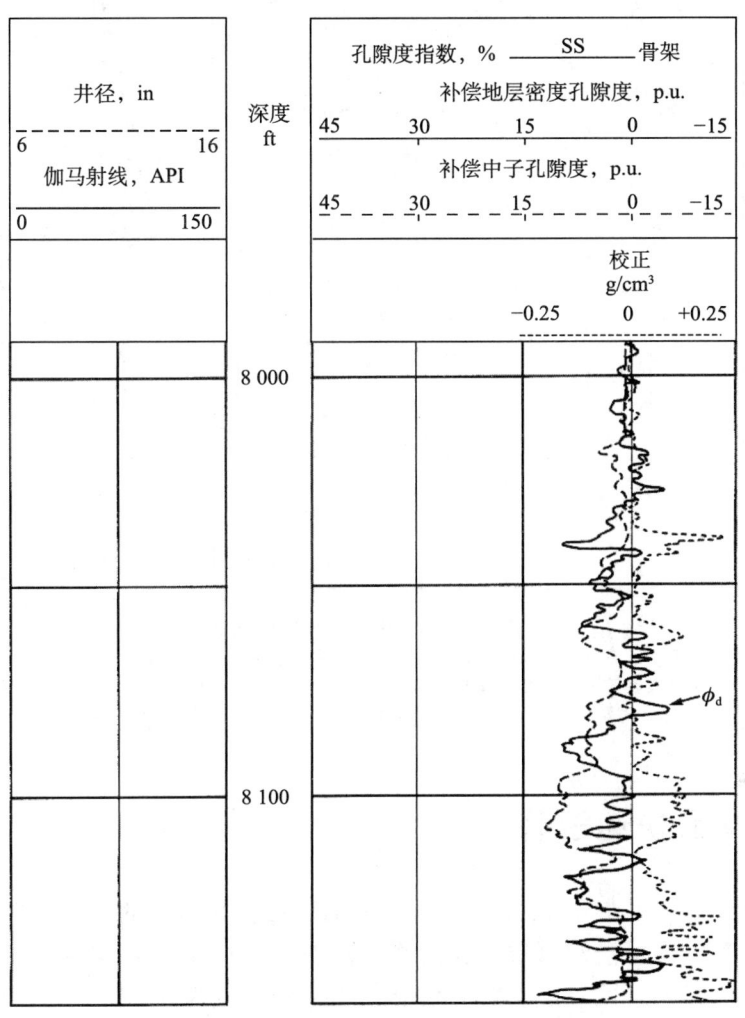

图 2.16　岩性变化引起的中子和密度交叠

图 2.17 是水平井中记录的 LWD 曲线实例，其基本绘图与电缆测井曲线类似，但可能包含一些其他有用的曲线。LWD 测量是以固定的时间间隔进行的，因此，其深度的采样率取决于钻头的钻进速度。有时，深度道的刻度标记可用于指示不同测量项目的采样深度。在这种情况下，在第 1 道用三条曲线指示了一些变化的采样密度和钻进速度，分别显示了每种测量滞后于钻头位置多少秒。在本例中，钻井旋转速率显示在深度道中；对于某些定向仪器，需要结合转速信息才能得到有意义的结果。

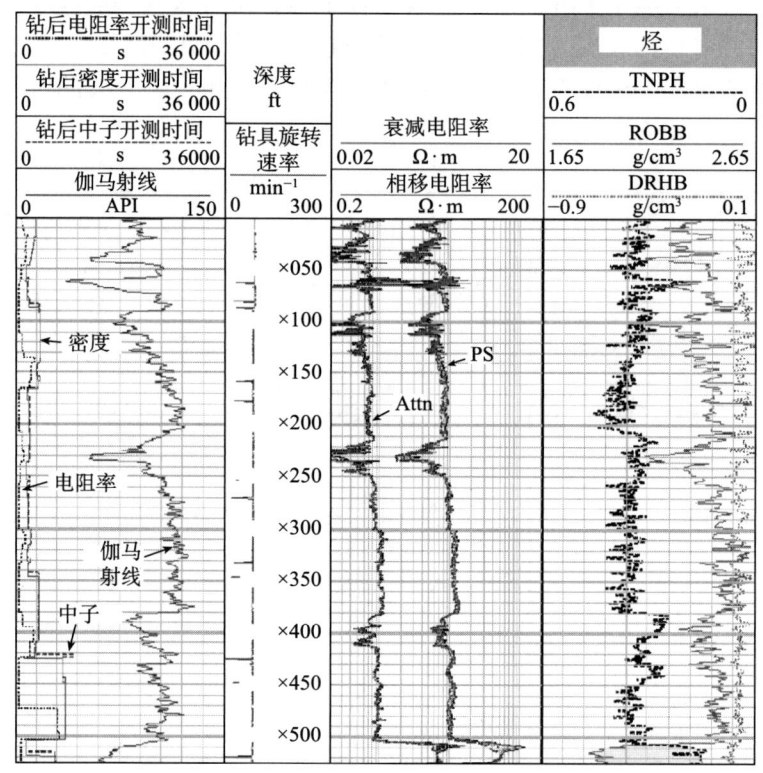

图 2.17 水平井中的 LWD 曲线实例

第 1 道是我们所熟悉的自然伽马曲线，另外还有三条曲线用于指示钻井和三种测量项目之间的时间延迟；在深度道中显示了钻具旋转速率。第 2 道包含两种类型的电阻率测量结果，每个测量结果都有本例中覆盖的多个探测深度。第 3 道包含随钻中子测量（TNPH）、密度测量（ROBB）和密度校正（DRHB）曲线

2.6 样品快速解释

本节追溯了确定可能含烃目的层的详细过程。在分析可用的一套基本测井曲线时，第一步是确定纯净的可能渗透层，这是通过检查 SP 与 GR 曲线来完成的。在图 2.18 中，使用 SP 曲线划分出了四个纯净的渗透层，分别标记为 A、B、C、D。为了进一步证实这些层都是相对较纯的，对 GR 曲线进行了检查，也显示出了与之相关的天然放射性最小。

下一步，检查这四个选定层的电阻率读数。这些电阻率曲线包含在图 2.18 的第 2 道中。首先显而易见的是，除了 C 层与 D 层，其下部和上部之间存在差异，电阻率读数在这些划定的层内基本保持不变。因此，C 层进一步细分为底部电阻率非常低的层（深电阻率 ILD 读数约为 $0.2\ \Omega \cdot m$）和上部约 $4.0\ \Omega \cdot m$ 的层。可对 D 层进行类似划定。

如图所示，通过观察最低的电阻率值并将其确定为水，可以对流体含量进行初步估算。然后，A、B、C、D 层可疑似为含烃层。对于 C 层的情况，与 C′ 层相比，这似乎很清楚。参考第 3 道中的孔隙度值，可以看出这两个层的孔隙度近似于恒定不变。

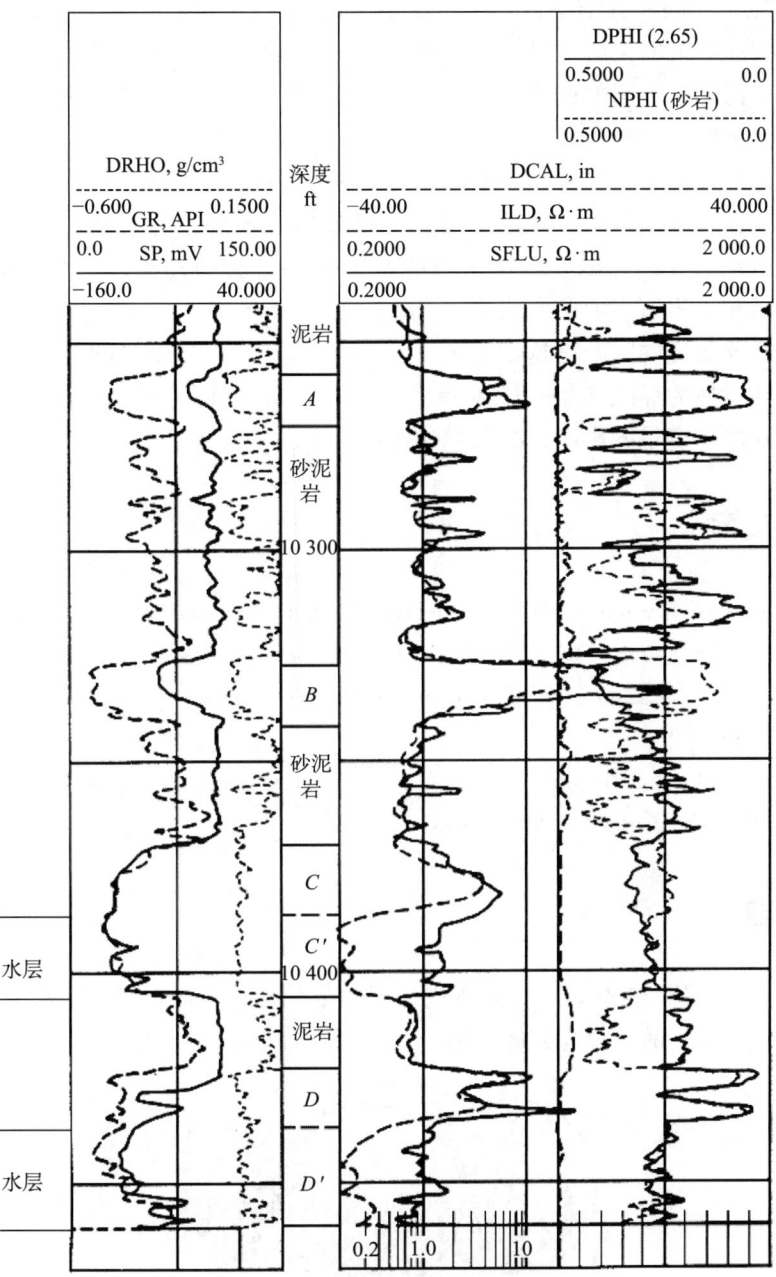

图 2.18 用于现场解释的一套基本的测井曲线

在这种情况下,与下部地层相比,上部地层电阻率的增大表明存在烃。D 层的情况并不十分清楚。根据中子和密度曲线,在 D' 层和 D 层的过渡段,孔隙度已显著降低,或许电阻率的增大是由纯含水的低孔隙度地层而并非含烃所引起的。

仔细观察第 3 道中的中子和密度曲线可以获得一些额外的信息。注意 C 层中子和密度曲线之间的交叠,而且中子孔隙度小于密度孔隙度,这表明存在轻烃或气体。由此,现在可以肯定的是,该层中的高电阻率确实是轻烃或可能是气体存在的结果。对于 B 层也可以得出同样的结论，它显示出更大的中子—密度分离，很可能是由气体引起的。D 层的高电阻率夹层仍然值得怀疑。根据该层的中子/密度曲线图，没有证据表明存在气体，因此，电阻率的高值可能只是由孔隙度降低引起的。任何进一步的推测都将取决于更为定量分析的能力。

在接下来的几章中，将开发一种更为定量的解释方法。细心的解释员首先想到的问题之一是，在这个例子中，孔隙度实际上是如何确定的。为了确定该量，需要一些信息来识别岩性。在刚才的实例中，可能基于一些先验的知识，骨架被指定为砂岩。然而，如果事实上岩石主要是白云岩，会得出什么结论？

另一个需要研究的问题是饱含水岩石的电阻率与其孔隙度之间的关系。已经注意到，如果水被替换为烃或如果孔隙度降低，则多孔岩石样品的电阻率会增大。为了解读同时改变这两个变量的影响，必须量化这种关系。

参考文献

[1] Doll H G. The microlog-a new electrical logging method for detailed determination of permeable beds. Pet Trans AIME, 1950, 189: 155 – 164.

[2] Dewan J T. Essentials of modern open-hole log interpretation. Tulsa: PennWell Publishing, 1983.

[3] Scholle P A, Bebout D G, Moore C H. Carbonate depositional environments (AAPG Memoir 33). Tulsa: AAPG, 1983.

习　题

2.1　计算以最"疏松的"立方体式排列的半径为 r 的均匀球形颗粒构成的地层的孔隙度。（边长为 $2r$ 的单位立方体占据八个颗粒，如图 2.19 所示。）

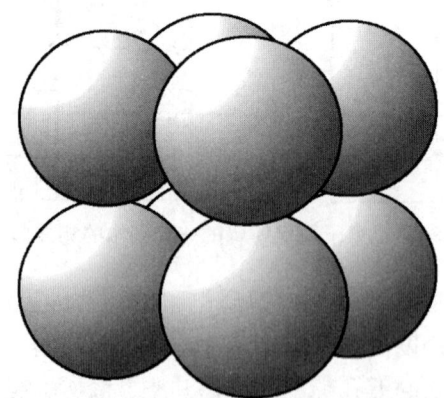

图 2.19　均匀大小的球形颗粒的立方体式疏松堆积

2.1.1　如果地层由如图 2.20 所示的近似球形浮游生物构成，那么立方体式堆积的孔隙度是多少？每个浮游生物中心的球形空隙的半径似乎约为总颗粒半径的 9/10。

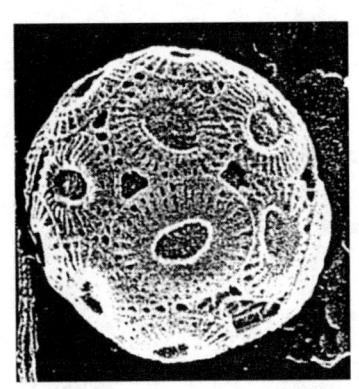

图 2.20　含有近似球形空隙的球形浮游生物的显微照片[3]

2.1.2　大多数砂岩地层的孔隙度远低于30%，为什么会出现这种情况，你能提出几种原因吗？

2.2　假设 11 lb/gal 钻井液由水和密度为 2.65 g/cm³ 的黏土颗粒组成，其孔隙度（或流体体积分数）是多少？水的密度为 8.3 lb/gal（1.00 g/cm³）。

2.3　在滤饼的形成过程中，通过将钻井液中的一些水排入地层中，形成较低孔隙度钻井液的环带。假设它是由上个例子中的 11 lb/gal 钻井液形成的，其孔隙度是多少？典型的滤饼密度为 2.00 g/cm³。

2.4　在滤饼的形成过程中，从钻井液中排出的水量将取代地层流体，形成所谓的侵入带。地层流体已被钻井液滤液置换的侵入带的厚度将取决于地层孔隙度。请证明，侵入半径 r_i 的计算公式为

$$r_i^2 = \frac{1}{\pi}\left(\frac{\mathrm{d}V}{\phi} + \pi r_{bh}^2\right) \tag{2.1}$$

式中，$\mathrm{d}V$ 是进入地层的单位长度的钻井液滤液体积；ϕ 为孔隙度；r_{bh} 为井眼半径。

2.5　假设孔隙度为80%的钻井液在6 in 井眼内侧形成了孔隙度为40%的滤饼。如果滤饼厚度为 1/2 in，在孔隙度为20%的地层中，侵入直径是多少？在孔隙度为2%的地层中，其侵入直径又是多少？（注：滤饼通常会被钻井和测井施工刮掉而重新生成。因此，在实践中，在任何特定时间，其厚度都不能用于估算侵入。）

2.6　假设一口水平井以91°倾斜，而且正在穿过泥岩和砂岩之间的水平界面。GR 测量对距离井轴 1 ft 范围内所有方位的地层均有响应，从只识别泥岩过渡到只识别砂岩，自然伽马射线需要穿过多长的井段？

3

电阻率和自然电位测井物理基础

3.1 引 言

第 2 章举例说明了地层电性测量是测井系列中的一项重要内容。电性测量包括地层电阻率或自然电位测量。自然电位是井眼流体与地层中流体之间相互作用的结果。

历史上第一条测井曲线就是电阻率曲线。该曲线记录的是随深度变化的地层电阻率，并用手工精心绘制。出乎意料的是，在尝试进行其他地层电阻率测量的过程中，总是出现"干扰"，并最终归因于自然电位，似乎在渗透层响应明显。普通电阻率和自然电位测井至今仍是两种常规测井项目。本章将论述这两种测井方法的物理基础。

本章还讨论了材料电阻率的概念，它是一个与更熟悉的电阻抗相关的量。相对绝缘的烃与导电的地层盐水在电阻率上的差异是识别烃的基础。电阻率和油气饱和度之间的定量关系将在下一章进行论述。本章论述岩石和盐水的导电特性，包括与温度和矿化度相关的电解电导，这对油气饱和度确定具有重要意义。本章的最后一部分将阐述井中自然电位产生的物理机制。

3.2 体电阻率概念

为了理解标准测井系列中的普通电阻率测井，有必要回顾一下电阻率的概念。它是材料的一般属性，而不像电阻那样与材料的几何形状有关。

由熟知的欧姆定律

$$V = IR \tag{3.1}$$

可知，通过材料电阻为 R 的电流 I 产生的电压为 V。该方程更普遍的表达式（在麦克斯韦方程组中用作附加关系）为

$$J = \sigma E \tag{3.2}$$

式中，J 为电流密度，是一个矢量；E 为电场；比例常数 σ 是材料的电导率。

常见的地层参数——电阻率是电导率的倒数：

$$R = \frac{1}{\sigma} \tag{3.3}$$

它是材料的固有属性。

为了深入理解电阻率这一概念，请考虑两个平块区域 A 之间含有非常稀薄的离子气体的情况，如图 3.1 所示。在外加电场 E 的作用下，带电粒子以平均运动速度 v_{drift} 移动。其移动速度可根据以下过程进行估算，即带电粒子在外加电场作用下加速运动，并与其他粒子碰撞而静止，然后又重新运动。碰撞发生之间的平均时间 τ 是待求参数，运动速度可表示为

$$v_{\text{drift}} = \frac{F}{m}\tau \tag{3.4}$$

式中，F/m 代表质量为 m 的带电粒子在力 F 的作用下的运动加速度。

此时，带电粒子所受的力 F 等于粒子所带电荷与电场的乘积（qE）。

受外力 F 影响的带电粒子运动速度的一般表达式为

$$v_{\text{drift}} = \mu F \tag{3.5}$$

式中，比例常数 μ 是指所讨论的粒子在指定介质中的迁移率。

利用方程（3.4）可得到稀薄气体的迁移率为

$$\mu = \frac{\tau}{m} \tag{3.6}$$

为了说明电阻率和电阻抗之间的关系，将以类似于欧姆定律的形式为图 3.1 系统中流动的电流编写一个表达式。为便于计算，请注意，电流是单位时间内通过的电荷。图 3.2 是在 Δt 时间内要到达右侧平板的电荷所处的区域，其厚度为 $v_{\text{drift}} \times \Delta t$。$\Delta t$ 时间内到达的电荷数为 $n_i v_{\text{drift}} \Delta t A$，其中 n_i 为粒子密度（每单位体积带电粒子的数量），A 是平板电极的表面积，电流 I 可写为

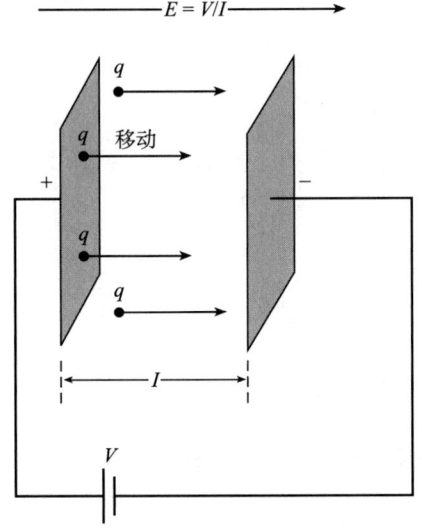

图 3.1 带电量为 q 的稀薄气体粒子在电场作用下的移动

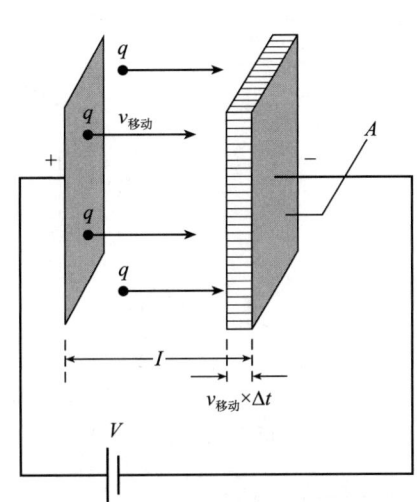

图 3.2 在 Δt 时间内，厚度为 $v_{\text{drift}} \times \Delta t$ 的区域内通过的带电粒子构成了电流

$$I = \frac{n_i v_{\text{drift}} \Delta t A}{\Delta t} q \tag{3.7}$$

移动速度可写为

$$v_{\text{drift}} = \mu F = \mu q \frac{V}{l} \tag{3.8}$$

电场强度定义为单位长度上的电压降,并且两个平板电极间的距离为 l。

将上述两个关系式结合起来,得到以下电流表达式:

$$I = \frac{n_i \mu q \dfrac{V}{l} \Delta t A}{\Delta t} q \tag{3.9}$$

将其与欧姆定律 $I = \dfrac{1}{r} V$ 相比较,得到如图3.2所示的几何的阻抗为

$$r = \frac{1}{n_i \mu q^2} \frac{l}{A} \tag{3.10}$$

从该表达式中可以清楚地看出,电阻 r 由两部分构成,一部分 $\left(\dfrac{1}{n_i \mu q^2} \right)$ 与材料有关,另一部分与纯几何形状(样品的长度除以接触面的表面积)有关。电阻率 R 实际上是第一个因素

$$r = \frac{1}{n_i \mu q^2} \frac{l}{A} = R \frac{l}{A} \tag{3.11}$$

从式(3.11)可推出电阻率❶的量纲为 $\Omega \cdot m^2/m$ 或 $\Omega \cdot m$。如图3.3所示,电阻率为 $1\ \Omega \cdot m$ 的 $1\ m^3$ 立方体材料两个相对面之间的总电阻为 $1\ \Omega$。因此,测量电阻率的系统将由包含在简单固定几何结构中的待测材料样品组成。如果已测量该样品的电阻,则电阻率可由下式求得,即

$$R = r \frac{A}{l} \tag{3.12}$$

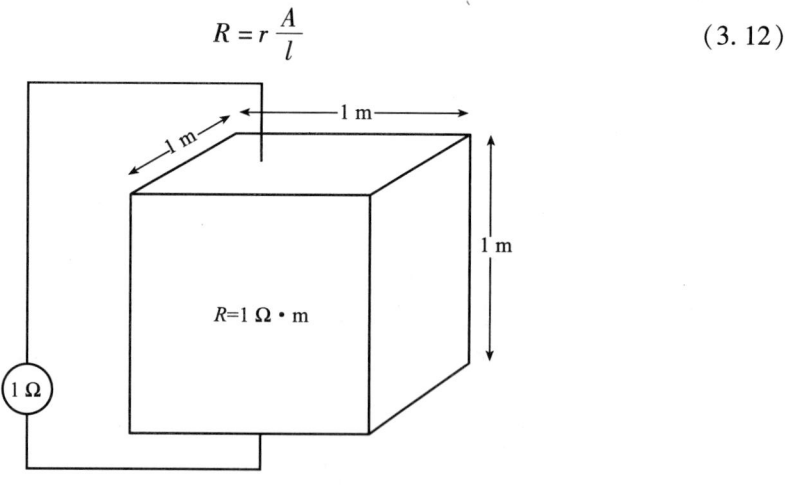

图3.3 标准电阻率为 $1\ \Omega \cdot m$ 的 $1\ m^3$ 立方体材料的两个相对面之间的阻抗是 $1\ \Omega$

---

❶ 电阻率的倒数是电导率,其单位为 S/m。在测井中,为了适应通常的电导率范围,使用毫西门子每米(mS/m),其中 $1\ 000\ \text{mS/m} = 1\ \text{S/m}$。

利用欧姆定律，式（3.12）变为

$$R = \frac{V}{I}\frac{A}{l} = k\frac{V}{I} \tag{3.13}$$

式中，常数 k 称为系统常数，它将给定电流 I 的电压降 V 的测量结果转换为材料的电阻率。

这种系统的实际利用如图 3.4 所示，它显示了所谓的钻井液杯，可以将钻井液样品放入其中以确定其电阻率。根据图中给出的尺寸，系统常数可以计算为 0.012 m。电阻率 R 则通过测量的电阻 r 得到

$$R = r\frac{A}{l} = r \times 0.012 \tag{3.14}$$

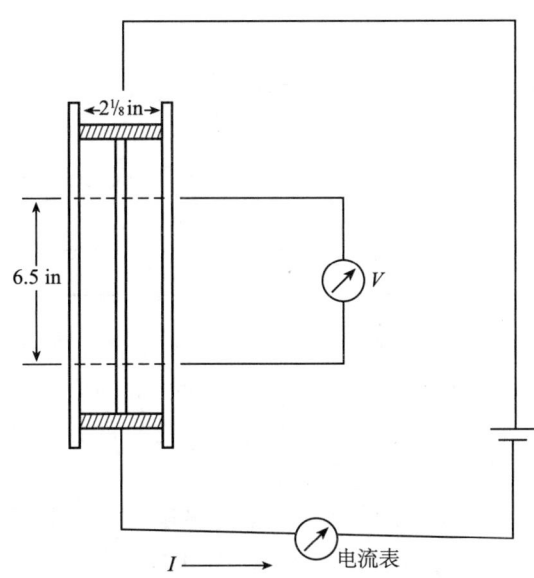

图 3.4　用于测量钻井液样品电阻率的钻井液杯示意图
电流 I 通过样品并测量相应的电压 V

对于这种特殊的测量装置，测试盒内装满 2 Ω·m 的盐水时，盐水样品的总电阻为 166 Ω。

3.3　岩石和盐水的电学特征

导电形式有两种：电解质导电和电子导电。在电解质导电中，其导电机制与液体（如水）中溶解的盐有关。金属测量都属于电子导电范畴，不在讨论之列。

表 3.1 列出了一些典型材料的电阻率。注意盐水的电阻率变化范围，它与氯化钠（NaCl）的浓度有关。典型的岩石材料本质上是绝缘体。储层岩石都具有可测的导电性，是因为在其孔隙内存在电解质。电解质的存在也使黏土矿物的导电性大为增强。在某些情况下，岩石的电阻率可能受岩石所含有的金属、石墨或金属硫化物的影响。从表 3.1 中可以看出，目的层的电阻率变化范围可能在 0.5～10^3 Ω·m 之间，接近四个数量级。

表 3.1　常见材料电阻率值[3]

材料		电阻率，$\Omega \cdot m$
大理石		$5 \times 10^7 \sim 10^9$
石英		$10^{12} \sim 3 \times 10^{14}$
石油		2×10^{14}
蒸馏水		2×10^{14}
盐水（15℃）矿化度，g/L	2	3.4
	10	0.72
	20	0.38
	100	0.09
	200	0.06
典型地层	黏土/泥岩	$2 \sim 10$
	盐水砂岩	$0.5 \sim 10$
	油砂	$5 \sim 10^3$
	"致密"石灰岩	10^3

沉积岩的导电性主要源于电解质。水或水与烃的结合体构成了孔隙空间的连续相。岩石实际导电性取决于孔隙中水的电阻率和含水量，而与岩石骨架的岩性、黏土含量和层理结构（颗粒大小、孔隙分布、黏土和导电矿物）的相关性较低。此外，沉积地层的导电能力还与温度密切相关。

图 3.5 给出了盐水（NaCl）溶液的电阻率与电解质浓度和温度的关系。根据前面的分析，电解质的电阻率与带电粒子浓度成反比，即

$$R \propto \frac{1}{nq^2\mu} \tag{3.15}$$

为了验证此关系的正确性，请查看图 3.5 以确定浓度为 4 000 mg/L 和 40 000 mg/L 时的电阻率。当温度为 100°F 时，所对应的电阻率分别为 $1\ \Omega \cdot m$ 和 $0.12\ \Omega \cdot m$，或非常接近预期的比值。然而，从图 3.5 中可以看出，温度对电阻率的影响是非常显著的，但在电阻率的简单表达式方程（3.11）中并未给出。该式由稀薄气体推导得到，稀薄气体是一种与盐水溶液完全不同的介质。在盐水溶液中，带电粒子的相互作用以及其与溶剂之间的相互作用不容忽略。

电阻率与温度的相关性可以从溶液黏度的角度加以解释。图 3.6 显示了测量黏度影响的装置。在装置中，厚度为 t 的液体薄膜介于两块表面积为 A 的平板之间。底部平板是固定的，并对顶部平板施加一个力，使其平行于底部平板移动。实验发现，使平板获得速度 v_0 所用的力 F 的大小与速度 v_0 和平板拖动的液体的表面积 A 成正比，而与薄膜的厚度 t 成反比。比例常数 η 是黏性系数，实验关系为

$$F = \eta \frac{v_0 A}{t} \tag{3.16}$$

或

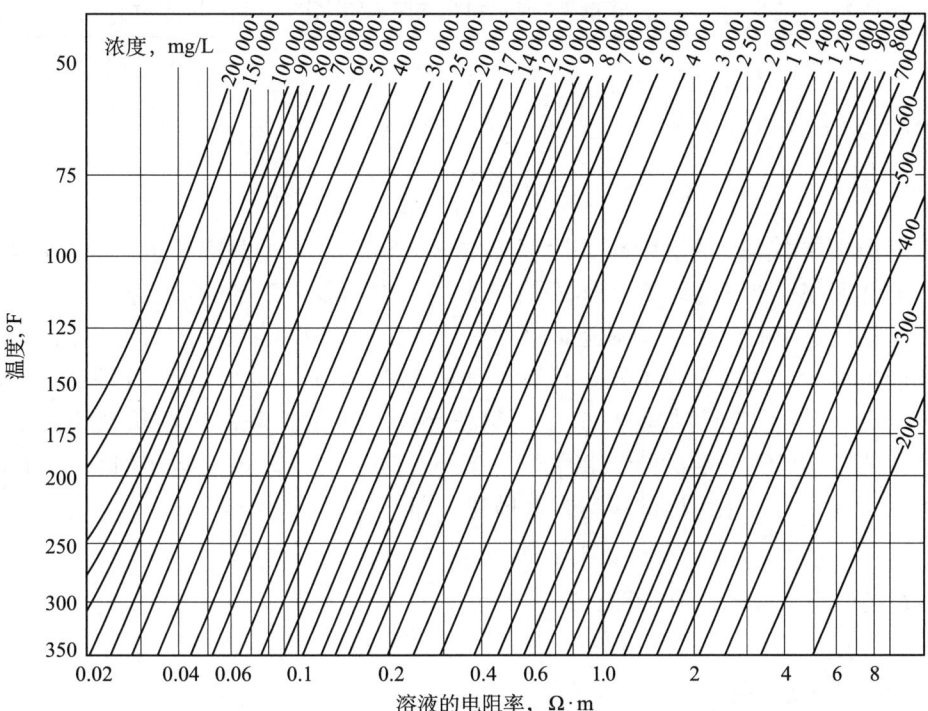

图 3.5　用于确定 NaCl 溶液的电阻率随 NaCl 浓度和温度变化的列线图[1]

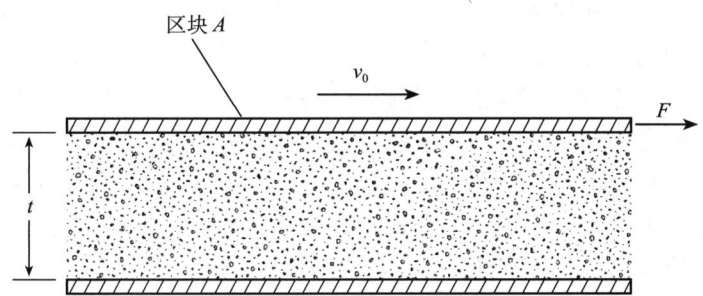

图 3.6　填充液体的两块平行平板之间的相对运动需要克服液体的黏滞阻力[2]

$$\frac{F}{A} = \eta \frac{v_0}{t} \tag{3.17}$$

该定义的实际应用就是斯托克斯定理，该定理认为半径为 a 的球形物体所受到黏滞力为

$$F = 6\pi\eta a v \tag{3.18}$$

式中，v 是物体的速度，这里指的是溶液中电解质粒子的速度。

为了以后引用，这里我们强调一下，方程（3.18）表明电解质粒子或离子的流动性与其大小成反比。

通过对电离气体电阻率的分析可以看出流动参数（μ）是如何进入到最终表达式的：

$$v_{\text{drift}} = \mu F \rightarrow R = \frac{1}{n\mu q^2} \frac{l}{A} \tag{3.19}$$

假设电解质粒子是半径为 a 的球形粒子，根据斯托克斯定理可得其漂移速度为

$$v_{\text{drift}} = \frac{1}{6\pi\eta a} F \qquad (3.20)$$

而电阻率为

$$R = \frac{6\pi\eta a}{nq^2} \frac{l}{A} \qquad (3.21)$$

电解质导体电阻率的温度相关性源于方程（3.21）中的黏滞系数。液体的黏度具有很强的温度相关性；与电离气体的情况不同，它随着温度的升高而降低。在液体的情况下，黏度是阻碍流体层相对运动的强分子间作用力的结果。随着温度的升高，分子的动能也增大，从而克服了分子间的引力而使黏度降低。文献［4］根据黏性流动提出了一个将（某种结构流体的）分子运动概率与无规则振动能量相联系的简单模型。该模型预测了黏度与温度的指数相关性。毫不奇怪，对于许多液体（如水）的黏度的实验温度特性，可以用下面的表达式来描述，即

$$\eta = \eta_0 e^{\frac{C}{T}} \qquad (3.22)$$

式中，C 是给定液体的固有特性。

3.4 自然电位

在第 2 章中，我们已经说明了自然电位在判断渗透层方面的应用。井眼中自然电位源自泥岩的电化学势和阳离子选择性。然而，其内在的本质是溶解的离子扩散的基本过程——流体中的溶解离子在井眼和地层中的自扩散作用。

自然电位主要由液体接触电位和薄膜电位构成。图 3.7 说明了产生液体接触电位的情况。图 3.7 的左侧是低浓度的 NaCl 溶液，右侧的离子浓度较高，浓度的高低用电解质数的密度 $n_+(x)$ 和 $n_-(x)$ 表示，该密度是位置的函数。对于实际情况，假设一充满低矿化度流体的井眼位于该图的最左边，那么这个区域将对应于渗透层的侵入带，第二个区域则对应于高矿化度盐水的原状地层。

由于粒子的浓度存在梯度（dn/dx，其中 $n = n_+ + n_-$），Na^+ 和 Cl^- 都将从高浓度区向低浓度区扩散。菲克定律对该扩散运动进行了近似描述，即

$$J_{\text{diff}} = -D \frac{dn}{dx} \qquad (3.23)$$

式中，J_{diff} 是扩散粒子的电流密度；D 是扩散常数[2]。

扩散系数与离子的可流动性和温度相关，可写为

$$J_{\text{diff}} = -\mu k T \frac{dn}{dx} \qquad (3.24)$$

流动和扩散之间的关系称为能斯特—爱因斯坦关系。

尽管根据方程（3.20）可以推断，离子越小，其可流动性越大，但水中溶解离子却不满足这一关系。我们的讨论限于地层水中常见的 NaCl 盐，Na^+ 要比 Cl^- 小许多。由于水是有极性的，水中的阴离子和阳离子通过静电作用与周围的球形水分子有弱吸附现象。然而，由于面电荷分布，体积小的阳离子与水分子的束缚力较强。在扩散过

程中,溶剂化数是仍然具有吸附作用的平均的水(H₂O)分子数。Na⁺的溶剂化数是4.5,而Cl⁻的只有2.2[5]。因此,水合Na⁺的视体积远大于水合Cl⁻的视体积,导致两个离子之间的流动性差异符合方程(3.20)。

由于Na⁺和Cl⁻具有不同的流动性,且$\mu_{Cl} > \mu_{Na}$,所以会导致电荷分离。正如图3.7的下半部分所示,易于流动的Cl⁻将从浓度高的区域到达浓度低的区域,在图中右侧产生正电荷区,在左侧产生负电荷区。扩散离子电流产生的电荷分离使左侧出现负电荷的过程可表述为

$$J_{sep} = -(\mu_{Cl} - \mu_{Na})kT\frac{dn}{dx}$$

(3.25)

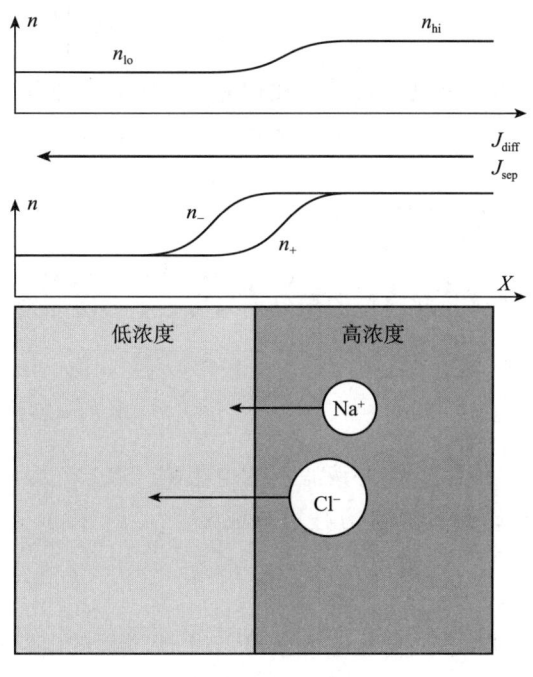

如果没有电荷分离产生的电场,扩散电流本身将继续在低离子浓度区域积累过量的负电荷,在高浓度区域积累正电荷。随着电荷分离的积累,电场E以图3.7下部所示的方向扩大。电场的作用是对离子施加漂移速度,加速阳离子向左扩散,减慢阴离子向左扩散的速度。电场强度一直增加,直到扩散的阳离子和阴离子数目相等为止,从而形成平衡稳定的电场,不再有新的电荷分离。然而,扩散虽然有所改变,但仍在继续。

图3.7 流体接触电位产生机制的示意图
图的上半部分给出的浓度梯度是产生扩散的原因。Cl⁻的高流动性导致电荷分离,用Cl⁻和Na⁺浓度表示

为了定量评价这种效应,较简单的方法是将电场E视为产生向右流动的离子电流,如图3.7下部所示,这将平衡向左流动的分离电流,如图的上部所示。该离子电流可以表示为

$$J_{current} = \sigma_{Cl}E + \sigma_{Na}E \qquad (3.26)$$

方程(3.26)中的电导率与带电粒子的数量密度及其流动性成正比(κ是比例常数)。因此,可视为标量,变为

$$J_{current} = \kappa n(\mu_{Cl} + \mu_{Na})E \qquad (3.27)$$

为了使电荷分离和电场保持稳定,两种电流(扩散电流的分离部分J_{sep}和电场产生的相反方向的电流)必须平衡,则有如下关系成立:

$$(\mu_{\text{Cl}} - \mu_{\text{Na}})kT\frac{\mathrm{d}n}{\mathrm{d}x} = \kappa n(\mu_{\text{Cl}} + \mu_{\text{Na}})E \tag{3.28}$$

该表达式可以重新排列和积分，由电场强度得到电压降

$$\frac{\mu_{\text{Cl}} - \mu_{\text{Na}}}{\kappa(\mu_{\text{Cl}} + \mu_{\text{Na}})}kT\int\frac{\mathrm{d}n}{n} = \int E\mathrm{d}x \tag{3.29}$$

式中，积分路径与粒子密度梯度方向一致。方程（3.29）的右端就是液体接触电位 $V_{\text{L-j}}$。

液体接触电位的积分结果可表示为两部分区域中粒子浓度 n_{hi} 和 n_{lo} 的比值的对数相关量

$$V_{\text{L-j}} = cT\ln\frac{n_{\text{hi}}}{n_{\text{lo}}} \tag{3.30}$$

通常情况下，钻井液滤液的电阻率（R_{mf}）大于地层水的电阻率（R_{w}），因此，利用方程（3.11），上述方程可写成

$$V_{\text{L-j}} = -c'\lg\frac{R_{\text{mf}}}{R_{\text{w}}} \tag{3.31}$$

图3.8是自然电位（SP）生成过程的电路示意图。标记为 E_{d} 的电池是刚刚讨论过的液体接触电位，其极性方向与地层水中的电解质浓度高于钻井液滤液中的电解质浓度相符合。从图中可以看出，自然电位的另一个来源与泥岩有关，它是 SP 的第二个组成部分——泥岩产生的薄膜电位，该电位是泥岩中所含的黏土矿物所吸附的大的表面负电荷产生的。

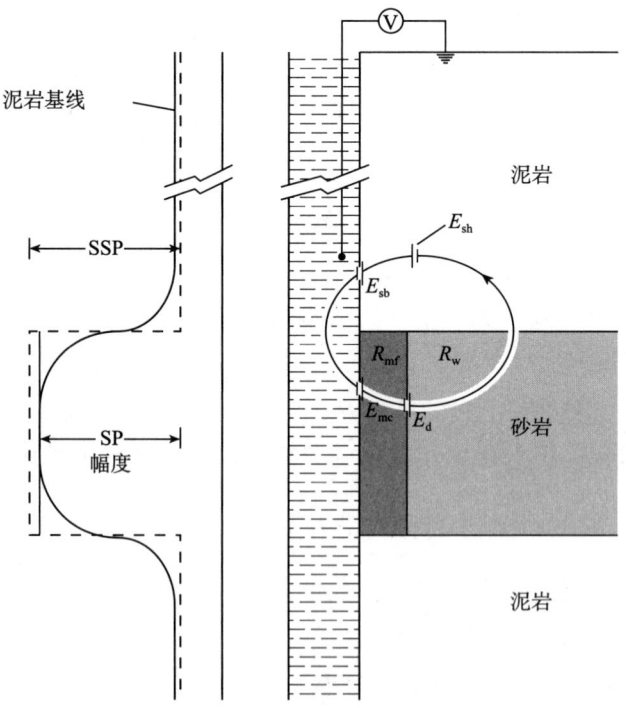

图3.8　井眼中自然电位的形成示意图[6]

下面我们对此做进一步阐述。首先，我们将泥岩定义为细微颗粒粒子的聚合体，如图 3.9（a）所示，其中许多是黏土矿物。我们将假设它几乎不具有流体流动的能力，但仍具有离子迁移的能力，尽管该能力与黏土矿物的存在有很大关系。泥岩充当粒子选择性薄膜，这与黏土矿物的基本组成结构——铝硅酸盐的层状结构有关。在黏土矿物的表面，存在与未成对的硅（Si）和氧（O）结合物相关的高强度负电荷。当黏土矿物粒子暴露于离子溶液（例如，含有 Na^+ 和 Cl^- 的溶液）中时，阴离子将被粒子表面排斥，而阳离子将被表面电荷吸引，形成所谓双电层，如图 3.9（b）所示。接近黏土层时，流体因阴离子被静电排斥而带正电。在此过程中，黏土矿物和其他微小矿物粒子组成的复杂混合物的孔隙空间太小，以致无法形成水的流动通道，阳离子将沿着带电表面由高浓度区向低浓度区扩散，而带负电荷的 Cl^- 被排斥。这种扩散过程将导致泥岩屏蔽阳离子浓度低的一侧正电荷的聚集，从而产生伴随电场。对于如图 3.8 所示的实际例子来说，饱和多孔砂岩层的流体中的阳离子通过泥岩扩散到阳离子浓度较低的井眼中。

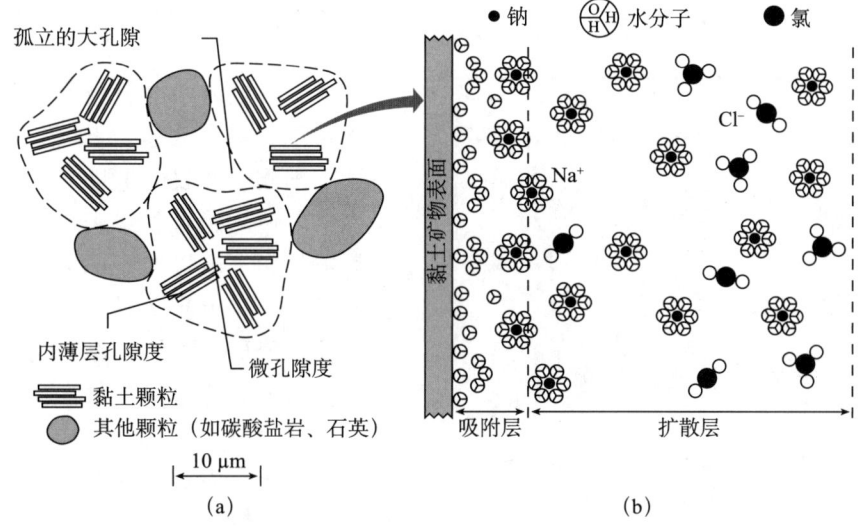

图 3.9　评价薄膜电位的简易装置[7]
（a）岩石矿物颗粒和扁平的小粒子构成的泥岩；
（b）靠近其中一种黏土矿物表面的离子分布，即所谓的双电层

为了帮助定量解释，图 3.10 给出了一个评价半渗透泥岩屏障隔开两种不同矿化度溶液产生薄膜电位的简易装置。由于泥岩表面带负电荷，自然扩散过程受到阻碍。易于扩散的 Cl^- 被阻止通过泥岩薄膜，而流动性较差的 Na^+ 则会很容易通过。结果是，在这种情况下，氯的有效流动性降低到几乎为零。Taherian 等人描述了利用阳离子和阴离子选择性薄膜模拟井眼中渗透性砂岩和非渗透性泥岩形成 SP 过程的实验研究[8]。

因此，图 3.8 中穿过薄膜的扩散离子电流可以表示为

$$J_{mem} = -D\frac{dn}{dx} = -\mu_{Na}kT\frac{dn}{dx} \tag{3.32}$$

式中，只涉及 Na 的浓度和流动度。

与液体接触电位的情况一样，将存在电荷分离。然而，此次将是左侧或低浓度区

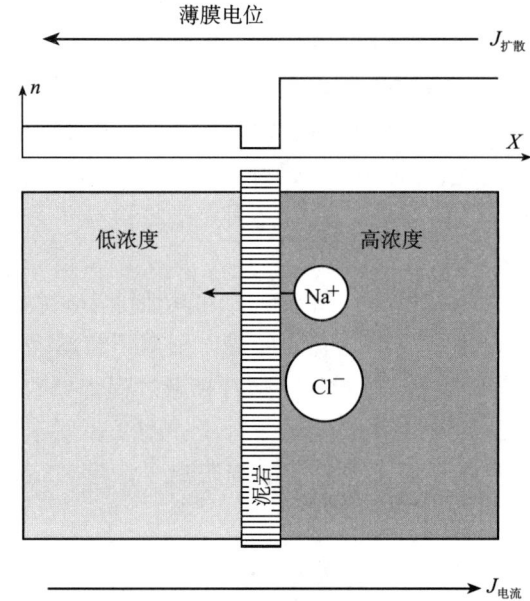

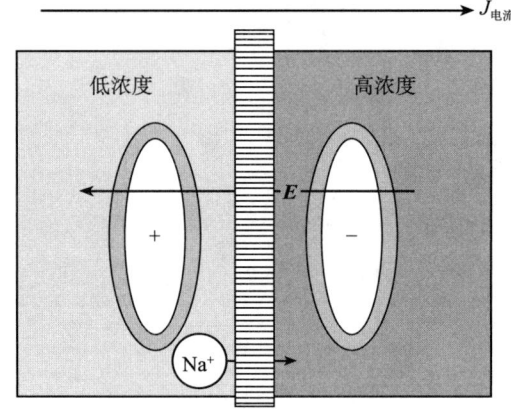

图 3.10 薄膜电位产生机制示意图
Na^+ 选择性通过泥岩薄膜改变了扩散过程

发生正电荷聚集,这将导致 Na^+ 流回高浓度区。电场产生的电流可以写成

$$J_{current} = \kappa n(\mu_{Na})E \quad (3.33)$$

令这两种电流相等,得到一个类似于方程 (3.29) 的方程,从而得到薄膜电位 V_m:

$$\frac{-\mu_{Na}}{\kappa(\mu_{Na})}kT\int\frac{dn}{n} = \int Edx = V_m$$
$$(3.34)$$

式中,负号表明泥岩处电场由内指向外,与清水(咸)砂岩处的方向相反。

如图 3.8 所示,在钻井液中 NaCl 浓度较低的情况下,电压增加,导致在砂岩处产生的负压降大于在泥岩处产生的负压降。薄膜电位对 SP 的贡献约为 4/5,这是因为其电位是以绝对值方式出现的,而液体接触电位是以差值的方式出现的。图 3.8 也给出了 SP 的测量方式,即测量井眼中电极和一个远处参考点的电位。泥岩基线表示没有电化学势影响的两个电极之间的自然电位,理想条件下,从上到下是一条直线。静自然电位(SSP)是在没有电流流动的情况下,从泥岩传递到厚的多孔清洁(无泥质)砂岩时,电化学效应产生的理想 SP。实际上,电极只能测量井眼中的电位变化。尽管钻井液电阻率低于地层电阻率,但井眼中的电流流动面积比地层中的要小得多,所以,其电阻要远大于地层电阻。因此,大部分电势降都发生在井眼中,故在地层中心位置测得的 SP 幅度接近 SSP。

在最佳条件下,SP 可以识别渗透层和确定地层水电阻率。SP 曲线的起伏表明地层是具有孔隙和渗透性的,并且表明地层中水的离子浓度与井眼中钻井液的离子浓度不同。根据方程(3.31)可以确定 R_w。由于可以测量钻井液滤液电阻率,因此,可以使用众所周知的 NaCl 溶液因子来计算地层水电阻率。在实际应用中,电化学势通常表示为有效水电阻率(R_{mfe} 和 R_{we}),而不是使用其实际值。除浓溶液或稀溶液外,这两个电阻率等于 R_{mf} 和 R_w。对于 75°F、电阻率大约低于 0.1 Ω·m 的高浓度溶液,电导率不再与电荷载体的粒子数密度及其流动度成正比,方程(3.27)已经不够精确。在高浓度条件下,离子之间的接近程度增加;离子之间的相互吸引力开始与溶液溶合力相抗衡,以降低离子的流动性。在大多数油田地层水的稀溶液中,除 Na^+ 和 Cl^- 以外的其他离子变得越来越重要。已经有许多在 R_{mf} 和温度已知条件下根据 SP 计算

R_w 的图版。

SP 也用于确定储层中的黏土含量。地层颗粒表面和孔喉表面的黏土因带有负电荷而阻止 Cl^- 的移动，从而破坏液体接触电位的形成。当没有电流流动时，在泥质砂岩对面产生的理想 SP 称为伪静自然电位（PSP）。有关渗透层 SP 形成的进一步论述可参看文献［9］。除了这些定量解释之外，还建立了随深度变化的自然电位与重要地质事件的联系。文献［10］给出了利用 SP 曲线确定沉积模式的一些实例。

3.5 SP 测井实例

SP 的测量可能与后续章节中将要介绍的许多测井技术的高科技图像相反。其传感器只是一个以地面电极为参考的电极（通常安装在绝缘的电缆上，称为"马笼头"，位于其他仪器探头几十英尺的上方），如图 3.8 所示。该测量本质上是一种直流电压测量，其中假设不需要供电的直流电压源是恒定的，或者只是随时间和深度缓慢变化。

图 3.11 给出了 SP 曲线的特征响应。图 3.11（a）是泥岩和纯砂岩地层序列以及理想化的 SP 响应，给出了泥岩基线，曲线向左偏移表示负电位增加。在第一个砂岩层中，SP 没有偏移，表明地层水矿化度与钻井液滤液矿化度相同，紧接着的两个层都有曲线偏移，偏移越大，钻井液滤液电阻率和地层水电阻率的差异越大。在最后一个地层，可以看到曲线向右偏移，意味着钻井液滤液矿化度高于地层原生流体矿化度。

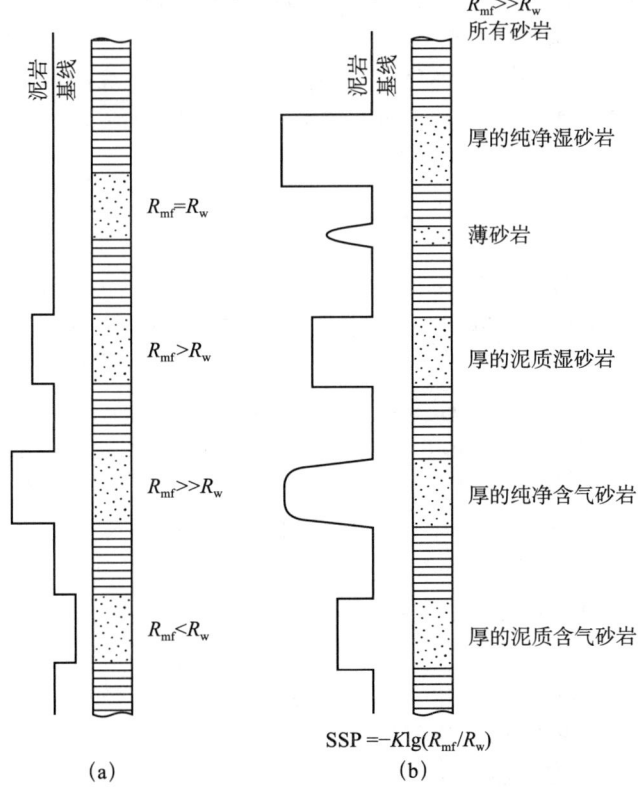

图 3.11　常见的各种不同测井环境下的 SP 曲线特征示意图[11]

图 3.11 (b) 给出了钻井液滤液矿化度和地层水矿化度给定对比的几个例子。SP 偏移与厚的纯净砂岩地层 SP 的偏移不完全一样。第一点是，如果砂岩地层不够厚，由于井眼中的电势降不充分，因此，曲线偏转幅度将减小。在层界过渡区，曲线变化缓慢也是一个原因。除了侵入深度以及侵入带与钻井液滤液电阻率之间的差异的因素，地层厚度至少是井眼直径的 20 倍时，SP 才能达到其真值。Tabanou 等人对上述关系进行了模拟研究[12]。

第二点是前面已经讨论过的黏土对 SP 幅度的减小效应。第三点是油或气体的影响。在纯净砂岩中，电化学势不受油或气体的影响，但由于地层电阻率较高，因此，SP 在地层界面过渡区变化可能更慢，只有当地层相当厚时，才能完全响应。然而，在泥质砂岩地层中，油或气体的作用明显。与含水层砂岩相比，由于孔隙空间中只含有少量的水，导致其电化学势降低明显，因此，黏土表面带电荷的作用相应地增大。

图 3.11 中未包括的其他因素也会对 SP 产生影响，例如，可能存在的电噪声以及测井仪器不同金属部分之间的双金属电流可能会在 SP 测量电极上产生无用的电位。另一个不利因素是动电电位或流动电位，它由井眼内较高的压力将阳离子移动通过阳离子选择性薄膜而产生。该膜可能是渗透性非常低的泥岩（图 3.8 中的 E_{sh}），或含有大量黏土颗粒且渗透性也非常低的滤饼（E_{mc}）。通常情况下，这些影响很小，并且会相互抵消一部分。然而，当压差增大到一定程度时，或者当钻井液和其他电阻率足够高时，即使弱小的电流也会产生较大的电势，以致动电电位与电化学电位相当。

自然电位基线通常随着时间和深度而缓慢偏移。当砂岩顶部的薄膜电位与底部的薄膜电位不同时，会产生比较剧烈的偏移。当顶部和底部泥岩具有不同的阳离子选择特性，以及当砂岩中地层水或含烃饱和度发生变化时，就会发生这种情况。最后一点，图 3.11 中的自然电位的对称性响应会被高渗透砂岩中钻井液滤液的垂直运动所破坏：含有密度较高的高矿化度地层水时，向上移动；而含有气体和轻油时，则向下流动。

参考文献

[1] Schlumberger. Log interpretation charts. Houston: Schlumberger, 2005.

[2] Feynman R P, Leighton R B, Sands M L. Feynman lectures on physics. Reading: Addison-Wesley, 1965.

[3] Tittman J. Geophysical well logging. Orlando: Academic Press, 1986.

[4] Adamson A W. A textbook of physical chemistry. 2nd international edition. New York: Academic Press, 1979.

[5] Lest A M. Introduction to physical chemistry. Englewood Cliffs: Prentice-Hall, 1982.

[6] Dewan J T. Essentials of modern open-hole log interpretation. Tulsa: PennWell Publishing, 1983.

[7] Revil A, Leroy P. Constitutive equations for ionic transport in porous shales. J Geophys Res, 2004, 109 (B3): B03208.

[8] Taherian M R, Habashy T M, Schroeder R J, et al. Laboratory study of the spontaneous potential-experimental and modeling results. The Log Analyst, 1995, 36 (5): 34 – 48.

[9] Revil A, Pezard P A, Darot M. Electrical conductivity, spontaneous potential land ionic diffusion in porous media//Lovell M A, Harvey P K. Development sinpetrophysics. Geological Society (London) special publication no122, 1997: 253 – 275.

[10] Pirson S J. Geologic well log analysis. Houston: Gulf Publishing, 1977.

[11] Asquith G, Gibson C. Basic well log analysis for geologists. Tulsa: AAPG, 1982.

[12] Tabanou J R, Rouault G F, Glowinski R. SP deconvolution and quantitative interpretation in shaly sands. Trans SPWLA 28th Annual Logging Symposium, paper SS, 1987.

[13] Hearst J R, Nelson P. Well logging for physical properties. New York: McGraw-Hill, 1985.

习 题

3.1 在图 3.12 的测井实例中，指出泥岩基线，并将 SP 测井曲线划分为三个主要部分：泥岩基线和两个储层。利用第 2 章的定性测井解释方法，假设底部储层充满水，请回答下列问题：

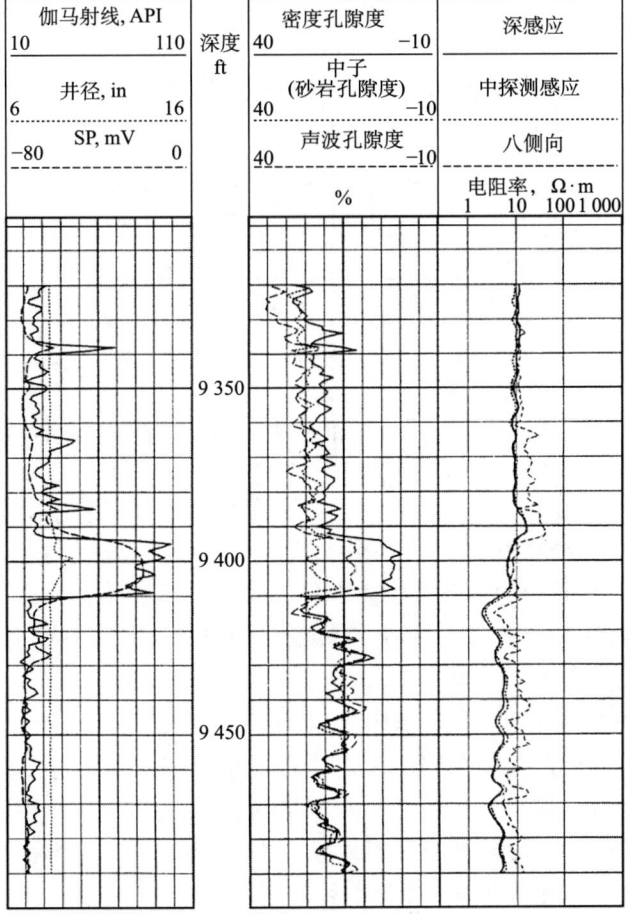

图 3.12 习题 3.1 的测井实例[13]

3.1.1 钻井液滤液和地层水哪个矿化度高？

3.1.2 上部储层和下部储层的平均孔隙度哪一部分大？

3.1.3 在上部储层中，哪条曲线表明中子孔隙度大于密度孔隙度？为什么？

3.1.4 只根据电阻率曲线，上部储层可分为两部分。它们都含烃吗？为什么？

3.1.5 哪一层的渗透性更好？

3.2 根据图3.13的测井曲线，确定一个纯地层的SP偏转的校正值。利用测井曲线的附加信息和手册中SP–4层厚校正图版[1]。请注意，SP的刻度为每格10 mV。

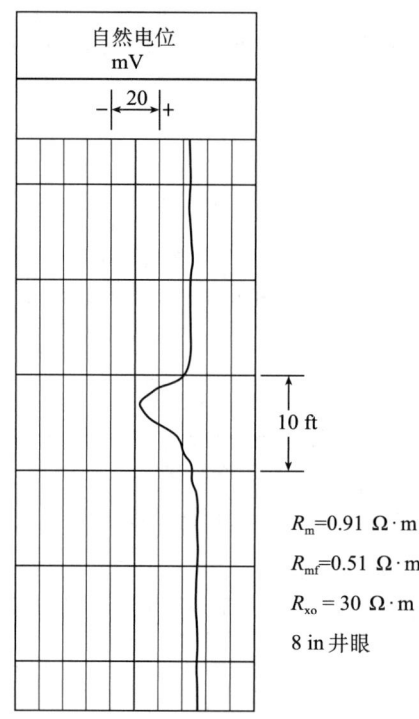

图3.13 习题3.2和习题3.3中的SP测井曲线，显示了层厚响应

3.3 利用习题3.2校正后的SP偏转值，根据下式估算地层水电阻率：

$$SSP = -70.7 \lg \frac{R_{mf}}{R_w} \tag{3.35}$$

如果使用未校正的SP值，R_w值是多少？

3.4 一个9 in井眼中的钻井液电阻率在100 °F时为0.9 Ω·m。

3.4.1 从地面到7 000 ft处，钻井液柱的电阻是多少？

3.4.2 如果温度升高到200 °F，电阻是多少？

3.4.3 如果井径扩大到1 m，电阻是多少？

3.5 图3.14给出了钻井液电阻率（以Ω·m为单位）随深度的变化曲线。忽略SP曲线，因为它是在钻井液测量前9个月测量的。

3.5.1 假设测井底部300 ft处的钻井液矿化度是常数，产生这种电阻率变化需要什么样的温度变化？在第3道画出变化曲线。

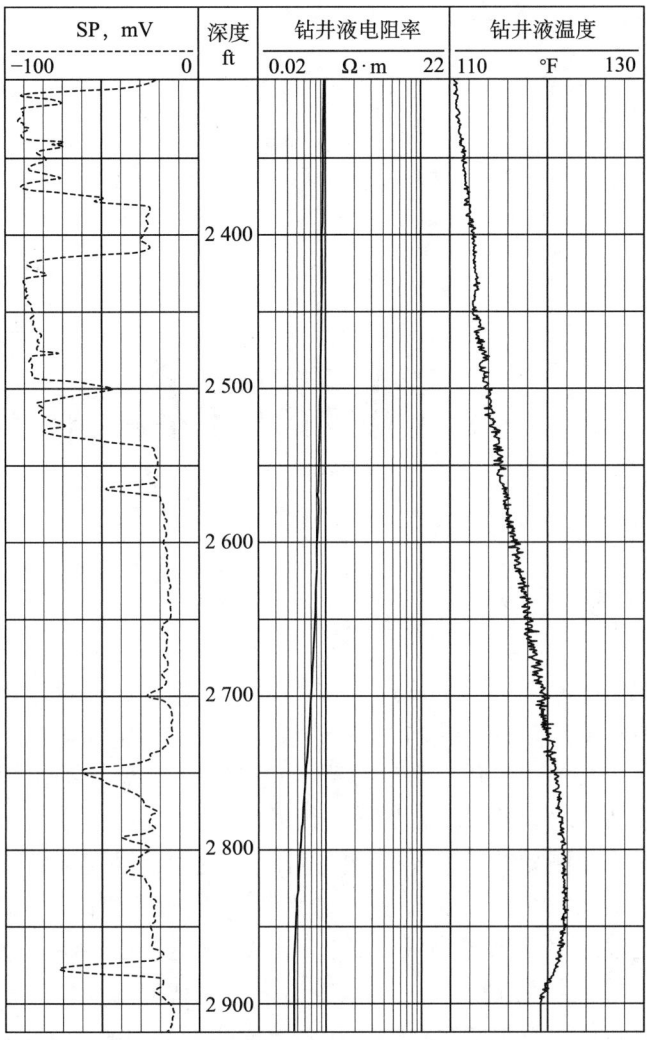

图 3.14 SP、井眼钻井液电阻率和钻井液温度的测井曲线

3.5.2 根据该储层的温度，什么样的矿化度变化会产生类似的电阻率变化？在第 3 道画出 NaCl 浓度随深度变化的几个点。

3.5.3 在该实例中，电阻率变化特性的最佳解释是什么？

3.6 根据图 3.5 给出的数据检验电阻率与温度（℉）倒数的预期指数相关性。从曲线上选择浓度为 4 000 g/L 的点，看一下 350 ℉处的电阻率与方程（3.22）所确定电阻率的偏差有多大。

4

测井解释基本经验

4.1 引 言

在考虑测量地层电阻率的细节之前，让我们先看看这种测量的用途。电阻率测量中所期望获得的岩石物理参数是含水饱和度 S_w。在第 3 章中，讨论了包括盐水在内的各种材料的电阻率，其关注的焦点是充满导电盐水的多孔岩样的电阻率，以便建立电阻率测量值与地层特性之间的关系，从而进行油气评价。

本章回顾了电阻率测量结果解释的经验基础。（这里的"经验"一词应以其最佳含义来理解，即基于观察和实验，而不意味着忽视了原理或理论。）多年来，在测井初期，就像无论地层电阻率是高还是低一样，不可能更准确地解决含水饱和度问题。正是根据 Leverett 和 Archie 的研究[1,2]，可以更加定量地解释地层电阻率测量结果，并建立起地层电阻率与地层水电阻率、孔隙度和含水饱和度之间的关系。

在回顾了著名的阿尔奇方程的基本原理后，通过考虑各种不满足阿尔奇方程的情况，我们提出了注意事项。令人惊讶的是，这些情况是通过扩展阿尔奇方程来处理的，而不是用更多的理论方法取代它们，但后者（对其中一些进行了简要回顾）还不能更好地解释岩石的复杂性。当在后面的章节中遇到某些扰动因素（例如，黏土或各向异性）时，本讨论将使人们认识到测量这些扰动因素的重要性。

本章最后介绍了最简单的电法测井测量原理。针对这一应用，回顾了静电学的一些基本概念，指出在非常理想的情况下，如何测量各向同性地层的电阻率。然而，为了提醒读者，岩石比理想情况更复杂，引入了电各向异性的概念。

4.2 早期的电法测井解释

图 4.1 是 1935 年之前测量的自然电位和地层电阻率测井曲线。图上的注释清楚地给出了哪些层含油以及哪些层含水。与层 $B—b$ 相比，看起来标注较高电阻率的层 $a—A$

含油更多（S_w 较低）。但怎样证实这一结论呢？

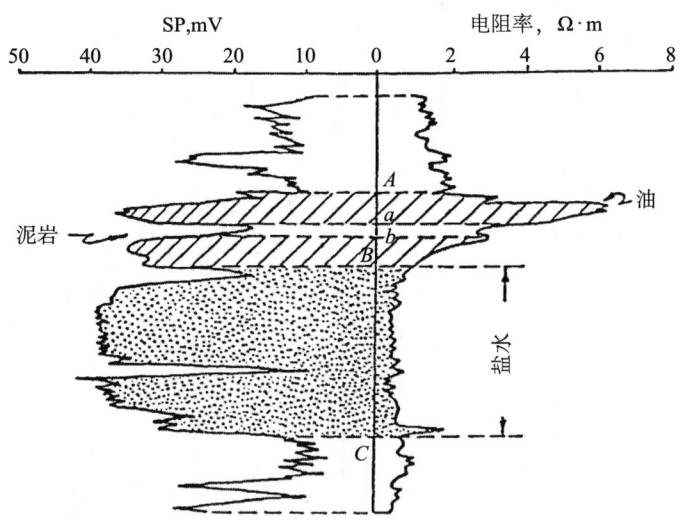

图 4.1　早期的电阻率—自然电位（SP）测井曲线[3]

当时的"标准"做法是在研究区域有代表性的地带取一块岩心样品，并在不同的含水饱和度条件下对其电阻率进行实验室测量。图 4.2 为两块这样岩心样品测量的实例。为了确定电阻率，假设岩心饱含了与原状地层水电阻率相同的水。在实验室里，水逐渐被烃驱替，并将测得的样品电阻率绘制为含水饱和度的函数。

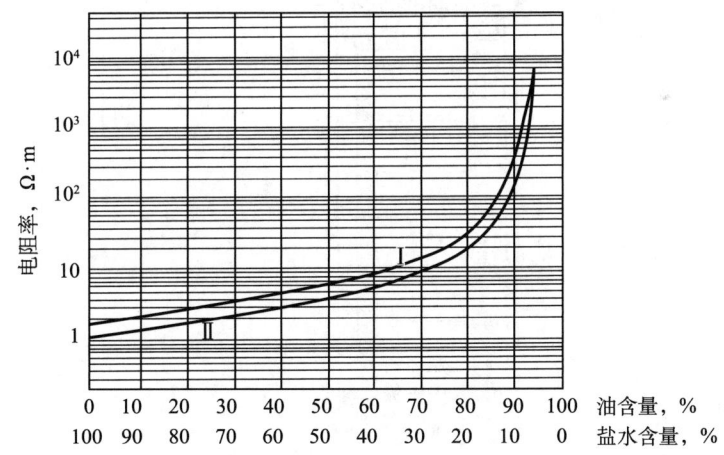

图 4.2　电测井解释中使用的两块岩心样品的电阻率测量值与含水饱和度的函数关系[3]

大约在同一时间，M. C. Leverett 正在对疏松砂岩进行实验，以确定作为含水饱和度函数的油和水的相对渗透率[1]。作为其研究的副产品，在校正了系统常数后，为了能方便地确定其渗透性样品中煤油和水的含量，他在一个样品室里测量了这种材料的电导率（图 4.3 和图 4.4，并标注了与图 3.4 中钻井液杯的相似点）。

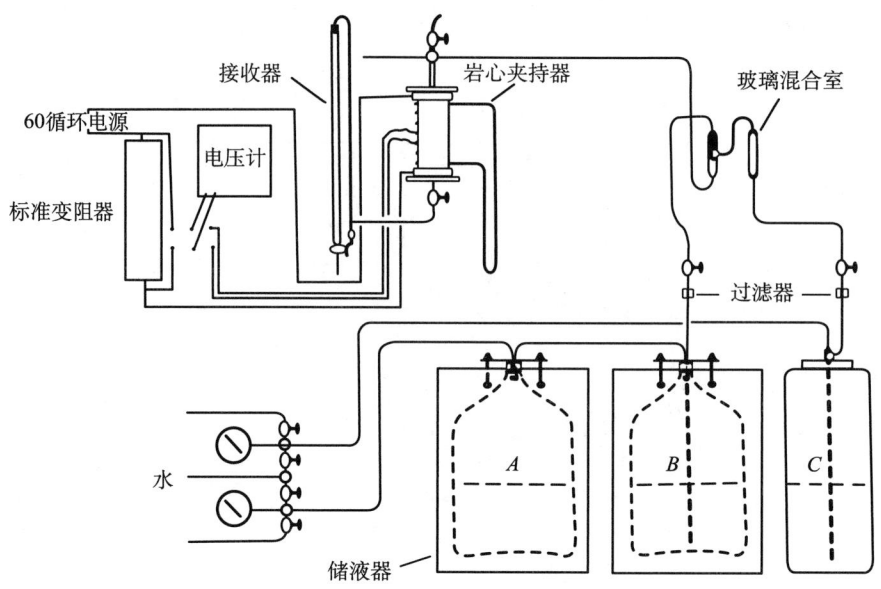

图 4.3 测量疏松砂岩相对渗透率的 Leverett 实验装置原理图[1]

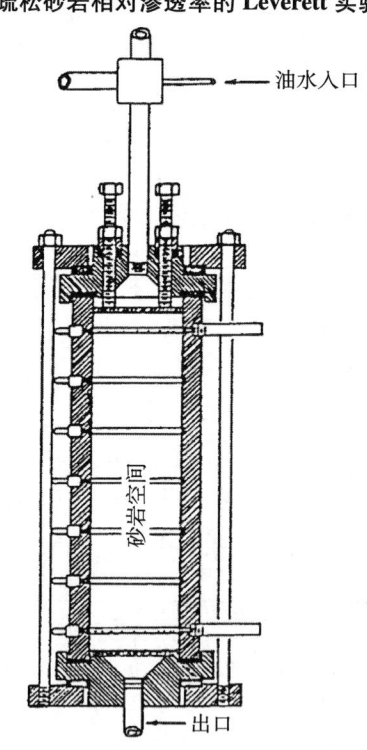

图 4.4 Leverett 实验中的岩心夹持器详情图[1]
请注意与钻井液杯的相似之处

图 4.5 是其校准数据的总结。将单位为小数的含水饱和度（S_w）与归一化后的电导率绘制成关系图。当样品室中的样品完全饱和盐水时，后面刻度中归一化点被认为是样品的电导率。图 4.2 中岩心测量值的适当归一化点可以清晰地追踪到 Leverett 的测量值，并指出将多孔样品电阻率与含水饱和度联系起来的通用方法的可能性（习题 4.2）。

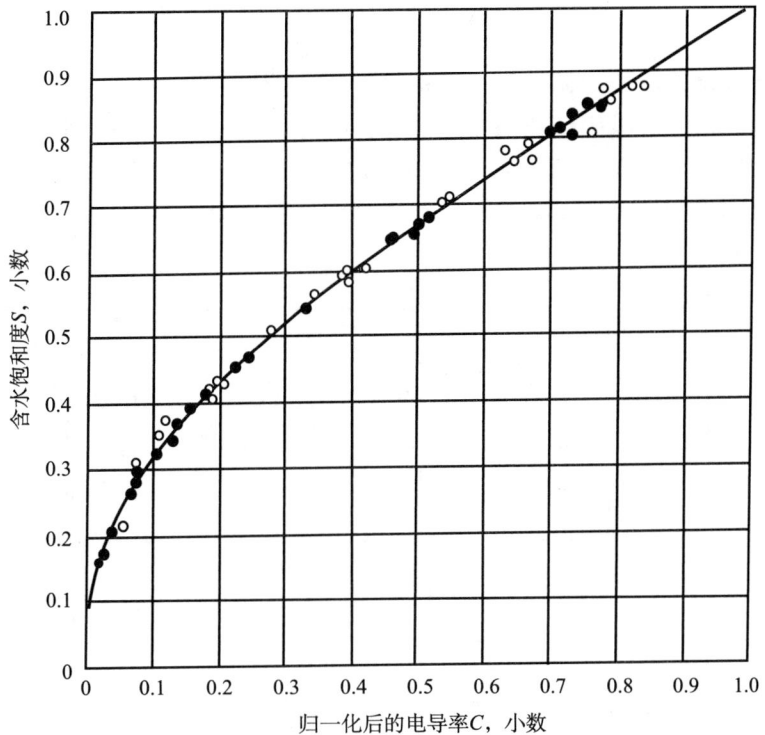

图 4.5 Leverett 砂包岩心夹持器的校准曲线，显示了相对电导率随含水饱和度的变化[1]

4.3 解释的经验方法

4.3.1 地层因数

在 Leverett 的研究成果发表之后不久，壳牌公司的 G. E. Archie（阿尔奇）也在做岩心样品的电法实验测量，目的是能找出与渗透率的关系[2]。其测量包括用已知电阻率 R_w 的盐水完全饱和岩心样品，并将测得的完全饱和岩心的电阻率 R_0 与水的电阻率 R_w 联系起来。G. E. Archie 发现，无论饱和水的电阻率是多少，给定岩心样品的合成电阻率与地层水电阻率的关系总是为一个常数因子 F，他称之为地层因数，其实验总结为如下关系式：

$$R_{sample} \equiv R_0 = FR_w \qquad (4.1)$$

图 4.6 是他对两个不同位置的岩心进行实验的例子，其中地层因数 F 被绘制成渗透率的函数，并且几乎是后来才想到，又绘制了孔隙度的函数（以压缩得多的比例）。尽管他正在寻找与渗透率的相关性，但他最终承认，地层因数与渗透率之间并不存在广义的关系，而与孔隙度似乎存在广义关系。他的总结图（图 4.7）显示了地层因数与渗透率没有什么相关性。然而，它却表明地层因数是孔隙度的函数，并且可以表示为幂指数的形式：

$$F \approx \frac{1}{\phi^m} \tag{4.2}$$

式中，经大量数据证实认为，指数 m 非常接近2。这种经验观察法可用于描述当地层水电阻率不变时，地层电阻率随孔隙度的变化：孔隙度越低，电阻率则越高。指数 m 很快被命名为胶结指数，因为据研究，它随着颗粒胶结程度的增加而增大[4]。通常，人们认为 m 随着通过孔隙空间导电路径的弯曲度大小而增大。

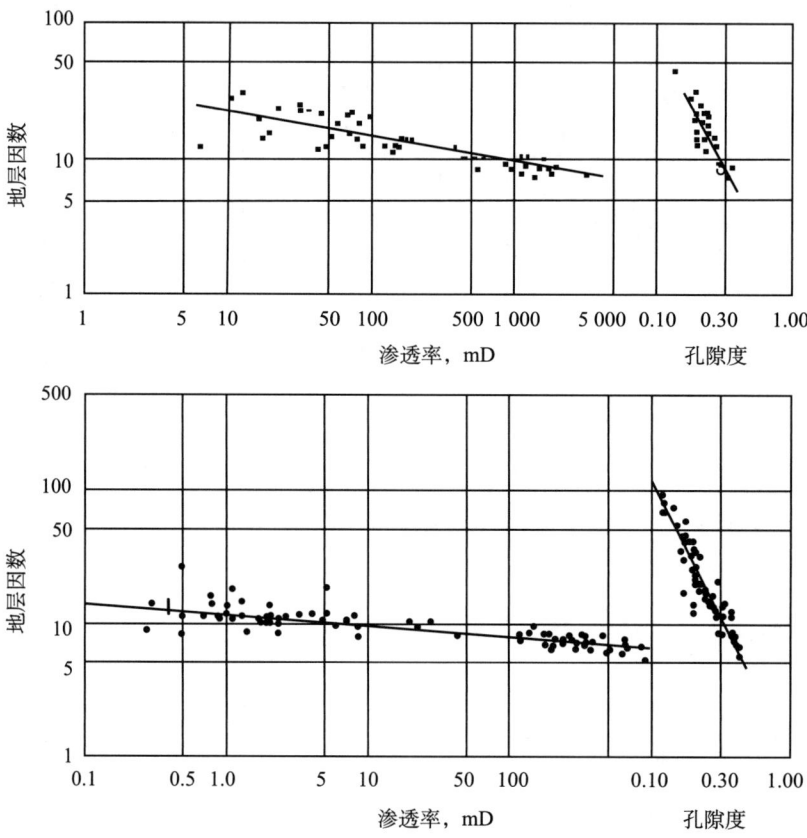

图 4.6 尝试将电地层因素与两个区域饱含水岩石样品的渗透率和孔隙度相关联的实例[2]

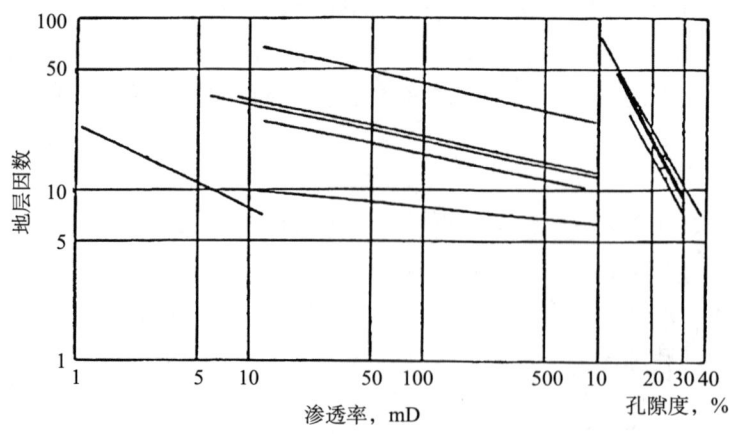

图 4.7 地层因数测量值的详细总结，结论是其与孔隙度关系紧密，与渗透率关系不确定[2]

4.3.2 阿尔奇的综合推理

电阻率测量的实际应用是确定含水饱和度。这是通过对阿尔奇的另一个观察实现的。他发现,将 Leverett 和其他人的数据以如图 4.8 所示的形式绘制成交会图后,这些数据可以很方便地被参数化。在双对数坐标纸上,含水饱和度与相对的电阻率数据被绘制成一条直线,表明关系式为

$$S_w = \left(\frac{R_t}{R_0}\right)^{-\frac{1}{n}} \qquad (4.3)$$

指数 n 称为饱和度指数,数据证实,非常接近 2。

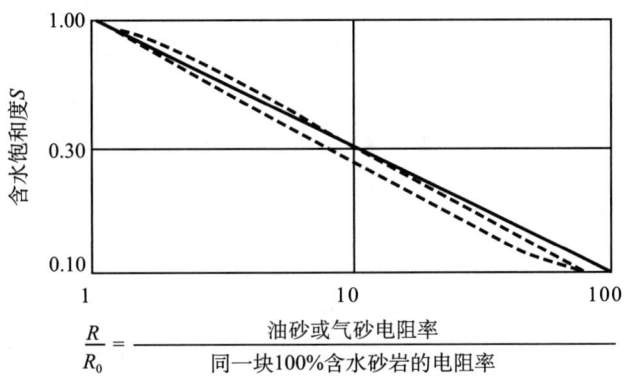

曲线	研究者	砂岩类型	地层水矿化度 g/L	油或气	孔隙度部分
——	Wyckoff	各种各样的松散岩心	大约 8	CO_2	各种各样
——	Leverett			油	0.40
– – –	Martin		130	油	0.20 和 0.45 (?)
——	Jakosky	易碎的	大约 29	油	0.23

图 4.8 各种电阻率/饱和度实验的综合显示出一种普遍的幂率关系[2]

根据这一关系式,含水饱和度近似表示为

$$S_w \approx \sqrt{R_0/R_t} \qquad (4.4)$$

然而,应用先前发现的阿尔奇关系,可以将完全饱和的电阻率 R_0(在地层评价中通常无法获得)与地层水电阻率相关联。因此,表达式变成

$$S_w \approx \sqrt{F\frac{R_w}{R_t}} \qquad (4.5)$$

由于地层因数与孔隙度有关,因此,最终形式是

$$S_w \approx \sqrt{\frac{1}{\phi^2}\frac{R_w}{R_t}} \qquad (4.6)$$

该方程可用于评价。但更普遍的形式是

$$S_w^n = \frac{a}{\phi^m} \frac{R_w}{R_t} \tag{4.7}$$

式中，需针对将要评价的特定研究区块或地层确定常数 a、m 和 n。

从上述分析中可以清楚地看出，要想根据含水饱和度来解释电阻率测量值，必须已知两个基本参数：孔隙度 ϕ 和原状地层水电阻率 R_w。为了说明电阻率解释的基本程序，有必要回顾一下第2.6章节（图2.18）中的测井实例，以利用经验观察结果。首先，需要估算地层水电阻率 R_w。这在 D' 层或 C' 层都可以实现，因为这两个层暂时被认定为水层。在这两种情况下，孔隙度均约为28 p.u.，因此，地层因数 F 为 $1/0.28^2$ 或 12.8。所以，这两个层的视电阻率约为 $0.2\ \Omega \cdot m$，假设这是完全饱和水时的电阻率 R_0，相对应的地层水电阻率为 $0.2/12.8\ \Omega \cdot m$ 或 $0.016\ \Omega \cdot m$。

显然，C 层的深电阻率增加到约 $4\ \Omega \cdot m$，那么与 C' 层相比，对应的含水饱和度一定降低；这两个层的孔隙度似乎恒定在28 p.u.。C 层的含水饱和度可以根据下式估算：

$$S_w = \sqrt{\frac{R_0}{R_t}} = \sqrt{\frac{0.2}{4.0}} = 22\% \tag{4.8}$$

因此，含油饱和度约为78%。

另一个含油层（A）显示与 C 层具有相同的电阻率值。然而，上部地层孔隙度较小，预计大约为8 p.u.。因此，A 层的地层因数为 $1/0.08^2$ 或156。与观测到的 $4\ \Omega \cdot m$ 层相比，如果 A 层完全含水，则电阻率预计约为 $2.5\ \Omega \cdot m$。因此，该层可能含油，但预计含水饱和度会高于 C 层。该层的含水饱和度可以根据方程（4.6）估算得到

$$S_w = \sqrt{156 \times \frac{0.016}{4.0}} = 79\% \tag{4.9}$$

所以，看起来只有大约21%的含油饱和度。饱和度估算的置信区间可以根据方程（4.6）确定，并且留作练习。

4.4 注意事项

阿尔奇意识到，其方程适用于充满盐水的简单、均质孔隙系统。非均质孔隙系统、多传导机制的岩石或亲油岩石需要更完整的解决方案[5]。这些问题涉及阿尔奇的三个方程：孔隙度指数（m）的关系式、S_w（n）的关系式以及地层因数（F）的定义。我们将首先考虑 m 和 n，地层因数 F 的定义主要是黏土电导率的问题，留到最后讲。各向异性储层将在后面的章节中细讲。

4.4.1 孔隙度指数（m）

尽管阿尔奇可以用单一的参数 m 拟合其数据，但通常情况下，拟合整个储层的 F 与 ϕ 的关系需要两个参数——a 和 m。在实践中，只用一个参数拟合的误差通常很小[6]。在任何情况下，用某个与储层物性相关的变量都比用总平均值效果好。

早期的努力集中在寻找与孔隙度的关系上，这是因为孔隙度降低，弯曲度可能会

增加，因此，m 也会增大。虽然已经开发出了许多关系式，但它们仅适用于特定的储层或地区，并不能普遍适用。如果储层中含有孔洞或裂缝，则可以得到更清晰的关系。裂缝的弯曲度最小，为电流提供了一条直线路径。在裂缝性储层中，如果我们能够测量出裂缝孔隙度，并假设通过裂缝与粒间孔隙的导电路径平行且互不相交，我们就可以计算出总的有效孔隙度指数 m。假设粒间孔隙度 $m_b = 2$，裂缝 $m_f = 1$，则图 4.9 的左侧显示了这个计算值。

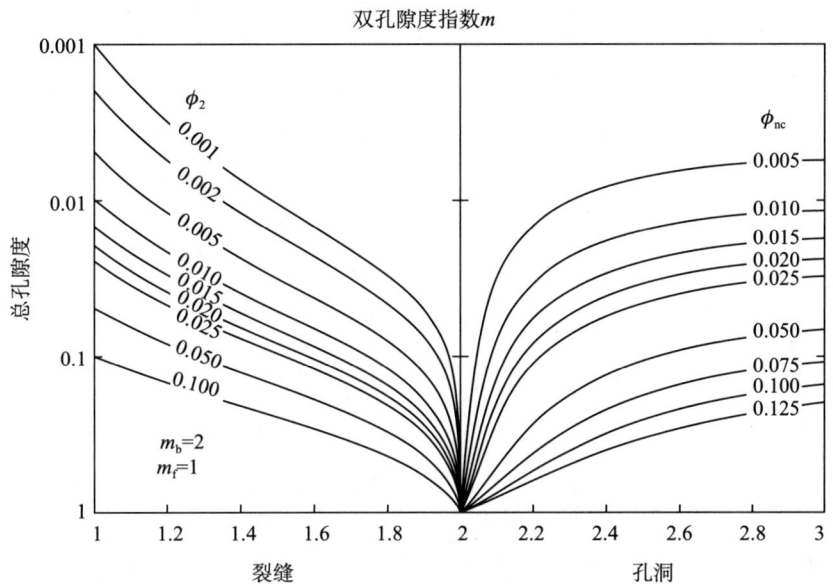

图 4.9 裂缝（左）和不连通孔洞（右）对双孔隙岩石总孔隙度指数（m，沿 x 轴）的影响[7]
其中粒间孔隙部分 $m_b = 2$

孤立的孔隙具有孔隙度，但对岩石导电性没有贡献，因此，其 $m = \infty$。图 4.9 的右侧是含有如孔洞、鲕状穴和微孔颗粒等孤立孔隙储层的有效孔隙度指数 m。这些毛孔并不完全是孤立孔隙，但会有与孤立孔隙几乎相同的效果，因为在流体流动时，岩石电导率主要是由流动的压缩度，也就是孔喉控制。大孔洞贡献了大孔隙度，但没有贡献多少导电性。因此，孔洞的 m 值很大。图 4.9 中的图版很有用，因为裂缝和孔洞的大小可以通过井壁成像和声波测井资料估算出来。

一般来说，无论 m 变化的原因是什么，都可以通过直接测量水层的电阻率和孔隙度而得出，然后，假设在油层中也使用同样的方法，或者，如果可以通过电阻率以外的其他方法测量出含水饱和度，则可以根据阿尔奇方程计算出 m 或 n。侵入带中使用介电测量就是这种方法。

4.4.2 饱和度指数（n）

与测量 m 相比，Leverett 用了更长的时间才完成饱和度指数 n 的实验。每块岩心样品都必须在几个不同的饱和度点进行测量。用油或气驱水费时，尤其是在低渗透率样品中。与 m 不同的是，根据水层的测井资料推导出 n 是不可能的。因此，关于 n 的数据更少,并且很少使用除了 2 以外的值。

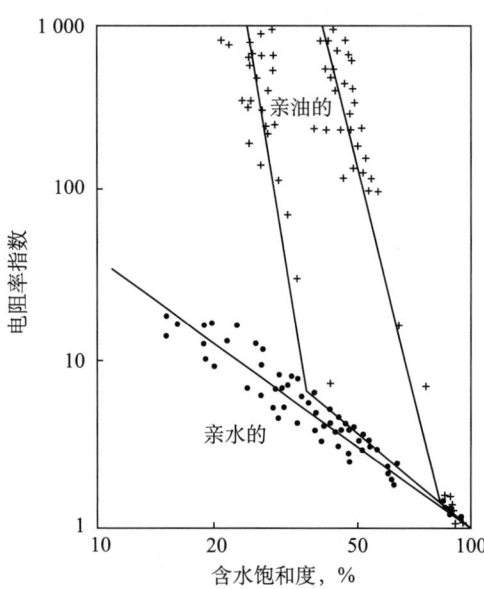

图 4.10 亲水或亲油的碳酸盐岩实验[8]
已被冲洗成亲水或亲油的碳酸盐岩电阻率与含水饱和度测量值,表明亲油岩石的 n 值急剧增大;亲油数据中的拐点表明非阿尔奇 n 值的另一个主要原因——存在两种或更多类型的孔隙尺寸

然而,实验室实验已经表明,主要在两种情况下,n 明显地不同于 2。第一种情况与润湿性有关。根据岩心资料,传统观点认为储层是亲水的,但这主要是因为在进行任何测量之前,无论岩心样品的原始状态怎样,其自身的液体已经被彻底清理掉,并被放进高度亲水的环境中。用自然状态下或被修复的样品进行的实验,或简单地通过注入适当的液体使样品亲油的实验已经表明,在亲油的岩心中,n 值远远大于 2。在亲水的岩心中,水覆盖在颗粒表面,提供了一条连续的导电路径,导致含水饱和度降至 20% 或更低。在亲油的岩心中,油覆盖在颗粒表面,当进入小孔隙时,开始阻塞孔喉。其结果是电阻率急剧增高,从而 n 值也很高(图 4.10)。

第二种情况是岩石中的孔隙空间不再是均质的,而是由不同尺寸的孔隙不规则地混合在一起。当油或气进入这种岩石中时,某些孔隙类型中的水可能比其他孔隙类型中的水更容易被驱替。例如,裂缝中的水应该很容易被油取代,但连通性较差的孔洞中的水不容易被驱替。碳酸盐岩非均质性特别强,因此,也更可能亲油。所以,在这两种条件下,电阻率与 S_w 的关系可能很复杂,n 不等于 2,且还会随含水饱和度而变化。这些问题将在 23.4 节中进一步讨论。

4.4.3 黏土的影响

Hill 和 Milburn、Waxman 和 Smits 等人研究了岩心样品中黏土的电效应[10,11]。图 4.11 是完全饱和岩石的电阻率与饱和水的电阻率的比较(阿尔奇实验)。可以看到两种现象:阿尔奇早已证明的纯砂岩的线性响应和泥质砂岩的弯曲响应。可以看出,黏土的存在降低了样品的总电阻率,并致使 $F = R_0/R_w$ 成为 R_w 的函数。

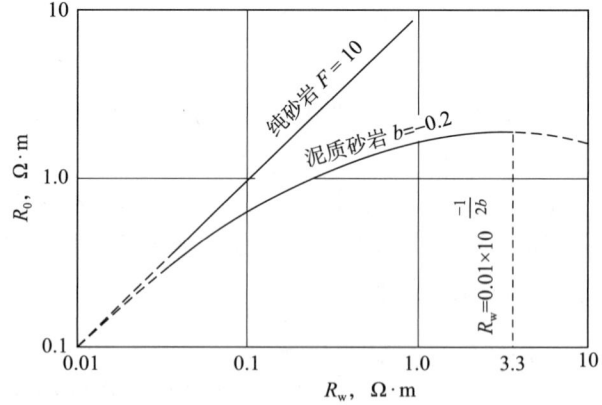

图 4.11 Hill 和 Milburn 观察结果示意图[10,12]
分别确定了无黏土岩石和含泥岩岩石的阿尔奇地层因数

由图 4.12 中可以更清楚地看到这种现象(用电导率表示)。当饱和水电导率 C_w 值降为零时,不含黏土矿物的样品预计应该没有导电性。黏土似乎提供了

一个附加电导率 C_s，C_s 为常数（除非矿化度低于某个值）。因此，要求我们按下面方式修正地层因数的阿尔奇定义：

$$C_0 = \frac{C_w}{F} + C_s \qquad (4.10)$$

式中，$1/F$ 在图 4.12 中为斜率，与矿化度无关，但与温度和离子类型（尽管通常假设为 NaCl）有关。

为了理解这一现象，有必要知道产生表面负电荷的黏土矿物的结构，因为要替换黏土晶体表面少量正价原子。多余的负电荷被水合阳离子的吸附作用中和，这些阳离子本身太大而不能进入晶格。中和作用发生在被称为交换站的位置。在离子溶液中，这些阳离子能够与溶液中其他离子交换。这种特性的测量称为阳离子交换能力或 CEC。

已经开发出了许多定量含黏土岩石附加电导率的模型，普遍认为存在两条导电路径：第一条是电解液离子在孔隙空间中常见的电荷传输；第二条是黏土矿物颗粒在负电荷区域与阳离子交换而产生的导电性。关于第二种传导路径，目前的几种理论对其看法各不相同。其中一种模型认为，电荷应该是从电解液到黏土表面固定的交换点传输，通过邻近电解液时，应是

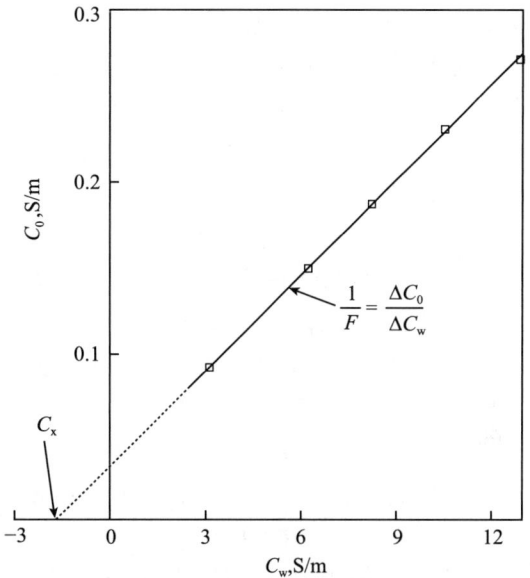

图 4.12 Waxman 和 Smits 在一块含黏土岩心上进行测量的示意图[13]
针对几种不同电导率的饱和水，已对完全饱和水岩石的电导率进行了测量。单位 S/m 是 $\Omega \cdot m$ 的倒数

站点间的传输，并且是在不同黏土颗粒的站点间传输[11]。不管细节如何，第二种导电路径的大小将取决于其他参数，例如黏土含量，而黏土含量可以根据测井曲线估算。黏土含量的估算方法以及黏土的导电性将在第 21 章中进一步讨论。

4.4.4 备选模型

很多测井解释都是基于阿尔奇相对简单的实验结果，这似乎令人惊讶。事实上，为了使这些方程具有更多的理论基础，已经进行了许多尝试，这里需要粗略考虑采取这些尝试的方向性问题。其中一个观点将孔隙视为一组弯曲的毛细管。1950 年，Wyllie 和 Rose 应用弯曲度这一概念来描述毛细管中的导电路径[14]。假设长度为 L 且横截面积为 A 的岩心样品的孔隙空间被长度为 L_a 且横截面积恒定为 A_a 的单个弯曲管替代，该管中与岩石中的含水量相同，水从样品一端运行到另一端。这两个系统首尾两端的电阻率一定相等，即

$$R_t \frac{L}{A} = R_w \frac{L_a}{A_a} \qquad (4.11)$$

式中，样品的电阻率为 R_t，水的电阻率为 R_w。由于它们的含水量相同，所以，弯曲管的体积 L_aA_a 等于孔隙的体积 ϕLA。代入式（4.11），得到 $F = R_t/R_w = T/\phi$，其中 T 定义为弯曲度，等于 L_a^2/L^2。弯曲度是一个有用的概念，但事实证明其用途很有限。人们发现根据离子通过样品的时间测得的弯曲度比地层因数 F 预测的弯曲度大[15]。事实上，导电路径的横截面积并不是常数，这个概念忽视了孔隙网络的多分支特性。

因此，下一步是构建孔隙和孔喉的网格模型。这些模型自然与流体流动问题有关，而且是一个有用的关系。它们倾向于预测孔喉的重要性[16]或孔径分布[17]。另一种方法是建立颗粒模型，特别是模拟胶结的地质过程，以及整个地质时间中孔隙度降低的过程[18]。通过允许颗粒以特定方式构成可近似得到阿尔奇地层因数关系，而孔洞或裂缝的影响可以通过其他方式模拟。这些模型可以帮助确定复杂饱和度方程中的参数。

有效介质理论用于研究其他复合介质，并已应用于研究岩石。这些理论的基础是将岩石组分（孔隙和/或颗粒和/或油）视为主材料成分，并计算"有效"均匀介质的导电属性，而该属性与通过求和各成分的影响得出的导电属性相同。难点在于选择什么作为主材料。如果选择颗粒作为主材料，孔隙作为成分，那么孔隙将不连通。Hannai 和 Bruggeman 将孔隙水作为主材料，推导出了岩石电导率的表达式，该表达式已被几位作者应用[19,20]。或者，自洽模型平等对待颗粒与孔隙，将有效介质作为主介质。调整自洽模型的性能，直到颗粒和孔隙的总效应为零。研究发现，只有达到某一孔隙度时，孔隙才是连通的。在实际的岩石中，孔隙保持连通直到孔隙度达到异常低值（它们有一个低"渗流阈值"）。已经提出了各种方案来模拟这个低阈值。其中一个是自相似模型，在该模型中，固体颗粒涂上较小的固体颗粒，而较小的颗粒涂有更小的颗粒，诸如此类[21]。利用球形颗粒，阿尔奇方程中 m 减小到 1.5；利用椭圆形颗粒，则 m 值要高些。另外，引入一种体积微小但渗流阈值极低且导电的虚介质[22]。可以将参数引入模型中，以匹配泥质砂岩和纯砂岩的实验数据。

最后，阿尔奇地层因数的形式受到了质疑。岩石电导率取决于样品中的水量，即孔隙度。因此，因为 $F(=C_w/C_t)$ 已经包含了与孔隙度密切相关的变量，所以，F 与 ϕ 的相关性很好也就不足为奇了。除此之外，Herrick 和 Kennedy 还指出，将孔体积的影响与孔隙分布的影响分开可能更好[23]，并将电导率定义为

$$C_t = C_w S_w \phi E \tag{4.12}$$

式中，E 是一个纯粹的几何参数，称为电效率。

然后，他们还证明在许多非泥质岩石中，E 是 ϕS_w 的线性函数，因此，它的极限形式简化为阿尔奇方程。

尽管多次尝试寻找可替代的方程，但大多数测井解释仍然基于阿尔奇方程或其扩展方程。根本原因是储层太复杂多变以至于很难从理论上进行描述。大多数替代模型在某些极限条件下简化成了阿尔奇方程。超过这一极限，他们要么使用没有 m 和 n 通用的参数，要么引入无法测量或容易估算的另外参数。研究的主要结果是更好地理解阿尔奇方程，而不是实际应用。那些最有用的阿尔奇扩展方程都是在增加地层组分或参数的基础上建立的，其参数可以根据测井或岩心测量，例如黏土、孔洞或裂缝体积。

4.5 静电学综述

既然已经探究了电阻率解释的基本原理，那么就该考虑如何现场测量沉积地层电阻率的问题了。首先，我们快速回顾一下静电学的一些基本概念，这些概念构成了电阻率测量的基础。这部分实际上是接下来描述电阻率测量章节的引言。

静电位是一个非常有用的概念，它直接由库仑定律得到。为了理解静电位并推导出其简单表达式，以距离为 r 的两个电荷（q_1 和 q_2）为例（图 4.13）。库仑定律表明，两个电荷之间的排斥力与距离的平方成反比，并且直接随电荷大小的乘积而变化，表达式如下：

$$F = \frac{1}{4\pi\varepsilon_0}\frac{q_1 q_2}{r^2} \tag{4.13}$$

这直接导出了电场矢量 $\boldsymbol{E}$ 的表达式，$\boldsymbol{E}$ 定义为每单位电荷的力，由此得出

$$\boldsymbol{E} = \frac{1}{4\pi\varepsilon_0}\frac{q}{r^2}\boldsymbol{r} \tag{4.14}$$

式中，$\boldsymbol{r}$ 是从产生电场的电荷到观察点方向上的单位矢量。

方程（4.14）给出了大小为 q 的电荷在任意点 r 处的电场强度。

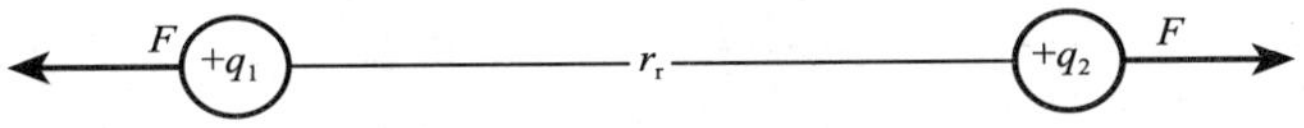

图 4.13 相隔距离为 r 的两个带电粒子，显示排斥力为 F

根据功 W 的定义，即反作用力对所经过距离的积分，W 可以表示为

$$W = -\int_a^b \boldsymbol{F}\cdot \mathrm{d}\boldsymbol{s} \tag{4.15}$$

其对于电场中的电荷单位，功 W 为

$$W = -\int_a^b \boldsymbol{E}\cdot \mathrm{d}\boldsymbol{s} = -\frac{q}{4\varepsilon_0}\int_a^b \frac{\mathrm{d}r}{r^2}$$

$$= \frac{q}{4\pi\varepsilon_0}\left(\frac{1}{r_a} - \frac{1}{r_b}\right) \tag{4.16}$$

需要注意的是，从 a 点移动到 b 点所做功的大小与所走的路径无关。它只取决于两个端点的值。因此，类比势能的概念，静电势能 $\phi(P)$ 定义为

$$\phi(P) = -\int_{P_0}^P \boldsymbol{E}\cdot \mathrm{d}\boldsymbol{s} \tag{4.17}$$

或

$$\boldsymbol{E} = -\nabla\phi \tag{4.18}$$

参考点 P_0 通常选在无穷远处，以消除产生势能的电荷，并且将 $\phi(P_0)$ 设为零。在这种情况下，$\phi(P_0)$ 也称为电压 V。对于点电荷，其结果为

$$\phi(r) = \frac{q}{4\pi\varepsilon_0}\frac{1}{r} = V(r) \tag{4.19}$$

4.6 测井应用的思维实验

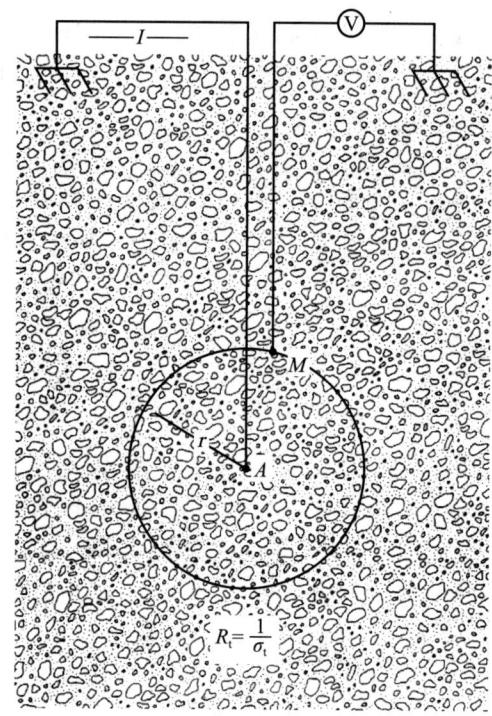

图 4.14 确定电导率为 $\sigma(=1/R_t)$ 的无限均匀介质电阻率的理想化实验
它包括在 A 点置入电流，以及在距离供电电极 r 处测量 M 点的电势

图 4.14 是测量均质地层电阻率的装置，该均质地层的电导率 σ（或其倒数电阻率）是各向同性的。它由强度为 I 的电流源和距离 A 点的电流发射有一定距离 r 的电压测量电极 M 组成。均匀介质的电阻率为 R_t，因此，其电导率为 $\sigma = 1/R_t$。（电导率在测量物理学中通常写为 σ，在测井解释中写为 C。）

确定 M 点的电势与电流 I 之间关系的一种方法是利用静电学中的一些关系。由于电流 I 是一种持续的电荷源，因此，可以认为它产生了电势 V，正如从某个等效点电荷 q 所预期的那样，电势为

$$V(r) = \frac{1}{4\pi\varepsilon_0} \frac{q}{r} \quad (4.20)$$

难点是将等效电荷 q 与电流 I 相关联。

系统中任意一点的电流密度 $\boldsymbol{J}$ 由下式给出：

$$\boldsymbol{J} = \sigma\boldsymbol{E} = -\sigma\frac{\partial}{\partial r}V(r)$$

$$= \frac{\sigma}{4\pi\varepsilon_0}\frac{q}{r^2}\boldsymbol{r} \quad (4.21)$$

式中，$\boldsymbol{r}$ 是单位矢量，从电流源向外呈放射状。

为了根据总电流 I 得到电势的表达式，用电流密度对包含电流源的球形表面进行积分：

$$I = \int \boldsymbol{J} \cdot \mathrm{d}\boldsymbol{S} = \frac{\sigma q}{4\pi\varepsilon_0 r^2}4\pi r^2 = \frac{\sigma q}{\varepsilon_0} \quad (4.22)$$

而且，q 可以由 I 求得：

$$q = \frac{\varepsilon_0 I}{\sigma} = \varepsilon_0 I R_t \quad (4.23)$$

现在将 q 的表达式代入单一点电荷的电势方程（4.19）中，以得到距离电流源 r 处的电压：

$$V(r) = \frac{\varepsilon_0 I R_t}{4\pi\varepsilon_0 r} \quad (4.24)$$

用球形几何学欧姆定律确定电势并不弯曲。对于电流源 I，以源为中心、半径为 r 的球形表面的电流密度为

$$J = \frac{I}{4\pi r^2} \tag{4.25}$$

而电流密度与电场 E 的关系表明：

$$E = \frac{R_t I}{4\pi r^2} \tag{4.26}$$

根据该表达式，得到距离电流源 r 处的电压：

$$V(r) = \phi(r) = -\int_\infty^r \frac{R_t I}{4\pi r^2} dr = \frac{R_t I}{4\pi r} \tag{4.27}$$

因此，我们发现 R_t 值为

$$R_t = 4\pi r \frac{V}{I} = k \frac{V}{I} \tag{4.28}$$

图 4.14 的装置可以看作是确定地层电阻率的基本单电极测量装置。对于该装置，仪器常量 k 为 $4\pi r$，其中 r 是供电电极和测量点之间的间距。已知供电电流和由此产生的电压，则可以得到均匀介质的电阻率 R_t。

作为一项练习，按照 Tittman 方法确定这种装置电阻率变化的灵敏度非常有趣[24]。如图 4.15 所示，可以通过将供电电极置于不同电阻率的多个同心球体的中心来验证该问题。目的是调查超过测量电极范围时地层的测量灵敏度。

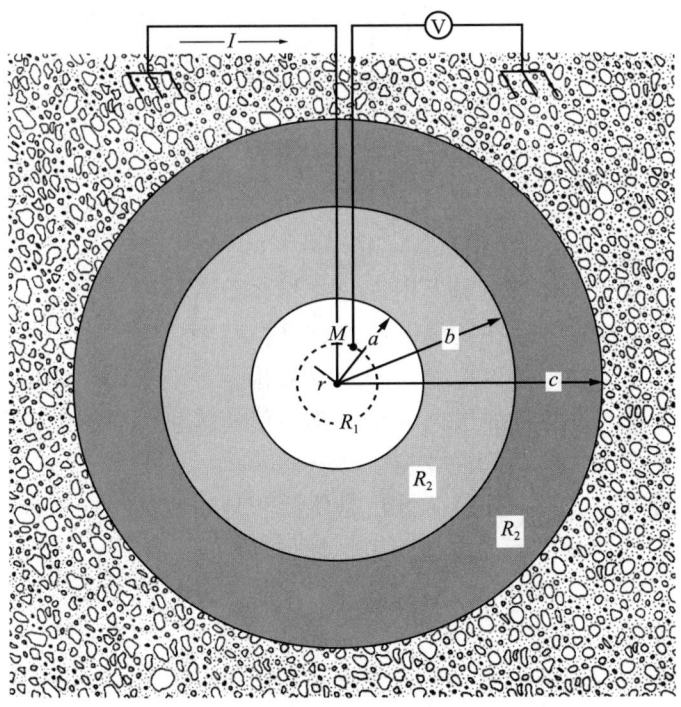

图 4.15 用于确定双电极装置对不同电阻率的同心地层灵敏度的几何图形[24]

根据基本仪器响应的微分形式，可得

$$V(r) = \frac{1}{4\pi r} I R_t \rightarrow dV = -\frac{I R_t}{4\pi r^2} dr \tag{4.29}$$

根据增量电势的这个表达式，通过从无限远到点 r 对所有地层积分，可得到点 r 处的电压：

$$V(r) = \int_\infty^r \mathrm{d}V = -\frac{I}{4\pi}\int_\infty^r \frac{R(r)}{r^2}\mathrm{d}r = \frac{I}{4\pi}\int_r^\infty \frac{R(r)}{r^2}\mathrm{d}r \qquad (4.30)$$

该积分表达式可以分解成不同区间的积分之和

$$V(r) = \frac{I}{4\pi}\left(R_1\int_r^a \frac{R(r)}{r^2}\mathrm{d}r + R_2\int_a^b \frac{R(r)}{r^2}\mathrm{d}r + R_3\int_b^c \frac{R(r)}{r^2}\mathrm{d}r + \cdots\right) \qquad (4.31)$$

最后可以简化成

$$V(r) = \frac{IR_1}{4\pi r}\left[\left(1 - \frac{r}{a}\right) + \frac{R_2}{R_1}\left(\frac{r}{a} - \frac{r}{b}\right) + \cdots\right] \qquad (4.32)$$

当 $r \ll a$ 时，对于电阻率为 R_1 的均质介质，该表达式就会简化成方程（4.28）的结果。

4.7 各向异性

对于只接触过电磁学的学生来说，电导率（或其倒数电阻率）的概念不是标量可能会让人感到惊讶。事实上，电流沿着外加电场的方向流动的概念根深蒂固。如果在某种材料中，电流不是这样流动，则认为这种材料是各向异性导电。

从比方程（4.21）中给出的电流矢量更严谨的定义开始，各向异性的正式表达式应改写成

$$\boldsymbol{J} = \boldsymbol{\sigma}\boldsymbol{E} \qquad (4.33)$$

$$\begin{bmatrix} J_x \\ J_y \\ J_z \end{bmatrix} = \begin{bmatrix} \sigma_x & 0 & 0 \\ 0 & \sigma_y & 0 \\ 0 & 0 & \sigma_z \end{bmatrix}\boldsymbol{E} \qquad (4.34)$$

式中，电导率张量 $\boldsymbol{\sigma}$ 是为坐标系编写的，该坐标系具有三条正交线，沿着正在讨论的电导率材料的所谓主轴对齐。在其他一些旋转坐标系中，电导率矩阵的所有九个分量都可以用来描述任意外加电场的电流。很容易看出，一般来说，如果电场没有沿着三个主轴的任何一个排列，并且如果这三组矩阵的值有区别，那么电流矢量的方向将不会是外加电场 $\boldsymbol{E}$ 的矢量方向（习题4.10）。

经常应用于沉积地层的一种简便方法是将沉积地层视为横向各向同性，这意味着横向电导率（σ_h）与层理平面的方向无关，且与纵向电导率（σ_v）不同。举一个这种地层的简单例子，假想一个精细分层的砂泥岩序列，砂岩可能富含烃，具有高电阻率或低电导率 σ_{sa}，而泥岩夹层可能具有相当高的电导率 σ_{sh}，根据泥岩的相对体积 V_{sh} 及电场方向（在这个简单的例子中，平行或垂直于假想层理），地层电阻率将变化很大。当产生电流的电场水平且平行于层理时，两部分地层的电导率体积加权相加，得到水平电导率：

$$\sigma_h = V_{sh}\sigma_{sh} + (1 - V_{sh})\sigma_{sa} \qquad (4.35)$$

对于垂直电场的情况，地层电阻率就是地层各组分电阻率体积加权之和。直到20世纪90年代，大多数电阻率仪器还只是测量垂直于仪器的电场，因此，在垂直井中，

仪器测量 R_h 和 σ_h。遗憾的是，σ_h 对泥岩的高电导率（σ_{sh}）很敏感，而对砂岩电导率却不敏感，这与 σ_v 正好相反。这种情况的证明留作练习。直到水平井和后来的三分量感应仪器的出现，才测量出 R_v 和 σ_v。

细砂岩和粗砂岩交互成层也会产生各向异性。细砂岩通常束缚水饱和度高且电阻率低，而粗砂岩含油饱和度高且电阻率高。其结果与砂泥岩层相似，R_h 主要反映低阻、含水细砂岩。层状砂岩是低阻油层的一种类型，这样称呼是因为尽管砂岩可能会产油，但传统上测量的 R_h 很低。

各向异性可以以令人惊讶的方式影响 m 和 n 的值。有人可能会认为，每层 m 相同的层状地层或岩心样品，总 m 将相同。如果每层具有不同的孔隙度，则情况并非如此，因为与 ϕ^m 成比例的每层的电导率不同。总电导率则取决于每种类型地层的比例。Kennedy 和 Herrick 指出了这类岩石的总 m 取决于地层组分的比例，且平行于和垂直于地层的方向也迥然不同（图 4.16）[25]。对于 n，例如，当层间只有 S_w 不同时，也发现了同样的研究结果。这些结果都是由于对 m 和 n 进行了对数定义，且没有进行任何简单的算术平均得到的。层状砂岩应使用专门的饱和度方程进行解释，在第 23.3.4 节中将会见到。

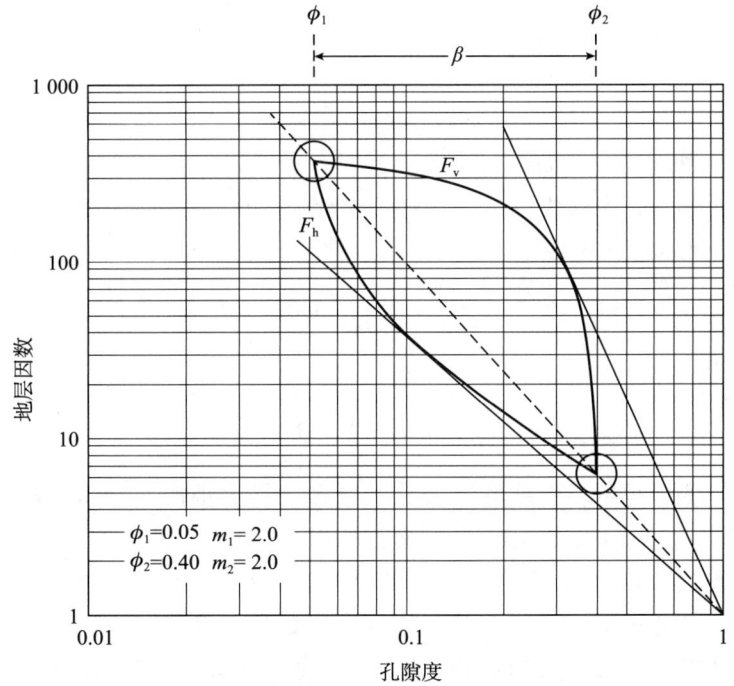

图 4.16　各向异性层状介质中的地层因数和 m 值变化的实例[25]
在该实例中，有孔隙度分别为 0.40 和 0.05 但 m 相同的两个互层。随着层类型 1 的比例 β 的增加，如果水平测量（F_h），则总 m 降低到 2 以下；如果垂直测量 F_v，则总 m 增加到 2 以上。F_h 的最小斜率为 1.6，F_v 的最大斜率为 4.0

各向异性的轴心并不总是水平或垂直的，井眼也并非总是垂直的。那么这中间会发生什么呢？对于感应测井仪器来说，它沿垂直于仪器轴心方向测量，测得的电导率介于 σ_h 和几何平均值 $\sqrt{\sigma_h \sigma_v}$ 之间，当仪器与水平面的相对夹角为 0° 时，测得的电导率

是 σ_h；当夹角为 90°时，测量的是 $\sqrt{\sigma_h \sigma_v}$。其他电阻率测量仪器不能精确地测量垂直于仪器方向的电阻率值，并且受平行于仪器方向的电阻率影响较大。

这个神秘的参数 $\sqrt{\sigma_h \sigma_v}$ 来自哪里呢？由于它经常出现在电阻率各向异性的文献中，因此，了解它是怎么产生的以及它如何与所谓的视各向异性相联系或许会有一些意义。

它包括很多细节（可以在许多关于地球物理学中的电学方法的权威文章中找到[26-28]）。为了概述起源，我们注意到，在各向异性的情况下，为了找到点源引起的电势，使用了麦克斯韦方程组的形式。该方程规定，在不包含源的任意点处的电流发散度必须为零。

因此，对于具有电流源的导电介质中的电势分布，需要求解的方程为

$$-\nabla \cdot i = \nabla \cdot (\boldsymbol{\sigma} \nabla \phi) = 0 \tag{4.36}$$

假设电导率可以由沿三个主轴的三个值指定，我们可以写

$$\sigma_x \frac{\partial^2 \phi}{\partial x^2} + \sigma_y \frac{\partial^2 \phi}{\partial y^2} + \sigma_z \frac{\partial^2 \phi}{\partial z^2} = 0 \tag{4.37}$$

对于水平各向同性介质，其中只有两个不同的电导率值 σ_h 和 σ_v，我们可以将方程改写为

$$\sigma_h \left(\frac{\partial^2 \phi}{\partial x^2} + \frac{\partial^2 \phi}{\partial y^2} \right) + \sigma_v \frac{\partial^2 \phi}{\partial z^2} = 0 \tag{4.38}$$

在均质情况下（其中各个方向的 σ 大小相同，并且可以分解出来），解该方程的常用办法是承认球形对称，并定义由 $R^2 = x^2 + y^2 + z^3$ 给出的新变量 R。在这种情况下，拉普拉斯方程 [方程 (4.36)] 变成

$$\frac{\partial}{\partial R} \left(R^2 \frac{\partial \phi}{\partial R} \right) = 0 \tag{4.39}$$

方程很快可解为

$$\phi = -\frac{A}{R} + B \tag{4.40}$$

界面条件确定了两个常量。传统的做法是，当 R 为极大值时，将电势和 ϕ 设为零，因此，B 必定为零。常数 A 由放出的总电流量来确定。

为了求解方程 (4.38)，必须分解出左边的电导率，以便使用方程 (4.40) 的简化形式。这一过程是通过坐标变换将各向异性空间延伸成各向同性空间来实现的。通过将 x 轴和 y 轴乘以 $\sigma_h^{-1/2}$，将 z 轴乘以 $\sigma_v^{-1/2}$，实现了径向坐标 R 的校正：

$$R = \left(\frac{x^2}{\sigma_h} + \frac{y^2}{\sigma_h} + \frac{z^2}{\sigma_v} \right)^{1/2} \tag{4.41}$$

使用该方程，可以将方程 (4.38) 写成应用转换坐标系的拉普拉斯方程。

这个求解方法可以很方便地使用各向异性系数 λ，λ 定义为 $\lambda \equiv \sqrt{\frac{\sigma_h}{\sigma_v}}$。研究发现，等势面不再是旋转球面，而是旋转椭球面，而且，主轴的比值是 λ。

求常数 A 的值涉及根据电势计算电流密度分量。一个分量如下所示：

$$j_x = -\sigma_h \frac{\partial \phi}{\partial x} = \frac{Ax\sigma_h^{3/2}}{(x^2+y^2+\lambda^2 z^2)^{3/2}} \tag{4.42}$$

然后，这三部分的平方之和为总电流密度大小，总电流密度大小与 R 和与 z 轴的夹角 θ 有关。然后，在以电流源为中心的球形表面上对该电流密度进行积分［如方程（4.22）中对各向同性情况所做的］，并允许将常量 A 与电流 I 相关。混合积分的结果为

$$I = \frac{4\pi A}{R_h^{3/2}\lambda} \tag{4.43}$$

反过来使用电阻率而不是电导率。

现在该结果确定了常量 A，因此，电势由下式给出：

$$\phi = \frac{I\lambda R_h^{3/2}}{4\pi R_h^{1/2}(x^2+y^2+\lambda^2 z^2)^{1/2}} = \frac{I\sqrt{R_v R_h}}{4\pi(x^2+y^2+\lambda^2 z^2)^{1/2}} \tag{4.44}$$

通过与早前的各向同性情况的结果［方程（4.27）］进行比较，可以看出，控制各向异性混合物的电阻率由 $\sqrt{R_h R_v}$ 给出，而不是 R_t。

参考文献

[1] Leverett M C. Flow of oil-water mixtures through unconsolidated sands. Pet Trans, AIME, 1939, 132: 149-171.

[2] Archie G E. The electrical resistivity log as an aid in determining some reservoir characteristics. Pet Trans, AIME, 1942, 146: 54-62.

[3] Martin M, Murray G H, Gillingham W J. Determination of the potential productivity of oil-bearing formations by resistivity measurements. Geophysics, 1938, 3: 258-272.

[4] Guyod H. Fundamental data for the interpretation of electric logs. Oil Weekly, 1944, 115 (38): 21-27.

[5] Herrick D C, Kennedy W D. Electrical properties of rocks: effects of secondary porosity, laminations and thin beds. Trans SPWLA 37th Annual Logging Symposium, paper C, 1996.

[6] Maute R E, Lyle W D, Sprunt E S. Improved data-analysis method determines Archie parameters from core data. Paper19399 in: J Pet Tech January, 1992: 103-107.

[7] Aguilera M S, Aguilera R. Improved models for petrophysical analysis of dual porosity reservoirs. Petrophysics, 2003, 44 (1): 21-35.

[8] Sweeney S S, Jennings H Y. The electrical resistivity of preferentially water wet and preferentially oil wet carbonate rock. Prod Mont, 1960, 24 (7): 29-32.

[9] Roberts J N, Schwartz L M. Grain consolidation and electrical conductivity in porous media. Phys Rev B, 1985, 31 (9): 5990-5997.

[10] Hill H J, Milburn J D. Effect of clay and water salinity on electro-chemical behavior of reservoir rocks. Pet Trans, AIME, 1956, 207: 65-72.

[11] Waxman M H, Smits L J M. Electrical conductivities in oil-bearing shaly

sands. Paper 1863 – A in: SPE J June, 1968: 107 – 122.

[12] Lynch E J. Formation evaluation. New York: Harper & Row, 1962: 213.

[13] Clavier C, Coates G, Dumanoir J. Theoretical and experimental basis for the dual water model for interpretation of shaly sands. Paper 6859 in: SPE J, 1984: 153 – 168.

[14] Wyllie M R J, Rose W D. Some theoretical considerations related to the quantitative evaluation of the physical characteristics of reservoir rock from electrical log data. Pet Trans, AIME, 1950, 189: 105 – 118.

[15] Winsauer W O, Shearin H M, Masson P H, et al. Resistivity of brine-saturated sands in relation to pore geometry. AAPG Bull, 1952, 36: 253 – 277.

[16] Owen J E. The resistivity of a fluid-filled porous body. Pet Trans, AIME, 1952, 195: 169 – 174.

[17] Wong P-Z, Koplik J, Tomanic J P. Conductivity and permeability of rocks. Phys Rev B, 1984, 30 (11): 6606 – 6614.

[18] Schwartz L M, Kimminau S. Analysis of electrical conduction in the grain consolidation model. Geophysics, 1987, 52 (10): 1402 – 1411.

[19] Bussian A E. Electrical conductance in a porous medium. Geophysics, 1983, 48 (9): 1258 – 1268.

[20] Berg C R. Effective-medium resistivity models for calculating water saturation in shaly sands. The Log Analyst, 1996, 37 (3): 16 – 28.

[21] Sen P N, Scala C, Cohen M H. A self-similar model for sedimentary rocks with application to the dielectric constant of fused glass beads. Geophysics, 1981, 46 (5): 781 – 795.

[22] de Kuijper A, Sandor R K J, Hofman J P, et al. Electrical conductivities in oil-bearing shaly sand accurately described with the SATORI saturation model. Trans SPWLA 36th Annual Logging Symposium, paper M, 1995.

[23] Herrick D C, Kennedy W D. Electrical efficiency: a pore geometric model for the electrical properties of rocks. Trans SPWLA 34th Annual Logging Symposium, paper HH, 1993.

[24] Tittman J. Geophysical well logging. Orlando: Academic Press, 1986.

[25] Kennedy W D, Herrick D C. Conductivity anisotropy in shale-free sandstone. Petrophysics, 2004, 45 (1): 38 – 38.

[26] Smythe W R. Static and dynamic electricity. New York: McGraw-Hill, 1950.

[27] Jakosky J J. Exploration geophysics. Los Angeles: Times-Mirror Press, 1940.

[28] Keller G V, Frischknecht F C. Electrical methods in geophysical prospecting. Oxford: Pergamon Press, 1966.

习 题

4.1 表4.1是阿尔奇的一些原始数据的副本。根据列出的数据，绘制地层因数与孔隙度的关系图，并以图形方式确定与数据合理拟合的表达式。

如果使用近似形式 $F = 1/\phi^2$，F 中的最大误差百分比是多少？

表 4.1　习题 4.1 中的岩心分析数据[2]

孔隙度, %	地层因数	孔隙度, %	地层因数
30	9	27	10
30	9	27	10
32	7	30	9
25	13	28	10
27	11	20	8
34	14	28	8
27	11	27	11
30	9	28	9
31	9	27	10
25	9	25	1
30	9	21	20
20	14	23	15
25	14	24	14
27	11	25	13
26	12		

4.2　图 4.2 显示了两个岩心样品的电阻率测量值与饱和度的关系。使用曲线 I 的信息，在图 4.5 上分别画出含水饱和度为 0.1、0.2、0.4、0.6 和 0.9 时对应的电导率值（图 4.5 显示的是与 Leverett 砂岩包实验等效的数据）。

4.3　原文中所附的图 4.2 表明，两块样品的饱和水矿化度完全相同，第一块样品的孔隙度是 45 p.u.，第二块样品的孔隙度是 25 p.u.。图中显示的数据表明了哪两个矛盾之处？

4.4　考虑一种双电极仪器，如图 4.14 所示，其中电流源和电压监测器之间的间距 A—M 为 1 m。

4.4.1　在完全饱和水的 20 p.u. 多孔石灰岩地层中，该仪器测量的电阻是多少？地层水为海水（20 g/L NaCl），温度为 100 ℉。

4.4.2　在孔隙度为零的石灰岩（大理石）中，仪器显示的电阻是多少？

4.5　基于已确定水层的假设，图 2.18 测井实例中的水电阻率 R_w 估计为 0.016 Ω·m。

4.5.1　如果"水层"中存在 10% 的残余油饱和度，那么 R_w 的估算值是多少？

4.5.2　假设水中只含有溶解的 NaCl，那么在温度为 200 ℉ 时，浓度的合理值为多少？

4.6　假设胶结指数为 2，图 2.18 中 A 层的含水饱和度估算为 79%。

4.6.1　胶结指数为多少时会使含水饱和度为 50%？

4.6.2 当胶结指数为 2 时，孔隙度值是多少才能使 S_w 为 50%？

4.7 假设对 20~30 p.u. 孔隙度范围内的储层岩石进行一系列岩心测量，确定胶结指数在 1.8~1.9 之间，即 $F=1/\phi^{1.8}$ 或 $F=1/\phi^{1.9}$。

4.7.1 R_t 测井测量中可以容忍的百分比误差是多少，从而使其对饱和度估算的影响小于胶结指数可能变化引起的影响。假设饱和度指数为 2。

4.7.2 证明如果孔隙度为 10 p.u.，则 R_t 的 20% 误差是可以容忍的。

4.8 完成文中给出的弯曲度的推导，并证明 $T=F\phi$（请注意，Wyllie 和 Rose 在文献 [14] 中所给出的推导是错误的）。

假设 $m=2$，计算 $\phi=0.1$ 和 $\phi=0.2$ 时 T 的值。证明 $m=2$ 的假设意味着弯曲度随着孔隙度的降低而增大。

4.9 考虑由砂岩和泥岩水平交互层组成的地层，砂岩的电阻率为 500 Ω·m，泥岩的电阻率为 1 Ω·m。如果泥岩体积 V_{sh} 为 10%，则计算地层的水平电阻率 R_h 和垂直电阻率 R_v，表明 R_v 更接近砂岩电阻率估值，而 R_h 更好地估算了泥岩电阻率。

4.10 考虑横向各向同性地层，如上例所示。这意味着 $\sigma_x=\sigma_y=\sigma_h$，垂直电导率为 $\sigma_h=\sigma_z$，按照惯例，水平地层在 x—y 平面上，垂直地层与 z 轴对齐。各向异性使得 $\sigma_h/\sigma_v=10$。如果电场设置与垂直面成 45°，则计算电流矢量 J 和电场矢量 E 之间的夹角。

5

电极型电阻率测井仪器及其发展历程

5.1 引　言

我们已经介绍了地层电阻率的应用以及电阻率的理想测量方法。本章重点介绍电极型电阻率测井仪器的发展历程，之所以称为电极型电阻率，是因为其测量探头只是金属电极。该类型仪器使用低频交流电源，频率大都在 1 000 Hz 以下。本章将追述该类型仪器由电位测井发展成为传统的聚焦双侧向测井的历史过程。本章还将指出这些仪器的局限性及其与仪器设计的关系，并将讨论用于预测和解释仪器测井响应的方法。

尽管传统的聚焦双侧向测井的一些缺陷已经广为人知，但目前它仍是一种普遍应用的电阻率测井方法。这些缺陷因阵列型仪器的推出而大部分得到了克服，而阵列型仪器的开发得益于快速反演软件的可用性。本章最后介绍了阵列型仪器及其应用实例。

5.2 非聚焦型仪器

5.2.1 短电位测井

短电位测井是最早商业化的方法，如图 5.1 所示。它与第 4 章中给出的概念模型非常相似，不同之处在于井眼和探测器（上面装有测量电极 M 和供电电极 A）的存在。供电电极和电压测量电极之间的距离只有 16 in，故称为"短电位"。

短电位测井受到两个基本问题的困扰，通常都与充满导电流体的井眼有关。如图 5.2 所示，该方法对钻井液电阻率和井眼尺寸反应灵敏。在充满导电性很强钻井液的井眼中，相对于地层，电流更易于在钻井液中流动。在这种情况下，根据供电电流和测量电压推导出的视电阻率不会非常准确地反映地层电阻率。

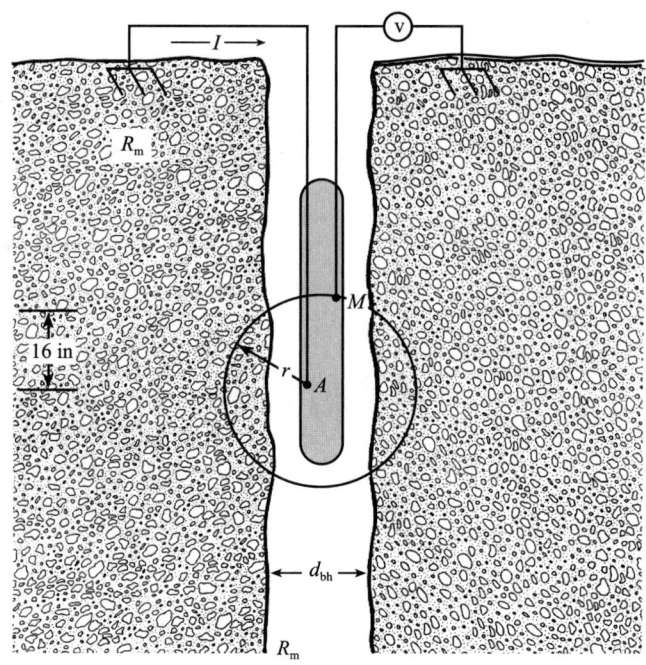

图 5.1　短电位仪器示意图
测量电极 M 和供电电极 A 之间的距离为 16 in

图 5.3 给出了这种测量方法存在的第二个难题。从图中可以看出，导电的井眼流体为供电电流进入相邻围岩提供了一条简单的电流通道，相邻围岩的电阻率 R_t 远低于供电电极正对面的地层的 R_s。在这种情况下，根据仪器测量的电流 I 和电极 M 的电压，再结合仪器常数，得到的视电阻率将更接近于低电阻围岩的电阻率。

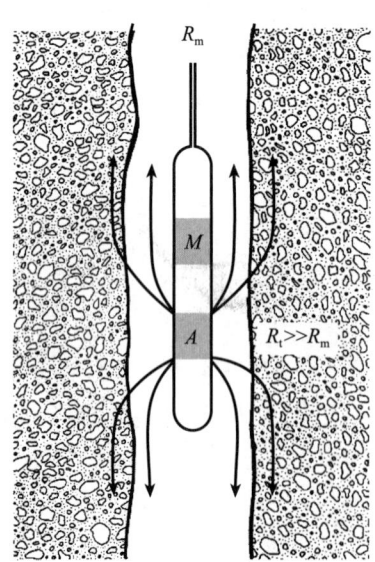

图 5.2　导电性很强的井眼钻井液中短电位的理想电流路径

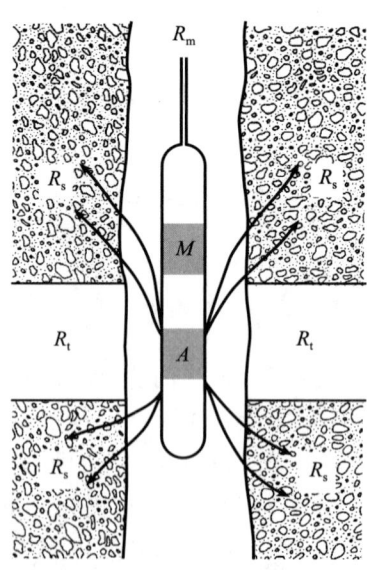

图 5.3　短电位测井仪器在薄阻层（$R_t \gg R_s$）前面的理想电流路径

5.2.2 估算井眼尺寸效应

为了了解井眼尺寸对短电位测井的影响，并且获得对解决这一问题计算方法的正确评价，研究了一种简化的方法。

为了估算井眼尺寸效应，首先假设由电流源引起的电势分布是球形的；一方面，意味着井眼不复存在；另一方面，认为井眼漏电只占供电电流很小的一部分。这样，可以使用如图5.4所示的仪器和地层的简单模型。测量电流由两个等效电阻路径表示：Res_t 表示电阻率为 R_t 的地层的电阻，Res_m 表示供电电极和电压测量电极之间井眼的有效电阻。

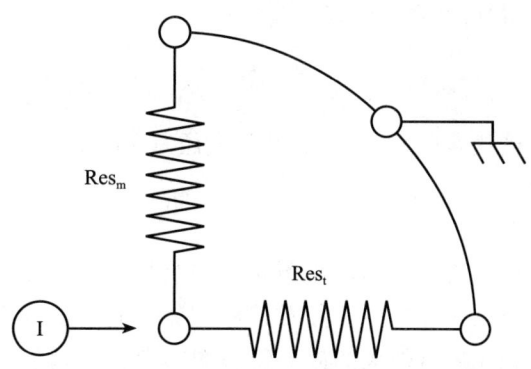

图 5.4 估算短电位井眼效应的简化等效电路

Res_m 和 Res_t 分别是钻井液和地层的有效电阻

利用第一个假设，即等位面为球形，方程（4.27）可用于根据地层电阻率 R_t 定义距离 r 处的地层电阻：

$$V = \frac{IR_t}{4\pi r} \tag{5.1}$$

这产生了地层的有效电阻（如果井眼不存在）：

$$\text{Res}_t = \frac{R_t}{4\pi r} \tag{5.2}$$

利用前面分析钻井液杯电阻的技术，可以根据井眼几何形状计算其电阻。井眼和仪器半径分别表示为 r_{bh} 和 r_s。根据钻井液电阻率 R_m，可得其电阻 Res_m 为

$$\text{Res}_m = R_m \frac{l}{A} \tag{5.3}$$

式中，l 是电极间距 r。

于是

$$\text{Res}_m = R_m \frac{r}{\pi(r_{bh}^2 - r_s^2)} \tag{5.4}$$

式中，未考虑井眼与地层之间的电相互作用。

为了评价该模型对井眼钻井液的灵敏度，需要推导出视电阻率（R_{16}）与钻井液电阻率 R_m 之比的表达式。首先，视电阻率用图5.4中等效电路的地层电阻和钻井液电阻表示：

$$\frac{1}{R_{16}} = \frac{1}{4\pi r}\left(\frac{1}{\text{Res}_t} + \frac{1}{\text{Res}_m}\right) \tag{5.5}$$

该式可重写为

$$\frac{1}{R_{16}} = \frac{1}{4\pi r}\left(\frac{4\pi r}{R_t} + \frac{\pi(r_{bh}^2 - r_s^2)}{rR_m}\right)$$

$$= \frac{1}{R_t} + \frac{1}{R_m}\left(\frac{1}{4}\frac{r_{bh}^2 - r_s^2}{r^2}\right)$$

$$= \frac{1}{R_t} + \frac{1}{R_m^*} \tag{5.6}$$

对其进行变换可得

$$\frac{R_{16}}{R_m} = \frac{R_t}{R_m} \frac{R_m^*}{R_t + R_m^*} \tag{5.7}$$

当仪器直径为 4 in，井眼直径为 8 in 时，讨论方程（5.7）的第二项，令 $x = R_t/R_m$，得

$$\frac{R_{16}}{R_m} \approx x \frac{1}{1 + 0.01x} \tag{5.8}$$

该式的计算结果在图 5.5 中给出，与井眼尺寸对短电位仪器的标准影响绘制在一起。显然，这种简化分析只表明趋势上的正确性，与井眼尺寸和钻井液电阻率的实际影响相比还有较大的误差。该图表明，当地层电阻率是钻井液电阻率的 100 倍时，简化模型的误差可达到 50%，而实际上不存在误差。当对比度增大时，简化模型与仪器实际响应之间的误差也越大。

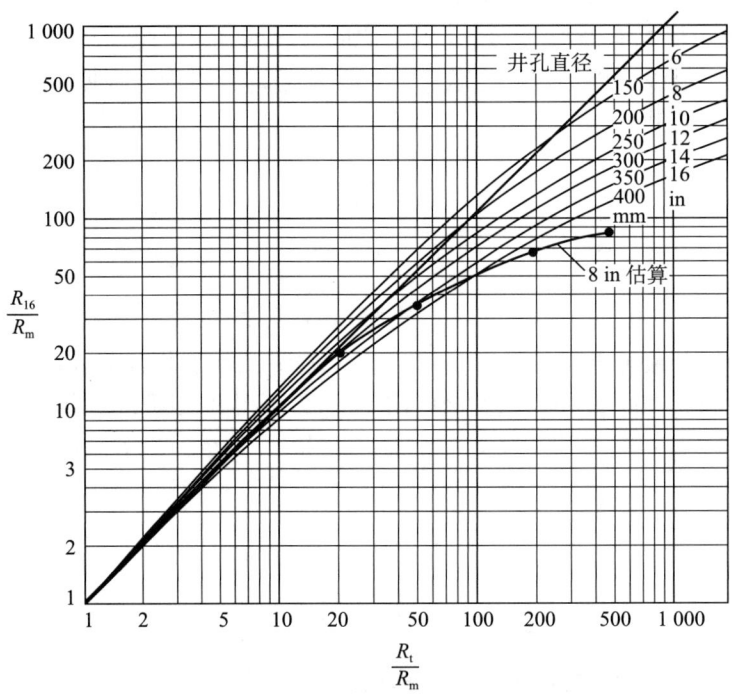

图 5.5　16 in 短电位测井仪井眼校正图版（由斯伦贝谢提供）
图中给出了 8 in 井眼近似模型校正结果，说明需要认真进行评价

仔细研究该校正图版可发现，对于 8 in 的井眼，除了地层电阻率与钻井液电阻率对比度较高外，短电位仪器还是能够准确地测量地层电阻率。而对于 16 in 的井眼，情况并非如此。当钻井液电阻率与地层电阻率对比度达到 100 时，测量误差也将达到 50%。因而，需根据此图版进行校正。但该图版是如何得到的呢？

该图版是在满足井眼和仪器结构的约束条件下，求解下列拉普拉斯方程得到的：

$$\nabla^2 V = 0 \tag{5.9}$$

该方程有三种求解方法：仿真模拟、解析求解和计算机模拟。图 5.6 是要建模的情况示意图，包括目的层、侵入带和原状地层。对于仿真模拟，如图 5.7 所示，以井轴为

对称轴的地层环由多组电阻替代。建造这样一个仿真计算机需要焊接数十万个单独的电阻。这种模拟仪器建造于 20 世纪 50 年代，使用了大约 20 年。解析解和高速数字计算机的进步取代了这种技术。

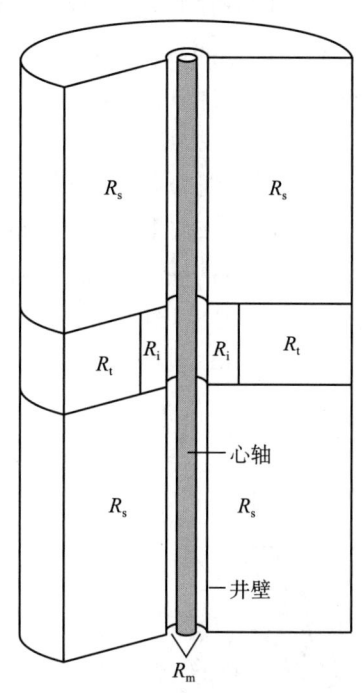

图 5.6 用于计算电法仪器响应的
井眼和地层的几何和电学模型
地层为阶跃侵入地层，居中的仪器被称为心轴

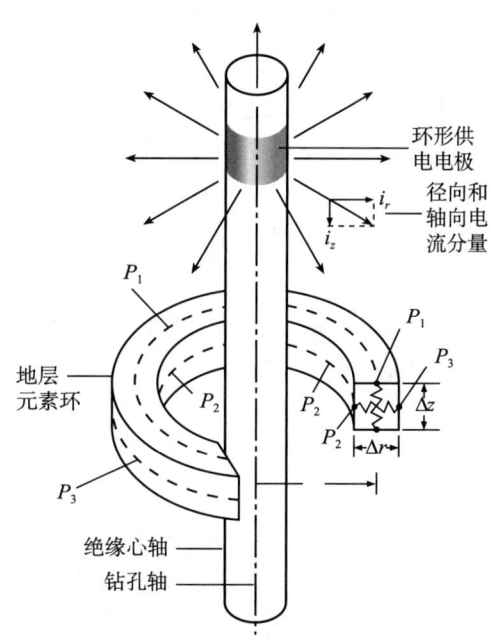

图 5.7 通过电阻对网络替代轴对称地层
环的井眼/地层的仿真模拟

测井问题的拉普拉斯方程解析解的几何模型如图 5.8 所示。该图给出了远离电流源点 P 处的电流密度的三个分量（ρ, ϕ, z）。对于这种轴对称的情况，方程简化为

$$\frac{1}{\rho}\frac{\partial}{\partial \rho}\left(\rho \frac{\partial V}{\partial \rho}\right) + \frac{\partial^2 V}{\partial z^2} = 0 \qquad (5.10)$$

只有两个电流密度分量与电势有关：

$$J_\rho = -\sigma \frac{\partial V}{\partial \rho} \qquad (5.11)$$

和

$$J_z = -\sigma \frac{\partial V}{\partial z} \qquad (5.12)$$

电流密度的方位分量为零。对于电势 $V(\rho, z)$ 的求解，可用分离变量法：

$$V(\rho, z) = R(\rho)Z(z) \qquad (5.13)$$

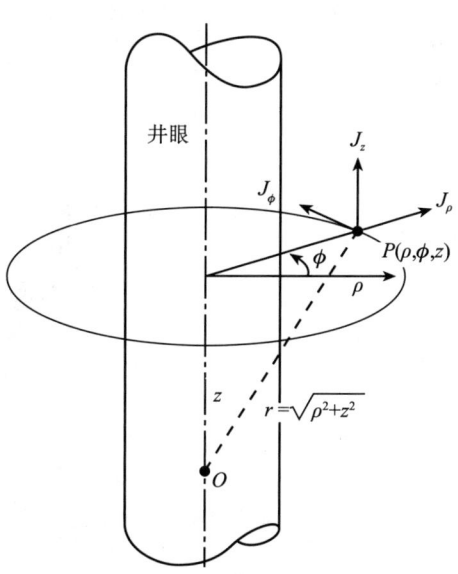

图 5.8 圆柱轴对称井眼的拉普拉斯方程解析解的几何

应用井壁处的电势和正常电流的连续性条件，可得到问题的解，即表示为贝塞尔函数的无限积分[2]，对于给定的不同井径、钻井液和地层电阻率对比度以及侵入深度，可通过数值求解。

对于更为复杂的仪器对地层界面的响应情况，可以采用基于有限元方法的计算机模拟技术[3,4]。该技术使用网格表示井眼和地层。然后，利用电势的试验函数，求取满足界面条件的拉普拉斯方程的解。该函数在每个节点处的值都要计算出来。当每个节点的电势使系统能力达到最小值时，其值就是方程的解。

持续检查如图5.9所示的短电位仪器的缺点，可以发现，当围岩和目的层电阻率差异较大时，会产生一定的问题。请注意，观察图的上部分可对该仪器工作机制有一定的认识，电极B位于地面，电位参考电极N实际上设置在测量探头上。在这种特殊情况下，地层电阻率的对比度为14，井眼直径是电流源和电压电极之间间距的一半。即使层厚为4 ft时，仪器读数也未达到期望值。如果层厚只有8 in，其响应则不符合直觉，视电阻率甚至下冲低于围岩电阻率。

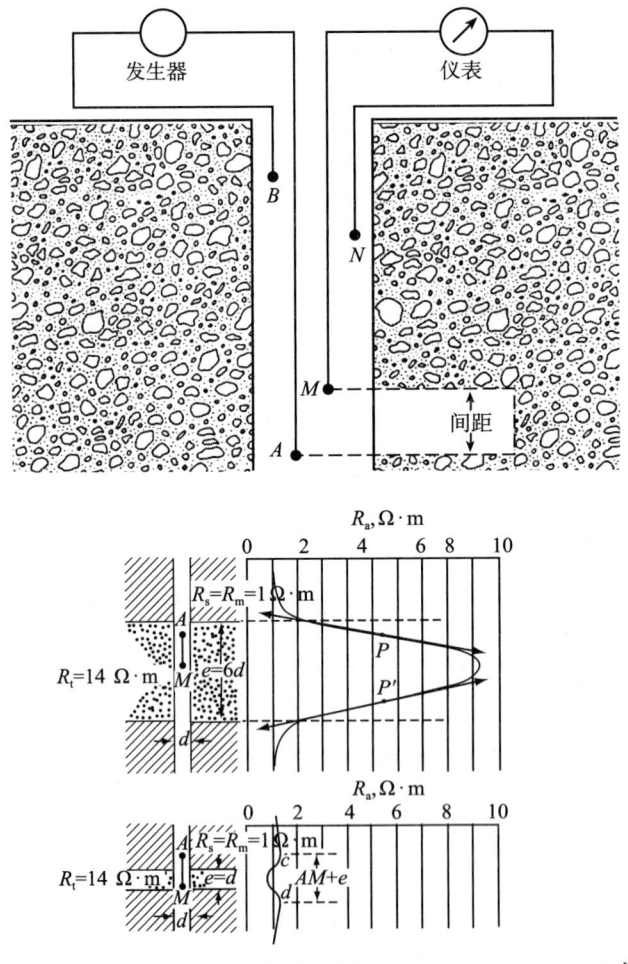

图5.9　短电位仪器示意图及其在两种常见测井条件下的响应[5]

e为层厚，d为井径

当试图提高地层界面分辨率时，电位测井演变成了梯度测井，如图5.10所示。梯度电极系与电位电极系非常类似，区别是它只有两个电位测量电极，利用两个电极电位差来确定位于两个电极之间地层的电阻率。但只有当层厚超过标有 A 和 N 的电极之间的间距时，测量值才是该层的值。图底部的曲线是对两个地层的响应，其层厚以电极间距为基本单位。很明显，分层能力得到了明显改善，但由于电流通过钻井液进入地层而不是由测量点进入地层，曲线响应仍然十分复杂。俄罗斯的仪器开发人员将不同电位和梯度的组合做到了极致，因此，俄罗斯的大多数电阻率仪器都属于这种类型。最常见的组合称为 BKZ 测井，由多达 5 个梯度、1 个倒梯度和 1 个电位组成[6]。

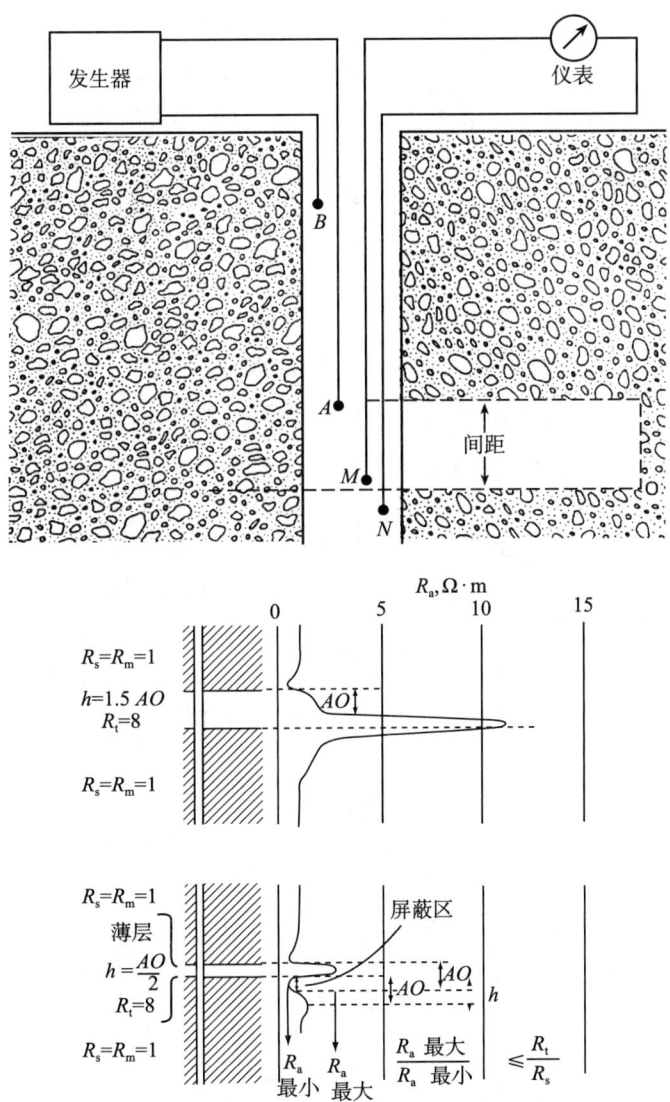

图5.10　梯度测井示意图（由斯伦贝谢提供）
该方法利用电压差测量作为仪器的响应。图中还给出了其常见的两种
测井情况。O 是 M 和 N 电极的中点位置，h 是层厚

5.3 聚焦型仪器

5.3.1 侧向测井原理

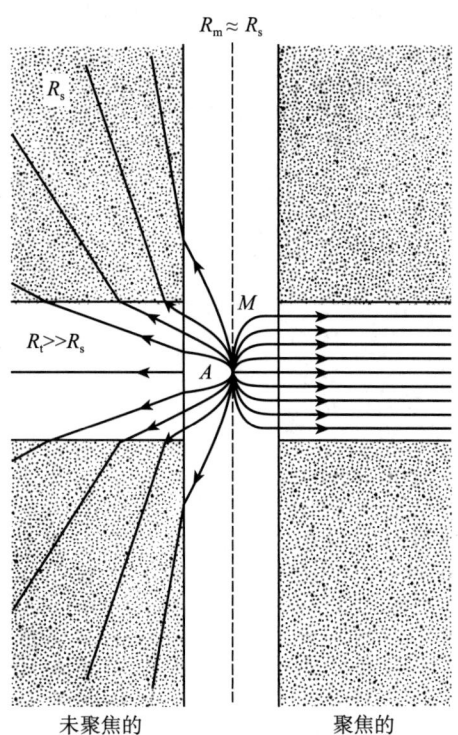

图 5.11 中心电极流出的电流在井眼和地层中的理想模式[7]

左侧是高阻地层的存在对径向电流分布模式的影响；右侧是所期望的电流路径，以便能够对目的层电阻率进行恰当的采样

电测井仪器发展的下一个阶段是电流聚焦技术的使用。图 5.11 左侧给出了高阻中心地层中电位仪器的电流路径。电流在仪器的四周通过钻井液进入低阻围岩；图的右侧给出了所期望的电流路径，其中测量电流以某种方式被聚焦进入目的层。

图 5.12 给出了聚焦原理，其中有三个电极 A_0、A_1 和 A_1' 发射电流，它是屏蔽聚焦仪器，就是通常所说的三侧向测井（LL3）仪器。电极 A_1 和 A_1' 的电位保持恒定，且与中心电极 A_0 的电位相等。由于电流只有在存在电位差时才流动，原则上，应该没有垂直方向的电流流动。因此，从中心测量电极流出的电流束呈水平状射出。从聚焦电极或"防护"电极上流出的电流通常称为"屏蔽"电流，因为其作用是阻止测量电流在井眼钻井液中流动。需连续调节该电流以保证 A_1 和 A_1' 的电位与 A_0 的电位相等。由于 A_1 和 A_1' 是加长电极，其流出的电流线在靠近 A_0 一端几乎是水平的，这使得从 A_0 流出的电流束保持水平聚焦进入地层深处。

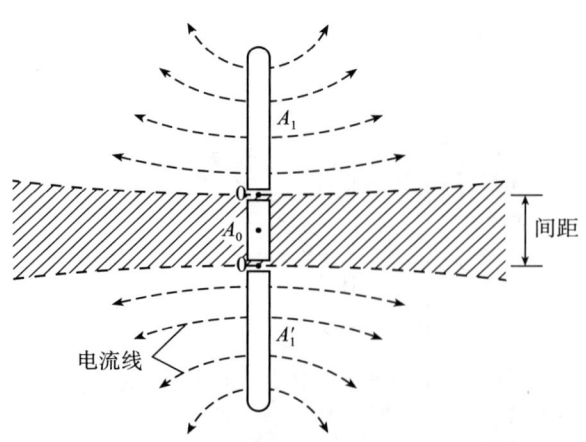

图 5.12 均质地层中三侧向测井仪器的理想电流分布——电流被聚焦进入地层深处[8]

尽管愿望是良好的，LL3 仪器对地层界面的响应仍然存在一定的问题，如图 5.13 所示。它给出了围岩电阻率和目的层电阻率 R_t 之间对比度较大的情况。在图上部的高阻厚层，主要测量电流流出钻井液进入围岩中。在下部的实例中，对于薄导电夹层，测量电流可将其识别出来，但要比预期的平滑，视电阻率显示的层厚要比实际的宽。

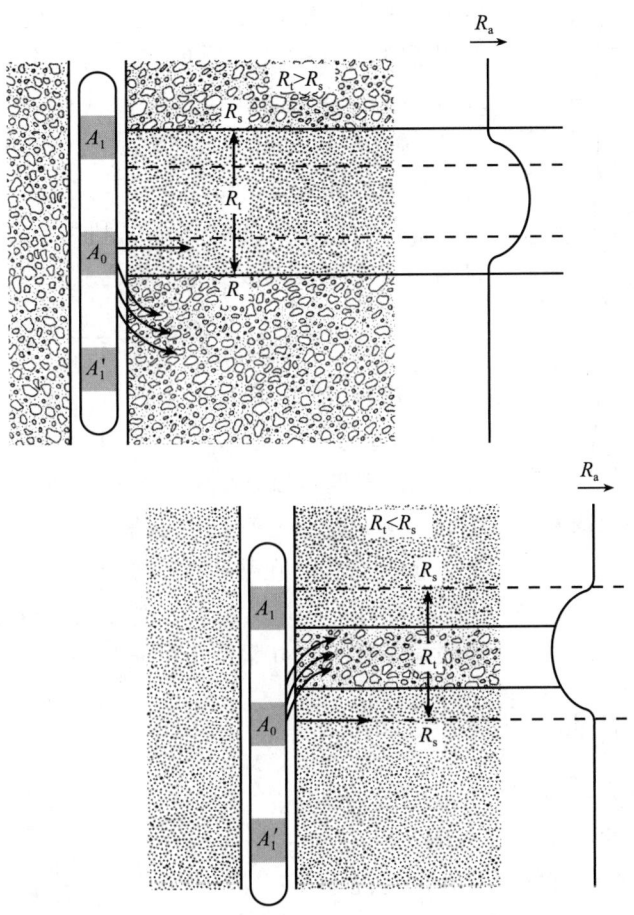

图 5.13　围岩对 LL3 仪器响应的影响
顶部为高阻围岩地层的影响，底部为低阻薄层的影响

另一种聚焦测量电流的测井方法采用的是 7 个电极，即七侧向测井（LL7）仪器，其电极系结构如图 5.14 所示。防护电极 A_1 和 A_1' 不再加长，取而代之的是增加监督电极，以阻止电流沿着仪器方向流动进入井眼钻井液。这是通过调整防护电极的屏蔽电流来实现的，从而使监督电极（即 M_1—M_1' 和 M_2—M_2'）之间的电位降为零。由于在垂直方向上电位降为零，因此，电流将聚焦进入地层。

如果将 A_0 与监督电极中点之间的距离定义为 a，将 A_0 与 A_1 或 A_1' 之间的距离定义为 na，则 n 是电极阵列的展布系数。如果 m 是保证监督电极等电位从 A_1 和 A_0 电极流出的电流之比，则可以证明（见习题 5.5），当 m 满足

$$m = \frac{(n^2-1)^2}{4n} \tag{5.14}$$

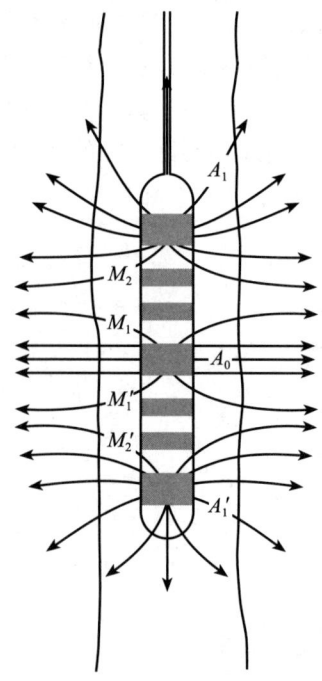

图 5.14 七侧向电极系结构[8]

监督电极驱动防护电极中的屏蔽电流,以保持电压差为零。电极阵列以 A_0 为中心对称分布

时,电极阵列是被聚焦的。

式(5.14)只保证任何电极排列在近电极附近电流的聚焦,但不能保证聚焦可径向延伸进入地层。似乎更希望小的电极分布（仪器越小,电流越小）,但其在径向方向上的聚焦效果更易变差。随着电极展布系数的增加,A_1 流出的电流也随之增加,聚焦电流进入地层的深度增加（结果与直觉有些相背）。然而,如果展布增加过大,从 A_0 流出的电流就会被压制成较小的电流束,道尔提出的优化的展布系数近似为 2.5[9]。

监督电极中点的电压可以利用方程(5.1)来求解,以给出每个电流电极产生的电压:

$$V_{mon} = R_a \left[\frac{mi_0}{4\pi(na+a)} + \frac{i_0}{4\pi a} + \frac{mi_0}{4\pi(na-a)} \right] \quad (5.15)$$

式中,R_a 是地层视电阻率；i_0 是发自 A_0 的测量电流；V_{mon} 通常写成 $V_{mon} = R_a i_0/K$,其中 K 是仪器常数。

对于典型的 LL7 仪器,$a = 1$ ft,$n = 2.5$,K 约为 1.5 m。然而,测井时总是存在井眼信号,通常的解决办法是调整 K 值,这样,在某些标准条件（例如,R_t/R_m 介于 1～100 之间的 8 in 井眼）下,而无须进行井眼校正,以确保除极端条件外,井眼校正量非常小。

5.3.2 球形聚焦

另一种对井眼效应进行补偿的方法是球形聚焦技术。对于这种中、浅电阻率测量技术,屏蔽电流试图在没有井眼存在的情况下,在地层中形成电场球形等势面。图 5.15 给出了电位仪器供电电极周围的球形等势面简图,该等势面受到了井眼中导电钻井液的影响,不再是球形,而是细长的形状。球形聚焦技术的目的是提供屏蔽电流,迫使被拉长的等势面再压回到球形。这样,沿着仪器方向上两点的电位差将由球形区间内一条状地层的电阻率确定,该球壳半径就是两个测量点间的距离。其探测深度取决于球壳的体积。图 5.16 给出了该方法的原理图。

电极 A_0 提供两个电流源:返回到远处电极的测量电流和屏蔽电流。屏蔽电流返回到

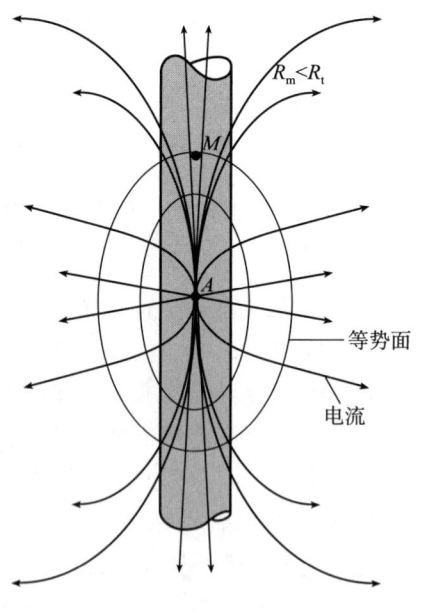

图 5.15 井眼中短电位仪器的近似电流线和等势面

电极 A_1 和 A'_1，且是可调的，以保证两组监督电极（$M_1 - M_2$ 和 $M'_1 - M'_2$）之间的电位差为零。调节测量电流以保证电极 M_0 和两组监督电极之间的电势差恒定。两条虚线的轨道是两个等位面。这些保证中心电极流出的测量电流至少在达到第二个等势面之前沿着径向移动。被测的地层体积将接近两个等位面之间的空间，除去被屏蔽电流"占据"的靠近地层界面的空间，屏蔽电流既可以被看作形成等位面的电流，又可以看作迫使实际测量电流进入地层的电流。

根据互易定理，可以通过用电压电极替换所有电流电极来实现相同的球形聚焦，反之亦然。该仪器的主要优点是，所需的唯一外部电极是测量电流回路电极（B），且它可以放置在地面上。而电极互换后的装置则需要一个电压参考电极（N），该电极必须与仪器本身隔离开。实际上，它是被安装在仪器上部和电缆之间的绝缘电缆上（马笼头上）。如图 5.16 所示的球形聚焦仪器的成功之处在于，它不需要马笼头，而 LL3、LL7 和其他侧向仪器则需要。

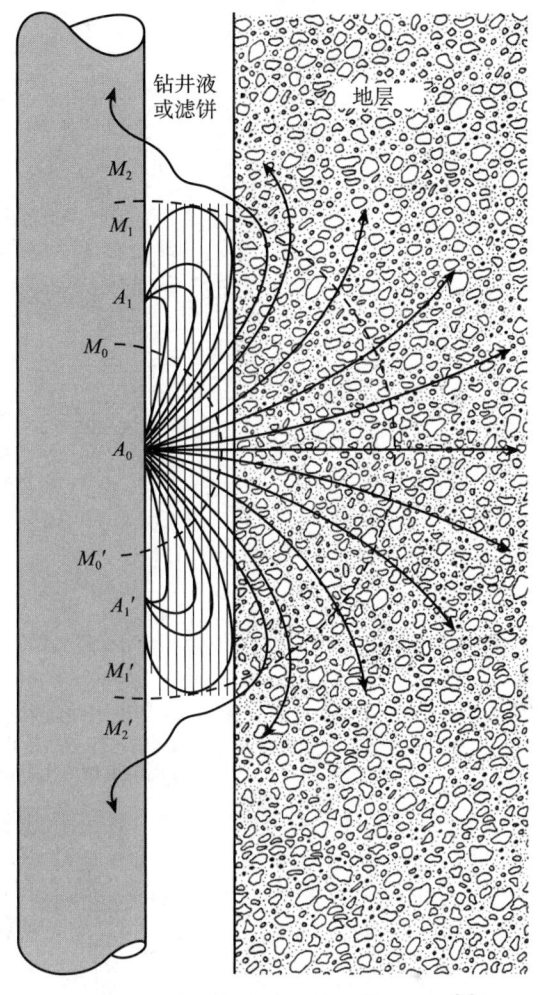

图 5.16 球形聚焦阵列的测量原理图[7]

5.3.3 双侧向测井

最常见的传统电极型测井仪器使用双聚焦系统，这就是集成了 LL3 和 LL7 仪器特点的双侧向测井，且以交替方式实现了测量[2,10]。通过快速变换不同电极的角色，实现了深、浅电阻率的同时测量。图 5.17 给出了双侧向仪器电流线的计算结果，左侧是深侧向的电流线。屏蔽电极（可作为探头）的长度约为 28 ft，以获得 2 ft 宽的深探测电流束。右侧是浅（或中）侧向的电流线。

为了对不同的电法测井仪器进行对比，分析如图 2.4 所示的三种区域（井眼、侵入带和原状地层）对不同仪器测量信号的影响即可。每个区域都有其自身的特征电阻率值，即 R_m、R_{xo} 和 R_t，通常情况下，R_m 远小于 R_{xo} 和 R_t。

在该模型中，电极仪器的响应可以近似表示为侵入带电阻率和原状地层电阻率的线性组合，即

$$R_a = J(d_i)R_{xo} + [1 - J(d_i)]R_t \tag{5.16}$$

式中，R_a 是视电阻率。伪几何因子 J 是归一化加权因子，它给出了侵入带（直径为 d_i）

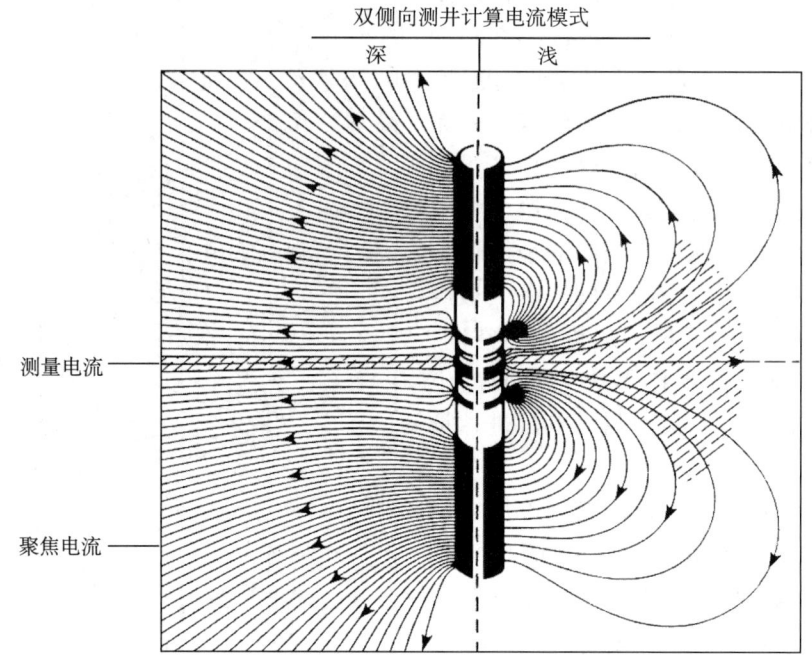

图 5.17 双侧向测井的深、浅电流线分布[2]

中心电极是深、浅侧向的测量电流源。深侧向模式中,两个长电极及其附近的短电极提供屏蔽电流。
浅侧向模式中,短电极向长电极发出的电流作为屏蔽电流,以提供一种球形聚焦

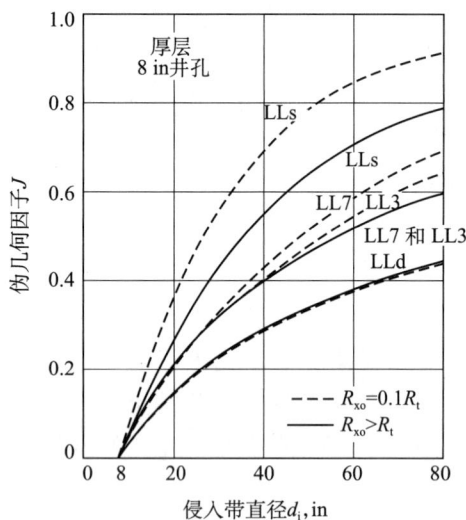

图 5.18 几种常见电极型测井仪器的伪几何因子的对比[7]

LLd 和 LLs 分别表示双侧向测井仪器的深、浅探测曲线

和原状地层对所测信号的相对贡献。之所以称为伪几何因子,是相对于后面章节中介绍的感应测井的纯几何因子而言的,是由于加权函数实际上会受到 R_{xo} 和 R_t 之间的对比度的影响。图 5.18 给出了已经介绍过的几种仪器的伪几何因子,分为低侵 $R_{xo} = 0.1R_t$ 和高侵 $R_{xo} > R_t$ 两种情况。

当 R_t 和 R_{xo} 不同时,伪几何因子可用于估算侵入带对电阻率测量结果的影响。浅侧向曲线(标有 LLs)变化陡直,表明在电导型侵入的情况下($R_{xo} = 0.1R_t$),50% 的影响来自第一个 8 in 侵入范围内地层电阻率的贡献,90% 的贡献来自约 80 in 范围内的地层。深侧向曲线(标有 LLd)显示对侵入带不敏感,因为只有约 15% 的贡献来自 20 in 直径范围内(或者对于 8 in 井眼,侵入深度为此计算中的前 6 in)地层。来自侵入带的实际信号不仅取决于如图 5.18 所示的响应,还取决于电阻率。因此,当 $R_{xo} = R_t$、$d_i = 20$ in 时,总信号的 15% 来自侵入带;而当 $R_{xo} = 0.1R_t$ 时,只有 1.5% 的贡献来自侵入带。与所有的电极型仪器一样,双侧向测井信号与电阻率

（而不是电导率）成正比，如方程（5.16）所示。该问题将在7.9节中进一步讨论。

认知侧向测井对井眼的敏感性很重要。图5.19给出了一种特定双侧向测井仪器的深、浅侧向测量的井眼校正图版，其绘制方式与如图5.5所示的短电位仪器类似。该图版适用于居中仪器，其他图版可用于偏心仪器，偏心程度由仪器和井壁之间的间隙来表示。从图5.19中可以看出，对于各种井眼尺寸和电阻率对比度，深侧向读数的误差很少超过10%，然而，在大井眼电阻率对比度超过1 000时，浅侧向测量值可能与大井眼中的 R_t 值相差多达30%。在这两种情况下，已对双侧向的仪器常数 K 进行调节，以使正常情况下的井眼校正量较小，这与上文对LL7仪器所描述的相同。

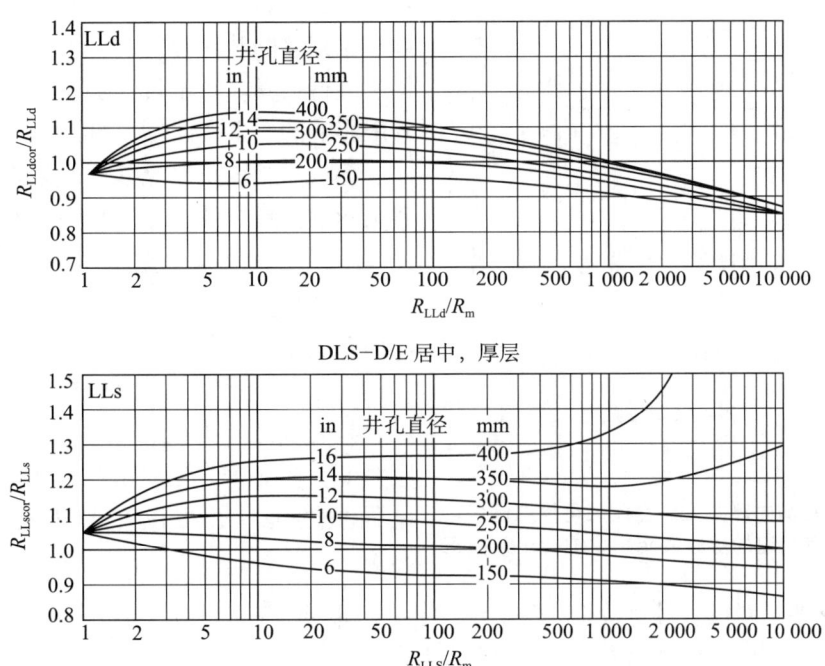

图 5.19　深、浅侧向测井测量结果的井眼校正图版[1]

将其与如图5.5所示的短电位的井眼校正图版进行比较，以评价聚焦技术对仪器响应的改善

5.3.4　双侧向测井实例

图5.20是一假想储层典型的双侧向测井的响应，该假想储层在以后的章节中展示其他测井仪的响应时还会用到。该储层由一个中等孔隙度的水层和含烃层组成。图中有两条曲线是双侧向仪器的，标有LLs和LLd。另外一条电阻率曲线是微球聚焦测井仪器（由于电极间距较小，表明调查深度较浅）的，标有MSFL，将在第6章中介绍。第一道中的曲线是伽马曲线，如第2章所描述，它可用于识别纯净储层。

图5.20中的底部水层特征是电阻率读数低以及深、浅侧向测井读数不分离。含烃层的电阻率高，位于12 470 ft以上。在其下20 ft的地层，电阻率读数高于水层，这可能表明孔隙度发生变化或含有少量的烃。对该层的进一步判断，需要辅以其他测井或知识。其中的一项重要内容是对孔隙度的估算。

如果测井曲线只是用于定性决策，例如是否继续钻井，则可能不需要对曲线进行

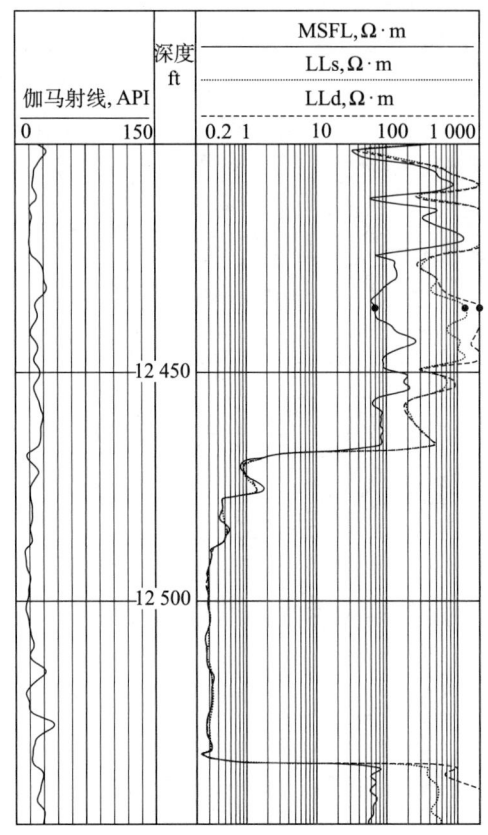

图 5.20 双侧向测井仪器在理想化模拟储层中的响应，有标记的层段表明需要进行侵入校正

进一步的处理。如果进行准确的定量解释，则需要对电阻率读数进行校正。尽管这些校正通常是通过软件实现的，但其校正过程利用已发表的校正图版更易于理解[1,11]。Asquith 等人详述了校正步骤[12]。大多数校正都是根据钻井液电阻率（R_m）和钻井液滤液电阻率（R_{mf}）进行的，它们可以从测井曲线图头中获得。第一步是将这两个电阻率读数转换为其在地层温度下的值。这可以根据记录的井底温度或该地区的典型地热梯度进行估算。对于目的层，下一步是校正井眼影响的电阻率读数，如图 5.19 所示。

第三步是校正聚焦阵列未处理的围岩的残余影响。围岩效应主要是在高对比度地层界面附近电流线发生改变所致（图 5.21）。高电阻率围岩压制电流进入低电阻率地层，从而改变了均质地层计算得到的仪器常数，并提高了视电阻率。而低电阻率围岩则相反。只有当地层厚度小于 10 ft 时，这种效应对 LLs 才显著，但对于厚度达 100 ft 且对比强烈的地层，可以在 LLd 上看到这种影响。

最后一步是对侵入进行校正。基于校正手册的侵入校正以阶跃侵入模型为基础，有 R_{xo}、R_t 和 d_i 三个未知数，它们可以通过三种测量（LLs、LLd 和微电阻率）求得，且假设微电阻率仪器可以提供 R_{xo}，图版以电阻率比值为参数，即 R_{xo}/LLd 和中电阻率/LLd。在图 5.20 中的 12 435 ft 处，深、中电阻率分离达到了 2 倍，而深电阻率和微电阻率的差异达到了 30 倍。这意味着中等侵入。深侵入的表现形式是深、中测量值有较大的差别。

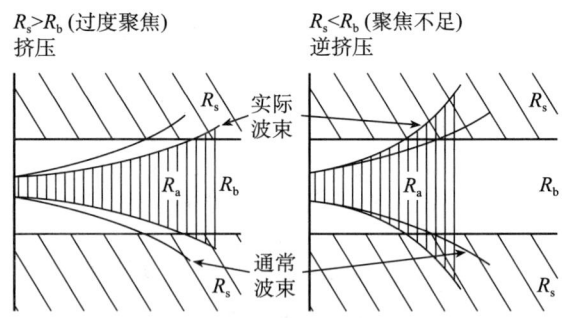

图 5.21 两种相反目的层与围岩电阻率对比度条件下侧向测井仪器电流束的比较[13]

左侧围岩电阻大于目的层电阻，右侧则相反。"普通波束"是使用阵列的最佳扩散在均质地层中发现的波束

将电阻率比值用于适当的图版，即为通常所说的"旋风"或"蝴蝶"图版（图 5.22）。尽管图版上的曲线显得有些杂乱无章，但其中蕴藏着丰富的信息。首先，两条比值曲线的交点表明 R_t/R_{LLd} 约为 1.28，这意味着由于侵入影响，深侧向测量值偏离 R_t 值大约 28%，即 R_t 是 R_{LLd} 值的 1.28 倍。其他参数化曲线表明该处的侵入直径约为 30 in，R_t 值大约是 R_{xo} 值的 40 倍。在该层下

方的地层（位于图 5.20 的 12 455～12 466 ft），深、浅侧向测井曲线读数重叠。这表明，且根据校正图版可以得到证实，该层几乎无侵，深侧向读数无须校正。

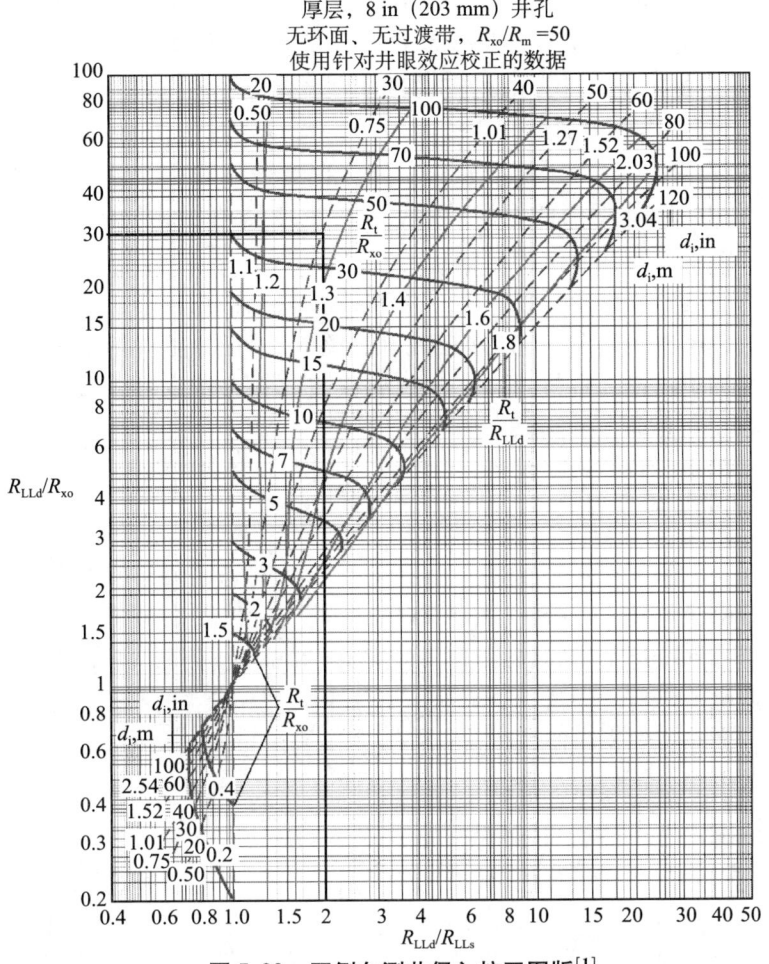

图 5.22 双侧向测井侵入校正图版[1]

在各向异性地层中可能需要进一步的校正。根据图 5.17 中的电流线可以判断，LLd 主要对垂直井中的水平电阻率敏感。然而，也可以看出，一些电流线有一个小的垂直分量。这定性地解释了为什么即使在垂直井中，LLd 对垂直电阻率（R_v）也有一定的敏感性。从图 5.17 中也可以看出，LLs 比 LLd 对 R_v 更敏感。Chemali 等人给出了不同各向异性比和倾角条件下的各向异性的影响[14]。典型实例在后面的图 20.3 中给出。

需要注意的是，所有图版都假设这些效应彼此独立：围岩校正图版假设没有侵入，侵入校正图版假设没有围岩的影响，井眼校正图版假设地层是均质的。5.4.2 节讨论了不同影响因素同时进行校正时校正顺序的重要性。

5.4 发展方向

在 20 世纪 60 年代末双侧向测井推出后的 20 年里，仪器只进行了少量改进。在 20

世纪 90 年代初期，出现了能够测量井眼周围不同方位电阻率的方位侧向测井[15]。仪器的方位测量属性将在第 6 章中进行讨论，但用于这些方位测量的电极同时还提供了 8 in 高垂直分辨率的深测量曲线，而传统的 LLd 分辨率是 2 ft。无侵入时，其探测深度略微低于 LLd 的探测深度。一种仪器主要是为了改善方位侧向测井的性能，但仪器长度缩短了一半[16]。另一种仪器设计目的是实现高垂直分辨率，它采用一装在极板上的 2 in 高的 A_0 电极，工作方式采用的是 LL3 的方式[17]。无侵入时，其探测深度接近 LLs 的探测深度。在这些仪器中，有的采用了软件聚焦。在这种方法中，单位电流依次从每个电极发出，同时测量其他电极的电压。然后，根据双侧向测井仪的监控和电流条件，将这些测量的视电阻合成在软件中[6]。

尽管有了这些进步，但侧向测井仍然存在三大缺点：在仪器上方，需要安装马笼头，以便使测量参考电极（N）与仪器隔离开；该电极的放置问题；薄层中的探测深度差。阵列仪器的推出在很大程度上克服了这些缺点。在介绍这种新仪器之前，先详细讨论一下传统侧向测井存在的问题。

5.4.1 参考电极

参考电极问题从侧向测井诞生之日起就一直困扰着它。侧向测井假设回路电极 B 在无穷远，参考电极 N 电位为零（图 5.23）。然而，在仪器发展早期，这两个电极分别放置在仪器上部和接近上部 80 ft 的位置（图中 B_1 和 N_1 处）。当 B 电极与高阻层相对时，回路电流被迫沿着井眼流动，导致 N 电极电位为负。这使得 N 电极电位为零的假设不再成立，并导致测量电阻率增大的错误，因为电位差测量值取自 V_M 和 V_N。

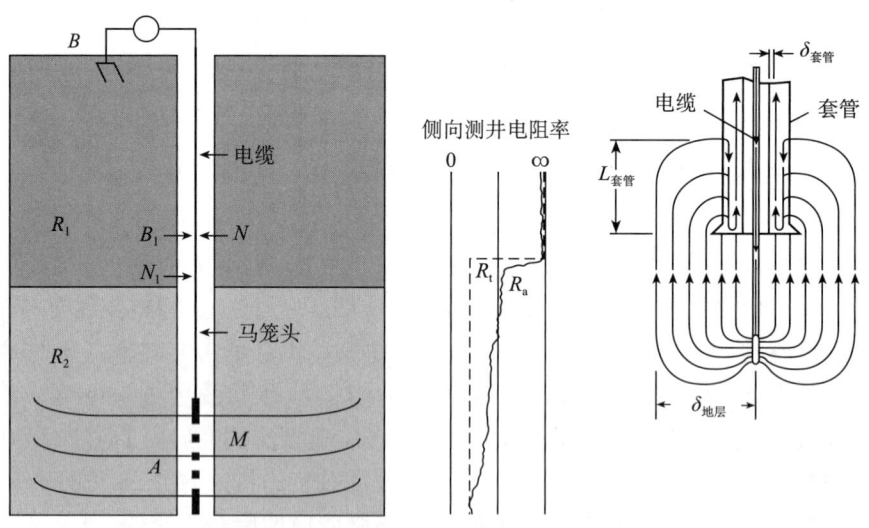

图 5.23 左图是具有初始参考电极 N_1 和回路电极 B_1，以及为了消除特拉华效应和逆特拉华效应改变后的参考电极 N 和回路电极 B 的侧向测井仪器。中间图是格罗宁根效应示意图。右图给出了交流电源的电流路径，δ 是趋肤深度，L 是电流进入套管的特征长度（例如，在 10 $\Omega \cdot$ m 地层中为 950 ft）[16]

尽管该问题在很久以前就得到了解决，但有必要对其进行了解，以帮助理解作为下面讨论的更复杂的格罗宁根效应的背景。可以通过考虑电流在供电电极 A 和回路电

极 B_1 之间流动的路径来理解 B_1 电极对 N_1 电极的影响。对于如图 5.23 所示的侧向测井仪器，A 包括测量电流和屏蔽电流（或为压制电流），两者都被聚焦进入地层。在正常情况下，地层电阻远小于井眼电阻，因为尽管井眼钻井液电阻率较低，但地层面积却高出井眼面积几个数量级。因此，只有少量电流流经 N_1 到达 B_1。然而，随着 N_1 和 B_1 电极所对地层电阻率的增加，更多的电流选择更容易通过井眼的通道，N_1 上的电位现在就变得更重要了。其符号与测量电极 M 上的电位相反，因为 N_1 和 B_1 之间的电阻以及由此产生的电位降小于 N_1 和 A 之间的电阻和电位降。随着仪器接近高阻层，流经 N_1 的电流增加，N_1 电极电位越发减小。

该效应就是著名的特拉华效应，因在特拉华盆地测井后观测到这种现象而得名。该效应通过将 B 电极移到地面而得到克服，如图 5.23 所示。此时，电流回到 B 电极的路径范围在地层内扩大了许多，而只有一小部分电流流经 N_1。另一个问题是逆特拉华效应，是顶部防护电极进入高阻层段井眼导致压制电流直接沿井眼流动而产生的。此时，N_1 和 A 之间的电阻小于 N_1 和 B 之间的电阻，N_1 电位变正。通过将测量参考电极移到更高处的电缆底部 N 处，问题得到了解决。

即使经过了这些改进，在高电阻率地层下方的低电阻率储层中，仍然发现了其电阻率被测高的错误。一般情况下，电阻率会增大约 $1\ \Omega \cdot m$，而当高阻层中有套管时，电阻率增加值可以达到 $10\ \Omega \cdot m^{[6]}$。这是以荷兰大型气田命名的格罗宁根效应。其合理的解释在于侧向测井采用的是交流电而不是直流电，因为直流电会导致电极极化并影响 SP。

交流电在导电介质中只能穿透一定距离。即使对于深侧向测井采用 35 Hz 的低频交流电，反映探测范围的趋肤深度（单位为 ft）也等于 $280 \times \sqrt{R}$，其中 R 是以 $\Omega \cdot m$ 为单位的地层电阻率（有关趋肤效应的更多信息，请参见 7.6 节）。这与电流必须在 A 电极和 B 电极之间流动数千英尺的距离相比相差很多。因此，电流被限制在以井眼为中心的圆柱区域内，流经面积减少许多，从而导致地层视电阻增加。这样，就又回到了特拉华效应，与其具有同样的结果：电流在井眼中所占据的比例增大许多，N 电极电位向负方向增加；当 N 电极进入高阻层时，致使测量电阻率假性增大。

另外两种导电因素加剧了这一效应，即电缆和套管。电缆也承载着一部分回路电流，从而导致流过 N 电极的电流量增加。可以证明，N 电极的电位随着 $\sqrt{R_1}$ 的增加而增加，其中 R_1 是电缆所对地层的电阻率，如图 5.23 所示[18]。如果 R_2 也非常高，则 M 电极上的电势也随之增加（对于相同的电流），该效应也就随之减小。如果 R_2 较低，则 N 电极的非零电位的影响就变得显著。

由于套管的趋肤深度非常小（通常为 0.1 in），因此，其影响更为明显。模拟研究表明，电流实际上先流向套管底部，然后再流向表面，如图 5.23 右侧所示。这进一步增加了流经 N 电极的电流，并解释了格罗宁根效应在套管中更强的原因。套管和电缆也使 B 和 N 电极之间电阻小于 N 和 A 电极之间的电阻，从而使 N 电极的电位为负。

已经提出了检测和校正格罗宁根效应的各种解决方案。最完整的方案是基于这样的事实，即趋肤效应也会导致信号中的相位改变，从而可测出正交信号。当没有套管时，误差只是正交信号的简单函数，经测量后得到校正。当有套管时，该函数不再简单，需要使用两种不同的仪器防护电极进行两次测量可以解决该问题。

参考电极效应所面临的最后一个问题是，在大斜度井中，电缆侧向测井仪器需要用钻柱输送到井底。挠性的马笼头被 30 ft 长的绝缘管取代，钻杆当作 N 电极。电流流动方式与存在套管时的类似，需要进行校正。当 $R_t/R_m < 100$ 时，校正量非常大[18]。

5.4.2 薄层和侵入

值得注意的是，上述用于校正井眼、围岩和侵入的图版都假设这些因素是相互独立的，从而可以依次进行校正。然而，遗憾的是，尽管由于井眼效应通常很小，当作独立变量时不会产生较大的误差，但围岩和侵入的影响都是密切相关的，在某些情况下无法依次处理。

薄层的侵入效应如图 5.24 所示。此时，LLd 和 LLs 的围岩校正几乎不起作用。利用图 5.22 继续进行侵入校正（假设 R_{xo} 可通过其他仪器获得）后，R_t 的误差值小于 2 Ω·m，而实际的电阻率为 10 Ω·m。这么大的误差是逆挤压层（高阻薄层）因低侵而大大加剧了其影响程度的结果。在有侵逆挤压层中，电流寻求阻力最小的路径，因此，倾向于从侵入带向上和向下进入低电阻率围岩层，其程度远大于如图 5.21 所示的无侵逆挤压层情况。结果是，随着侵入的增加和地层变薄，LLd 越来越像 LLs，因此，在薄层中，观察不到两者之间的差异。对于如图 5.24 所示的例子，当层厚大于 10 ft 时，两者才开始出现分离。因此，进行侵入校正时，层厚需要在几十英尺以上，这样校正效果才会令人满意。

在该实例中，另一个值得注意的影响是，与图 5.20 相比，地层界面变化不明显了。这是因为在图 5.24 中，R_{xo} 在地层界面处未发生变化。可以证明，电阻率的急剧垂直变化只有在靠近井眼时才能检测到。如果靠近井眼的电阻率不发生变化，电阻率曲线的垂直分辨率就很差。

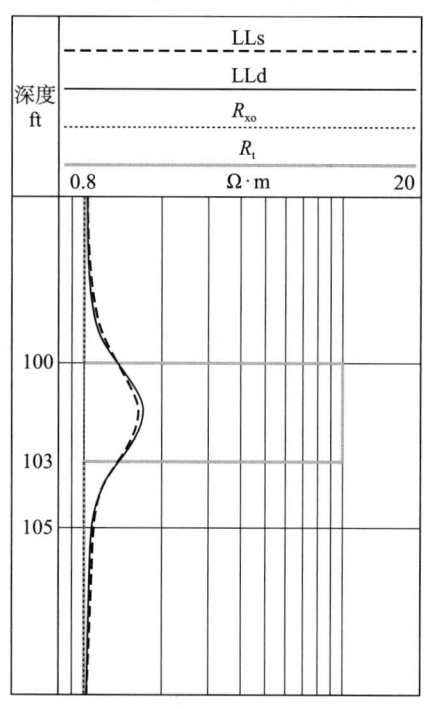

图 5.24 薄的低电阻率侵入带（$R_{xo}=1$ Ω·m，$R_t=10$ Ω·m，$d_i=40$ in）和低电阻率围岩（$R_{sh}=1$ Ω·m）的综合效应使双侧向测井曲线的逆挤压层效应变得十分明显。结果是，LLd 读数与 LLs 读数几乎相同，且两者均偏离 R_t[19]

图 5.24 的结果是通过定义地层 R_{xo}、R_t 和 d_i 并利用合适的计算机模型计算 LLd 和 LLs 的响应得到的。该程序也可用于反演问题研究——在实际井中，利用测井曲线反求这些地层参数。利用 LLd 和 LLs 的反射交叉点或其他测量方法选取地层界面，并选择合理的地层参数。计算理论的 LLs 和 LLd 曲线，并与实测曲线进行比较。如果不一致，

则调整参数，直到一致为止。然后将最终参数作为正确的地层值。与任何此类反演一样，结果可能都不是唯一的，即其他地层参数可能也会给出同样的输入曲线。

尽管这种迭代正演模拟可以手动执行，但为了普遍使用该项技术，曲线的比较和参数的调整需要自动完成。然而，仅凭借 LLd 和 LLs 曲线，即使 R_{xo} 已知，如果让自动程序给出明确的结果，已知信息还是太少。对更多径向信息的需求使得阵列仪器得以发展。

5.4.3 阵列型测井仪器

已经有两种类型的阵列仪器。高精度侧向仪由一个供电电极和位于其上下的 19 个电极组成。仪器记录 8 个电势或电位测量值和 16 个电场或梯度测量值（电极两两之间求差）[20]。电势差测量结果相叠加合成三个综合聚焦的电场测量值。其最大能力来自对大量不同的测量数据进行的二维（2D）或三维（3D）反演，以求取 R_{xo}、R_t 和 d_i。由于采用电位和梯度测量方式，测量结果可能受井眼和围岩的影响较大，但从原理上讲，可以通过反演将其消除。然而，由于每种测量都是在不同深度下完成的，仪器的不规则运动会给处理结果带来误差。

第二种阵列型仪器是高分辨率阵列侧向测井仪，通过 1 个中心电极 A_0 和位于其上下的 6 个电极提供 6 个 LL3 型测量结果，如图 5.25 所示[21]。对这些电极进行不同的组合变换，依次充当压制电流和回路电流的电极，实现 6 种工作模式或聚焦模式。例如，在模式 2 中，三个内部电极作为压制电流电极而保持与 A_0 相同的电位，其余电极充当 A_0 和压制电流的回路电流电极。这种方式具有中等探测深度，与 LLs 的探测深度接近。最浅的测量模式（模式 0）没有屏蔽电极用于测量钻井液电阻率。其他几种模式依次增加屏蔽电极（压制电极）的数目，以继续增大探测深度，直至最大探测深度与 HLLd 的探测深度相近（图 5.26）。利用监督电极的反馈并通过软件实现信号的叠加施加等位约束条件，从而使原始测量结果的井眼和围岩效应达到最小化。

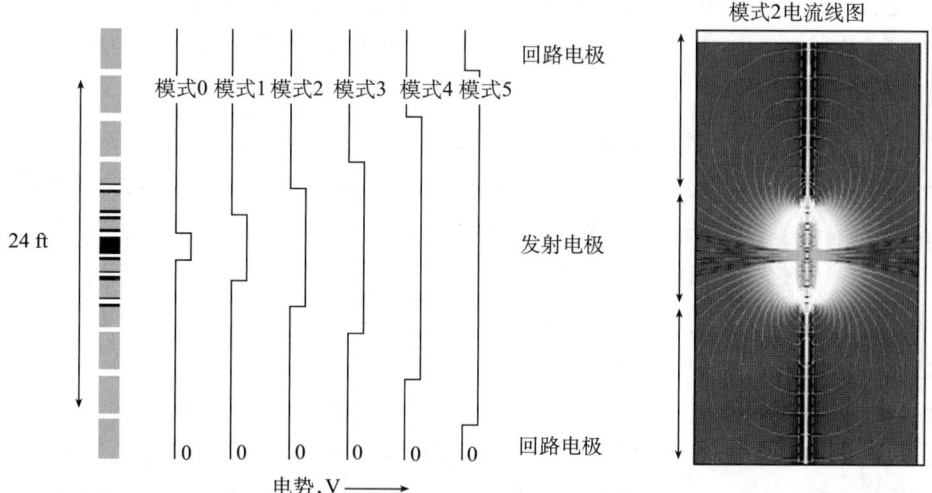

图 5.25 左侧为阵列侧向测井电极排列和不同模式的电势剖面（由斯伦贝谢提供）
中心电流和测量电极是黑色的，监督电极也是黑色的，其他电极是灰色的。白色部分是绝缘的。
右侧是模式 2 中的电流线图。箭头表示哪个是发射电极，哪些是回路电极

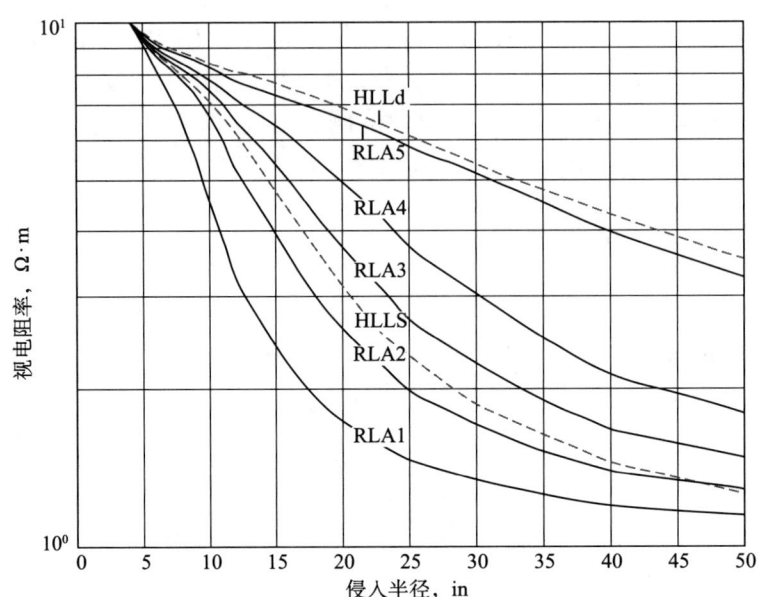

图 5.26　阵列侧向测井 5 种模式的径向响应以及高分辨率方位
侧向仪器的 HLLd 和 HLLs 的径向响应（由斯伦贝谢提供）

y 轴是经过井眼校正的厚层电阻率，它是侵入半径的函数。
$R_t = 10\ \Omega \cdot m$，$R_{xo} = 1\ \Omega \cdot m$，$d_h = 8$ in，$R_m = 0.1\ \Omega \cdot m$

利用 A_0 电流和中心电极与电缆外皮之间的电势差，同时计算得到不同频率下的 6 种电阻率，从而从本质上实现了分辨率的匹配，并且由仪器不规则运动导致的误差降至最低。请注意，没有地面 B 电极，因为所有电流都返回到仪器主体，这种配置避免了格罗宁根效应和其他参考电极效应，而且也不需要马笼头，因此，解决了困扰双侧向测井仪器的两个主要问题。这是需要代价的，因为如果将回路电极选在地面，模式 5 的探测深度大为增加。取而代之的是采用 2D 或 3D 反演来提高仪器的探测深度，尤其是在薄层中。

在完成任何微小的剩余井眼校正之后，可以现场实时进行快速一维（1D）反演——相当于无限厚地层的侵入校正图版。2D 反演需要较长时间，但可通过自动将测井曲线分成许多常数层段来加快反演速度。图 5.27 中的实例给出了对比结果。在 ××50 ft 处，$R_t > R_{xo}$，1D 反演发现 R_t 仅略大于最深模式的测量结果，但 2D 反演值是 R_t 的 2 倍多。反演计算的 R_{xo} 值与其他测量方法得到的 R_{xo} 非常吻合。正如图上部的阴影部分所示，当 $R_{xo} > R_t$ 时，反演结果也非常理想。

反演结果的可靠性如何？全面的分析需要了解不同类型噪声的大小（例如，电子噪声、刻度误差、井眼不规则程度）以及模型的假设条件是否得到满足（例如，地层的轴对称性、阶跃侵入）。可以肯定的是，在正常情况下，2D 反演结果比 1D 反演或原始测量结果更接近地层真值。

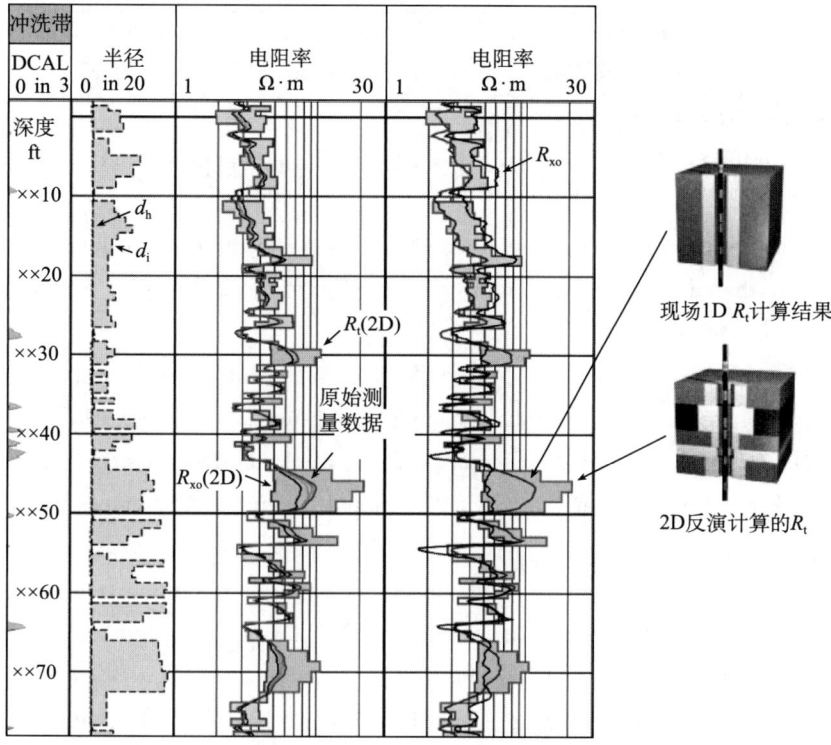

图 5.27 原始阵列侧向测井测量结果与 1D 和 2D 反演结果的对比（由斯伦贝谢提供）
MCFL 提供 R_{xo}，将在第 6 章中讨论

参考文献

[1] Schlumberger. Log interpretation charts. Houston: Schlumberger, 2005.

[2] Chemali R, Gianzero S, Strickland R, et al. The shoulder bed effect on the dual laterolog and its variation with the resistivity of the borehole fluid. Trans SPWLA 24th Annual Logging Symposium, paper UU, 1983.

[3] Anderson B, Chang S-K. Synthetic deep propagation tool: response by finite element method. Trans SPWLA 24th Annual Logging Symposium, paper T, 1983.

[4] Zienkiewicz O C. The finite element method in engineering sciences. New York: McGraw-Hill, 1971.

[6] Anderson B A. Modeling and inversion methods for the interpretation of resistivity logging tool response. Delft: DUP Science, 2001.

[7] Schlumberger. Log interpretation principles/applications. Houston: Schlumberger, 1989.

[8] Serra O. Fundamentals of well-log interpretation. Amsterdam: Elsevier, 1984.

[9] Doll H G. Electrical resistivity well logging method and apparatus. US Patent No 2712627, 1955.

［10］Suau J, Grimaldi P, Poupon A, et al. The dual laterolog-Rxo tool. Presented at the 47th SPE Annual Technical Conference and Exhibition, paper SPE 4018, 1972.

［11］Dresser Atlas. Well logging and interpretation techniques, the course for home study. Houston: Dresser Industries, 1983.

［12］Asquith G B, Gibson C R. Basic well log analysis for geologists. Tulsa: AAPG, 1982.

［13］Crary S, Smith D. The use of electromagnetic modeling to validate environmental corrections for the dual laterolog. Trans SPWLA31st Annual Logging Symposium, paper C, 1990.

［14］Chemali R, Gianzero S, Su S M. The effect of shale anisotropy on focused resistivity devices. Trans SPWLA Annual Logging Symposium, paper H, 1987.

［15］Davies D H, Faivre O, Gounot M-T, et al. Azimuthal resistivity imaging: a new generation laterolog. Presented at the 67th SPE Annual Technical Conference and Exhibition, paper SPE 24676, 1992.

［16］Smits J W, Benimeli D, Dubourg I, et al. High resolution from a new laterolog with azimuthal imaging. Presented at the 70th SPE Annual Technical Conference and Exhibition, paper SPE 30584, 1995.

［17］Khokhar R W, Johnson W M. A deep laterolog for ultrathin formation evaluation. Trans SPWLA 30th Annual Logging Symposium, paper SS, 1989.

［18］Trouiller J C, Dubourg I. A better deep laterolog compensated for Groningen and reference effects. Trans SPWLA 35th Annual Logging Symposium, paper VV, 1994.

［19］Griffiths R, Smits J W, Faivre O, et al. Better saturation from new array laterolog. Trans SPWLA 40th Annual Logging Symposium, paper DDD, 1999.

［20］Itskovitch G B, Mezzatesta A, Strack K M, et al. High-definition lateral log resistivity device: basic physics and resolution. Trans SPWLA 39th Annual Logging Symposium, paper V, 1998.

［21］Smits J W, Dubourg I, Luling M G, et al. Improved resistivity interpretation utilizing a new array laterolog tool and associated inversion processing. Presented at the 73rd SPE Annual Technical Conference and Exhibition, paper SPE 49328, 1998.

习　题

5.1 图 5.18 给出了深、浅侧向测井（LLd 和 LLs）的伪几何因子。根据该信息，对于侵入直径为 30 in、孔隙度为 30% 的含水地层，你所预期的 LLd 和 LLs 的视电阻率是多少？井眼中充满电阻率为 2 $\Omega \cdot m$ 的相对淡水，在相同温度下，地层水电阻率为 0.1 $\Omega \cdot m$。

5.2 利用图 5.20 的测井曲线值，假设 12 500 ft 处的水层孔隙度为 20%。

5.2.1　假设底部地层也充满水，其孔隙度是多少？

5.2.2 如果 12 460 ft 处的地层也是 20%孔隙度的水层，而不是含烃层，地层水 R_w 多高时，电阻率曲线才能达到图中的读数？

5.3 你能指出图 5.20 中哪个层有侵入吗？

5.4 对于图 5.24 中的测井曲线，根据 LLs、LLd 和 R_{xo} 计算中心地层的 R_t，利用图版进行井眼校正、围岩校正和侵入校正。假设井眼直径为 8 in，钻井液电阻率 $R_m = 0.1\ \Omega \cdot m$。如果孔隙度为 20%，$R_w = 0.1\ \Omega \cdot m$，含水饱和度 S_w 是多少？真正的 S_w 是多少？

5.5 证明方程（5.14）中的公式。（写下三个电流电极在监控电极中心产生的电势，令电势梯度为零。）

5.6 利用第 7 章中的趋肤深度公式，计算 LLd 在 $1\ \Omega \cdot m$ 地层中的趋肤深度，磁导率为 1.2×10^{-6} H/m。

5.7 计算 LLd 在 $10\ \Omega \cdot m$ 地层中的趋肤深度。估算位于 6 000 ft 处的深侧向测井电流源与地面回路之间的地层电阻。

6

其他电极型和螺旋管线圈型电阻率仪器

6.1 引　言

除了第 5 章中介绍的用途之外，电极型电阻率仪器还有许多其他方面的用途，其中最早的应用是测量侵入带或冲洗带的电阻率 R_{xo}。历史上，由于没有其他测量方法，侵入带电阻率的首次应用是估算地层孔隙度。从那以后，人们发现 R_{xo} 有许多用途。在前面的章节中，我们看到，与 R_t 相比，R_{xo} 直观地显示了渗透层和可动烃。在第 5 章中，我们看到了 R_{xo} 在更加准确地估算深电阻率 R_t 方面的作用。与其他信息相结合，R_{xo} 可用于求取侵入带的含水饱和度 S_{xo}，从而估算烃的采收率。S_{xo} 本身也可以作为烃的有用指标。

在讨论这些应用之前，我们将考查一些测量 R_{xo} 的电极型仪器。这些仪器的发展与侧向测井型仪器的发展同步，只是电极安装在极板并贴靠在井壁上。一些类似的仪器在测量地层倾角的大小和方向方面得到了很好的应用，然后，还可对井壁附近的电阻率进行详细成像。本章将提及这些仪器，但其应用主要是地质方面的，不在本书的讨论范围内。

电极型仪器更进一步的应用是在钻铤上，以便在钻井时进行测井（即随钻测井）。现在可以在钻头钻开地层时立即测量地层电阻率，只是采用螺旋管线圈代替电极来实现电流的发射和聚焦。最后要介绍的电极型电阻率仪器是过套管电阻率测井仪。以前曾经认为通过导电的金属套管测量电阻率是不可能的，但现在已经变成现实。实际上，这种测量方式的探测深度还可以更深。

电极型仪器在电缆测井或随钻测井中得到了广泛应用。需要引起我们注意的是，除了少数例外，该仪器在非导电钻井液（如油基钻井液）中无法工作。对于这种钻井液，需要进行感应和传播测量，将在第 7~9 章中予以讨论。

6.2 微电极仪器

微电极仪器,顾名思义,是一种电法测井仪器。与之前的心轴型仪器相比,其电极间距大大缩小。另一个区别是,由于间距较小,其探测深度也大大降低。电极安装在称为极板的特殊装置上,在上提过程中,极板与井壁保持接触。

微电极仪器与电极型仪器的发展轨迹相同。第一代微电极仪器是基于电位和梯度原理的非聚焦型仪器,如图 6.1 所示。电流从标记为 A_0 的纽扣电极发出,测量两个电极 M_1 和 M_2 之间的电势。为了确保探测深度较小,电极之间的间距为 1 in。两个电极之间的电势差形成梯度或倒装梯度,测量结果受滤饼影响严重。电极 M_2 上的电势形成电位测量,由于距离电流源较远,测量结果受冲洗带的影响更大些。

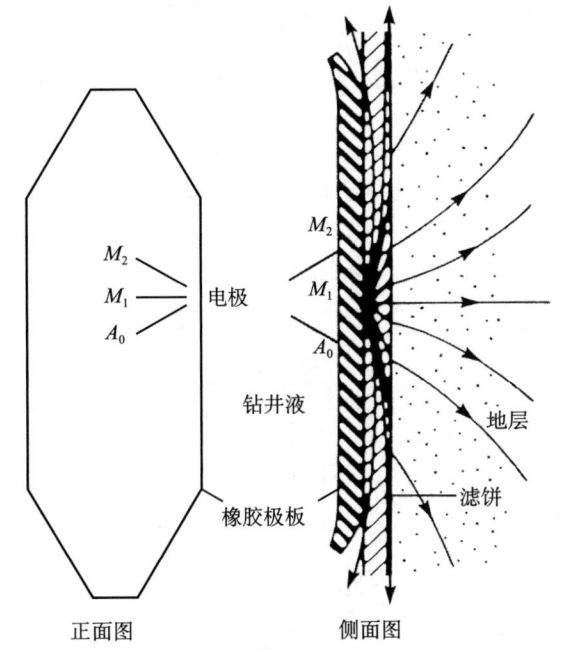

图 6.1 微电极仪器简图(短电位和梯度测井的极板型版本)[1]
电极之间的间距为 1 in

滤饼的影响,特别是在滤饼较厚以及地层电阻较高而滤饼电阻率较低的情况下,是确定 R_{xo} 的主要不利因素,但当存在侵入时,则意味着两条曲线出现分离。这种分离是地层渗透性的可靠指标,深受许多测井分析家的喜爱,以至于现代测井仪器还要合成这两条曲线以满足这种需求。Jordan 和 Campbell 在微电极仪器测井曲线及其解释方面做了大量工作[2]。

为了提高 R_{xo} 确定的准确性,聚焦或微侧向测井仪器应运而生。图 6.2 是该仪器的结构示意图,除了尺度外,它与侧向测井具有许多相同的特征。如图 6.2 所示,从 A_1 电极流出的屏蔽电流聚焦测量电流,使其穿透滤饼。根据 R_{xo} 与 R_t 之间的对比度,90% 的测量信号来自前 2~4 in 的地层区域。

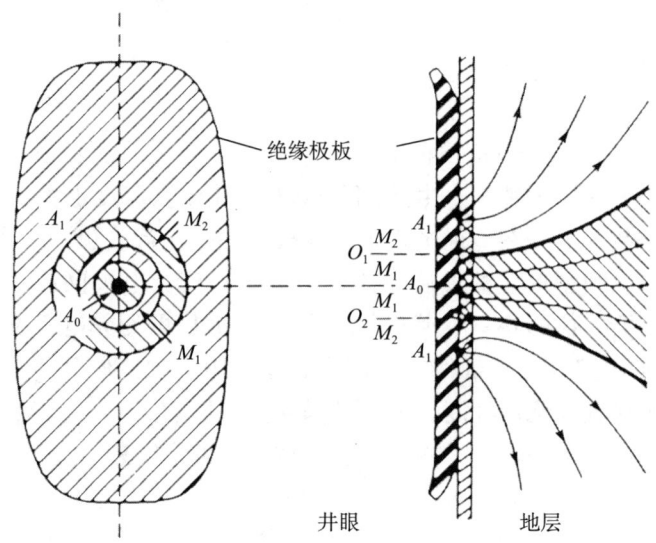

图 6.2 微侧向测井仪器：侧向测井仪器的缩小、极板型版本[1]

在微侧向测井之后，出现了其他各种类型的微电极型仪器，每种仪器都试图最大限度地降低滤饼的影响，同时又使探测深度增加不大。图 6.3 中的两个滤饼校正图版可以实现微球测井曲线和微侧向测井曲线之间的对比。微球仪器的原理与 5.3.2 节描述的球形聚焦仪器的原理相同。球形聚焦技术加上较大的极板，使其对滤饼的响应非常不敏感。

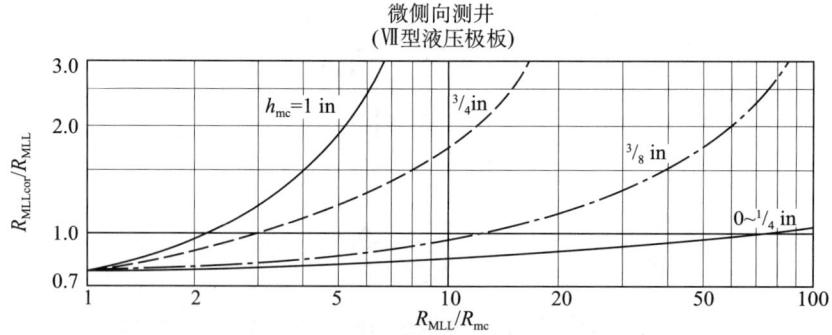

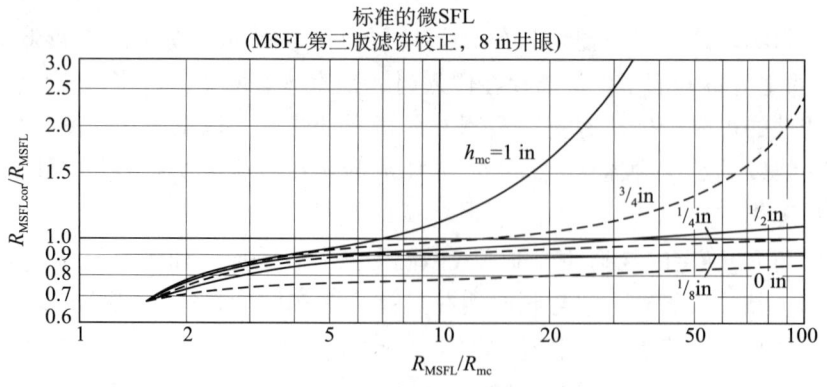

图 6.3 两种微电阻率仪器的滤饼校正[3]

微柱形聚焦测井使得 R_{xo} 的测量技术向前又迈进了一步[4]。它采用固定的刚性金属极板，这与早期仪器使用的活动橡胶极板不同。固定方式的设计阻止了形变，从而使间隙校正更为可靠。极板本身形成屏蔽电极 A_0，在其上面绝缘安装三个小测量电极，如图 6.4 所示。测量电极 B_0 在垂直轴方向由 A_0 电极实现被动的三侧向（LL3）方式的聚焦，即从 B_0 发射电流，以使其保持与 A_0 等电位。由于电极 B_1 和 B_2 更靠近极板的顶部边缘，所以它们的聚焦程度较低，因此，探测深度较浅。在水平方向上实现聚焦更加困难，因为极板的宽度必须设计成小于极板的长度，从而使得可用于聚焦的区域较小。因此，水平聚焦采用主动方式，在极板中心线的两侧各有两个屏蔽电极，发射使监督电极电位等于 A_0 电位所需的电流。这种垂直和水平联合聚焦的方式使得极板中心附近的等势区为圆柱形。

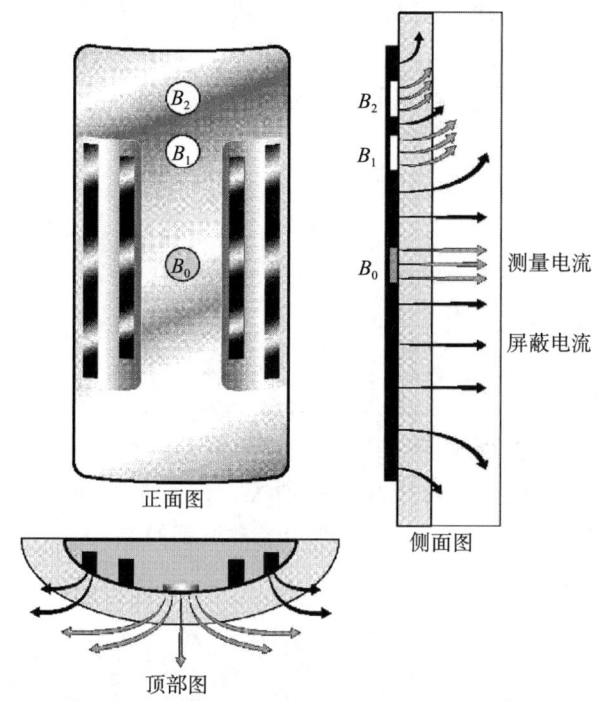

图 6.4　微柱形聚焦仪器的极板示意图（由斯伦贝谢提供）
极板两侧的外部两条带是屏蔽电极，内部两条带是监督电极，极板本身形成 A_0 电极

利用三种径向灵敏度不同的测量结果，可以求取 R_{xo}、R_{mc} 和 h_{mc}（滤饼厚度）三个未知量。求解过程是通过仪器响应的正演迭代完成的，而不是像以前的仪器那样在表格中查找完成（如果手动完成，则在图表中查找）。这可以更灵活地处理各种不同的情况，并可以施加各种约束，例如，R_{mc} 只能在井眼方向缓慢变化。

6.3　R_{xo} 的应用

在电阻率测井的早期，没有其他测井方法可以提供孔隙度信息。因此，R_{xo} 第一次具有历史意义的应用就是估算孔隙度。其基础是对钻井液滤液电阻率 R_{mf}（从钻井液样品中获得）的了解以及非常浅的电阻率测量结果。

根据地层因数 F 的定义，将完全饱和水地层电阻率 R_0 与所饱含盐水地层电阻率 R_w 联系起来：

$$R_0 = FR_w \tag{6.1}$$

对于侵入带，可类比写出

$$R_{xo} = FR_{mf} \tag{6.2}$$

这里，假设已知电阻率 R_{mf} 的钻井液滤液已经取替了原生地层水。同样，根据类比，侵入带钻井液滤液饱和度的表达式可以写成

$$S_{xo} = \sqrt{F \frac{R_{mf}}{R_{xo}}} \tag{6.3}$$

式中，钻井液滤液电阻率取代了通常公式中的 R_w，R_{xo} 取代了 R_t。饱和度指数 n 假设为 2。

为了估算孔隙度，可以进一步假设侵入带完全饱和水，且 F 与孔隙度的相关性为 $1/\phi^2$，由此可得

$$\frac{1}{\phi^2} = \frac{R_{xo}}{R_{mf}} \tag{6.4}$$

由于侵入带未被完全饱和，式（6.4）给出的只是最低孔隙度，即

$$\phi \geqslant \sqrt{\frac{R_{mf}}{R_{xo}}} \tag{6.5}$$

由于现在已有许多方法提供孔隙度，因此，上述过程已很少使用。然而，R_{xo} 在其他许多方面却大有用途。前面已经介绍过它在侵入校正（第 5 章）和可动油识别（第 2 章）方面的应用。后者值得进行更深入的研究，即定量评价微电阻率曲线（对应于 R_{xo}）和深电阻率曲线（通常接近于 R_t）之间经常见到的差异。

根据广义的饱和度方程：

$$S_w^n = \frac{a}{\phi^m} \frac{R_w}{R_t} \tag{6.6}$$

可以写出原状地层的原始含水饱和度（S_w）与侵入带的含水饱和度（S_{xo}）之比

$$\left(\frac{S_w}{S_{xo}}\right)^n = \frac{\dfrac{R_w}{R_t}}{\dfrac{R_{mf}}{R_{xo}}} = \frac{R_w}{R_{mf}} \frac{R_{xo}}{R_t} \tag{6.7}$$

也可以改写为

$$\frac{R_{xo}}{R_t} = \frac{R_{mf}}{R_w} \left(\frac{S_w}{S_{xo}}\right)^n \tag{6.8}$$

显然，在水层，R_{xo}/R_t 应该等于钻井液滤液电阻率与地层水电阻率之比。同理，当 $S_{xo} = S_w$ 时，亦是如此。这会发生在残余烃未被驱替的储层，或高黏度的沥青或重油层。然而，只要存在可动烃，S_{xo} 就将大于 S_w，R_{xo}/R_t 就将降低。因此，当该比值小于 R_{mf}/R_w 时，表明存在可动烃。在实际应用中，通常取微电阻率测井作为 R_{xo}，深电阻率

测井作为 R_t。

在如图 6.5 所示的侧向测井曲线的例子中可以看到这种特性的实例，图中给出的是含烃储层底部 800 ft 的一段曲线。在 1 号层中，在没有其他信息的情况下，可以假设只含有水，被完全饱和，微球形聚焦测井（MSFL）和深电阻率分离约为 2 倍。向上移动到 2 号层和 3 号层，所有的三条电阻率曲线都增加了。这可能是由孔隙度降低所致，但如果这些层只含有水，则曲线的分离程度与 1 号层中的相同。比例降低至大约 1，清楚地表明存在可动油。进一步向上移动，侵入带的含水饱和度和电阻率基本保持恒定，而原状地层的含水饱和度逐渐变小，含油饱和度逐渐增大。在储层的顶部，该值稳步下降至大约 1/50。

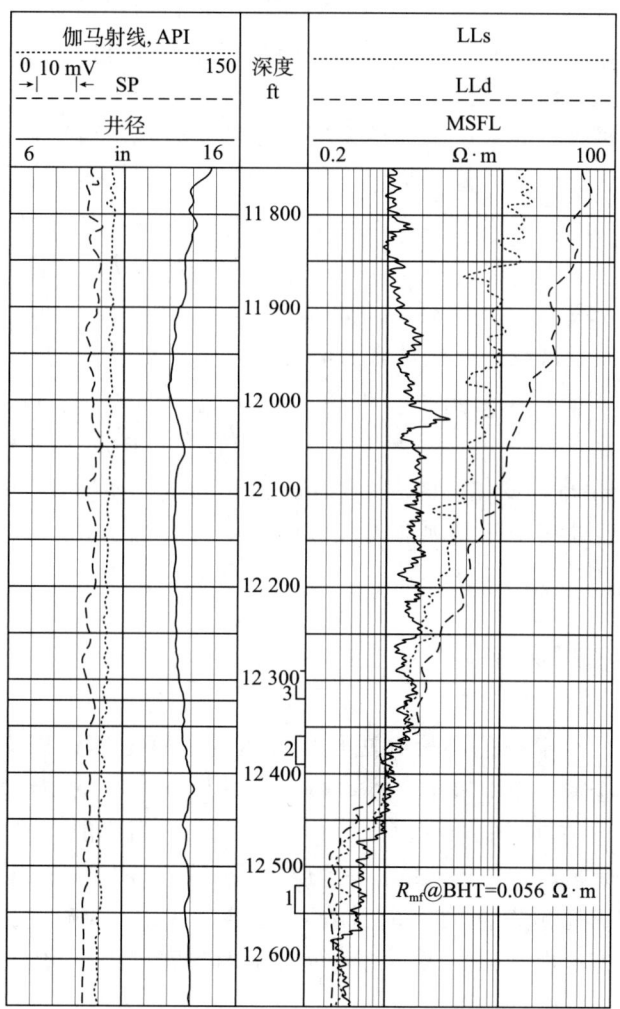

图 6.5 在厚储层中使用微电阻率仪器进行双侧向测井的理想化曲线
底部是水层，最上部含烃，很长的过渡带显而易见

在前面的例子中，我们着眼于侵入带和原状地层饱和度之间的相对变化。然而，人们对侵入带饱和度感兴趣有其内在原因。为了求取侵入带饱和度，需要附加信息。如果通过其他方法求得孔隙度，则可通过以下方程计算残余油饱和度：

$$S_{xo}^n = \frac{a}{\phi^m} \frac{R_{mf}}{R_{xo}} \tag{6.9}$$

该饱和度可用于确定水驱效率,因为它量化了钻井液滤液侵入后的残余油饱和度。在水驱或与水层相接触的储层中,烃被水所替代,并留下一定体积的残余油。侵入过程的机制与此类似,只是速率较高、时间较短,因此,驱替效率可能较低。根据侵入估算残余油饱和度会导致结果偏高。

当地层水矿化度不稳定或未知时,S_{xo} 也是烃的有用指标。例如,在图 6.5 中,如果我们只看 11 900 ft 以上的层段,我们可能会得出这样的结论,该水层的地层水电阻率 $R_w = 50 \times R_{mf}$。但我们现在可以根据已知的 R_{mf} 和其他测井曲线得到的孔隙度计算 S_{xo}。如果 $S_{xo} < 1$,则表示含有烃,只是我们无法确定这些烃可动与否。这种应用在地层水较淡的沉积盆地中尤其有用,因为当地层水矿化度较低时,不同储层之间的地层水矿化度往往变化范围也较大。

上面描述的计算方法通常用于储层含烃曲线的"快速直观"解释。该方法中采用的曲线随时间和地区而变化。曾几何时,"F 曲线"方法流行一时[5]。它通过孔隙度曲线(如 $F_s = 1/\phi^2$)、微电阻率曲线($F_{xo} = R_{micro}/R_{mf}$)和深电阻率曲线($F_t = R_{deep}/R_w$)计算地层因数。如果三者一致,则为水层。如果 $F_t = F_{xo} > F_s$,则存在残余烃,因为根据电阻率计算的 F 只在 $S_{xo} = 1$ 时有效。如果 $F_t > F_{xo}$,则存在可动烃。

两种常用的快速直观测井曲线是 R_{wa} 和 R_{xo}/R_t。R_{wa} 是在假设 $S_w = 1$ 时,根据深电阻率和孔隙度计算得到的视水电阻率,即 $R_{wa} = \phi^m R_{deep}$。如果 $R_{wa} > R_w$,则表示含有烃。一种常见的经验法则是,当 $R_{wa} > 3 \times R_w$ 时,应该存在可动烃。如果孔隙度是不变的,R_{wa} 实际上只是深电阻率的变化。同理,当 R_w 未知($R_{mfa} = \phi^m R_{xo}$)时,R_{mfa} 是一个有用的指标。R_{xo}/R_t 的益处在于其无须知道孔隙度,在含有可动烃的储层中,该比值将降低,后面的图 23.3 中给出了应用实例。

6.4 方位测量

安装在极板上的小电极的测量方法很快发展为三臂或四臂探头,即倾角测量仪。每个支臂上都有一个或多个电极推靠在井壁上,并以 0.1 in 的精细垂直分辨率进行采样。虽然测量结果无须进行电阻率刻度,但垂直方向电阻率的差异对于判断贯穿井眼的 3D 层理具有重要意义。对于穿过水平地层的垂直井,不同极板电极的测量结果需要进行深度匹配。根据探测器的方向(由惯性平台或摆式磁力仪确定),倾斜地层将在每个支臂的不同深度产生电阻率异常。这种偏移的对齐程度将取决于地层倾角和井眼尺寸的大小。

地层倾角仪测量的原始电阻率曲线很少直接使用,但可用于各种相关或模式识别处理程序。它处理出来一组可以指示层理方向(地层倾角和方位)的相关曲线。这些根据构造地质学和沉积环境处理出来的曲线或"蝌蚪图"超出了本书的研讨范围,但在一些参考文献中进行了详细论述[1,6-8]。

20 世纪 80 年代,倾角测量仪演变成了电成像扫描仪,这是一种在多个极板上集成大量小电极或纽扣电极的仪器[9]。一个典型的极板上包含 27 个电极,排成四行,每个电极直径为 0.2 in。仪器测量每个电极发出的电流,同时保持每个电极的电位和周围极板的电势相对于上述仪器串上的回路电极的电位为常数。对交错排列的电极阵列进行高速率采样和处理,以提供部分井壁的电图像。图像分辨率可达几毫米,因此,其效果可等同于岩心照相。早期仪器的主要缺陷是极板对井壁的覆盖率低,尤其是在大井眼中。现代成像仪在六个支臂上安装了数百个电极,或者安装在四个可移动的侧翼支臂上,从而使 8 in 井眼中对井壁的覆盖率多达 80%。

另一个缺陷是,由于非导电钻井液滤饼具有高阻抗,这类仪器无法在非导电钻井液中工作。最初,倾角测量仪安装了尖的犁形电极,以便能够刮掉滤饼,但效果一直欠佳。采用微感应传感器的油基钻井液倾角测量型仪器虽然可以应用[10],但对井眼环境变化过于敏感。第 19 章中介绍的声波方法受界面影响严重,在高密度钻井液条件下效果不好。然后,从 2001 年开始,适用于许多非导电钻井液的成像仪开始出现[11,12]。其设计基础是由于滤饼和地层都含有泥质,它们都具有一定的导电性,并且极板和地层之间的间隙很小。这使得可以通过极板顶部和底部的电极之间的地层发送电流,并且测量电位差,从而测量中心电极间的电阻率。

图 6.6 给出了 5 ft 层段内这种仪器测量结果与岩心照片的对比。在右侧,岩心照片显示出一系列的薄砂泥岩层。左侧图像是井壁周围不同方位测量极板上的四个微电极阵列的结果。从图上可以分辨出薄至 0.5 in 的地层。这种高分辨率在层状砂岩的分析中非常有用(见 23.3.4 节)。在××83.4 ft 处还可以发现非平面的地层界面特征。与可以同时记录的传统倾角仪测量结果相比,这些图像的优势明显。现在,从这些图像中可以人工识别出地层界面、裂缝等其他一些特征,并自动计算其倾角和走向。这使经验丰富的地质学家能够对解释过程进行严格控制[13]。

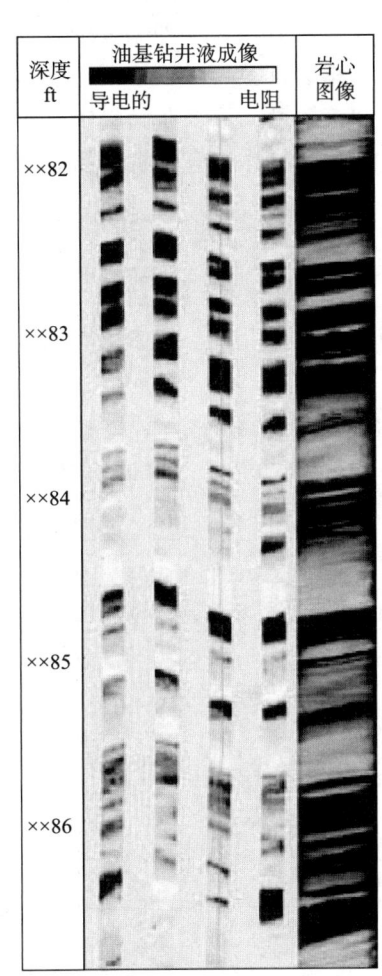

图 6.6 油基钻井液成像仪测量结果与井孔同一层段岩心照片的对比

成像也可以通过方位侧向测井仪获得,该仪器将一个圆柱形电流电极分成几个部分[14]。调整从每个部分流出的电流,使其中心的监督电极上的电位与位于该部分电极上下的两个环形电极上的电位相同。这些电极的上下还有加长的防护电极,整个装置的工作类似于 LL3 仪器。尽管所得到的成像质量不如微电极成像仪器的质量,但可以识别主要的构造特征。

6.5 随钻电阻率测量

进行的第一次随钻电阻率测量是短电位测量,其电极安装在钻铤的绝缘套上。后来,增加了两个防护电极,实现了 LL3 的测量,电极也安装在绝缘套上(聚焦电流电阻率仪,1987[15])。绝缘套在钻井环境中并不受欢迎,因为相比钢圈,它们更易磨损。一个更好的解决方案是使用 Arps 在 1967 年提出的螺旋管线圈[16]。螺旋管线圈还为测量钻柱最底部(即钻头处)电阻率的问题提供了解决方案。对地层电阻率的测量,人们总是希望越快越好、越早越好(地层刚被钻开或在钻开之前就完成测量)。例如,利用该信息,可以在储层中钻大斜度井,或者一旦发现钻出储层就停止钻进,如图 6.7 所示。具体的应用将在第 20 章中讨论,本章将只介绍其测量原理。

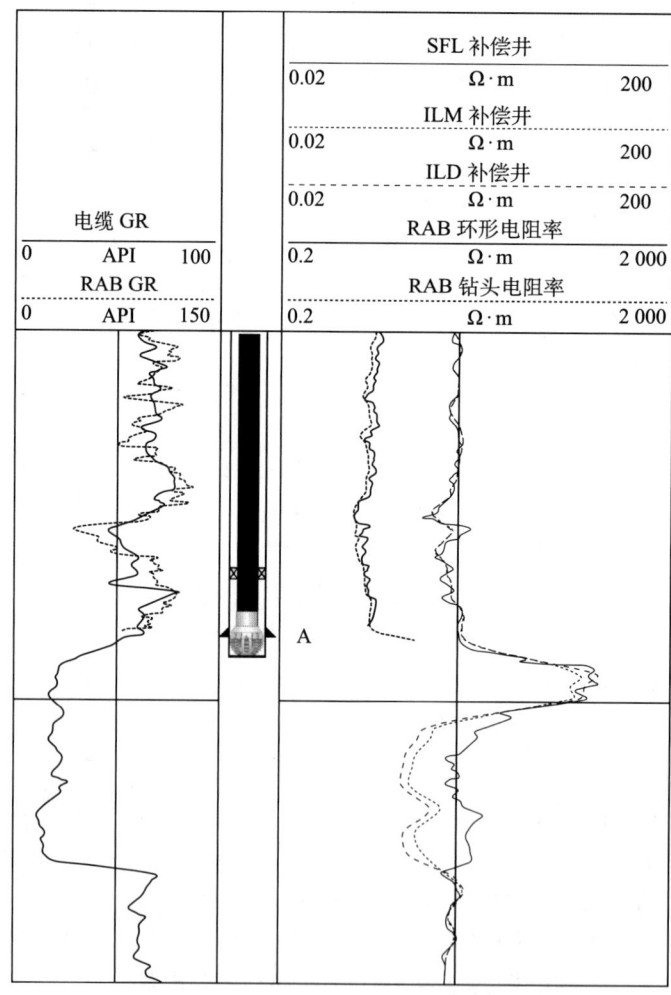

图 6.7 钻头电阻率(RAB)仪记录的测井曲线实例[18]

A 处钻头电阻率增加表明位于储层砂岩的顶部,这可以从右侧的补偿井测井曲线中看出。钻井停钻下套

6.5.1 钻头电阻率

第一支测量钻头电阻率的装置是哈利伯顿公司的双电阻率随钻测量（MWD）仪，它也可以进行梯度测量[17]。第二支是斯伦贝谢公司的钻头电阻率（RAB）仪，它也可以进行聚焦电阻率测量[18]。RAB 的外边可以安装可拆除的带有纽扣电极的套筒，可以进行方位测量并提供不同的探测深度。RAB 的改进版被称为 GVR、geoVISION 电阻率短节。

在上述两种随钻电阻率仪器中，通过螺旋管线圈发射的电流沿钻铤向下流动，并通过钻头进入地层后返回，如图 6.8 所示。螺旋管线圈发射器[图 6.9（a）]是一个变压器，其线圈本身当作初级，钻铤和通过地层的返回路径当作变压器的次级。对线圈施加低频（1.5 kHz）交流电压，从而在螺旋管线圈上下两端的钻铤部分之间产生电压差。由于钻铤的电阻低，该电压差几乎完全在地层中，其值等于输入电压除以螺旋管中线圈的匝数。

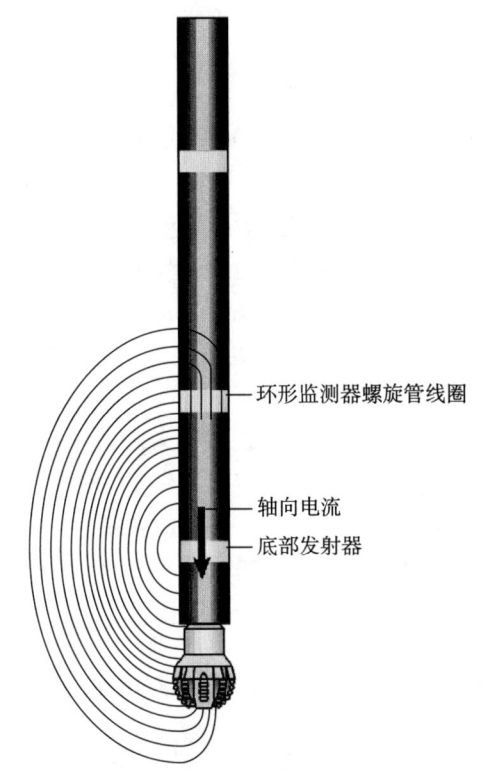

图 6.8 钻头电阻率测量原理（由斯伦贝谢提供）
螺旋管线圈发射器发送电流，沿钻铤经由钻头进入地层。穿过地层的电流线进一步返回到钻铤，由监测器螺旋管线圈进行测量

轴向电流由螺旋管线圈监测器测量，如图 6.9（b）所示。这也是一个变压器，在这种情况下，其初级是钻铤和地层，线圈为次级。线圈中流动的电流等于轴向电流除以线圈的匝数。

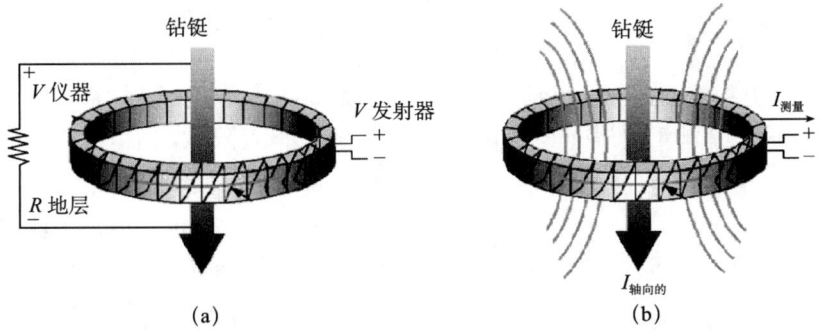

图 6.9 （a）通过将线圈缠绕在铁磁螺旋管上而形成螺旋管线圈发射器。电压 $V_{tool} = V_{transmitter}/N$，其中 N 是线圈的匝数。（b）通过将螺旋管线圈接入低阻抗电路而形成电流监测器。电流 $I_{meas} = I_{axial}/N$[18]

重要的是使流经钻头的电流最大化，但同时将发射器和监测器放置得足够远，从而保证测量的电流流经地层而不是井眼。因此，发射器应尽可能靠近钻头，而监测器应放置于钻柱的上部（图6.8）。可由下式计算电阻率：

$$R_{app} = K \frac{V_{tool}}{I_{meas}} \tag{6.10}$$

式中，V_{tool}是由螺旋管线圈测量的地层电位降；I_{meas}是监测器处的电流；K取决于钻铤的几何形状。

这是一个非聚焦装置，其响应特性在很大程度上取决于发射器和钻头之间的距离。当测井的主要目的是在地层被钻透后立即测量地层电阻率时，应将RAB紧挨着钻头正上方安装。这时给出了几英尺的合理垂直响应以及对电阻率变化的最早响应。如果将RAB仪器放置在仪器串更靠上的位置，则响应不太清晰，并且测量结果只能是定性的而非定量的。

令人惊讶的是，该装置在大多数油基钻井液中都可以工作，即使它们是不导电的。原因是地层通常通过稳定器与钻头以及钻铤的某些部分接触，从而构成电流返回路径。然而，在非导电钻井液中，通过如图6.8所示的监测器返回的电流是不可预测的，因此，在发射器正下方的另一个监测器（图中未显示）处进行测量。在这种情况下，无须担心流经井眼的电流。

6.5.2 环形和纽扣电极测量

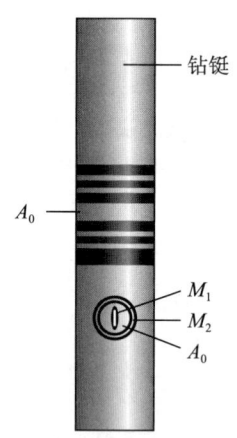

图6.10 钻铤上的环形电极和其中的一个纽扣电极结构（由斯伦贝谢提供）
黑色为绝缘部分，灰色为导电部分，A_0上下的环形电极为监测电极

在RAB测量中，通过采用一组环形电极和三个纽扣电极来实现对由电缆仪器测得的水平（或径向）地层电阻率的测量，这些电极都与钻铤绝缘，如图6.10所示。使用七侧向（LL7）结构中的监控电极对中心环形电极进行聚焦，而三个纽扣电极的监测电极的排列方式类似于微侧向测井。然后，可以根据中心大的环形监测电极测量的电流、监测电极上的电压以及使用类似于方程（6.10）的方程来计算每个电极测量的电阻率。

事实并非如此简单。首先，钻铤上有电位降，因为其电导率并非无限大，而且尽管使用低频电流，但趋肤效应仍将电流限制在钻铤的一个较小截面内，因此，需要进行校正。该校正通过建模建立的每个电极的变换来完成，并在盐水箱中进行验证。不同的钻铤几何形状需要不同的变换。

其次，与标准电极装置一样，使用单个发射器和检测器会在地层界面处引起畸变[图6.11（a）]。换句话说，需要对其进行聚焦。这可通过增加第二个发射器和两个监测器螺旋管线圈来实现[图6.11（b）]。上下两个发射器（T_1和T_2）发射相差180°

的电流以使均匀地层中环形电极处的轴向电流为零，而径向电流垂直于钻铤。当环形电极的上下地层电阻率不相同时，必须通过调整 T_1 和 T_2 的输出来保持这种对称性。这种调节首先保证 M_0 处的轴向电流为零。而环形电极与 M_0 非常近，其轴向电流也为零。这种调整可以通过同时激发发射器并测量 M_0 处的净电流在硬件中完成。实际上，它是在软件中完成的，方法是依次激发两个发射器，测量每个发射器在监测器上产生的电流（图中标记为 M_{01} 和 M_{02}），从而相应地调整发射器输出。

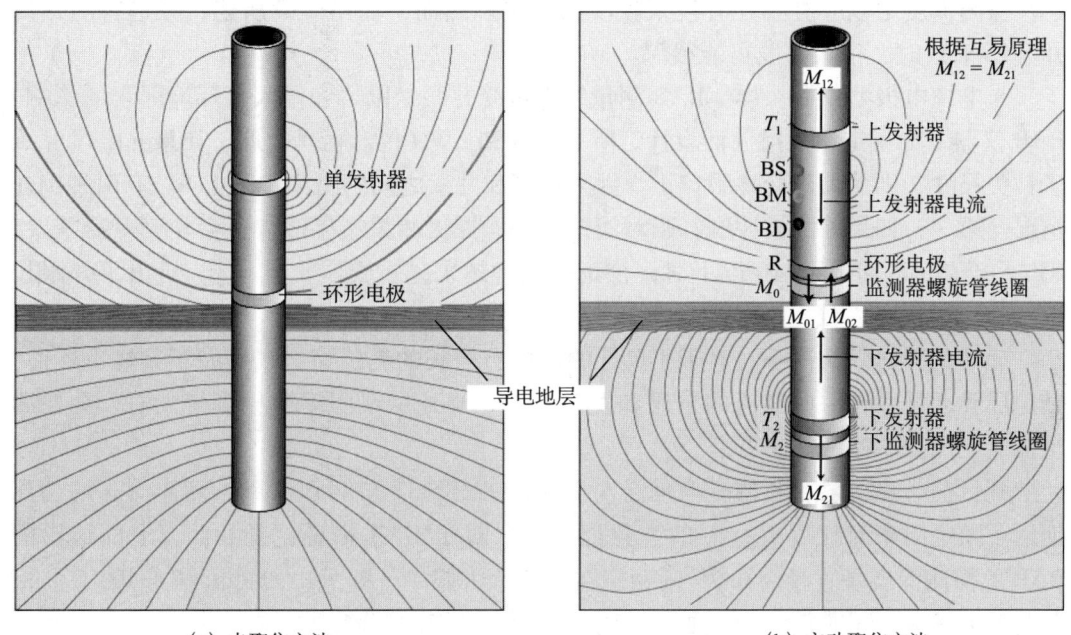

(a) 未聚焦方法　　　　　　　　　　　　(b) 主动聚焦方法

图 6.11　从简单的概念到开发出实用型仪器，期间存在许多难题[18]

(a) 当导电地层阻止电流在环形电极处径向流动时，使用单发射器产生的未聚焦电流线图。
(b) RAB 仪器采用多发多监测装置以保证电流在环形电极处的径向聚焦，此处的电流线几乎是径向的。符号 M_{01} 表示发射器 T_1 在 M_0 处产生的电流

T_1 和 T_2 的输出必须进行进一步调整，因为 T_1 和环形电极之间的电流损耗与 T_2 和环形电极之间的电流损耗会有所不同。这些损耗分别通过 T_1 和 T_2 在 M_0 和 M_2（M_{01}/M_{21}）处产生的电流比来评估。这只能在单发情况下来实现，因此，对 T_1 和 T_2 的测量必须分别进行，然后通过软件实现调整。最后需要说明的是，上部发射器没有监测螺旋管线圈，这是因为根据互易原理，$M_{12} = M_{21}$，而 M_{21} 已经测量。

在地层一定深度范围内，聚焦的结果是环形电极附近的等势面是圆柱状的。已经对环形电极电流的聚焦进行了很多关注，但是纽扣电极的聚焦情况如何呢？相比环形电极，它们的聚焦程度逊色一些，因此被放置在更靠近其中一个发射器的位置上。从图 6.11 (b) 中的电流线可以看出，纽扣电极离发射器越近，其聚焦程度越差，从而探测深度越浅。利用不同探测深度的三个纽扣电极，可以用传统方法对侵入进行校正。

6.5.3 RAB 的响应特性

RAB 响应的一般特性取决于电极的尺寸和位置，以及它是电阻率仪器的属性。与侧向测井一样，RAB 测量的是电阻率，因此，当地层电阻率较高、钻井液电阻率较低且 $R_{xo} < R_t$ 时，响应良好。电极尺寸较小，纽扣电极与发射器较近，垂直分辨率约为 2 in，纽扣电极的浅探测深度约为 1 in、3 in 和 5 in，环形电极的浅探测深度约为 8 in。这些探测深度足以应对测井时侵入较浅的情况。然而，如第 2 章所述，在进行随钻测井（LWD）时，侵入深度可能很深。

与电缆电极型仪器一样，RAB 测量结果也受井眼、围岩和侵入等环境因素的影响。RAB 仪器专为特定钻头尺寸而设计，所有钻铤和 LWD 仪器也是如此。如果井眼尺寸等于钻头尺寸，则无须进行井眼校正，因为钻铤和井壁之间的距离小于 1 in。有两种例外情况。第一，如果井眼被冲刷，则对浅探测和深探测测量结果的校正会立刻变得重要。第二，当 R_t/R_m 下降到 10 以下时，校正也变得越来越重要。文献 [3] 给出了井眼校正图版。

远处的围岩效应很小，对于小尺寸的电极和较长的钻铤而言，这并不奇怪。然而，在地层界面处存在一些电流的挤压和发散效应，当地层电阻率对比度较大时，会在测量曲线上产生"喇叭"效果。

到目前为止，最重要的影响是侵入。我们在图 5.18 中可以看到，侧向测井的伪几何因子随电阻率对比度 R_{xo}/R_t 的变化而变化，对于 RAB 来说更是如此。上面给出的 RAB 的探测深度是直径为 6.75 in 钻铤在 8.5 in 井眼中、$R_{xo} = 10$ Ω·m、$R_t = 100$ Ω·m、伪几何因子为 0.5 时得到的。如果对比度增大，则探测深度减小。

虽然伪几何因子可以方便地描述探测深度，但考虑有侵入情况下的实际测井曲线读数往往更有指导意义。实际读数取决于 R_{xo} 和 R_t 以及伪几何因子 [见方程（5.16）]。图 6.12（a）给出了在 $R_{xo} = 20$ Ω·m 和 $R_t = 200$ Ω·m 的情况下，即在电导型侵入时，环形电极和纽扣电极上的读数随着侵入深度的增加而发生的变化情况。侵入深度以直径表示，因此，在 8.5 in（井眼尺寸）没有侵入时，所有电极的读数均为 R_t。随着侵入直径的增加，所有读数均趋近于 R_{xo}。在侵入直径为 23 in，即侵入深度为 7.75 in 时，环形电极的读数为 R_t 的 50%。四条曲线之间的较大差异表明，当 R_t、R_{xo} 和 d_i 未知时，很容易通过反演来求取。图 6.12（b）与上图的侵入情况相反，是电阻型侵入。此时，d_i 为 10 in 时，环形电极的读数比 R_t 高 50%，再次说明电极型仪器不适用于电阻型侵入。

如果存在侵入，可以给出给定对比度和其他条件下的旋风图版。对于 RAB，有足够的四条曲线可以选择（如果钻铤带套运行）。从图 6.12（a）中可以推断，当侵入较浅时，使用三个纽扣电极的测量结果。当侵入较深时，使用两个探测较深的纽扣电极和环形电极的测量结果。此外，还可以使用所有四种曲线的尖端技术，见文献 [19]。在第 5 章中我们看到，旋风图版只适用于厚层。在较小的纽扣电极和高垂直分辨率条件下，围岩及其他 2D 效应的影响远不如侧向测井严重。

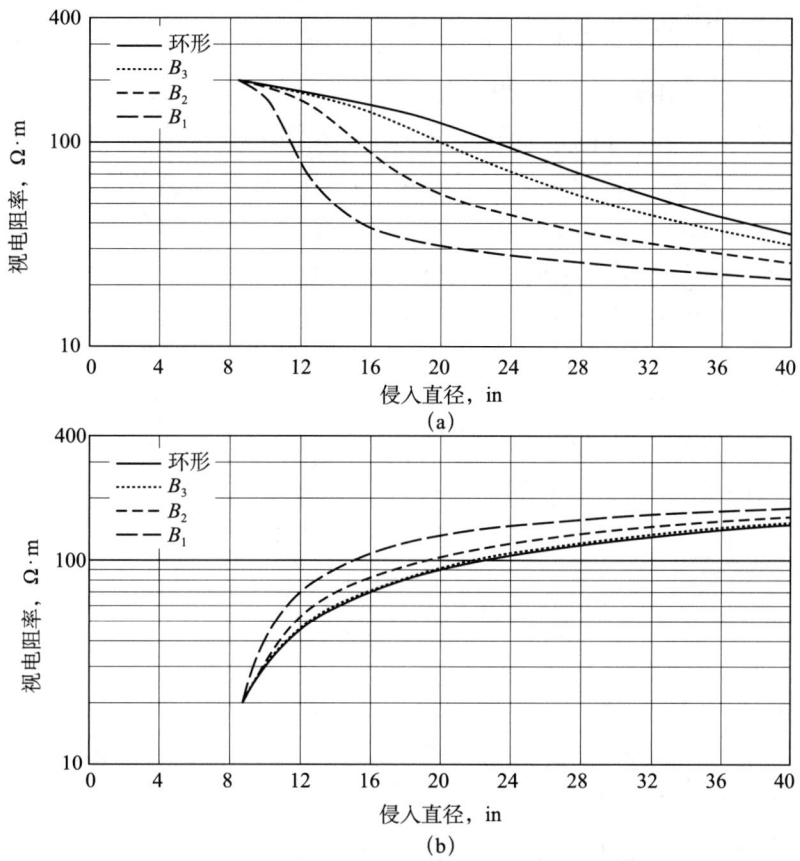

图 6.12　电导型侵入（a）、电阻型侵入（b）时，仪器读数随侵入深度的变化[18]

6.5.4　方位测量

RAB 的纽扣电极探测的是其所面对地层的电阻率，因此，如果旋转钻柱，则可以记录不同方位的地层图像。可以在钻井过程中成像显示地层特性，这是 RAB 最为令人震撼的特性。磁力计根据地球磁场对仪器进行定向。虽然 RAB 图像的垂直分辨率不如地层微电扫描仪的垂直分辨率，但足以反映可以确定地层倾角的层理和构造特征。在近实时条件下，这种信息用处极大。例如，在大斜度井中，可以根据图像判断是从上方还是下方进入新地层，这是非方位测量无法做到的，第 20 章给出了这方面的实例。

6.6　套管井电阻率测量

人们对通过套管实现对含水饱和度的测量抱有很高的预期，尤其是在老井中监测枯竭的变化并确定仍具有可采价值的储层方面。多年来，一直使用脉冲中子仪进行套后饱和度监测（第 15 章）。然而，其探测深度相对较浅，并不是总能给出令人满意的结果。乍一看，通过高导电性的套管测量电阻率似乎是不可能的，但该方法已被认可多年，有关方法的第一项专利在 20 世纪 30 年代就已被授予[20]。主要困难是必须测量的电势信号非常小，但这一点在 20 世纪 90 年代后期出现的两种仪器中得到了克服，这两种仪器是过套管电阻率仪（TCRT）和套管井地层电阻率仪（CHFRT）[21,22]。

两种仪器的工作原理相同，如图 6.13 所示。在漏电流模式下，电流在井下注入电极和地面电极之间传输。该电流沿着套管向下流动，经过三个电压测量电极 A、B 和 C，每个电极相距 2 ft。尽管大部分电流留在套管内，但仍然有小部分泄漏到地层（ΔI）中。漏失的电流量随着电流在套管上的流动而逐渐减小，这导致从 A 到 B 的电位降与从 B 到 C 的电位降不同。这种差异还取决于两个区间的套管电阻。如果两个区间的电阻相同，则 $V_2 - V_1$ 直接反映 ΔI，但是由于我们处理的是小信号，因此，套管电阻的任何微小差异的影响都非常重要。因此，两个区间的这种电阻差（ΔR_c）是在第二种"校准"模式下测量的，在该模式下，电流返回到井下而不是地面。此时，漏电流可以忽略不计，因此，$V_2 - V_1$ 测量的就是 ΔR_c。

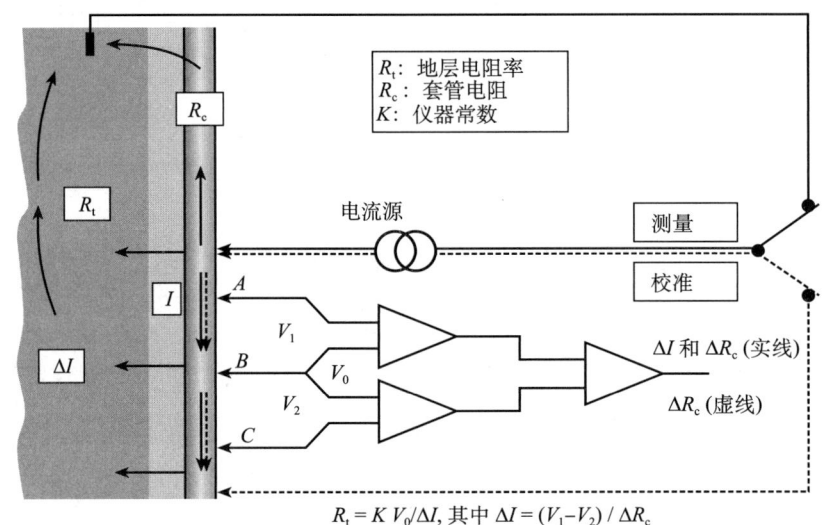

$R_t = K V_0 / \Delta I$，其中 $\Delta I = (V_1 - V_2) / \Delta R_c$

图 6.13　过套管电阻率测量的基本原理[22]

分两步测量地层电流 ΔI 以及 AB 和 BC 之间套管电阻的变化 ΔR_c，分别标记为测量和校准。在后来的一些仪器中，采用更复杂的电路将两步测量变成同时测量

由于信噪比太低，仪器必须在静止的情况下进行测量。因此，测速很慢，为此，已经采取多种方法加以改进。通过增加第四个电极和同样的电路，可以实现停留一次，两点同时测量，两点间隔为 2 ft。在最近的仪器中，两种模式同时测量[23]。这是通过电压发生器实现的，该电压发生器在漏电流模式下沿校准路径反馈电流，从而抵消掉电压 V_2。现在，计算不再依靠 ΔR_c，而是依靠 V_1 以及 A 和 B 之间的 R_c。后者可以与漏电流同时测量，但采用的频率不同。其结果是测量误差的灵敏度降低以及一步测量的测速加快。

在地层电流 ΔI 已知的情况下，可根据方程（6.10）由电极处套管上的电压 V_0 和 K 因子计算 R_{app}。V_0 是通过在漏电流模式下发送电流并测量井下电压电极和地面参考电极（图 6.13 中未显示）之间的电压测得的。虽然 V_0 随深度变化缓慢，但由于其较小

（小于100 mV）而很难准确测量。另外一个原因就是地面参考电极的影响，例如，可能无法将电极放置在距离套管足够远处以保证其电位为零。在实践中，可能需要偏移套管井电阻率测井曲线，以保证其与泥岩段或地层电阻率不应随时间变化层段的裸眼井测井曲线一致。任何这样的偏移都需要在套管底部附近进行调整，因为套管底部的电压随深度变化剧烈。

显而易见，过套管电阻率测量存在一些局限性。首先，我们应该认识到，一般的地层电阻率通常比套管的电阻率大9个数量级，然而，地层的面积又远大于套管的面积，因此，电阻比和漏电流与总电流之比约为10^{-4}。该电流通过只有几十微欧姆的套管电阻测量，所测量的电压差$V_2 - V_1$只有纳伏级。为了获得足够的信噪比，必须在仪器静止一段时间后测量该信号，测量频率不超过几赫兹。高频时，套管中的趋肤深度会减小，从而将更多的电流限制在套管内，导致漏电流更小，而直流电会产生直流效应和漂移。

目前，该仪器在 $1 \sim 100 \; \Omega \cdot m$ 的地层电阻率范围内效果最佳。低于$1 \; \Omega \cdot m$时，仪器对水泥电阻率和厚度变得敏感，这两者都不为人所知。随着电阻率的增加，地层电流减小。这可以通过在每个测点测量时间的延长来加以弥补，但在实际中，其效果会受到限制。在 $1 \sim 100 \; \Omega \cdot m$ 范围内，套管井电阻率测量结果和裸眼井侧向测井之间的一致性良好，如图6.14所示。

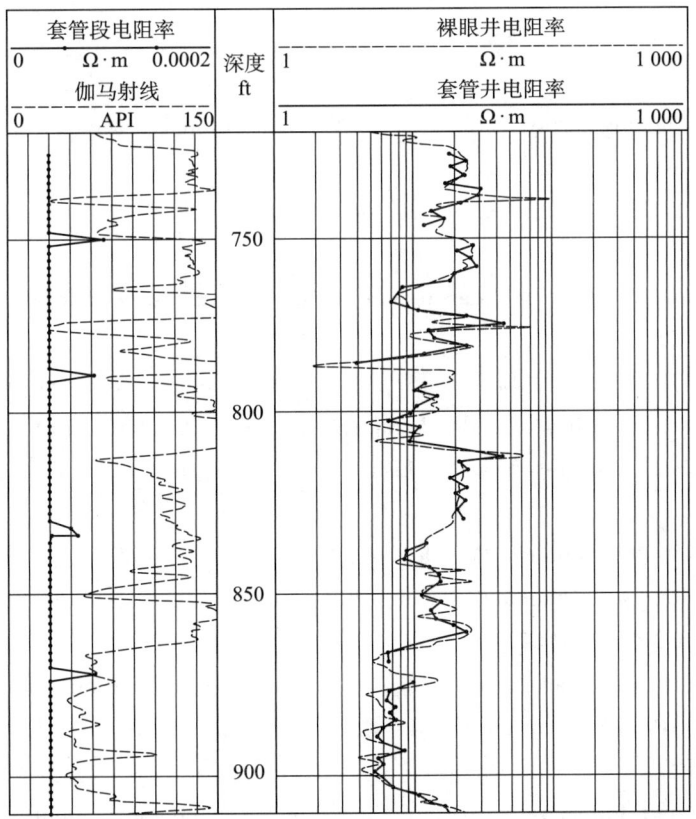

图 6.14　一口新套管井中的套管井地层电阻率与裸眼井中先前测量的侧向测井的对比[22]

一旦测量成功,过套管电阻率将具有一些诱人的特征。套管本身可以充当一个大的防护电极,因此,漏电流聚焦良好。在无限厚的地层中,其探测深度约为几十英尺,远大于侧向测井。与其他侧向测井仪器一样,在较薄的地层中,探测深度大为降低。同样,如果地层高侵或水泥环电阻率较高,将严重影响测量结果。

参考文献

[1] Serra O. Fundamentals of well-log interpretation. Amsterdam:Elsevier,1984.

[2] Jordan J R,Campbell F L. Well logging II-electric and acoustic logging. Dallas:SPE Monograph Series,SPE,1986.

[3] Schlumberger. Log interpretation charts. Houston:Schlumberger,2005.

[4] Eisenmann P,Gounot M-T,Juchereau B,et al. Improved R_{xo} measurements through semi-active focusing. Presented at the 69th SPE Annual Technical Conference and Exhibition,paper SPE 28437,1994.

[5] Schlumberger. Log interpretation principles/applications. Houston:Schlumberger,1989.

[6] Schlumberger. Fundamentals of dipmeter interpretation. New York:Schlumberger,1970.

[7] Serra O. Sedimentary environments from wireline logs. New York:Schlumberger,1985.

[8] Doveton J H. Log analysis of subsurface geology,concepts and computer methods. New York:Wiley,1986.

[9] Ekstrom M P,Dahan C A,Chen M Y,et al. Formation imaging with microelectrical scanning arrays. Trans SPWLA 27th Annual Logging Symposium,paper BB,1986.

[10] Adams J,et al. Advances in log interpretation in oil-base mud. Oilfield Rev,1989,1(2):22-38.

[11] Cheung P,et al. A clear picture in oil-base muds. Oilfield Rev. winter,2002,2001/2002:2-27.

[12] Lofts J,Evans M,Pavlovic M,et al. New microresistivity imaging device for use in non-conductive and oil-based muds. Petrophysics,2003,44(5):317-327.

[13] Luthi S. Geological well logs:their use in reservoir modeling. Berlin:Springer,2001.

[14] Smits J W,Benimeli D,Dubourg I,et al. High resolution from a new laterolog with azimuthal imaging. Presented at the 70th SPE Annual Technical Conference and Exhibition,paper 30584,1995.

[15] Evans H B,Brooks A G,Meisner J E,et al. A focused current resistivity logging system for MWD. Presented at the 62nd SPE Annual Conference and Exhibition,Dallas,paper 16757,1987.

[16] Arps J J. Inductive resistivity guard logging apparatus including toroidal coils mounted in a conductive stem. US patent No 3,305,771,1967.

[17] Gianzero S, Chemali R, Lin Y, et al. A new resistivity tool for measurement while drilling. Trans SPWLA 26th Annual Logging Symposium, paper A, 1985.

[18] Bonner S, Bagersh A, Clark B, et al. A new generation of electrode resistivity measurements for formation evaluation while drilling. Trans SPWLA 35th Annual Logging Symposium, paper OO, 1994.

[19] Li Q, Rasmus J, Cannon D. A novel inversion method for the interpretation of a focused multisensor LWD laterolog resistivity tool. Trans SPWLA 40th Annual Logging Symposium, paper AAA, 1999.

[20] Alpin L M. The method of the electric logging in the borehole with casing. U. S. S. R. Patent No 56026, 1939.

[21] Maurer H M, Hunziker J. Early results of through casing resistivity field tests. Trans SPWLA 41st Annual Logging Symposium, paper DD, 2000.

[22] Beguin P, Benimeli D, Boyd A, et al. Recent progress on formation resistivity measurement through casing. Trans SPWLA 41st Annual Logging Symposium, paper CC, 2000.

[23] Benimeli D, Levesque C, Rouault G, et al. A new technique for faster resistivity measurements in cased holes. Trans SPWLA 43rd AnnualLogging Symposium, paper K, 2002.

习 题

6.1 利用 SP 和电阻率基本原理，证明下列方程适用于纯净地层：

$$\mathrm{SP} = -K\left(\lg\frac{R_{xo}}{R_t} + 2\lg\frac{S_{xo}}{S_w}\right) \tag{6.11}$$

6.2 对一段砂岩储层进行了测井，测得的孔隙度为 18%。地层水电阻率估算为 0.2 Ω·m，测得的 R_t 为 10 Ω·m。

6.2.1 含水饱和度是多少？

6.2.2 当这三个参数中每个参数都有 10% 的相对不确定性时，S_w 的误差是多少？

6.3 给定图 6.5 中的测井曲线，其中 R_{mf} 是地层温度下的钻井液滤液电阻率，回答下列问题：

6.3.1 在 11 800~12 200 ft 层段，可以确定的地层孔隙度的下限平均值是多少？

6.3.2 在上述层段内，每隔 50 ft 计算 S_w，并绘制 S_w 与深度关系的线性图。

6.3.3 有关区域的实际平均测井孔隙度为 30 p.u.，这与你的计算结果相比如何？存在的偏差合理吗？该附加信息如何影响该层段（重新绘制曲线）的 S_w 实际值？

6.4 在习题 6.3 中的底部层段，假设孔隙度为 30%，回答下列问题：

6.4.1 在 1 号层、2 号层和 3 号层，确定 R_{LLd} 的校正值和侵入直径。

6.4.2 估算该储层中的 S_w 值。

6.5 在图 6.5 的同一口井中，计算 12 550 ft、12 450 ft、12 400 ft、12 200 ft 和

11 800 ft 处的 R_{xo}/R_t 值。利用该结果识别水层、残余油层和可动油层。利用上一个问题中推导的 R_w 和经验公式 $S_{xo} = S_w^{0.2}$ 计算 S_w。

6.6 一种常见的经验法则是，当 $R_{wa} = 3 \times R_w$ 或更大时，存在可动烃。假设 $m = n = 2$，对应的含水饱和度 S_w 是多少？

6.7 在图 6.12（a）（b）中，当环形电极的 $J = 0.5$ 时，其对应的侵入直径是多少？在哪种情况下，你认为环形电极的读数更深？

7
感应测井仪器

7.1 引 言

如第6章所描述的那样，井眼中导电钻井液的存在对电极型测井仪器有些不利。为了弥补导电钻井液的影响，电极型仪器在设计上进行了许多改进。然而，导电钻井液有一个好处，它可以保证电流和电压测量电极与要测量电阻率的地层有效地电接触。

当钻井液不导电（油基钻井液）或不存在（井眼充满空气），或者在井眼中插入了塑料衬管时，情况会如何？尽管感应测井仪器后来在导电钻井液中得到了广泛应用，不过，其最初的设计目的是应用于上述井眼条件。感应仪器使用中等频率（几十千赫兹）交流电来激励探头中的发射器线圈，在地层中产生涡流，其强度与地层电导率成正比。接收线圈接收的感应电流的大小，反映地层感应电流产生的磁场强度。

在讨论感应测井仪器的设计和操作原理之前，本章回顾了电磁理论的一些基础知识，这可作为详细分析双线圈感应仪器特性的基础。这种分析将会推导出几何因子，该概念用于预测仪器的径向和垂向响应特性。传统的多线圈聚焦感应仪器的开发直接遵循几何因子理论。为了说明感应磁场的衰减和相移，即趋肤效应，需要对这一简单的几何因子理论进行修正。本章最后讨论了感应电阻率测井仪器或电极型电阻率测井仪器的应用条件。第8章将讨论阵列感应和三分量感应仪器。

7.2 静磁场和感应的回顾

感应仪器在发射线圈中使用交流电，以便在其周围导电地层中产生交变磁场，该交变磁场在地层中产生一个被仪器探头中的接收线圈接收的电流环。本章详细介绍了电流和磁场间的关系，包括稳态场和时变场，以便为反映感应测井仪器响应特性的几何因子理论的提出奠定基础。

7.2.1 电流环产生的磁场

安培定理表明磁场与电荷流动有关，并且与其相互垂直，磁场强度 B 与电流 I 有

关。特别是沿着闭合环路 Γ 对磁场 B 的切向分量的积分与该环路所穿过的电流成正比。这可表示为

$$\int_\Gamma \boldsymbol{B} \cdot \mathrm{d}\boldsymbol{l} = \frac{I}{\varepsilon_0 c^2} \tag{7.1}$$

式中，$\mathrm{d}\boldsymbol{l}$ 为沿着环路 Γ 方向的单位矢量；ε_0 是自由空间的介电常数；c 是光速。

通过矢量变换，式（7.1）通常又可写为

$$\nabla \times \boldsymbol{B} = \frac{\boldsymbol{j}}{\varepsilon_0 c^2} \tag{7.2}$$

式中，$\boldsymbol{j}$ 为电流密度，或电流 I 的法向分量除以环路 Γ 所包含的表面积。

该关系的一个简单应用是计算通电长直导线产生的磁场，如图 7.1 所示。在距离该导线径向距离 r 处，环路积分值刚好是 $B \cdot 2\pi r$，因为磁场 B 围绕通电导线闭合，同时由于 B 和 I 相互垂直。因此，磁场强度可由下式确定：

$$B \cdot 2\pi r = \frac{I}{\varepsilon_0 c^2} \tag{7.3}$$

或

$$B = \frac{1}{4\pi\varepsilon_0 c^2} \frac{2I}{r} \tag{7.4}$$

用于计算电流元产生的磁场的广义表达式称为毕奥—萨伐尔定律，类似于前面的表达式：

$$\boldsymbol{B} = -\frac{1}{4\pi\varepsilon_0 c^2} \int \frac{I \mathrm{d}\boldsymbol{r} \times \mathrm{d}\boldsymbol{l}}{r^2} \tag{7.5}$$

式中，$\mathrm{d}\boldsymbol{l}$ 是沿着电流路径 Γ 的单位线段；$\mathrm{d}\boldsymbol{r}$ 是从该电流元指向观测点的单位矢量。

毕奥—萨伐尔定律的一个简单应用是计算垂直于电流环平面的磁场分量（如在接收器线圈中观察到的磁场分量），这对讨论感应仪器很有用。如图 7.2 所示。由于对称

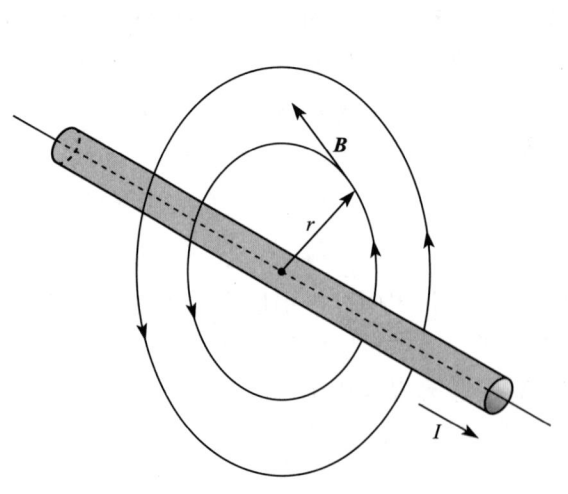

图 7.1 围绕长带电直导线的磁通量 B 的环形线[1]

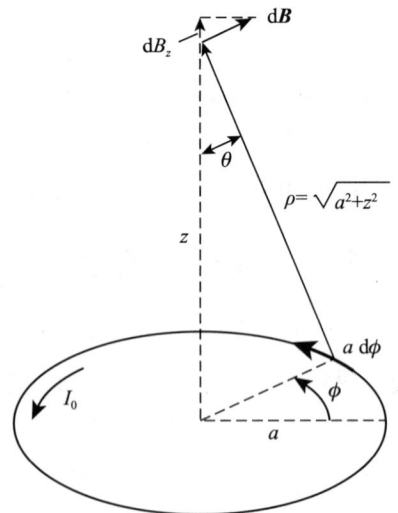

图 7.2 计算半径为 a 的带电圆环轴线上的磁场垂直分量的几何图形

性，该应用十分简单。将沿着电流环的轴线计算垂直分量 B_z。图中表明，dB 只与电流环的一段电流元有关，并与该段电流元垂直。根据毕奥—萨伐尔定律，在半径为 a 环上方的 z 处，该电流元对磁场的贡献为

$$dB \propto \frac{I_0 a d\phi}{a^2 + z^2} \tag{7.6}$$

式中，电流元的长度为 $a \times d\phi$。

显然，除了 B 场的 z 分量外，经过环路积分，其他分量都将相互抵消掉。dB_z 为

$$dB_z = dB\sin\theta = dB \frac{a}{\sqrt{a^2 + z^2}} \tag{7.7}$$

通过对围绕该圆环的所有电流元进行积分得到磁场 z 分量的总贡献，合并上述两个方程，得

$$B_z = \int_0^{2\pi} \frac{I_0 a^2}{(a^2 + z^2)^{3/2}} d\phi = \frac{2\pi I_0 a^2}{\rho^3} \tag{7.8}$$

7.2.2 小电流环的垂直磁场

实际上另一个需求是远离小电流环轴线处的磁场垂直分量的计算。为了解决该问题，引入磁矢势 A，其定义如下：

$$\boldsymbol{B} = \nabla \times \boldsymbol{A} \tag{7.9}$$

它与电流分布的关系类似于静电势和电荷分布之间的关系为

$$\boldsymbol{A} = \frac{1}{4\pi\varepsilon_0 c^2} \int \frac{\boldsymbol{j} dV}{r} \tag{7.10}$$

这里，必须对电流密度分布进行体积（dV）积分，一旦求得该矢势，则磁场 z 分量就可由下式求得：

$$B_z = (\nabla \times \boldsymbol{A})_z = \frac{\partial A_y}{\partial x} - \frac{\partial A_x}{\partial y} \tag{7.11}$$

小电流环的矢势可类似于距离偶极子 r 处的静电势的计算，由下式给出：

$$\phi(r) = \frac{1}{4\pi\varepsilon_0} \frac{p\cos\theta}{r^2} \tag{7.12}$$

式中，p 是偶极矩（电荷乘以电荷间的距离）；θ 是偶极子方向与观测点之间的夹角。

对于如图 7.3 所示的 x—y 平面中的电流环，我们将写出位于点 P 处的矢势表达式。由于 z 方向上没有电流分布，因此，它将仅由 A_x 和 A_y 两个分量组成。为了确定 A 的 x 分量，我们只考虑 x 方向上的电流，如图 7.3 所示。在此方向

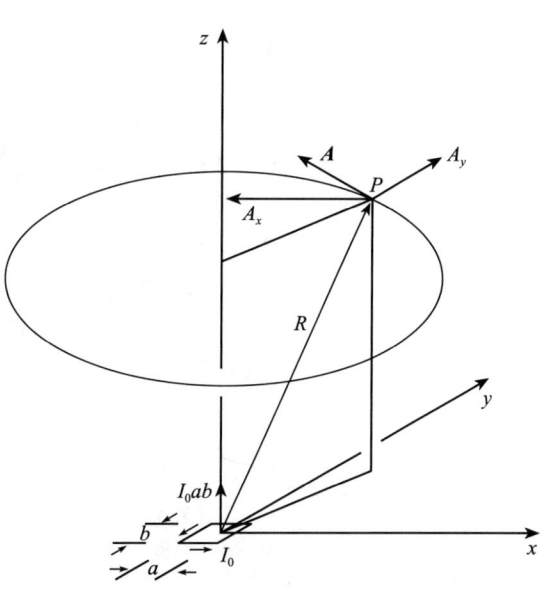

图 7.3 矩形横截面的小电流环的矢势 A[1]

上的两条平行的电流路径等效于电偶极子的概念，类似于两个带电棒，每个带电棒上单位长度的电荷为 λ，偶极矩则为总电荷乘以电荷间距，即

$$p = \lambda ab \tag{7.13}$$

点 P 与偶极矩之间夹角的余弦为 $-\dfrac{y}{R}$，将该类比转换为具有流动电荷的线圈中的电流 I_0，并结合上述两个方程，得

$$A_x = -\frac{I_0 ab}{4\pi\varepsilon_0 c^2} \frac{y}{R^3} \tag{7.14}$$

矢势的 y 分量可以以相同的方式得到：

$$A_y = \frac{I_0 ab}{4\pi\varepsilon_0 c^2} \frac{x}{R^3} \tag{7.15}$$

根据该矢势的两个分量，可以确定磁场垂直分量的空间相关性：

$$\begin{cases} B_z \propto \dfrac{\partial}{\partial x}\left(\dfrac{x}{R^3}\right) - \dfrac{\partial}{\partial y}\left(\dfrac{-y}{R^3}\right) \\ B_z \propto \dfrac{1}{R^3} - \dfrac{3z^2}{R^5} \end{cases} \tag{7.16}$$

7.2.3 线圈中的磁场感应电压

最后需要回顾的是法拉第电磁感应定律。根据实验观察，法拉第推断出不断变化的磁场会在磁场中存在的导体环中产生电流。他还证实了一个闭合环路导线中不断变化的电流可能会在另一个闭合环路导线中产生电流，如图 7.4 所示。他发现与感应电流相关的感应电动势与连接该电路的磁通量的变化率成正比，可简单地表示为

$$\nabla \times \boldsymbol{E} = -\frac{\partial \boldsymbol{B}}{\partial t} \tag{7.17}$$

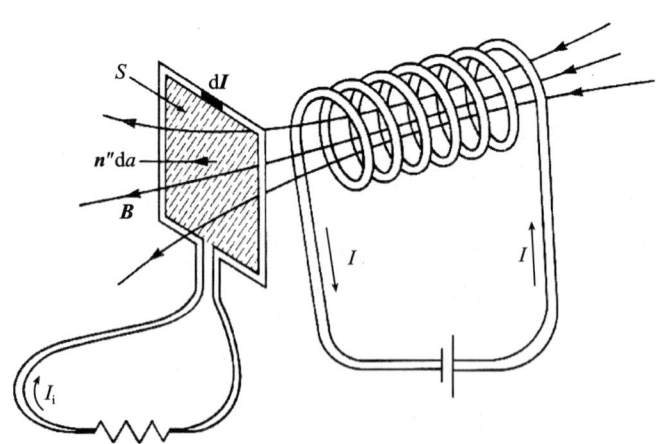

图 7.4 法拉第感应定律的一种具体体现
初级线圈中的交变电流（右）在接收环路中产生感应电流（左）

根据斯托克斯定理，$\nabla \times \boldsymbol{E}$ 在接收环的表面 S 进行的面积分等于 $\boldsymbol{E}$ 沿环 $\varGamma$ 的线积

分，即

$$\oint_\Gamma \boldsymbol{E} \cdot \mathrm{d}\boldsymbol{l} = \int_S (\nabla \times \boldsymbol{E}) \cdot \boldsymbol{n} \mathrm{d}a = -\int_S \frac{\partial \boldsymbol{B}}{\partial t} \cdot \boldsymbol{n} \mathrm{d}a \tag{7.18}$$

式（7.18）中的最后一项表达式是通过表面 S 的磁通量法向分量的时间变化率。左边的积分是在接收器终端测量的电压。

7.3 双线圈感应仪器

图 7.5 为感应测井仪器的基本构成。它由一个由中频交流电（≈20 kHz）激励的发射器线圈和一个接收器线圈组成。将这两个线圈放置在绝缘舱中，并假设其周围是电导率为 σ 的地层。图中给出了一个轴对称的地层电流环。在分析这种仪器的几何探测特性之前，有必要逐步分析最终在接收器上产生信号所发生的一系列物理过程。这样，我们就可以弄清楚检测信号与激励频率和地层电导率之间的关系，以及接收和发射信号之间的相位关系。暂时不考虑所谓的趋肤效应，因此，接下来三个部分的结果仅在低电导率地层中才完全有效。

第一步，考虑发射电流 I_t 对发射线圈的激励：

$$I_t = I_0 \mathrm{e}^{-\mathrm{i}\omega t} \tag{7.19}$$

发射线圈可以当成一个震荡的磁偶极子，在地层中建立一个磁场 $\boldsymbol{B}_t$，其垂直分量是我们所感兴趣的，该分量将具有时谐性：

$$(\boldsymbol{B}_t)_z \propto I_0 \mathrm{e}^{-\mathrm{i}\omega t} \tag{7.20}$$

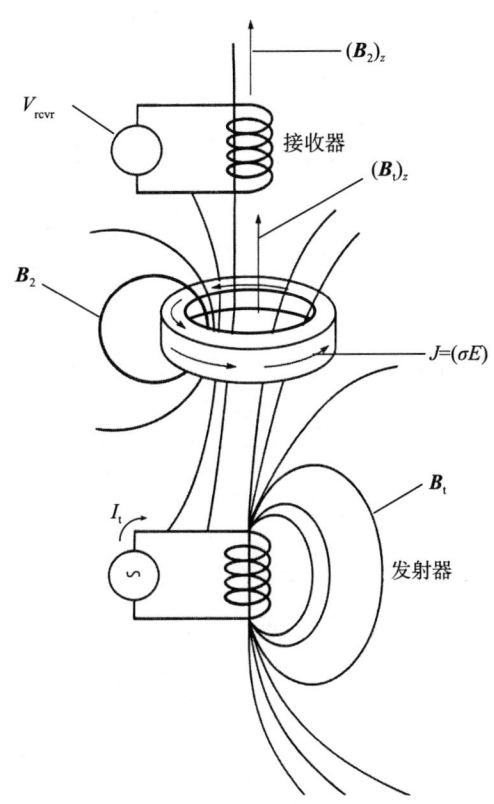

图 7.5 感应测井仪器的原理
发射线圈产生的磁场垂直分量产生环状电流，
导电地层中的电流环产生由接收器线圈
检测到的交变磁场

与仪器轴轴对称的地层材料构成的圆环是时变磁场通过的面积。根据法拉第定律，这将产生一个与该交变磁场的垂直分量的时间导数成比例的电场 E：

$$E \propto -\frac{\partial (\boldsymbol{B}_t)_z}{\partial t} \propto \mathrm{i}\omega I_0 \mathrm{e}^{-\mathrm{i}\omega t} \tag{7.21}$$

该环绕垂直轴的涡旋电场将在该地层环中产生电流密度，它与地层电导率成正比：

$$J \propto \sigma E \propto \mathrm{i}\omega\sigma I_0 \mathrm{e}^{-\mathrm{i}\omega t} \tag{7.22}$$

地层环路中电流的作用相当于发射器线圈中的电流，也就是说，它将产生自己的磁场 $\boldsymbol{B}_2$。二次磁场的垂直分量 $(\boldsymbol{B}_2)_z$ 与地层环中的电流密度具有相同的时间相关性：

$$(\boldsymbol{B}_2)_z \propto \mathrm{i}\omega\sigma I_0 \mathrm{e}^{-\mathrm{i}\omega t} \tag{7.23}$$

这种时间相关性将在接收器线圈中产生电压 V_{rcvr}：

$$V_{\mathrm{rcvr}} \propto -\frac{\partial (\boldsymbol{B}_2)_z}{\partial t} \propto -\omega^2 \sigma I_0 \mathrm{e}^{-\mathrm{i}\omega t} \tag{7.24}$$

最后的结果表明，接收器线圈处检测到的电压将与地层电导率和激励电流的频率的平方有直接关系。还可以看出，接收器线圈中的电压信号与发射器线圈中的电流驱动信号相差 180°相移，而来自发射器线圈的直耦信号则相差 90°，这可从方程（7.21）的直接电场表达式中看出。这两种信号既可以利用相敏检波技术实现电分离，又可以通过采用第三个线圈进行屏蔽分离。该线圈反向绕制，以便抵消直接信号或互耦信号，这将在 7.7 节中进一步讨论。

7.4 双线圈探头的几何因子

为了得到双线圈感应探头的几何灵敏度，我们要利用在静磁场回顾中得到的关系式。首先，要推导的是建立地电流环路（图 7.6）的驱动磁场分量。驱动线圈可以看成是磁偶极子源，它在位于发射器线圈上方 z 处产生磁场的垂直分量。此时，发射器线圈的偶极矩由发射电流 I_0、线圈环绕面积 A_t 和发射器线圈的匝数 n_t 的乘积（$I_0 n_t A_t$）决定。对于坐标为（ρ_t, z）的任意位置，根据方程（7.16），磁场垂直分量可表示为

$$(\boldsymbol{B}_t)_z \propto I_0 \mathrm{e}^{-\mathrm{i}\omega t} A_t n_t \left(\frac{1}{\rho_t^3} - \frac{3z^2}{\rho_t^5}\right) \tag{7.25}$$

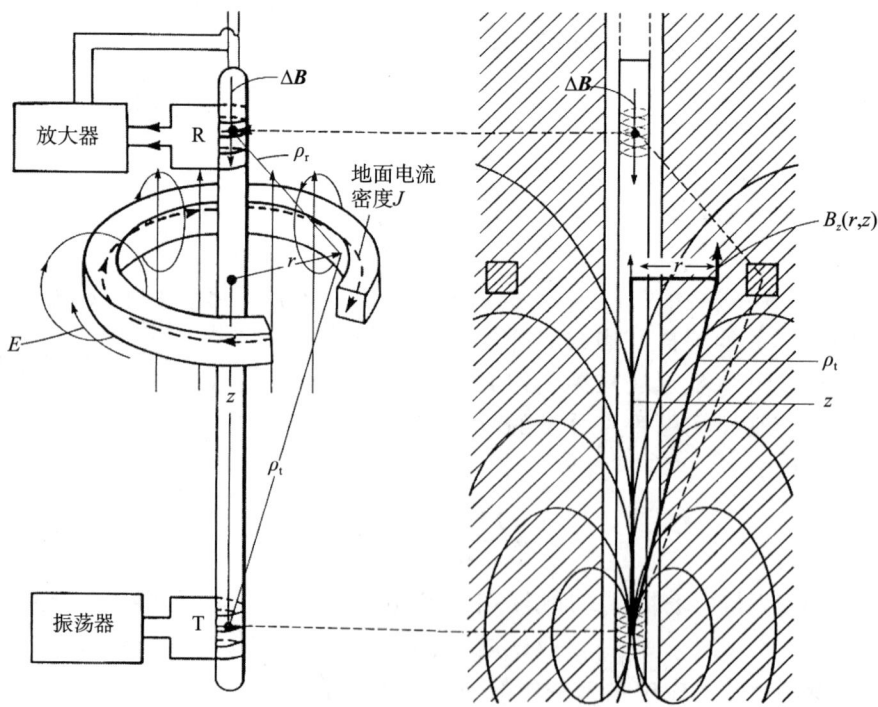

图 7.6 双线圈感应探头的几何因子形成的几何图形[2]

图 7.6 的左侧给出了在确定所示接地环路中设置的电流密度大小时要考虑的几何形状。为了简洁起见，省略时间相关项和其他常数，根据方程（7.18），感应电场的关系式为

$$\oint_\Gamma E \cdot \mathrm{d}l = -\frac{\partial}{\partial t}\int_S B_n \mathrm{d}S \tag{7.26}$$

式中，线积分的路径为环路 Γ，其长度为 $2\pi r$，而面积分的单元面积为 $S = \pi r^2$，因此，$\mathrm{d}S = 2\pi r\mathrm{d}r$。

由于磁场的法向分量 B_n 是 B_z，结果是

$$\oint_\Gamma E \cdot \mathrm{d}l = E \cdot 2\pi r \propto \int_0^r \left(\frac{1}{\rho_t^3} - \frac{3z^2}{\rho_t^5}\right) r\mathrm{d}r \tag{7.27}$$

在右侧积分中，ρ_t 是 r 的函数，因此，必须对积分进行变量变换（见习题 7.5），得

$$E \cdot 2\pi r \propto \frac{r^2}{\rho_t^3} \tag{7.28}$$

或

$$E \propto \frac{r}{\rho_t^3} \tag{7.29}$$

然后，该电场产生电流密度 J 由下式给出：

$$J = E\sigma \tag{7.30}$$

式中，σ 为地层电导率。

因而，地层感应电流的几何分布为

$$J \propto \frac{\sigma r}{\rho_t^3} \tag{7.31}$$

如方程（7.24）所示，接收器线圈中的感应电压（不考虑时间相关性）将与通过该接收器线圈的二次磁场信号的垂直分量成正比，在图 7.6 中表示为 ΔB。根据方程（7.8），可得

$$V_{\mathrm{rcvr}} \propto \Delta B \propto J \frac{r^2}{\rho_r^3} \tag{7.32}$$

式中，J 为地层环中堵塞电流密度；r 为半径；ρ_r 为该电流环上的任一点至接收器线圈的距离。

将方程（7.31）代入方程（7.32），剔除那些依赖于电流环的几何位置因素，测量电压可写为

$$V_{\mathrm{rcvr}} \propto g(r,z) = \frac{L}{2}\frac{r}{\rho_t^3}\frac{r^2}{\rho_r^3} \tag{7.33}$$

上述表达式中的 $g(r,z)$ 称为微分几何因子（或道尔几何因子），因为它给出了半径为 r 位于 z 处的单位横截面的单个地层电流环对最终接收器信号输出的贡献[2]。$L/2$ 是归一化因子，因此，当 $g(r,z)$ 对所有 r 和 z 积分时，结果为 1。环绕单发射器和单接收器线圈的电流环的几何因子如图 7.7 所示。

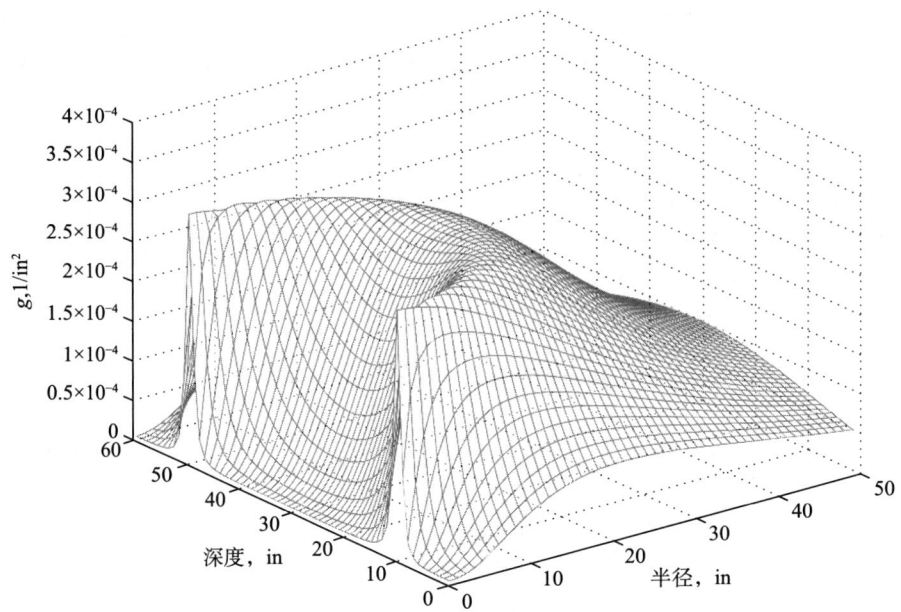

图 7.7 双线圈探头周围电流环的几何因子二维图（均质地层、无趋肤效应）
z 轴附近的尖峰出现在发射器和接收器所处的位置

可以方便地定义另外两个几何因子，这些因子给出了在一个维度积分后的仪器响应信息。第一个是微分径向几何因子，其定义为

$$g(r) = \int_{-\infty}^{\infty} g(r, z) \, dz \tag{7.34}$$

它反映每一个半径为 r 的圆柱壳对仪器总响应的相对贡献。该因子及其径向相关性如图 7.8 所示。相对贡献峰值位于小于线圈间距的径向位置。

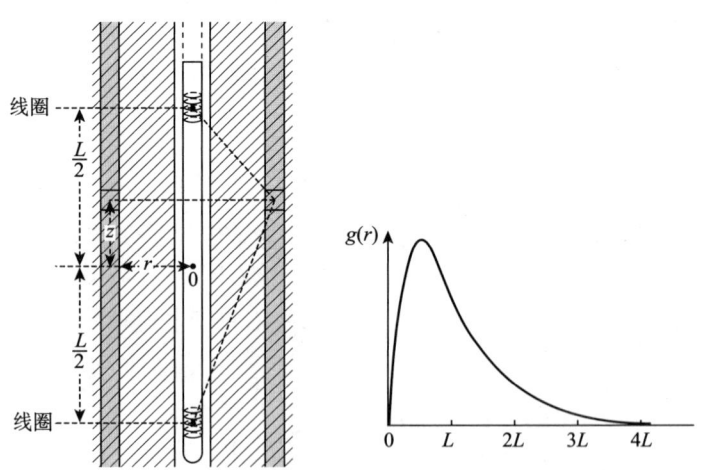

图 7.8 在 r 处几何因子对 z 积分得到的微分径向几何因子（均质地层、无趋肤效应）

类似地，可得到微分径向几何因子：

$$g(z) = \int_{0}^{\infty} g(r, z) \, dr \tag{7.35}$$

它表示位于 z 处的单一一块地层对仪器总响应的贡献。积分的几何图形和响应曲线如

图7.9所示。在两个线圈之间地层可得到较平缓的响应，但这两个线圈上方和下方的信号缓慢减小预示着在远离线圈上方和下方的地方将产生信号，这就是所谓的围岩效应。

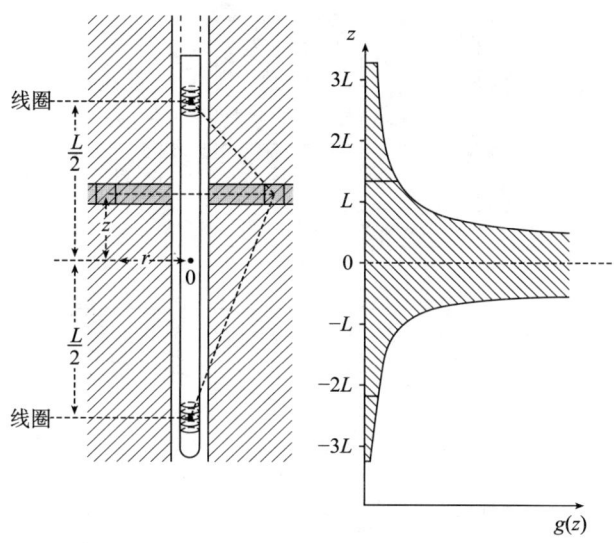

图7.9　在 z 处对 r 积分得到微分径向几何因子（均质地层、无趋肤效应）

为了对地层界面响应有一定的认识，可以对微分径向几何因子进行积分。图7.10给出了线圈间距为40 in的双线圈仪器的积分纵向因子 G_v 的实例。地层电阻率的急剧变化在仪器响应上表现为大约80 in或两倍线圈间距内的缓慢变化。很明显，这种类型的线圈排列方式将严重影响仪器在薄层中的电导率读数。

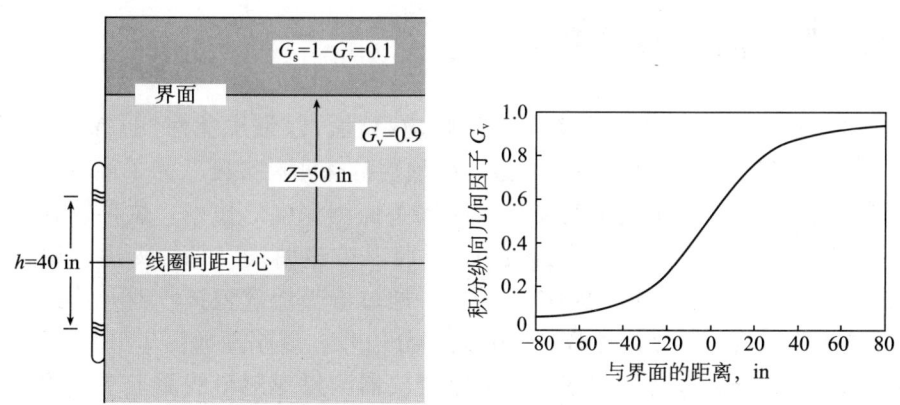

图7.10　右图是用于评价围岩影响的积分纵向几何因子 G_v[3]
左图为线圈中心距离界面50 in围岩的 G_v 和 G_s（均质地层、无趋肤效应）

双线圈仪器的积分径向几何因子 G_r 如图7.11所示。从图中可以看出，大约一半的贡献来自距离仪器45 in的范围内。因此，距离井眼越近，仪器响应越敏感。理想的做法是消除对假设侵入带反应的这种灵敏性，并使远离井眼区域的贡献增大，从而实现对真电阻率的测量。

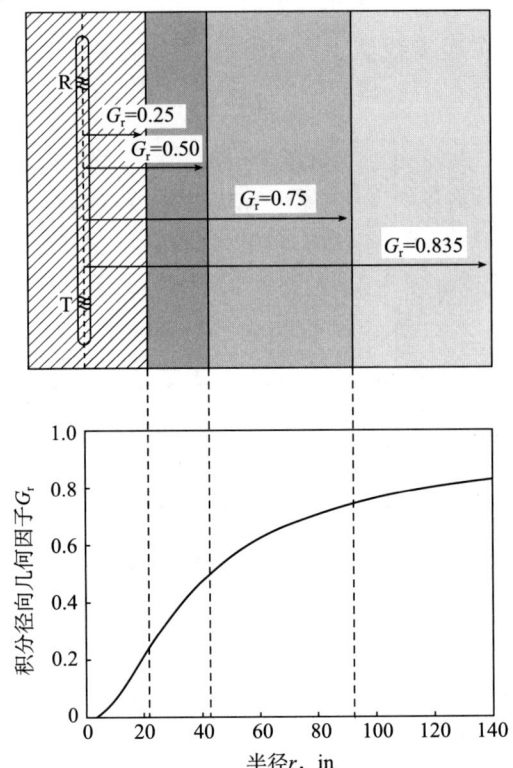

图 7.11 上图为不同区域的径向地层模型（均质地层、无趋肤效应），下图是用于评估侵入贡献的积分径向几何因子 G_r[3]

7.5 双线圈探头的聚焦

可以改变上面所考察的双线圈仪器的响应特性，以最小化对测量线圈上下地层"拖尾"现象的灵敏度，或降低对最靠近井眼地层的探测灵敏度。为了说明响应特性是如何改变或聚焦的，我们研究了改变双线圈探头探测深度的技术。这种技术只是增加一个离发射器近一点的第二个接收器线圈，并将其响应曲线（探测深度较原始接收器线圈的浅）从原始接收器线圈的响应中减去。通过恰当地放置接收器并选择适当的匝数，这种减法应该会消除靠近井眼区域的大部分信号。该原理如图 7.12 所示。使用类似的步骤来提高仪器的垂直分辨率，这将改变仪器测量对测量线圈上下不同电导率地层的灵敏度。

传统的感应仪器采用聚焦线圈阵列，通常提供两种不同探测深度的电导率（电阻率）测量值。通过比较图 7.11 中的双线圈仪器和图 7.13 中的六线圈仪器的积分径向响应函数，可以看出这类仪器探测深度的改进程度。距离井轴 30 in 以内的响应大都已被消除。

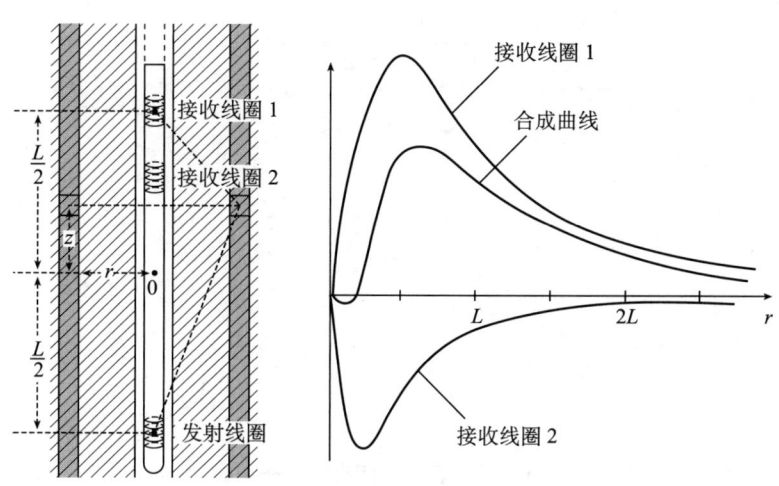

图 7.12 三线圈聚焦原理[2]
第二个线圈以相反的极性缠绕,其产生的信号抵消了靠近井眼区域的一些信号

通过增加线圈来改变仪器响应特性好像完美无缺,但也存在局限性。增加的聚焦线圈会在几何响应中产生一些残余特性,在某些测井环境下可能会带来问题。在前面的讨论中,只考虑了均质地层的情况。事实上,具有不同电导率的层状地层将占主导地位,更不用说由于侵入或倾斜地层的存在而远不均匀的径向电导率剖面了。这些因素将如何影响感应仪器的响应?

通过仔细研究图 7.13 中的合成径向几何因子可以得到初步认识。注意观

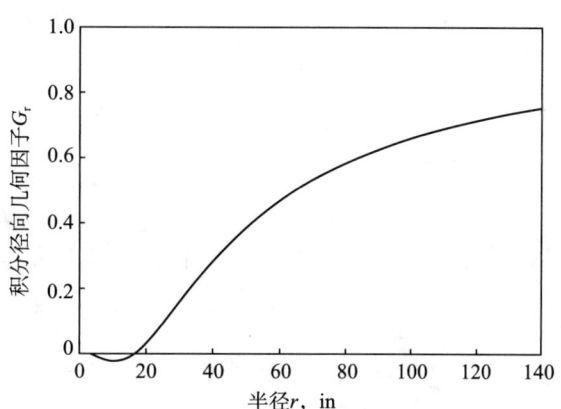

图 7.13 六线圈感应仪器的径向探测深度[3]
均质地层、无趋肤效应

察曲线的微弱下冲。这种不平衡的影响是近井眼地层初始部分的电导率对测量总信号负贡献的结果。在均质地层中,其影响无关紧要。然而,假设近井眼区域存在导电异常,极端情况下,可能会导致读数为负。

7.6 趋肤效应

迄今为止,在讨论感应仪器时,一直忽略了电磁波的一个特性——趋肤效应,它是电磁波在导电介质中传播时发生衰减和相移的结果。以时变电场在导电地层表面传播为例,很容易弄清楚影响该效应的主要因素,如图 7.14 所示。

为了简便起见,忽略了因介电效应产生的位移电流,在这个无限大半空间的表面,电场只在 z 轴方向变化。

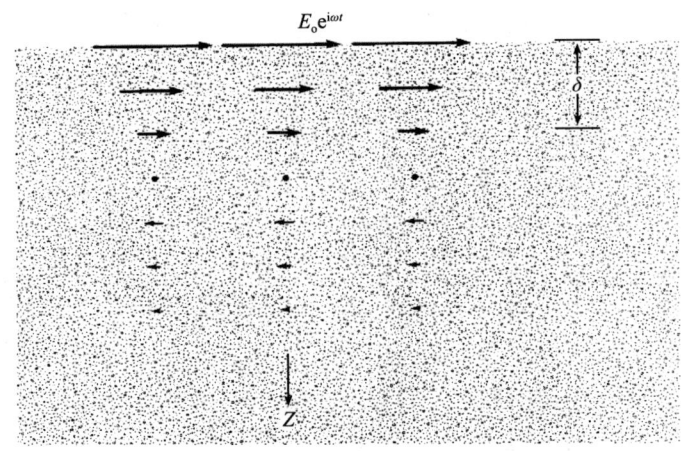

图 7.14　导体表面时变电场的一维模型
由于介质的导电性，电场强度随着穿透深度的增加而逐渐减弱

根据三个麦克斯韦方程

$$\nabla \cdot \boldsymbol{E} = 0 \tag{7.36}$$

$$\nabla \times \boldsymbol{B} = \mu \boldsymbol{j} \tag{7.37}$$

$$\nabla \times \boldsymbol{E} = -\frac{\partial \boldsymbol{B}}{\partial t} \tag{7.38}$$

和电流关系

$$\boldsymbol{j} = \sigma \boldsymbol{E} \tag{7.39}$$

通过矢量运算，可得到波动方程。首先对方程（7.38）进行旋度运算：

$$\nabla \times \nabla \times \boldsymbol{E} = \nabla(\nabla \cdot \boldsymbol{E}) - \nabla^2 \boldsymbol{E} = -\frac{\partial}{\partial t} \nabla \times \boldsymbol{B} \tag{7.40}$$

由方程（7.36）知，导电介质中不存在自由电荷，根据方程（7.37）到方程（7.39），方程（7.40）可简化为

$$-\nabla^2 \boldsymbol{E} = -\frac{\partial}{\partial t} \mu \sigma \boldsymbol{E} \tag{7.41}$$

式中，μ 为磁导率，岩石中的磁导率通常很低，且为常数。

尽管在有些地层中已经观测到磁导率或介电效应不可忽略，但它们很少见，几乎只影响正交信号[4]。介电特性在第 9 章中讨论。

如果假设电场是正弦变化的（$E = E_0 e^{i\omega t}$），该方程可以简化为

$$\frac{\partial^2 \boldsymbol{E}}{\partial^2 z} = i\omega\mu\sigma \boldsymbol{E} = k^2 \boldsymbol{E} \tag{7.42}$$

该方程的解具有这样的形式：

$$E = E_0 e^{ikz} \tag{7.43}$$

式中，k 可写为

$$k = \sqrt{i}\sqrt{\omega\mu\sigma} \tag{7.44}$$

利用下列关系

$$\sqrt{i} = \frac{1+i}{\sqrt{2}} \tag{7.45}$$

并取平方根的正值,以保证电场在无穷远处消失。k 可写为

$$k = \frac{1+\mathrm{i}}{\delta} \tag{7.46}$$

式中,δ 为

$$\delta = \sqrt{\frac{2}{\omega\mu\sigma}} \tag{7.47}$$

因此,在介质中沿 z 轴方向,电场可表示为

$$E(z) = E_0 \mathrm{e}^{-\frac{z}{\delta}} \mathrm{e}^{\frac{\mathrm{i}}{\delta}z} \tag{7.48}$$

式中,其实部和虚部分别表示随着电场在导电地层中穿透深度的增加而变化的衰减和相移。参数 δ 为趋肤深度,定义为电场强度减小到入射强度的 $1/\mathrm{e}$ 所对应的深度。其量值与地层电阻率的关系如图 7.15 所示。从图中可以看出,当地层电阻率小于约 10 Ω·m 时,其对感应测井有较为明显的影响。此时,趋肤深度与探测深度相当,趋肤效应不能再被忽略。

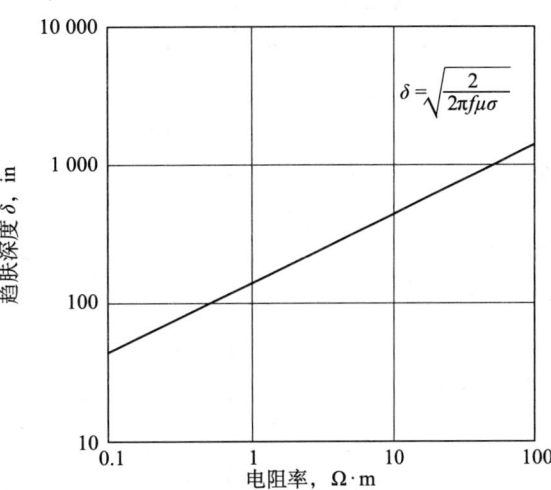

图 7.15　20 kHz 左右的工作频率下,趋肤深度与地层电阻率的关系

7.7　双线圈探头的趋肤效应

趋肤效应使接收器线圈中总电压的推导和几何因子变得复杂。我们不会在这里重复总电压的这些推导,只是建议读者去阅读 Moran 和 Kunz 关于电压计算公式的文章[5]以及 Moran 关于几何因子的文章[6]。如 7.6 节所示,通过观察可以得到这样的认识,即趋肤效应引起的衰减和相移可以通过在电场中引入因子 $\mathrm{e}^{\mathrm{i}k\rho}$ 来解释,其中 ρ 是与发射器的距离。当考虑趋肤效应和发射器与接收器之间的直接互耦信号时,双线圈探头接收器处的电压是一个复合量,由下式给出:

$$V_{\mathrm{revr}} \propto \mathrm{i}\omega\mu(1 - \mathrm{i}kL)\frac{\mathrm{e}^{\mathrm{i}kL}}{L^3}\mathrm{e}^{-\mathrm{i}\omega t} \tag{7.49}$$

式中,L 是发射线圈与接收线圈的间距。

利用方程(7.46)将 k 与 δ 联系起来,并按照 L/δ 进行级数展开,得

$$V_{\mathrm{revr}} = K\left[\sigma + \frac{2\mathrm{i}}{\omega\mu L^2} - \frac{2L}{3\delta}\sigma(1+\mathrm{i}) + \cdots\right] \tag{7.50}$$

式中,比例因子常数由 $K = (n_\mathrm{t}A_\mathrm{t}I_0 n_\mathrm{r}A_\mathrm{r} \omega^2\mu^2/4\pi L)$ 给出,n_r 和 n_t 分别是接收器线圈和发射器线圈的匝数,A_r 和 A_t 分别是其横截面积。

第一项为实数,它只是地层电导率,相当于上面的方程(7.24)。尽管该实部(或 R)信号与发射器线圈信号成 180°,但测井结果显示为正数。因此,在方程(7.50)

的推导中，实部的符号已发生了改变。

第二项为发射器—接收器直耦信号，与地层电导率无关，是虚部，与发射器信号成 90°正交。该信号可能是实部信号 R 的许多倍，并将其淹没。实际中，采用三线圈探头（图 7.12），第二个接收器线圈用于降低直耦信号，并实现信号的聚焦。从方程（7.50）和 K 的定义中可以看出，直耦信号降低为 n_r/L^3，而地层信号降低为 n_r/L。因此，可以正确选择第二个接收器线圈——"屏蔽线圈"的匝数，以便在不过度降低地层信号的情况下消除直耦信号。

第三项是趋肤效应信号的首项。正如预期的那样，它降低了 R 信号的幅度，并通过虚部分量（或 X 信号）产生相移。请注意，在这个一阶趋肤效应项中，X 分量的大小与 R 分量的大小相等。

已经有多位学者提出了考虑趋肤效应的微分几何因子。在 Moran 的定义方法中，在有限电导率为 σ 的均匀地层中引入 $\sigma+\delta\sigma$ 的电导环。由于这类似于量子力学中的波恩近似，因此，通常被称为波恩响应函数：

$$g_B(r, z, \sigma) = g_D(r, z)(1 - ik\rho_T)e^{ik\rho_T}(1 - ik\rho_R)e^{ik\rho_R} \tag{7.51}$$

式中，$g_D(r, z)$ 是方程（7.33）中的道尔微分几何因子。

当 $\sigma=0$ 时，k 为零，该方程简化为道尔几何因子。式（7.51）与道尔几何因子都忽略了接地电流环之间的相互作用。这在电流环较小和电导率对比度较低的地层是合理的。然后，通过对整个地层中每个 r 和 z 处的波恩响应加权的地层电导率进行积分，可以得出总测量电导率：

$$\sigma_R + i\sigma_X = \int_{-\infty}^{\infty} \int_0^{\infty} g_B(r, z, \sigma)\sigma(r, z)drdz \tag{7.52}$$

在第 8 章和第 9 章中，利用波恩响应函数考察多阵列感应和电磁波传播仪器。

7.8 多线圈感应仪器

使用多线圈阵列进行聚焦的原理很早就为人所知，并在 20 世纪 50 年代在多款仪器上进行了验证和实施。业界最终选定的标准深感应是 6FF40，因为它有六个线圈（三个发射器和三个接收器），具有所谓的固定径向和垂直聚焦（FF），主发射器和接收器之间的间距为 40 in。直到 20 世纪 90 年代多阵列感应仪器出现之前，对其都鲜有改动，一直是行业的标准。相对较大的地层探测体积意味着围岩和趋肤效应都可能很明显，因此，在输出测井曲线之前，需要进行相应的校正。人们很早就意识到，可以通过使用合适的滤波器来消除围岩效应，换言之，对响应曲线进行反褶积运算。问题的关键是找到适合各种条件的简单滤波器，因为当时现场还无法处理复杂的运算。最初，针对不同的情况选用了不同的方法，但为了保持一致性，最终选定了一种方法，即三点平均法，它适用于 1 Ω·m 围岩电阻率曲线的校正：

$$\sigma_d(z) = -0.05\sigma_a(z-78) + 1.1\sigma_a(z) - 0.05\sigma_a(z+78) \tag{7.53}$$

式中，σ_d 是深度 z 处的褶积读数；σ_a 是 z 处及其上下各 78 in 处的电导率的测量结果[7]。

然后，使用指数函数对该结果进行趋肤效应校正，该函数保证电导率为 0.5 S/m 的均匀地层的校正结果正确。这种方法在早期的模拟测井系统中非常有效。

处理后的测井曲线称为深感应测井曲线（ILd 或 ID）。尽管它有各种不足（将在下文中讨论），但经受住了时间的考验，通常被认为是一种很好的选择。其径向响应如图 7.16 所示，注意图中 $R_t = 1\ \Omega\cdot m$ 时趋肤效应的影响。尽管总信号已针对趋肤效应损失进行了校正，但来自深部地层的信号较少，从而较低了探测深度❶。此外，如果侵入直径大于 40 in，则需要进行侵入校正。与侧向测井仪器一样，我们假设使用阶跃侵入模型来求取 R_t，这需要三种不同径向响应的测井曲线。由于浅探测感应仪器测量结果可能含有较大的井眼信号，因此，浅探测曲线一般由微电阻率仪器或浅侧向测井仪器（如球形聚焦仪器）提供（见 5.3.2 节）。中探测感应曲线来自改进的 5FF40 感应阵列仪器（两个发射器和三个接收器），其中增加了几个小线圈。趋肤效应和围岩效应都很小，因此，不需要进行围岩的自动校正，只进行趋肤效应校正，原理与 ILd 的相同。输出曲线就是中感应曲线（ILm 或 IM）。已经有了根据 ILd、ILm 和球形聚焦测井曲线（SFL）求取 R_t、R_{xo} 和 d_i 的旋风图版[9]。

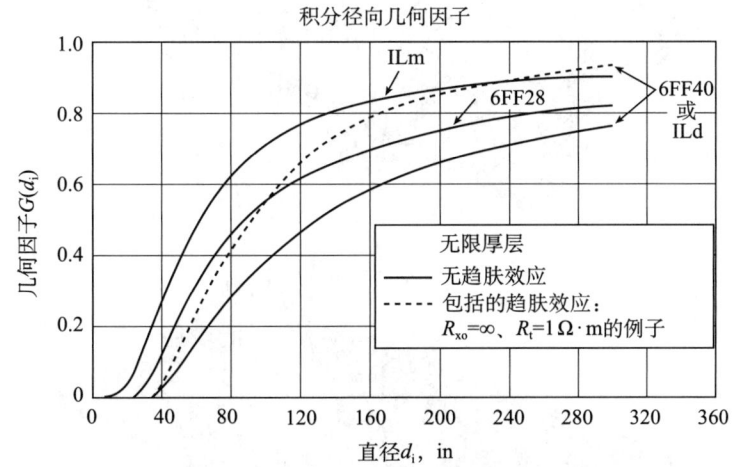

图 7.16 几种商用感应阵列在零电导率时的积分径向几何因子，以及趋肤效应对 6FF40 阵列的影响[8]

40 in 以下的负因子已被去除

尽管 ILm 和 ILd 都具有径向聚焦能力，可以最大限度地减小井眼的任何贡献，但在某些情况下，井眼信号可能依然很大，例如，具有低电导率地层的高导电性盐水钻井液。井眼校正图版可用于在光滑井眼条件下进行适当的校正[9]，还存在校正 ILm 和 ILd 的残余围岩校正的图版。所有这些校正图版及其相应的软件，以及围岩和趋肤效应的自动校正都是一维（1D）校正，即它们假设除了考虑的效应外，地层是均匀的。与侧向测井一样，重要的是要考虑当同时存在侵入和围岩时会发生什么。

对于上述更复杂条件的认识可以从图 7.17 中获得，该图显示了 6FF40 阵列和 ILm 的二维（2D）几何因子。由该几何因子的三维（3D）显示可以清楚地看到地层材料各

---

❶ 探测深度通常定义为出现 50% 响应的半径范围，因此，无趋肤效应时，ILd 的探测深度为 65 in。

部分的贡献，平面下方的响应对应该部分地层对总信号的贡献为负。两种仪器在近井轴仪器中部表现出负响应。正是这些负响应才导致仪器在电导率对比度大的地层界面处出现"犄角"形状响应，并在井壁坍塌的导电井眼中电阻率异常高起。如果井洞（即井壁坍塌）出现在其中一处负响应的正对面，而不是其他地方，则总井眼信号表现为强烈的负电导率。然而，如果井眼光滑，且感应仪器与井壁平行，则正负响应通过随深度变化的相加显示为一个小的正信号，这就是图版中显示的井眼信号和积分径向几何因子。

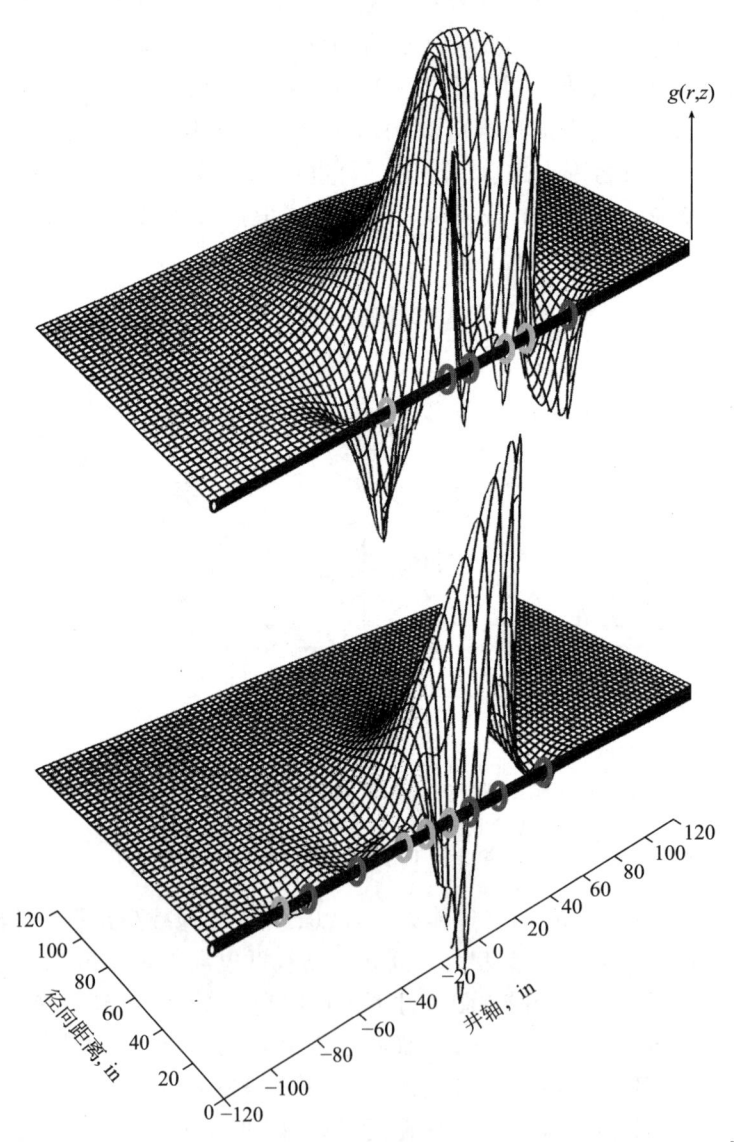

图 7.17　深（上部）感应阵列和中（下部）感应阵列的 2D 几何因子图[7]
井轴上的环代表线圈的位置（均匀地层、无趋肤效应）

从图 7.18 给出的模拟地层中可以看到这种特性的一些实例。在 100 ft 处的高电阻率地层中，残余的围岩效应导致 ILd 甚至 ILm 的读数低于其实际值。两条曲线的分离好像预示存在侵入，实则不然。根据侵入校正手册，校正后的结果进一步加剧了 R_t 预测值和 R_t 真值之间的差异。在 80 ft 附近的 3 ft 薄层中，ILd 甚至 ILm 均未读到电阻率的真值，因为层厚小于 ILd 和 ILm 的垂直分辨率。ILd 的垂直分辨率约为 8 ft，ILm 的垂直分辨率为 6 ft，具体取决于地层条件。（对于感应仪器，最常见的垂直响应定义是 90% 的主响应发生的距离。）在 40～70 ft 之间的低电阻率地层中，虽然围岩效应消失了，但在地层界面处有犄角存在。最后，由于趋肤效应校正过度，在地层的 50 ft 处，电阻率读数异常低。针对 ILd 和 ILm 在特定环境下（如井壁坍塌、地层界面、各向异性、倾斜地层和薄层[11-14]）的响应，已经进行了许多深入研究，这些研究促使了改进型感应仪器的开发，将在第 8 章中详细讨论。

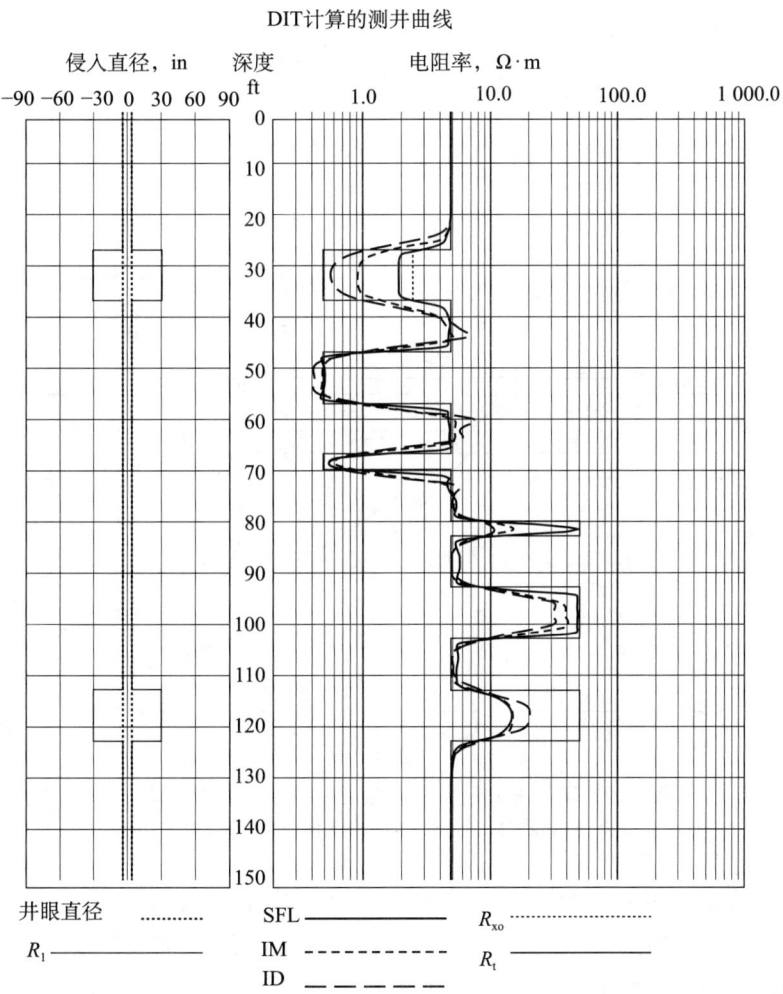

图 7.18　通过一系列侵入和未侵入地层建模的双感应测井曲线，说明了响应的各种特征[10]

7.9　感应还是侧向？

什么时候优先使用感应仪器而不是电极型仪器？我们已经看到，感应信号与电导率成正比，而电极型侧向测井仪器的信号与电阻率成正比。这意味着，对于测量电阻率 R_t，当井眼附近的电导率较低时，即钻井液电阻率 R_m 较高且 $R_t < R_{xo}$ 时，首选感应。另一方面，当 R_t 较高时，感应信号降低，测量精度较低。对于侧向测井而言，情况正好相反。

为了定量说明，我们需要考虑井眼信号的大小、电阻率的大小、R_t/R_{xo} 以及侵入直径 d_i 等参数。目前普遍使用的图版有两种。第一种图版给出的电阻率范围对两种方法都适合，第 8 章给出了适合阵列感应和阵列侧向测井的图版（图 8.13）。正如所料，当电阻率大于某一值以及井眼信号与地层信号之比大于某一值（或等同于 R_t/R_m）时，就不适合感应测井了。第二种图版给出了选择哪种方法的建议。图 7.19 和图 7.20 出现在 20 世纪 70 年代，是深感应测井（ILd）和深侧向测井（LLd）这类图版的实例[15]。

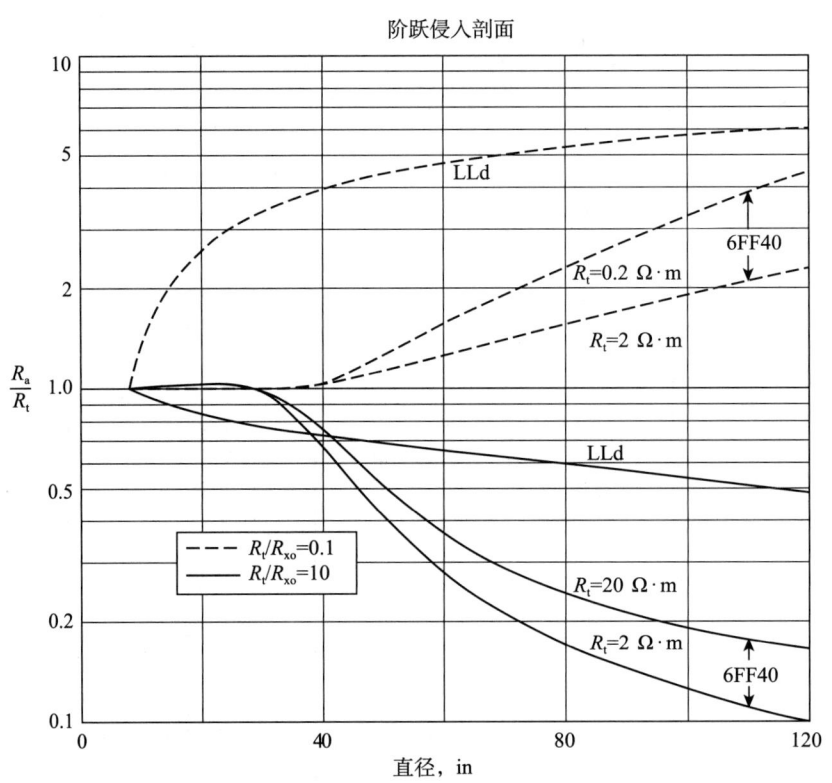

图 7.19 不同 R_t/R_{xo} 和侵入直径 d_i 下 R_a/R_t 的比较[15]

R_a 是 LLd 和 ILd（6FF40）仪器测得的视电阻率

第一个问题是选用哪一个标准。对于图 7.19，本节想要说明对于不同的 R_t/R_{xo} 和侵入直径 d_i，哪一种方法的 R_t 值更准确。理想情况下，它们都能读到 R_t，在任何条件下，R_a/R_t 的比值都为 1。实际上，只要是电阻型侵入（$R_t/R_{xo} = 0.1$），只要稍微有侵入，侧向测井仪器读数就远离真值 R_t，因此，感应测井是首选。对于电导型侵入（$R_t/R_{xo} = 10$），由于仪器径向响应中盲频的存在，当侵入深度达到 40 in 时，感应仪器读数仍接近真值。当侵入更深时，侧向测井是首选，只要 $R_t/R_{xo} > 2$，就满足要求。当 $R_t/R_{xo} < 2$ 时，感应仪器的深几何响应给出了更精确的 R_t。

图 7.20 使用了另外的标准，即感应和侧向测井仪器在油水层，哪一个差异更大，

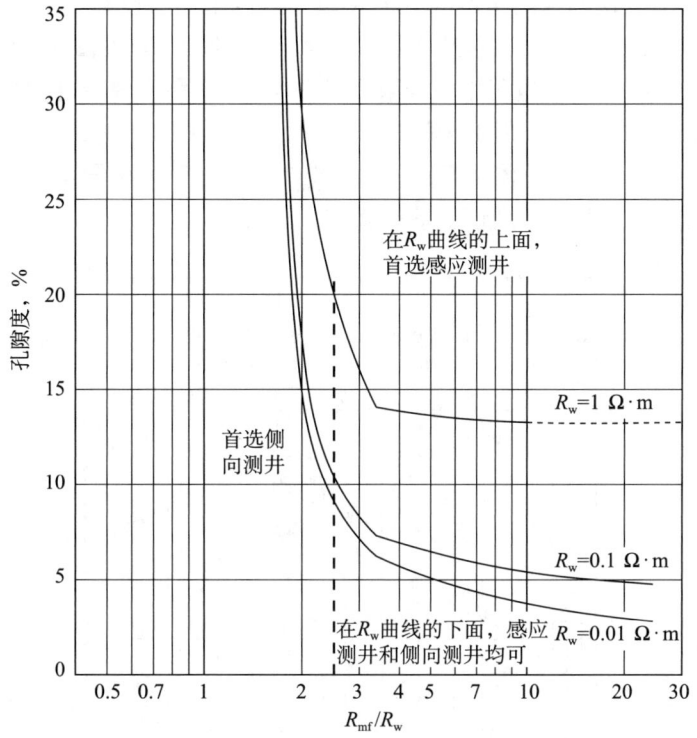

图 7.20　感应和侧向测井划分油水层的最佳应用条件[8]

或者说 ILd（油）/ILd（水）和 LLd（油）/LLd（水）哪个更大？假设油层 $S_w=0.25$，那么根据关系 $S_{xo}=S_w^{1/5}$[9]，$S_{xo}=0.76$。然后给定 R_{mf}、R_w 和 ϕ，则可以计算出油水层的 R_{xo} 和 R_t。利用这些参数，计算侵入直径在 0~60 in 之间的 ILd 值和 LLd 值。对感应仪器在高电阻率地层的精度、对井眼校正以及对导电环带的概率设定了一定的容忍度。综合所有这些因素，得到了不同条件下油水层之间最大差异的图版。正如预期的那样，当 R_{mf}/R_w 较高时，感应测井是首选，因此，R_{xo}/R_t 较高。当 R_w 小于某一值时，即使 $R_{mf} \gg R_w$，由于感应测井在高电阻率条件下测量精度降低，则这两种方法都需要。

聪明的读者也许会反对这样做，他永远不会使用 ILd 或 LLd 作为 R_t，但会对侵入进行校正。是的，如果校正有效，两种仪器都会得到 R_t。然而，这并不能改变本图版作为选择感应和侧向的标准。要永远从最接近可以探测 R_t 的仪器入手，因为基于阶跃侵入剖面模型的图版可能不准确，并且可能其他参数也不准确。如果仪器超出了其应用范围，则侵入校正值仍将会带来任意的误差。

最后，上述两张图版假设地层无限厚，忽略了仪器垂直分辨率的问题。目前还没有考虑仪器在薄层中探测深度的降低，从而影响对仪器选择的决策。仪器的这种 2D 响应特性无法用单一图版简单表述，对于每一种情况，都必须进行相应的软件模拟。

7.10　感应测井实例

使用另一个模拟储层作为评价感应测井的例子。模型中标为 A 和 B 的是两个纯净的厚储层，标有 C 和 D 的为两个纯净的薄夹层。这四个层可以在图 7.21 感应测井的样本曲线中轻松识别出来。为了识别纯净储层，第一道给出了 SP 和伽马曲线。ILd、ILm 和 SFLU 在第二道上。这三条电阻率曲线来自 20 世纪 70 年代和 80 年代的典型双感应—浅电阻率仪器。SFLU 曲线是未平均的球形聚焦测井曲线（见 5.3.2 节）。在典型的感应测井条件下（$R_{xo} > R_t$），SFL 给出了 R_{xo} 的合理信息，由于该仪器不是极板型的，不具有常规极板仪器对井眼不规则情况的灵敏度。

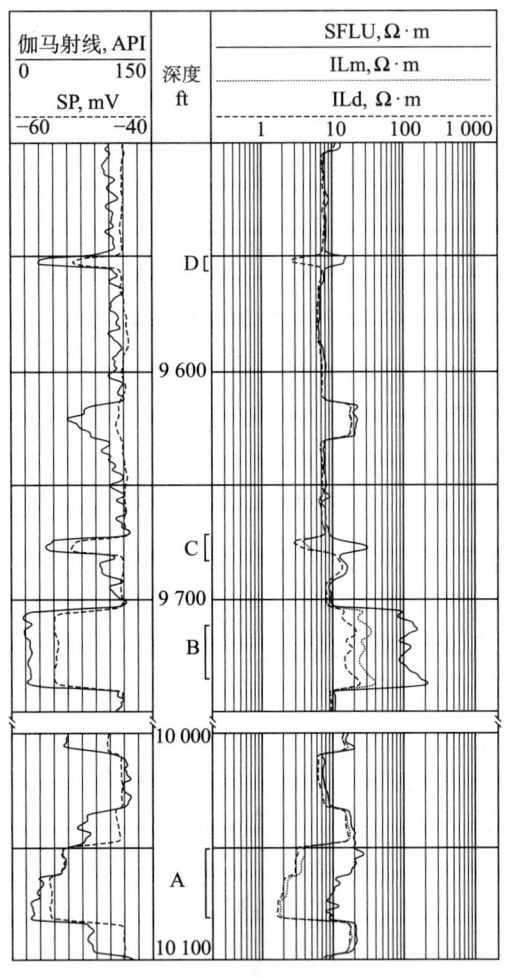

图 7.21　感应测井曲线标准样本

与侧向测井曲线的情况一样，在尝试对感应测井曲线进行定量解释之前，必须检查感应曲线是否进行了必要的校正。除了需要进行同样的井眼校正外，感应测井还可能需要进行层厚和围岩校正。校正量将与层厚和围岩电阻率有关[9]。这种校正对 C 和 D 两个薄夹层非常必要。D. Jordan 和 Campbell 给出了感应测井逐步进行井眼效应、侵入和层厚校正的例子[11]。

最后，关注感应仪器的刻度问题。在地面进行两种刻度：空气调零和串联电阻器的单个铜环。将该刻度环放置在仪器周围的指定位置，并选择串联电阻器，以使测量信号等效于地层电导率取某一定值的信号，例如 0.5 S/m。在空气中刻度时，理想情况下应该没有 R 信号，只有来自直接互耦的微弱剩余 X 信号。事实上，即使传统的探头是由非金属材料制成的，但总有一些金属部件（例如，压力隔离头和电缆屏蔽材料）会发出 R 信号。这种所谓的探头误差通过空气刻度进行测量，并在测井过程中加以消除。这种调整需要考虑温度和压力产生的误差。

早期校正探头误差的方法是在硬石膏等厚非导电地层中使测量结果为零，这存在一定的风险，因为该方法没有考虑井眼和围岩效应。（只有当层厚大于 100 ft 时，后者才不需要考虑。）因此，消除探头误差的最佳方法是在远离建筑物的空气中进行测量，并且是在距离地面 2 m 或 2 m 以上的高度进行，以便可以测量大地电导率并加以消除[16]。

参考文献

[1] Feynman R P, Leighton R B, Sands M L. Feynman lectures on physics, vol 2. Reading: Addison-Wesley, 1965.

[2] Doll H G. Introduction to induction logging and application to wells drilled with oil base mud. Pet Trans AIME 1, 1949 (6): 148-162.

[3] Dresser Atlas. Well logging and interpretation techniques: the course for home study. Houston: Dresser Atlas, Dresser Industries, 1983.

[4] Barber T, Anderson B, Mowatt G. Using inductions to identify magnetic formations and to determine relative magnetic susceptibility and dielectric constant. The Log Analyst, 1995, 36 (4): 16-26.

[5] Moran J H, Kunz K S. Basic theory of induction logging and application to study of two-coil sondes. Geophysics, 1962, 27 (6): 829-858.

[6] Moran J H. Induction logging-geometrical factors with skin effect. The Log Analyst, 1982, 23 (6): 4-10.

[7] Anderson B, Barber T D. Induction logging. Houston: Schlumberger, 1997.

[8] Schlumberger. Log interpretation principles/applications. New York: Schlumberger, 1989.

[9] Schlumberger. Schlumberger interpretation charts. New York: Schlumberger, 2005.

[10] Anderson B. Modeling and inversion methods for the interpretation of resistivity logging tool response. Delft: DUP Science, 2001.

[11] Jorden J R, Campbell F L. Well logging II-electrical and acoustic logging. Dallas: SPE Monograph, SPE, 1984.

[12] Gianzero S, Anderson B. A new look at skin effect. The Log Analyst, 1982, 23 (1): 20-34.

[13] Anderson B, Chang S K. Synthetic induction logs by the finite element method. The Log Analyst, 1982, 23 (6): 17-26.

[14] Anderson B. The analysis of some unsolved induction interpretation problems using computer modeling. The Log Analyst, 1986, 27 (5): 60-73.

[15] Souhaite P, Misk A, Poupon A. R_t determination in the eastern hemisphere. Trans SPWLA 16th Annual Logging Symposium, paper LL, 1975.

[16] Barber T, Vandermeer W, Flanagan W. Method for determining induction sonde error. US Patent No 4, 800, 496, 1989.

习 题

7.1 假设正在使用最原始的双线圈感应仪器在上下为非常厚泥岩的 40 in 厚的含水砂岩中进行测量。已知砂岩电阻率 5 Ω·m，泥岩电阻率为 10 Ω·m，利用文中给出的感应仪器的积分纵向几何因子（切记感应仪器的几何因子应用对象为电导率并忽略趋肤效应）。

7.1.1 画出仪器接近和通过该砂岩层时的测井响应。

7.1.2 计算将在砂岩中测量的最小电阻率。

7.1.3 当砂岩电阻率 10 Ω·m、泥岩电阻率为 5 Ω·m 时，计算将测量的最大电阻率。这种情况下还是前一种情况下的结果更准确？为什么？

7.1.4 假设你可以读取电阻率到 10% 的精度，那么在这两种电阻率对比度情况下，能够识别的最小层厚是多少？

7.2 对图 2.12 给出的感应测井曲线，估算无侵入校正条件下层厚深感应读数校正前后目的层的含烃饱和度。可以使用适当的图版进行校正[9]，层厚约为 4 ft。对中感应进行层厚校正。你对侵入剖面有何看法？有怀疑结果的依据吗？

7.3 已知地层含水饱和度为 60%，地层水电阻率为 2 Ω·m，对穿过该地层的一口井进行了深感应和微侧向测井，其值分别为 R_{ILd} = 145 Ω·m，R_{Mll} = 180 Ω·m。钻井液滤液电阻率为 3.8 Ω·m，估算的侵入直径为 60 in。水驱以后，该储层的残余油饱和度是多少？

7.4 在图 7.21 的测井曲线中，利用文献 [9] 中的适当图版进行侵入校正，以得到 A、B 和 C 层的校正 R_t 和 R_{xo}。为什么图版与 R_{xo}/R_m 比值有关？根据计算结果，你能给出 SFL 作为 R_{xo} 测量值的精度吗？

7.5 根据图 7.18 的测井曲线，推断在 30 ft 和 120 ft 处，LLd 和 ILd 的读数哪一个应该更接近 R_t？

7.6 证明：当 z 值较大时，微分径向几何因子 $g(z)$ 随 $\frac{1}{z^2}$ 变化。这与电极型仪器的微分径向几何因子随 $\frac{1}{z}$ 变化形成对比，这也是感应仪器受围岩影响较小的原因。

7.7 验证方程 (7.27) 的推导，尤其要证明下列关系是正确的：

$$\int_0^r \left(\frac{1}{\rho_t^3} - \frac{3z^2}{\rho_t^5}\right) r dr \propto \frac{r^2}{\rho_t^3} \tag{7.54}$$

提示：利用 ρ_t 与 z 和 r 关系的表达式来改变积分变量。

8

多阵列感应和三分量感应

8.1 引 言

第 7 章中介绍的传统深感应仪器（6FF40 或 ILd）开发于 1960 年，一直保持了 30 多年的行业标准。实际上，该仪器现在仍在进行服务，在特定条件下仍能给出精准结果。然而，由于应用环境日益复杂，其不足日益显现出来。这些不足人们早已意识到，但直到 20 世纪 80 年代，随着计算机模拟技术的应用，其局限性才完全被人们所认知。即便如此，人们也不愿意放弃原有的标准，所以，第一代新开发的仪器使用了原有的天线阵列，不过为了改进仪器响应特性，它采用了处理技术。随着时间的推移，测量上的改进逐渐被接受。对于储层管理者来说，宁愿测量存在缺陷（但每口井中都有同样的响应），也不愿意对每口井都要进行响应特性的比对。

尽管如此，直到 1990 年所谓的多阵列感应仪器的出现，真正的变革才开始。该仪器采用一组简单的阵列天线，为了得到所期望的垂直和径向响应，要对测量结果进行处理。20 世纪 50 年代，人们就已知晓这种处理方法的原理，但没有实际应用的主要原因是当时无法实现将大量数据传送至地面。到 20 世纪 90 年代初，数据传输问题已得到解决。虽然 6FF40 天线系结构的缺陷可以在校正过程中来克服，但进一步的发展需要多阵列仪器提供更多的数据。

另一个重大的变化是 20 世纪 90 年代末三分量感应仪器的出现。利用该仪器可以测量地层的垂直电阻率，而以前的仪器只能测量地层的水平电阻率。如第 4 章所述，该信息对于各向异性地层的评价至关重要。需要注意的是，除非特别指出，本书假设是垂直井，感应仪器与井眼平行，因此，"垂直"意味着与井眼平行，"水平"或径向则意味着与井眼垂直。

本章回顾了感应仪器由深感应（ILd）到多阵列感应及三分量感应的发展历程，期间也介绍了中间产品——相量感应和高分辨率感应，因为这二者是后来感应仪器推出的基础。

8.2 相量感应

第7章讨论了 ILd 和中感应（ILm）响应的缺陷，可概括为：在高阻地层中，具有高电导率的围岩导致读数偏低，从而误判为侵入的影响（这就是熟知的围岩影响）；分辨率低（ILd 为 8 ft，ILm 为 6 ft）；在低电阻率地层界面处，存在过冲或犄角响应；在某些高电导率地层中，ILd 的读数异常低。

这些问题都与仪器的垂直响应和趋肤效应有关，但同时也涉及仪器的径向响应，只是不太严重。同时，在处理垂直响应的问题方面做起来比较容易，因为仪器在沿井眼移动进行测井时，可提供较多的垂直信息。在径向方向，只能提供一个点的信息。对具有趋肤效应的微分几何因子［方程（7.51）］进行径向积分，可以得到垂直几何响应 g_{vB}，这与方程（7.34）中的道尔几何因子的做法相同。在深度 z 处测得的视电导率可以表示为垂直响应函数与垂直变化电导率的褶积：

$$\sigma_a(z) = \sum_{z'=z_{min}}^{z_{max}} g_{vB}(z-z', \sigma)\sigma_f(z') \tag{8.1}$$

式中，z' 是距离测量点的距离；$\sigma_f(z')$ 为地层电导率。

因为数据是离散的，所以，褶积表示为求和，而不是积分。垂直响应函数的作用是模糊电导率的剧烈变化，并使距离仪器中心较远的地层对仪器响应也有贡献。图 8.1 给出了这一褶积计算单点测量值的过程。请注意，响应函数的作用范围在仪器上下 50 ft 的范围内，也就是说在仪器上方 50 ft 处的地层对仪器响应还有影响。当仪器移动到下一个测点时，响应函数所褶积的电导率剖面只有些许变化，从而得到了曲线上的另一个点，这样直到整条曲线测完为止。其结果就是对地层剖面进行了平滑处理，使得仪器在 60 ft 附近的薄层中分辨率变差，在 80 ft 附近的低电导率地层中有较大的围岩效

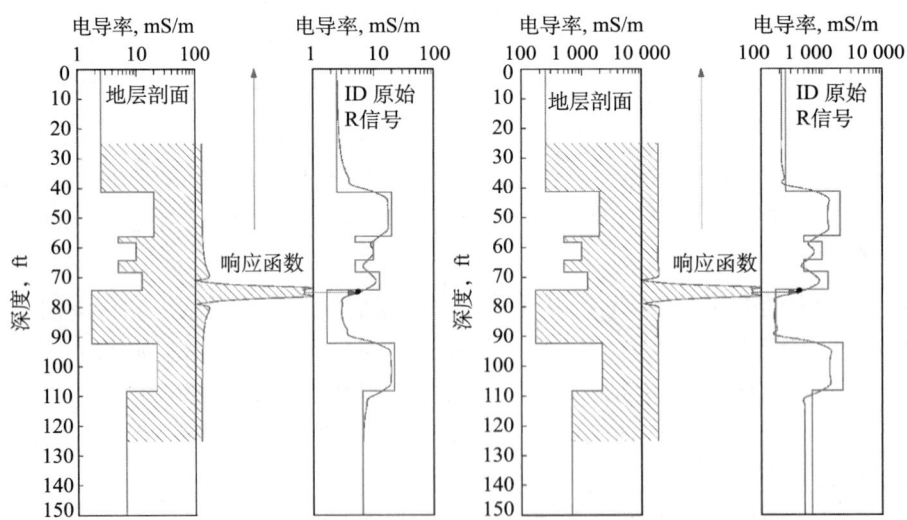

图 8.1 低电导率（左侧两幅图）和高电导率（右侧两幅图）的模糊效应[1]

正确的 ILd 响应函数与地层电导率剖面进行褶积得到了曲线上的单个黑点。逐点向上移动响应函数，则得到 R 信号的曲线。请注意，这些曲线未进行趋肤效应校正

应,如图 8.1 左半部分所示。在图 8.1 的右半部分,电导率被放大了 100 倍,而由于趋肤效应,仪器中心响应有明显的不同。整条曲线的读数都比实际地层的电导率值低,这是因为没有进行趋肤效应校正,但在 80 ft 处的围岩效应消失了。

对该模糊函数求逆是信号处理中众所周知的问题,除了两个因素外,这个问题很简单,这两个因素是指趋肤效应引起的 g_{vB} 随电导率的变化和从天线阵列中获取全部信息所需的最小地层厚度。暂时忽略这两个因素,并利用几乎无噪声的感应测量结果,相对较容易设计出低电导率反滤波器,反滤波器将测量信号转回到地层原始信号剖面,图 8.2 的左侧给出了这一过程。除在地层界面和最薄层处外,反褶积曲线与实际地层剖面都非常吻合。与响应函数一样,反滤波器在测量点上下也延展 50 ft。在数学上,滤波器是一组权重 h 的集合,应用到测量的电导率上,得到真实的剖面:

$$\sigma_f(z) = \sum_{z'=z_{\min}}^{z_{\max}} h(z-z')\sigma_a(z')\mathrm{d}z' \tag{8.2}$$

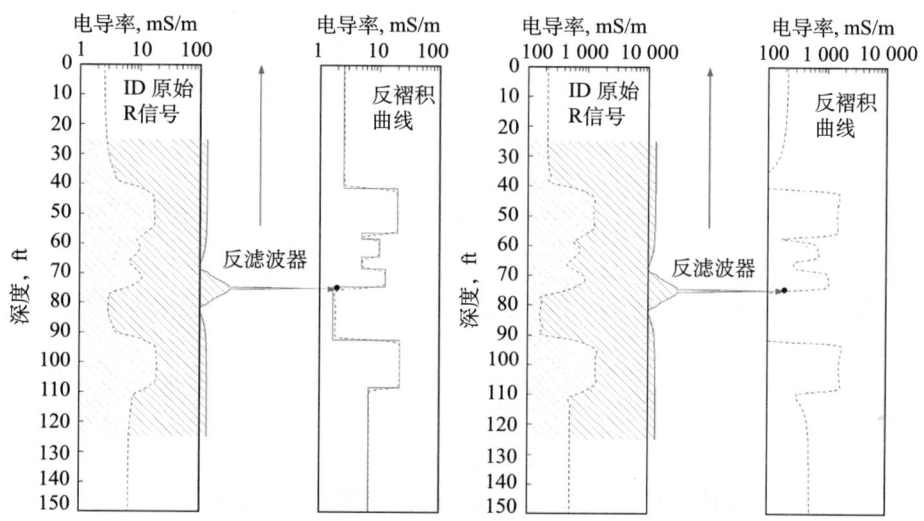

图 8.2　利用图 8.1 的曲线进行反褶积的反演效果[1]

低电导率剖面效果良好(左侧两幅图),高电导率剖面效果较差(右侧两幅图)

如果利用该滤波器处理高电导率剖面,效果会很差,这在意料之中,因为该滤波器是为低电导率情况设计的(图 8.2)。当然,我们也可以设计出满足高电导率情况的滤波器,但问题是如何进行选择。

在相量感应仪器中,该问题通过引入趋肤效应概念而得到解决,该概念是由 Moran 和 Kunz 提出的[2]。它被认为是高电导率条件下的测量信号与零电导率的道尔几何因子作用同一剖面产生曲线的差。在电导率小于 2 S/m 的低电导率均匀地层中,该信号就是方程(7.50)中的实部信号的第二项($2\sigma L/3\delta$),与虚部信号——来自地层的 X 信号完全相等。在更高电导率条件下,高阶项变得很重要,不再存在精确对应的情况。然而,其精度已足够满足要求,相量感应就变成了首支可测量和利用 X 信号的仪器。

趋肤效应信号的最大优势是其考虑了趋肤效应的空间分布。对于ILd，根据测量信号的大小来提高信号的幅度以消除趋肤效应。在均匀介质中，这是正确的，但在层状介质中，信号来自哪里就成了问题。仪器上方的高电导率地层影响趋肤效应校正的方式同其影响几何响应一样。Moran证明了趋肤效应信号的垂直分布与X信号的垂直分布非常相像[2]，但并不完全相似，因此，需要对其进行滤波和增强，以便可以考虑高电导率条件下相关性的降低。然后将经过趋肤效应校正的曲线与零电导率反褶积滤波器反褶积得到的结果相加，以给出在所有电导率的正常变化范围内都有效的结果。

图8.3给出了图8.2中高电导率地层的处理过程，X信号经过滤波和放大得到了趋肤效应信号，两者的相似性显而易见。当趋肤效应信号加在零电导率反褶积滤波器得到的曲线上时，其结果与原始地层吻合很好。

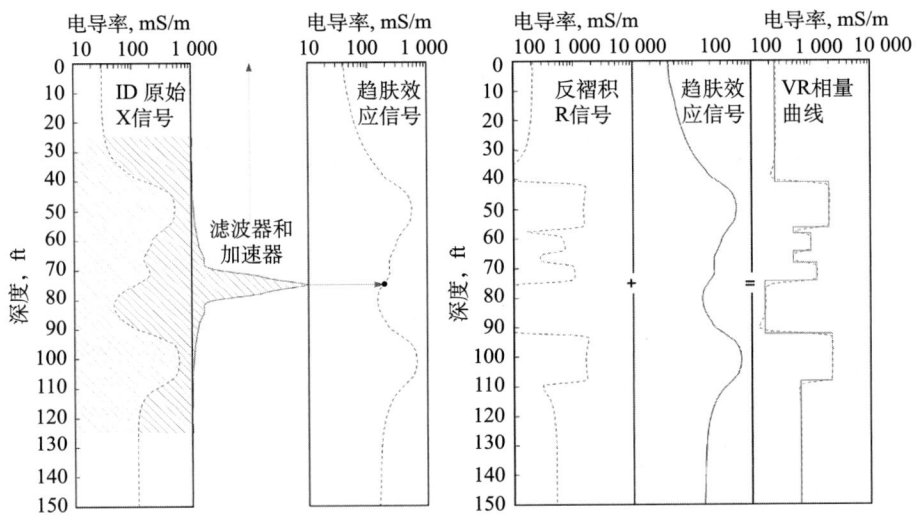

图8.3　X信号（左）经过滤波和处理得到趋肤效应信号，该信号与高电导率反褶积R信号相加的结果与原始地层剖面吻合良好[1]

将反滤波器与趋肤效应校正相结合，相量处理算法[3]则变为

$$\sigma_P(z) = \sum_{z'=z_{\min}}^{z_{\max}} h(z-z')\sigma_R(z') + \alpha(\sigma_X(z))\sum_{z'=z_{\min}}^{z_{\max}} b(z-z')\sigma_X(z') \qquad (8.3)$$

式中，σ_P是相量校正的视电导率；σ_R是测得的R信号；σ_X是测得的X信号；$b_{z-z'}$是过滤X信号的函数；α是X信号的非线性函数。

以上，我们看到了感应测量结果是如何由长垂直响应函数与地层电导率剖面褶积得到的。我们也看到了滤波器和X信号的组合是如何对曲线进行反褶积并反求地层真电导率的。在最终结果中，诸如围岩效应等假象被消除以及垂直响应得到了改善。下面将更深入考察所涉及的方法及其局限性。

方程（7.53）的道尔三点滤波器是早期最简单的滤波器之一，它只有在特定条件下才有效。理想情况下，反滤波器$h(z-z')$是方程（8.1）中响应函数g_{vB}的逆。在频域中，通过应用傅里叶变换将深度函数的 g_{vB} 转换为每英尺几个周期的空间频率 k 的函数 $G_{vB}(k)$。高空间频率意味着对垂直变化的高灵敏度，因此，垂直分辨率也越高。图 8.4 给出了 ILd 和 ILm 的 $G_{vB}(k)$ 函数。由于对所有的频率响应并不一致，所以，测量的空间响应并不完美，厚层响应（低 k）优于薄层响应（高 k）。因此，滤波器的作用就是提高或截断该函数的频率区间，以得到期望的结果。

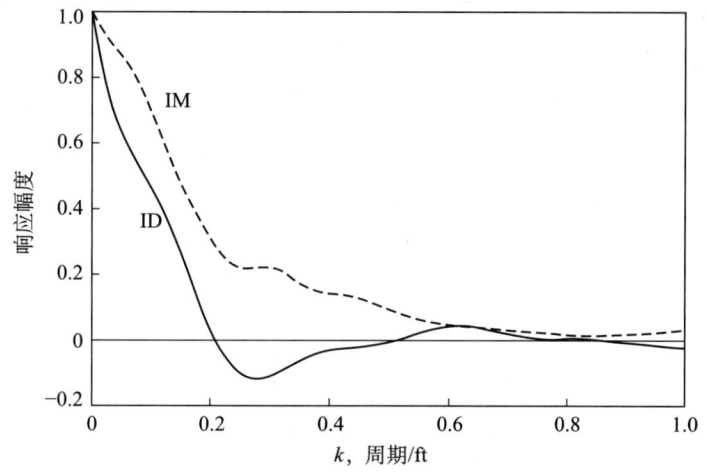

图 8.4　ILm 和 ILd 阵列的空间频率响应[4]
频率的倒数表示两倍的层厚（一个地层仅为半个周期）

不幸的是，简单的滤波器在实际中无法使用。首先，双感应测井每 6 in 采样一次，因此，不可能测得高于 $1/(2\times6\ \text{in}) = 1$ 个周期（尼奎斯特极限频率）的空间频率。第二，在图 8.4 中可以看到更严重的局限性。ILd 在 0.2 周期/ft 处的响应为零，对应于 2.5 ft 的层厚。这就是所谓的盲频：没有测量信息，若仪器通过一连串的 2.5 ft 厚的薄层，将会得到一条直线[5]。在滤波器中，意味着 $k=0.2$ 周期/ft 的权重为无穷大。此外，对于较薄的地层，响应是负的，将出现曲线翻转。

综合考虑以上因素，实际滤波器的设计并不以获得最佳反演效果为目的，但需要满足目标函数 $T(k)$：

$$H(k)=\frac{T(k)}{G_v(k)} \tag{8.4}$$

在相量算法中，目标函数忽略了 0.2 周期/ft 以上的空间频率，并且采用了过渡修正的高频信息所产生的条带波动[3]。在深度域中，$T(k)$ 的傅里叶变换只是单一的具有一定宽度而没有旁瓣的对称双峰。最后一步是将 $H(k)$ 变换到深度域，以得到将用于实测曲线处理的实际滤波器 $h(z-z')$。

对于感应测井，这种反演技术非常有效，原因是感应测井曲线几乎没有噪声并且其非线性程度不高（放射性测井曲线和声波测井曲线信噪比太低，而侧向测井的非线性高）。感应测井的非线性是指我们需要考虑趋肤效应的空间分布，需要知道部分答案以获得问题的解。许多感应测井的后处理程序都致力于求解该问题。

功能强大的反滤波器虽然可以提高 ILd 响应的分辨率，但由于上述盲频的存在而无法使用。一种解决办法是利用 ILm 的信息[4]，其基础是所有高空间频率信息被认为是来自近井眼区域，这从图 7.17 中 ILd 的 2D 响应可以定性地看出。利用此信息，可以设计 ILd 反滤波器［方程（8.2）中的 $h(z-z')$］和 ILm 滤波器，以得到匹配的 2 ft 或 3 ft 垂直分辨率曲线。

处理结果如图 8.5 所示，可以与图 7.18 中传统的未聚焦 ILD 进行比较。为什么不总是使用增强型分辨率滤波器？主要原因是要提高的空间频率发生在井眼附近，实际中，由于井壁不规则或坍塌，该信息可能来自井眼。另外，侵入带与其周围地层的对比度可能与非侵入带的对比度不同。这些因素及其他一些因素将在稍后的多阵列感应中进行讨论。

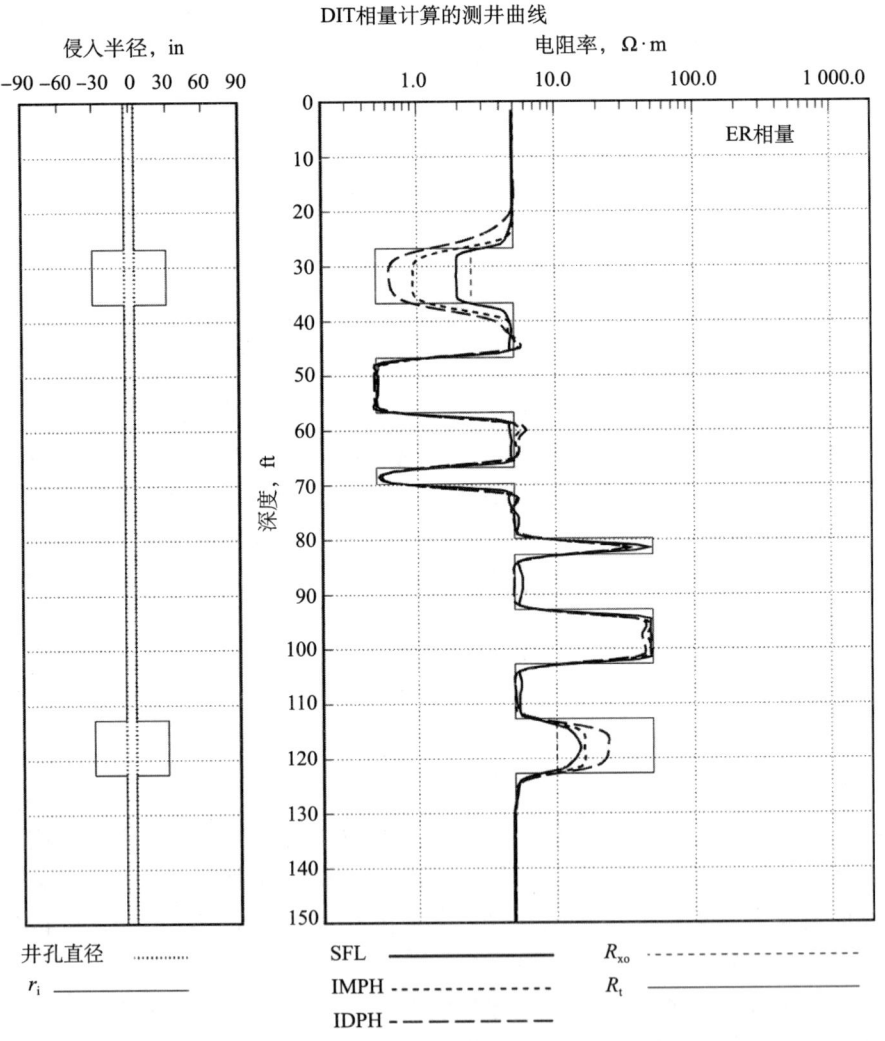

图 8.5　通过对一系列侵入和未侵入地层建模的相量感应测井模拟结果，ILd 和 ILm 匹配分辨率为 3 ft。与图 7.18 所示相同地层中的传统 ILd 和 ILm 结果进行比较[31]

8.3 高分辨率感应

1987年推出的高分辨率感应（HRI）仪器采用另一种方法应对垂直分辨率问题[6]。该仪器摒弃了传统的6FF40天线阵列，采用双发射器线圈对称位于接收器线圈阵列两侧，接收线圈阵列由三个线圈构成，主接收器线圈位于中心，另外两个接收器线圈对称地位于两侧较远的位置。中探测感应的主线圈结构与此相同，只是天线结构的源距不同，深、中测量可分别描述为5FF75和5FF35阵列。

这种仪器线圈结构的设计思想是基于仪器垂直响应灵敏度取决于主接收器线圈和屏蔽线圈的距离，而探测深度的深浅取决于发射器线圈与接收器线圈的距离。在6FF40仪器中，两种响应均受同一种源距的影响，而且HRI也没有盲频现象，因此，可以直接提高天线阵列的高空间频率，以得到2~3 ft之间的匹配高垂直分辨率曲线。然而，与相量感应仪器一样，高垂直分辨率信息仅来自近井眼区域，因此，井眼不规则和侵入影响的局限性依然存在。

8.4 多阵列感应

多阵列感应仪器是一套简单的线圈阵列的测量结果经过软件处理得到所期望分辨率和探测深度的仪器。到20世纪90年代初，技术的进步使得开发该种仪器成为可能。这些进步包括向地面传输大量数据的能力、用于设计的精确计算机模拟技术的应用，以及克服长、短源距信号漂移的更稳定井下探头的实现。此外，一旦6FF40阵列的主要不足得到校正，其他不足就变得更加明显。这多与仪器的径向响应有关，现将予以讨论。

相量感应和HRI感应提供中、深感应测量，但需要电极型仪器（如SFL或MSFL）提供浅测量信息。这是有缺陷的：第一，三条曲线只可能用于阶跃侵入剖面的反演，而不能处理环状和更复杂的侵入剖面；第二，与电极型仪器和感应仪器组合测量会加剧电导型侵入地层（$R_{xo} < R_t$）的解释难度，而该类型地层适合用侧向仪器，但实际情况是还存在电导型和电阻型侵入同时存在的储层和井（例如，顶部油层是电导型侵入，而底部水层是电阻型侵入）；最后，浅电极型仪器在油基钻井液中无法使用。

为了解决上述问题，多阵列感应仪器提供了更多的径向信息。数据量的增加也会使垂直响应得到进一步的改进，从而改变高对比度下的围岩校正，且即使井眼中度坍塌时也能提高分辨率。更进一步讲，这些信息将有助于对地层倾斜进行判断，其原理如图8.6所示。图中左侧是不同长度的简单3线圈（发射器、主线圈和补偿线圈）天线的2D响应，右侧是所希望的四种响应，是在一个多道滤波器中，以不同的方式，对单个阵列响应进行加权求和得到的。标有AHF10和AHF90的图被平滑设计成没有负旁瓣（与图7.17给出的ILd和ILm响应相比较）。标有AHO10和AHO90的图在z轴上有非常尖锐的垂直响应，但也有负的过冲。处理方法将在下面讨论。同时，为了得到不同的响应，要注意如何组织同样的阵列数据。

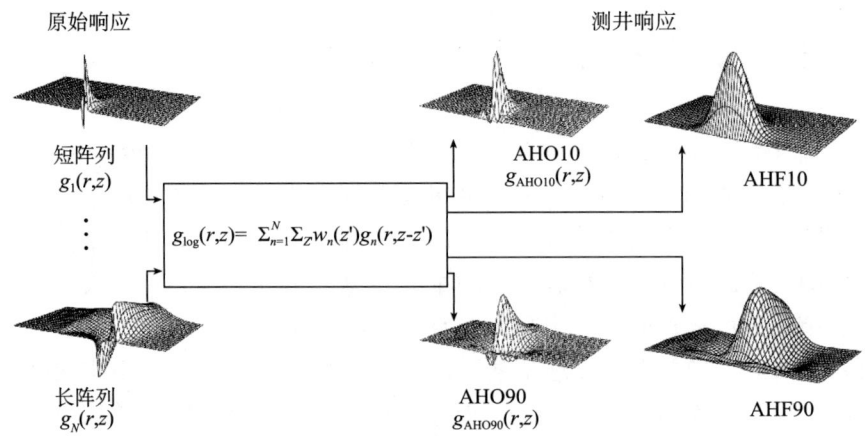

图 8.6 多阵列感应处理流程图[1]

位于左侧的子阵列测量结果（$g_N(r,z)$）经过位于中间的多道滤波器的处理得到了右侧的输出结果。AH 表示 AITH 仪器，O 和 F 分别表示 1 ft 和 4 ft 垂直分辨率曲线，10 和 90 分别表示 10 in 和 90 in 的中等探测深度曲线。每条曲线的权重因子 $w_n(z')$ 并不相同

8.4.1 多阵列天线结构

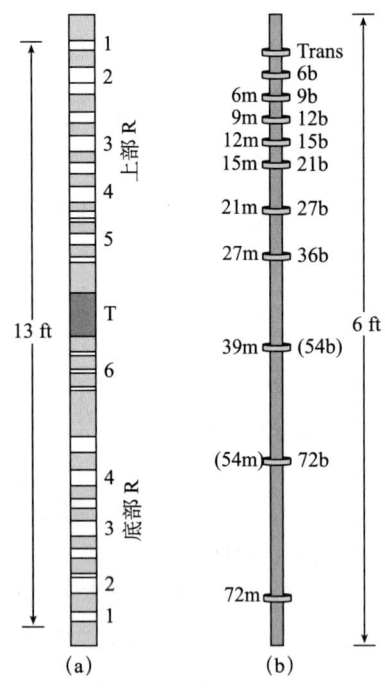

图 8.7 左侧是高分辨率阵列感应仪器线圈结构示意图[13]

1 号线圈是两个一样的等距位于发射器线圈两侧的 3 线圈接收器线圈。2~6 号线圈是 4 线圈接收器线圈阵列。屏蔽线圈并未全部给出。右侧是 AIT-H 仪器的结构示意图[9]。m 是主线圈，b 为屏蔽线圈。多数情况下，屏蔽线圈与较短源距的主线圈共绕。主接收器线圈的间距从 6 in 开始近似呈指数增加。线圈间距以 in 为单位

第一支多阵列感应仪器在设计上仿效了 Ild[7]，第一支利用多阵列潜力的仪器是斯伦贝谢的阵列感应仪（AIT），其中一个版本的天线结构有八个 3 线圈阵列，所有阵列都有一个公共发射器（图 8.7）[8]。可以证明，为了获得径向均匀分布信息，源距应该按指数递增排列[10]。每个阵列都有一个屏蔽线圈，以得到 7.5 节讨论过的较为自然的径向聚焦，并且可以消除直耦信号（7.7 节）。双线圈阵列虽然简单，但需要采用电路消除直耦信号。同时，3 线圈阵列本质上具有较高的空间频率，并且没有盲频现象，这不同于上面讨论的 6FF40。地层中的 X 信号是在长源距阵列上测量的，而不是在短源距阵列上，因为钻井液中的磁性物质会对短源距阵列产生强烈影响。早期的 AIT 仪器中，通道数目因多频数据采集而增加。

对 AIT 发展起到重要推动作用的是发现线圈可以绕在中空的金属芯轴上[11]。人们一直认为，接收器附近的任何导电材料都会产生虚假信号。事实上，非磁性高导电芯轴会使其表面上的电场为零，从而在接收器上不产生同相信号。对于实际芯轴使用的材料和尺寸，同相信

号或探头误差（7.10 节）很小，但最重要的是，随温度变化很小，而且可以预测。另外，中空坚硬的芯轴最小化了井下线圈间距的变化，并且使导线可以从中穿过，从而实现与线圈的良好屏蔽。对于早期的玻璃钢支架，线圈间距或电接触位置的微小变化可以使井下探头误差产生很大的变化，浅探测对此变化很敏感。

高精度阵列感应[12]也采用 3 线圈系结构，线圈数量与 AIT 的类似，只是间距不同。该仪器不测量地层 X 信号，而是记录 10～150 kHz 之间的 8 种频率信号，此数据用于趋肤效应校正和质量控制。

高分辨率阵列感应仪器借鉴了 HRI 仪器的思想，采用与其相反的发射—接收天线结构——位于探头的中心发射器线圈和八个 4 线圈接收器阵列，以及两个深探测 3 线圈结构（图 8.7）[13]。发射器线圈的工作频率为 8 kHz 和 32 kHz。实现独立的垂向和径向聚焦的原理与 HRI 的相同。为了测量 R_t 和 R_m，对聚焦进行动态调整，以获得最佳垂直分辨率。

8.4.2 多阵列处理

阵列感应中短阵列井眼信号的强度远大于 ILd 或 ILm 井眼信号的强度，更是长阵列井眼信号和地层信号强度的数倍。在多道滤波器对这些信号进行组合之前，首要任务是消除阵列信号中井眼信息的贡献。由于其贡献如此之大，校正必须很精确。另外，趋肤效应导致校正取决于地层电导率与井眼电导率的对比度，而这在传统的感应阵列中是经常被忽略的。另一方面，井眼信号可以被精确模拟。因为该信号决定于四个参数（井眼尺寸、导电率、偏心距和地层电导率），而所拥有的源距小于 24 in 的短阵列信息多于参数个数。因此，可以反演这些短阵列数据，以获得最佳模拟响应参数。实践中，常用的是反演其中两个最不易知道的参数（地层电导率和偏心距），利用其他测量确定另外两个参数[14]。

只要外部资料准确、井眼光滑且为圆形以及仪器与井壁平行，反演得到井眼校正数据的精度就可以达到 1 mS/m 之内。该过程是自动的，但表示每个阵列在不同条件下所需的大量图版意味着都没有公开发表过。对于测井分析家来说，这避免了查看图版的繁琐工作，但也给不同条件下对精度的判断带来了困难。

经过井眼信号的校正，阵列数据得到了改善，又消除了均匀介质的趋肤效应，然后经过合成得到所期望的测井响应。理想的测井响应有三个主要成分：没有旁瓣的良好的垂直分辨率；可控的径向响应特性，即短阵列信息不包含深部地层信息，深测量读数受浅侵入的影响较小；良好的 2D 响应特性，沿井眼方向没有不期望的尖峰出现，从而降低了对井眼不规则（井洞）的灵敏度。

实际设计中，主要在垂直分辨率和 2D 响应特性方面采用折中方案。正如从图 8.6 中的 2D 原始测井响应中可以看出的那样，高分辨率信息主要来自近井眼区域。由于无法保证对井眼不规则保持一定的灵敏度，这种信息不可能被利用，解决的办法是采用三组垂直分辨率为 1 ft、2 ft 和 4 ft 的测井曲线。4 ft 测井曲线的 2D 响应函数具有最低的井洞效应。1 ft 测井曲线的垂直分辨率最高，但 2D 响应不光滑，分别如图 8.8 和图 8.6 所示。每组分辨率的曲线都包含 5 条曲线，按照径向响应函数 50% 的定义，分别是

10 in、20 in、30 in、60 in 和 90 in（图 8.9）。

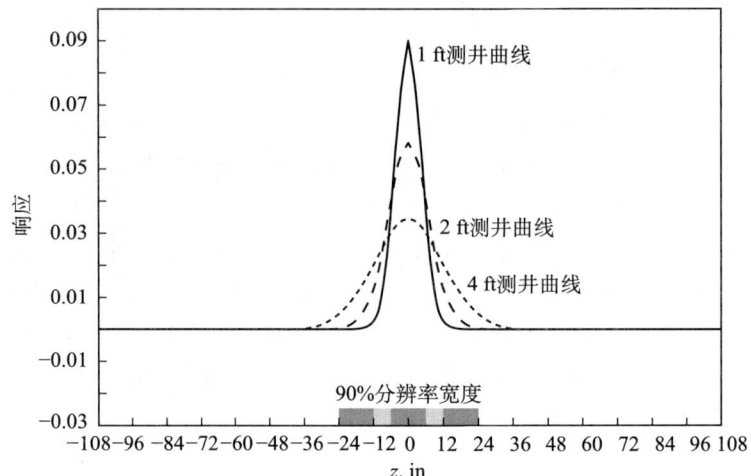

图 8.8　三组 AIT 测井曲线的垂直响应[1]
垂直分辨率定义为响应达到峰值的 90% 时所对应的距离

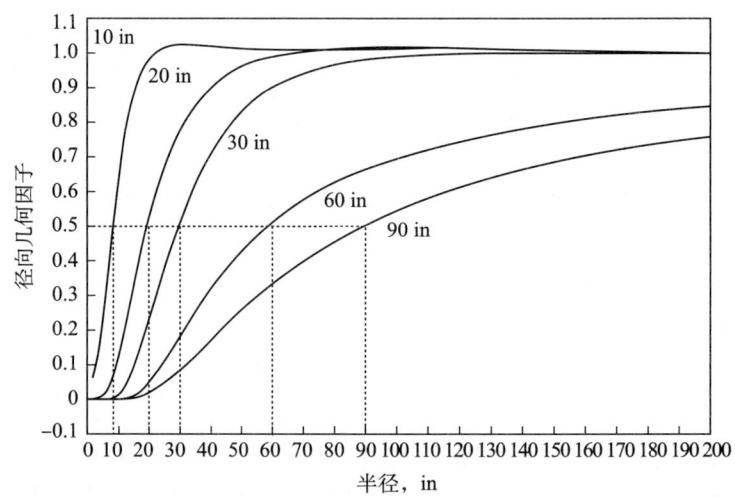

图 8.9　AIT 测井系列在零电导率下的积分径向几何因子[1]
根据处理过程，随着电导率的增加，深探测曲线的探测深度可能会降低

多道滤波器的设计远比 8.2.1 节中介绍的单道滤波器的设计复杂。虽然在每种探测深度上都有大量关于地层垂直变化的信息，但关于径向变化的信息却很有限，因为只能在井眼内进行测量。因此，径向响应只能通过子阵列信号总贡献的加减来实现，然后，剩下的问题就是去寻找每个子阵列的滤波器，以使垂直分辨率符合要求。滤波器因子是为零电导率波恩响应设计的，然后，通过下面给出的一种方法处理趋肤效应空间分布的径向函数。这些滤波器还必须满足 2D 限制，例如，近井眼响应不出现明显的尖峰。理想的情况下，滤波器因子是同时计算的，并且考虑上述所有因素。求解该问题的一种方法是将其视为矩阵反演问题[15]。

理论上，来自所有阵列的数据都可以用来合成所有的曲线。实际上，浅探测易于受井眼校正误差的影响，不希望将其传导到深测量结果中。只用深测量合成深测量曲线是可行的。其高分辨率的获得可通过提高深阵列数据中的高空间频率来实现。与6FF40 不同的是，3 线圈阵列没有盲频现象。

由空间分布导致的残余趋肤效应可以通过多种方式加以解决：与相量感应仪器一样，利用 X 信号；采用多频率测量，利用趋肤效应的频散特性；给出不同电导率水平下的滤波器，并根据缓变的背景电导率（由深阵列数据计算得出）对其进行插值。最后一种方法称为非均匀背景电导率聚焦方法[16]，它基于对波恩响应函数的更精确处理［方程（7.51）］，其中背景电导率被分离出来，适用于该电导率的波恩响应函数只用于计算实际信号和背景信号之间的残差。

8.4.3 分辨率改进的局限性

已经多次重申，所有高垂直分辨率信息都来自近井眼区域，并且所有分辨率增强技术都假设在近井眼处的变化也存在于地层的更深处。当存在侵入时，或者当地层与井眼不垂直时，这些假设显然是不成立的，而这两种情况都很常见。在考察这些假设的效果之前，先看一下如果不增强分辨率会如何。图 8.10 给出了六条不同探测深度的垂直分辨率曲线，每条曲线的分辨率都以径向响应达到 50% 为基准。尽管根据测量原理，这些响应是非常可信的，但不幸的是，在无侵入时，也会给出明显的侵入响应。因此，尽管假设存在问题，但在现场，通常还是提供经过分辨率匹配的同一种分辨率的多条曲线。

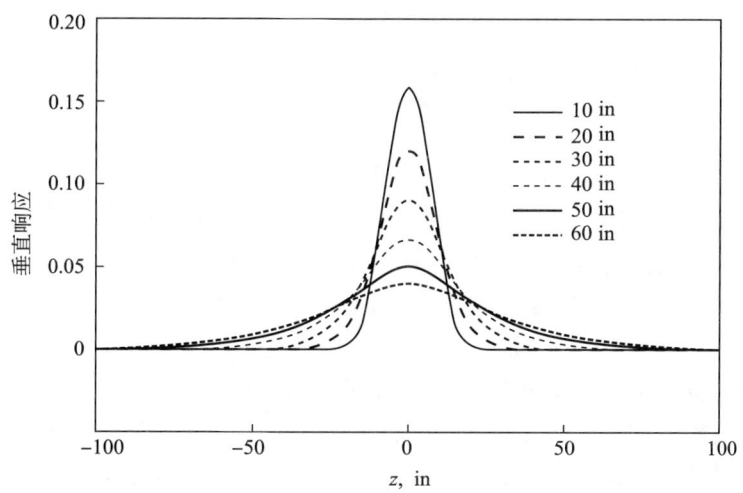

图 8.10　垂直响应函数[12]
其中垂直分辨率为径向响应中点处的分辨率。在 HDIL 仪器中，称为真实分辨率

侵入的影响程度有多大？理论上，有六种薄层侵入情况，对应于不同的 R_t、R_{xo} 和 R_{sh} 值。我们考察两种情况，第一种为 $R_{xo} > R_t > R_{sh}$，如图 8.11 所示。这种情况较为简单，因为无论远离还是接近井眼，在地层界面处的垂直变化方向都是相同的。即使对

于中等侵入（侵入直径 $d_i = 80$ in），5 条曲线在顶部厚层的读数与底部薄层（1 ft）的读数都是一样的。1 ft 分辨率曲线在地层界面处的激烈变化也给予保留。

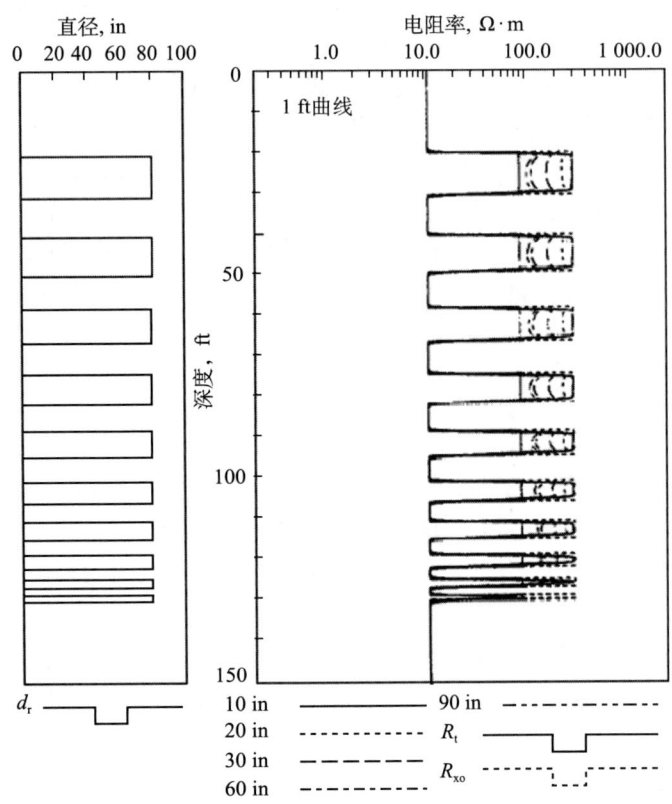

图 8.11　AIT 1 ft 分辨率在侵入薄层组中的响应[17]

$R_{xo} > R_t > R_{sh}$，$d_i = 80$ in。R_{sh} 是泥岩或围岩电阻率

第二种情况为 $R_{xo} > R_{sh} > R_t$，这并不容易，因为从泥岩到侵入层的变化与到非侵入层的变化方向相反，如图 8.12 所示。这会产生问题，因为反映近井眼区域的高分辨率数据不反映远井眼处的变化。与上例相比，结果是对地层界面变化反应的灵敏度降低了。当层厚小到 3 ft 时，1 ft 分辨率曲线在地层中点再也读不到地层真值了，但并未产生犄角或假象。

对于其他情况，最严重的假象发生在 R_{xo} 电阻率最低的情况，此时，它相当于一个大的空洞。分辨率改变不大的 2 ft 或 4 ft 曲线的效果还可以接受。其他情况是垂直分辨率的降低而不是产生假象。因此，尽管侵入的存在使得改进垂直分辨率的假设不成立，但其结果并不严重。

多阵列感应不提供校正图版，因此，很难感觉校正结果何时校正过大以及何时易于引入误差。多数仪器都有输出标志或曲线以表明大井眼校正、磁性钻井液或不规则井眼的存在。如图 8.13 所示的图版根据不同电阻率和地层/井眼电阻率对比度，推荐了不同分辨率曲线的使用限制。

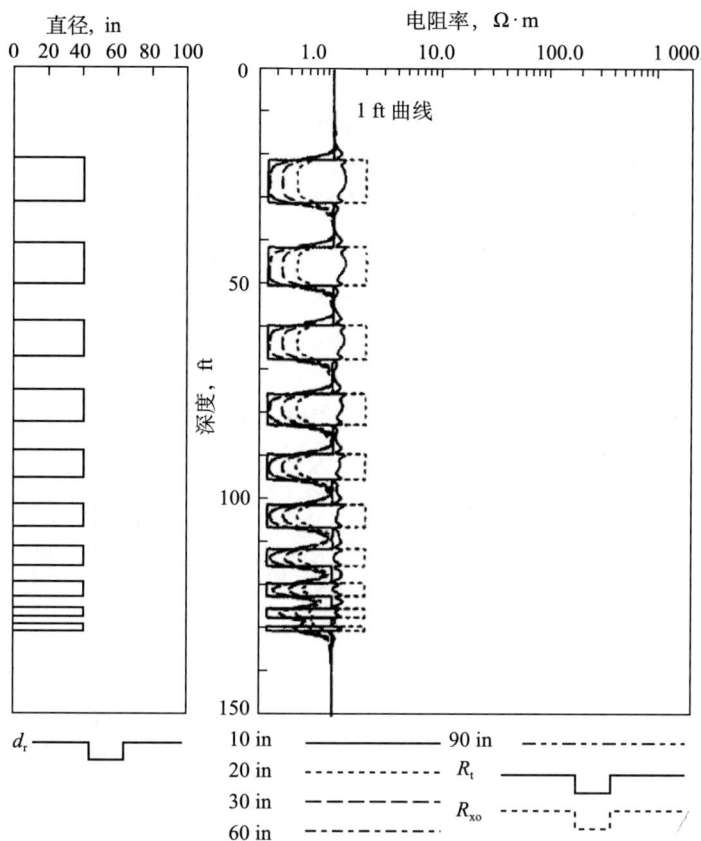

图8.12 AIT 1 ft分辨率在侵入薄层组中的响应[17]

$R_{xo} > R_{sh} > R_t$，$d_i = 40$ in。R_{sh}是泥岩或围岩电阻率

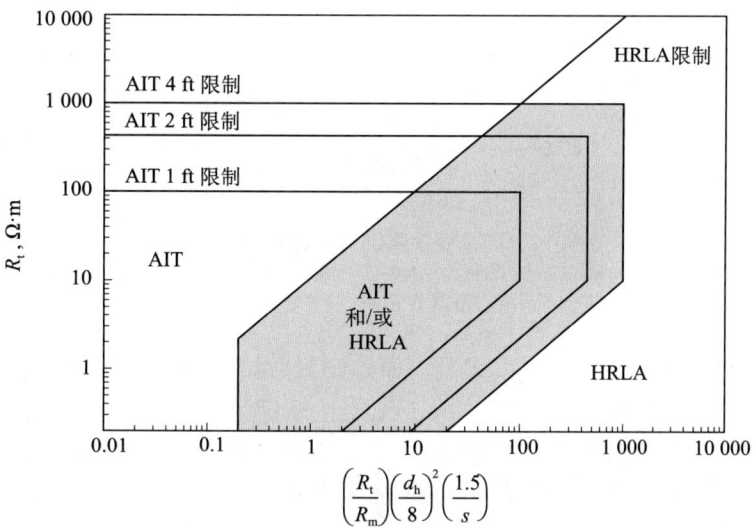

图8.13 AIT仪器不同垂直分辨率测井曲线和阵列侧向测井
HRLA仪器测井曲线的适用条件图版（由斯伦贝谢提供）

s为偏心距；d_h为井眼直径

8.4.4 径向和 2D 反演

在上面的几节中,我们从垂直分辨率的角度考察了多阵列感应测井的改进和局限性。在本节中,我们转向径向方向,以考察如何实现感应测井的主要目标,即对 R_t 的求取。快速查看 60 in 和 90 in 测井曲线通常就足够了。如果它们的读数相同,那么该值可作为 R_t。对于多阵列感应仪器而言,判断 R_t 是其优势,而求取 R_{xo} 则没那么容易(习题 8.3)。如果有必要,下一步是在每个尺度上进行 1D 反演,就像早期仪器的反演图版一样,只不过现在利用五条径向曲线,求取模型也较传统的 3 参数阶跃侵入剖面复杂❶。AIT 通常可以给出 4 参数,R_{xo}、R_t、R_{xo} 过渡到 R_t 的中点值和斜率[18]。低阻环带侵入可以很容易地通过无序曲线判断出来(图 8.14 和习题 8.4)。得到确认后,重新进行反演,只是求取参数为 R_{xo}、R_{ann}、R_t,以及环带的内、外半径。

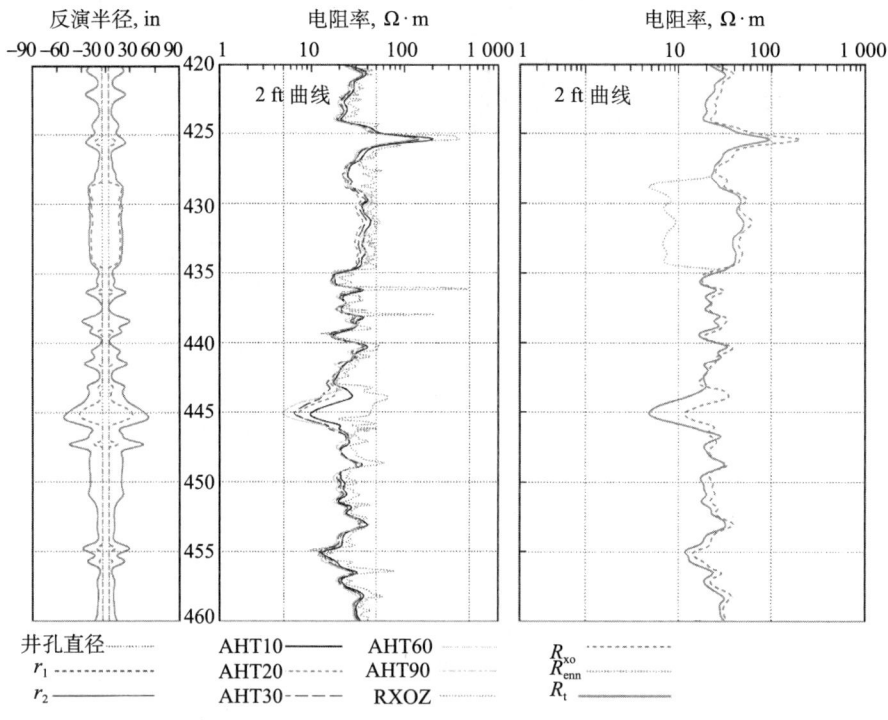

图 8.14 环带侵入实例(由斯伦贝谢提供)
中间道中的 20 in 和 30 in 测井曲线的读数低于其他探测深度的曲线,表明存在环带。
对测井曲线进行了反演,得出了不同区域的电阻率(右)和半径(左)

对于电阻率求真的完美解决方案是对原始测量数据或合成数据进行 2D 反演,这可以同时对垂直和径向响应加以考虑。由于无须在顺序处理的每一个阶段给出任何假设条件,理论上,即使在地层界面处也可以得到最佳的 R_t。利用测井曲线给出待求层段

---

❶ 如果需要,标准的阵列感应仪器可以提供大量的径向响应曲线,但这并不意味着其含有更多的径向信息,因为不同阵列的径向响应大多重叠。通过本征值分析可以证明,只有五条或六条测井曲线的响应是独立的,即其他测井曲线都可通过这些曲线线性组合得到[17]。

R_{xo}、R_t 和 d_i 的初值,将其输入 2D 正演模型计算测井曲线。如果该曲线与实测曲线存在差异,则调整这些参数,并重复上述过程,直到两种数据达到最佳拟合,此时的 R_{xo}、R_t 和 d_i 值就是该层段的输出结果。

已开发出多种类似的处理技术用于日常测井曲线的后处理,其原因是多方面的。由于非线性,2D 模型的反演需要多次迭代,速度缓慢。将问题维度差分简化降维可以提高计算速度,例如,可以先确定垂直分界面和侵入深度,但这已经不是真正意义上的同时求解[19]。

另外,模拟结果和实际数据是否达到最佳拟合取决于最小二乘方差。对于感应测井,地层之间电导率的高对比度会产生不稳定的结果,因而,需要一些约束项,以降低解的不光滑性[20]或使熵达到最大❶。对这些项施加的约束可能需要针对不同的条件进行调整,这是测井后处理中必须进行的适当选择。因此,2D 反演已经成为阵列感应测井后处理的一项常规工作,且需要测井分析家的实时指导,以便施加其他测井信息的约束,从而得到满意结果[23]。当电导率对比度为极端情况和侵入异常时,2D 反演比滤波效果要好。在现场测井曲线,首选可重复的顺序方法。

8.4.5 倾斜地层

20 世纪 80 年代中期以前,人们一直忽略地层倾斜对感应曲线的影响。这有一定的合理性,因为大多数储层的倾角小于 30°,对垂直井中感应测井响应的影响小。还有一个原因是,其对仪器响应的影响被较强的围岩效应所掩盖。一旦围岩效应得到消除,倾斜效应就显现出来。与此同时,在储层中钻大斜度井越来越常见。仪器与地层之间相对倾角的影响已十分清楚,由于相对倾角可能会很大,因此,对感应响应的影响会很严重。需注意的是,以下讲"倾角"都是指相对倾角。

在图 8.15 中可以看到倾角在三个方面的直接影响。首先,地层厚度由于仪器在其间运行的距离加长而增大。如果希望校正,这可以轻易地做到,只要把深度指数变换到垂直地层平面的方向即可。该深度指数被称为实际地层厚度或地层学厚度,是正交深度指数与地层倾角余弦的乘积。第二,以仪器为中心的感应电流环线通过两种不同的电导率,这也是一种围岩效应,使得地层界面处的电阻率变低。在多阵列感应曲线上,深测量曲线受到的影响远大于浅测量曲线受到的影响,从而给出有侵入的存在(图 8.16 中的实例,左图)。第三,可以观测到界面处电荷聚集产生的极化角。最后,还有一个非直接的影响,就是侵入,它打破了提高分辨率所需的前提条件,从而导致标准的滤波器产生假象。

在图 8.15 中 60°倾角情况下,可以看到极化角。Baber 和 Howard 讨论了[24]这种现象产生的原因,它与仪器共轴的感应涡流电流有关,是该电流需要通过分离不同电导率区域的地层界面所致。为了确保涡流电流的连续性(因为它不会在界面处消失),欧姆定律要求附近的电场发生跳变。电场的这种跳变只能由界面处产生的聚集(或分离)

---

❶ 平滑项中的数学表达式与热力学中熵的形式相同。对于测井资料,最大熵是指合成曲线偏离其平均值的程度[21,22]。

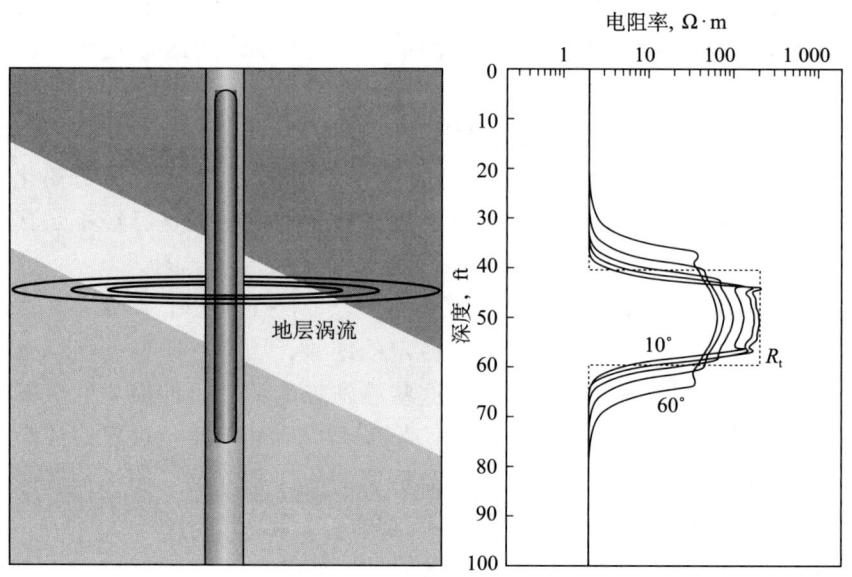

图 8.15 感应测井仪器的涡流通过倾斜地层的示意图（左）以及在不同倾角下的响应（右）[24]
60 in 探测深度曲线上的尖峰是极化效应所致

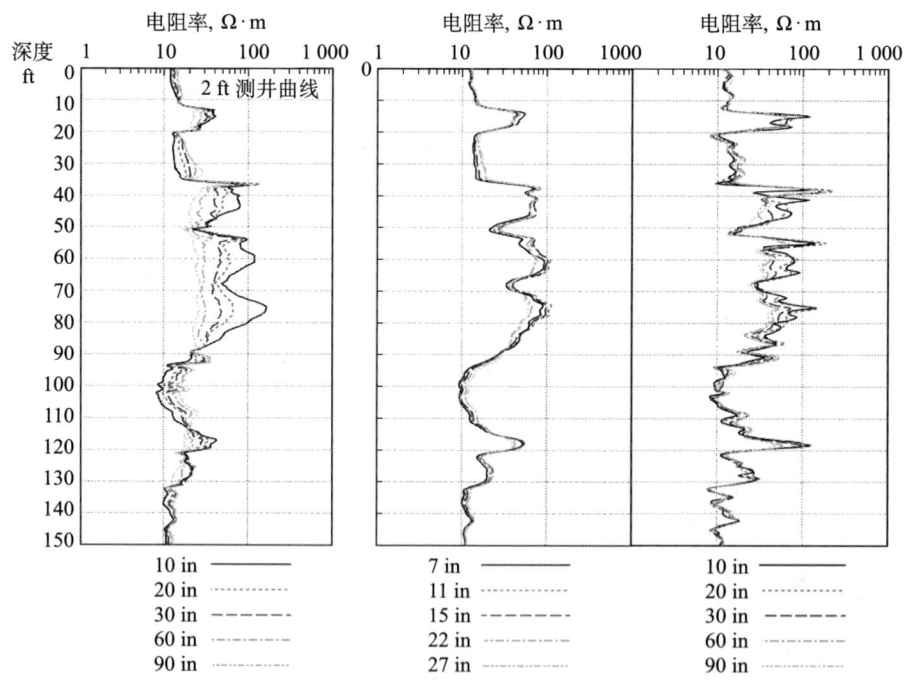

图 8.16 相对倾角为 60°的井中的多阵列感应测井曲线实例，根据测量深度绘制（由斯伦贝谢提供）
左侧未校正的测井曲线显示，所有地层都有明显的侵入，而高阻层和低阻层之间的曲线排序发生变化；
Grimaldi 倾角校正曲线（中间一图）则消除了该现象，只在中间地层中显示出较小的侵入效应；
右侧的反演校正测井曲线由于曲线探测较深而存在更多的侵入现象。围岩显示无侵入

电荷引起。聚集电荷将随着发射器的驱动频率振荡，从而成为辅助发射器。只有当接收线圈通过该界面附近时，该振荡电荷的信号才会干扰涡流的正常感应信号，并产生

假象。扰动的幅度随着地层电阻率之间的对比度和倾角的增大而增加，仪器轴与地层界面平行时达到最大值。因此，在大斜度井或水平井中，经常出现这种现象也就不足为奇了。

与没有倾角时的情况一样，也有滤波和迭代反演两种校正方法。它们都需要倾角为输入参数。由于倾角未知，并且由于倾角可以随井眼轨迹发生变化，因此，倾角校正一般在测后进行。滤波器设计成可同时校正围岩和电荷效应，并在不同倾角和不同电导率下分别处理每个子阵列[25]。在大角度情况下，地层间的电导率对比度也变得很重要。一种 1D 反演方法采用最大熵和其他项来校正阵列数据，以平滑计算结果[22]。已经证明，在倾角达到 80°、倾角已知且误差在 ±5° 之间，并且井眼环境良好的情况下，这种校正是可靠的。如果倾角选择不正确，校正曲线会出现振荡和尖峰，这却有助于获取正确的倾角，但可能需要多次试验。校正完成后，应用正常的径向处理程序来获得 R_t。

2003 年，出现了一种新的倾角校正方法，它不需要输入倾角值，并且速度快，足以满足现场处理的需求[9]。它依赖于对双线圈阵列上下围岩贡献的观测，围岩贡献以 $1/z^2$ 的比例降低，其中 z 是观测点到阵列中心的距离（图 7.9）。贡献的降低同样适用于中心位置相同的第二个阵列，只是长度稍微降低一些。现在，如果将两列信号相减，并进行适当的归一化，超过最远线圈的所有阵列的围岩效应都得以消除（习题 8.5）。即使在存在倾角的情况下，该观测也足够精确，从而可以在无须围岩校正和无须倾角值的条件下确定地层电导率。由于超过阵列长度以外的信号已被消除，围岩和电荷效应也随之被有效消除。

P. Grimaldi 在 20 世纪 60 年代发现了感应仪器的这种特性，但并未发表或实际运作，因为直到阵列感应仪器（AIT）出现之前，都没有找到理想的操作方法。AIT 使用 3 线圈阵列，而双线圈阵列信号可以通过减掉屏蔽信号得到模拟，该屏蔽线圈可方便地与短阵列的主线圈位于同一位置（图 8.7）。在迭代过程中，屏蔽线圈电压可以利用该短阵列信号得到[9]。然后，可以将这组双线圈阵列测量结果通过深度偏移至同一中心点，并将其减去，以消除围岩效应。

Grimaldi 方法给出的倾角校正曲线实际上不需要倾角大小，且可以在井场实时进行；其主要缺点是曲线探测深度小于常规多阵列感应的探测深度，因此，受侵入影响较大。图 8.16 给出了一组使用 Grimaldi 方法和最大熵反演方法得到的未进行倾角校正的多阵列测井曲线。

8.5 多分量感应测井仪和各向异性

目前还未涉及的多阵列感应的一个环境影响因素是各向异性。在第 4 章中，我们看到薄互层具有明显的宏观各向异性，其平均水平电阻率 R_h 主要取决于电阻值最低的薄层。它们通常是泥岩或饱含水的粉砂，因此，R_h 对可能含油的电阻率较高的薄层不敏感。另外，垂直电阻率 R_v 对这些薄层很敏感，可用于评价其含水饱和度。

不幸的是，在垂直井中的水平薄互层中，常规感应仪器测量的是水平电阻率 R_h，这可从如图8.15所示的水平环状涡流图上推测出来。然而，随着相对倾角的增加，该仪器测量的视电阻率 R_{app} 所包含的 R_v 也随之增大。当仪器与该薄互层水平时，测得的值为 $\sqrt{R_v R_h}$（见4.7节）。当倾斜角度介于其间时，R_{app} 与相对倾角 θ 和各向异性系数 $\lambda = \sqrt{R_v/R_h}$ 的关系为[26]

$$R_{app} = \frac{\lambda R_h}{\sqrt{\lambda^2 \cos^2\theta + \sin^2\theta}} \tag{8.5}$$

如果有两个测量结果对各向异性有不同的响应，那么就可以求出 R_v 和 R_h，就像组合侧向测井和感应测井，或组合不同的随钻测井（LWD）传播测量结果所做的那样（第9章）。尽管趋肤效应是各向异性的函数，但仅使用多阵列感应测量结果是无法实现的，它们对测井曲线的影响太小，除非在大角度和高各向异性条件下[27]。需有专门设计的仪器来测量 R_v，例如，将感应线圈定向在不同的方向上。Moran 和 Gianzero 曾在1979年提出过这种装置，但因当时其响应过于复杂并未实行[26]。

8.5.1 共面线圈的响应

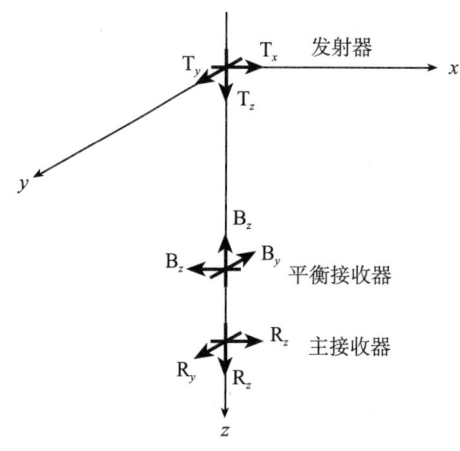

图8.17 3线圈系三分量阵列
感应线圈坐标系及设计[28]

基本的多分量感应仪器由三轴发射器和三轴屏蔽线圈以及三个沿 x、y 和 z 轴正交分布的主接收器线圈构成，如图8.17所示。这种阵列可在9种耦合的三个一组的接收器上产生电压 V_{ab}，其中下标分别表示相关的接收器和发射器线圈。我们将暂时忽略 V_{xy}、V_{xz} 等交叉分量，只考虑三个直耦分量 V_{xx}、V_{yy} 和 V_{zz}。这三个分量的线圈方向一致，是目前标准感应仪器所考虑的量。V_{xx} 和 V_{yy} 不但与 V_{zz} 的方向不同，而且彼此平行，但并不在同一个轴上，即共面而不共轴。这经常会产生意想不到的响应，尤其是在各向异性地层。

共面线圈与共轴线圈之间的基本区别是，共面发射器线圈的电流线穿过线圈之间的轴，而共轴线圈的电流线则以轴为对称轴，如图8.18所示。在无井眼的均匀介质中，共面线圈的R信号和X信号在电导率较低时，仍然随电导率的增加而增加，但趋肤效应非常强烈，因此，R信号出现峰值的电导率值要比共轴线圈的低得多。随着电导率的增加，趋肤深度降低，电流线在发射器线圈附近闭合，已经处于趋肤深度之外的接收器线圈处的信号十分微弱，同相信号被屏蔽。R信号达到一个峰值后开始降低，直到最终出现负值，此时相角大于90°。

在各向异性地层中，这种效应得到了增强。由于水平电导率 σ_h 通常大于垂直电导率 σ_v，电流线是椭圆形而非圆形的，因此，对于相同的平均电导率，接收器线圈的位置甚至增大了一个趋肤深度。图8.19中的X信号与R信号的关系说明了一切。当 $R_v/R_h = \sigma_h/\sigma_v = 0.5$ 时，从 $\sigma_R = 0$ 开始到最外层的曲线，随着 R_h 的降低，σ_R 增大，直

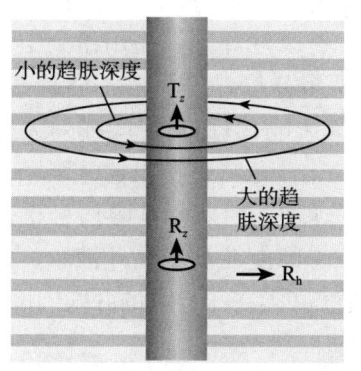 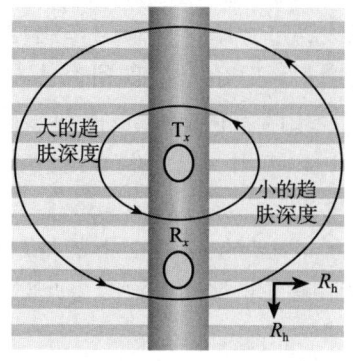

图 8.18　各向异性地层中的感应电流[29]

左图为传统共轴线圈的电流，电流是环形的，且只受 R_h 影响。右图是共面线圈的
电流，偶极轴指向纸里。电流线是椭圆形的，且同时受 R_h 和 R_v 影响。

到在 $2\,\Omega\cdot m$ 附近达到最大值，然后开始降低，在大约 $0.8\,\Omega\cdot m$ 处变为零。对于较大的 R_v/R_h，R 信号达到零值时的 R_h 非常高，随着 R_h 的降低，σ_X 也达到某一极大值。这些结果表明了对趋肤效应的敏感性，尤其是共面线圈对各向异性的良好敏感性。从数学上可以证明[26]，V_{xx} 的表达式与方程（7.49）所给出的共轴线圈的结果类似，只是 k^2 中多了一项：

$$V_{xx} \propto i\omega\mu\left(1 - ik_h L - \frac{k_h^2 + k_v^2}{2}L^2\right)\frac{e^{ik_h L}}{L^3}e^{-i\omega t} \tag{8.6}$$

其中
$$k_h^2 = i\omega\mu\sigma_h,\quad k_v^2 = i\omega\mu\sigma_v$$

在展开式中，L/δ 中的高阶项 [方程（7.46）中的 $\delta^2 = 2i/k^2$] 比共轴线圈的强。换句话说，共面线圈的趋肤效应大的足以使地层信号的相移超过 $90°$ 而产生负的 R 信号。

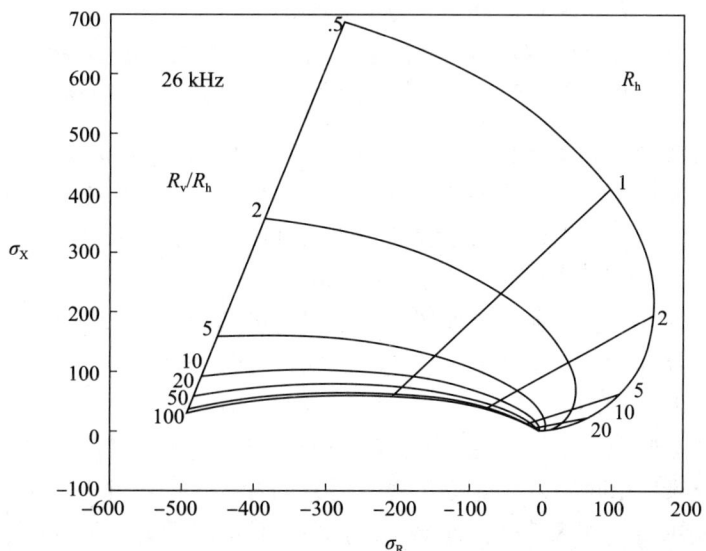

图 8.19　对于 R_h（用 $\Omega\cdot m$ 表示）和 R_v/R_h 的多个值，72 in xx 阵列在相对倾角为 $0°$ 的各向异性介质中的 R 信号和 X 信号的响应（以 S/m 为单位）[28]

在考虑实际仪器之前,我们将先考察共面线圈对常见非均质性的响应。从图 8.18 可以看出电流线穿过井眼,井眼的作用相当于一个波导,其作用得到了加强,从而引起井眼信号的增大。这也是早期研究人员认为多分量感应仪器不够理想的原因之一。该信号对垂直于线圈方向的偏心特别敏感,其影响比标准的 V_{zz} 阵列大得多,这在图 8.20 的实例中可以看出。由于偏心情况很难量化,尤其是在粗糙井眼条件下,井眼校正很难实施。此外,电流环在线圈的上下都有延伸,因此,井眼信号也就不仅依赖于线圈中间的地层,还与位于其上下的地层有关。即使在油基钻井液中,井眼效应对共面阵列线圈的影响也非常严重,因为此时电流线必须在非导电的井眼周围流动。

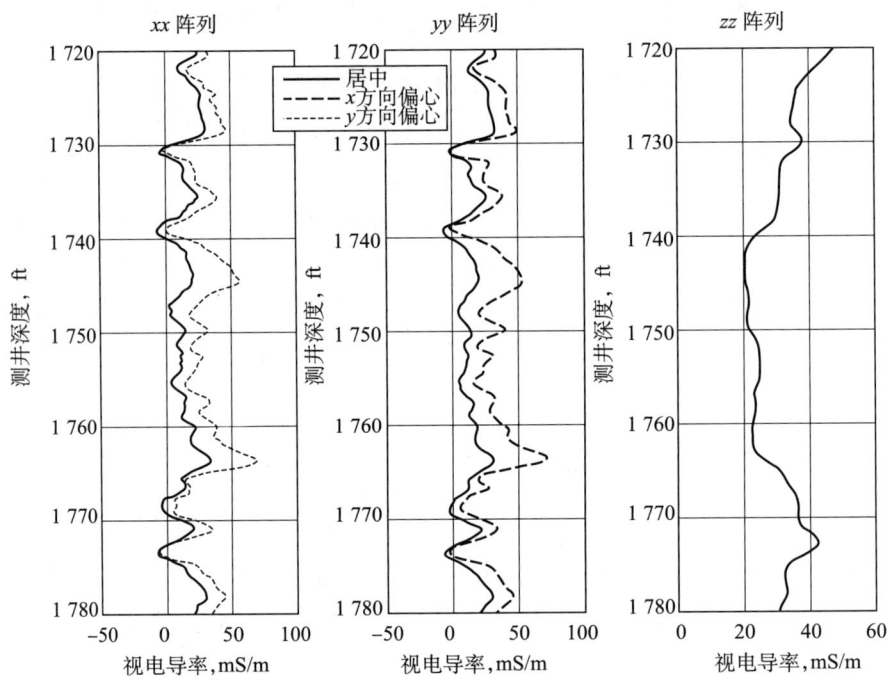

图 8.20　仪器在井眼中偏心与否对 *xx*、*yy* 和 *zz* 阵列影响的现场数据[30]
偏心对传统的 *zz* 阵列没有明显的影响,但对其他阵列的影响很大

在低电导率或中电导率条件下,共面线圈阵列的径向探测深度大于相同间距的共轴线圈阵列的径向探测深度,如图 8.21 所示。这是一种积极因素,意味着即使侵入带是各向同性的,它也会对非侵入带的各向异性敏感。然而,在侵入浅时,共面线圈阵列的读数高于 σ_{xo} 或 σ_t,因为侵入层可以充当波导。

水平地层界面在共面线圈阵列曲线上产生严重的犄角现象(图 8.22),它等效于共轴线圈穿过陡直界面时产生的极化角。与预期的一样,曲线上的这些犄角现象因倾角的存在而得到削弱,如图 8.23 所示。虽然这些图只给出了三个直耦的 R 信号响应,但仍有六个交叉耦合响应和 X 信号需要考虑。在如图 8.22 所示的方位对称性条件下,每个 *xx* 和 *yy* 信号都是相同的,并且交叉耦合信号的和为零。如果仪器定向时存在倾角,即一个轴与地层平行(图 8.23),则 *xx* 与 *yy* 信号不同,某些交叉信号也不再为零。如果方向是任意的,则所有交叉信号都将产生。这是非常有益的,因为通过最小化交叉耦合项的大小,可以只根据感应数据便可估算倾角和方位。

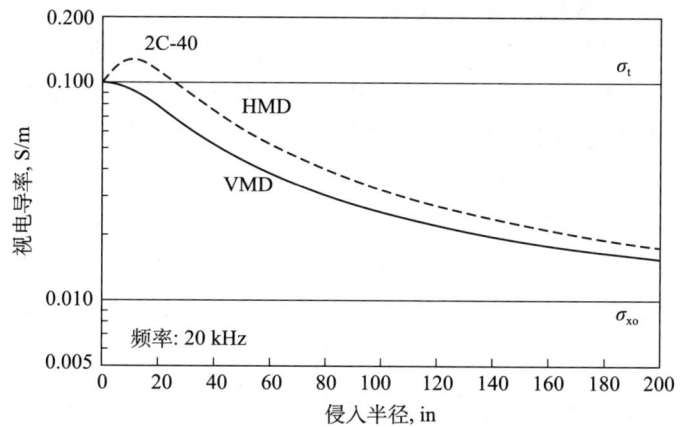

图 8.21 水平磁偶极子（HMD）和垂直磁偶极子（VMD）阵列响应随侵入增加的变化[31]

两者都是间隔 40 in 的双线圈阵列。HMD 表示水平（xx 或共面）磁偶极子，VMD 表示垂直（zz 或共轴）磁偶极子

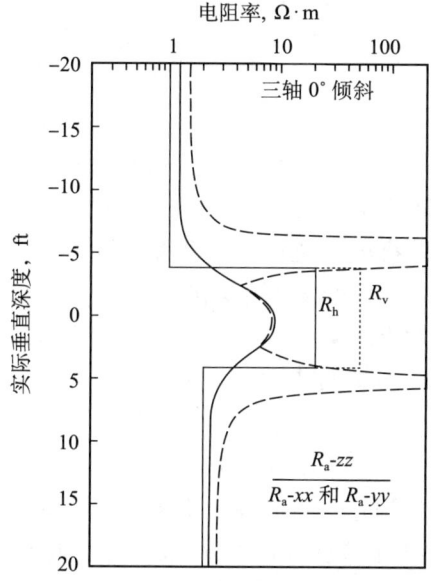

图 8.22 xx、yy 和 zz 阵列的 R 信号对垂直于仪器的薄层的响应[31]

X 信号（未显示）显示出类似的特征

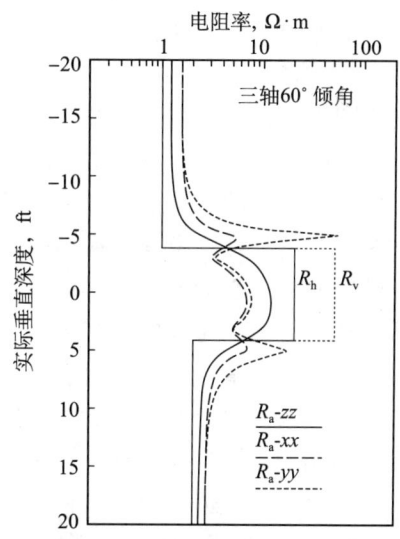

图 8.23 xx、yy 和 zz 阵列的 R 信号在 60°倾角时对薄层的响应[31]

X 信号（未显示）显示出类似的特征

上述例子使我们对解释三分量感应测井所面临的庞大数据量和难度有了一定的认识。积极的一面是该资料对各向异性和倾角反应灵敏，共面线圈阵列数据对界面反应灵敏。消极的一面是井眼信号太强，裂缝或交错层理等特性会打破原有的方位对称性，从而错误地将其解释为倾角。另外，对于这些海量的数据没有简单直观的解释，相反，除标准 zz 分量外的所有分量的解释都必须依赖于复杂的处理和反演。

8.5.2 多分量感应仪器

第一支多分量感应仪器（3D Explorer）于 2000 年问世[32]。该仪器有三个正交发射器线圈和一组相应的接收器线圈及屏蔽线圈,如图 8.17 所示,不同之处在于,正交线圈在仪器轴上并不精确位于同一位置。仪器有 10 个工作频率,介于 20 kHz 和 200 kHz 之间。除了 V_{xx}、V_{yy} 和 V_{zz} 之外,它还测量用于确定相对倾角和方向的两个交叉耦合分量 V_{xy} 和 V_{xz}。实时处理通过识别并分离出受趋肤效应影响的那部分信号来消除井眼和近井眼信号,因为这发生在较深的地层中[33]。这些较深的信号比上面给出的信号对地层具有更简单的响应,并且利用含有倾角的 1D 模型可以得到 R_v 和 R_h。

该处理基于多频率测量,因为频率越高,趋肤效应越大。通过组合不同频率的数据,可以消除近井眼区域信号的贡献,这与在传统聚焦阵列仪器中组合不同间距数据的做法一样。在这种情况下,V_{xx} 展开式 [方程 (8.6)] 的第二项是频率的 3/2 次方的函数,与近井眼信号无关。第二项的系数是通过将展开式拟合到两个或多个频率下记录的数据来获得的,频率越多,效果越好。然后,将该系数的值与各向同性介质中测量的 R_h 预期值进行比较,R_h 可根据 V_{zz} 阵列或标准多阵列感应仪器确定。两者的差异与 R_v/R_h 有关。由于该技术依赖于趋肤效应,因此,它存在对电阻率上限要求的局限性。电阻率超过该上限值时,灵敏度会降低。实际上,许多各向异性储层是趋肤效应较大的低电阻率泥质砂岩储层。

另一支多分量感应仪是多阵列三轴仪,它借鉴了 AIT 的结构,其中发射器由三个正交线圈组成,所有线圈都位于仪器轴上的同一位置[28]。六个最长阵列也由三轴主线圈和屏蔽线圈组成,而三个最短阵列仍为单分量轴向阵列(图 8.7)。三轴多阵列提供了不同探测深度的测量值,而发射器和每个三轴接收器之间的九种耦合提供了一个完整的测量张量,可以将其转换到所需的坐标系中,同时给出倾角和方位角。

仪器的导电心轴缩短了共面阵列在井眼中的电流环,使其井眼信号降低了两个数量级,从而更易于对其进行校正。尽管如此,还是需要对井眼进行校正,方法与 AIT 的相同,但增加了 σ_v 和仪器偏心方向两个变量。

从测量数据中提取 R_h 和 R_v 的技术有很多,可以使用 Grimaldi 技术。这样,与标准的多阵列感应仪器数据一样,其处理结果在任何倾角条件下都不包括围岩效应,但结果可能需要进一步进行侵入校正。另外,针对不同的倾角和侵入可以选择不同的 1D 和 2D 反演方法。也有足够的数据通过反演获得 3D 成像,并计算到在水平井中界面的距离。对于所有的反演,其精度都与输入参数的灵敏度有关,一些文献对此进行了阐述[34]。

图 8.24 给出了多阵列三分量感应测井仪的测量和解释结果,同期的电阻率成像显示存在薄互层,表明该地层可能是各向异性地层。对多阵列数据进行处理以获得相对倾角,发现其接近 25°,并与电阻率成像解释的结果一致。使用平行层模型对数据进行反演,以获取 R_h 和 R_v,模型中的每个平行层都是横向各向同性的,但可能具有不同的垂直和水平特性[35]。处理结果表明,计算出的 R_h 与标准的 AIT 电阻率值一致,但正如所料,R_v 明显更高。请注意,它是根据测量结果估算并用于倾角校正的仪器和地层界面之间的相对倾角。因此,R_h 和 R_v 实际上是平行于和垂直于地层的电阻率,而不是绝对意义上的水平或垂直电阻率。

既然已经得到了 R_h 和 R_v,问题是该如何利用它们?R_h 可用于井间相关性对比以

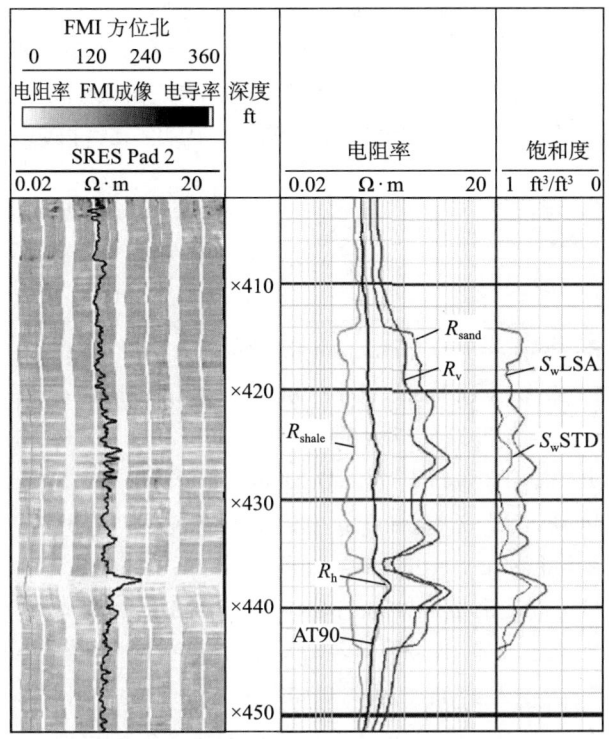

图 8.24 多阵列三分量感应测井仪的测量和解释结果实例[35]

第 1 道：薄互层砂泥岩序列的电阻率成像。第 2 道：根据多分量感应仪器得到的 R_v 和 R_h，其中 R_{sand} 和 R_{shale} 是根据文中描述的模型推导的。R_h 与 AIT 的 90 in 曲线（AT90）非常一致。第 3 道：根据 AT90 曲线计算的含水饱和度（S_wSTD）不如根据 R_{sand} 计算的（S_wLSA）具有代表性

及与老测井曲线的比较，因为它最接近传统的"R_t"（但由于多分量感应所测的 R_h 平行于地层，当在垂直井中遇到陡直的地层时，它会与根据单分量感应测井得到的 R_t 不一致）。另外，这两种电阻率的组合可以极大地改善交互砂岩层的分析。再次利用方程（4.36），R_h 可以表示为砂岩和泥岩电阻率的并联：

$$\frac{1}{R_h} = \frac{V_{sh}}{R_{sh}} + \frac{1-V_{sh}}{R_{sd}} \tag{8.7}$$

式中，V_{sh} 为泥岩含量；R_{sh} 和 R_{sd} 分别为泥岩和砂岩电阻率。

同样，R_v 可以表示为互层电阻的串联

$$R_v = V_{sh}R_{sh} + (1-V_{sh})R_{sd} \tag{8.8}$$

结合上述两个方程，可得到 R_{sd} 和另一个未知数，如 V_{sh}：

$$R_{sd} = R_h \frac{R_v - R_{sh}}{R_h - R_{sh}} \tag{8.9}$$

$$V_{sh} = \frac{R_{sd} - R_v}{R_{sd} - R_{sh}} \tag{8.10}$$

或者，如果 V_{sh} 已准确求得，则可以求解 R_{sd} 和 R_{sh} 的方程。所得到的方程并不是那么简洁，只是作为练习。这两种解决方案都可以推广应用于本身具有各向异性的交互层，前提是其各向异性已知。

在图 8.24 的实例中，V_{sh} 是根据电阻率成像和放射性能谱测井曲线估算的，从而计算出中间道所示的砂岩和泥岩电阻率。正如预期的那样，这些电阻率分别高于和低于 R_v 和 R_h。在右道中，将根据 R_{sd} 计算的含水饱和度与根据 R_h 计算的含水饱和度进行了比较。毫不奇怪，根据 R_{sd} 计算的含水饱和度较低，因此，含油较多。第 23 章将给出详细介绍。

参考文献

［1］Anderson B, Barber T D. Induction logging. Houston：Schlumberger, 1997.

［2］Moran J H, Kunz K S. Basic theory of induction logging and application to study of two-coil sondes. Geophysics, 1962, 27（6）：829-858.

［3］Schaefer R T, Barber T D, Dutcher C. Phasor processing of induction logs including shoulder and skin effect correction. US Patent No 4471436, 1984.

［4］Barber T D. Induction vertical resolution enhancement-physics and limitations. Trans SPWLA 29th Annual Logging Symposium, paper O, 1988.

［5］Anderson B. The analysis of some unsolved induction interpretation problems using computer modeling. The Log Analyst, 1986, 27（5）：60-73.

［6］Sinclair P L, Strickland R W. Coil array for a high resolution induction logging tool and method of logging in earth formations. US Patent No 5065099, 1991.

［7］Martin D W, Spencer M C, Patel H. The digital induction-a new approach to improving the response of the induction measurement. Trans SPWLA 25th Annual Logging Symposium, paper M, 1984.

［8］Hunka J, et al. A new resistivity measurement system for deep formation imaging and high-resolution formation evaluation. Presented at the 65th SPE Annual Technical Conference and Exhibition, paper SPE 20559, 1990.

［9］Barber T D, Minerbo G N. An analytic method for producing multi-array induction logs that are free of dip effect. Paper SPE 86914 in SPE Reservoir Evaluation and Engineering, 2003, 6（5）：342-350

［10］Zhou Q, Beard D R, Hillker D J. Induction tool resolution. Trans SEG 64th Annual Technical Meeting, 1994：761-764.

［11］Barber T D, Chandler R N, Hunka J F. Induction logging sonde with metallic support having a coaxial insulating sleeve member. US Patent No 4873488, 1989.

［12］Beard D R, Zhou Q, Bigelow E L. A new fully digital, full-spectrum induction device for determining accurate resistivity with enhanced diagnostics and data integrity verification. Trans SPWLA 37th Annual Logging Symposium, paper B, 1996.

［13］Beste R, Hagiwara T, King G, et al. A new high resolution array induction tool. Trans SPWLA 41st Annual Logging Symposium, paper C, 2000.

［14］Grove G P, Minerbo G N. An adaptive borehole correction scheme for array induction tools. Trans SPWLA 32nd Annual Logging Symposium, paper P, 1991.

[15] Chandler R N, Rosthal R A. Induction logging method and apparatus including means for combining in-phase and quadrature components of signals received at varying frequencies and including use of multiplereceiver means associated with a single transmitter. US Patent No 5157605, 1992.

[16] Xiao J, Geldmacher I M. Interpreting multi-array induction logs in high Rt/Rs contrast environments with an inhomogeneous background-based software focusing method. Trans SPWLA 40th Annual Logging Symposium, paper FFF, 1999.

[17] Barber T D, Rosthal R A. Using a multi-array induction tool to achieve high resolution logs with minimum environmental effects. Presented at the 66th SPE Annual Technical Conference and Exhibition, paper SPE 22725, 1991.

[18] Howard A Q. A new invasion model for resistivity log interpretation. The Log Analyst, 1992, 33 (2): 96-110

[19] Tabarovsky L, Rabinovitch M. High-speed 2-D inversion of induction log data. Trans SPWLA 37th Annual Logging Symposium, paper P, 1996

[20] de Groot-Hedlin C D. Smooth inversion of induction logs for conductivity models with mud filtrate invasion. Geophysics, 2000, 65 (5): 1468-1475.

[21] Dyos C J. Inversion of the induction log by the method of maximum entropy. Trans SPWLA 28th Annual Logging Symposium, paper T, 1987.

[22] Barber T D, Broussard T, Minerbo G N, et al. Interpretation of multi-array induction logs in invaded formations at high relative dip angles. The Log Analyst, 1999, 40 (3): 202-217.

[23] Fishburn T, Geldmacher I, Rabinovitch M, et al. Practical inversion of high-definition induction logs using a priori information. Trans SPWLA 39th Annual Logging Symposium, paper WW, 1998.

[24] Barber T D, Howard A Q. Correcting the induction log for dip effect. Presented at the 64th SPE Annual Technical Conference and Exhibition, paper SPE 19607, 1989.

[25] Xiao J, Geldmacher I, Rabinovitch M. Deviated-well software focusing of multi-array induction measurements. Trans SPWLA 41st Annual Logging Symposium, paper DDD, 2000.

[26] Moran J H, Gianzero S. Effects of formation anisotropy on resistivity logging measurements. Geophysics, 1979, 44 (7): 1266-1286.

[27] Anderson B. The response of induction tools to dipping, anisotropic formations. Trans SPWLA 36th Annual Logging Symposium, paper D, 1995.

[28] Barber T, et al. Determining formation resistivity anisotropy in the presence of invasion. Presented at the 79th SPE Annual Technical Conference and Exhibition, paper SPE 90526, 2004.

[29] Yu L, Fanini O N, Krieghauser B F, et al. Enhanced evaluation of low-resistivity

reservoirs using multicomponent induction log data. Petrophysics, 2001, 42 (6): 611 – 623.

[30] Wang T, Yu L, Krieghauser B, et al. Understanding multicomponent induction logs in a 3D borehole environment. Trans SPWLA 42nd Annual Logging Symposium, paper GG, 2001.

[31] Anderson B. Modeling and inversion methods for the interpretation of resistivity logging tool response. Delft: DUP Science, 2001.

[32] Krieghauser B, Fanini O, Forgang S, et al. A new multicomponent induction logging tool to resolve anisotropic formations. Trans SPWLA 41st Annual Logging Symposium, paper D, 2000.

[33] Rabinovitch M, Tabarovsky L. Enhanced anisotropy from joint processing of multicomponent and multi-array induction tools. Trans SPWLA 42nd Annual Logging Symposium, paper HH, 2001.

[34] Anderson B, Barber T, Habashy T. The interpretation and inversion of fully triaxial induction data: a sensitivity study. Trans SPWLA 43rd Annual Logging Symposium, paper O, 2002.

[35] Wang H, Barber T, Morriss C, et al. Determining anisotropic formation resistivity at any relative dip using a multiarray triaxial induction tool. Presented at the 2006 SPE Annual Technical Conference and Exhibition, paper SPE 103113, 2006.

习 题

8.1 在高导电地层中，ILd 读数异常低，例如，在图 7.18 中 50 ft 处的地层中。如果这是一个水层，那么计算该水层 R_w 的百分比误差是多少？如果 R_w 是根据 ILd 测井曲线得到的，并用于计算上述储层中的 S_w，那么 S_w 的误差是多少？

8.2 源距为 L 的双线圈系微分纵向几何因子在低电导率（道尔因子）时为 $g_z = 1/2L$，在阵列之中；$g_z = L/8z^2$，位于阵列之外，即 $z = \pm L/2$。假设源距为 40 in 的阵列位于 80 in 厚地层的中心，计算围岩的积分纵向几何因子。

假设中心地层电导率为 100 Ω·m，围岩电导率为 1 Ω·m，该阵列在地层中心的读数是多少？

8.3 为什么图 8.12 中的 10 in 曲线即使在最厚的地层中也不能读取 R_{xo}？利用如图 8.9 所示的径向响应进行解读。

R_{xo} 和 R_t 为何值时，你认为浅探测曲线的读数才接近 R_{xo}？

8.4 绘制从冲洗带经过环带到原状地层的电导率和含水饱和度的径向变化剖面。假设 $\phi = 0.2$，$R_{mf} = 1$ Ω·m，$S_{xo} = 0.8$、$R_w = 0.1$ Ω·m，$S_w = 0.2$，并且环带含水饱和度与冲洗带的相同，但水都是地层水。

8.4.1 假设环带的内径为 48 in，井眼直径为 8 in，计算冲洗带被驱替的地层水的体积以及环带的最大可能厚度。

8.4.2 假设在过渡带中不存在环带，但在过渡带内，含水饱和度从 S_{xo} 到 S_w 线性变化，水电导率从 C_{mf} 到 C_w 线性变化。过渡带中心的电导率是多少？（结果表明，环带有可能对感应测井产生明显的影响。）

8.5 为了说明 Grimaldi 方法的工作原理，绘制两个源距分别为 40 in 和 36 in 的双线圈阵列的微分纵向几何因子，其中心位于同一位置。然后，绘制两个阵列之间差值的微分纵向几何因子。如果没有围岩信号，归一化因子是多少？

8.6 在共面阵列的响应方程［方程（8.6）］中，将 ikL 中的指数展开至 k^4L^4，并用 L/δ 表示 R 信号和 X 信号［就像共轴阵列的方程（7.50）一样］。

对于工作频率为 20 kHz，源距为 40 in 的阵列线圈，R 信号的读数为零时的电导率是多少？

8.7 利用图 8.24 中的数据，每 10 ft 计算一次位于 ×414 ft 和 ×444 ft 之间地层的 V_{sh}，假设 $R_{sh}=0.15\ \Omega\cdot m$。

根据方程（8.7）和方程（8.8）中的 R_v、R_h 和 V_{sh} 推导 R_{sd} 和 R_{sh}。

9
电磁波传播测井

9.1 引 言

在前面四章中所介绍的电磁测量技术，其频率都很低，一般在 100 kHz 甚至更低。在这些频率下，除了极端情况外，岩石的介电性质可以完全忽略不计，从而简化了解释。当频率增加时，介电性质发挥的作用越来越大，因此，不仅可以测量电导率，还可以测量地层的介电常数。其潜在用途巨大，因为岩石的一个常见组分——水——具有比其他组分高得多的介电常数。因此，测量介电常数的仪器就会对含水量非常敏感，从而可以将其与油或气区分开来。

在 20 世纪 70 年代和 80 年代，为了实现这一目的，开发出多种频率介于数十兆赫兹（MHz）和千兆赫兹（GHz）之间的仪器，但遗憾的是，都没得到广泛应用。在实际应用中，由于井眼环境和岩石结构的影响，其解释变得尤为复杂。一种在几种频率下测量电导率和介电常数的新仪器除能确定流体含量外，还可以确定岩石结构。

随着频率的增加，接收器中的感应信号的相移和衰减也在增加。在感应测井频段，这被称为趋肤效应，并被视为较小的影响进行校正。当频率增大时，校正量增大；事实上，趋肤效应大到足以轻松地直接测量相移和衰减，并从中得出电导率和介电常数。该技术已在工作频率高达 2 MHz 的随钻测井（LWD）中得到广泛应用。

所有的高频仪器都测量电磁波的传播特性，也就是测量相移和衰减，而不是测量绝对信号值。因此，这些仪器又被称为电磁波传播仪器。本章首先回顾了介电常数的性质和岩石的介电常数，然后讨论了测量这些参数的仪器。

9.2 介电常数特性分析

测井应用中感兴趣材料的一个电学性质通常与绝缘性有关，即与介电常数有关。材料介电常数的含义可以从熟悉的应用中得到最好的理解。它包括使用介电材料来增

加电容器的电容,如图 9.1 所示。在平行板之间没有介电材料的情况下,电容 C 由下式给出:

$$C = \frac{\varepsilon_0 A}{d} \tag{9.1}$$

式中,A 是平板的面积;ε_0 是自由空间的介电常数;d 是平行板的间距。

电容器带电量 Q 与电压 V 间的关系为

$$Q = CV \tag{9.2}$$

可以观察到,当并联电容器平板之间填充介电材料,并且保持带电量不变时,电压降低。由于电压是平板间电场强度的积分,因此,很明显电场强度有一定程度的降低。

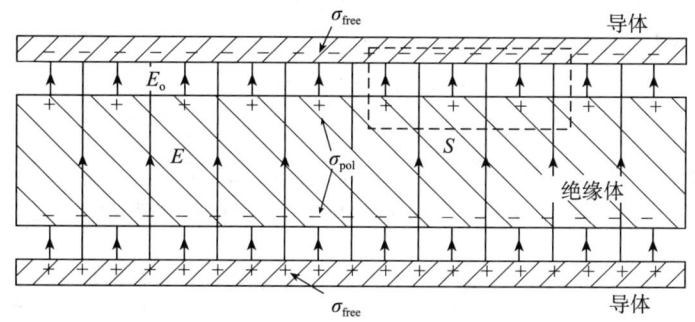

图 9.1 含有介电材料的平行板电容器[1]

对此给予解释的基础在于构成绝缘电介质的原子的极化率。在外加电场的作用下,正电荷相对于负电荷发生位移。在外加电场存在的情况下,可以想象电荷 q 有一定的物理分离(距离为 δ),从而产生一定数量的偶极子,每个偶极子的偶极矩为 $q\delta$。假设每立方米中的原子总数为 N,则单位体积中的偶极矩 P 为

$$P = Nq\delta \tag{9.3}$$

尽管每个原子都有电荷分离,但材料的整个内部空间的净电荷为零,只在该厚度(δ)的外表面存在表面电荷。表面电荷密度可以根据厚度为 δ 的层内多余电荷的总数得到,该数值为 $N\delta A$,其中 A 是表面积。由于与每个偶极子相关的电荷为 q,因此,表面电荷密度(单位面积的电荷)也就等于 $N\delta q$,在数值上等于单位体积中的偶极矩。参考图 9.1 中用虚线绘制的表面,可以看到介电材料内部电场强度降低。由高斯定律可知,闭合区域外的电场强度等于该区域包含的净电荷除以 ε_0。在此例子中,该体积中包含两种表面电荷:一种是已存储在电容器平板上的负自由电荷;另一种是位于介电材料表面的感应正电荷。由于两种电荷极性相反,因此,电场强度为

$$E = \frac{\sigma_{\text{free}} - \sigma_{\text{pol}}}{\varepsilon_0} \tag{9.4}$$

根据式(9.4)可以容易推断出为什么加入介电材料后的电场强度降低了。

在除少数如铁电性材料外的所有物质中,只要没有过度极化,其极化密度(感应偶极子数/单位体积)与施加的电场强度成正比:

$$P = \chi \varepsilon_0 E \tag{9.5}$$

式中，比例常数 χ 被称为电极化率。

方程（9.5）在频率域中依然成立。在时域中，某一时刻的极化与前一时刻的电场有关，并且需要随时间发生变化。

极化率通常用介电常数来表示，两者通过麦克斯韦方程联系在一起。在极化电荷的概念出现之前，该方程是根据单位面积的总电通量或电位移 $\boldsymbol{D}$ 来定义的，它是电场矢量和极化密度的线性组合：

$$\boldsymbol{D} = \varepsilon_0 \boldsymbol{E} + \boldsymbol{P} \tag{9.6}$$

可推导出 $\boldsymbol{D}$ 和 $\boldsymbol{E}$ 之间的关系：

$$\boldsymbol{D} = \varepsilon_0 (1 + \chi) \boldsymbol{E} = \varepsilon' \varepsilon_0 \boldsymbol{E} \tag{9.7}$$

其中 ε' 定义为相对介电常数，但通常称为介电常数。

（总）介电常数由下式给出：

$$\varepsilon = \varepsilon' \varepsilon_0 = (1 + \chi) \varepsilon_0 \tag{9.8}$$

表 9.1 给出了一些物质的 ε'。在所有列出的物质中，可以看出水的相对介电常数最大。油和水的相对介电常数之间存在巨大差异，这是进行相对介电常数测量的动因之一。为了理解水的相对介电常数为何如此异常，需要从微观角度加以考虑。

表 9.1 不同物质的相对介电常数 ε' 和电磁波传播时间 t_{pl}

物质	ε'	t_{pl}, ns/m
砂岩	4.65	7.2
白云岩	6.8	8.7
石灰岩	7.5~9.2	9.1~10.2
硬石膏	6.35	8.4
干胶体	5.76	8.0
岩盐	5.6~6.35	7.9~8.4
石膏	4.16	6.8
石油	2.0~2.4	4.7~5.2
泥岩	5~25	7.45~16.6
25℃ 且 10^{10} Hz 以下的淡水	78.3	29.5

注：t_{pl} 为 EPT 仪器的一个测量参数，见 9.5 节。

9.2.1 微观性质

到目前为止，我们已经从宏观量（如 χ 和 ε）的角度讨论了介电性质，但实际上它们是介质几种微观性质的总和。共有四种主要微观现象对相对介电常数有贡献（图 9.2）：原子周围电子云的位移、束缚在晶格中的离子的弛豫、先前存在的微观偶极子的固有取向及界面处的极化效应。如图 9.3 所示，每种类型的极化都会在某一频率（截止频率）之上消失，该频率与所研究粒子的惯性动量、摩擦力和静电力有关。在常规的储层岩石中，离子弛豫（在晶体中很重要）可以忽略不计。一般来说，宏观与微观性质之间的关系并非微不足道。对于我们而言，对微观性质有一个定性的理解很重要，但对于测井资料的定量解释，只了解宏观性质就足够了。

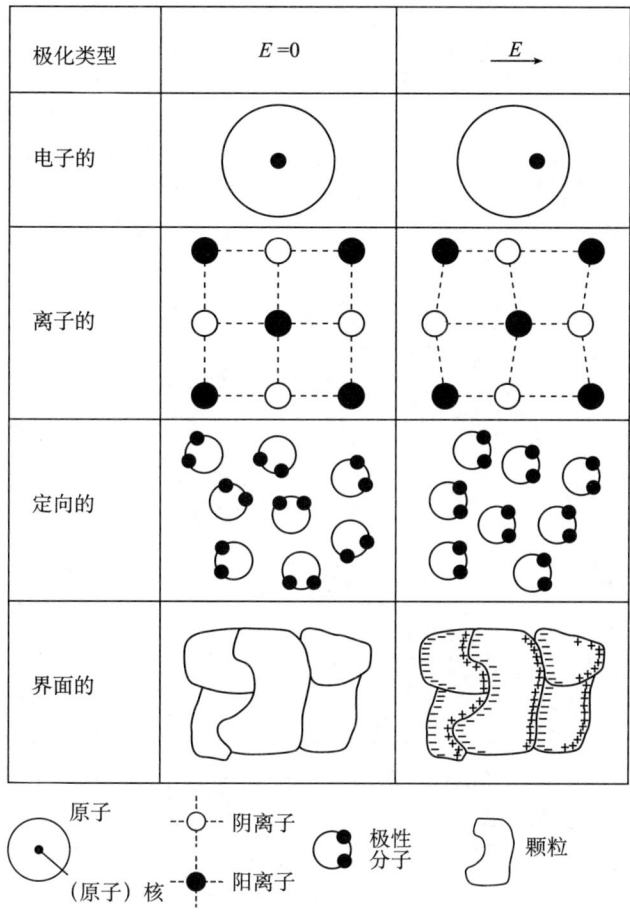

图9.2　四种类型的微观极化，显示了施加电场之前（左）和之后（右）粒子的位置变化[2]
在储层岩石中，无须关注离子弛豫，但要关注其他现象

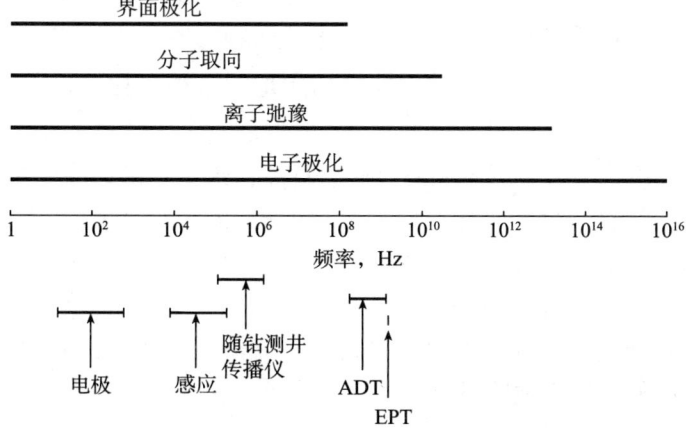

图9.3　不同类型极化有效的频率范围，也给出了各种测井仪器的工作频率范围[3]
ADT 为阵列介电测井仪

电子极化是由原子周围的电子云在振荡电场中的位移变化引起的。由于电子质量很小，电子云能够跟随上电场的振荡，从而其截止频率非常高。

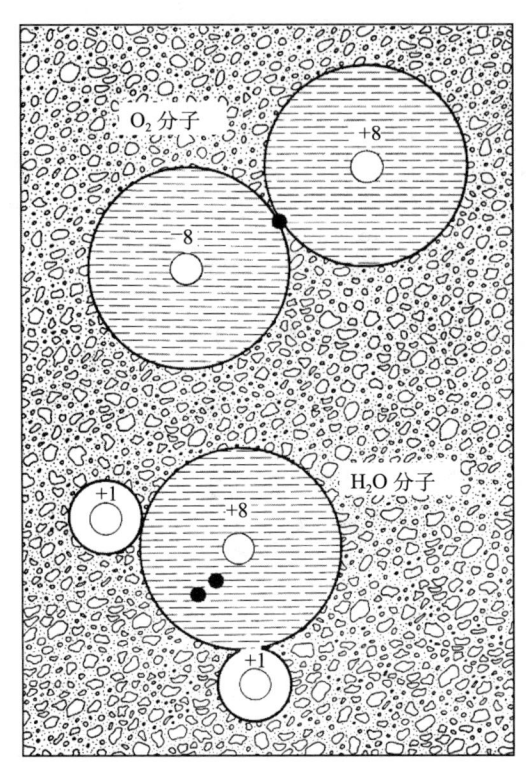

图9.4　氧（O_2）和水（H_2O）分子的电荷分布示意图
由于氢原子的位置，水分子的极性很大

分子取向发生在具有永久偶极矩的分子中。在氧等非极性分子中，来自原子核的正电荷和来自电子的负电荷的质心完全重叠（图9.4）。外部电场会导致电子极化，但仅此而已。然而，水分子是一种极性分子。由于分子形态的不对称性，正电荷和负电荷的质心之间存在自然发生的几何分离。因此，每个分子都是一个微小的偶极子。由于热搅动，在没有外加电场的情况下，电极矩的取向是随机的。然而，在施加外部电场时，偶极子往往会对齐，并在单位体积中产生相当大的偶极矩。

频率、温度和盐度都对水的相对介电常数有重要影响。随着外场频率增加，水分子越来越难以跟随场，并且它们对极化的贡献减小并最终消失。随着温度升高，热搅动减少了偶极子与电场之间的相互作用，从而降低了相对介电常数。同时，分子可以更快地重新定向，从而有助于更高频率下的极化。

对于纯水，这两种现象可以在图9.5中看到。该图还表明，分子取向（像其他微观极化一样）是一种弛豫现象。这意味着，在某些频率下，水分子跟随不上外电场的变化，它们开始从外电场中吸收能量。外电场能量的这种损耗可以方便地表示为复相对介电常数的虚部。

在水中加入盐会产生一系列不同的效应。首先，水分子的质量浓度降低了；其次，由于每个盐离子都是水合物（即有许多水分子松散地附着在其上），因此，这些水分子的极化现象便消失；第三，盐离子在电场作用下移动时，盐离子使水分子发生位移并使其重新定向。总体效应是相对介电常数减小，如图9.6所示。理论上，水的相对介电常数可以通过弛豫模型来预测，但在实践中，该模型需要用经验常数进行调整，如图9.5和图9.6中的数据所做的那样[3]。

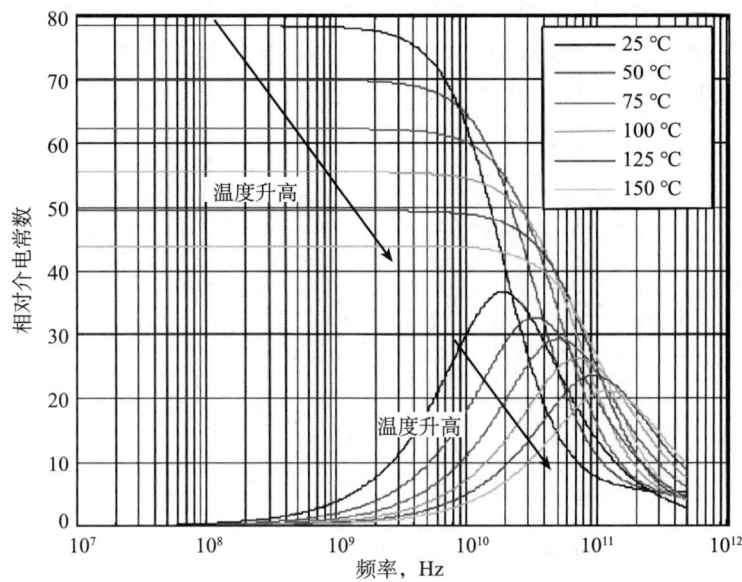

图 9.5 纯水相对介电常数的实部（顶部）和虚部（底部）与不同温度下频率的关系[3]

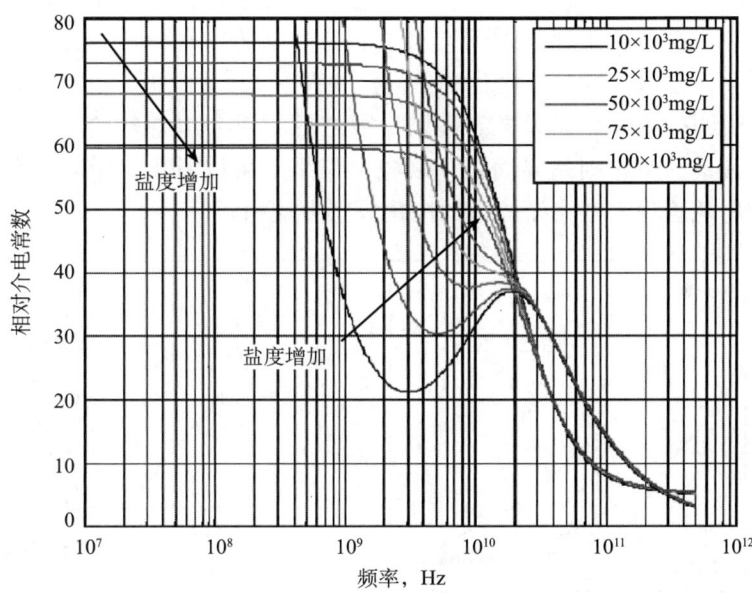

图 9.6 水的相对介电常数的实部（顶部）和虚部（底部）与 25℃时不同盐度频率的关系[3]

9.2.2 岩石的界面极化和介电性质

我们关注的第三种微观极化是界面极化，也称为麦克斯韦—瓦格纳（Maxwell-Wagner）效应。当对含有绝缘和导电部件的系统施加直流电场时，在两种材料之间的界面处会导致电荷聚集，其方式与电容器中的电荷聚集方式相同。当电场被移除时，离子在颗粒周围移动去极化，该过程所占用的时间称为弛豫时间（图 9.7）。在低频下，电场变化很缓慢,离子可以跟得上变化并使极化达到最大。在高频下,电荷聚集速度赶不上电场的变化,极化效应减小。同样,由于摩擦力和黏滞力的作用,电荷的聚集和分离导致能量损耗,因此,相对介电常数是复数。

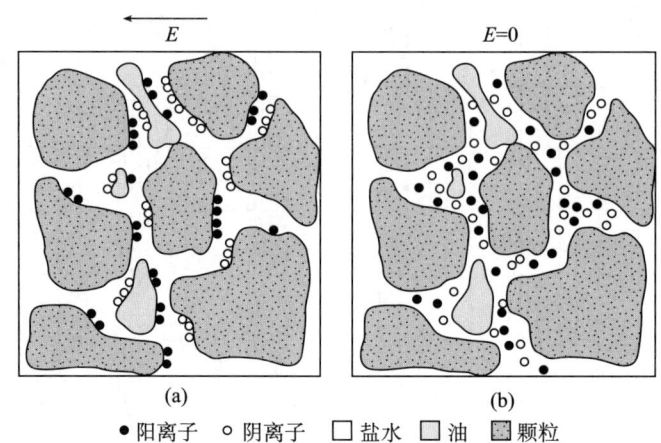

图 9.7 水湿性岩石中油和盐水的 Maxwell–Wagner 极化示意图

界面极化不仅受频率的影响,还受水矿化度的影响,在岩石中,还受颗粒形状和孔隙形状的影响。在高矿化度条件下,水中的自由电荷比水分子本身更容易跟得上电场的变化,因此,在给定频率下极化率更高。在图 9.8(a)中,以碳酸盐岩石样品为例对此进行了说明。干样品和湿样品高频极限之间相对介电常数的差异说明了水分子极化的贡献,其余的差异则是界面极化现象的结果。可以看出,随着矿化度增大而增大的极化效应与随着频率增大而较小的极化效应大致相同。

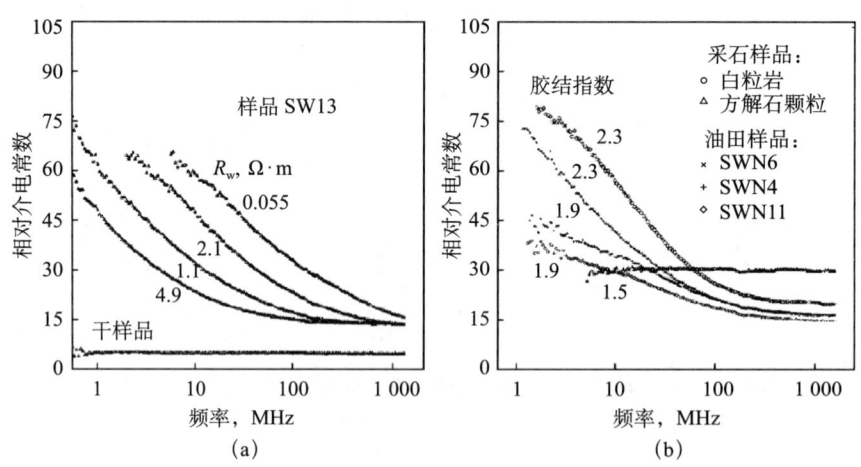

图 9.8 电导率和颗粒形状对相对介电常数的影响[5]
(a) 单个油田碳酸盐岩样品的相对介电常数与频率的关系,包括干样品和不同电阻率水饱和的样品两类。(b) 在 $R_w=1.07\ \Omega\cdot m$ 时,5 个碳酸盐岩样品的相对介电常数与频率的关系。颗粒越扁平,胶结指数和相对介电常数越大

薄的扁平状颗粒也可以增大极化。颗粒越薄,颗粒上的静电引力越大,其电荷聚集能力就越强。同时,当颗粒的另一面是板状而非球形时,电荷就越不容易移动和去

极化。这些现象如图 9.8（b）所示，该图是不同岩石样品填充相同矿化度水的条件下得到的。当胶结指数 m 最大时，极化现象最严重，因为在这两种情况下，颗粒越扁平，电路径越曲折。另外一些非 Maxwell – Wagner 效应机制可以用来解释岩石介电常数 ε 较大值的情况[6]。例如，黏土可以具有较大的介电常数，这不仅因为它们含有扁平的颗粒，而且还因为它们的表面电荷和周围双电层中的离子。

因此，频率在 10^{12} Hz 以下的含水岩石的介电常数可归纳总结如下：骨架的介电常数决定于电子极化，在测井使用的频率范围内为常数；水的介电常数在 10^{10} Hz 以下时都取决于分子取向，高于此频率时，只剩下电子极化；受界面极化影响的岩石总介电常数不超过 10^8 Hz，高于此频率时，界面极化现象可以忽略。

到目前为止，还没有提到烃的影响。石油的介电性质与颗粒的介电性质类似，极化效应也相似，如图 9.7 所示。因此，油滴的形状及其分布，尤其是润湿性，对岩石总体性质的影响最大。

9.3　导电性介电材料中电磁波的传播

在回顾了岩石的介电性质之后，现在将目光转向电磁波的传播及其有关参数，从主要结果的简要总结开始。沿 x 方向传播的电磁波的幅度和相位表示为

$$E(x, t) = E_0 \mathrm{e}^{-\beta x} \mathrm{e}^{\mathrm{i}(\alpha x - \omega t)} = E_0 \mathrm{e}^{\mathrm{i}k x} \mathrm{e}^{-\mathrm{i}\omega t} \tag{9.9}$$

式中，β 是每米的衰减；α 是每米的相移；$k = \alpha + \mathrm{i}\beta$ 是复传播系数或波数；ω 是角频率。

请注意，式（9.9）与第 7 章中给出的感应测井仪器的趋肤效应损耗 δ 的表达式相同，区别在于后者中的介电常数被忽略，即 $\alpha = \beta = 1/\delta$。

介电测井仪器测量 α 和 β，但它们通过传播系数与相对介电常数 ε' 和电导率 σ 建立联系：

$$k^2 = \omega^2 \mu \varepsilon_0 \left(\varepsilon' + \mathrm{i}\frac{\sigma}{\omega \varepsilon_0} \right) \tag{9.10}$$

式中，μ 是磁导率。

因此，介电测量结果可以转换成 ε' 和 σ。式（9.10）也可以表示为

$$k^2 = \omega^2 \mu \varepsilon_0 (\varepsilon' + \mathrm{i}\varepsilon'') \tag{9.11}$$

表 9.1 给出了 ε' 值。虚部 $\varepsilon'' = \sigma/\omega \varepsilon_0$ 包含了各种极化损耗和电荷输运损耗，后者为直流电阻的起因。虚部与 σ 的相关性可以解释图 9.6 底部的实验数据与矿化度的相关性。类似地，岩石中的电荷传输也不纯是导电的，对 ε' 也有贡献。简而言之，实部 ε' 代表岩石存储电能的能力，虚部 ε'' 则代表能量的扩散。符号 ε^* 用于复介电常数 $(\varepsilon' + \mathrm{i}\varepsilon'')$，因此，对于平面波有

$$k = \omega \sqrt{\mu \varepsilon_0} \sqrt{\varepsilon' + \mathrm{i}\varepsilon''} = \omega \sqrt{\mu \varepsilon_0} \sqrt{\varepsilon^*} \tag{9.12}$$

本节余下部分将阐述这些参量间的关系和上述方程的推导过程。

推导过程与第 7 章中趋肤效应的推导过程大部分相同。以前我们利用的只是纯导电性材料。为了更具备普遍性，我们对麦克斯韦方程进行一定的修改，以考虑与材料

的极化有关的位移电流。联系磁场与电流的麦克斯韦方程为

$$\nabla \times \boldsymbol{H} = \boldsymbol{J} - i\omega \boldsymbol{D} \tag{9.13}$$

式中，所有矢量的时间相关性用 $e^{i\omega t}$ 表示。

将材料性质 σ、μ 和 ε 和基本矢量联系起来的本构方程很简单：

$$\boldsymbol{J} = \sigma \boldsymbol{E} \tag{9.14}$$

$$\boldsymbol{B} = \mu \boldsymbol{H} \tag{9.15}$$

和

$$\boldsymbol{D} = \varepsilon \boldsymbol{E} \tag{9.16}$$

利用这些关系，方程（9.13）可写为

$$\nabla \times \boldsymbol{H} = \frac{1}{\mu} \nabla \times \boldsymbol{B} = \sigma \boldsymbol{E} - i\omega \varepsilon \boldsymbol{E} \tag{9.17}$$

或

$$\nabla \times \boldsymbol{B} = (\mu\sigma - i\omega\mu\varepsilon)\boldsymbol{E} \tag{9.18}$$

从另一个麦克斯韦方程 [方程（7.38）]，可得

$$\nabla \times \boldsymbol{E} = -\frac{\partial \boldsymbol{B}}{\partial t} = i\omega \boldsymbol{B} \tag{9.19}$$

和趋肤效应的例子一样，我们对方程的两端取旋度，有

$$\nabla \times \nabla \times \boldsymbol{E} = i\omega \nabla \times \boldsymbol{B} = i\omega(\mu\sigma - i\omega\mu\varepsilon)\boldsymbol{E} = (\omega^2 \mu\varepsilon + i\omega\mu\sigma)\boldsymbol{E} \tag{9.20}$$

利用方程（9.18）得到的结果，方程（9.20）的左边可利用下列矢量变换进行简化：

$$\nabla \times \nabla \times \boldsymbol{E} = \nabla(\nabla \cdot \boldsymbol{E}) - \nabla^2 \boldsymbol{E} = -\nabla^2 \boldsymbol{E} \tag{9.21}$$

由于没有自由电荷，所以，$\nabla \cdot \boldsymbol{E} = 0$。

因此，最终结果为

$$\nabla^2 \boldsymbol{E} + (\omega^2 \mu\varepsilon + i\omega\sigma\mu)\boldsymbol{E} = 0 \tag{9.22}$$

或对于更简单的一维情况，则为

$$\frac{\partial^2 E}{\partial x^2} + (\omega^2 \mu\varepsilon + i\omega\sigma\mu)E = 0 \tag{9.23}$$

这是在以磁导率 μ、电导率 σ 和介电常数 ε 来表征的介质中，沿 x 方向传播的电磁波的波动方程。该方程的解是传播波的表达式：

$$E(x, t) = E_0 e^{i(kx - \omega t)} \tag{9.24}$$

这可通过变量替换得到。波数或传播常数 k 必须满足以下要求：

$$k^2 = \omega^2 \mu\varepsilon + i\omega\sigma\mu = \omega^2 \mu\left(\varepsilon + i\frac{\sigma}{\omega}\right) \tag{9.25}$$

该方程意味着波数 k 将是一个复数，可表示为

$$k = \alpha + i\beta \tag{9.26}$$

将该表达式代入波传播方程中，可以看出 k 与发射的平面波的衰减和相移之间的关系，从而得出本节开头引用的结果：

$$E(x, t) = E_0 e^{-\beta x} e^{i(\alpha x - \omega t)} \tag{9.27}$$

因此，电磁波传播 x 距离时，衰减因子为 $e^{-\beta x}$，相移为 αx 弧度或每米的相移为 α 弧度。平面波条件下，可以根据 α 和 β 的测量值求得介电常数 ε 和电导率 σ，这可从两者的定

义出发：

$$k^2 = (\alpha + i\beta)^2 = \omega^2 \varepsilon\mu + i\omega\mu\sigma \tag{9.28}$$

该方程与方程（9.10）等效，分离虚部和实部（习题9.1），可得

$$\varepsilon = \frac{\alpha^2 - \beta^2}{\omega^2 \mu} \tag{9.29}$$

和

$$\sigma = \frac{2\alpha\beta}{\omega\mu} \tag{9.30}$$

因此，通过测量电磁平面波的衰减和相移，原理上，可求所需要的原始介电常数 ε 和电导率 σ。

9.4 介电混合定律

为了找出如何用不同地层组分的体积来表示介电性质（即所谓的介电混合定律），人们付出了很大的努力。介电测量的一个优点是，占据体积最大的骨架发挥的作用很小，除非骨架中含有黏土，在这种情况下，其作用很大。另外，混合定律很复杂，特别是试图预测一定频率范围内的介电特性时。有两种主要方法，一种基于有效介质理论，另一种利用幂指数定律。对于含有 N 种组分、胶结指数为 m 的介质，幂指数定律表示为

$$\varepsilon_{\text{eff}}^{1/m} = \sum_{n=1}^{N} \phi_n \varepsilon_n^{1/m} \tag{9.31}$$

对于线性体积混合，$m=1$。m 有很多不同的取值，但只有两种最为有效。利用正常岩石体积重写该式，得

$$\sqrt{\varepsilon_{\text{eff}}^*} = \phi S_w \sqrt{\varepsilon_w^*} + \phi(1-S_w)\sqrt{\varepsilon_h} + (1-\phi)\sqrt{\varepsilon_{\text{ma}}} \tag{9.32}$$

式中，下标 eff、w、h 和 ma 分别表示总的岩石、水、烃和骨架。

该方法称为复反射指数法（CRIM），因为根据方程（9.12），$\sqrt{\varepsilon^*} \propto k$，因此，该方程对 k 是线性的，k 是反射指数。

对于已提出的众多混合定律，CRIM 通常在 1 GHz 左右最为有效。在该频率范围内，可以忽略界面极化，介电常数反映总的含水体积，无论其连通与否。（因此，电导率反映的含水体积可能不同于侧向或感应仪器的含水体积。）利用 1 GHz 测量碳酸盐岩样品的介电性质，并将测量结果与不同的混合定律模型的预测结果进行比较，Seleznev 等人认为，CRIM 在不含黏土的碳酸盐岩中最令人满意[7]。图 9.9 给出了其中一组的研究结果。

CRIM 方程可以分成实部和虚部，利用已知的 ε^* 与矿化度和温度的关系，可以求解两个未知数，通常为含水饱和度和水矿化度。假设骨架不导电，并且从其他测井曲线中可以得知，孔隙度也可以从其他渠道中得到。诸如黏土之类的导电矿物通常通过加一束缚水项来表示。值得注意的是，低频时，导电性起主要作用，方程（9.32）变为 $\sigma = \phi^2 S_w^2 \sigma_w$，是阿尔奇方程在指数为 2 时的形式，见习题 9.2。在两个极端频率下得

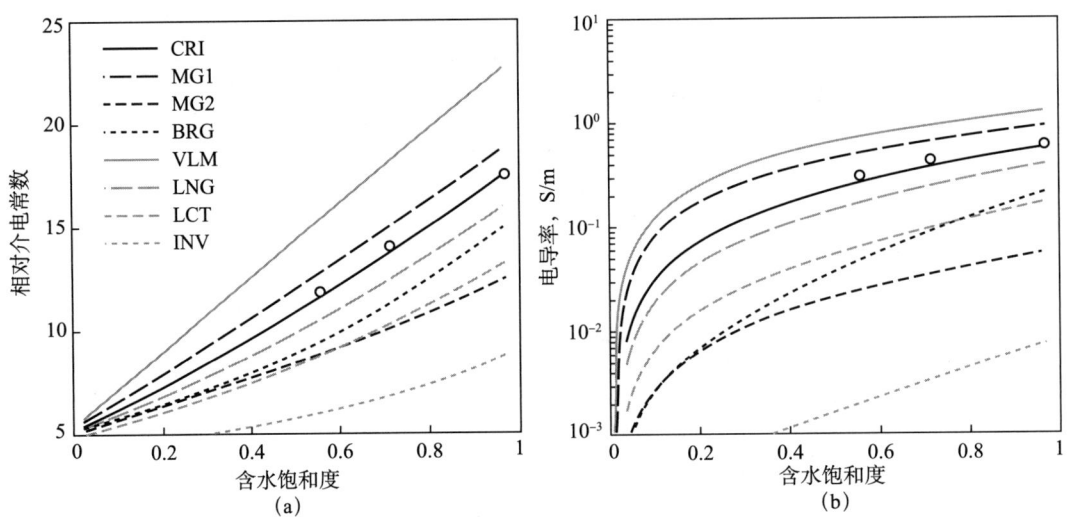

图 9.9 部分饱和碳酸盐岩样品的相对介电常数和电导率与不同混合模型的比较[7,9]

图中圆圈表示测量数据;"CRI"为复反射指数模型;"MG1"是以水相为背景的 Maxwell – Garmett 模型;"MG2"是以固体相为背景的 Maxwell – Garmett 模型;"BRG"表示 Bruggeman 模型;"VLM"为体积模型;"LNG"为 Looyenga 模型;"LCT"为 Lichtenecker 模型;"INV"为反演模型;指数为 – 1

到相同的指数可能并非巧合。

当频率低于 1 GHz 时,CRIM 表现并不好,这并不奇怪,因为界面极化不太可能简单地通过体积分量就可以解释。需要与岩石结构相关的参数来解释这些效应。在幂指数方程中没有合适的方法加入这些参数,但在等效介质理论中则不一样。这些理论是在对背景材料嵌入另外材料的前提下计算材料的介电响应,例如,在骨架中嵌入孔隙。至于背景是骨架、孔隙网络或是其他组合物,可以做出不同的假设。最简单的情况是等效介质只包含一种球形的嵌入物。然而,该方程也很容易推广到处理不同类型的椭球形嵌入物的情况,例如,油和水填充的孔隙。

除了最简单的情况,方程都太复杂,在这里不会给出。在椭球形嵌入物的情况下,可综合为一个方程[7]:

$$\frac{\varepsilon_{\text{eff}} - \varepsilon_{\text{b}}}{3\varepsilon_{\text{a}} + (\varepsilon_{\text{eff}} - \varepsilon_{\text{b}})} = \sum_{n=1}^{N} \phi_n \frac{\varepsilon_n - \varepsilon_{\text{b}}}{3\varepsilon_{\text{a}} + (\varepsilon_n - \varepsilon_{\text{b}})} \tag{9.33}$$

式中,$\varepsilon_{\text{a}} = \varepsilon_{\text{b}} + \eta(\varepsilon_{\text{eff}} - \varepsilon_{\text{b}})$,下标 b 表示背景。

不同的背景假设通过调整 η 值来实现,例如,$\eta = 0$ 就变成了 Maxwell – Garmett 方程[8],背景为单相的固体骨架,孔隙是不连续的嵌入物。上述方程中隐含着一个球形颗粒的极化效应表达式。对于椭球体,极化率必须用三个去极化因子来描述,每个轴一个去极化因子。椭球体通常被简化为扁平球体(具有两个相等的大半轴)或扁长球体(具有两个相等的小半轴)。在这两种情况下,椭球体都可以用单个纵横比(长轴与短轴之比)来描述。然后,利用这三个去极化因子修改上述方程中的 $\varepsilon_n - \varepsilon_{\text{b}}$。整体结论是,等效介电常数取决于不同类型嵌入物的纵横比。

等效介质方法可以以不同的方式应用。Seleznev 等人假设背景物质遵从 CRIM 混合定律,其嵌入物为椭球形的颗粒、水和烃,如图 9.10 所示[9]。在 1 ~ 1 000 MHz 频率范围内进行多频率测量，可以提供足够的数据对方程进行反演求解，以得到纵横比或更多的分量，以及水矿化度和含水饱和度等其他参量。利用这些参数，可以计算低频下的岩石电导率，从而利用阿尔奇方程计算胶结指数 m。

综上所述，有理由相信 CRIM 方法在 1 GHz 频率下的可信度，并且，在频率降至 1 MHz 范围内，等效介质理论都有希望可以成为可靠的解释基础。果真如此的话，介电测量就可以为岩石结构的评价提供有价值的信息。然而，该混合定律并未考虑黏土的影响，而且，所

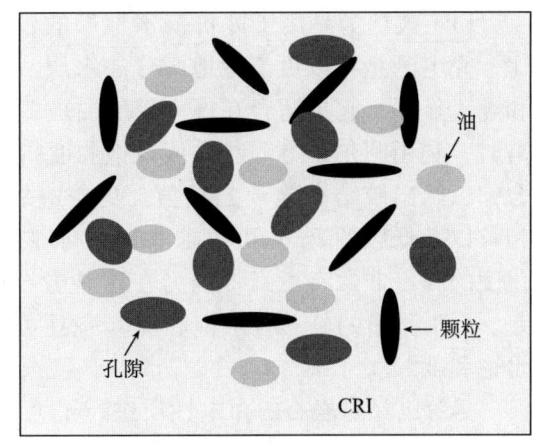

图 9.10　等效介质混合定律的图示
扁平颗粒、含水和含油孔隙随机分布在
CRI 模型的背景介质中

有结论大都针对实验室数据，直到最近才将这些结果应用于井下测井数据。

9.5　地层介电性质的测量

表 9.1 给出了人们会对相对介电常数测量感兴趣的原因：相对水的介电常数与其他地层成分的相对介电常数几乎相差一个数量级。这种特性为评价含水饱和度提供了另外一种方法，这在地层水相对较淡或电阻率未知的情况下特别有用。在这种情况下，由于烃和水的电阻率对比度很小且不确定，因此，基于电阻率的评价方法变得异常困难。介电常数在评价地层水矿化度未知的区域时也很有意义，就像在储层二次开采时注入水改变了地层水的情况一样。

到目前为止，我们还没有考虑如何实际测量饱含导电流体的多孔岩石的相对介电常数。在低频下，导电性屏蔽了介电效应，然而，在非常高的频率下，介电效应将起主导作用。这在图 9.8 等图中并不是很明显，因为相对介电常数总是随着频率的降低而降低。原因是必须将 ε' 与 $\dfrac{\sigma}{\omega\varepsilon_0}$ 而非 σ 进行比较 [方程 (9.10)]。在侧向测井和感应频段，第二项起主导作用，但在高频段，其重要性降低（习题 9.3）。因此，设计用于测量相对介电常数的仪器的工作频率应在 10 MHz 和 2 GHz 之间，高于此频率时，探测深度太小而无法应用。

电磁波传播仪器（EPT）出现在 20 世纪 70 年代末，是最早测量介电性质的仪器之一。其工作频率为 1.1 GHz，并且，由于两个接收器天线的间距较近（4 cm），因此，具有较高的分辨率[10]。仪器天线安装在推靠到井壁的仪器极板上。探测深度取决于微波的趋肤深度以及天线间距，范围从低电阻率地层的约 5 cm 到高电阻率无损地层的 30 cm[11]。因此，该仪器只能评价侵入带。它记录的是传播时间（与相移直接相关）和衰减，而不是测量相对介电常数和电导率。EPT 利用 CRIM 方程和其他方法对测井曲线进行解释[12]。

EPT 被认为是用于评价淡水地层的仪器，因为在淡水条件下，与电阻率测量相比，介电测量可以更清楚地区分油水层。然而，它反映的只是侵入带的较低含油饱和度。显然，它更适合在侵入带的油被驱替较少的重油储层中应用。当水的盐度较高时，利用阿尔奇方程，并假设饱和度指数 n 已知，可以将由 EPT 得到 S_{xo} 与 R_{xo} 相结合，以给出胶结指数 m 的估值。更普遍的是，利用三种测量量（EPT 频段的衰减和相移以及低频的 R_{xo}）可以求取 S_{xo}、水矿化度和结构参数 m。在非均质岩石中，水矿化度的测量非常有意义，因为在这些岩石中，并非所有的地层水都已从侵入带中赶走。EPT 测量的是总含水饱和度（包括可动的和不可动的），而 R_{xo} 则反映的是可动水饱和度。

尽管已经对岩石的介电性质进行了大量研究，但由于仪器测量的局限性，石油行业对使用介电测井仪器的热情受到了抑制。到了 20 世纪 90 年代末，EPT 已经鲜有测量，部分原因是环境影响，部分原因在于岩石的介电响应常常比预期的更为复杂，还有一部分原因可能是认为 R_{xo} 测量值在多数情况下都可以给出精度较高的 S_{xo}。已经有几种介电仪器设计的探测范围超过侵入带[13,14]，为此，这些仪器的工作频率需要在 10～50 MHz 之间。不幸的是，没有任何一支仪器获得认同。一部分原因是解释困难，另一部原因是环境因素的影响，在该频段会进一步加剧侵入带成为波导所带来的困难。

最新推出的仪器是极板型仪器，由两个发射器和八个接收器组成，八个接收器对称地放置在发射器两端，如图 9.11 所示。每个传感器都包含两个共位磁偶极子，它们高度隔离且互相垂直。在一个方向上，它们共轴排列，提供所谓的终端发射模式，而在另外一个方向上，它们共面排列，以提供侧面发射模式。还有一对电偶极子，用于传播模式，以实现较浅的探测，或用于反射模式，以测量滤饼或正对着极板的材料。

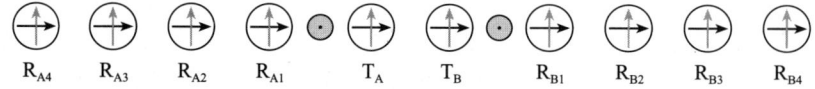

图 9.11　阵列介电仪器结构示意图（由斯伦贝谢提供）
传感器沿着推靠在井壁上的极板的长轴排列。每个传感器都包含两个交叉磁偶极子。
T 表示发射器，R 表示接收器。发射器和接收器之间的两个圆圈表示两个电偶极子

天线的对称设计是为了对倾斜极板进行全井眼校正和补偿。通过对阵列数据进行补偿，可以区分侵入带和滤饼的影响。图 9.12 给出了该仪器在 100 MHz 和 1 GHz 之间的三种频率下的测量结果。中间两道给出了滤饼校正后三个频率下的电导率和相对相对介电常数。利用这六个测量数据和 9.4 节末尾描述的一个合适模型，对数据进行反演，以求出骨架相对介电常数、含水孔隙度、水矿化度和胶结指数（图 9.12）。此时，已知地层是水层，但井眼附近的水矿化度未知。计算的孔隙度与根据密度测井计算的孔隙度非常吻合，胶结指数 m 看起来也很合理。R_{xo} 由孔隙度、矿化度和胶结指数求得，与微球聚焦测井（MCFL）测量的结果非常吻合。这些实例使人们对介电测量的潜能充满希望。

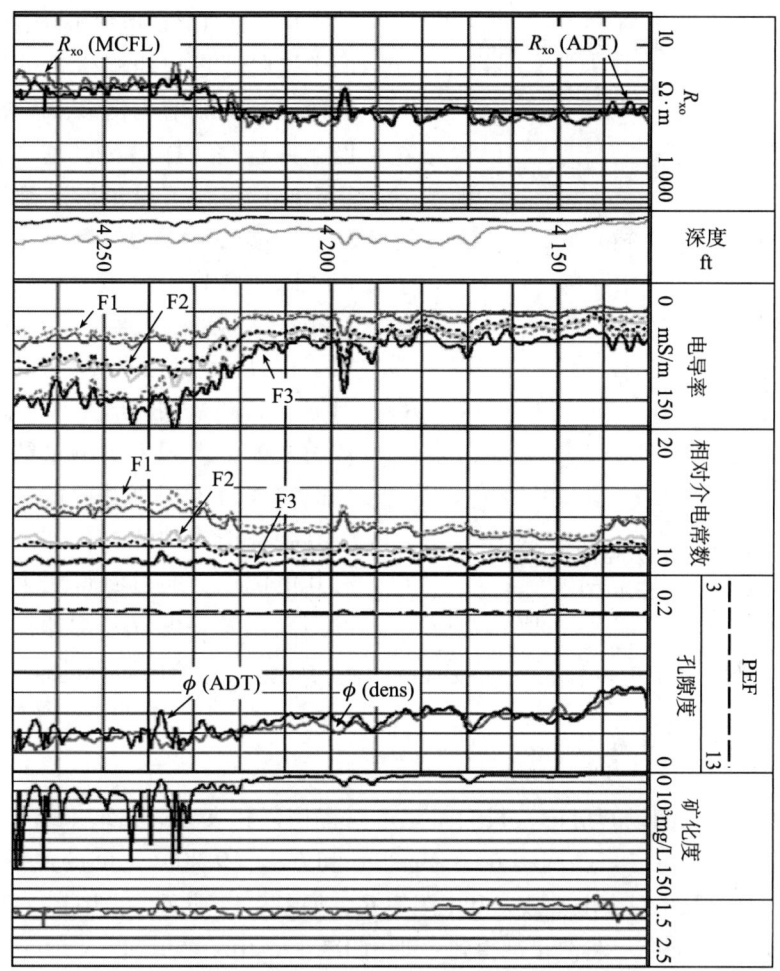

图 9.12　阵列介电仪器在含水碳酸盐岩地层测得的测井曲线[3]

在三种频率下测量电导率和相对介电常数，并通过解释模型来确定含水孔隙度、矿化度、m 和 R_{xo}。
第 2 道和第 3 道中的实线是滤饼校正的测量结果，虚线是根据模型结果重建的曲线

9.6　2 MHz 测量

早期钻铤上的电测量使用的是短电位或类似的仪器。到了 20 世纪 80 年代，很显然，这类电性测量仪器已经不能满足实际需求，且需要感应类的仪器。然而，当时认为标准的感应仪器不适合在钻井环境下使用。感应测量需要准确知道仪器探头误差（仪器内产生的信号，见 7.10 节）。钢钻铤的导电性不如阵列感应仪器支架的导电性（8.4.1 节），从而在接收器处产生了无法预测的井下信号。尤其是钻井环境下，工程师很难保证仪器探头误差的稳定性。

感应仪器最终于 2004 年在钻杆上得以实现测量[15]。"TRIM"感应仪器位于侧向开槽的钻铤上，钻铤上有一高导电的金属层。这使仪器与钻铤实现了隔离，并有效地消除了其影响。这种方法加上改进的机械设计使得多种类型的随钻感应仪器出现。与此同时，经过过去 20 多年的大力发展，电磁波传播型仪器已经成为标准的 LWD 电阻率仪器。

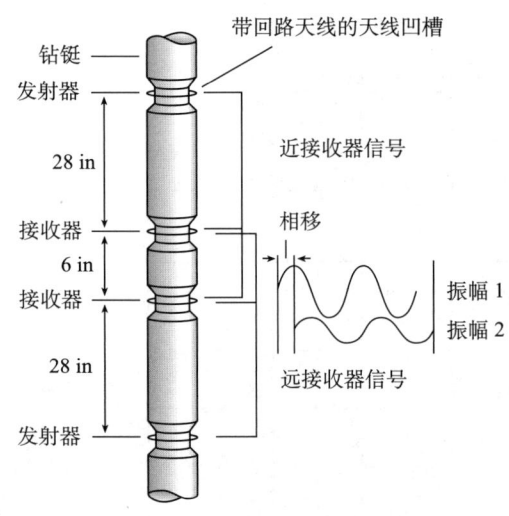

图9.13 2 MHz 补偿双电阻率仪器（CDR）的天线结构示意图[18]

发射器交替发射，测量接收器之间的相移和衰减

第一支 LWD 电磁波传播仪器测量了两个接收器之间的相移[16]。为了增大趋肤效应，从而增大相移，需要提高频率，但频率越高，探测深度越小。所选择的 2 MHz 是相移可以足够准确测量的最低频率，这已经成为标准，尽管最近的仪器也以 400 kHz 甚至 100 kHz 的频率进行测量。后来的仪器，如 CDR 仪器，增加了接收器之间的衰减测量和第二个发射器，如图 9.13 所示[17]。两个发射器依次发射，得到上下测量结果，对其平均以实现对不规则井眼的补偿，这类似于井眼补偿声波测井仪器。这种设计还有其他优点：通过测量两个接收器之间的信号差异，可以补偿掉任何发射器增益的变化，而井眼补偿可以校正任何接收器增益的变化，并给出对称的垂直响应。

9.6.1 现场测井曲线的处理

基于之前对介电测量的讨论，我们希望可以将相移和衰减测量结果结合起来，并转换为相对介电常数和电导率。利用方程（9.29）和方程（9.30）之间的关系，可以建立适当的图版，并求取相对介电常数 ε' 和电阻率 R_t，如图 9.14 所示。实际上，只是少数情况才这样做，多数情况是每一种测量都得到一种电阻率：R_{ps} 由相移得到，R_{ad} 由衰减得到。

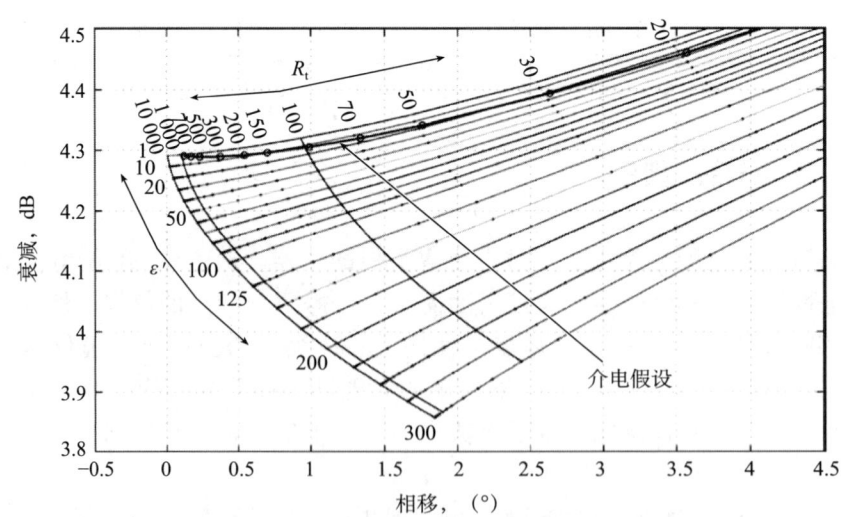

图9.14 "ARC5"型仪器中，源距为 34 in 的接收器测量的相移和衰减与相对介电常数 ε' 和电阻率 R_t 的关系[19]

黑线表示用于关联相对介电常数 ε' 和电阻率 R 的特定"介电假设"。请注意，所绘制的假设基于与图 9.15 所示方程不同的方程

这怎么可能？原因是在 2 MHz 频段，相对介电常数 ε' 的贡献远小于导电项 $\varepsilon'' = \dfrac{\sigma}{\omega \varepsilon_0}$，可以通过校正加以处理。由于地层中的含水量同时影响相对介电常数和电导率，因此，两者之间存在一定的关系，如同图 9.15 中大量岩心和测井的数据所示。这种相关性是介电假设的基础，允许我们将相移和衰减转换为电阻率。例如，根据图 9.14，假设相移为 3.5°，则介电假设给出 R_t =20.5 $\Omega \cdot m$，ε' =25。而实际上，当 ε' =50 时，则 R_t =21 $\Omega \cdot m$，误差不是很大。直到电阻率超过几百欧姆·米时，相移才对 ε' 敏感。在相同的范围内，衰减变得与电阻率无关，但仍对相对介电常数敏感。因此，在电阻率较高时，最好不要使用介电假设并计算相对介电常数 ε' 和单个电阻率 R_t。

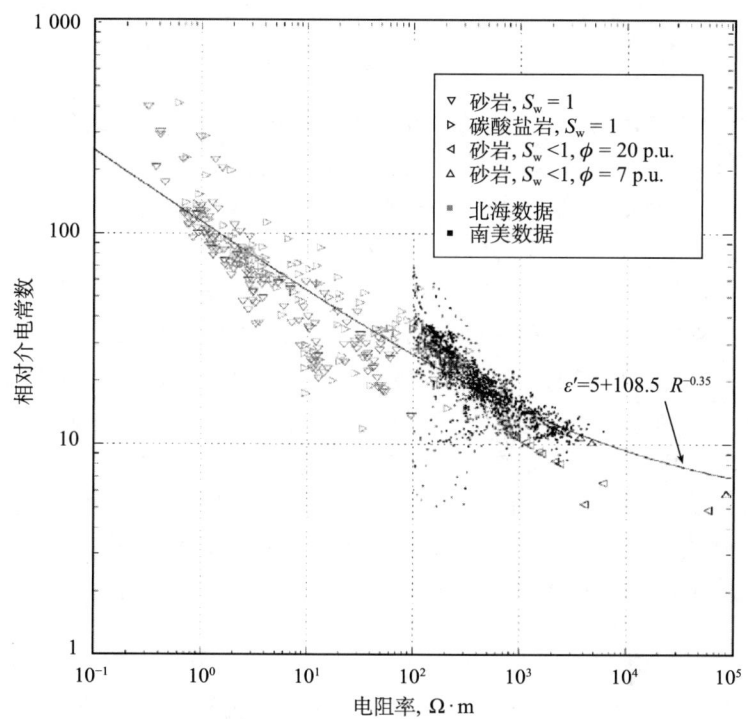

**图 9.15　根据 2 MHz 下大量岩样（三角形）和测井数据
（正方形）得到的相对介电常数与电阻率的关系**[19]

有关相对介电常数 ε' 和电阻率 R 的方程式考虑了零孔隙度岩石中 ε' =5 的典型值

图 9.14 中的图版可以使用 9.3 节中给出的平面波方程从理论上推导出来，除非接收器接收的信号不是平面波的，并且受到钻铤的影响。该信号还包含直耦信号。这种耦合小于感应仪器中的耦合，一部分原因是采用两个接收器之间信号的差分测量，另一部分原因是地层信号与直耦信号的比随着频率的增加而减小 [参考方程（7.50）]。在实践中，利用准确的钻铤和线圈模型对测量信号进行了模拟，并在充满不同矿化度的水箱中进行了验证[17]。单个仪器之间的微小差异通过在空气中校准进行处理。模拟和刻度的结果是将每一个测量值非线性转换为电阻率，然后与介电假设相结合，得到如图 9.14 所示的一种特定仪器类型的图版。

空气中的校准实际上是一种探头误差测量方法。这种方法没有在感应测井中应用的原因之一也是探头误差的存在，但在 2 MHz 仪器中有何优势呢？基本上，2 MHz 仪器探头误差更小且更稳定，因为其采用差分测量，因此，发射器和位于发射器与接收器之间的任何物质与测量结果无关，并且因为钻铤中的趋肤效应在 2 MHz 时较小，因此，钻铤可较好地充当波导屏蔽。经过刻度后，总的测量精度分别为 0.03°和 0.005 dB[19]。可以将这两个参数融合进图 9.14 中，以标定电阻率的准确性。

最后，我们对岩石相对介电常数的认识使得我们猜测，在 2 MHz 时的电导率高于感应频段的电导率。多位研究人员已经致力于对这种频散的研究，但鲜有建树[20]。LWD 和感应电缆测量时的环境和侵入深度的差异可能是导致无法给出确定性结论的原因。经过对所有因素的仔细分析，终于在少数泥岩层段发现了这种现象[21]。

9.6.2 总体环境因素

2 MHz 仪器的影响因素与其他电磁波仪器的影响因素相同，包括井眼、侵入、围岩、倾角和各向异性。井眼校正量通常很小，特别是在随钻条件下，因为探头与井壁很接近。（在 R_t/R_m 值较高或较低时也有例外，特别是仪器偏心时。）在考察其他环境因素之前，有必要考察仪器响应与电阻率大小的关系。

图 9.16 给出了不同电阻率的两个均匀地层中相移和衰减信号的来源。请注意，在这两种情况下，相移信号的垂直分辨率都高于衰减信号的分辨率，而探测范围却较浅。但是衰减和相移都是在相同的信号上测量的，为什么其几何响应特性却不相同呢？图 9.17 给出了答案。从图中可以看出，等相位图是球形的，因为波在均匀地层中沿各个方向的传播速度都是相同的。而等衰减图则是椭圆形的，因为发射器是垂直磁偶极子，其特征是径向方向上的强度大于垂直方向上的强度。如果暗影圆弧来自图底部附近的一个接收器，则可以看出，椭圆形区域无论在径向上还是在垂向上，都比圆形区域的要深或远。因此，R_{ad} 的探测深度总是大于 R_{ps} 的探测深度，而垂直分辨率却比 R_{ps} 的低。

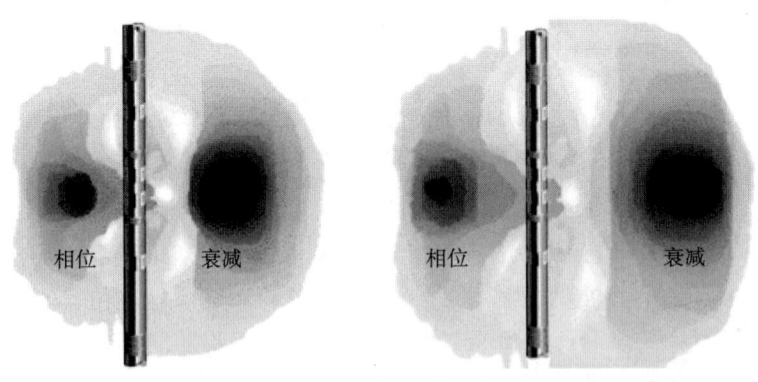

(a) 低电阻率　　　　　　　(b) 高电阻率

图 9.16 $R_t = 2\ \Omega \cdot m$ (a) 和 $10\ \Omega \cdot m$ (b) 时相移和衰减的响应以与通常的 3D 几何因子图不同的呈现方式给出（由斯伦贝谢提供）

图中颜色越深，正响应越大，而颜色越浅，负响应越大。使用波恩近似进行计算。实际上，在仪器周围的所有方位上，响应都是相同的，但为了清晰起见，单独显示

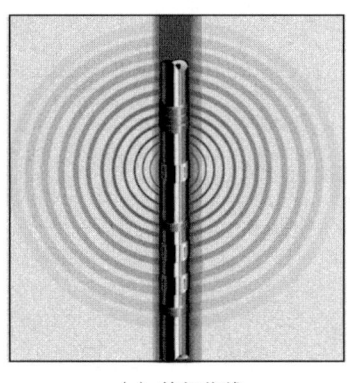 

(a) 等相位线　　　　　　　　(b) 等幅度线

图 9.17　显示在 1 Ω·m 地层中 2 MHz 发射器周围的等相位（a）和等幅度（b）信号的等值线[18]

9.6.3　垂直和径向响应

回到图 9.16，我们看到，在 2 Ω·m 处，较大的趋肤效应使信号聚集在仪器附近，因此，仪器在 2 Ω·m 地层的探测深度和分辨率小于 10 Ω·m 地层的探测深度和分辨率。在感应仪器中，趋肤效应必须给予校正，以便在所有条件下都给出同样的响应。2 MHz 仪器的测量依赖于趋肤效应，其响应与地层电阻率及其对比度有关。在第 8 章看到，可以对数据进行反褶积，以提高所有电阻率条件下的垂直分辨率。在倾斜角度小于大约 $50°$[22,23]、电阻率小于 100 Ω·m 并且进行规定深度采样的条件下都可以这样进行。LWD 测量采用的是时间采样，必须转换成按深度采样，这一过程可能会带来很大误差。因此，很少对 LWD 资料进行反褶积。而在大斜度井中，经常进行 LWD 测量，此时，分辨率不再是所关注的问题。

在大斜度井中，问题不是提高垂直分辨率，而是消除上下围岩的影响。这种做法是可行的，可以通过忽略侵入的影响、求解储层的电阻率和围岩电阻率以及储层到围岩的距离来实现[24]。为此，需要低频深探测结果，如 400 kHz 或更低。因为井已经穿过该地层，或者它是区域盖层，如果已知井的上部分地层电阻率，则校正结果可以得到改善。

2 MHz 仪器的几何因子比感应测井仪器的几何因子更依赖于电阻率，程度当然也大于侧向测井的伪几何因子。单独用数字描述垂直分辨率和探测深度会引起误解。例如，利用几何因子所定义的探测深度，R_{ps} 在 0.1 Ω·m 地层的探测深度为 10 in，在 100 Ω·m 的地层中探测深度为 30 in，而 R_{ad} 的探测深度分别为 15 in 和 60 in。因此，提及探测深度和分辨率时最好要说明计算条件。图 9.18 给出了高对比度的低侵和高侵两种条件下的径向响应。注意观察，R_{ad} 的探测深度总是比 R_{ps} 的探测深度深大约 20 in，在低侵地层中，较高的趋肤效应是导致两者的探测深度都降低。

垂直响应如图 9.19 所示。尽管 R_{ps} 和 R_{ad} 这两条曲线都可对薄至 0.5 ft 的地层做出响应，但围岩效应使得它们在层很厚时才能读到真值。正如预期的那样，对于电导型仪器，导电围岩的影响比阻抗围岩的影响大得多。例如，R_{ps} 在 100 ft 处的 10 ft 未侵入地层中的读数才是地层真值。另一个有趣的特征是，当地层与仪器垂直时，R_{ps} 和 R_{ad} 之间的交叉点是地层界面的良好指标。

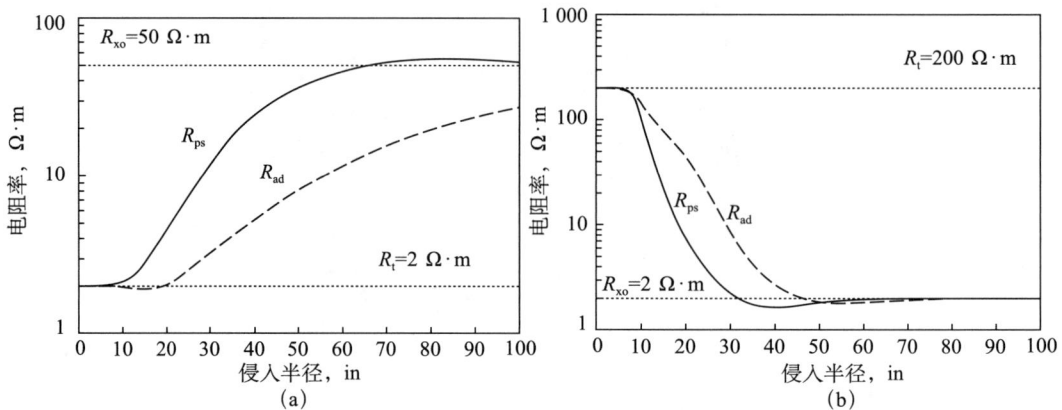

图 9.18 CDR 仪器相移电阻率和衰减电阻率在高对比度的电阻型侵入（a）和电导型侵入（b）条件下的径向响应[25]

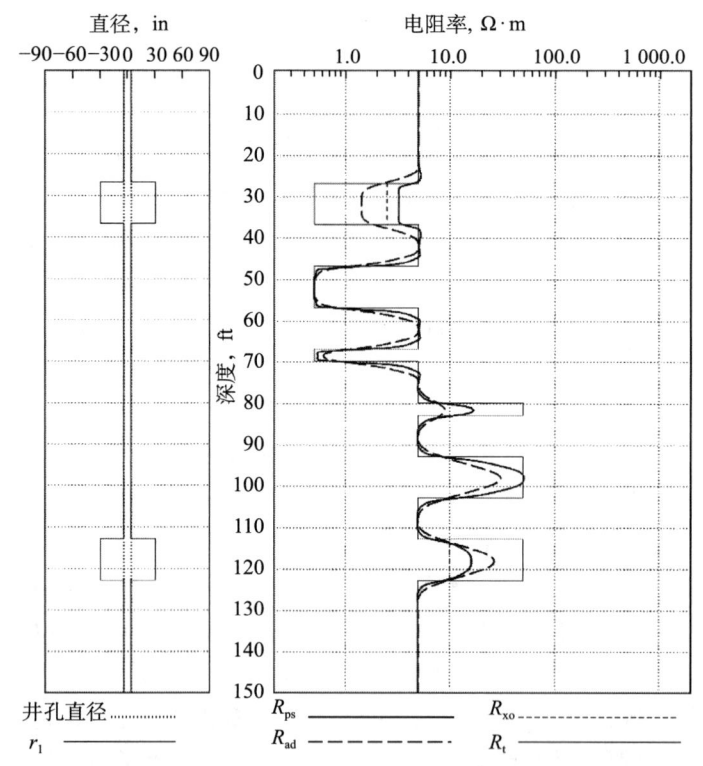

图 9.19 CDR 仪器在一系列侵入和未侵入地层中的垂直响应，并给出了与 ILd（图 7.18）和相量感应（图 8.5）测井曲线相同的结果[25]

虽然 LWD 时侵入一般都比较浅，但由于仪器探测深度明显小于电缆测井仪器的探测深度，因此，可能需要进行一些校正才能得到 R_t 真值。仅利用两条测井曲线，不足以通过反演得到正确的侵入剖面。解决的办法是采用阵列化测量，但在考虑此类设备之前，我们需要讨论其他的环境影响，即倾斜地层、极化角和各向异性。

9.6.4 倾角和各向异性

一般来说，与感应仪器相比，2 MHz 仪器的探测深度较浅，垂直响应更灵敏，因此，不易受到倾斜地层的影响。测量越深，受倾角的影响就越大，因此，R_{ad} 比 R_{ps} 受到的影响更大，并且，两者在高电阻率下都很敏感。模拟研究表明，在 1 Ω·m 地层和中等对比度下，即使倾角达到 70°，两者受到的影响也较小[26]。然而，当电阻率达到 10 Ω·m 时，在这个角度下，R_{ps} 开始受到倾角的影响，而 R_{ad} 受到的影响甚至更大一些。

当仪器穿过倾斜地层界面时，2 MHz 仪器与感应仪器一样，测量的电阻率会急剧增加。这种效应称为极化角，当相对倾角大于约 50°时，开始明显，并随着电阻率对比度的增加而增加，其缘由在 8.4.5 节中进行过讨论。其对 R_{ps} 的影响大于对 R_{ad} 的影响，可以用作大斜度井中地层界面的可靠指标。可以对倾斜地层的响应进行建模，但使用这种响应来校正测井曲线是不切实际的，原因在于上面讨论过的对不规则采样数据进行反褶积是非常困难的。

最后，在倾角大于 60°时，各向异性对 2 MHz 仪器的响应有重要影响（图 9.20）。事实上，正是在水平井中观察到这些效应，才促使业界对各向异性地层进行更认真地研究。尽管倾斜各向异性地层对衰减的影响与感应仪器的类似，但对相移电阻率的影响则较为明显。图 9.17 给出的结果可以对此给出一些解释。在水平井中，等相位线在垂直和水平方向上的通过距离相等，而等幅度线通常更倾向于水平方向。图 9.20 还显示，这种效应随着发射器-接收器间距的增加而增加。这会导致响应模棱两可，因为由源距产生的曲线分离也可能是由各向同性侵入地层引起的。阵列传播仪器由不同的源距构成，因此，需要考虑这些特征和解释。

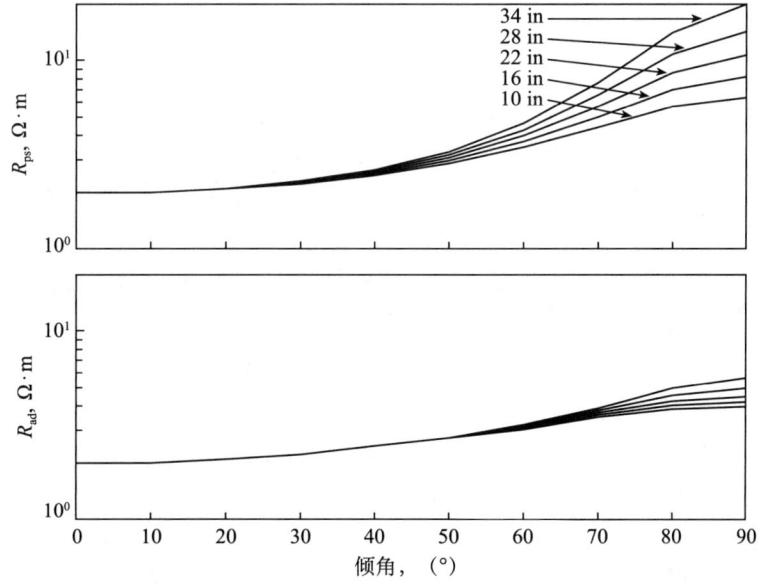

图 9.20　在 $R_v=13$ Ω·m 和 $R_h=2$ Ω·m 的地层中，5 条不同源距的相移和衰减电阻率曲线与倾角的关系[27]

衰减中 R_{ad} 曲线的排序与相移中 R_{ps} 曲线的排序相同

9.6.5 阵列电磁波测井资料及其解释

在侧向测井和感应仪器中采用的多源距测量方式很快在 2 MHz 仪器中得到了应用。1991 年推出的电磁波电阻率（EWR）仪器有三个阵列，后来扩展到四个，如图 9.21 所示[28]。每个阵列都包含一个发射器和两个接收器，源距最远的为 1 MHz，其余的为 2 MHz。该图还给出了多传播电阻率仪器（MPR）和阵列电阻率补偿仪（ARCt），前者具有两个井眼补偿阵列（两个发射器和两个接收器）[29]，后者具有五个井眼补偿阵列[27]。在这两种仪器中，2 MHz 或 400 kHz 频率信号一次发射。大多数仪器同时测量相移和幅度，因此，所有仪器检测通道数都是阵列数目乘以四（两个测量值和两个频率）。

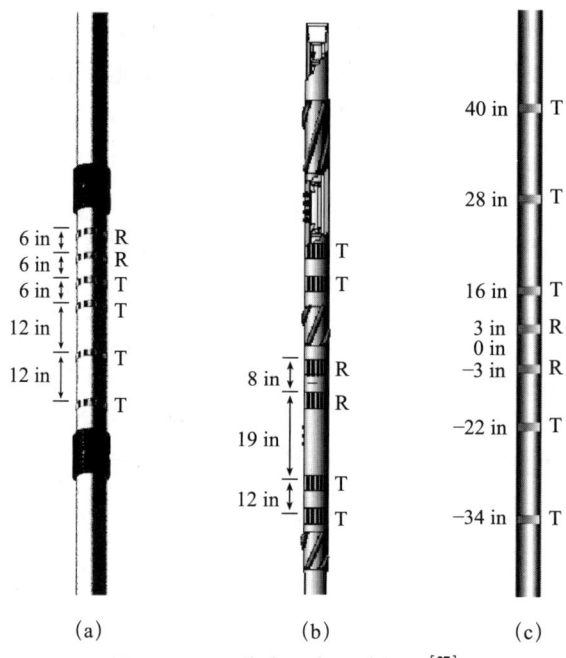

图 9.21 三种阵列电磁波仪器[27]

(a) 为电磁波电阻率仪（EWR）[28]；(b) 为多传播电阻率仪（MPR）[29]；(c) 为阵列
传播仪（"ARC5"），"ARC5" 中的井眼补偿是通过平均两个相邻发射器的数据
来实现的，以形成一个伪发射器，其距离与接收器另一侧的发射器相同

这种大量的测量应该可以很容易地检测和消除环境影响。对于小角度井，这几乎是毋庸置疑的。如果能够通过反褶积消除围岩效应，则剩下的影响就是介电假设中的侵入效应和误差。如果必要，可以通过综合相移和衰减测量来消除介电效应，而侵入效应的消除可以采用多探测信息来进行。然而，对于大角度井，这却非常困难，因为此时反褶积不再可行，而且必须要考虑各向异性。例如，在图 9.22 中，曲线之间分离的原因是什么？是侵入、各向异性还是附近高阻层的影响？R_{ps} 和 R_{ad} 之间的差异是由于相同的因素还是不正确的介电假设？

要想给出唯一的解释，还有许多模糊性问题需要解决。然而，在实践中，我们还拥有更为广泛的知识可以降低这种不确定性。在开发井中，我们已经熟知 R_t 和 R_{xo} 的高低（或至少已经熟知 R_m 和 R_w 的高低）；介电效应只在高 R_t 时具有显著影响。这样，

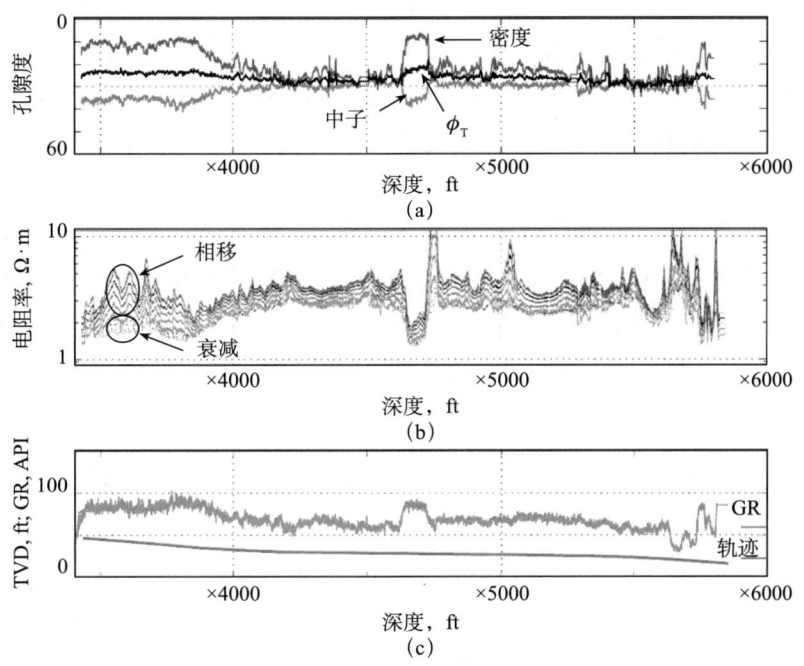

图 9.22 一套 LWD 曲线[30]

(a) 是密度和中子以及计算的 ϕ_T；(b) 是 "ARC5" 传播仪器的五条相移（实线）和五条衰减
电阻率曲线（虚线），这五条曲线的源距分别是 10 in、16 in、22 in、28 和 34 in，对于
相移和衰减，测得的电阻率值随着源距的增加而增加；(c) 是伽马射线和井眼轨迹

我们就可以建立表 9.2 给出的分析逻辑。该表给出了判断主要效应的方法，但也绝非是唯一的，因为一种效应可以抵消另一种效应，并且，也不能提供 R_v 和 R_h 的定量解。

表 9.2　长源距传播测井曲线读数高于短源距读数的原因分析，假设井眼校正正确

R_{xo} 与 R_t	R_{ad} 与 R_{ps}	原因
$R_{xo} > R_t$	$R_{ad} > R_{ps}$	仪器位于靠近界面的低阻层中
$R_{xo} > R_t$	$R_{ad} < R_{ps}$	各向异性
$R_{xo} < R_t$	$R_{ad} > R_{ps}$	低阻侵入或仪器位于靠近界面的低阻层中
$R_{xo} < R_t$	$R_{ad} < R_{ps}$	各向异性

忽略非唯一性，定量解释可以通过反演实现。由于层状地层的水平井问题是一个 3D 问题，理想情况下，我们应该使用同时考虑所有影响的完整 3D 模型来反演数据。这是可以做到的，但太耗时且需要大量人工，除了裂缝性岩石或非对称侵入等特殊情况外，无法用于所有情况[31]。尽管可能会出现一定程度的不一致，但在实际中，简单自动的方法更受青睐。一种简单的方法是首先寻找并消除围岩的影响，然后，同时反演测量数据，以得到最佳拟合结果，从而得到侵入、各向异性和相对介电常数（在每个频率下）的最佳解[32]。给出的结果是不同探测深度下的各向异性比 λ、ε' 和 R_h。然后再用传统的反演方法求取 R_{xo}、R_t 和 d_i。

通过同时校正这三个主要效应，反演可得到最为准确的解，但是，与所有的反演一样，也会给出错误的解，例如，在泥岩中给出存在侵入的解。一种替代方法是每种效应独立反演，然后，通过逻辑分析判断哪种解最为合理[33]。例如，伽马测井等外加信息可以用于识别泥岩，从而消除泥岩存在侵入的情况。否则，只能选择最佳拟合的解。如果某层得不到最佳拟合值，则做出标记，需要进一步分析，例如，采用三维模拟。

可以看出，在水平井中由 2 MHz 仪器获得 R_t 或 R_h 和 R_v，既需要处理技术，也需要解释技巧。然而，在许多情况下，这些参数的精确值与随钻中的井眼导向信息相比，却不是那么重要。第 20 章将介绍这方面内容。

参考文献

［1］Feynman R P, Leighton R B, Sands M L. Feynman lectures on physics, vol2. Reading：Addison-Wesley, 1965.

［2］Orlowska S. Conception et prediction des characteristiques dielectriques des materiaux composites a deux et trois phases par la modelisation et la validation experimentale. PhD thesis, Ecole Centrale de Lyon, 2003.

［3］Hizem M. Personal communication, 2006.

［4］Bona N, Rossi E, Capaccioli S. Electrical measurements in the 100 Hz to 10 GHz frequency range for efficient wettability determination. Paper SPE 69741 in：SPE J March, 2001：80 – 88.

［5］Kenyon W E, Baker P L. EPT interpretation in carbonates drilled with salt muds. Presented at the 59th SPE Annual Technical Conference and Exhibition, paper 13192, 1984.

［6］Sen P. The dielectric and conductivity response of sedimentary rocks. Presented at the 55th SPE Annual Technical Conference and Exhibition, paper 9379, 1980.

［7］Seleznev N V, Boyd A, Habashy T, et al. Dielectric mixing laws for fully and partially saturated carbonate rocks. Trans SPWLA 45th Annual Logging Symposium, paper CCC, 2004.

［8］Maxwell-Garnett J C. Colors in metal glasses and in metal films. Trans Royal Society, 1904, CCIII：420 – 429.

［9］Seleznev N, Habashy T, Boyd A, et al. Formation properties derived from a multi-frequency dielectric measurement. Trans SPWLA 47th Annual Logging Symposium, paper VVV, 2006.

［10］Wharton R, Hazen G, Rau R, et al. Electromagnetic propagation logging：advances in technique and interpretation. Presented at the 55th SPE Annual Technical Conference and Exhibition, paper 9267, 1980.

［11］Anderson B, Liu Q-H, Taherian R, et al. Interpreting the response of the electromagnetic propagation tool in heterogeneous environments. The Log Analyst, 1994, 35

(2): 65 – 83.

[12] Cheruvier E, Suau J. Applications of microwave dielectric measurements in various logging environments. Trans SPWLA 27th Annual Logging Symposium, paper MMM, 1986.

[13] Huchital G S, Hutin R, Thoroval Y, et al. The deep propagation tool (a new electromagnetic logging tool). Presented at the 56th SPE Annual Technical Conference and Exhibition, paper 10988, 1981.

[14] Janes T A, Hilliker D J, Carville C L. 200 MHz dielectric logging system. Trans SAID 9th International Formation Evaluation Symposium, paper 28, 1984.

[15] Allen V, Sinclair P, Prain S, et al. Design, development and field introduction of a unique low-frequency (20 kHz) induction resistivity logging-while drilling tool. Trans SPWLA 45th Annual Logging Symposium, paper XX, 2004.

[16] Rodney P F, Wisler M M. Electromagnetic wave resistivity MWD tool. Paper 12167 in: SPE Drilling Eng October, 1986: 337 – 346.

[17] Clark B, Allen D F, Best D, et al. Electromagnetic propagation logging while drilling: theory and experiment. Presented at the 63rd SPE Annual Technical Conference and Exhibition, paper 18117, 1988.

[18] Clark B, Luling M G, Jundt J, et al. A dual depth resistivity measurement for formation evaluation while drilling. Trans SPWLA 29th Annual Logging Symposium, paper A, 1988.

[19] Wu P T, Lovell J R, Clark B, et al. Dielectric independent 2 MHz propagation resistivities. Presented at the 74th SPE Annual Technical Conference and Exhibition, paper 56448, 1999.

[20] Meyer W H. In-situ measurement of resistivity dispersion (or lack of it) using MWD propagation resistivity tools. Trans SPWLA 40th Annual Logging Symposium, paper J, 1999.

[21] Rasmus J C, Tabanou J, Li Q, et al. Resistivity dispersion-fact or fiction. Trans SPWLA 44th Annual Logging Symposium, paper RR, 2003.

[22] Rosthal R, Allen D, Bonner S. Vertical deconvolution of 2 MHz propagation tools. Trans SPWLA 34th Annual Logging Symposium, paper W, 1993.

[23] Meyer W H. Inversion of the 2 MHz propagation resistivity logs in dipping thin beds. Trans SPWLA 34th Annual Logging Symposium, paper BB, 1993.

[24] Meyer W H. Interpretation of propagation resistivity logs in high angle wells. Trans SPWLA 39th Annual Logging Symposium, paper BB, 1998.

[25] Anderson B. Modeling and inversion methods for the interpretation of resistivity logging tool response. Delft: DUP Science, 2001.

[26] Anderson B, Bonner S, Luling M, et al. Response of 2 MHz LWD resistivity and wireline induction tools in dipping beds and laminated formations. Petrophysics, 1992, 33 (5): 461 – 475.

[27] Bonner S D, Tabanou J R, Wu P T, et al. New 2 MHz multiarray borehole-compensated resistivity tool developed for MWD in slim holes. Presented at the 70th SPE Annual Technical Conference and Exhibition, paper 30547, 1995.

[28] Oberkircher J, Steinberger G, Robbins B. Applications for a multiple depth of investigation MWD resistivity measurement device. Trans SPWLA 34th Annual Logging Symposium, paper OO, 1993.

[29] Meyer W H, Thompson L W, Wisler M M, et al. A new slimhole multiple propagation resistivity tool. Trans SPWLA 35th Annual Logging Symposium, paper NN, 1994.

[30] Tabanou J R, Anderson B, Bruce S, et al. Which resistivity should be used to evaluate thinly bedded reservoirs in high angle wells? Trans SPWLA 40th Annual Logging Symposium, paper E, 1999.

[31] Anderson B, Druskin V, Lee P, et al. Modeling 3-D effects on 2 MHz LWD resistivity logs. Trans SPWLA 38th Annual Logging Symposium, paper N, 1997.

[32] Meyer W H. Multi-parameter propagation resistivity interpretation. Trans SPWLA 38th Annual Logging Symposium, paper GG, 1997.

[33] Li Q, Liu C, Maeso C, et al. Automated interpretation for LWD propagation resistivity tools through integrated model selection. Petrophysics, 2004, 45（1）: 14-26.

习 题

9.1 证明方程（9.29）和方程（9.30）中给出的 ε' 和 σ 与传播参数 α 和 β 之间的关系。

9.2 证明 CRIM 模型［方程（9.32）］在低频极限下简化为阿尔奇方程。

9.3 证明在感应和侧向测井频段，与虚部相比，ε^* 的实部的影响较小。

9.4 假设一种仪器的响应如图 9.14 所示，其相移和衰减分别为 2.2°和 4.34 dB，R_t 和 ε' 是多少？

9.4.1 根据如图 9.14 所示的介电假设，R_{ps} 和 R_{ad} 分别是多少？

9.4.2 根据如图 9.15 所示的介电假设，R_{ps} 和 R_{ad} 分别是多少？

9.5 构建一个类似于表 9.2 的表格，条件是短源距测量结果高于长远距测量结果。

9.5.1 假设未进行井眼校正且钻井液具有导电性，修改表 9.2。对使用油基钻井液的情况也这样修改。

9.5.2 修改刚刚构建的表格，方法与上一个问题的相同。

9.6 对于图 9.22 中电阻率曲线出现的分离，你认为最可能的原因是什么？

10

伽马射线测井的核物理学基础

10.1 引　言

在前面章节中我们了解到，电法仪器主要对地层中的流体含量有反应，因此，它们并不用于获取地层岩石骨架的主要成分。核测井主要用于测量地层及其所含流体的特性，主要采用的是伽马射线和中子。它们是两种可以穿过仪器外壳到达目的层并且仍然返回可测量信号的射线。

对地层组成进行更详尽化学成分分析的过程，就是了解并得到不同矿物主要成分的过程。现场伽马能谱的应用将代替实验室中既耗时又昂贵的地层岩样分析。其理论依据是，任何原子的原子核在被先前的核反应提到激发态的过程中，都可以发出特征能量的伽马射线，通过这些伽马射线可识别该原子的特征。伽马能谱研究是指对这些特征伽马射线进行探测和识别。

地层的另一重要性质是体积密度。它在地震解释中的用途是众所周知的，但对于电法测量而言，比较注重的是体积密度与地层孔隙度之间的线性关系。由于伽马射线的散射和透射受材料性质的影响严重，因此，伽马射线通常用于测量体积密度。在非常低的能量状态下，伽马射线的透射也会受到地层化学组分的影响。这种额外的能量吸收与吸收体的原子序数 Z 有关，因此，提供了伽马射线的第三种应用。

由于中子与不同物质相互作用产生不同的效果，因此，它才在测井中得以应用。首先，中子的透射和减速受到介质综合性质的影响，尤其是受氢的影响较大。氢对中子的散射在降低中子能量方面非常有效。其次，高能中子间的相互作用可以激发原子核发出特征伽马射线，通过伽马能谱分析进行元素识别。在非常低的能量状态下，中子可以被吸收，导致发出另一组不同特征的伽马射线。经过相当长的延迟后，发出一些所谓的（热中子）俘获伽马射线，被称为活化伽马射线。总之，应用中子可以得到两种类型的测量值：地层的散射或慢化性质以及用于能谱识别的特征能量中子伽马射线（这种射线是通过吸收或非弹性高能反应产生的）。这些问题将在第 11 章到第 13 章中进行讨论。

本章介绍描述了可用于伽马射线或中子讨论的核❶辐射的基本词汇，包括核辐射强度和能量的量化，以及横截面、反应和计数统计的概念；阐述了伽马射线与物质的主要相互作用与地层的物理参数及其探测方法有关。与大多数由非常简单的传感器组成的复杂阵列电阻率测井装置不同，应用伽马射线的测井仪器具有更加复杂的传感器。了解探测器可以更好地了解测量的局限性。

10.2 核辐射

在最早的放射性材料研究中，确定并命名了三种类型的射线：α 射线、β 射线和 γ 射线。后来研究发现，α 射线由剥离了电子的高速移动的 He 原子组成；β 射线由高能电子组成；γ 射线其实是电磁辐射包，也称为光子。

发现射线之后面临的首要问题是量化，即测量传输能量的多少。其计量单位定为电子伏特（eV），这相当于一个电子被 1 V 电势加速所产生的动能。以下章节中讨论的辐射类型的能量范围介于微电子伏特和兆电子伏特（MeV）之间。另一个比较方便记录伽马射线能量的单位是千电子伏特（keV）。

α 射线和 β 射线由高能带电粒子组成，它们与物质的相互作用本质上主要是库仑力的作用。这导致原子的激发或电离，也就是说，相互作用是与介质中的电子的交互作用。α 和 β 粒子在通过介质时将其能量传递给电子，从而会迅速失去能量。它们的穿透范围相当有限，在大多数材料中是材料特性（Z，每个原子的电子数和密度）和粒子能量的函数。因此，在测井应用方面，它们没有任何实际意义。但是，γ 射线的穿透力极强，它在测井应用中发挥着非常重要的作用。

10.3 放射性衰变和统计

放射性衰变是核自发地从一个核能状态到另一个较低的核能状态的转换，是原子核的一种属性。在这个过程中，多余的能量通过前面提到的一种或多种类型的辐射由原子核释放出来。与放射性相关的基础实验研究证实，任何一个原子核在 Δt 时间间隔内衰变的概率与 Δt 成正比，也就是说，它不受外界的影响，包括该核进一步衰变成其他核子。因此，对于单个放射性原子，在时间间隔 dt 内衰变的概率 $P(dt)$ 表示为

$$P(dt) = \lambda dt \tag{10.1}$$

式中，λ 为衰变常数。

令 N_p 为相同放射性粒子的集合，则衰变数 dN 为

$$dN = N_p P(dt) = -\lambda dt N_p \tag{10.2}$$

放射性衰变的表达式为

$$N_p = N_i e^{-\lambda t} \tag{10.3}$$

---

❶ 本章的大部分内容出现在《SPE 石油生产手册》中，只是形式上略有不同[1]。

式中，N_p 现在是该集合中粒子在时间 t 内的数量，而不是在时间为零时的初始粒子数量 N_i。

比例常数 λ 与更为人所知的半衰期参数 $t_{1/2}$ 有关：

$$t_{1/2} = \frac{0.693}{\lambda} \quad (10.4)$$

人们永远无法精确地测量任何物理量，但对于极少能够观察到的核反应来说，随机性很重要。实际上，统计核衰变过程的复杂性在于，只能准确预测体积或平均性质。所以，我们只能谈论的是一个集合的粒子的属性以及测量值在某些均值上的分布。

为了理解核辐射的一个重要性质，先简要回顾一下伯努利在 18 世纪发现的二项分布。离散概率分布 P_x 为当每次试验成功的概率为 P（不成功的概率为 q）、z 次独立重复试验时会发生 x 次的概率。因此，这种概率分布等同于 $(P+q)^z$ 的二项展开式，其通用方程为

$$P_x = \frac{z!}{x!(z-x)!} P^x (1-P)^{z-x} \quad (10.5)$$

方程（10.5）给出了 z 次独立重复试验中会发生 x 次的概率，其中 $q = 1-P$。

表达式（10.5）可以应用于放射性衰变的计算，其中 P_x 表示当存在 z 个原子时，x 个原子核在时间 dt 内衰变的概率。对于这种情况，在单位时间内观察到单个原子核衰变的概率 P 非常小，但观察到的粒子数量（z）非常大。此条件允许将方程（10.5）简化为

$$P_x = \bar{\mu}^x \frac{e^{-\bar{\mu}}}{x!} \quad (10.6)$$

这被称为泊松分布。它给出了在平均 $\bar{\mu}$ 衰减可以预见的给定时间内观察到 x 衰变的概率。图 10.1 显示了最大概率泊松分布的一般形式，其中 $\bar{\mu}$ 为平均值。在该实例中，$\bar{\mu}$ 为 100。对于 $\bar{\mu} \gg 1$ 的情况，相对平均值的分布几乎是对称的。它类似于通常的钟形分布曲线，其宽度受控于独立参数标准偏差 σ。

泊松分布的一个重要特性是，表征随机核爆炸计数统计的泊松分布的适当标准偏差（σ）不是一个独立的参数（与大多数测量一样），而是与平均值 $\bar{\mu}$ 有如下关系：

$$\sigma = \sqrt{\bar{\mu}} \quad (10.7)$$

因此，如果预计每个时间间隔内辐射探测器的计数 N_r，那么在重复观

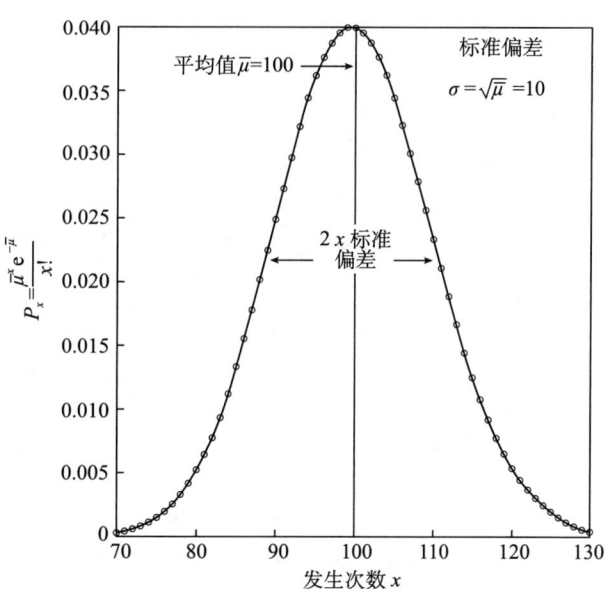

图 10.1 在给定的时间间隔内，对预期计数（100）进行评估的泊松分布[1]

标准偏差为 10；68% 的观测值与平均值的偏差小于该值

测中，大约32%的测量值将超出 $N_r \pm \sqrt{N_r}$ 值的偏差。减少此类统计偏差的唯一可靠方法是通过使用更高的输出源、更高效的计数器或延长每个样品的计数时间来增加测量的绝对数量。

泊松统计的重要意义是平均值 $\bar{\mu}$ 决定了关于平均值测量结果的分布规律；$\bar{\mu}$ 完全决定了分布。通过考虑单个测量值的相对不确定性，可以减小上面所提到的误差。相对不确定性 f 可以表示为

$$f = \frac{\sigma}{N} \tag{10.8}$$

式中，N 是所考虑的时间间隔内预期的平均数。

由于 σ 为平均值的平方根，因此，f 可以写为

$$f = \frac{\sqrt{N}}{N} = \frac{1}{\sqrt{N}} \tag{10.9}$$

由于 N 随观察时间 t 和源强度 Q 呈线性增加，即

$$f \propto \frac{1}{\sqrt{Qt}} \tag{10.10}$$

因此，如果源强度或观测时间增加四倍，那么分数不确定性就会降低至原来的1/4。

10.4 辐射效应

辐射和材料之间的某些相互作用在测井中有着特殊的用途。在讨论这些相互作用之前，给出了一些数学定义，以帮助了解这些相互作用的机制。

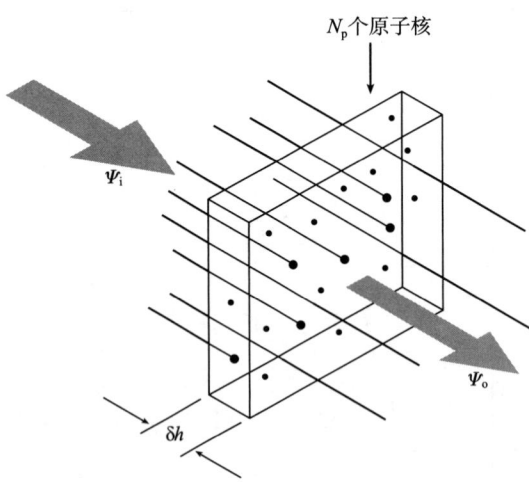

图10.2 强度为 Ψ_i 的伽马射线冲击每立方厘米相互作用粒子数为 N_p 的薄混凝土材料隔板的通量[1]

穿过材料时的通量减少与隔板的厚度 δh 和相互作用粒子 N_p 的数量密度成正比

图10.2 展示了这些反应是如何发生的。可以看到强度为 Ψ_i 的辐射束（例如，伽马射线或中子）穿过混凝土材料的隔板后强度变为 Ψ_o。辐射的强度 Ψ 定义为通量，量纲是单位面积、单位时间内粒子数。

这种隔板材料的特性决定于单位体积内粒子数 N_p，它也是辐射通量作用的对象。实验观测发现，当穿过厚度为 δh 的隔板材料时，一部分入射粒子发生了相互作用，其数量与靶核的厚度和数量以及入射通量成正比。数学表达式为

$$\delta \Psi = \Psi_i - \Psi_o = \sigma \Psi N_p \delta h \tag{10.11}$$

式中，比例常数 σ 称为相互作用的总截面。

该微观截面 σ 的单位是面积/相互作用的靶核。之所以称为横截面，是因为它在经典力学中具有横截面的直观含义。

事实上，它是收集所有核反应细节的重要参数。实际的横截面单位为"靶恩"（b），1 b = 10^{-24} cm^2。所谓的宏观截面 Σ 是 σ 和 N_p 的乘积，量纲为 L^{-1}，即相互作用平均自由程的倒数。根据 σ，可以很容易地计算 Σ，因为 N_p 与阿伏加德罗数 N_A 和材料密度 ρ_b 有关：

$$N_p = \frac{N_A}{M} \times \rho_b \tag{10.12}$$

式中，M 是每个分子单个粒子的靶材料的分子量。

通常，大多数核反应的横截面必须通过实验来确定。它们取决于入射辐射、相互作用的类型和材料。横截面通常还取决于核辐射的能量以及辐射的出入射之间的夹角。因此，横截面通常用图形或表格形式表示。

方程（10.11）中 $\sigma \Psi N_p$ 数值的量纲为（cm^3·s）$^{-1}$，表示入射通量和靶材料之间单位体积的反应速率。

10.5 伽马射线相互作用的基本原理

就我们的目的而言，地层中有三种类型的伽马射线相互作用值得关注：光电效应、康普顿散射和电子对效应。特定伽马射线发生相互作用的概率将取决于材料的原子序数和伽马射线的能量。接下来按照伽马射线能量逐渐增加的顺序讨论这三种效应。

光电效应是伽马射线与材料中的原子相互作用引起的。在这个过程中，入射伽马射线消失，并将其能量转移到束缚电子上。如果入射伽马射线能量足够大，电子就会从原子中逸出，并开始与周围的材料相互作用。通常，逸出的电子被另一个束缚较弱的电子取代，并同时产生能量通常低于 100 keV 的特征荧光 X 射线，该能量的高低取决于材料的原子序数。

光电效应的横截面 σ_{pe} 随能量发生强烈变化，变化量几乎与伽马射线能量 E_γ 的立方成反比。它还取决于吸收介质的原子序数 Z。在 40~80 keV 的能量范围内，原子序数为 Z 的每个原子的横截面为

$$\sigma_{pe} \propto \frac{Z^{4.6}}{E_\gamma^{3.15}} \tag{10.13}$$

对大多数地层来说，光电效应成为能量低于约 100 keV 的伽马射线的主要过程。

光电效应是常规伽马射线探测仪器探测中的重要过程。此外，这种效应也是探测地层岩性的基础。该类型测井仪测量所谓的光电吸收因子 P_e，它与每个电子的光电截面（即 $\frac{\sigma_{pe}}{Z}$）成正比。由于 P_e 对介质的平均原子序数（Z）非常敏感，因此，可以通过测量 P_e 直接得到岩性或岩石类型。这是因为主要岩石基质（砂岩、石灰岩和白云岩）具有不同的平均原子序数，因此，具有不同的光电吸收特征，并且孔隙流体由于其较低的平均原子序数，对 P_e 的测量影响较小。

随着伽马射线能量的增加，伽马射线与材料的相互作用主要为康普顿散射，这是伽马射线和单个电子的相互作用。在这个过程中，只有部分伽马射线能量转移给了电

子，剩余的伽马射线能量减少。与光电效应不同，康普顿散射的横截面随能量的变化相对缓慢。

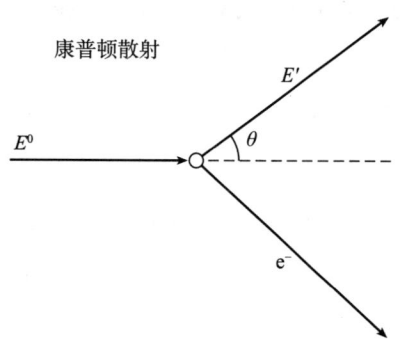

图 10.3　康普顿相互作用示意图
能量为 E^0 的伽马射线将其中一部分能量传递给电子，能量为 E' 的伽马射线与入射伽马射线的散射角为 θ

对于探测器材料中的伽马射线而言，作为一项测量技术和一种作用机制，康普顿散射都具有很重要的意义。因此，我们会考虑更多的细节。图 10.3 说明了该过程：入射能量为 E^0 的伽马射线与材料的电子相互作用，散射角为 θ，剩余能量为 E'。入射伽马射线能量和散射伽马射线能量之间的差转移给了电子。

图 10.4 是能量为 660 keV 的入射伽马射线发生康普顿散射时散射角和散射能量的关系。伽马射线能量可表示为初始能量和散射角的函数：

$$E' = \frac{E^0}{1 + \frac{E^0}{m_0 c^2}(1 - \cos\theta)} \tag{10.14}$$

式中，m_0 为电子的静止质量；c 为光速；$m_0 c^2$ 的数值相当于 511 keV。

由于在所有的伽马射线探测器中，高能二次电子用于产生可测量的信号，因此，研究康普顿散射伽马射线产生的电子能量的分布非常有意义。因为初始伽马射线能量被分配给出射伽马射线和散射电子，所以，相对很容易得到康普顿电子散射能量和散射角的关系曲线。如图 10.5 所示，当伽马射线反向散射 180° 时，可以看到最小电子能量为零，最大电子能量约为 450 keV（在这个例子中，入射伽马射线能量为 660 keV）。

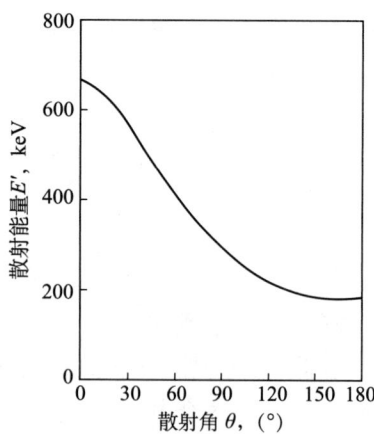

图 10.4　初始能量为 660 keV 的康普顿散射伽马射线的散射能量和散射角的关系

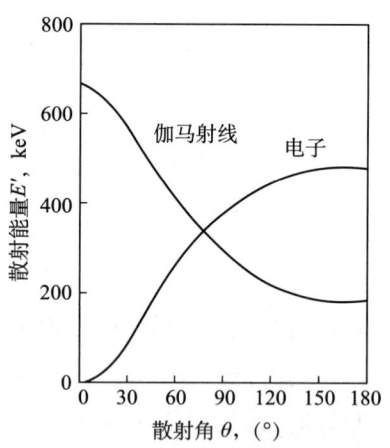

图 10.5　康普顿电子散射能量和散射角的关系
电子能量曲线是根据图 10.4 中的能量守恒定律和伽马射线散射角关系得出的。请注意，散射角大于约 120° 时，电子能量对伽马射线散射角相对不敏感

图 10.5 是电子能量与所有可能散射角的关系。为了确定电子能量的分布，必须了解散射角的分布。一般来说，散射不是各向同性的，而是存在一个与散射角 θ 相关的概率分布。对于康普顿散射，在极高能状态下，优选散射角接近于零。然而，在低能

状态下，康普顿散射接近于各向同性，因此，在已知伽马射线散射的立体角的情况下，可以将图 10.5 中的电子能量曲线转换为图 10.6 中的电子分布曲线，该立体角随 $\sin\theta$ 而变化。图 10.6 中的电子分布与观测到的伽马射线能谱关系密切，图中给出了全能量范围内的伽马射线。这是如果所有入射伽马射线能量都被探测器材料吸收时探测器记录下来的伽马射线能量。然而，如果入射到探测器上的伽马射线通过单个康普顿散射相互作用，那么探测器记录的将是能量的分布。在伽马射线能谱中，这种削减或次生特征称为康普顿尾。该分布最上面的部分称为康普顿边缘（图 10.12）。

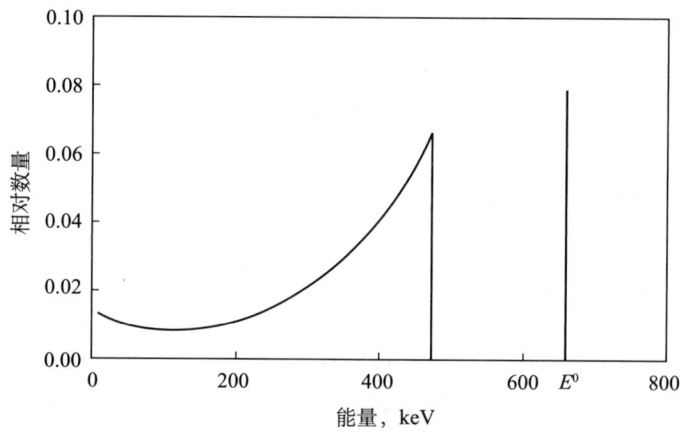

图 10.6 基于伽马射线各向同性散射假设的康普顿电子能量分布

为了理解由质量为 A 和原子序数为 Z 的原子组成的材料中康普顿散射的体积效应，可以计算所谓的线性吸收系数。电子散射的宏观截面就是康普顿截面，为 σ_{Co} 乘以每立方厘米的电子数：

$$\Sigma_{Co} = \sigma_{Co} \frac{N_A}{A} \rho_b Z \tag{10.15}$$

式中，Z 表示每个原子中有 Z 个电子。

因此，康普顿散射引起的伽马射线衰减将是体积密度 ρ_b 和 Z/A 的函数。事实上，对于大多数感兴趣的元素来说，Z/A 是一个常数 $\left(\approx \frac{1}{2}\right)$，这是应用伽马射线散射仪器确定体积密度的基础。

第三个也是最后一个伽马射线相互作用是电子对效应。与光电效应一样，电子对的产生是吸收效应而不是散射效应。在这种情况下，伽马射线与原子核的电场相互作用，如果伽马射线能量高于阈值 1.022 MeV，它就会消失，并产生一个正负电子对。这种相互作用的发生对应于正负电子的静止质量能量。随后正电子（带正电的电子）的湮灭会发出两个能量为 511 keV 的伽马射线。该过程的核截面在 1.022 MeV 的阈值能量以下为零，并且随着能量的增加而快速增大。它还取决于原子核的电荷，大致随着 Z^2 的变化而变化。

为了观察三种类型相互作用的主要范围，请参见图 10.7。从图中可以看出，作为吸收装置中伽马射线能量和原子序数的函数，相邻过程的界面线性吸收系数是相等的。对应于原子序数为 16 的这条水平线是测井中常见矿物原子序数为 Z 的上限。

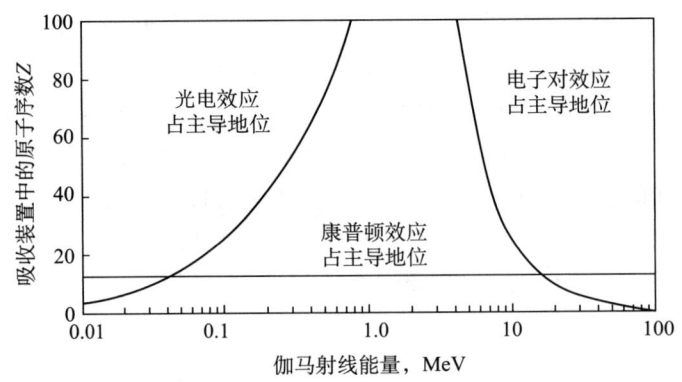

图 10.7 三种主要伽马射线散射效应的主要范围，
它是散射能量和散射材料原子序数 Z 的函数[2]

10.6 伽马射线的衰减

根据前面对横截面的定义，伽马射线衰减的基本定律可以表述为

$$\Psi = \Psi_i e^{-n\sigma h} \tag{10.16}$$

式中，Ψ_i 是厚度为 h 的散射体的入射通量；n 为单位体积的散射体数量；σ 是每个散射体的散射横截面；Ψ 为离开散射体的通量。

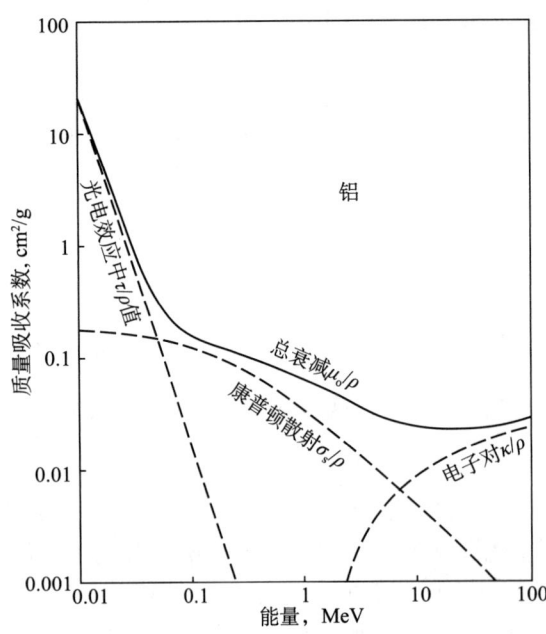

图 10.8 铝的伽马射线质量吸收系数与
伽马射线能量的函数关系[2]

对于能量范围为数百 keV 的伽马射线，主要的相互作用是康普顿散射。在这种情况下，散射体是电子，散射截面是 σ_{Co}（每个电子的康普顿截面）。源能量伽马射线衰减的表达式为

$$\Psi = \Psi_i e^{-\rho_b \frac{Z}{A} N_A \sigma_{Co} h} \tag{10.17}$$

伽马射线的衰减与材料的厚度 h、体积密度和散射材料的特性 Z/A 成正比。如前所述，对于大多数沉积岩来说，Z/A 的比率接近 $\frac{1}{2}$。

测量材料伽马射线衰减特性的另一个量是质量吸收系数 μ，它将方程（10.17）中的常数重新组合，即

$$\mu = \frac{Z}{A} N_A \sigma \tag{10.18}$$

所以，伽马射线衰减方程可以写成

$$\Psi = \Psi_i e^{-\mu \rho_b h} \tag{10.19}$$

质量吸收系数的单位为 cm^2/g。在康普顿散射中，应用质量吸收系数的方便之处是它对于所有材料 Z/A 的比率都接近 $\frac{1}{2}$。图 10.8 给出了铝的质量吸收系数。

10.7 伽马射线探测器

伽马射线的探测分为两个阶段。首先，伽马射线与探测器材料相互作用。因为考虑到伽马射线由高能电子组成，这样部分或全部能量可以转化为电离辐射。在第二阶段，电子转换为可观测到的电信号。在第一阶段，所有常见的伽马射线探测器都利用前面描述的伽马射线与物质相互作用的三种模式中的一种或多种。接下来将介绍目前使用的三种普通类型的伽马射线探测器。第一种——气体电离探测器，是最早的核辐射检测的一个分支。第二种——闪烁探测器，是目前测井中最常用的伽马射线探测器。第三种——固体探测器，在测井应用中已很少使用。

10.7.1 气体放电探测器

如图 10.9 所示，电离气体或气体放电探测器的常见结构由一个金属气缸和一条轴向穿过并与之绝缘的导线组成。该气缸通常充满了不导电的气体，并且中心导线和气缸之间保持中等（数百伏）电势。为了使用这种装置检测伽马射线，必须先以某种方式将气体电离。即使在极高压的密闭系统中，气体密度也不是很大，并且有用气体的原子序数相对较低，因此，伽马射线直接与气体相互作用的可能性很小。主要的检测原理是光电吸收或金属屏蔽中伽马射线康普顿散射的反冲电子喷出。对于在气缸内径附近吸收的伽马射线，喷出的反冲电子有一定的概率逃逸到气体中，从而导致探测器中的气体分子发生初始电离。在这一过程中，释放的自由电子被径向电场加速，并在与气体分子发生碰撞时产生额外的自由电子。其中的一小部分被中心导线吸收，产生电压脉冲。

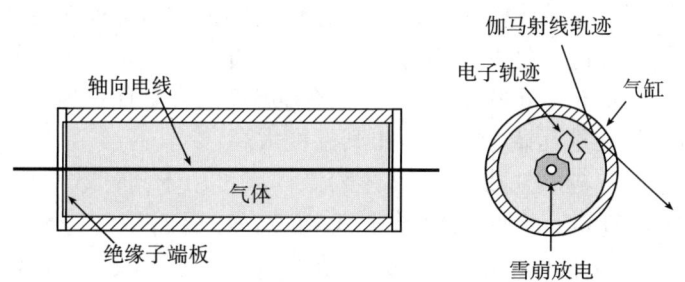

图 10.9 气体放电探测器示意图

这种检测器的检测效率并不高，可以结合导电的高原子序数伽马射线吸收剂进行改进，例如，可以将气缸内层镀银。尽管这些探测器可以在比例模式❶下工作，但由于效率低，其能量分辨率不能满足测井需求。气体放电探测器的最大优点是其简单性、耐用性和可靠性，可在恶劣的测井环境中工作。因此，气体放电探测器最近得到了复兴，因为它们适用于 LWD 环境[3]。

---

❶ 这种模式可以通过降低气缸外壳和中心导线之间的电压来实现。在这种情况下，输出脉冲的大小将与喷射电子产生的初始电离成正比，从而与吸收的伽马射线能量成正比。

10.7.2 闪烁探测器

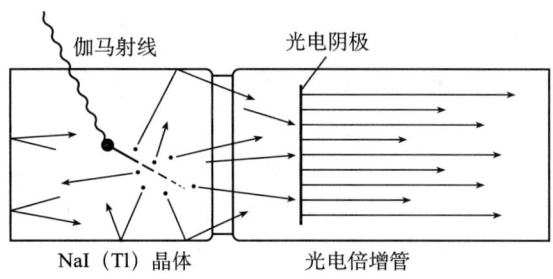

图 10.10　闪烁探测器及其相关的光电倍增管
光电阴极通过释放电子来响应晶体中的闪光。释放的电子被光电倍增管结构的其余部分放大成可检测的电脉冲

更常见的类型是采用闪烁晶体的伽马射线探测器。主探测器对电离辐射（如高能电子）比较敏感。当这些粒子在晶格内移动时，其能量传递给一连串的二次电子，这些二次电子最终被杂质原子捕获。当这些电子被捕获时，会发出可见光或近似可见光。然后，这些光被耦合到晶体的光电倍增管检测到，并转化为电脉冲。图 10.10 给出了这一过程。输出脉冲高度与初始高能电子沉积在晶体中的总能量有关。这种检测方式的最大优势是可以进行伽马能谱分析，更确切地说，可以推断入射伽马射线的实际能量。在某些情况下，这为在次生伽马测井中实现探测伽马射线的源提供了可能性。

闪烁探测器只能探测伽马射线散射（三种伽马散射中的一种或多种散射）后产生的电子。因此，闪烁探测器对伽马射线的探测效率取决于其尺寸、密度和平均原子序数（对光电效应而言）。最常用的闪烁体是掺有铊杂质的碘化钠［NaI(Tl)］，它具有较好的伽马射线吸收特性和相当快的闪烁衰减时间（$\approx 0.23~\mu s$），后者满足高计数率下进行的能谱研究。

最近，开发了两种新的闪烁体，并在测井中得到了初步应用。第一种是高密度锗酸铋（BGO）探测器[4]，在晶体较小时，它也有较高的探测效率。其密度是 $7.13~g/cm^3$，几乎是 NaI 的两倍。其优点是发光体的特征衰减时间略长于 $0.3~\mu s$；缺点是在室温下，光输出相对较少，大概是 NaI 的 10%，并且随着温度的升高而迅速降解。由于该原因，在测井中通常将其放在杜瓦瓶中，以防止其温度太高[5,6]。

第二种闪烁体是正硅酸钆或 GSO 晶体闪烁体，可用于高计数率探测[7]。其主要优点是衰减时间大约为 50 ns。此外，它具有非常大的有效原子序数，其密度为 $6.7~g/cm^3$，几乎是 NaI 的两倍[8]。与 NaI 相比，它的一个缺点是其光输出较小，但随着温度的升高，光输出会增大。制造困难和生产费用等问题导致探测器的体积相对较小，但这对小直径测井仪器来说是比较方便的[9]。

伽马射线能谱闪烁体装置的应用基础是其输出光脉冲与入射伽马射线能量具有唯一的相关性。然而，这只有在伽马射线完全吸收的情况下才有可能。图 10.11 给出了一些可能使检测到的伽马能谱复杂化的原因。它描述的是记录激发态碳和氧释放出来特征伽马射线的仪器，展示了从（标记为 IS 处）地层中的碳发射出来的 4.44 MeV 伽马射线所发生的一切。首先，在井内流体中产生康普顿散射（CS），在到达仪器外壳时，失去 390 keV 的能量，进入 NaI 探测器时，能量为 4.05 MeV。在标记点 PP 处，发生了电子对效应，产生了一个 2.00 MeV 的电子和一个 1.03 MeV 的正电子，此时，消耗 1.02 MeV 的能量。两个粒子将其能量转移给闪烁体。当正电子失去其全部动能与电子一起消失时,产生两条伽马射线,每条射线的能量为 0.51 MeV。其中一条伽马射线在(CS)处经历康普顿散射后能量减少,剩余的 0.41 MeV 的能量最终在晶体内的点 Ph.A 处被光电吸收。另一条 0.51 MeV 伽马射线向右逃逸晶体,并在仪器外壳中(在另一个标记为 Ph.A 的点)被吸收,没有对转移到晶体的总能量产生影响。由晶体中产生光闪顺序的描述可以看出,最终我们想要测量的能量是 3.54 MeV,而不是 4.44 MeV。

因此,在检测中,测量伽马射线谱的形成是一个复杂的物理过程。只有当伽马射线的能量被检测器完全吸收时,闪烁体的光输出能量才与入射伽马射线能量成正比,例如,光电吸收过程。图 10.12 显示的是光电吸收过程沉积的能量,即右侧标记为 E_γ 的单条直线。如果康普顿相互作用发生,然后伽马射线脱离晶体,则只有一小部分能量会被记录下来。在这种情况下,可能的能量沉积分布如图 10.6 所示。能量范围从零延伸到康普顿边缘,也就是从伽马射线转移到电子中的最大能量。此外,如果伽马射线具有足够高的能量,则可能发生电子对效应。在这种情况下,如果一个或多个能量为 511 keV 的光子在没有发

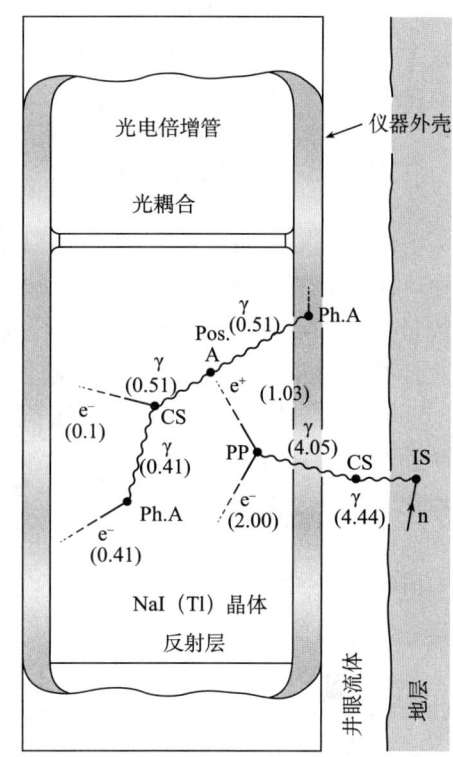

图 10.11 从地层中发出并最终由井眼中 NaI 探测器检测到的 4.44 MeV 单个伽马射线的寿命
图中括号内的数字单位为 MeV

生相互作用的情况下逃离探测器,则在检测到的光谱中将出现所谓的第一次和第二次逃离峰。图 10.13 显示了该过程带来的额外反应,它不再是单条直线,而是完全不同于"直线"的三个峰值。

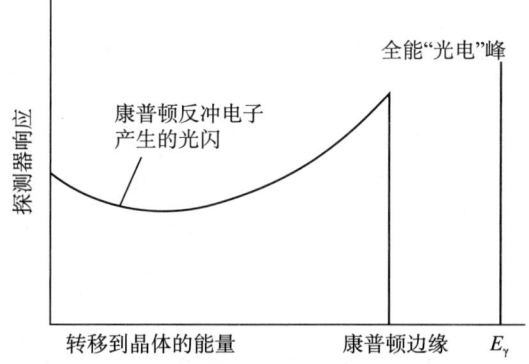

图 10.12 NaI 探测器检测单能伽马射线的示意图
它显示了伽马射线被光电过程吸收的全能峰,以及伽马射线在晶体中经历康普顿碰撞而出现的宽康普顿尾。在该过程中,仅将其部分能量转移给提供检测的电子

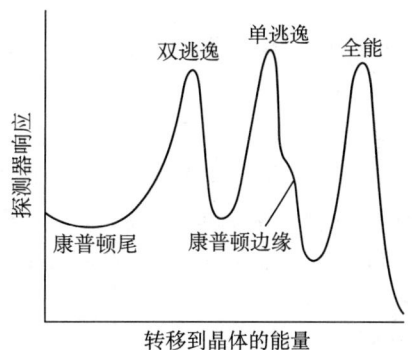

图 10.13 探测器中发生的更加复杂的例子
图中显示了两个逃逸峰和全能峰。两个逃逸峰只有在伽马射线高于电子对生成阈值时才能产生,对应于 511 keV 湮灭伽马射线中的一个或两个逃逸

图 10.13 显示的线谱展宽是检测器产生的畸变。这种展宽的量度被称为探测器分辨率。在此例中，对于 NaI 探测器，观测到的伽马射线的宽度主要是伽马射线能量、晶体大小、晶体与光电倍增管之间的光学耦合以及光电倍增管特性的函数。

10.7.3 半导体探测器

闪烁探测器的主要缺点之一是其能量分辨率差[1]。在这种类型的探测器中，检测需要许多低效的步骤。结果是产生一个信息"载体"（光电倍增管中的光电子）所需的能量约为 1 000 eV。因此，用于典型辐射检测的载体的数量相当少。如此小的数字上的统计波动对能量分辨率施加了固有的限制。

使用半导体材料作为辐射探测器可以在每个探测到的结果中产生更多的信息载体，从而获得非常高的能量分辨率。在诸如锗（Ge）探测器之类的固态设备中，半导体特性用于以更直接的方式将带电粒子能量转化为可用的电子脉冲。高能带电粒子将能量转移给晶格中的束缚电子（0.7 eV 的 Ge），使其中许多电子变得自由。每个自由电子在电子结构的晶体中留下一个空穴。当向探测器晶体施加强电场时，自由电子和空穴迅速向电极移动，并产生电脉冲。

由于带隙很小，因此，可以得到较高的分辨率。通过探测 1 MeV 的伽马射线，释放了大约 3.5×10^5 个电子，由此产生的脉冲不受其他低效步骤的干扰，因此，具有非常高的能量分辨率。然而，由于在室温下（更不用说井眼温度），一些电子有足够的热能穿过 0.7 eV 带隙，看上去像是那些通过伽马射线相互作用释放出来的电子，因此，探测器必须在极低的温度下工作。尽管用 Ge 探测器探测到的伽马射线光谱非常好，但其总体分辨率比用 NaI 探测器得到的分辨率要差，这种缺点是由于可用于这种类型设备的探测器体积较小。固态探测器的应用仅限于与精确的光谱元素定义或现场化学分析有关的设备。

参考文献

[1] Ellis D V. Nuclear logging techniques//Bradley H. Petroleum production handbook. Dallas: SPE, 1987.

[2] Evans R D. The atomic nucleus. New York: McGraw-Hill, 1967.

[3] Mickael M, Phelps D, Jones M D. Design, calibration, characterization and field experience of new high-temperature, azimuthal, and spectral gamma ray logging-while-drilling tools. Presented at the 77th SPE Annual Technical Conference and Exhibition, paper SPE 77481, 2002.

[4] Rozsa C, Dayton R, Raby P, et al. Characteristics of scintillators for well logging to 225℃. IEEE Trans Nucl Sci, 1990, 37 (2): 996 – 971.

---

❶ 该分辨率通常用百分比表示。它将观测到的宽度（ΔE）与测量到的伽马射线的能量（E）进行比较。宽度在峰值最大值的一半处确定。对于 600 keV 的 NaI 探测器，典型值约为 10%。

[5] Flanagan W D, Bramblett R L, Galford J E, et al. A new generation nuclear logging system. Trans SPWLA 32nd Annual Logging Symposium, paper Y, 1991.

[6] Truax J A, Jacobson L A, Simpson G A, et al. Field experience and results obtained with an improved carbon/oxygen logging system for reservoir optimization. Trans SPWLA 42nd Annual Logging Symposium, paper V, 2001.

[7] Melcher C L, Schweitzer J S, Manente R S, et al. Applicability of GSO cintillators for well logging. IEEE Trans Nucl Sci, 1991, 38 (2): 506 – 509.

[8] Melcher C L, Schweitzer J S, Utsu T, et al. Scintillation properties of GSO. IEEE Trans Nucl Sci, 1990, 37 (2): 161 – 164.

[9] Scott H D, Stoller C, Roscoe B A, et al. A new compensated through-tubing carbon/oxygen tool for use in flowing wells. Trans SPWLA 32nd Annual Logging Symposium, paper MM, 1991.

习 题

10.1 证明对于 $x = \bar{\mu}$ 来说，当 $\bar{\mu} \gg 1$ 时，泊松分布最大值出现。

10.2 如第 12 章所示，测量地层密度的一种方法是使用伽马射线的衰减。伽马—伽马密度测井仪基本上是测量 662 keV 伽马射线在约 40 cm 的路径长度上的衰减。

10.2.1 使用简单的指数通量衰减定律（$N = N_0 e^{-\mu\rho x}$）推导出密度 ρ 的不确定性与所测量计数率 dN 的不确定性之间关系的表达式。

10.2.2 根据前一部分得到的结果，确定孔隙度为 10 p.u. 砂岩中计数率变化多少会引起孔隙度的变化在 1 p.u.（即1%孔隙度）以内。

10.2.3 计数率测量 1s 的时间意味着什么？

10.3 密度测井探头中使用的 ^{137}Cs 伽马射线源每秒发出 10^{10} 个伽马光子，半衰期约为 30 年。源材料的实际形式是氯化铯（CsCl）微球体，其密度为 4 g/cm^3。假设微球体为立方体填充，那么源所占的体积（单位：cm^3）是多少？

10.4 证明伽马射线探测器的效率应随 $1 - e^{-\mu\rho x}$ 变化，其中 x 是探测器的厚度。

10.5 使用图 10.8 中的数据，绘制密度为 3 g/cm^3，且 $Z = 13$ 的探测器在 10 keV 和 100 keV 之间的 1 in 和 2 in 厚度下的效率曲线。

10.6 地层中观测到的部分热梯度归因于放射性衰变。证明 ^{137}Cs 密度测井源的发热量约为毫瓦（1 eV = 1.6×10^{-19} J）。

11

伽马射线测井

11.1 引 言

先前的测井实例表明,两种测井方法被认为可以响应纯地层和泥质地层之间的差异。其中一种测量方法是自然电位(SP)测井(见第3章),我们已经进行了详细的分析,并且,已知它对纯渗透性地层有明显响应。这在图 11.1 右道中可以得到证实,其中 8 510 ~ 8 540 ft 之间层段的负电位更大,因为该层段没有黏土,并且,井内流体与地层水之间没有自由连通。对于同一口井,在图的左侧,伽马测井曲线(或 GR)和 SP 曲线结构相似:在纯地层处为低值,而在明显的泥质地层为高值。图 2.18 给出了另一实例,在第 1 道中,GR 曲线与 SP 曲线高度相关。

顾名思义,伽马射线对地层中的自然伽马放射性产生响应。我们将首先讨论这种自然辐射的来源问题。造成这种现象的少数同位素可以归结为一小部分常见矿物。由于黏土矿物的存在,泥岩中聚集了大量的放射性同位素,其中一些黏土矿物具有天然放射性或含有与之相关的放射性离子。

20 世纪 30 年代末,推出了首个作为非电法测井方法的自然伽马测井。与其他将要讨论的测井方法一起,它很快就被用于区分泥岩地层和纯地层。通常使用两种类型的仪

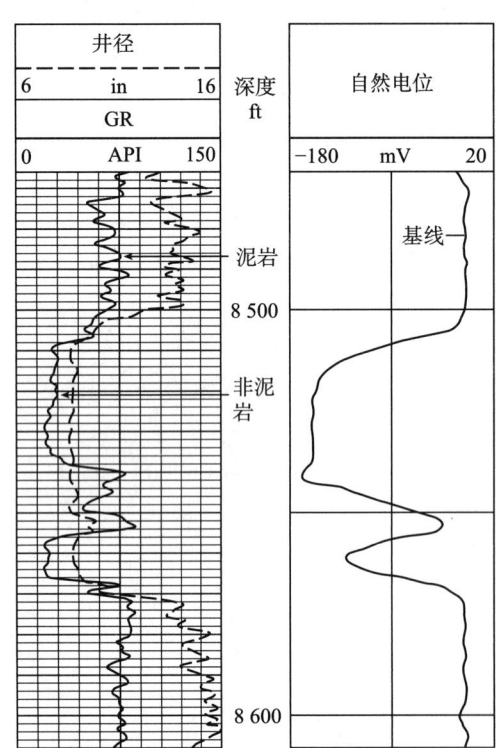

图 11.1 纯地层和泥岩层的自然伽马曲线与 SP 和井径曲线的比较

器探测地层放射性。GR 仪器用一个简单的伽马射线探测器来测量地层的总放射性，使用 20 世纪 30 年代的第一代仪器几乎很难区分。此外，伽马能谱仪器能定量确定放射性同位素存在的浓度。两种类型仪器的探测深度相近，且受环境影响较小。两种类型仪器的刻度都是用实验室的人工"泥岩"地层进行标定。

尽管 GR 测井是传统泥质地层分析的重要组成部分，但这种测量方法的解释有些不精确。本章给出了说明自然伽马能谱测井方法用处的几个实例。人们已经推出利用附加的谱信息制成的大量解释图版，并取得了不同程度的成功。

11.2 天然放射源

为了找出哪种天然存在的同位素可引起地层的 GR 放射性，用半衰期与地球的大致年龄对比具有指导意义，地球年龄约为 4×10^9 年。只有钾（K）、钍（Th）和铀（U）三种同位素的半衰期与之数量级相当或更长：^{40}K，1.3×10^9 年；^{232}Th，1.4×10^{10} 年；^{238}U，4.4×10^9 年。^{40}K 的衰变伴随着能量为 1.46 MeV 的单一特征伽马射线的发射。Th 和 U 都通过两种不同系列的十几种或更多的中间同位素衰变成稳定的铅同位素。在许多不同的能量下发射会产生复杂的伽马射线能谱，如图 11.2 所示。铀系发出的主要伽马射线来自同位素铋，而钍系的伽马射线则来自铊。除钾外，沉积岩中所有重要伽马射线活动的来源都是钍或铀系的同位素。

地层放射性的最大来源是钾，它是地壳中相当常见的元素。图 11.3 显示了常见元

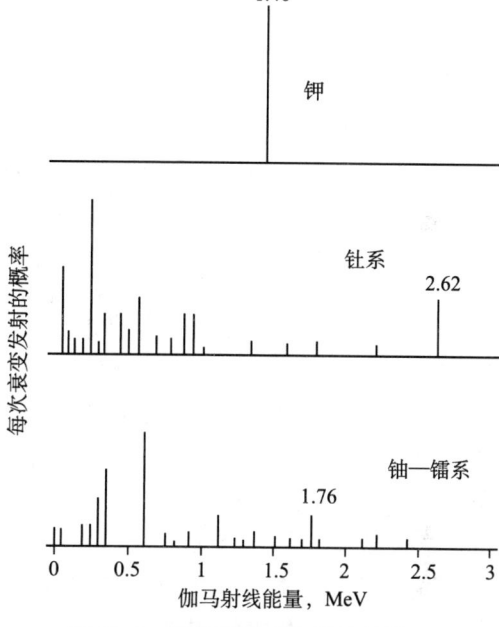

图 11.2 三种天然存在的放射性同位素的伽马射线分布

素的地壳丰度，不是以体积分数表示，而是以质量分数表示。只有八种元素的质量分数为 1% 或更多。钾和镁的质量分数均为 1%，沉积地层中含有钾的矿物很多。表 11.1 列出了一些富含钾的蒸发盐，最常见的是钾盐。长石是继石英之后在砂岩中发现的最丰富的矿物，它有一个富含钾的家族。在沉积地层中普遍存在的五组黏土矿物之一（云母）的晶格结构中含有钾。需要注意的是，就测井解释而言，术语"云母"通常指对"黏土"体积（V_{cl}）没有贡献的矿物，原因是这类黏土矿物的阳离子交换能力低，因此，它们对电测井的影响最小。然而，该组中的两个成员——伊利石和海绿石，确实具有较强的阳离子交换能力，并对 V_{cl} 有贡献。关于该问题的深入讨论可以参见第 21 章。

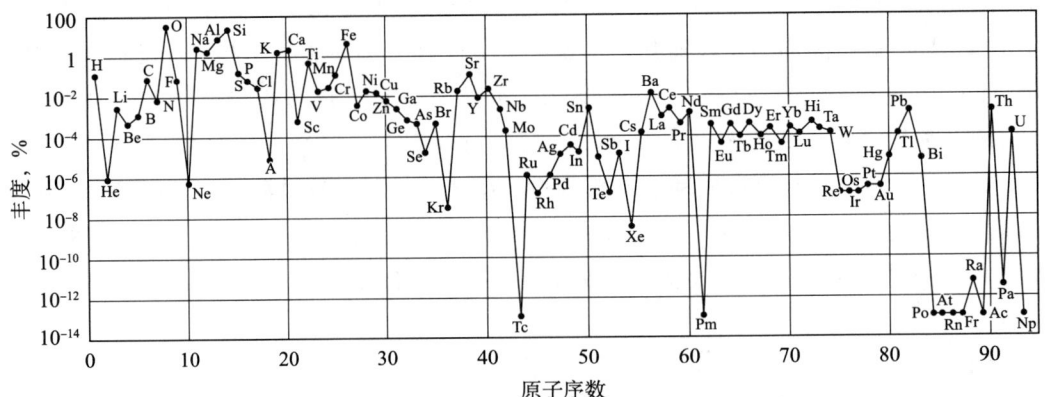

图 11.3 地壳中元素的质量分数[1]

表 11.1 含钾蒸发岩矿物[2]

名称	成分	K，%
钾盐	KCl	52.44
无水钾镁矾	$K_2SO_4(MgSO_4)_2$	18.84
钾盐镁矾	$MgSO_4KCl(H_2O)_3$	15.7
光卤石	$MgClKCl(H_2O)_6$	14.07
杂卤石	$K_2SO_4MgSO_4(CaSO_4)_2(H_2O)_2$	13.4
钾芒硝	$(KNa)_2SO_4$	24.7

相比之下，含钍和铀的矿物非常罕见。在测井应用中，铀可能来自奇怪的稀有矿物，但通常来自铀盐的沉淀。铀化合物的溶解度影响引起其迁移，使其频繁出现在有机泥岩中。在后一种情况下，铀的存在是由于动植物吸收了铀，而这些动植物后来形成了泥岩。钍经常与重矿物有关，如独居石或锆石，它们也被称为残留矿物。我们可以期望在质量浓度为百分之几的水平上找到钾，钍和铀最多可能达到百万分之几十的水平。最大的浓度被认为与泥岩有关，这是我们接下来要考虑的。

在此处讨论中，泥岩被认为是由粉砂和黏土矿物组成的细粒岩石。粉砂主要为石英，但可能含有长石和有机物。黏土矿物主要与和大多数泥岩有关的两种放射性源（钾和钍）有关。我们已经看到伊利石中含有钾。钾也与其他黏土矿物（如蒙脱石）以及云母（如黑云母和白云母）有关[2]。在火成岩分解过程中形成的黏土矿物通常具有很高的阳离子交换能力。由于这一特性，它们能够保留微量的放射性矿物，这些放射性矿物最初可能产生长石和云母的成分。该特性可能是保留微量钍的原因，微量钍存在于相对不溶的矿物中。由于自身的溶解度，铀很容易从黏土矿物地层迁移走。这与泥岩中的有机物有关，而与黏土矿物无关。

Hassan 等人对 500 多块岩心样品地球化学分析进行的统计研究[3]印证了上述观点。研究发现，黏土矿物与元素浓度之间相关性最大的是钍和钾，而铀的相关性可以忽略不计。因为钾与泥岩中的其他成分有关，如长石，所以，黏土矿物与钍之间的相关性最大。研究发现，样品中只有有机碳含量与铀具有相关性。

11.3 伽马射线仪器

自然伽马测井的主要用途之一是区分泥岩和非泥岩。第一代伽马射线仪器仅测量从地层中发出的总伽马射线通量。这些较早的伽马射线仪器使用盖革计数器或碘化钠（NaI）闪烁探测器测量高于一些实际下限（大约 100 keV）的伽马射线。该总计数率是地层中放射性物质分布和数量的函数。它将受到所用探测器的尺寸和效率的影响。因此，美国石油协会（API）已经制定了一些刻度标准，所有总强度 GR 测井曲线现在都以 API 单位记录。

API 放射性单位的定义来自休斯敦大学实验中心建造的人工放射性地层。该地层模拟的放射性约为典型泥岩的两倍。该地层含有约 4% 的 K、24 μg/g 的 Th 和 12 μg/g 的 U，被定义为 200 个 API 单位。该刻度设备的详细信息可以在另一项研究[4]中看到。

伽马射线仪器的响应 GR_{API} 由下式给出：

$$GR_{API} = \alpha\,{}^{238}U_{\mu g/g} + \beta\,{}^{232}Th_{\mu g/g} + \gamma\,{}^{39}K_{\%} \tag{11.1}$$

式中，下标是指同位素的质量浓度单位。

请注意，虽然 ${}^{40}K$ 是放射性同位素，但参考浓度是更为常见的 ${}^{39}K$ 的浓度。${}^{40}K$ 的相对天然丰度仅为 0.012%。系数 α、β 和 γ 取决于实际使用的探测器和探头设计细节。正是针对这种类型的可变性，提出了 API 刻度标准。

然而，不同类型的泥岩具有不同的总伽马射线放射性，这取决于与之相关的 Th、U 和 K 浓度。图 11.2 显示了与每种放射性同位素相关的各种伽马射线分布。这表明，通过确定特定伽马射线的强度，可以确定地层中每个放射性发射体的数量。随着改进的能谱质量伽马射线探测器的发展，将伽马射线测井仪改进成能够确定三种成分实际浓度的仪器是很自然的。

自然伽马能谱仪器采用与总伽马射线仪器相同的基本类型的探测系统，但取代了使用原有的单一大范围能量区间的探测，而是将伽马射线分解成许多不同的能量仓。在已知 K、U 和 Th 浓度的标准地层中进行刻度后，就可以确定测量地层中存在的质量浓度和总放射性。

首先，即使衰减是地层密度的直接函数，质量浓度为常数的均匀分布源的伽马射线强度与地层密度也无关。这可以从以下讨论中看出。

假设有一个无限大的均匀介质，单位体积包含 n 个伽马射线发射体，每个发射体发射速率为每秒一条伽马射线。要计算在该介质中任意给定点探测到的总伽马射线通量，请参考图 11.4。在距离探测器 r 处、厚度为 dr 的球壳对总计数率的贡献与该体积的通量 $d\Psi$ 成正比。通量本身由该球壳中包含的发射体数量乘以到探测器的路径长度 r 后的衰减给出：

$$d\Psi = n \times 4\pi r^2 dr \frac{e^{-\mu \rho_b r}}{4\pi r^2} \tag{11.2}$$

总通量是积分式：

$$\Psi = n \int_0^\infty e^{-\mu \rho_b r} dr = n \frac{1}{\mu \rho_b} \tag{11.3}$$

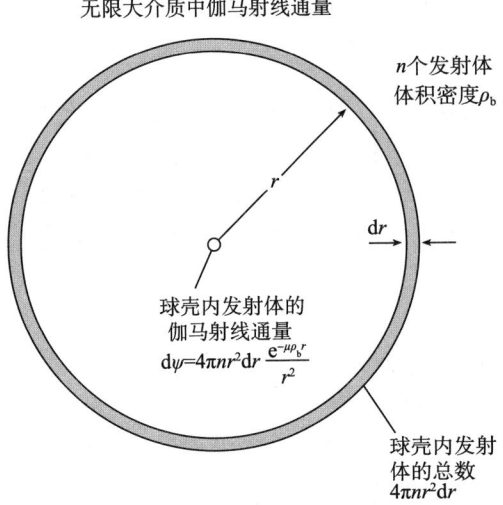

图 11.4 计算均匀分布的伽马射线发射体任意点探测器处的总伽马射线强度的几何结构

由于质量吸收系数 μ 与体积密度 ρ_b 无关，因此，总计数率是 n/ρ_b 的直接测量值，可以表示为放射性同位素的质量分数。因此，GR 测井曲线直接反映放射性元素的质量浓度。

自然伽马测量在一定程度上受到井眼环境的影响。由于井眼内钻井液和井径的变化，从地层发射的伽马射线必须通过不同数量的伽马吸收体才能到达探测器。校正图版[5]用于补偿非标准条件下进行的测量。仪器偏离直径为 8 in 饱含水的井眼的中心。校正取决于吸收参数，也就是取决于井眼直径和探头直径之间的差值与归一化钻井液密度的乘积。这些校正最初由实验室测量精心确定，但现在几乎所有校正都是由蒙特卡罗数值模拟，用类似于参考文献［6］中描述的步骤来生成。

钻井液添加剂（如重晶石或 KCl）可能会引起其他的复杂情况。钻井液中的钡是一种非常有效地吸收地层发出的低能伽马射线的物质。特殊仪器的校正图版可以由以上提到的类似方法得到。KCl 中的钾使钻井液成了多余的放射源。Ellis 讨论了一种针对这些效应校正自然伽马能谱测量结果的方法[7]。在更现代的能谱仪器[8]中，可以通过识别来自钻井液中由较少散射引起的钾的伽马射线能谱形状与来自较深地层的钾的伽马射线能谱形状的差异来对钻井液中的 K 进行校正。

11.4 自然伽马测量的应用

传统上，GR 测井曲线用于井间的地层对比、岩性的粗略识别，以及地层中泥岩体积（有时表示为 V_{cl}）的简单估算。连续泥岩层可以很容易地在与其特征伽马射线"特征"相距很远的井中识别出来。由于 GR 仪器的简单性，它在大多数其他测井方法中作为辅助传感器提供常规深度控制。根据目前对黏土成分的了解以及其他更精细的岩性确定，GR 测井似乎很可能在未来仅用于地层对比、深度控制和低成本开发井的 V_{cl} 估算。

使用 GR 测量法来估算地层中的泥质含量一直是令人困惑的课题，这源于两个方面。首先，测井分析家交替使用"黏土"和"泥岩"这两个术语。其次，GR 测井既不响应黏土，也不响应泥岩，而是响应相关的放射性同位素浓度。为了估算地层中泥岩的体积分数 V_{sh}，传统方法是查看测井曲线以获得最小和最大 GR 读数（γ_{min} 和 γ_{max}）。然后，假设最小读数为纯地层点（0% 泥岩），最大读数为泥岩点（100% 泥岩）。接着，可以通过线性刻度将井中任何其他点处的以 API 单位表示的 GR 读数（γ_{log}）转换为 GR 指数 I_{GR}：

$$I_{GR} = \frac{\gamma_{log} - \gamma_{min}}{\gamma_{max} - \gamma_{min}} \tag{11.4}$$

根据岩石类型的不同，可以用图版将该指数换算成泥质含量体积分数（图 11.5）。经常用到 I_{GR} 到泥质含量的线性变换。导致给定 GR 指数的泥岩体积估值较小的图 11.5 中的两个非线性转换试图补偿不同泥岩的黏土矿物比例。这充其量被视为确定泥质砂岩性质的一种模糊方法。根据应用情况，有时需要泥岩含量，有时黏土矿物体积更合适。泥岩体积的线性插值适用于含有与用于确定 GR 截止点地层相同比例黏土矿物的泥质地层。当然，当选择的最小 GR 信号地层含有黏土时，最大的误差源之一出现了。Heslop 对这种试图从少量信息中得到更多信息的技术进行了进一步讨论[10]。

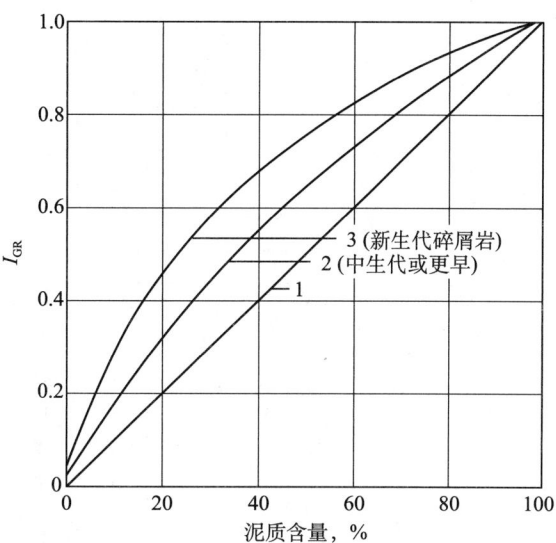

图 11.5 基于 Larinov 的工作，根据岩石类型将 GR 指数转换为泥质含量[9]
Heslop 根据"泥岩"和"黏土"之间的区别提出了一种修正[10]

11.5 自然伽马能谱测井

自然伽马测量解释的困难之一是缺乏唯一性。有无放射性的黏土，也有"高放射性的"白云岩。使用自然伽马能谱仪器可以指出异常层，如"高放射性的"白云岩或其他含有一些异常过量 U、K 或 Th 的地层。它们可以记录总伽马射线信号中三种放射性同位素各自的质量分数。这种分解效用的明显例子可以在图 11.6 中看到。在第 2 道中，三种同位素 Th、U 和 K 显示在碳酸盐岩剖面上。在第 1 道中有两条曲线。标记为 GR 的是总伽马射线信号，以 API 单位校准，就像在不采用能谱学的普通仪器中一样。第二条曲线是所谓的计算 GR（CGR）曲线。它包括从 Th 和 K 转换为 API 单位的计数率之和。这样 GR（CGR）曲线就不受与黏土矿物几乎无关的铀的影响。可以看出，GR 信号中的变化是由铀的波动引起的。用总 GR 信号曲线解释黏土会对基本上不含黏土的地层给出误导性结果。

对于一种类型的仪器，当 Th 和 U 以 μg/g 为单位测量、K 以质量分数为单位测量时，三种放射性同位素的浓度与以 API 单位为单位的总伽马射线信号（γ_{API}）之间的关系近似如下：

$$\gamma_{API} = 4Th + 8U + 16K \tag{11.5}$$

例如，该扩展表明，含有富钾矿物（如云母）的泥质砂岩可能会被错误地解释。由于云母（即指那些对电阻率测井曲线没有影响的云母矿物）产生的额外放射性会被解释成泥岩体积分数，而这个指示是错误的。该解谱的另一个用途是提供减去铀贡献的总自然伽马射线信号。这可以通过消除有机泥岩或裂缝中铀盐沉积的影响，给出更能代表泥岩中黏土矿物的无铀 GR 指数[12]。接下来介绍使用自然伽马能谱仪器探测此类异

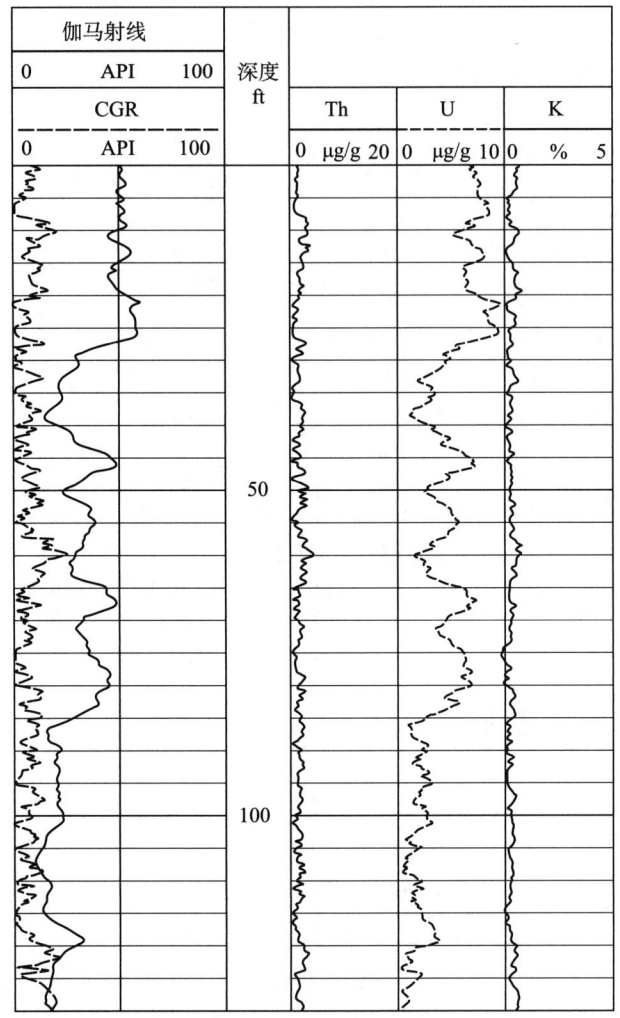

图 11.6 将碳酸盐岩剖面的自然伽马放射性解谱为 Th、U 和 K 的浓度[11]
总伽马射线（GR）信号具有相当大的放射性，与 U 含量的波动相关。CGR 是通过减去铀的贡献，根据 GR 计算得到的。这是一个基本无黏土地层，CGR 曲线更符合这一点

常的实例。

图 11.7 显示了云母砂中的测井实例。在 10 612~10 620 ft 处，泥岩的总 GR 信号约为 90 个 API 单位。如果仅使用总伽马射线作为指标，则 10 522~10 568 ft 之间的地层似乎包含了较低地层估算的泥岩量的一半左右。然而，GR 信号的解谱非常清楚地表明，这两个区域中的 U、Th 和 K 的含量完全不同。事实上，上面的地层是砂岩和云母的混合物，而下面的地层的的确确是泥岩。

在下一个实例中，如图 11.8 所示，仅 GR 曲线就可以表明，在泥岩层下界面以下（12 836 ft 处）有一层相对纯砂岩。然而，从 K 曲线可以看出，泥岩层中的高钾含量延续到 12 836 ft 以下。随后的岩心分析发现，钾含量过高是由长石的存在导致的。这是一项重要的认识，因为长石会影响密度测井解释中使用的颗粒密度的选择。

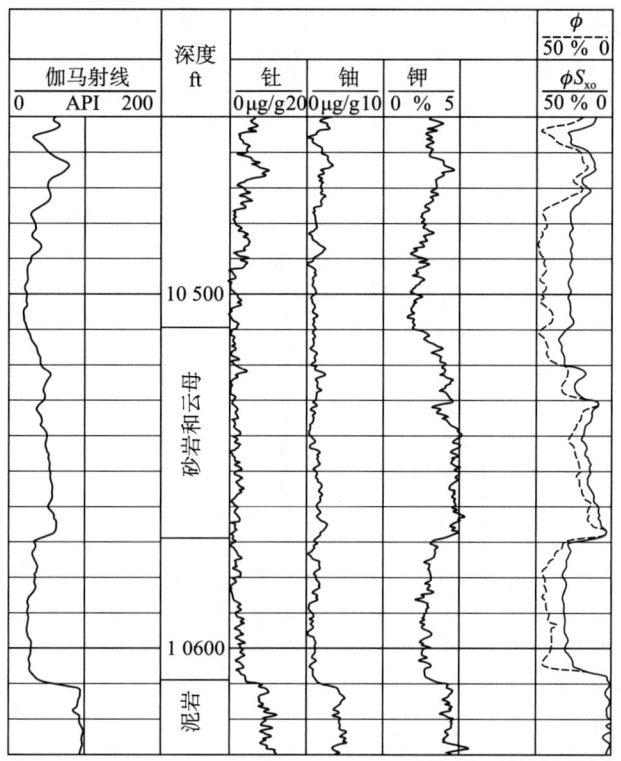

图 11.7 标明 Th、U 和 K 浓度的自然伽马能谱测井曲线[13]
指示为含有云母的地层显示出异常高的 K 含量。在该层中，GR 曲线会错误地暗示存在大量的黏土

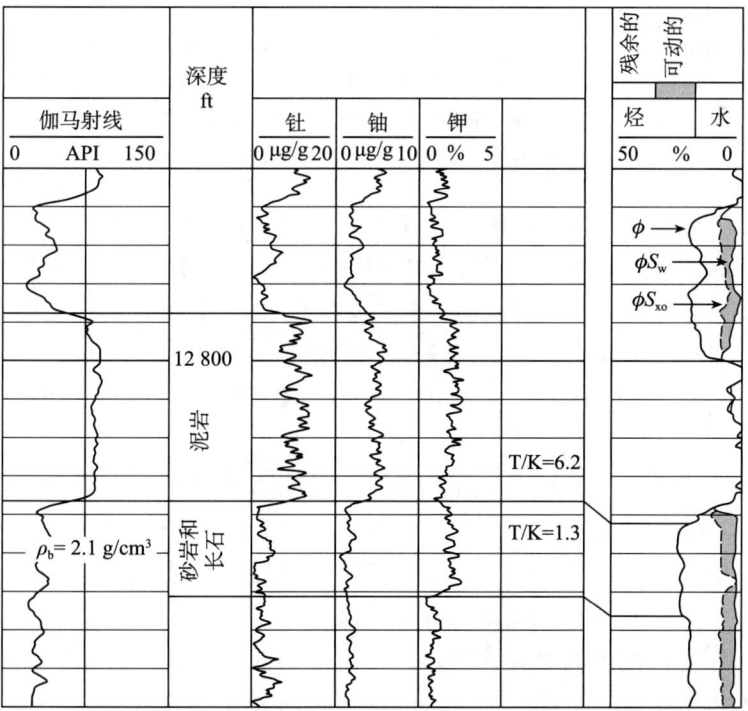

图 11.8 显示长石对能谱和总伽马射线测井曲线影响的测井曲线[13]

第三个实例如图 11.9 所示，显示了富含铀地层是如何被错误地解释（在简单的伽马射线分析中）为泥岩层的。指示深度处的铀含量突然增加表明，这不是像附近深度那样的简单泥岩。岩心分析表明，该区域富含有机物质。这与 U 经常被吸附于有机复合物中的观点一致。

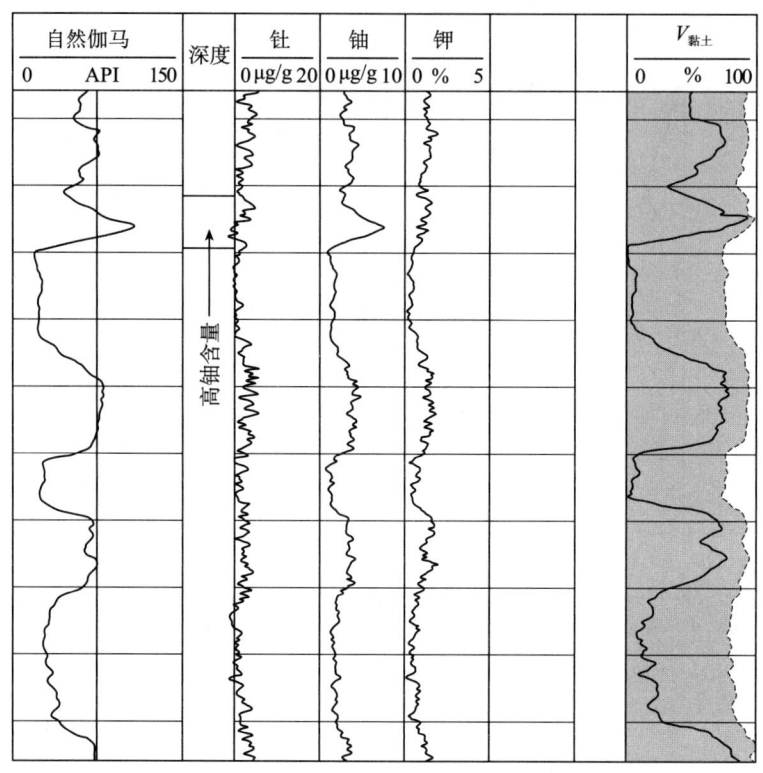

图 11.9　显示 U 异常结果的测井曲线[13]
如果未探测到，则整个区域内的黏土体积是不符事实的

使用自然伽马能谱测量而不使用仅在相关性方面可靠的标准伽马射线有两个重要原因：第一是为了解决上述放射性异常的问题；第二是根据三种放射性成分的相对贡献对黏土类型进行分类，以帮助识别黏土类型。在第 21 章中将很明显地发现，黏土矿物识别是一项非常复杂的工作，不能仅仅尝试根据相关放射性元素的知识来确定。然而，下面讨论的从 GR 能谱曲线中提取一些额外信息的几种计划取得了一定程度的成功。

如前所述，区分云母和泥岩一直是自然伽马能谱仪器的一项重要应用。电阻率测井曲线需要针对导电黏土矿物的存在进行校正，但云母是一种绝缘体。按照测井数据分析的传统，Hodsen 等人使用测得的钍和钾值的交会图来区分泥质砂岩和云母砂岩，如图 11.10 所示[14]。该交会图的端点分别对应于纯砂岩、泥岩（适用于特定井的特定区域）和云母。可以按比例缩放该图，以给出三种成分的体积分数。基于对一些常见黏土矿物中钾和钍含量的大致了解，Ruhovets 和 Fertl 提出了一种改进的黏土指标，如图 11.11 所示[15]。当黏土体积为常数时，曲线应为抛物线，如图所示。缩放比例适用于探测区域中存在的黏土矿物,并根据交会图确定。Quirein 等人提出了一种确定主要黏土矿物（如伊利石和高岭石）的存在并将其与长石分离的方法[16]。该方法如图 11.12 所示,对钾—钍交会图进行了大胆的重新解释。

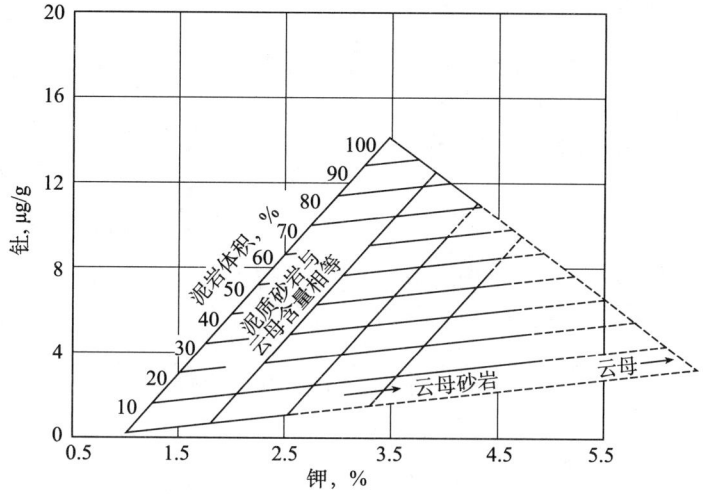

图 11.10　用于确定泥岩体积并区分云母砂岩和泥质砂岩的 Th—K 交会图[14]

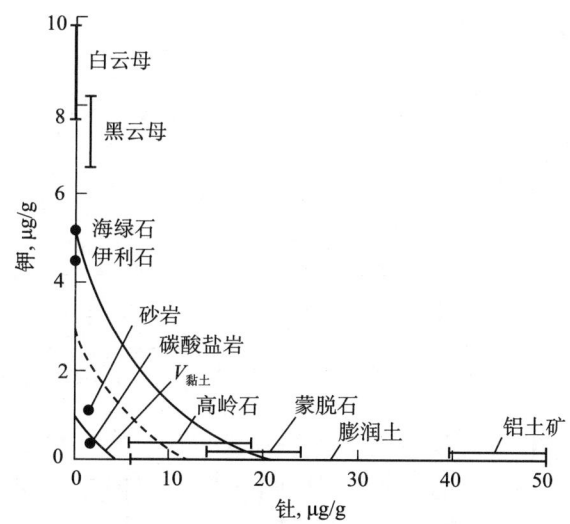

图 11.11　钍和钾分布的 V_{cl} 确定[15]

已经给出了自然伽马能谱分析的两种特殊的应用。一种是用于环境测井——特别是探测地表附近的 ^{137}Cs 和 ^{60}Co；另一种是提高垂直分辨率,以便将测井曲线与岩心测量值相关联。在讨论完剥谱之后,将在 11.6 节中详细讨论这两种情况。

虽然最小二乘拟合的基本技术保持不变,但剥谱学科多年来一直在发展。我们从 20 世纪 70 年代初一些模拟窗口计数率获得的粗略能谱估算开始讨论。

为了测量引起总 GR 信号的三种放射性同位素的浓度,要对探测到的伽马辐射进行能谱分析。图 11.13 给出了 NaI 探测器中三种同位素的直线发射谱是如何扭曲的。在大

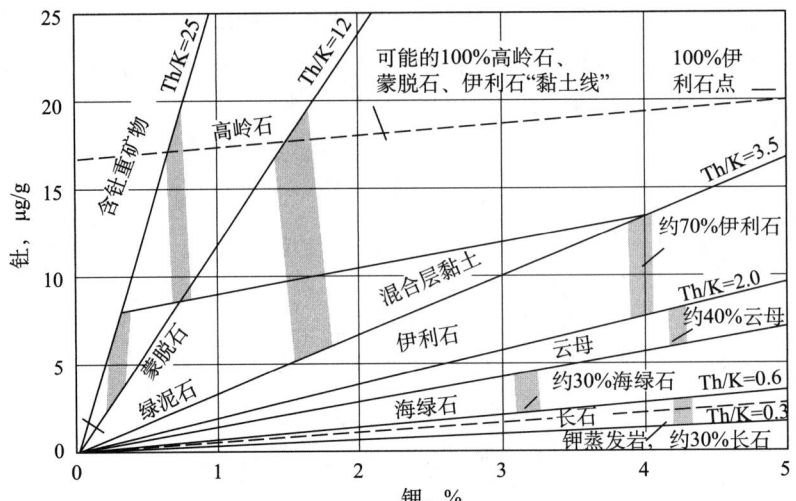

图 11.12 根据钍和钾识别黏土矿物

约 20 条线中,只有 3 条清晰可见。

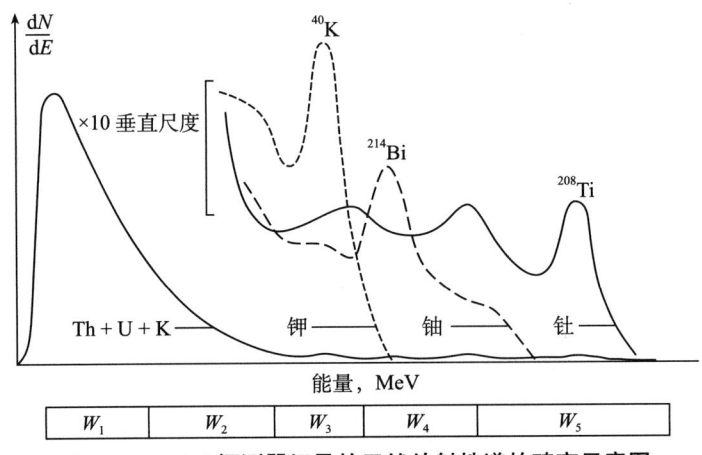

图 11.13 NaI 探测器记录的天然放射性谱的畸变示意图

一种数据整理技术将观察到的能谱划分为多个窗口[17]。在图 11.13 中,窗口数量为五个。通过对含有已知浓度的三种放射性同位素的特殊构造地层进行的一系列测量,可以建立一个"响应矩阵"。该矩阵将五个窗口中的计数率(W_1, …, W_5)与 U、Th 和 K 的浓度联系起来,象征性地表示为

$$\begin{bmatrix} W_1 \\ W_2 \\ W_3 \\ W_4 \\ W_5 \end{bmatrix} = A \times \begin{bmatrix} Th \\ U \\ K \end{bmatrix} \quad (11.6)$$

式中,响应矩阵 A 是 5×3 矩阵。

A 的条目对应于每种放射性物质对每个窗口贡献的计数率。通常,如果方程的数

量等于未知数的数量,则方程(11.6)的浓度解将很简单。在该超定组中,可以使用最小二乘法来确定逆矩阵的系数。该方法首先假设五个窗口计数率中存在统计噪声。因此,在已知 Th、U 和 K 精确浓度的地层中,与方程(11.6)的无噪声标准响应相比,每个窗口测量都会有一个残余计数率 r_i。残差可以表示为

$$\sum_{i=1}^{5} W_i - A_i \text{Th} - B_i \text{U} - C_i \text{K} = \sum_i r_i \tag{11.7}$$

式中,A_i、B_i、C_i 是 A 的相应的元素。

最小二乘法是为了使残差的平方最小:

$$\sum_{i=1}^{5} (W_i - A_i \text{Th} - B_i \text{U} - C_i \text{K})^2 = \sum_i r_i^2 \tag{11.8}$$

可以通过对方程(11.8)中 Th、U 和 K 的求导,得到含有三个未知数的三个方程。其解为

$$\begin{bmatrix} \text{Th} \\ \text{U} \\ \text{K} \end{bmatrix} = m \begin{bmatrix} W_1 \\ W_2 \\ W_3 \\ W_4 \\ W_5 \end{bmatrix} \tag{11.9}$$

式中,m 的元素是原始响应矩阵元素的组合。

最优解考虑了每个窗口计数率的方差(计数率的平方根乘以观察时间),通过对以下表达式进行微分来确定要求解的方程组:

$$\sum_{i=1}^{5} \frac{1}{W_i} (W_i - A_i \text{Th} - B_i \text{U} - C_i \text{K})^2 = \sum_i r_i^2 \tag{11.10}$$

例如,系数组 $\frac{1}{W_i}$ 或权重可以代表泥岩中预期的每个通道中平均计数的倒数,或者可以在逐个测量的基础上使用实际累积计数来确定。Bevington 利用矩阵运算解决了数据整理的问题,并为矩阵运算的实现提供了程序[18]。

对于具有探测器输出信号数字化的更现代的能谱仪器,使用大量窗口(约 256 个)来记录自然伽马放射性,且探测器更大型、更高效,能谱能量分辨率更好。然后,上面的响应矩阵 A 就变成了一套所谓的标准。这些标准代表了能谱仪对单个 Th、U 和 K 源(有时还有其他同位素)的响应。在进行分析之前,必须仔细地对测量的能谱进行增益调整,以匹配标准的窗口/能量对应关系。由于探测器受温度的影响(通常通过使用隔热杜瓦瓶和老化的晶体或晶体/光电倍增管连接来减小影响),测量能谱的能量分辨率可能比记录标准的"标准"仪器差。在处理之前,会通过软件"降低"标准方式的能量分辨率,以匹配测量分辨率。

提取三种元素浓度的过程称为加权最小二乘分析,这是一种常用的技术。就矩阵表示法的实用性而言,由于许多高级编程语言给出了这组复杂的线性方程的单线解,因此,值得设计矩阵表示。上面已经提到,矩阵 A 代表"标准"矩阵,该矩阵可能只是针对 Th、U 和 K,也可能包括其他同位素,如 Cs 和 Co,或井眼中的 K。每个标准将对应于矩阵的一列,该列的行数与探测器输出中的通道数量相同。W 是对角加权矩阵

[与方程（11.10）的权重相关，但并不完全相同］，其元素对应于要分析的能谱或"典型泥岩"能谱的每个通道中计数数量的平方根倒数。然后，可以通过以下矩阵运算从测量的能谱 p 中得到 Th、U 和 K（以及标准矩阵 A 中包含的任何其他项）浓度矢量的估值 x：

$$x = (A'WA)^{-1}A'Wp \tag{11.11}$$

式中，$(A'WA)^{-1}$ 表示矩阵乘积的倒数；A' 表示转置。

11.6 自然伽马能谱测井的发展

自然伽马能谱技术的发展是缓慢而渐进的。仪器和信号处理有所改进；利用改进的硬件和信号处理开发新的地球物理应用；最后，一系列新型随钻大斜度井或水平井仪器应运而生。

在从探测器信号的模拟采集，到能谱的多通道数字采集，以及探测器能谱质量方面，已经有所改进。由于天然放射性普遍较低，因此，以合理的测井速度获得具有统计学意义的测量值是一个无法回避的问题。为了改善这种情况，开发出了新仪器。与传统的 12 in NaI 晶体相比，新仪器使用的探测器更高效且/或更长。在一种早期的仪器[19]中，使用的是 2 in×12 in 的碘化铯（CsI）探测器。采用传统 NaI 探测器的早期数字采集系统还有一个特点，就是在探测器周围有一个低原子序数（Z）外壳，可将可用能量范围延伸到更低能级[20]。另一种用于高效能谱探测器数字采集系统和高温作业的仪器在杜瓦瓶中使用了一对大型锗酸铋（BGO）探测器[8]。

值得一提的是两个非油田应用。第一个是为海上钻井项目开发的仪器，以此改善自然伽马测井数据与岩心上其他高垂直分辨率测量的匹配情况。为此，开发了一种利用四个间距为 2 ft 的 2 in×4 in 小 NaI 探测器的多探头仪器[21]。每个探测器都提供在深度上累积的能谱数据，以减少统计数字并提高空间分辨率。与使用单个 12 in 长探测器的商业测井所获得的数据相比，使用该仪器及处理技术分辨薄放射性标志层的效果令人瞩目。

第二个应用是在环境测井中使用自然伽马能谱仪来探测和绘制 ^{137}Cs 和 ^{60}Co，这是与核武器生产有关的常见地下污染物。举一个例子，配备 BGO 探测器的升级版能谱测井探头具备两个代表 ^{137}Cs 和 ^{60}Co 用于能谱分析的附加标准。这使得在汉福德遗址绘制 ^{137}Cs 和 ^{60}Co 地下污染物的测井曲线成为可能[22]。另一种方法使用了改进的仪器，该仪器配有一个 12 in 长 NaI 晶体探测器。为了对低能伽马射线敏感，探测器由低 Z 材料（石墨）制造而成。在汉福德的一个污染区测井后，对该仪器低能数据的分析表明，之前探测到的 ^{60}Co 实际上吸附在腐蚀套管的内部，而不是地层中[23]。

在自然伽马仪器缓慢发展的最新篇章中，20 世纪 80 年代见证了用于水平井的随钻测井（LWD）自然伽马射线测量的发展。尽管一些主要服务公司开发了仪器系列，但文献中基本上没有描述。由于 LWD 环境振动过大，会给精密的能谱仪器带来问题，因此，探测器必须安装在钻铤中，钻铤通常是相当厚的伽马射线吸收钢。即使有能谱信号存在，一般来讲，LWD 测量也能提供总的 GR 信号。早期仪器[24]试图通过"聚焦"

探测器来识别放射性地层的大致界面。在居中的轴向探测器后面放置一些额外的屏蔽，从而在正向方向上使探测灵敏度提高大约30%。原则上，当仪器旋转时，探测到的 GR 信号应变为正弦曲线，其幅度由到附近放射性差异明显的地层的距离决定。这种方法用于地质导向并不可靠，并且已被第20章中讨论的电测法所取代。

用于 LWD 应用的新型伽马射线仪器系列[25]在两种不同的装置中使用的是轴向居中探测器，钻井液在探测器和内钻铤之间呈环带状流动，或使用的是嵌入钻铤周围的探测器组。这些仪器的直径范围为 4.75~8 in，而休斯敦大学建造的 API 刻度井仅接受最小直径的仪器，因此，该仪器的刻度变得复杂了。使用这种校准仪器，建立了刻度较大直径仪器的二级标准。计算机模拟还用于确定各种接箍厚度和环境条件下的响应特性。

同一口井中电缆测井和 LWD 伽马射线读数之间的差异，是一个经常被问起但却很少被记录的问题。使用蒙特卡罗模拟[26]评价了各种测井仪器（电缆测井和 LWD）的响应灵敏度，并得出了两个重要结论。首先，尽管由于井眼尺寸和钻井液成分的不同而存在差异，但电缆测井和几种 LWD 仪器对地层放射性的敏感性［即方程（11.5）中的系数］却非常相似。灵敏度的这种相对恒定性使得因各种仪器结构不同引起的总伽马射线信号（以 API 单位表示）的差异非常小。然而，发现影响最大的根源与环境校正有关，尤其是在重晶石钻井液情况下，如果未能对所比较的其中一种仪器进行环境校正，可能会导致总伽马射线信号出现明显的差异。

11.7 关于探测深度的说明

GR 仪器对地层的探测有多深？这种仪器的探测深度很难通过实验来衡量，然而，可以通过蒙特卡罗模拟来确定。为了简单起见，考虑了 GR 信号单个分量的探测深度。图 11.14 给出了用这种方法计算的 ^{40}K 衰变探测辐射的探测深度[27]。在该模拟中，将仪器偏心放置在直径为 8 in 的井眼中。图中给出了井眼周围含 K 地层的同轴圆柱体产生的归一化积分信号 $J(r)$。从图中可以看出，以密度为 2.5 g/cm^3 计算时，90% 的

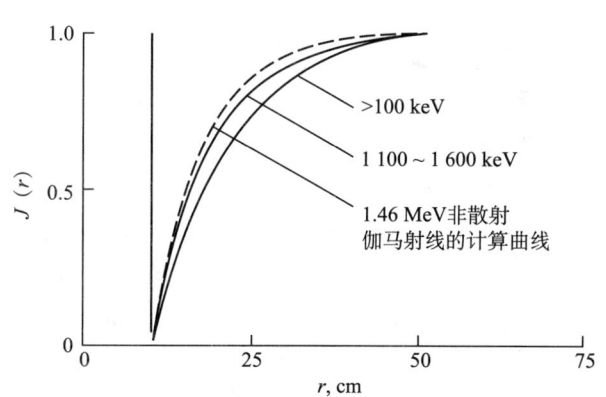

图 11.14 用于在 8 in 井眼中通过井眼探头探测 K 伽马射线的计算径向几何因子[27]

非散射伽马射线信号来自大约 15 cm 厚的环带。对于多次散射的伽马射线，探测深度仅增加几厘米。例如，这将与深感应的积分径向几何因子进行对比，深感应的积分径向几何因子显示出对这种浅地层完全不敏感。

通过考虑伽马射线的平均自由程，可以很容易地近似计算出复杂计算的结果。一般伽马射线衰减关系［方程（10.19）］可以写成

$$N = N_0 e^{-\mu\rho_b x} \tag{11.12}$$

式中，μ 是质量吸收系数；ρ_b 是材料体积密度；x 是发生衰减的距离。

根据式（11.12），平均自由程 λ 为

$$\lambda = \frac{1}{\mu\rho_b} \tag{11.13}$$

它是通量减少的距离，减少因子为 1/e。发现 1.46 MeV 伽马射线在几乎任何物质中的质量吸收系数都是 0.05 cm^2/g（图 10.8），因此，平均自由程（单位为 cm）由下式给出：

$$\lambda = 20/\rho_b \tag{11.14}$$

式中，ρ_b 单位为 g/cm^3。

这意味着，对于密度在 2.0~3.0 g/cm^3 之间的地层，1.46 MeV 伽马射线的平均自由程变化区间为 7~10 cm。参考方程（11.3），但仅对距离 r 进行积分，可以得到积分径向几何因子 $J(r)$ 的表达式。它显示了增长的信号：

$$J(r) \propto (1 - e^{-\frac{r}{\lambda}}) \tag{11.15}$$

为了将该预测与蒙特卡罗计算结果进行比较，密度为 2.5 g/cm^3 时，λ 取值为 8 cm。对于总厚度约为 18 cm 的壳（在这种球形近似中），将获得 90% 的点，这与蒙特卡罗计算结果非常一致。

参考文献

［1］Garrels R M, MacKenzie F T. Evolution of sedimentary rocks. New York：W. W. Norton，1971.

［2］Serra O. Fundamentals of well-log interpretation. Amsterdam：Elsevier，1984.

［3］Hassan M, Hossin A, Combaz A. Fundamentals of the differential gamma ray log-interpretation technique. Trans SPWLA 17th Annual Logging Symposium，paper H，1976.

［4］Belknap, W B, Dewan J T, Kirkpatrick C V, et al. API calibration facility for nuclear logs. Gamma ray，neutron and density logging，SPWLA Reprint，paper E，1978.

［5］Schlumberger. Interpretation charts. New York：Schlumberger，1985.

［6］Koizumi C J. Computer determination of calibration and environmental corrections for a natural spectral gamma ray logging system. Presented at the 60th SPE Annual Technical Conference and Exhibition，paper SPE 14186，1985.

［7］Ellis D V. Correction of NGT logs for the presence of KCl and barite muds. Trans SPWLA 23rd Annual Logging Symposium，paper O，1982.

［8］Flanagan W D, Bramblett R L, Galford J E, et al. A new generation nuclear logging system. Trans SPWLA 32nd Annual Logging Symposium，paper Y，1991.

［9］Dresser Atlas. Well logging and interpretation techniques：the course for home study. Houston：Dresser Atlas, Dresser Industries，1983.

［10］Heslop A. Gamma-ray log response of shaly sandstones. Trans SPWLA 15th Annual

Logging Symposium, paper M, 1974.

[11] Luthi S M. Geological well logs: their use in reservoir modelling. Berlin Heidelberg, New York: Springer, 2000.

[12] Serra O, Baldwin J, Quirein J. Theory, interpretation and practical applications of natural gamma ray spectroscopy. Trans SPWLA 21st Annual Logging Symposium, paper Q, 1980.

[13] Ellis D V. Nuclear logging techniques//Bradley H. Petroleum production handbook. Dallas: SPE, 1987.

[14] Hodsen G W, Fertl W H, Hammack G W. Formation evaluation in Jurassic sandstones in the Northern North Sea area. The Log Analyst, 1976, 17 (1): 22 - 32.

[15] Ruhovets N, Fertl W H. Digital shaly sand analysis based on Waxman-Smits model and log-derived clay typing. The Log Analyst, 1982, 23 (3): 7 - 26.

[16] Quirein J A, Gardner J S, Watson J T. Combined natural gamma spectral/litho-density measurement applied to complex lithologies. Presented at the 57th SPE Annual Technical Conference and Exhibition, paper SPE 11143, 1982.

[17] Marett G, Chevalier P, Souhaite P, et al. Shaly sand evaluation using gamma ray spectrometry applied to the North Sea Jurassic. Trans SPWLA 17th Annual Logging Symposium, paper DD, 1976.

[18] Bevington P R. Data reduction and error analysis for the physical sciences. New York: McGraw-Hill, 1969.

[19] Mathis G L, Tittle C W, Rutledge D R, et al. A spectral gamma ray (SGR) tool. Trans SPWLA 25th Annual Logging Symposium, paper W, 1984.

[20] Smith H D Jr, Robbins A, Arnold D M, et al. A multifunction compensated spectral natural gamma ray logging system. Presented at the 58th Annual TechnicalConference and Exhibition, paper SPE 12050, 1983.

[21] Goldberg D, Meltser A, ODP Leg 191 Scientific Party. High vertical resolution spectral gamma ray logging: a new tool development and field test results. Trans SPWLA 42nd Annual Logging Symposium, paper JJ, 2001.

[22] Ellis D V, Perchonok R A, Scott H D, et al. Adapting wireline logging tools for environmental logging. Trans SPWLA 36th Annual Logging Symposium, paper C, 1995.

[23] Gadeken L L, Madigan W P, Smith H D Jr. Radial distribution of ^{60}Co contaminants surrounding wellbores at the Hanford site. IEEE Nuclear Sci Symp Med Imaging Conf Rec, 1995, 1: 214 - 218.

[24] Jan Y-M, Harrell J W. MWD directional-focused gamma ray-a new tool for formation evaluation and drilling control in horizontal wells. Trans SPWLA 28th Annual Logging Symposium, paper A, 1987.

[25] Mickael M, Phelps D, Jones M D. Design, calibration, characterization and field experience of new high-temperature, azimuthal, and spectral gamma ray logging-while-drilling

tools. Presented at the 43rd SPE Annual Technical Conference and Exhibition, paper SPE 77481, 2002.

[26] Mendoza A, Ellis D, Rasmus J C. Why the LWD and wireline gamma ray measurement may read different values in the same well. Presented at the 1st International Oil Conference and Exhibition in Mexico, paper SPE 101718, 2006.

[27] Wahl J S. Gamma-ray logging. Geophysics, 1983, 48 (11): 1536 – 1550.

习 题

11.1 均匀分布的伽马射线发射器（每立方厘米有 n 个射线器）的计数率的推导说明了 $\frac{n}{\rho}$ 与同位素的质量分数成正比。比例常数是多少？

11.2 估算放置在 200API 伽马射线标准地层中的表面积为 $1\ cm^2$ 的高效伽马射线探测器的计数率（单位为计数/s）。本标准地层中的物质由 12 μg/g U、24 μg/g Th 和 4% ^{39}K 组成。对于此计算，假设发射能量范围的质量吸收系数 μ 为一个合理平均值，且假设放射性物质每次衰变只发出 1 条伽马射线。

11.3 估算图 11.1 测井曲线上 8 540 ft、8 549 ft 和 8 560 ft 深度处的黏土含量 V_{cl}。利用 SP 曲线估算同样深度处的黏土含量，并与上述结果进行比较。为什么底部地层中 SP 的 V_{cl} 估值更高？

11.4 利用图 11.7 中的总 GR 曲线计算标有"砂岩 + 云母"地层的顶部和底部的 V_{cl} 值。

11.5 使用方程 (11.6) 的响应矩阵推导出用于对 Th 和 U 进行适当的双窗口估算的表达式。以响应矩阵元素的形式写出。例如，由于 K 的浓度，a_{13} 对应于窗口 1 的贡献，而 a_{24} 对应于 U 对窗口 4 的计数率。

11.6 对于图 11.13 中描述的自然伽马能谱仪，Th 和 U 伽马射线主要在窗口 4 和 5 中，并且 K 伽马射线仅在窗口 3 以及更低的窗口中，请确定 U 和 Th 的响应方程。可以根据窗口计数率已知的单次测量值以及 Th 和 U 浓度确定该响应方程。假设在含有 5 μg/g Th 和 20 μg/g U 的地层中，窗口 5 和窗口 4 计数率分别为 40 和 100。

12 伽马射线散射和吸收测量

12.1 引 言

如第 10 章所述，如果伽马射线与物质的主要相互作用是康普顿散射，那么伽马射线在物质中的透射可能与电子密度有关。在井眼环境中，无法进行透射测量。然而，穿过地层的伽马射线传输测量可用于确定地层密度。根据材料成分（岩性和孔隙流体），可以确定地层孔隙度。

由于地层体积密度与地层孔隙度直接相关，以及它在地球物理中的应用，因此，要进行地层体积密度测量。如前所述，孔隙度是一个基本的岩石物理参数，也是根据含水饱和度（S_w）解释电阻率测量的重要组成部分。体积密度用于计算邻层的声阻抗，以进行地震解释并估算上覆岩层压力。

地层体积密度 ρ_b 与孔隙度 ϕ 之间关系的基本方程如下：

$$\rho_b = \phi \rho_f + (1 - \phi) \rho_{ma} \tag{12.1}$$

式中，ρ_f 为孔隙中的流体密度；ρ_{ma} 为岩石骨架密度。

虽然该方程正确，但它对地层孔隙度的确定提出了几个问题。岩石骨架密度如何取值？对于常见地层，骨架密度取决于岩性，通常在 2.65~2.87 g/cm³ 之间。对于确定流体密度，需要了解孔隙中的流体类型。烃的流体密度范围为 0.2~0.8 g/cm³。饱和盐水（NaCl）密度可能高达 1.2 g/cm³，而含 $CaCl_2$ 时，流体密度值甚至可能高达 1.4 g/cm³。幸运的是，ρ_f 可以容许的不确定性远大于比 ρ_{ma} 的不确定性。

我们暂时忽略这个解释问题，相反，先来讨论确定密度的测量技术，以及如何合理地辅助测量与地层岩性密切相关的光电因子 P_e。

12.2 密度与伽马射线衰减

在第 10 章中提到，伽马射线的康普顿散射仅取决于散射电子的数量密度，反过来，散射电子的数量密度又与地层的体积密度成正比。穿过厚度为 x 的材料时，通量 Φ_0 的减少由下式给出：

$$\Phi = \Phi_0 e^{-\rho_b \frac{Z}{A} N_0 \sigma x} \tag{12.2}$$

式中，$\rho_b \frac{Z}{A} N_0$ 是质量密度为 ρ_b 的材料中电子的数量密度；σ 为康普顿散射的横截面。

因此，我们很自然地利用伽马射线的衰减来确定体积密度。理想化的仪器将由探测器和伽马射线源组成，伽马射线源的主要相互作用模式是康普顿散射。对于任意一组材料来说，找到这样的源都是困难的。然而，对于油气测井中经常遇到的地层类型，平均原子序数很少超过13或14。从图10.7中可以看出，对于测井应用，伽马射线的能量范围很大，主要是由康普顿相互作用控制。

值得注意的是，由基本的伽马射线通量衰减定律［方程（12.2）］可知，解释通量衰减测量有一点难度。只有当 Z/A 值保持不变时，衰减才会完全与体积密度 ρ_b 有关。对于大多数元素，Z/A 值约为 $\frac{1}{2}$，但有些元素有明显偏差，例如，氢的 Z/A 值接近1。因此，定义一个新量（即电子密度指数 ρ_e）很方便，为

$$\rho_e \equiv 2 \frac{Z}{A} \rho_b \tag{12.3}$$

为此，可以将仪器响应（或测得的通量 Φ）定义为

$$\Phi \propto e^{-\rho_e x} \tag{12.4}$$

式中，x 与源与探测器的间距有关。

表 12.1 列出了一些常见元素、矿物以及流体的密度和光电参数。本次讨论的是标记为 ρ_b 和 ρ_e 的两列。通过比较可以看出，在这三种情况下，三种主要矿物（方解石、白云石和石英）的体积密度和电子密度指数实际上是相近的。然而，水的体积密度和电子密度指数之间存在11%的差异（由于 H 的 Z/A 值异常）。因此，随着孔隙度的增大，ρ_b 和密度仪器响应参数 ρ_e 之间的差异将越来越大。

表 12.1 不同材料的密度和光电参数[6]

名称	分子式	分子量	Z	P_e	ρ_b	ρ_e①	U②
元素	H	1.008	1	0.00025			
	C	12.011	6	0.15898			
	O	16.000	8	0.44784			
	Na	22.991	11	1.4093			
	Mg	24.32	12	1.9277			
	Al	26.98	13	2.5715	2.700	2.602	
	Si	28.09	14	3.3579			
	S	32.066	16	5.4304	2.070	2.066	
	Cl	35.457	17	6.7549			

续表

	名称	分子式	分子量	Z	P_e	ρ_b	ρ_e[①]	U[②]
元素		K	39.100	19	10.081			
		Ca	40.08	20	12.126			
		Ti	47.90	22	17.089			
		Fe	55.85	26	31.181			
		Sr	87.63	38	122.24			
		Zr	91.22	40	147.03			
		Ba	137.36	56	493.72			
矿物	硬石膏	$CaSO_4$	136.146		5.055	2.960	2.957	14.95
	重晶石	$BaSO_4$	233.366		266.8	4.500	4.011	1070
	方解石	$CaCO_3$	100.09		5.084	2.710	2.708	13.77
	光卤石	$KCl \cdot MgCl_2 \cdot 6H_2O$	277.88		4.089	1.61	1.645	6.73
	天青石	$SrSO_4$	183.696		55.13	3.960	3.708	204
	金刚砂	Al_2O_3	101.90		1.552	3.970	3.894	6.04
	白云石	$CaCO_3 \cdot MgCO_3$	184.42		3.142	2.870	2.864	9.00
	石膏	$CaSO_4 \cdot 2H_2O$	172.18		3.420	2.320	2.372	8.11
	岩盐	$NaCl$	58.45		4.65	2.165	2.074	9.65
	赤铁矿	Fe_2O_3	159.70		21.48	5.210	4.987	107
	钛铁矿	$FeO \cdot TiO_2$	151.75		16.63	4.70	4.46	74.2
	菱镁矿	$MgCO_3$	84.33		0.829	3.037	3.025	2.51
	磁铁矿	Fe_3O_4	231.55		22.08	5.180	4.922	109
	白铁矿	FeS_2	119.98		16.97	4.870	4.708	79.9
	黄铁矿	FeS_2	119.98		16.97	5.000	4.834	82.0
	石英	SiO_2	60.09		1.806	2.654	2.650	4.79
	金红石	TiO_2	79.90		10.08	4.260	4.052	40.8
	钾盐	KCl	74.557		8.510	1.984	1.916	16.3
	锆石	$ZrSiO_4$	183.31		69.10	4.560	4.279	296
液体	水	H_2O	18.016		0.358	1.000	1.110	0.40
	盐水	(120 000 mg/L)			0.807	1.086	1.185	0.96
	油	$CH_{1.6}$			0.119	0.850[③]	0.948[③]	0.11
		CH_2			0.125	0.850[③]	0.970[③]	0.12

续表

名称		分子式	分子量	Z	P_e	ρ_b	ρ_e[①]	U[②]
混合物	纯砂岩	③			1.745	2.308	2.330	4.07
	泥质砂岩	③			2.70	2.394	2.414	6.52
	平均泥岩	④			3.42	2.650[③]	2.645[③]	9.05
	无烟煤	C∶H∶O = 93∶3∶4			0.161	1.700[③]	1.749[③]	0.28
	烟煤	C∶H∶O = 82∶5∶13			0.180	1.400[③]	1.468[③]	0.26

①电子密度 $\rho_e = \rho_b \times 2Z/A$。②$U = P_e \rho_e$。③变量。④数据来自文献[14]。

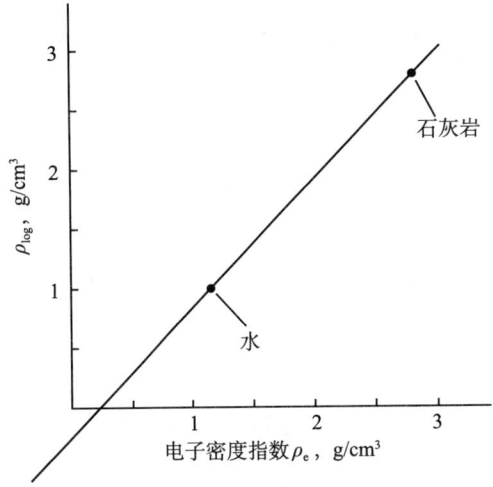

图 12.1 测量参数、电子密度指数（ρ_e）和密度测井值之间的转换

因此，对测井曲线上的密度读数进行了微调，以便精确地给出饱含水石灰岩的体积密度。测井曲线读数 $\rho_{\log}$ 与电子密度指数 ρ_e 之间的关系为

$$\rho_{\log} = 1.0704\rho_e - 0.188 \quad (12.5)$$

该关系如图 12.1 所示，方解石和水的测井密度值是 ρ_e 的函数。由上述方程得到连接两点的直线，并给出了饱含水石灰岩的精确体积密度。进一步参照表 12.1 中的数据可以看出，对于许多其他岩石，方程（12.5）可以给出接近真值（千分之几 g/cm³ 以内）的结果。

12.2.1 密度测量技术

图 12.2 给出了密度仪器从单能伽马射线通过薄岩样的简单透射概念到由源、屏蔽系统和伽马射线探测器组成的井下仪器的演变过程。如探测到的线谱所示，在图的上部，伽马射线的透射没有太多散射。随着样品厚度的增加，由于指数衰减，伽马射线线谱强度降低。与此同时，伴随形成低能康普顿散射伽马射线。在最后一个例子中，探测器与伽马源屏蔽很好，没有伽马射线能量源到达探测器。然而，多次散射伽马射线的强度仍将随着散射材料密度呈指数变化。

对这种现象的一种解释是，探测到的多次散射伽马射线距离源很远，在探测器附近的地层中，大部分已经散射掉。这些多次散射伽马射线由一个虚拟源提供，这个虚拟源主要包括非散射源能量伽马射线，这些非散射源能量伽马射线在最终到达探测器之前，几乎平行于井壁行进传播，很少碰撞。其强度将取决于源伽马射线到达非散射点的概率，因此，随地层密度呈指数变化。Tittman 倾向于将其视为扩散问题，并推断出，多次散射谱的振幅将随地层密度呈指数变化[1,2]。

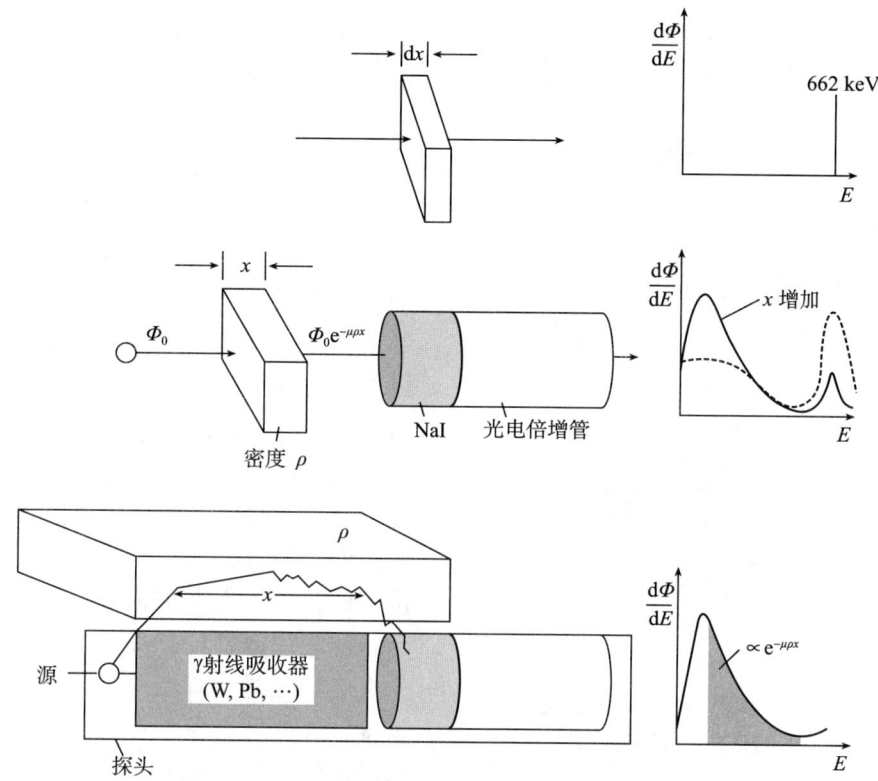

图 12.2　几何形状对利用伽马射线的衰减和散射确定密度的影响示意图
在图的顶部，显示了针对非常薄的材料进行的理想化实验。图的中部显示的是，
厚度增加导致大量的伽马射线散射。图的底部是类似于测井情况的展示

密度测井中通常使用的伽马源为 ^{137}Cs，它发射 662 keV 的伽马射线，远低于产生电子对的阈值。这种同位素的半衰期约为 30 年，因此，在合理的时间周期内，强度稳定。一些仪器使用 ^{60}Co 作为伽马源，它发射 1 332 keV 和 1 173 keV 两种能量的伽马射线。

最早的仪器由伽马射线源和单个探测器组成，如图 12.2 所示[2]。然而，为了补偿频繁出现的滤饼的影响，现代仪器（图 12.3）在外壳中包含两个或多个探测器（通常为 NaI），以屏蔽源的直接辐射[3,4]。尽管图中没有标明，但该仪器由支撑臂推靠在井壁的一侧，从而测量井眼直径（沿一个轴）。该测量值通常作为井径曲线列出（该曲线实例可在图 12.23 的第 1 道中找到）。

如图 12.3 所示，两个探测器与源相距固定距离。这些类似于在透射实验中具有两个不同厚度的两个样品。与透射实验不同，源与两个探测器屏蔽良好，只探测到散射的伽马辐射。当然，散射辐射的强度在很大程度上取决于从源到探测器路径上的密度变化。图中所示的典型情况是，地层的密度必须通过未知密度材料的未知间隔来确定。传统上，通过再增加一个探测器，或者最近，通过使用多个探测器来解决此问题，这些探测器试图对间隔进行补偿，以获得不同程度的成功。首先，我们在无滤饼介入的最简单的情况下进行检验。

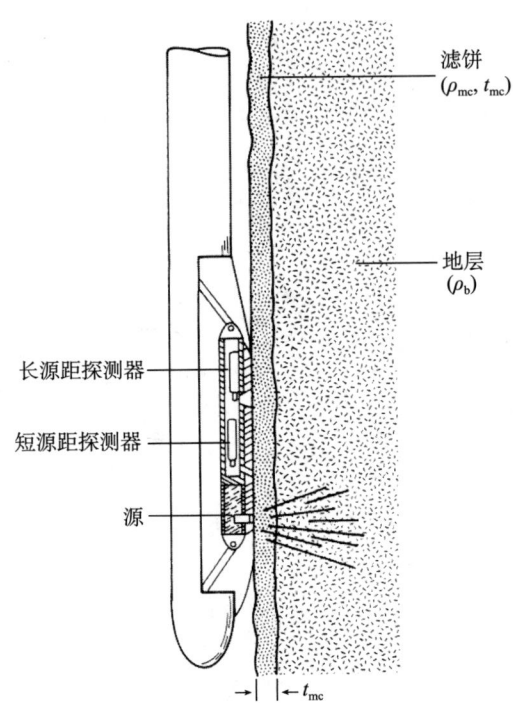

图 12.3 由厚度为 t_{mc} 的滤饼将其与井壁隔开的贴井壁地层密度仪[3]

测量原理来源于探测器计数率随地层密度呈指数变化这一事实,正如一般衰减关系所预期的那样

$$N = N_0 e^{-\mu \rho x} \quad (12.6)$$

式中,N 是探测器在距离源 x 处的计数率。

图 12.4 给出了计数率与体积密度之间的指数关系。请注意,短源距探测器的密度分辨率或灵敏度低于长源距探测器的密度分辨率或灵敏度。对于给定的密度变量,短源距探测器计数率的相对变化比长源距探测器的小。这可以从前面的方程中看出,其中乘积 μx 对应于随密度变化的计数率的对数斜率。较近探测器的源距 x 在其响应曲线上的斜率小于长源距探测器的斜率。仅根据任意一个探测器记录的计数率就可以确定地层密度。通常采用探测深度较深的长源距探测器估算地层密度。

12.2.2 密度补偿

图 12.3 给出了常见的有钻井液或滤饼介入的测井条件。当仪器表面和待测密度的岩石之间存在未知密度和/或厚度的材料时,每个计数率都会受到扰动。然而,可以使用方程(12.6)或图 12.4 将每个计数率转换为视密度。由于这两个探测器具有不同的密度灵敏度,因此,这两个探测器的视密度会有所不同,并且长源距探测器的视密度将不再等于地层密度;它需要补偿或校正。该校正传统上记为 $\Delta \rho$,将其与长源距探测器的密度(ρ_{LS})相加,以获得地层体积密度(ρ_b):

$$\rho_b = \rho_{LS} + \Delta \rho \quad (12.7)$$

图 12.5 给出了这种情况下两个探测器的计数率特征。当地层体积密度不变时,如果滤饼密度小于 ρ_b 值,则两个探

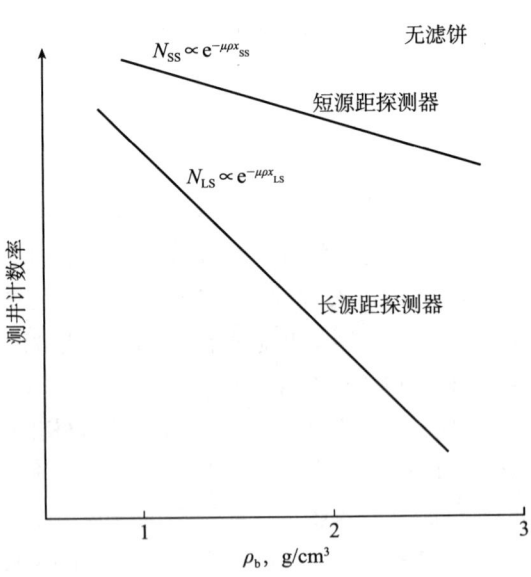

图 12.4 在无滤饼存在的情况下,双探测器对地层密度变化的理想计数率响应

测器的计数率增加的百分比大致相同。图 12.5 描述了这一特征，图中的滤饼密度约为 1.8 g/cm³（这是计数率/滤饼厚度曲线的拐点）。对于给定的滤饼密度，从图中可以看出，与无滤饼井壁的预期计数率相比，计数率增加或减少，这取决于地层密度。如果滤饼密度大于地层密度，则计数率减少；如果滤饼密度小于地层密度，则计数率增加。

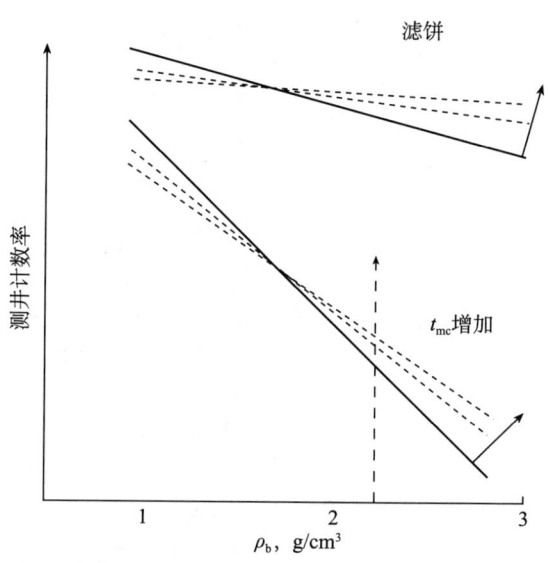

图 12.5　不同滤饼厚度条件下两个探测器的理想响应

滤饼密度约为 1.8 g/cm³。对于给定滤饼厚度和地层密度/滤饼密度对比度，两个探测器计数率变化的百分比大致相同

该特征在图 12.6 中得到了进一步的详细说明，图中给出了归一化计数率特征。每个探测器的计数率归一化为无滤饼的计数率。控制计数率的参数是地层和滤饼之间的密度差（$\rho_b - \rho_{mc}$）乘以滤饼厚度。这相当于将最后一层地层作为可变密度的过滤器，伽马射线必须通过这一层才能到达探测器。请注意，随着滤饼厚度 t_{mc} 的增加，归一化计数率变化趋于平缓。短源距探测器的变化则较早地趋于平缓，因此，探测深度较浅。

图 12.7 是仪器对扶正器或滤饼响应的传统显示方式。虽然这个"脊肋"图是说明性的，但它并没有其他一些表示法那样方便地对滤饼的存在进行校正。"脊"是无滤饼影响的两个计数率的轨迹。"肋"描绘的是地层密度不变时有滤饼影响的计数率。

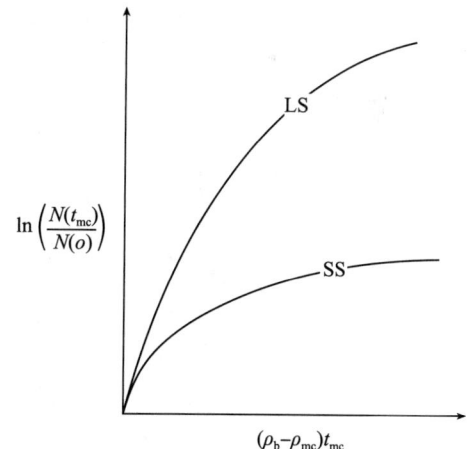

图 12.6　滤饼对近探测器和远探测器归一化计数率的影响

控制参数是地层和滤饼之间的密度差乘以滤饼厚度

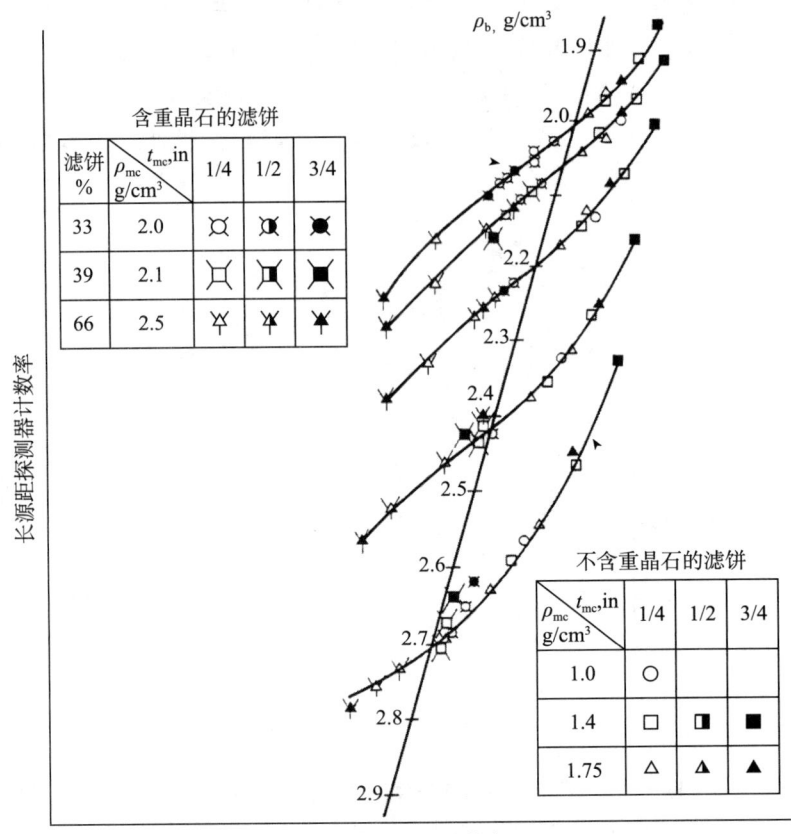

图 12.7　双探测器密度仪对地层密度和滤饼响应的"脊肋"图[2]

由于其独特的轮廓特征,被称为"脊肋"图

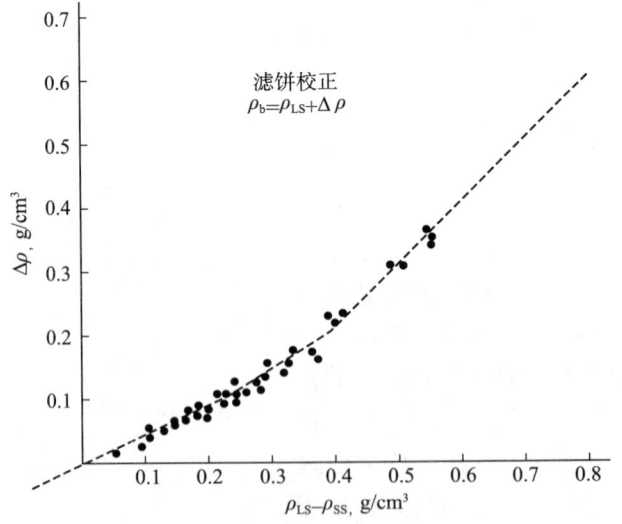

图 12.8　显示少量滤饼情况下需要校正的标准化的"脊肋"图[3]

作为校正滤饼影响的程序,可以使用一系列实验室测量的长源距(ρ_{LS})和短源距(ρ_{SS})探测器的视密度(来自无滤饼情况下确定的计数率标准)来定义确定校正值$\Delta\rho$的算法。这种类型的数据如图12.8所示,是长源距和短源距探测器之间视密度差的函数。$\Delta\rho$常被误认为是滤饼厚度t_{mc}的测量值。实际上,它与滤饼厚度和滤饼密度ρ_{mc}与地层密度ρ_b之间的密度差的乘积成正比,即

$$\Delta\rho \propto t_{mc}(\rho_b - \rho_{mc}) \tag{12.8}$$

密度校正方案有一些局限性。滤饼超过一定厚度(约1 in)后,补偿方案会失效,ρ_b的估算值也会受到质疑,这在一定程度上取决于控制探测深度的仪器设计细节。然而,这一点不能通过使用简单的单一截止值来识别。在低孔隙度地层(高密度)前方非常小的含水缝隙($\rho_{mc}=1\ g/cm^3$)会产生很大的$\Delta\rho$值,但可以得到完美补偿,而在高孔隙度地层前方1 in厚的中等密度滤饼可能会产生较小的$\Delta\rho$值,补偿时会有一些残余误差。

使用$\Delta\rho$曲线作为质量控制的实例如图12.9中取自模拟储层模型泥质砂岩部分的测井曲线所示。该图突出显示了$\Delta\rho$曲线的某些部分以及井径曲线的相应平滑部分。在这些情况下,$\Delta\rho$曲线显示出可以忽略不计的校正,这可能表明滤饼很少或没有。在井眼非常粗糙的部分,由于极板与井壁接触不良,$\Delta\rho$值相当大。

在图12.10左道曲线中也可以看到校正曲线。在A层中,有很长一段的$\Delta\rho$几乎为零,这表明仪器表面和地层之间接触良好。然而,在该光滑截面的上方和正下方有几个正的$\Delta\rho$尖峰,表明仪器表面和地层之间存在一定的间隙,并且该间隙中的材料密度低于地层的密度。

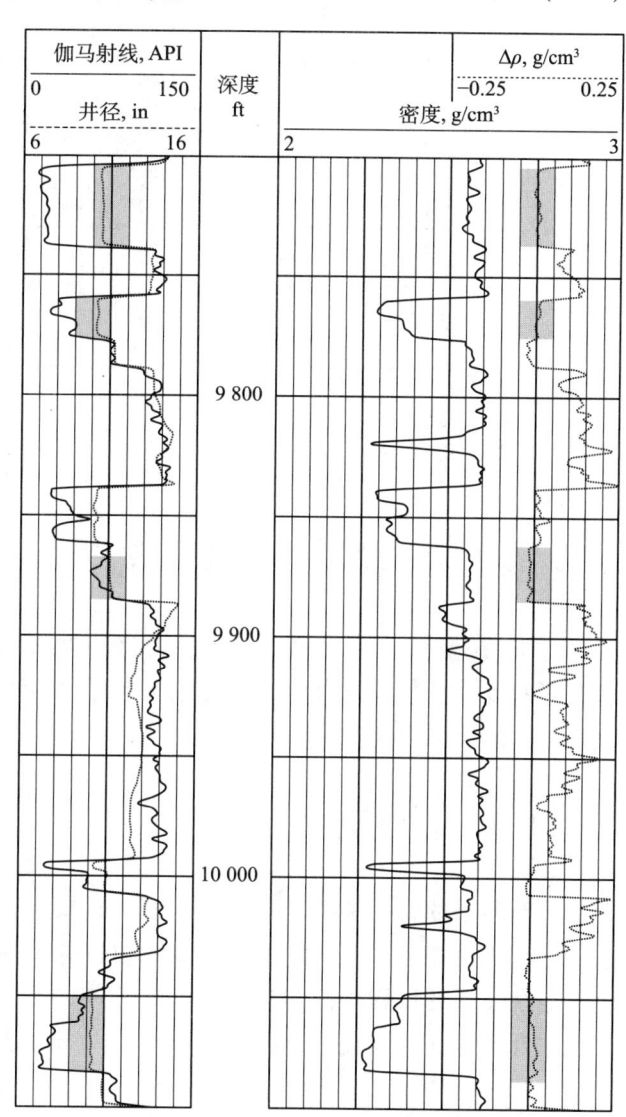

图12.9 显示用于识别井眼光滑部分的$\Delta\rho$曲线定性性质的样品密度测井曲线

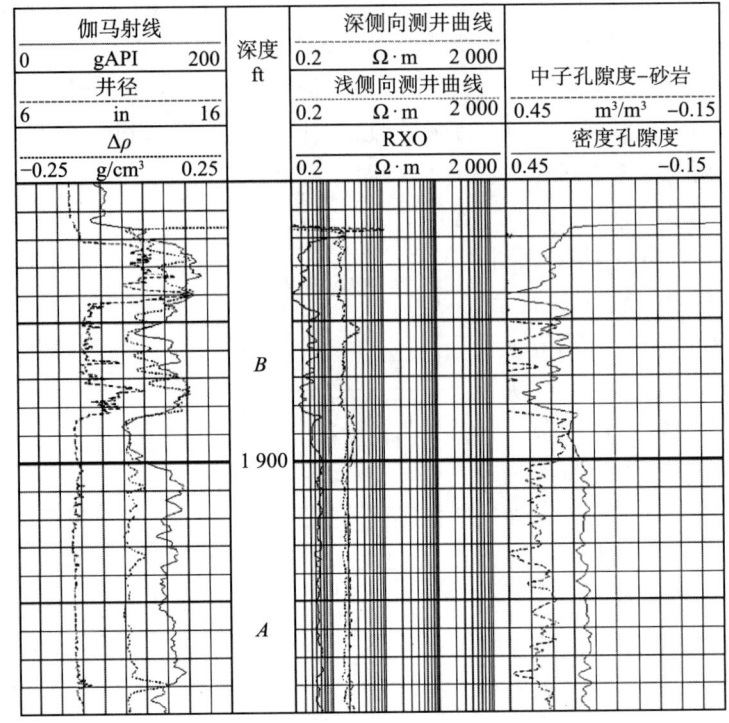

图 12.10　密度测井实例
第 1 道中包括井径、伽马射线和校正曲线 $\Delta\rho$；第 2 道包括常见的三种不同探测深度的电阻率曲线；第 3 道显示了中子孔隙度（NPHI）和密度孔隙度（DPHI）。在 B 层，几乎所有道都显示出井眼不规则或垮塌

对于密度超过地层密度的加重钻井液或滤饼，情况正好相反。短源距密度将大于长源距密度，且其差值为负。因此将产生相应的负 $\Delta\rho$ 校正值，以将长源距估算值降低到适当的地层密度值。

12.3　岩性测井

了解岩层的骨架密度是将测量的密度转换为孔隙度的重要因素。区分砂岩和石灰岩或白云石的能力对于确定岩石骨架密度非常有用。图 12.11 显示了如何实现这一目标，给出了主要沉积矿物的骨架密度与相应的平均原子序数的关系图。因此，测量平均原子序数或相关参数 P_e 将很有价值。下一节介绍如何在一种类型测井仪器中实现这一点。

12.3.1　光电吸收和岩性

描述伽马射线衰减的方程（12.2）包含横截面 σ，到目前为止，该横截面仅被视为康普顿横截面。事实上，它是康普顿散射和光电吸收这两个主要贡献的总和。光电吸收的概率取决于伽马射线能量和散射材料的原子序数 Z。这意味着 σ 不是常数，而是伽马射线能量 E 的函数。此外，随着伽马射线能量的降低（就像散射时一样），或者

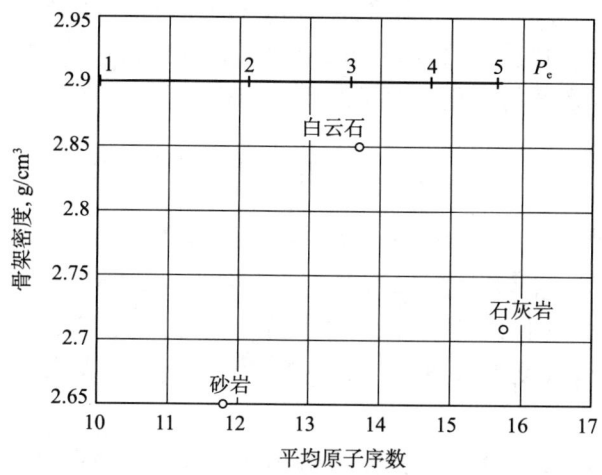

图 12.11 以岩石骨架密度和平均原子序数为特征的三种沉积岩骨架
图的顶部附近显示的是非线性转换到光电因子 P_e 的比例

如果散射介质具有高原子序数,则光电吸收很容易主导衰减定律。

为了理解平均原子序数(主要由岩性决定)和光电效应之间的关系,回想一下光电吸收截面 τ,由下式给出:

$$\tau = 12.1 E^{-3.15} Z^{4.6} \quad (12.9)$$

式中,τ 单位为 b/原子;E 是伽马射线的能量,单位为 keV;Z 是吸收体的原子序数。

仅发生光电吸收的伽马射线通量 Φ_0 的衰减可以写成

$$\Phi = \Phi_0 e^{-n\tau x} \quad (12.10)$$

式中,n 是每立方厘米的原子数;x 是衰减深度。

图 12.12 显示了几个能量条件下 τ 与 Z 的函数关系。

将新的参数 P_e(即光电指数)定义为

$$P_e \equiv \left(\frac{Z}{10}\right)^{3.6} \quad (12.11)$$

从方程(12.9)可以看出,在能量依赖性被抑制的情况下,P_e 与每个电子的光电吸收截面成正比。因此,光电吸收的衰减方程可以改写为

$$\Phi \propto \Phi_0 e^{-n_e P_e x} \quad (12.12)$$

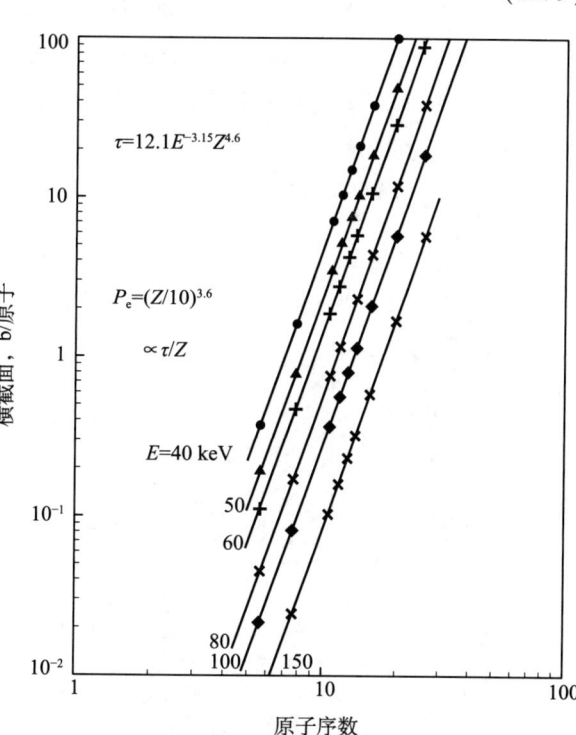

图 12.12 光电截面随原子序数的变化[6]

式中,n_e 是电子的数量密度,就像康普顿散射的情况一样。

双组分横截面的含义是，对于如图 12.2 顶部所示的假设伽马射线透射实验，与材料样品变化（假设厚度保持不变）相关的透射通量（或实际实现中探测到的计数率）的变化可能是由样品密度的变化或原子序数的变化引起的，或两者兼而有之。伽马射线的衰减可以改写为

$$\Phi = \Phi_0 e^{-N_0 \rho_b [a(E) P_e + b(E)] x} \qquad (12.13)$$

式中，横截面 σ 已被 $a(E) P_e + b(E)$ 取代，表明系数 a 和 b 与能量有关。

然而，与 P_e 相关的系数 a 变化约为 $1/E^3$，而与康普顿散射相关的系数 b 实际上是恒定的。如果实验的目的是测量密度，则可以通过使用高能伽马射线源和探测高能伽马射线来最大限度地减少变量 Z 的影响，就像第 12.2.1 节中介绍的测井仪器所做的那样。

在井眼密度测井中，与简单的透射实验不同，探测到的伽马射线可能在从源到探测器的路径上多次散射，产生能量分布广泛的伽马射线。地层或吸收钻井液中 Z 值的变化将影响到达探测器的伽马射线的能量分布——最高能量的伽马射线将携带密度信息，而最低能量的伽马射线将受到密度和散射介质的 Z 值的影响。

12.3.2 P_e 测量技术

现代密度仪器测量了散射 GR 能谱低能部分的形态[3,5]。高能和低能伽马射线传播的对比技术可用于确定光电效应引起的吸收量，从而推断散射材料（岩石）的 P_e。现在我们来检验该方法是如何真正实现的。

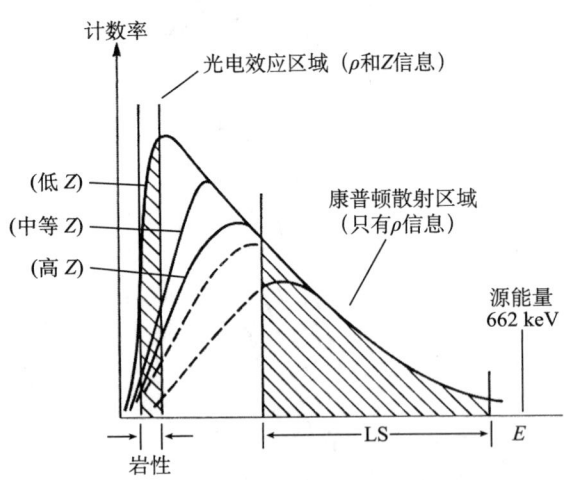

图 12.13 在平均原子序数增加的三种地层中探测到的伽马射线能谱变化的示意图[3]

两条虚线表明，在存在两种厚度的吸收重晶石滤饼情况下，预计会出现额外的低能衰减趋势

图 12.13 定性地显示了使用配备了对低能伽马射线（如 Be）几乎透明的窗口的测井仪器观测到的伽马射线能谱。随着地层平均原子序数 Z 的增加，能谱中低能部分逐渐减少。因此，在低 GR 能量下测量这种能谱形状将会产生光电吸收特性，从而得到地层的 Z 值。

但首先有人可能会问，为什么伽马射线能谱看起来是图 12.13 中所示的那样。事实上，首要问题是："在没有任何光电吸收的情况下，在含有均匀分布 Cs 源的无限均匀介质中发射的伽马射线能谱看起来会是什么形状？"答案如图 12.14 所示，图中显示了蒙特卡罗针对这种情况的计算结果。它表明稳态多次散射能谱随能量下降为 $1/E$。该能谱的组分（按散射的次数分组）单独显示。在近乎直线的下方，显示了由一次散射、二次散射、三次散射等等的伽马射线形成的

能谱结果。每一个能谱都可以想象为具有相同散射次数的伽马射线能量分布的快照视图。如图所示，通过对单个通量按散射次序 K 求和，可以计算出 ΔE 区间内的总通量值。

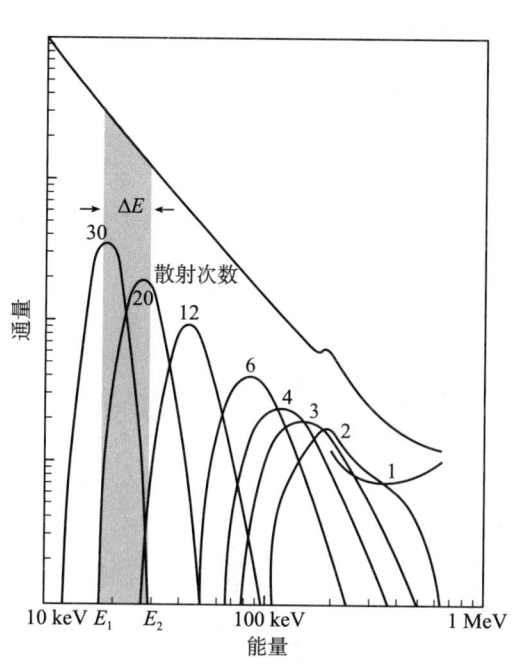

图 12.14 由含有均匀分布源的无限均匀地层产生的多次散射伽马射线能谱的理论特征曲线[6]

它适用于无光电吸收的特殊情况。该谱由散射次序为 K 的单个谱的贡献组成。对于散射 20~30 次之间的伽马射线，E_1 和 E_2 之间的总能谱可以通过单个谱的贡献计算得到

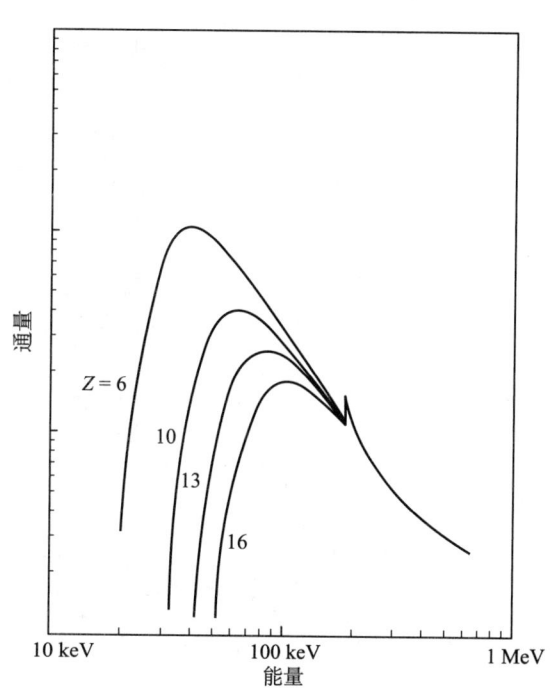

图 12.15 均匀分布源（包括光电吸收的影响）引起的能谱的蒙特卡罗计算[6]

可以见到四种不同原子序数材料的能谱的演变。随着原子序数的增加，谱的低能部分衰减

当计算中包括光电吸收时，必须考虑每次碰撞时伽马射线都有被吸收而不是散射的可能性。伽马射线能量越低，散射材料的 Z 越高，这种可能性就越大。假设所有地层的密度都相同，对于我们感兴趣的 Z 值范围，能谱如图 12.15 所示。

Z 值范围很小的实验曲线如图 12.16 所示。尽管这些曲线的形状与图 12.15 中的曲线形状不完全相同，但随着散射材料 Z 值的变化，低能部分的特征曲线还是非常相似。此外，图 12.15 中的曲线是实际伽马射线通量的计算值，不包括 NaI 探测器的影响，这极大地改变了能谱。

如图 12.16 所示，可以使用两个伽马射线能量段以简单的方式确定密度和岩性效应。较高能量窗口包含密度信息，而较低能量窗口包含密度和岩性信息的组合。两者的比值主要取决于 Z。图 12.17 的实验数据说明了这一点。当多个探测器提供多个能量窗口时，现代仪器可能会采用不同的方法——它涉及正向模型的反演，将在后面的章节中讨论。

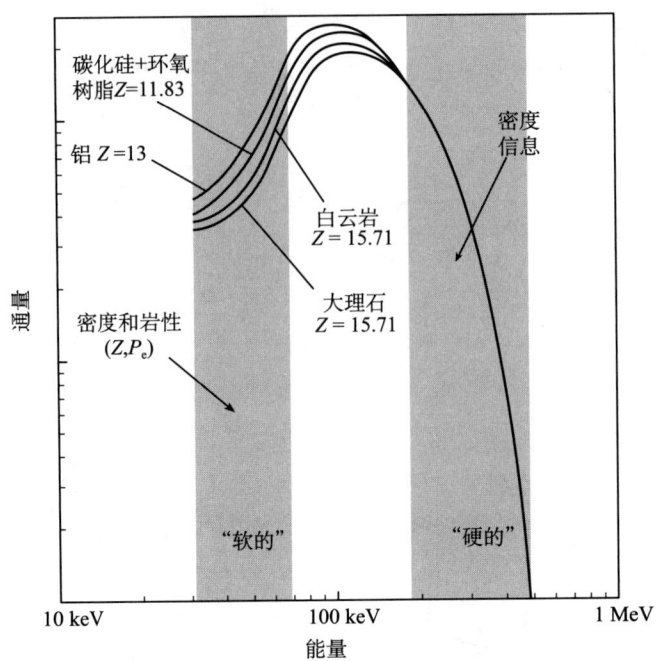

图 12.16　也可测量地层光电吸收特性的密度仪器测量的实验 GR 能谱[6]

已对高能部分的能谱进行归一化，以突出原子序数引起的变化，并消除因地层密度差异引起的总体振幅水平。根据图中所示两个窗口中的计数率之比，可以得到地层原子序数的测量值

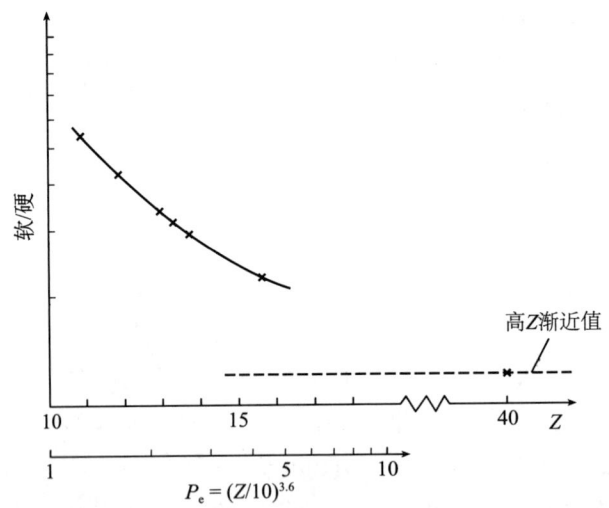

图 12.17　图 12.16 中"软"窗口与"硬"窗口之比与地层平均原子序数 Z 的关系[6]

本图显示了测井曲线上常见的光电因子 P_e 的刻度

图 12.18 给出了一种仪器光电部分的校准数据。一旦建立了给定仪器的刻度曲线，就可利用计数率比值计算任何深度的 P_e 值。图 12.18 中的软/硬比相关性与理论分析的结果一致[6]。

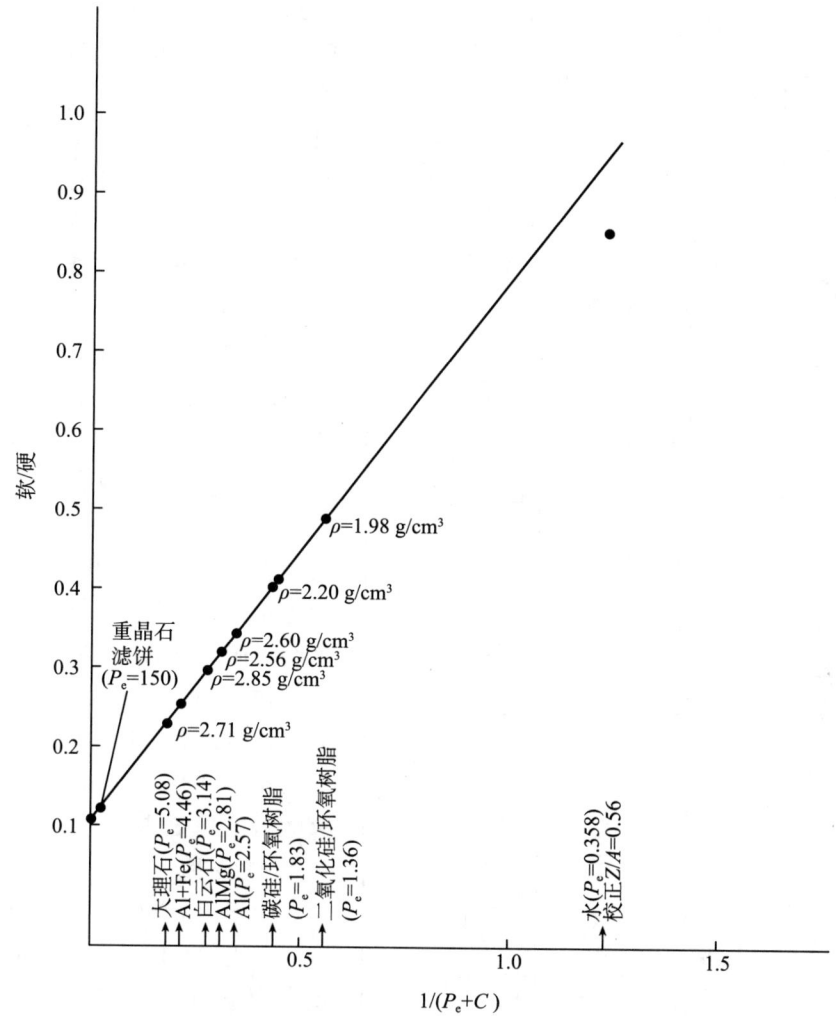

图 12.18　岩性敏感的实验仪器对各种实验室地层光电因子的响应
引入拟合常数 C，以线性化低光电吸收值下的实验结果

12.3.3　P_e 的解释

在最简单的环境下，在区分砂岩和石灰岩或白云岩时，P_e 的测量结果会非常有用。在二元混合物中，当与密度测量结果或其他测井测量结果结合使用时，它也很有用。然而，钻井液中的重晶石加重剂通常会严重影响此类技术的应用。Ba（原子序数为 56）的 Z 值较大，这使它成为一种非常有效的低能伽马射线吸收剂，因此，滤饼或侵入液中的任何数量的 Ba 都会严重改变地层的视 P_e，使其无法用于解释。另一方面，有许多实例表明，当井眼十分规则，或者没有滤饼或侵入时，P_e 值仍然可以用于大部分测井层段。

在正常的测井环境下，P_e 测井读数应在 1~6 之间。这可以从表 12.1 中看出，表 12.1 还列出了三种主要骨架的 P_e 值：石英为 1.806，白云岩为 3.142，方解石为

5.084。图12.19包含模拟储层泥质砂岩部分的测井曲线;在P_e曲线道中,指示值为1.8。可以看出,曲线中只有小部分与该值相对应。然而,在指示砂岩的P_e值处,伽马射线读数也最小,表明在这种情况下,较高的P_e读数可能与泥质含量有关。

图12.20显示的是P_e与ρ_b的交会图,其中的线条表示三种主要骨架的孔隙度变化从0到50 p.u.时预期的P_e值,还绘制了400 ft井段的数据。在这个例子中,将砂岩与泥质砂岩和泥岩分开相对简单。P_e值约为4.25时出现一个异常点,它与不明重矿物(高Z)有关。

在看过P_e随岩性变化的例子后,很自然地想知道如何在混合物中测量P_e的中间值。例如,对于含有大量方解石胶结物的砂岩,预计P_e值是多少?

由于P_e与每个电子的光电吸收截面成正比,因此,必须根据电子密度来建立混合定律。方程(12.12)清楚地表明,计算混合物的P_e将用每种原子的Z值来对电子密度进行加权。它得到的是质量分数,而不是通常所需的体积分数。

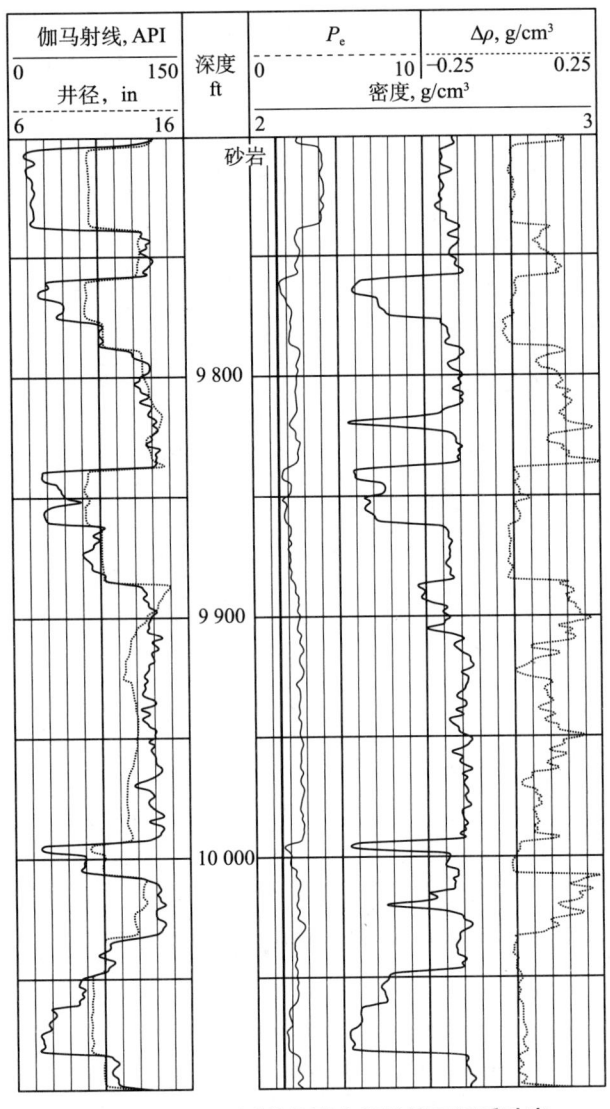

图12.19 测井仪器在模拟储层泥质砂岩层段的P_e和密度响应

由于混合物的P_e不是以体积方式组合,因此,为了便于解释,提出了一个对混合物按体积组合的新参数U。该参数可通过方程(12.12)寻找出答案。由于电子密度n_e与电子密度指数ρ_e成正比,因此,衰减与$e^{-P_e\rho_e x}$成正比。由此我们可以看出,P_e和电子密度指数(或U)的乘积似乎是宏观的线性横截面,并详述了给定厚度材料的吸收。U的尺寸是横截面/cm^3,这表明它是按体积组合的。

根据U的定义,获得任何混合物的P_e的方法首先涉及计算U值:

$$U_{\text{total}} = U_1 V_1 + U_2 V_2 + \cdots$$
$$= P_{e,1}\rho_{e,1} V_1 + P_{e,2}\rho_{e,2} V_2 + \cdots \tag{12.14}$$

式中,$\rho_{e,i}$是材料i的电子密度;$P_{e,i}$是材料i的光电因子;V_i是该材料的体积分数。

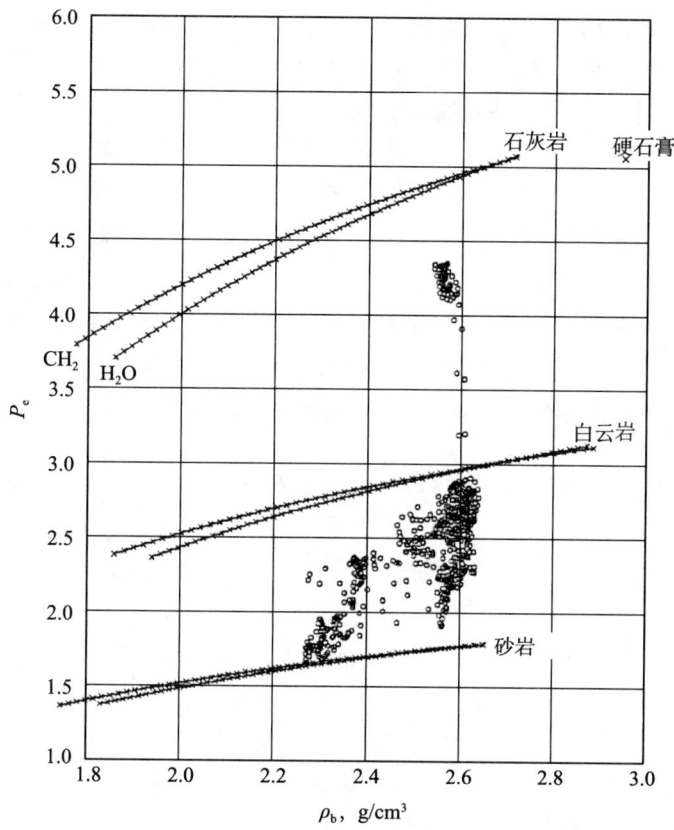

图 12.20　图 12.19 中数据的 P_e 与密度交会图

这三组线对应于三种主要岩性：砂岩、白云岩和石灰岩。孔隙度在每条矿物线上向左增加，并以 1 个孔隙度单位间隔进行标记。每种矿物的两条线分别对应于饱含水孔隙度和饱含油气孔隙度

平均光电因子 $\overline{P_e}$ 最终值由下式得到：

$$\overline{P_e} = \frac{U_{\text{total}}}{\overline{\rho_e}} \tag{12.15}$$

平均电子密度指数 $\overline{\rho_e}$ 由下式给出：

$$\overline{\rho_e} = \rho_{e,1} V_1 + \rho_{e,2} V_2 + \cdots \tag{12.16}$$

表 12.1 列出了一些常见矿物的 U 和 ρ_e 的有用值。应用 U 定量评价地层矿物含量将在第 21 章和第 22 章中介绍。

表 12.1 显示了参数 U 或 P_e 对具有大原子序数元素的巨大敏感性。特别要注意几种铁化合物和钡的 P_e 值。就铁而言，如果黏土矿物中含有铁，则可以利用这种敏感性来确定地层中的泥质含量。这一应用也在 21 章中讨论。然而，由于对重晶石敏感，因此，在重晶石比例大的钻井液中测量 P_e 非常困难。

12.4　使用多探测器仪器反演正演模型

大多数现代双探测器密度仪器采用多能量窗口来获得密度、光电因子和如上所述

的校正曲线。在一种三探测器的电缆仪器中[7]，多探测器和多能量窗口组合在每个深度上测得十几个计数率测量值。每个计数率都可以通过与密度测井五个重要参数（地层密度 ρ_b、地层光电因子 P_e、滤饼密度 ρ_{mc}、滤饼光电因子 P_e^{mc} 和滤饼厚度 t_{mc}）相关的正演模型来描述，如图 12.3 所示。第 j 个探测器第 i 个窗口的窗口计数率方程如下：

$$W_{i,j} = c_{i,j}^1 e^{(-c_{i,j}^2 \rho_b - c_{i,j}^3 P_e)} e^{-c_{i,j}^4 (\rho_b - \rho_{mc}) t_{mc}} e^{-c_{i,j}^5 (P_e^{mc} - P_e) t_{mc}} + c_{i,j}^6 + \cdots \quad (12.17)$$

在许多地层中，无论有没有侵入不同成分的人工滤饼，正演模型的系数 $c_{i,j}^k$ 都是根据仪器放置过程中记录的数据（窗口计数率）来确定。然后，反演方法通过更新五个参数中每个参数的估算值来确定这五个参数，直到正演模型预测的计数率在最小二乘意义上与测量的计数率一致。这种方法可以对测量质量进行评估。t_{mc} 的估算值、计数率重建的优度和 $\Delta \rho$ 的计算值都可用于衡量测量值的可信度。

12.5　随钻测井（LWD）密度仪

由于 LWD 密度仪起源于其早期的"表兄弟"——电缆密度仪，因此，它们有很多相似之处。LWD 密度仪也有一个源、一个长源距探测器和一个短源距探测器，唯一的区别是 LWD 密度仪内置于钻铤中，并且通常靠近钻头。作为钻柱的一部分，它们也会旋转。因此，通常将数据与方位信息一起作为时间的函数来采集，以便根据井方向对数据进行分组。在图 12.21 中，在四个几何扇区收集数据（为了成像，可以使用更多的存储仓）。在图 12.21（a）中，水平井眼位于两个不同密度地层的边界，这预示着上象限和下象限之间的测量密度存在差异。在图 12.21（b）中，当仪器在没有稳定器的情况下工作时，底部象限的密度最能反映地层信息，当仪器到达井眼的顶部时，很显然，应该进行大幅度校正。

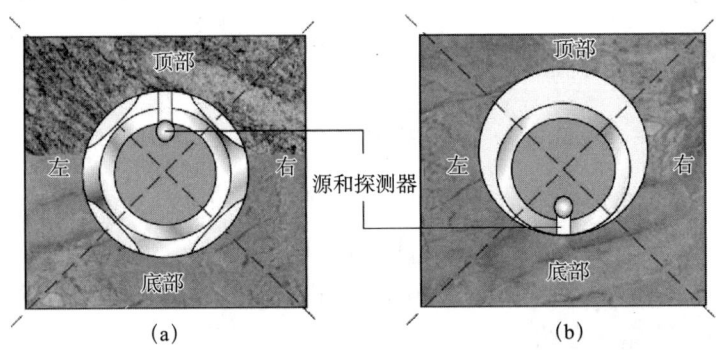

图 12.21　内置于钻铤一侧的 LWD 密度仪器的实例
当钻杆旋转时，连续采集密度值并分类存储，在本例中分为四个象限

图 12.22 是根据 LWD 密度测量结果可能得到多密度轨迹的一个实例。在该实例中，上象限和下象限密度估算值之间存在相当明显的差异。这种差异可能是由位于两种不同密度地层交叉处的井眼引起的，如图 12.21（a）所示。由于重力的作用，在大斜度井中，底部象限通常是受干扰最小的曲线。对图 12.22 测井曲线中的校正曲线的检查证实，底部象限中的 $\Delta \rho$ 曲线是所显示的四条曲线中最不活跃的，也是在显示的大部分井段上最接近零的一条。在尺寸过大或冲刷过的井眼中，如果超出补偿范围，则井周测量

可能会包含很大的误差。在适当尺寸的井眼中进行旋转测量的另一个好处是，可以获得基于密度或 P_e 的图像，作为检测和量化倾斜地层的替代方法[8]。

尽管井周密度测量可能包含很大的误差，但可以将此信息转化为良好的优势，从而得出"井径"测量值[9]。该测量的基础是方程（12.8）中 $\Delta\rho$ 和间隙距离之间的关系。对于这种应用，极板前面的材料主要是钻井液，而不是滤饼。钻井液密度必须已知，这样才能提供合适的间隙距离值。与补偿不同，使用合适的地层密度值和长源距探测器视密度，可以可靠地估算出高达约 3 in 的间隙。

由于 LWD 密度仪靠近钻头，因此，LWD 密度测井的优点之一是钻井和测量之间的间隔时间相对较短，由此又带来了两个优点：第一，井壁的状况通常会随着时间的推移而恶化，因此，井壁粗糙度最小；第二，侵入时间短，这意味

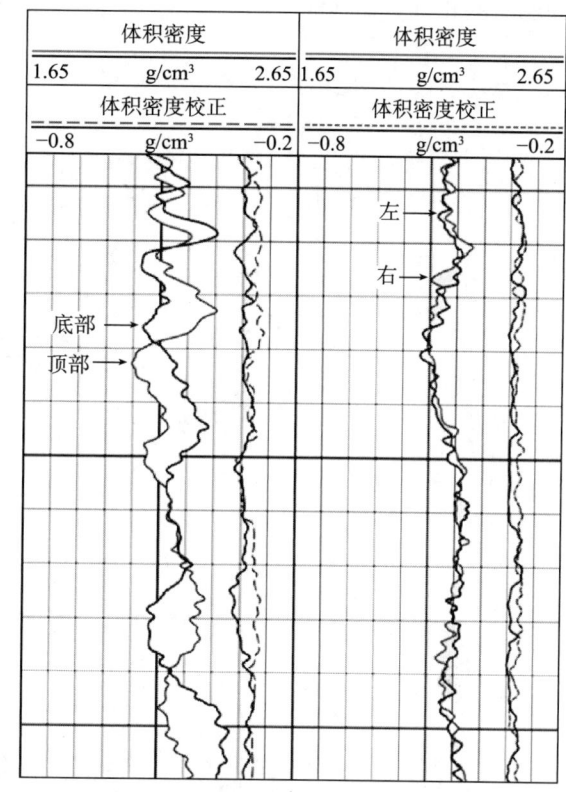

图 12.22　LWD 密度测井曲线的实例[8]
数据是在定向象限中采集的

着 ρ_f 的值不能假设为钻井液滤液的密度，而是原状地层流体的密度。Hansen 和 Shray 记录了使用错误的流体密度来解释含有轻烃储层中 LWD 密度测井的后果[10]。

12.6　环境影响

由于密度测量的目的是获得合理的孔隙度估算值，因此，需要正确判断什么时候密度测量可靠。密度测量最重要的缺点与伽马射线的穿透范围相对较短有关。帮助量化这一点的参数是所谓的平均自由程。它被定义为 $1/e$ 的伽马射线发生散射的距离。对于测井中使用的中等能量伽马射线，密度范围在 2~3 g/cm³ 时，近似平均自由程在 4~6 cm 之间。当然，通常是平均自由程几倍的伽马探测器和源之间的距离也会对探测深度产生影响。由于相对较短的平均自由程和补偿探测器的间距，因此，可以进行补偿的平行间隙（例如，由一层滤饼引起）有某个实际范围。对于大多数测井仪器来说，这个距离可能在 1~2 in，但可能因仪器设计而发生变化。

为了说明假设密度测井仪器的探测深度，请参见图 12.23。该图中（a）为长源距探测器的密度响应，（b）为短源距探测器的密度响应。这些图和各种阵列感应仪器的几何因子图相似（例如图 7.7 和图 7.17）。请注意径向刻度的放大效应。径向综合探测深度投影到两个图的底部平面上。短源距探测器的 90% 响应点约为 1.5 in，而长源距

探测器的相同点略大于 4 in。

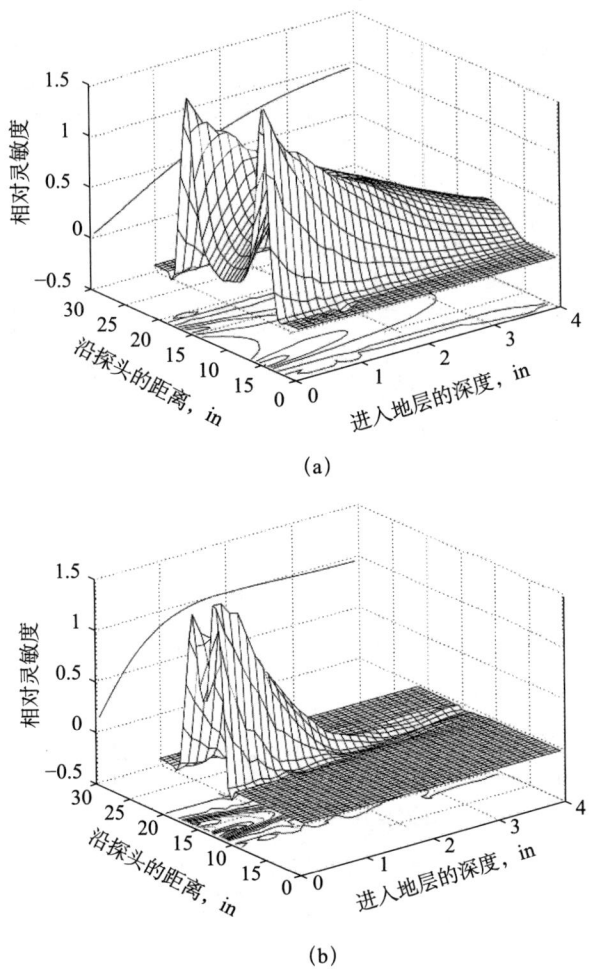

图 12.23　假设的双探测器密度仪的密度响应图
（a）长源距探测器密度响应；（b）短源距探测器密度响应

与中子不同，伽马射线可以用合理数量的常见材料来校准。通过使用密度大的屏蔽材料，如铅（Pb）或钨（W），可以很好地校准井眼伽马—伽马密度仪器，以便源伽马射线穿过仪器和地层的接触面进入地层，并且背部屏蔽使探测器几乎接收不到来自井眼的伽马射线，而仅探测地层的伽马射线。因此，伽马—伽马仪器可能几乎不受井眼环境影响。

因此，这种密度仪器的环境影响因素很少。由于探测仪器极板的曲率半径不可能符合所有井眼尺寸，因此，存在一些孔径效应。沿着滑道的两侧可能存在一个具有新月形横截面的钻井液区域。如果这个新月形的钻井液与地层之间的密度差较大，则可能需要进行一些校正。提供了进行这些校正的图版[11]，但通常它们的幅度非常小。

然而，获得良好密度估算值的首要问题来自井壁的粗糙度。虽然前面描绘的补偿图板相对成功，但严格来讲，它们仅适用于平行的间隙。在井壁粗糙的情况下（我们将其定义为井壁中的一些不规则性，其长度尺度小于源探测器间距，振幅超过几毫米），对测量的影响可能有害。在图 12.10 中，B 段显示了一段井壁明显粗糙的地层；

井眼不规则性可以在井径曲线上看到，也表明它与 $\Delta\rho$ 曲线和井径之间具有高度相关性。密度曲线（或称 DPHI）之间的反相关性也表明，对受严重干扰的长源距探测器的补偿不完全。因此，密度曲线可能并不能反映此段地层。

当然，可以想象，因为测量不仅仅是在一个点上进行的，而是在沿着地层移动并平均计数率（以及密度）时，任何粗糙度都会平均为一些等效的间隙。这种情况可能经常发生。然而，当然也有例外。图 12.10 中 B 段的例子就是其中一种情况。从图 12.23 中的响应图中可以明显看出，大部分信号来自最靠近仪器表面的地层；伽马射线的平均自由程很小，这是不可避免的结果。由于粗糙度只是反映部分低密度地层，因此，源和探测器前面的响应峰值会夸大粗糙度对计数率的影响。

最有助于指示可疑密度读数的辅助测量是井径测量（对于 LWD，最好用 $\Delta\rho$）。如果在比源探测器间距更短的长度尺度上，补偿密度和井径仪之间存在高度相关性，则应保持警惕。一般来说，如果在正常的井径仪测井刻度上可以看到小规模不规则的振幅，那么它的密度很可能会受到井眼粗糙度的影响。

12.7 根据密度测量结果估算孔隙度

要估算一块岩石的孔隙度[1]，测量其密度是最直接的方法，因为密度和孔隙度之间存在一个众所周知且非常吸引人的线性关系。在方程（12.1）中，ρ_b 是地层的体积密度；ϕ 是孔隙度，或非岩石或"骨架"的体积分数。假设它被已知密度的流体饱和，以这种方式定义，这个孔隙度就是岩石物理学家所说的"总"孔隙度 ϕ_t。请注意，孔隙度是无量纲的，因此，通常将其报告为 0 ~ 1 之间的小数。有时使用孔隙度单位（p.u. 或百分比）很方便，它只是与孔隙度相关的体积分数的 100 倍。

很容易看出，密度测量值可以很容易地转化为孔隙度；这只是一个扩展问题。求解方程（12.1）得到孔隙度：

$$\phi = \frac{\rho_b - \rho_{ma}}{\rho_f - \rho_{ma}} = a\rho_b + b \tag{12.18}$$

其中

$$a = \frac{1}{\rho_f - \rho_{ma}}, \quad b = \frac{-\rho_{ma}}{\rho_f - \rho_{ma}} \tag{12.19}$$

式中，a 和 b 不是常数，而是与目的层地层参数有关的度量常数。

因此，要正确估算孔隙度，必须已知两个重要参数：岩石骨架（或颗粒）密度 ρ_{ma} 和饱和流体密度 ρ_f，因为它们决定了这种极其简单关系式的斜率和截距。

当你在标有"密度—孔隙度"的测井图上看到一条曲线时，首先要记住的是，其他人已经为你做了解释，如图 12.10（实际上它被称为 DPHI）所示。他们已经为 ρ_{ma} 和饱和流体密度 ρ_f 选取了合适的值，这些可能适用于你的特定情况，也可能不适用。

首先，选择合适的骨架值和流体密度值有多重要？对于典型沉积岩，岩石骨架密

---

[1] 本材料的大部分出现在文献 [12] 中，只是形式上略有不同。

度的理论值范围从石英的 2.65 g/cm³ 到硬石膏的 2.96 g/cm³。水、钻井液滤液或盐水的流体密度可能在 1.00~1.4 g/cm³ 之间，具体取决于矿化度。对于轻烃，该值可能低至 0.6 g/cm³ 或更低，如低压气体。表 12.2 总结了骨架和流体密度范围。

表 12.2　骨架和流体密度的典型范围　　　　　　　　　　　(g/cm³)

流体	ρ_f
水	1.00
盐水	1.0~1.4
油/凝析油	0.6~1.0
气体	0.4 或更低
骨架	ρ_{ma}
石灰岩	2.71
白云岩	2.87
砂岩	2.65
硬石膏	2.96

为了说明流体和骨架密度误差对孔隙度估算精度的影响，假设一块饱含水岩石（ρ_f = 1 g/cm³）的密度已确定为 2.5 g/cm³。如果你不确定它是砂岩（石英）还是石灰岩（方解石），那么其孔隙度要么是 12%，要么是 9%——这种不确定性对于经济和工程决策来说是无法容忍的。

现在，假设有一个方解石骨架，让我们看看流体密度不确定性的影响。如果饱和流体是浓盐水（1.4 g/cm³），则密度测量值为 2.5 g/cm³ 时，对应的孔隙度为 16%。另一方面，如果饱和流体是密度为 0.6 g/cm³ 的低密度烃，则相应的孔隙度约为 10%。表 12.3 列出了在流体密度和岩石骨架密度的某些极端情况下，密度为 2.5 g/cm³ 地层的孔隙度估算值的所有可能值，单位为孔隙度。

表 12.3　密度为 2.5 g/cm³ 地层的孔隙度估算范围　　　　　(p.u.)

ρ_{ma}, g/cm³ \ ρ_f, g/cm³	0.6	1.0	1.4
2.71	10	12.2	16
2.65	7.3	9.1	12

图 12.24 中的曲线总结了在三种地层密度（2 g/cm³、2.25 g/cm³、2.5 g/cm³）下，当骨架密度和流体密度偏离用于孔隙度初始估算的标称值（在这种情况下，ρ_f = 1.0 g/cm³，ρ_{ma} = 2.65 g/cm³）时孔隙度的近似误差，显示的误差以孔隙度单位为单位。在低孔隙度时，流体密度误差的影响相对较小，如图 12.24（a）所示，但随着孔隙度的增加而增加；对于颗粒密度中的误差，情况正好相反，如图 12.24（b）所示。

密度测量必须有多精确？答案当然取决于孔隙度需要多精确。由于孔隙度通常转换为桶，然后转换为美元，因此，孔隙度绝对精度或许比孔隙度相对精度更有意义。

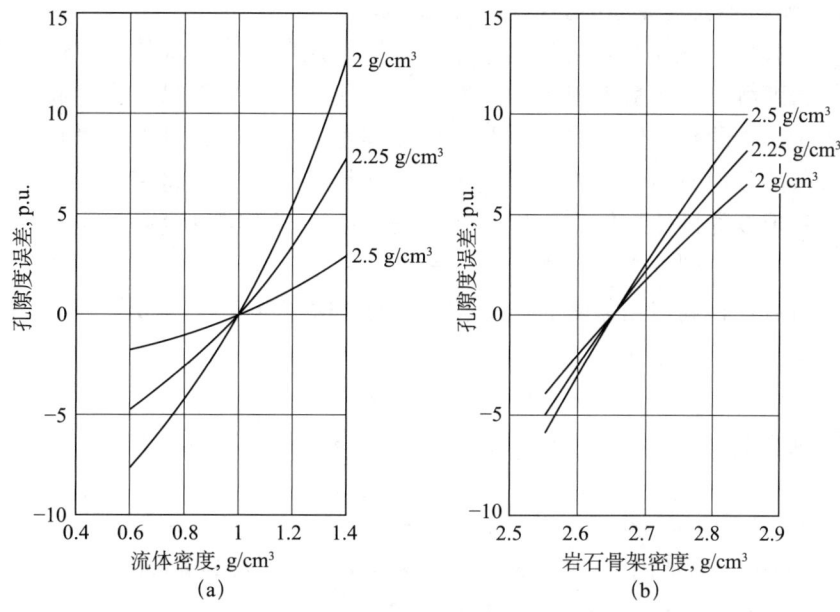

图 12.24 通过评估 2~2.5 g/cm³ 之间的三个地层密度值，总结了流体密度和颗粒密度误差导致的孔隙度估算误差

为了便于讨论，通常将孔隙度可容忍的不确定性定为体积分数的1%或1 p.u.。使用该标准，图12.24中的结果可用于确定解释参数需要达到的计算精度。

由于密度不是绝对精确测量的，那么可容忍的极限是多少？让我们使用相同的标准，并要求孔隙度精度也必须为 1 p.u.。通过在方程（12.1）中使用流体密度和岩石骨架密度的标称值（分别精确到 1.00 g/cm³ 和 2.65 g/cm³），通过对该表达式求微分，可以得到孔隙度对密度的敏感性：

$$\partial\rho = 1.0 \times \partial\phi + 2.65 \times (-\partial\phi) = -1.65\partial\phi \quad (12.20)$$

从式（12.20）得出的经验法则是，孔隙度精度为 1 p.u.，要求密度测量精度达到 0.0165 g/cm³。

那么岩石骨架密度和流体密度的合理值是如何得出的呢？对于岩石骨架密度，许多岩石物理学家认为只有岩心分析才能提供正确的岩石骨架密度值。尽管石英砂岩的岩石骨架密度是已知的，但很少会遇到这种类型的理想化储层。可能存在包括黏土矿物在内的其他矿物，导致岩石骨架密度或颗粒密度可能明显偏离教科书上的 2.65 g/cm³。对于碳酸盐岩，除了普遍存在的黏土矿物外，通常还有石灰岩和白云岩/硬石膏的混合物。在这两种情况下，颗粒密度都需要根据岩心、其他测井值的交会图、光电因子来确定，或者可能通过使用相对较新开发的根据 GR 能谱分析地层元素的解释技术来确定[13]。

如果地层水矿化度不是太高，并且是淡水钻井液，则流体密度通常可以取为 1 g/cm³，因为侵入带中的流体密度将对应于钻井液滤液的密度。然而，在随钻测井的情况下，在钻井后相对较短时间内，当侵入程度不明显时，地层流体的密度可能与钻井液滤液密度相差较大，因为未扰动的地层流体会使地层饱和。例如，如果按常规将流体密度定为 1.0 g/cm³，则在轻烃地层会出现解释困难。

无论岩石和流体系统多么复杂（想象一下饱含残余气体和水的孔隙性泥质砂岩），简单的线性密度解释将该系统视为二元系统。一些适当的岩石骨架密度将表征构成泥质砂岩的各种矿物的部分体积，而一些中等流体密度将提供最佳的孔隙度估算值。利用这两个参数的其他备用值可能会得到可用的初始估算值，但将密度与其他测量值相结合是确定孔隙度的最佳方法。泥岩的颗粒密度或岩石骨架密度是一个相当复杂的问题，此处不予讨论。剩下的问题是指定岩石骨架密度，这显然需要一些岩性知识。从本质上讲，所有旨在确定孔隙度的密度解释都围绕这一点。第 22 章介绍了解决这个问题的各种方法。

参考文献

[1] Tittman J. Geophysical well logging. Orlando: Academic Press, 1986.

[2] Tittman J, Wahl J S. The physical foundations of formation density logging (gamma-gamma). Geophysics, 1965, 30 (2): 284 – 293.

[3] Ellis D, Flaum C, Roulet C, et al. The litho-density tool calibration. Presented at the 58th SPE Annual Technical Conference and Exhibition, paper SPE 12048, 1983.

[4] Wahl J S, Tittman J, Johnstone CW et al. The dual spacing formation density log. Presented at the 39th SPE Annual Technical Conference and Exhibition, paper 989, 1964.

[5] Minette D C, Hubner B G, Koudelka J C, et al. The application of full spectrum gamma-gamma techniques to density/photoelectric cross section logging. Trans SPWLA 27th Annual Logging Symposium, paper DDD, 1986.

[6] Bertozzi W, Ellis D V, Wahl J S. The physical foundation of formation lithology logging with gamma rays. Geophysics, 1981, 46 (10): 1439 – 1455.

[7] Eyl K A, Chapellat H, Chevalier P, et al. High-resolution density logging using athree detector device. Presented at the 69th SPE Annual Technical Conference and Exhibition, paper SPE 28407, 1994.

[8] Bornemann E, Hodenfield K, Maggs D, et al. The application and accuracy of geological information from a logging-while-drilling density tool. Trans SPWLA 39th Annual Logging Symposium, paper L, 1998.

[9] Labat C, Brady S, Everett M, et al. 3D azimuthal LWD caliper. Presented at the 43rd SPE Annual Technical Conference and Exhibition, paper SPE 77526, 2002.

[10] Hansen P, Shray F. Unraveling the differences between LWD and wireline measurements. Trans SPWLA 37th Annual Logging Symposium, 1996.

[11] Schlumberger. Log interpretation charts. Houston: Schlumberger, 1979.

[12] Ellis D. Formation porosity estimation from density logs. Petrophysics, 2003, 44 (5): 16 – 22.

[13] Herron S L, Herron M M. Application of nuclear spectroscopy logs to the derivation of formation matrix density. Trans SPWLA 41st Annual Logging Symposium, paper JJ, 2000.

[14] Pettijohn F J. Sedimentary rocks. 2nd ed. New York: Harper & Row, 1957.

习 题

12.1 在已知孔隙度恒定的纯砂岩储层的最低部分（含水部分），密度仪器读数为 2.21 g/cm³。再往上，在同一储层中，在油水界面上方（地层完全饱含烃），密度仪器读数为 2.04 g/cm³。烃的密度是多少？

方程

$$\rho_{\log} = 1.0704\rho_e - 0.188 \tag{12.21}$$

将电子密度 ρ_e 与仪器读数 $\rho_{\log}$ 联系起来，它与体积密度 ρ_b 密切相关。该方程的定义使得仪器读数与水—石灰岩混合物中的 ρ_b 相对应。为了使测井读数与 120 g/L 盐水和砂岩（SiO_2）混合物的体积密度一致，将使用什么变换？

12.2 图 12.25 是模拟储层模型碳酸盐岩剖面中的一小段 LDT 测井曲线。

12.2.1 仅根据密度曲线的知识，你认为 12 490～12 540 ft 看似均匀层的孔隙度范围是多少？

12.2.2 通过 P_e 测量，你能完善孔隙度估算吗？你估计孔隙度的新平均值是多少？

12.2.3 骨架中白云岩和石灰岩的比例是多少？如果不是常数，混合物的范围是多少？

12.3 图 12.20 显示了作为岩性确定孔隙度函数的三种不同骨架的 ρ_b 与 P_e 的交会图。

12.3.1 在地层水矿化度很高的白云岩地层中，经常发生盐塞。在这种情况下，白云岩原有的孔隙可以用 NaCl 沉积物来代替。在这张交会图上绘制孔隙度为 20 p.u. 饱含水白云岩的孔隙逐渐充满盐的趋势线。利用 U 的混合定律。

12.3.2 仅从这个交会图来看，你可能会将完全堵塞的情况与

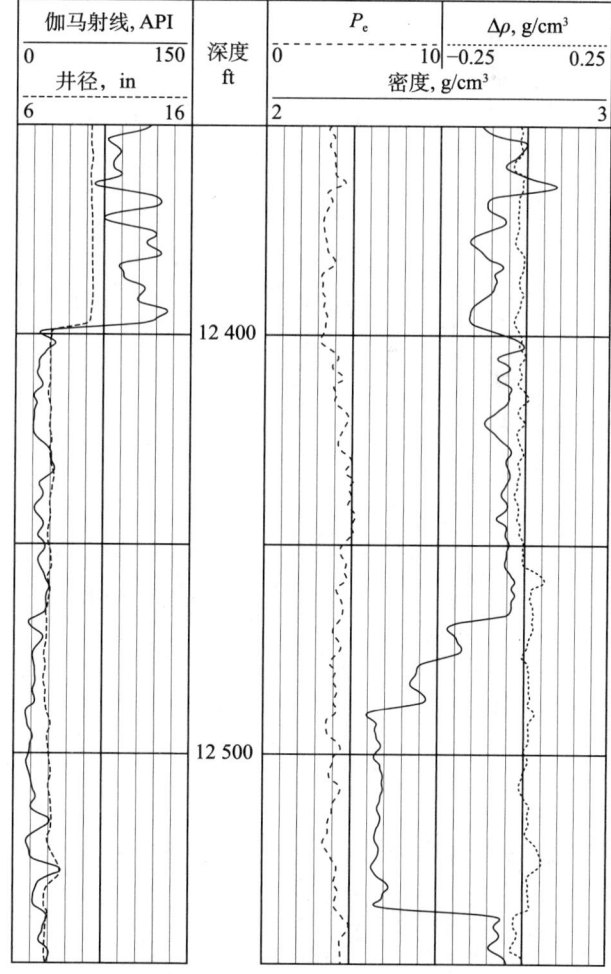

图 12.25 习题 12.2 的测井实例

什么混淆？

12.4 孔隙度对岩石骨架密度的敏感性可由下式确定：

$$\partial\phi = \left[\frac{\rho_b - \rho_{ma}}{(\rho_f - \rho_{ma})^2} - \frac{1}{\rho_f - \rho_{ma}}\right]\partial\rho_{ma} \tag{12.22}$$

对于孔隙度约为 30% 的砂岩，证明 ϕ 的不确定性小于 0.02 g/cm³ 时，ρ_{ma} 的不确定性必须小于 0.05 g/cm³。

12.5 在岩心分析确定孔隙度为 23% 的砂岩储层中进行了密度测井。该层的密度读数为 2.40 g/cm³。

12.5.1 你估算砂岩的颗粒密度是多少？

12.5.2 如果假设骨架为纯砂岩（SiO_2），孔隙度误差是多少？

12.5.3 根据岩心分析可知，地层由 SiO_2 和黄铁矿（FeS_2）组成。视颗粒密度对应的骨架体积分数是多少？

12.5.4 岩心分析得出的实际颗粒密度为 2.76 g/cm³。作为 ρ_{fl} 的值，这意味着什么？

13

测井应用中的中子物理学基础

13.1 引 言

在测井中，使用中子探测地层有着悠久的历史。第二次世界大战后不久，出现了第一支中子仪器。中子测井最初的应用是确定地层孔隙度。目前，除了探测中子以确定地层氢含量的测井仪器外，还有使用脉冲中子分析发射中子吸收率的仪器，以及探测中子诱发伽马射线并地层进行有限化学分析的伽马射线能谱仪器。理解这些仪器响应的关键是所利用的相互作用。本章描述了这些相互作用，从而为以后章节打下基础。

与伽马射线的情况一样，中子可以以多种不同的方式与材料相互作用，每种方式都有适当的横截面来描述其发生的概率。中子与物质的相互作用比伽马射线的相互作用更为多样和复杂。为了简单起见，我们将这些相互作用分为两种：散射和吸收。在回顾了一些有用的术语和中子弹性散射动力学之后，将采用四种类型的横截面来描述这些相互作用。

与天然存在或容易产生的同位素伽马射线源不同，测井中使用的中子源是人工核反应的产物。本章将讨论其中的几种反应，以及中子探测技术。

13.2 中子反应的基本原理

中子与物质的反应速率取决于四个参数。前两个是中子的密度（数量/体积）n 和中子的速度 v。这两个量的乘积称为通量（与早期用于描述伽马射线强度的 Ψ 相同），单位是每秒每平方厘米的中子数。反应速率还取决于与中子相互作用的粒子的核密度 N_i，最后取决于特定反应的横截面 σ_i。因此，反应速率 R（每立方厘米 i 型中子反应的次数）的表达式如下

$$R = nv\sigma_i N_i \tag{13.1}$$

如果反应中每个分子有一个 i 型原子核，则分子量为 M、体积密度为 ρ 的材料中 i

型中子反应粒子的密度为

$$N_i = \frac{6.02 \times 10^{23}}{M} \rho \tag{13.2}$$

图 13.1 从广义上定义了人们感兴趣的中子的能量范围。此范围在测井中应用了 90 多年：源中子范围从 5 到 15 MeV，广义上，大于 10 eV 的为快中子，0.2～10 eV 的为超热中子，室温下小于 0.1 eV 的为热中子。

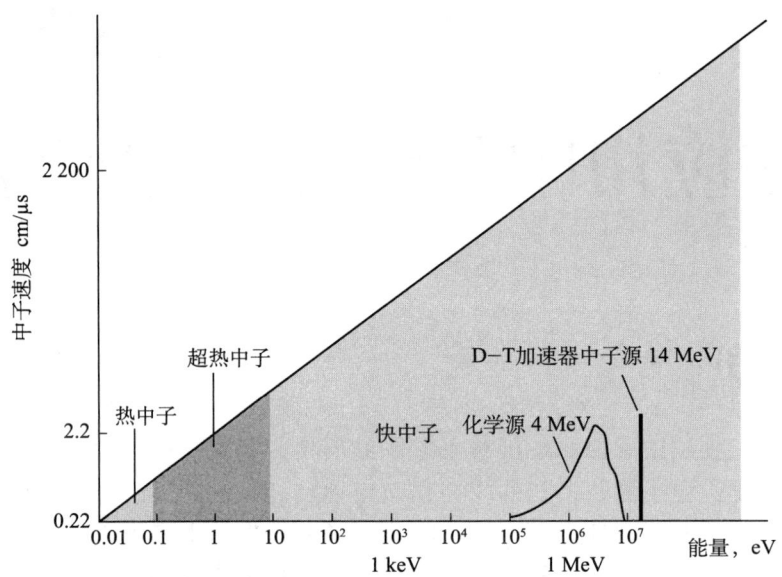

图 13.1　根据广义的能量范围及其相应的速度对中子的分类[1]

为了以后讨论与慢化过程相关的时间尺度，有必要注意中子能量与其相关速度之间的关系。在低能条件下，我们可以利用动能 E、速度 v 和质量 m 之间的经典关系计算中子的速度

$$E = \frac{1}{2} m v^2 \tag{13.3}$$

因此，速度 v 表示为

$$v = \sqrt{\frac{2E}{m}} \tag{13.4}$$

如果利用该表达式计算热能为 0.025 eV 的热中子速度，则结果为 2 200 m/s 或 0.22 cm/μs。因此，任何能量 E（单位为 eV）下的速度为

$$v = 0.22 \sqrt{\frac{E}{0.025}} \tag{13.5}$$

式中，v 单位为 cm/μs。因此，2.5 eV 超热中子的速度为 2.2 cm/μs，而 2.5 MeV 近源能量中子的速度则为 2 200 cm/μs。这些速度同样可在图 13.1 中看到。

在四种主要类型的相互作用中，前两种通常被称为慢化相互作用，或中子能量（或速度）降低的相互作用。其中一种称为弹性散射，另一种称为非弹性散射。首先考虑弹性散射。经典力学（类似于台球碰撞）可以用来描述被撞击原子核的减小能量。

在与质量与中子质量相差不大的原子核碰撞时，中子的能量减小得更快。因此，氢和其他低原子质量元素在降低快中子能量方面非常有效。

可以通过考虑质心的概念来获得描述弹性散射的物理变量。图 13.2 显示了静止原子核和以速度 v 移动的中子之间碰撞的实验图。碰撞后，中子偏离其初始方向一个角度 θ，并且速度降低至 v'。

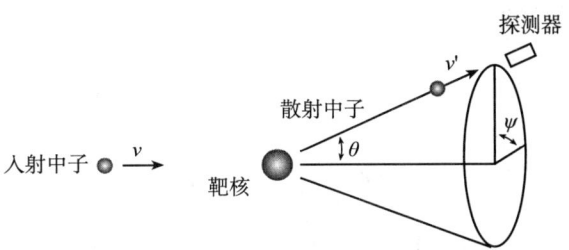

图 13.2　中子与靶核的理想散射[2]

另一种方法是定义如图 13.3 所示的质心。这个新坐标系由下式定义

$$Mx_0 = m(x - x_0) \tag{13.6}$$

其中

$$x_0 = \frac{mx}{m+M} = \frac{x}{1+A} \tag{13.7}$$

式中，M 是靶的质量；m 是中子的质量；x_0 为坐标。

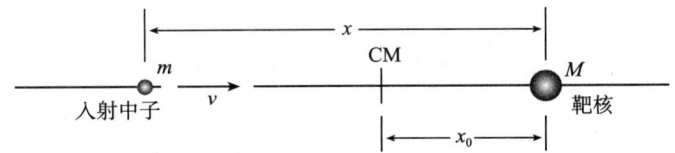

图 13.3　绘制的表明质心（CM）系统的散射反应[2]

代入整个中子质量和原子核质量 A 后，正如实验图所示，质心速度 v_{CM} 可由下式得到：

$$v_{CM} = \frac{dx_0}{dt} = \frac{1}{1+A}\frac{dx}{dt} = \frac{1}{1+A}v \tag{13.8}$$

两种反应如图 13.4 所示：（a）为实验室方法，（b）为质心系统。在质心系统中，可以看到两个粒子以 v_c 和 V_c 的速度相互接近，这两个速度由下式给出：

$$v_c = v - v_{CM} = \left(1 - \frac{1}{1+A}\right)v = \frac{A}{1+A}v \tag{13.9}$$

和

$$V_c = -v_{CM} = -\frac{1}{1+A}v \tag{13.10}$$

质心系统的总动量为

$$mv_c + MV_c = \frac{A}{A+1} 1 \cdot v - \frac{1}{1+A} A \cdot v \tag{13.11}$$

可以看出总动量等于零。对于质心系统中见到的弹性碰撞，这一特殊的结果意味着中子和原子核以相同的速度进入和离开反应,并且方向相反。

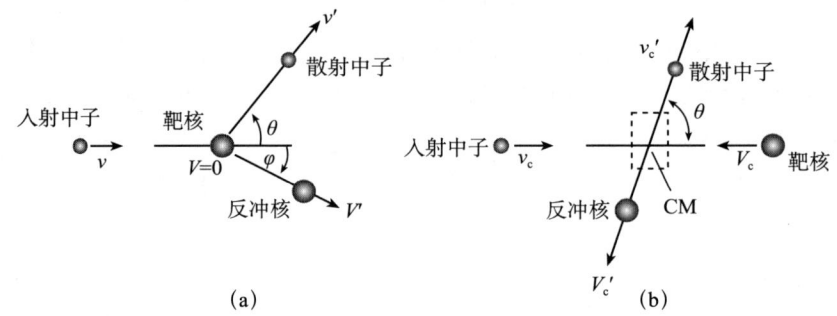

图 13.4 从实验室(a)和质心(b)系统的角度绘制的散射反应[2]

能量守恒分析[3]表明,中子能量 E' 在质心系统中以角度 θ 散射后,可以与碰撞前能量 E_0 建立如下关系:

$$\frac{E'}{E_0} = \frac{A^2 + 2A\cos\theta + 1}{(A+1)^2} \tag{13.12}$$

从式(13.12)可以看出,当 $\theta = 180°$ 时,碰撞发生后,能量最小,此时的能量是初始能量 α 的一小部分,其中 α 与散射原子核质量 A 的关系如下

$$\alpha = \left(\frac{A-1}{A+1}\right)^2 \tag{13.13}$$

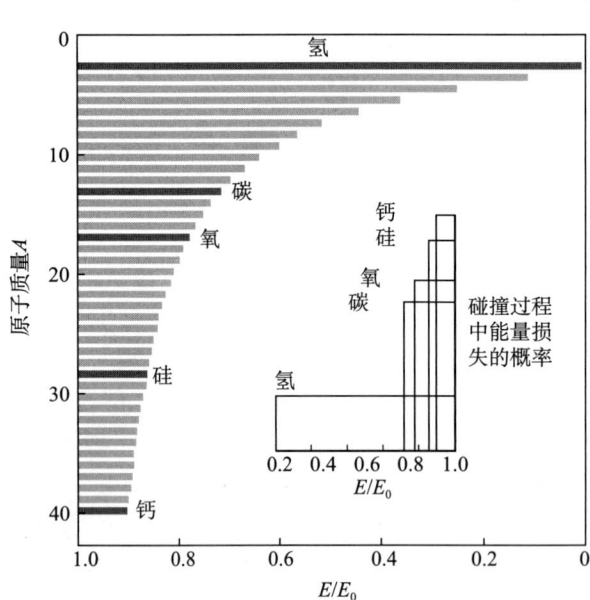

图 13.5 原子核质量从 H 到 Ca 的单次弹性
散射后允许的中子能量分布[1]
能量标度归一化为入射中子能量,并向左增大。该图
显示了几个重要元素散射到允许范围的相对概率。由于
散射到任何可用能量的概率是相等的,因此,
可能散射的能量间隔越大,概率值越小

假设为各向同性弹性散射(与实际不太远),这也意味着中子在 E_0 到 αE_0 的允许能量范围内散射到任何能量 E 的概率是相等的。图 13.5 的插图明确指出了几个常见元素的这一点。

图 13.5 说明了大多数感兴趣的元素在单次碰撞中中子能量减少的可能范围。可以看出,对于最常见的地层元素,重元素每次碰撞的最大能量减少 10%~25%;然而,对于氢元素,一次碰撞可能损失全部的中子能量。中子孔隙度仪器利用的就是弹性散射能量损失对氢元素的敏感性。

在非弹性散射的情况下,入射中子的一部分能量用于激发靶核。这降低了入射中子的能量。靶核通常会在去激发时产生一个或多个特征伽马射线。这种类型的反应总是有一个阈值能量(低于该阈值能量将不会发生反应）。利用去激发伽马射线测量地层中的碳氧比（C/O）。

中子相互作用的另一种基本类别称为吸收，它也分为两个类型：辐射俘获和产生核粒子的反应。与上面提到的慢化弹性相互作用不同，在辐射俘获中，中子（通常接近热能）被靶核吸收，产生复合核。随着特征伽马射线的发射，该核立即失活。在脉冲中子测井仪器或次生伽马射线的伽马射线能谱中，都可以利用这种类型的反应进行化学分析。

辐射俘获的横截面，通常称为热吸收，随中子能量 E 的变化而变化，为 $1/\sqrt{E}$。因此，其最大值处于尽可能低的能量，即热能。与弹性散射的横截面不同，该横截面的大小在各种同位素之间变化很大。有些同位素具有巨大的吸收截面，如钆（Gd）、硼（B）和氯（Cl），但对于常见的岩石矿物，其值要小得多，并且在每个原子的基础上，按以下顺序减小：钙（Ca）、氢（H）、硅（Si）、镁（Mg）、碳（C）和氧（O）。

热中子俘获终止了释放到地层中的中子的寿命，因此，吸收的概率控制了中子在其热寿命期间扩散的距离。在井眼/地层环境中，这种吸收由地层中的 H 或 Ca 含量提供。然而，其他强吸收元素的存在也会扰乱给定孔隙度下预期的热中子通量水平。由于大量吸收元素的存在会降低热中子通量并减小热中子扩散长度，因此，井眼仪器探测到的热中子计数率有时需要校正。盐水中的 Cl 就是这样一种吸收剂，与黏土矿物相关的硼和钆是另外两种有效的热中子吸收剂。

粒子反应的范畴相当广泛；可以说，中子与某些原子核相互作用可以引起 α 粒子、质子、β 粒子甚至额外的中子等粒子的发射。这些反应虽然常见，但相对于上述测井中感兴趣的其他相互作用，发生的概率非常小。通常，只有在中子能量相对较高时，它们才可能发生。

中子相互作用横截面的复杂性如图 13.6 所示，示意图显示了随能量的变化。上图是指总横截面作为中子能量 E 的函数，下面四个图显示了如何分解。第一个图（n, n）指的是弹性散射，表明除了在低能量下的一些共振外，能量十分稳定；下一个图（n, n'）显示了非弹性相互作用，给出了某个特征阈值，低于该阈值，相互作用不可能发生；第三个图是许多可能的粒子反应之一（n, α）；最后一个图（尽管可能还有其他的）是辐射俘获（n, γ），它在低能量下的概率增加。

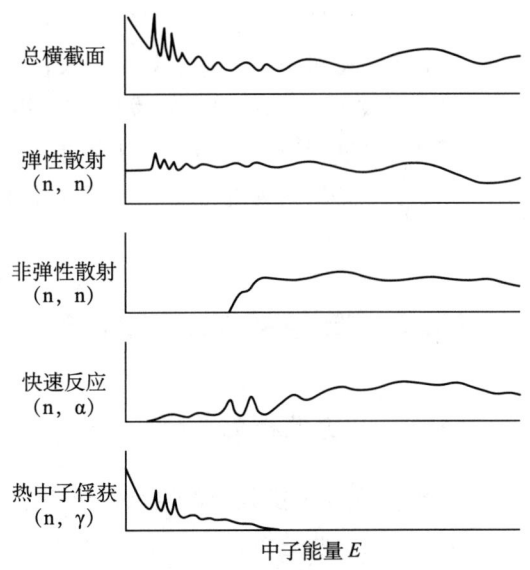

图 13.6　中子总横截面及其四个分解图的能量变化示意图[1]

13.3 核反应和中子源

由于在自然界中几乎从未发现过中子源，因此，有必要简单讨论一下产生中子源的技术。测井中使用的有两种类型：所谓的化学源或封装中子源和加速器中子源。

发现中子的经典反应是用 α 粒子轰击铍。这个反应可以写成

$$^4Be + {}^2He \longrightarrow {}^6C + n + 5.76 \text{ MeV} \tag{13.14}$$

这为最便宜、最简单和最可靠的中子生产方法奠定了基础。该反应的物理解释超出了本研究的兴趣范畴，可以在参考文献［2］和［4］中找到。这种化学中子源的实际结构由天然存在的 α 发射器和具有较大横截面 (α, n)❶ 的适当轻元素混合组成。为此，使用的一些 α 发射器是钚（Pu）、镭（Ra）、镅（Am）和钋（Po）。三种常见的靶元素是 Be、B 和 Li。发射中子的实际谱（能量分布）相当复杂。这在一定程度上与 α 发射器和靶的几何细节有关，但镅铍（AmBe）的中子分布峰值约为 4.2 MeV。

另一种利用粒子诱导反应产生中子的方法是使用带电粒子加速器[5]。目前，在测井使用的一种实现方法中，氘和氚离子与氢的同位素氘（D）和氚（T）一起向靶核加速，该反应写为

$$^2D + {}^3T \longrightarrow {}^4He + n + 17.6 \text{ MeV} \tag{13.15}$$

该反应的横截面在大约 ^2D 入射能量的 100 keV 处具有最大值。这决定了此类仪器中所需的加速电压。

尽管制造这种仪器在工程学上有困难，但对于测井来说，优势有很多。一个是产生的中子能量相对较高。它们以 14.1 MeV（而不是 17.6 MeV，因为该反应的部分能量被 α 粒子吸收，见习题 13.1）发射。这些高能中子有助于在地层中产生各种有趣的核反应，稍后将进行讨论。另一个优势是可以控制这种类型的源，即根据需要随意开关。这不仅使定时测量成为确定地层一些有趣核特性的手段，而且使放射源无比安全，这是第 15 章讨论的主题。

13.4 有用的体积参数❷

13.4.1 宏观横截面

尽管图 13.6 中横截面的复杂性决定了相互作用的细节，但可以明确规定中子与材料相互作用的一些总特性。首先是宏观横截面，它被定义为所讨论的横截面（σ_i）与每立方厘米原子数 N 的乘积，即

$$\Sigma_i = N\sigma_i = \frac{N_A \rho_b}{A} \sigma_i \tag{13.16}$$

---

❶ 该缩写 (α, n) 表示 α 粒子与未知原子核的反应，结果产生一个中子和另一个未知原子核。
❷ 本节中的大部分材料早些时候曾出现在文献［6］中，只是形式上略有不同。

式中，N_A 是阿伏加德罗数；ρ_b 是体积密度；A 是原子量。

宏观横截面 Σ_i 的单位为 cm^{-1}，其倒数是 i 型相互作用之间的平均自由程长度。图 13.7 显示了孔隙度为 0 p.u.、20 p.u.、40 p.u. 和 100 p.u.（孔隙度单位）时，石灰岩的总平均自由程与快中子能量的函数关系。在化学源发射能量（2~4 MeV）下，可以看出孔隙度的影响很小。只有当中子减速时，平均自由程才会对地层中氢的质量浓度具有较强的依赖性。

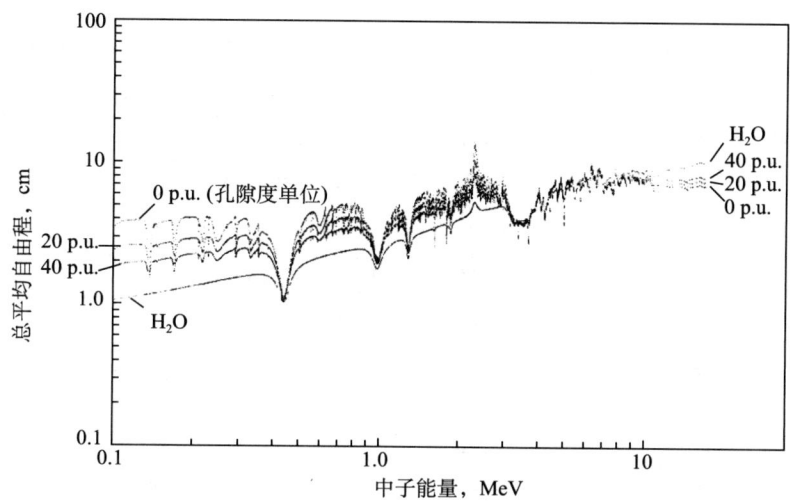

图 13.7　不同孔隙度和含水量石灰岩中中子的平均自由程[1]
以中子能量函数形式表示平均自由程

在测井中，通常会特别使用以热能计算的宏观吸收截面。表 13.1 给出了一些选定元素的热中子吸收参数。如前所述，测量的每个原子核的横截面 [单位为靶恩（$10^{-24}\ cm^2$）] 都各不相同。然而，由每个特定元素（或同位素）贡献的宏观吸收截面是更为有用的量。宏观吸收系数 Σ_a 由方程（13.16）计算得到，其中 σ_i 被 σ_a 取代，下标"a"表示吸收。因此，σ_a 是指在大多数元素的热能下占主导地位的热吸收截面。

表 13.1　选定元素的热中子吸收参数[1]

元素	平均原子量 A 原子质量单位	平均原子吸收截面 σ，b	质量归一化吸收截面 σ_m cm^2/g	质量归一化氯元素吸收当量 A_m
钆（Gd）	157	49 000	188	333
硼（B）	10.8	759	42.3	75.0
钐（Sm）	150	5 800	23.3	41.2
铕（Eu）	152	4 600	18.2	32.3
镉（Cd）	112	2 450	13.1	23.3
锂（Li）	6.94	70.7	6.14	10.9
镝（Dy）	163	930	3.45	6.11

续表

元素	平均原子量 A 原子质量单位	平均原子吸收截面 σ, b	质量归一化吸收截面 σ_m cm²/g	质量归一化氯元素吸收当量 A_m
铱（Ir）	192	426	1.34	2.37
氯（Cl）	35.45	33.2	0.564	1.00
银（Ag）	108	63.6	0.355	0.630
氢（H）	1.008	0.332	0.198	0.352
铯（Cs）	133	29.0	0.131	0.233
钾（K）	39.1	2.10	0.0323	0.0573
铁（Fe）	55.9	2.55	0.0275	0.0488
钠（Na）	23.0	0.530	0.0139	0.0246
硫（S）	32.1	0.520	0.00977	0.0173
钙（Ca）	40.1	0.43	0.00646	0.0115
铝（Al）	27.0	0.230	0.00513	0.0091
硅（Si）	28.1	0.16	0.0034	0.0061
镁（Mg）	24.3	0.063	0.00156	0.00459
碳（C）	12.0	0.0034	0.00017	0.00030
氧（O）	16.0	0.00027	0.0000102	0.000018

计算给定质量浓度的热吸收剂对中子测量结果影响更有用的单位是第 4 列中所示的质量归一化宏观横截面 σ_m。它只是方程（13.16）中密度除以 Σ_a/ρ 的表达式。在岩石物理学中，通常使用称为俘获单位（c.u.）的质量归一化横截面的导数。（该量普遍使用的符号是 Σ，虽然常见，但容易使人混淆。）专门为其定义单位很方便。这些所谓的俘获单位是上面定义的 Σ_a 值的 1 000 倍。因此，质量归一化横截面是一个方便的单位，因为 σ_m 值的 1 000 倍是每立方厘米吸收剂所贡献的俘获单位数。利用该方法，很容易计算出（只根据氢）淡水的俘获截面 Σ 约为 22 c.u.（每立方厘米中含氢 0.198×1 000×1/9）。

虽然不是横截面，但还有另一个非常有用的参数，称为含氢指数（HI）。它是任何材料或混合物的氢含量（以 g/cm³ 表示）与标准温压下或 1/9 g/cm³ 水中氢含量之比。显然，在多孔淡水饱和岩石中，只要岩石结构中没有氢，含氢指数和孔隙度相等。

13.4.2 衰减系数和平均能量损失

正如前面在弹性散射的讨论中提到的，低质量原子核在降低散射中子的能量方面非常有效。从图 13.5 可以推断，碰撞的结果可以被视为中子能量的平均下降百分比。这通常表示为平均对数能量衰减率 ξ，其定义如下：

$$\xi \equiv \langle \ln E_i - \ln E \rangle = \langle -\ln(E/E_i) \rangle \tag{13.17}$$

式中，E_i 是初始能量；E 是碰撞后中子的能量。

为了计算平均对数能量衰减率，我们只需要从图 13.5 的插图中注意到，散射到低于初始能量的任何可能能量值的概率是相等的。这可以表示为

$$P(E)\mathrm{d}E = \frac{\mathrm{d}E}{(1-\alpha)E_i} \tag{13.18}$$

式中，α 为控制弹性散射中最大能量损失的质量比，定义于方程（13.13）。

因此，平均对数衰减率如下

$$\begin{aligned}\langle \ln(E_i/E) \rangle &= \int_{\alpha E_i}^{E_i} \ln\left(\frac{E_i}{E}\right) \frac{\mathrm{d}E}{E_i(1-\alpha)} \\ &= \frac{1}{1-\alpha} \int_{E_i}^{\alpha E_i} \ln\left(\frac{E}{E_i}\right) \frac{\mathrm{d}E}{E_i} \\ &= 1 + \frac{\alpha}{1-\alpha} \ln\alpha \end{aligned} \tag{13.19}$$

由于氢的 α 为零，可以看出，对于中子与氢的相互作用，平均对数能量衰减率 ξ 为 1。对于质量更大的原子核，当原子质量 A 较大时，可以看出[3]平均对数能量衰减率与被撞击原子核的原子质量 A 简单相关：

$$\xi \approx \frac{2}{A + 2/3} \tag{13.20}$$

13.4.3 减速碰撞次数

估算中子能量从源能（AmBe 源中子的平均能量为 4.2 MeV）减少到 0.4 eV 超热能所需的散射数量很有趣。在纯氢中，每次碰撞的平均能量减小为原来的 1/2，求解下列关于 n 的方程：

$$\left(\frac{1}{2}\right)^n \times 4.2 \times 10^6 = 0.4 \tag{13.21}$$

得到碰撞次数约为 23 次。当然，这种幼稚的计算是错误的，因为我们需要使用平均对数能量衰减率。

根据下面的推导，平均对数能量衰减率可用于计算中子能量由初始能量 E_i 减小到某个较低能量 E 所需的平均碰撞次数 n。如果序列 $E_1, E_2, \cdots, E_n$ 代表每次碰撞后的平均能量，则可以写成

$$\begin{aligned}\left\langle \ln\left(\frac{E_i}{E_n}\right) \right\rangle &= \left\langle \ln\left(\frac{E_i}{E_1} \frac{E_1}{E_2} \cdots \frac{E_{n-1}}{E_n}\right) \right\rangle \\ &= \left\langle \ln\left(\frac{E_i}{E_1}\right) \right\rangle^n = n\left\langle \ln\left(\frac{E_i}{E_1}\right) \right\rangle \\ &= n\xi \end{aligned} \tag{13.22}$$

因此，平均碰撞次数为

$$n = \frac{1}{\xi} \left\langle \ln\left(\frac{E_i}{E_n}\right) \right\rangle \tag{13.23}$$

回到氢的问题上，利用氢的 ξ 是 1 的事实［根据方程（13.19）］，结合前面的结果［方程（13.23）］，我们看到平均碰撞次数简单地为 $\ln 10^7$，或者刚刚超过 16。

可以通过利用适当的总散射截面 $N_i\sigma_i$ 对元素 i 的每个 ξ_i 值加权来计算元素混合物的常数 ξ。表 13.2 显示了将源能中子（4.2 MeV）减少到 0.4 eV 所需的平均对数能量衰减率和碰撞次数的一些典型值。

表 13.2　对于选定的慢化剂，将中子能量从 4 MeV 减少到 0.4 eV 的平均对数能量衰减率和平均碰撞次数

中子减速参数		
慢化剂	ξ	n
H	1.0	16
C	0.158	110
O	0.12	131
Ca	0.05	330
H_2O	0.7	22.5
20 p.u. 石灰岩	0.23	70
0 p.u. 石灰岩	0.115	138

当然，中子和氢之间的实际散射将导致碰撞次数在这个平均值附近的分布。对于一些稍微更现实的情况，假设水和石灰石中涉及的元素的散射截面相等（与实际情况相差不多），我们可以计算碰撞的分布。图 13.8 是四种情况下减速中子所需的碰撞次数。在水中，减速中子的平均碰撞次数约为 20 次，在没有氢的 0 p.u. 石灰岩中，碰撞次数为令人印象深刻的 150 次。两种中间情况是饱含水的 20 p.u. 石灰岩，碰撞次数约为 65 次；饱含气的石灰岩，由于孔隙空间中氢的密度降低，碰撞次数上升到约为 90 次。

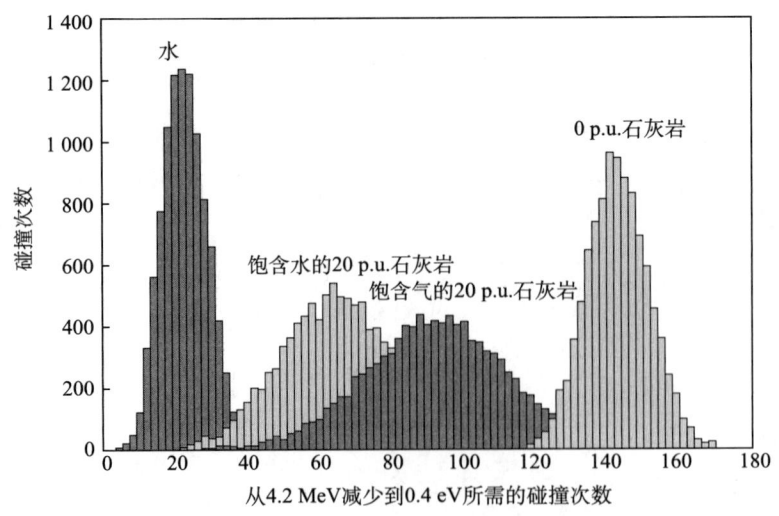

图 13.8　减速四种不同材料中源能中子所需的碰撞次数分布[6]
氢含量范围由 10 000 个源中子计算得到

13.4.4 特征长度

还有两个参数有助于表征中子与散装材料的相互作用。一个参数称为减速长度 L_s,另一个参数称为热中子扩散长度 L_d。减速长度与中子从高能源发射到达较低能量的时间内行进的均方根距离成正比,通常较低的能量边缘是超热中子能量区。扩散长度 L_d 可以被认为是热能中子在其最终俘获之前变热的点之间行进的校正距离。

13.4.4.1 减速长度

射入地层中的中等能量中子主要通过前面讨论的弹性散射相互作用"减速"或损失能量。我们之所以对低能中子的数量和分布感兴趣,是因为测井仪器中的探测器对低能中子最敏感。用于估算地层孔隙度或含氢指数的探测器在不同源距处的计数率比值将被视为与测量地层的 L_s 密切相关。

在无限均匀介质中的高能中子源的简单情况下,我们知道,一旦中子发射出去,它们就会从一个碰撞点移动到另一个碰撞点,失去能量,并在每次相互作用时改变方向,直到最终被某种同位素俘获。在此期间,它们离开源,行进了一段有限的距离。减速长度用于表征无限介质中点源产生的低能散射中子的空间分布。

尽管已经对无限均匀介质中心的中子点源问题进行了数学研究[7],但我们还是选择了一个模拟方法来说明这里的细节。图 13.9 总结了这个简单几何结构中的一些蒙特卡罗计算结果。介质是饱含水的石灰岩,孔隙度范围为 0~30 p.u.。计算结果显示了在 2 cm 厚的同心壳中估算的总中子通量[中子/(cm²·s)]。半对数图显示,在源的邻近区域之外 10 cm 的总通量几乎呈指数下降。从源开始,按 30~70 cm 的间隔计算每个通量分布的斜率。如这五条分布线的实线所示,斜率随着孔隙度(或氢含量)的增大而增大。那么这与减速长度有什么关系呢?

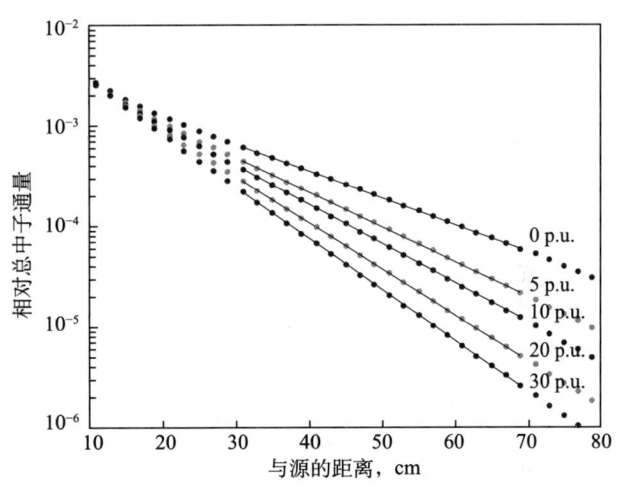

图 13.9 饱含水孔隙度为 0~30 p.u. 的无限石灰岩地层中总中子通量径向相关性的蒙特卡罗计算结果[6]

图 13.9 中的任何一条曲线实际上都是给定孔隙度的无限介质中能量高于热中子的中子通量 $\phi(r)$ 的空间分布。为了获得"平均"中子在从这种类型曲线减速的过程中离开源行进的一些典型距离 r,可以使用均方距离(或分布的二阶矩),由下式得出:

$$\overline{r^2} = \frac{\int_0^\infty 4\pi r^2 \phi(r) r^2 \mathrm{d}r}{\int_0^\infty 4\pi r^2 \phi(r) \mathrm{d}r} \tag{13.24}$$

L_s 的定义是，它是均方根距离的分数（$1/\sqrt{6}$）：

$$L_s = \frac{1}{\sqrt{6}}\sqrt{\overline{r^2}} \tag{13.25}$$

一种实用的计算 L_s 的方法[8,9]认为，减速过程是通过一系列离散的步骤进行的，并根据许多下降能量仓中每个能量仓的散射和去除截面计算扩散长度，然后对二次组合求和。它已经在称为斯伦贝谢核参数（NUclear PARameter）代码（SNUPAR）的有用代码中实现[10]。根据这一方法，可以计算任何源和探测能量以及指定元素成分和密度的材料的减速长度。

图 13.10 显示了三种常见沉积岩的减速长度与饱含水岩石孔隙度的函数关系。可以看出，当氢很少或不存在时，减速长度 L_s 相当大，为 20～30 cm。随着氢含量的增加（在本例中为水的形式），数值迅速收敛。请注意，这三种不同岩性减速长度的微小差异主要在低孔隙度时很明显。

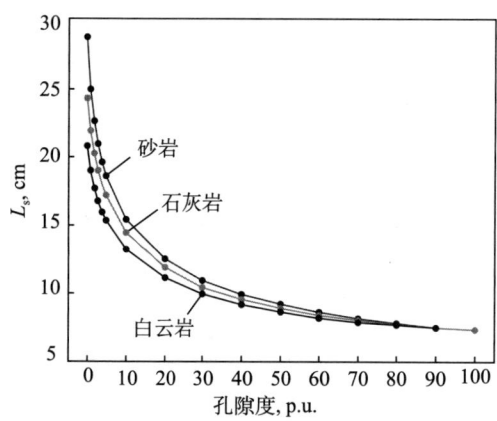

图 13.10 计算 AmBe 源中子达到 0.4 eV 的减速长度[6]

显示了饱含水石灰岩、砂岩和白云岩地层的计算结果

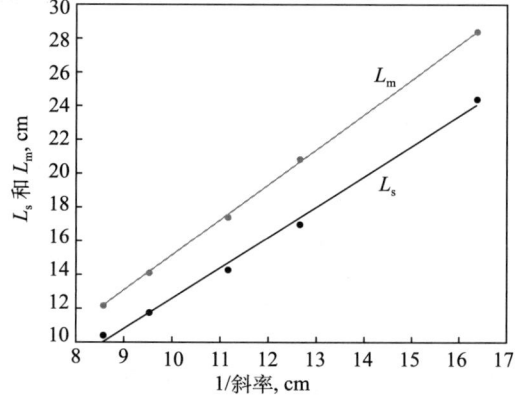

图 13.11 SNUPAR 计算的无限石灰岩地层的 L_s 和 L_m 值与图 13.9 所示的蒙特卡罗通量衰减的特征衰减长度的函数关系[6]

在图 13.11 中，绘制的是相同饱和水石灰岩地层的 L_s（以及下文将讨论的相关量 L_m）值与计算的斜率（具有长度尺寸）的倒数关系图。尽管总通量的指数衰减并不是由 L_s 精确给出的，但很容易看出它与经验推导的斜率有关。

从该数值演示中得出的结论是，在无限均匀介质中，总中子通量随离源距离而减小的特征长度可以用饱和水石灰岩（以及任何其他饱和水地层）的 L_s 来表征。

为了理解图 13.10 中减速长度的变化，将其与随机步进进行比较。一维随机步进如图 13.12 所示，针对三次试验（三个不同的中子），它绘制了到初始点的距离与所采取的等长步数的函数关系。在每一步中，向前或向后位移的概率相等。很明显，从大量试验的起点开始的平均位移 N 为零。但是，在原点周围存在端点分布。分布宽度或范围的度量是均方根位移，可以证明它等于步长的$\sqrt{N}$倍。图 13.13 显示了三个随机步进系列的概率分布，每个系列包含不同的步数。它们都以零为中心（从原点无位移），但宽度随着所采取的步数的增加而增加。

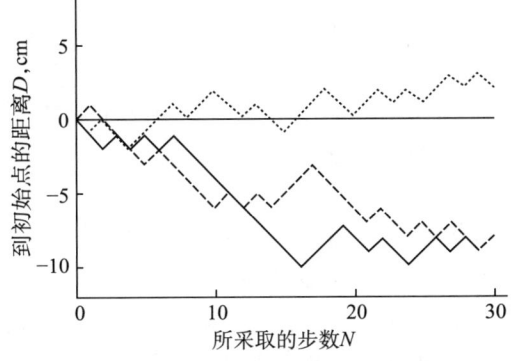

图 13.12　随机步进的三次试验[11]

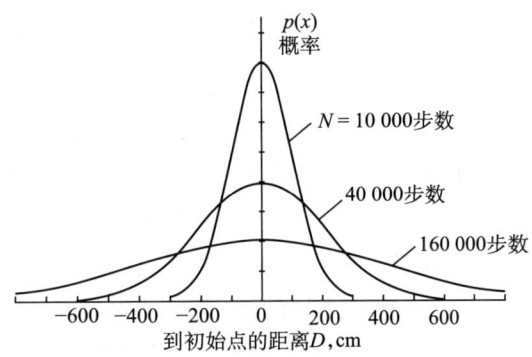

图 13.13　三种较大步数随机步进的端点的概率分布[11]

尽管中子的减速是一个三维过程，碰撞之间的自由程也有所不同，但它仍然可以被认为是随机步进。区分零孔隙度石灰岩中随机步进与水中随机步进的一个重要特征是碰撞次数（随机步进中的步数）。图 13.14 用一些有用的参数阐明了此观点。该草图显示了两个"典型"中子的路径：一个在水中的减速碰撞了 22~23 次，另一个在 0 p.u. 石灰岩中的减速碰撞了大约 138 次。因此，如果将减速长度与随机步进均方根位移联系起来，我们希望每次行进的"平均"距离与碰撞次数的平方根成正比。因此，如果两个地层的平均自由程相等，0 p.u. 石灰岩中的中

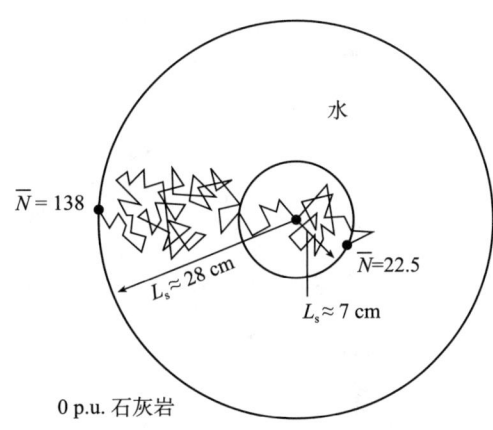

图 13.14　水中和 0 p.u. 石灰岩中减速中子碰撞次数与中子减速长度之间的关系图解[1]

子行进的距离应该是水中中子行进距离的大约 2.5 倍，因为 0 p.u. 石灰岩中的中子碰撞次数大约是水中的碰撞次数的 6 倍多。图中还显示了这两种地层的近似减速长度：在水中约为 7 cm，在 0 p.u. 石灰岩中约为 24 cm（或约为水中的 3.5 倍长），表明石灰岩中的平均自由程比水中的平均自由程长约 35%。

从图 13.7 中的数据中应该可以预测出石灰石中较大的平均自由程，该数据显示 0 p.u. 石灰石中的平均自由程逐渐大于中子能量低于约 4 MeV 的水中的平均自由程。

13.4.4.2　扩散长度和迁移长度

扩散长度 L_d 可以被认为是热能中子在一系列多次碰撞后直至最终俘获之前，在其变热的点之间行进的均方根距离。该阶段也可以被视为随机步进，特征长度应取决于

俘获前碰撞次数的平方根。

热中子在被吸收之前会经历多少次碰撞？考虑一个简单的水的例子。由于氢的散射截面远大于氧的散射截面，并且水中的每个氧对应两个氢，因此，我们忽略氧的存在。这样，我们可以仅根据氢数据进行估算。由于在热能下，吸收截面仅约 0.33 b，散射截面约为 38 b，因此，每次与氢碰撞时，吸收的概率为 $\frac{0.33}{38}$ 或 1/115。如果我们跟踪大量中子的历程，并记录每个中子在吸收之前的碰撞次数，碰撞的分布就不会像图 13.18 中的减速分布那样出现峰值，而是斜率为 -1/115 的指数。

对"无限"水域里的 10 000 个源中子进行蒙特卡罗计算，结果如图 13.15 所示，以验证其与刚才提到的近似方法的吻合程度。将粗略估算与蒙特卡罗计算进行比较很有趣，蒙特卡罗计算使用氢和氧的弹性散射和吸收（以及其他过程）的所有能量相关横截面。完整的蒙特卡罗模拟结果显示，斜率呈指数下降，其碰撞的特征次数为 158。这种稍微缓慢的下降是包括氧的弹性散射并考虑到平衡时发生的热导致能量增加的散射（散射之后，中子能量增加而不是减小）的结果。这种导致能量增加的散射延长了中子的寿命，即中子能量越高，它们被吸收的概率就越低。

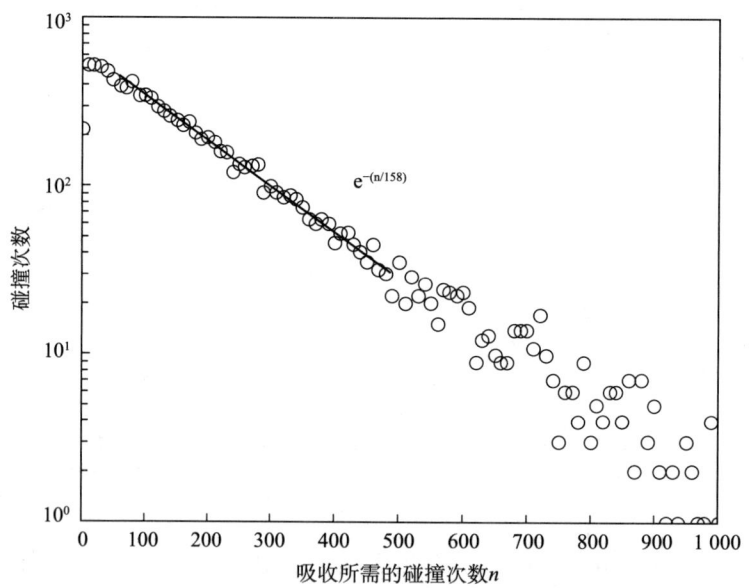

图 13.15　10 000 个热中子被吸收到水中所需的碰撞次数直方图[6]

上面所描述的是扩散过程。该扩散过程有一个特征长度，特征长度与中子被吸收前的许多次碰撞中形成的稳态空间分布有关。该特征长度在很大程度上由吸收截面 Σ 确定，表示如下：

$$L_d = \sqrt{(D/\Sigma)} \tag{13.26}$$

式中，D 为热扩散系数（在 14.4 节中讨论）；Σ 为材料的宏观热吸收截面。

扩散系数 D 也可以使用 SNUPAR 根据材料横截面的知识来计算。如图 13.16 所示，它是三种主要骨架孔隙度的函数。

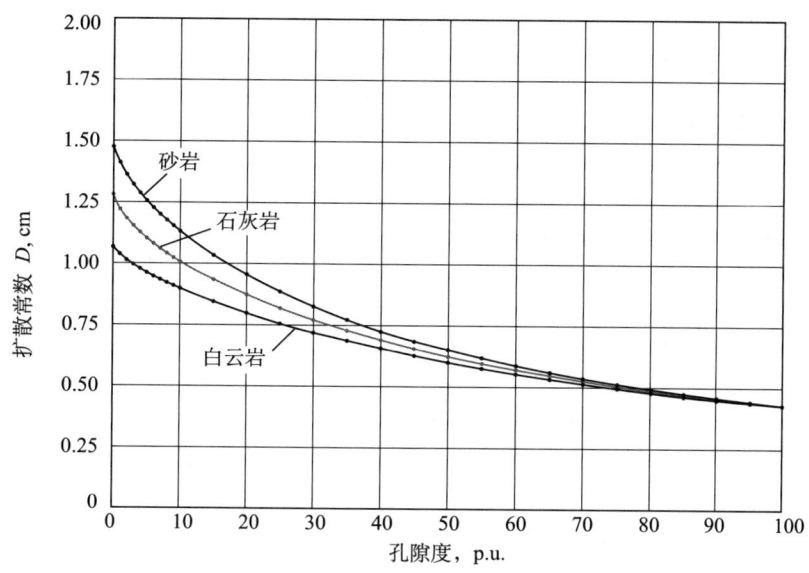

图 13.16 三种主要岩石类型的热中子扩散系数与孔隙度的函数关系

由于热中子受到热吸收剂存在的影响强烈，因此，有必要查看一下在具有较大宏观热吸收横截面地层中经常发现的元素的缩写列表，见表 13.1。其中倒数第二列中的单位是每立方厘米每毫克材料的俘获截面（c.u.）。如前所述，要特别注意氯元素，因为盐水会影响热中子数的测量。铁和硼经常与黏土有关，如果其质量浓度足够高，则可能会主导地层的俘获截面。

另一个有时有用的参数是迁移长度 L_m，定义为

$$L_m^2 = L_s^2 + L_d^2 \tag{13.27}$$

它可以视为一个距离，该距离表示减速阶段行进的路径（L_s）和被俘获前热中子阶段行进的距离（L_d）的组合。同时请注意，在图 13.11 中，图 13.9 计算的中子通量的经验推导斜率也与 L_m 有关。该参数为预测热中子孔隙度仪器的响应提供了一个便捷方法，下一章将对此进行详细讨论。

13.4.5 特征时间

对于中子相互作用的两个主要特征长度尺度，也有两个与每个尺度相关的特征时间范围。

中子将其能量从源能减少到超热能量范围底部（约 0.4 eV）所需的时间称为减速时间。正如前面讨论所预期的那样，它在很大程度上取决于中子相互作用中氢的含量。如图 13.17 所示，该时标约为 10 μs。稍后将看到，它在水中约为 2 μs，在零孔隙度地层中约为 12 μs。

图中显示，俘获热中子所需的时间约为 100 μs。当然，这将取决于介质中宏观热吸收截面 Σ。当 Σ 值较大时，俘获时间非常短，在纯水中约为 200 μs。

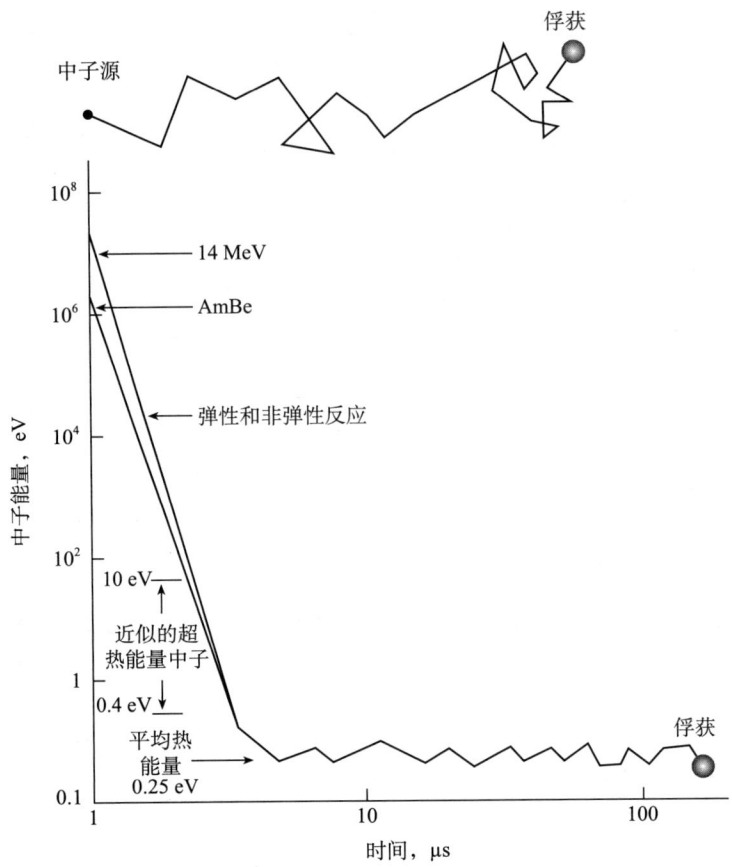

图 13.17 与中子减速和热中子俘获相关的时标图

13.5 中子探测器

中子的探测过程分为两步。首先，中子与产生高能带电粒子的材料发生反应。然后，通过带电粒子的电离能力来探测带电粒子。因此，大多数中子探测器由用于这种转换的靶材料组成，并与常规探测器［如正比计数器或闪烁器（见 10.7 节）］相结合，以实现测量。由于大多数材料中中子相互作用的横截面是中子能量的强函数，因此，针对不同的能量区域开发了不同的技术。对于测井应用，目前感兴趣的是热中子或超热中子的探测。本节中考虑的探测方案适用于这些低能中子。

为了便于通过常规方法进行探测，可用于中子探测器的核靶必须满足几个标准：相互作用的横截面必须非常大，靶核素应具有高同位素丰度，中子吸收后反应中释放的能量应足够高。已经发现三个靶核通常满足这些条件：^{10}B、^{6}Li 和 ^{3}He。前两个利用的是（n，α）反应，而 ^{3}He 利用的是（n，p）反应。

硼反应在正比计数器中以 BF_3 的形式被广泛利用。在这种情况下，三氟化硼既是靶物质，又是电离介质。对于该应用，气体富含 ^{10}B，以获得高探测效率。另一个方法是在正比计数器的内壁上使用硼涂层，这样可以在涉及快速定时的应用中使用比 BF_3 更合适的一些其他比例气体。

由于不存在合适的锂化合物气体，因此，在正比计数器中不采用锂反应。然而，与用于伽马射线探测的碘化钠类似的锂化碘（LiI）闪烁器是可用的。由于（n，α）反应释放出大量能量，中子的能量约为 4.1 MeV，这提供了一种鉴别伽马射线的方法，而伽马射线也很容易被 LiI 晶体探测到。

然而，测井中最常见的中子探测器是基于 ^{3}He(n，p) 反应。在这种情况下，^{3}He 被用作计数器中的靶和比例气体。由于 ^{3}He 横截面比硼反应的更大，并且在不降低其比例操作的情况下，可以使气体压力远高于 BF_3，因此，它是首选。正比计数器的简单性也优于与闪烁器相关的复杂性。

对于上面讨论的三个反应，横截面与中子能量的平方根成反比，因此，中子的探测效率将将以相同的方式变化。采用这些反应的探测器主要对热中子做出响应。对于某些测井应用，当对热中子不敏感时，最好测量超热中子通量。通过对前面提到的三种类型的探测器中的任何一种进行少许修改便可实现。包括在探测器周围使用具有大横截面的热中子吸收材料（如镉）屏蔽。在图 13.18 中，从截面尺寸为 l 的 ^{3}He 探测器开始，对该过程进行了示意性描述。右图是其探测器效率示意图，由 $1-e^{-\Sigma_{He}d}$ 给出。极低能量时，值接近 1；较高能量时，值逐渐降低。术语 Σ_{He} 与能量有关，并取决于中子探测器的气体压力。如图 13.18 所示的超热探测器是同一个"热"探测器，但现在包裹在厚度为 t 的中子吸收 Cd 箔中。Cd 的低能截面特征 $\sigma_{Cd}(E)$ 如图所示，在大约 0.4 eV 时，它从几靶恩上升到许多数量级，导致人们随意使用 0.4 eV 作为超热中子截止能量。

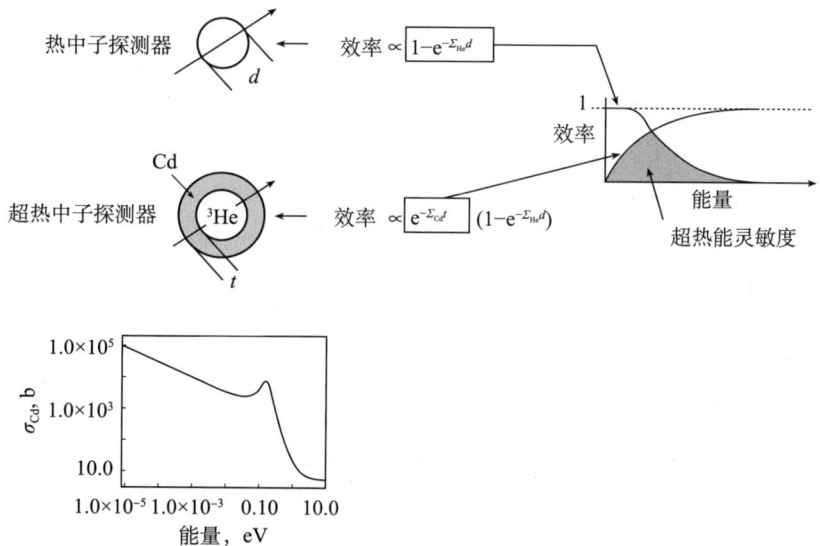

图 13.18 图中所示的超热中子探测器由一个包裹在厚度为 t 的高效中子吸收 Cd 箔中的热中子探测器（在这种情况下为 ^{3}He）组成。图中所示的 Cd 横截面在低于 0.4 eV 时急剧增加。探测器能量灵敏度的偏移是低能时 Cd 被大量吸收与 ^{3}He 探测器正常热效率综合作用的结果

热中子会在屏蔽中被吸收［通过（n，α）反应］，但范围很小（大约 0.1 mm）的 α 粒子不会到达计数器。试图穿过屏蔽的能量 E 的中子以 $e^{-\Sigma_{Cd}(E)d}$ 的形式呈指数衰减。

由于 Cd 的横截面较大，能量最低的中子被完全衰减。探测到了设法穿透屏蔽的高能超热中子，但效率有所降低。Cd 衰减函数如图 13.18 所示，由此得到的探测效率如图阴影区域所示。

参考文献

［1］Ellis D V. Nuclear logging techniques//Bradley H. Petroleum production handbook. Dallas: SPE, 1987.

［2］Weidner R T, Sells R L. Elementary modern physics. Boston: Allyn and Bacon, 1960.

［3］Glasstone S, Sesonske A. Nuclear reactor engineering. Princeton: D. Van Nostrand, 1967.

［4］Evans R D. The atomic nucleus. New York: McGraw-Hill, 1967.

［5］Smith R C, Bush C H, Reichardt J W. Small accelerators as neutron generators for the borehole environment. IEEE Trans Nuclear Sci, 1988, 35 (1): 859 – 862.

［6］Ellis D V, Case C R, Chiaramonte J M. Porosity from neutron logs I: measurement. Petrophysics, 2003, 44 (6): 383 – 395.

［7］Tittle C W. Theory of neutron logging I. Geophysics, 1961, 26 (1): 27 – 39.

［8］Kreft A. A generalization of the multigroup approach for calculating the neutron slowing down length. Report No. 32/I, Institute of Nuclear Physics and Techniques, Cracow, 1972.

［9］Kreft A. Calculation of the neutron slowing down length in rocks and soils. Nukleonika, 1974, 19: 145 – 156.

［10］McKeon D C, Scott H D. SNUPAR-a nuclear parameter code for nuclear geophysics applications. Nuclear Geophysics, 1988, 2 (4): 215 – 230.

［11］Feynman R P, Leighton R B, Sands M L. Feynman lectures on physics vol 1. Reading: Addison-Wesley, 1965.

习 题

13.1 测井应用中使用的中子发生器采用的是如图 13.19 所示的 D – T 反应。反应结果产生两个粒子（一个中子和一个 ^{4}He），吸收了 17.6 MeV 的能量。

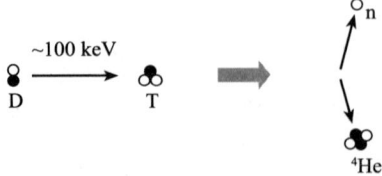

图 13.19 用于产生 14 MeV 中子的 D – T 反应

13.1.1 将能量守恒和动量守恒应用于反应产物,计算中子能量。

13.1.2 如果反应产物是一个中子和一个 ^{3}He,吸收同样的 17.6 MeV 的能量,则产生的中子能量是多少?

13.2 利用表 13.1 和图 13.6 中的数据。

13.2.1 计算水中的扩散长度。

13.2.2 计算 0 p. u. 和 20 p. u. 石灰岩中的扩散长度。

13.3 根据表 13.1 中的数据,估算 100 g/L 氯化钠(NaCl)盐水的宏观热吸收截面。假设氧和钠可以忽略不计。答案用俘获单位表示。

13.3.1 热中子在水中的平均自由程是多少?4 MeV 中子在水中的平均自由程是多少?

13.3.2 对密度为 2.60 g/cm^3 的泥岩岩心样品的分析表明,硼的质量浓度为 400 mg/L。它对样品总 Σ 的贡献是多少(以 c. u. 为单位)?

14

中子孔隙度仪器

14.1 引 言

历史上,中子测井仪器是第一个用于估算地层孔隙度的核装置。测量原理是基于氢的质量很小而散射截面相对较大、对减速快中子非常有效这一事实。高能源中子与地层相互作用产生的超热中子空间分布的测量结果可能与地层的氢含量有关。由于地层中的氢有时以碳氢化合物或水的形式存在,并且往往出现在孔隙空间中,因此,很容易与地层孔隙度产生相关性。量化从中子测量中提取孔隙度的方法的开发正式始于20世纪50年代,并一直持续到今天。遗憾的是,只有在极其罕见和受控的情况下,中子仪器才能真正测出"孔隙度"。本章中后面部分描述了中子孔隙度仪器的实际响应,以及如何更好地理解其读数(测井曲线)和校正。

图14.1为该仪器的简单示意图,仪器由平均能量为几 MeV 的快中子源[如钚(Pu)铍(Be)或镅(Am)铍]、一些布置良好的辐射屏蔽和一个(或两个)对很低能量中子敏感并与源相距一定距离的探测器组成。接下来将讨论两种基本类型的中子孔隙度仪器,通过探测到的中子、超热中子或热中子的能量范围对其进行区分。由于这种特殊类型的仪器由中子源和中子探测器组成,因此,我们将其称为中子—中子(n-n)装置,而采用伽马射线源和伽马射线探测器测量地层密度的放射性密度仪器则称为(γ-γ)装置。还有其他类型

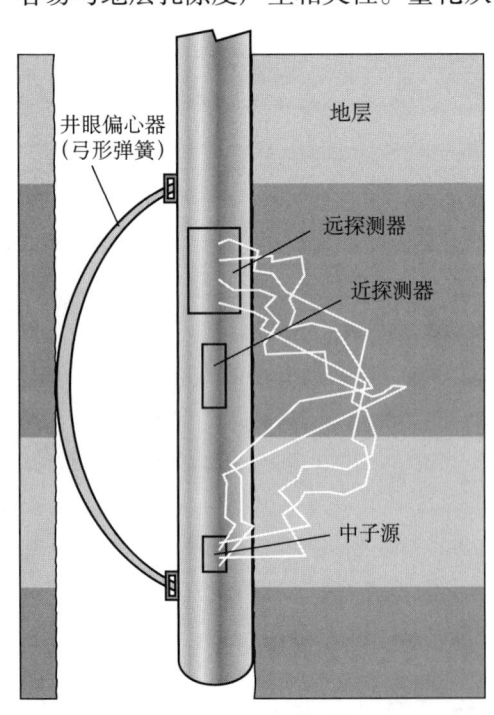

图14.1 通用中子测井仪器示意图[1]

的"中子"仪器，例如，探测中子与地层中单个元素相互作用时产生的伽马射线的 $(n-\gamma)$ 仪器，将在另一章中进行介绍。

尽管中子相互作用很复杂，但本章将回顾一个有助于预测中子孔隙度仪器响应趋势的简单理论。该理论的结果将与测井仪器的实验室测量结果进行对比。中子孔隙度测井仪器的总体设计要考虑恶劣环境变化对测量结果的影响。该设计的一个目标是最小化富氢井眼对地层氢含量估算的影响。为了说明中子仪器的响应特性，使用蒙特卡罗模拟对通用仪器进行建模，以避免与一种特定类型的商业仪器或另一种特定类型的商业仪器相关的复杂情况。

本章将考虑使中子测井的孔隙度解释复杂化的几个重要影响因素。它们与中子孔隙度仪器对岩石类型、泥岩以及侵入带中存在的气体的响应有关。对于后一种效应，中子孔隙度仪器的灵敏度在很大程度上取决于测量的探测深度，超过该探测深度将探测不到被钻井液滤液所置换的气体。为了给出中子孔隙度仪器气体探测的局限性，将其探测深度的实验确定结果与电缆和随钻测井（LWD）装置的模拟结果进行了对比。

14.2 中子孔隙度仪器的用途

如果中子测井被诸多次要敏感因素所干扰，并且由于它们很少测量孔隙度，那么中子孔隙度测井的用途是什么呢？

在通常情况下，中子测井几乎只在裸眼条件下与密度测井一起使用。将中子测井响应和密度测井响应绘制在特定的图表上，直观地对比二条曲线的分离，可以确定地层的岩性。可以看出，不同元素对中子迁移和吸收具有不同的影响。

第二种用途是通过中子和密度曲线的交会图来识别含气地层。这在一定程度上是由于中子测井主要与地层氢含量关系密切，探测到与气体相关的氢含量较低（与水或密度较高的碳氢化合物相比），同时密度测井的读数低于饱含水地层的预期值。

如前所述，密度测井可能会因气体的存在而受到干扰，具体取决于滤液侵入的深度。中子测井可对密度测井进行气体校正。例如，对两个读数加权平均，使其结果与岩心数据或相邻井的测井曲线相匹配，可以更好地估算含气地层的总孔隙度。

中子与密度测井曲线分离还可用于协助确定黏土类型，并为基于许多孔隙度敏感的测井测量结果的反演解决方案提供附加限制条件。中子测井的解释将在后面的章节中详细讨论。

14.3 中子仪器的类型

在核测井术语中，既有热中子孔隙度仪器，也有超热中子孔隙度 $(n-n)$ 仪器。热和超热是指在仪器中检测到的中子的能级。

热中子装置对地层中的热吸收剂很敏感；一些重要的地层吸收剂是硼、钆和氯，前两者通常存在于泥岩中，而后者几乎存在于所有地层盐水中。另一个能影响热探测器计数率的因素是地层/井眼环境温度。随着地层温度的升高，中子平均能量增加，并且由于探测器的效率随着中子能量的增加而降低，因此，仪器计数率会降低。

大多数中子孔隙度仪器使用的中子源由两种元素构成：一种是α发射器，另一种是产生中子的靶元素，如 Be。中子测井中常用的源是镅铍（通常称为 AmBe）。环境问题以及对在恐怖行动中使用"脏弹"材料等来源的日益担忧，可能很快会禁止使用 AmBe，并鼓励使用替代品。举个例子，中子孔隙度仪器中用带有加速器的中子源代替所谓的化学源，并使用超热中子探测。然而，本章将只讨论基于化学源的中子孔隙度仪器。

在详细讨论中子孔隙度仪器之前，我们首先简要介绍与测井应用相关的中子迁移的基本方程。第13章介绍该方程在理想几何中的解决方案，包括减速长度（L_s）和热中子俘获截面Σ。实际解决方案涉及蒙特卡罗模拟的使用，也进行了简要介绍。

14.4 测量基础

在如图 14.1 所示的装置中，中子的探测率如何与地层的性质相关？理论上讲，这是中子迁移问题：中子在一个点发射，通过材料传送到另一个点（在此例中，中子在该点被探测到）。材料的特性会影响迁移过程，影响中子群的空间和能量分布，从而影响任意探测器位置的计数率。

中子迁移的正式描述用玻耳兹曼输运方程（BTE）表示。该方程与时间无关，适用于中子孔隙度测井，可以写为[2-4]

$$\boldsymbol{\Omega} \cdot \nabla \boldsymbol{\Phi} + \Sigma_t \boldsymbol{\Phi} = \int dE' \int d\boldsymbol{\Omega}' \Sigma_s (E' \to E, \boldsymbol{\Omega}' \to \boldsymbol{\Omega}) \boldsymbol{\Phi} + S \qquad (14.1)$$

这个看似复杂的方程只不过是基本圆柱体积中中子总数守恒的表达式，如图14.2 所示。它用角通量（$\boldsymbol{\Phi}$）表示，角通量是一个矢量，该矢量描述了单位时间在给定方向（$\boldsymbol{\Omega}$）上和空间中任意点的能量区间中穿过单位表面积的中子数。BTE 将体积中的中子通过吸收和散射的损失率与通过源产生和来自其他空间区域的散射以及来自更高能量中子（甚至可能包含在所考虑的体积内）的中子增加速率联系起来。第一项 $\boldsymbol{\Omega} \cdot \nabla \boldsymbol{\Phi}$ 表示中子在 $\boldsymbol{\Omega}$ 方向上流出体积的净流出率，是中子流入和流出单位体积的差。所研究的体积范围、能量区域和输运方向上的中子损失率由反应速率 $\Sigma_t \boldsymbol{\Phi}$ 给出，其中 Σ_t 表示总相互作用横截面。

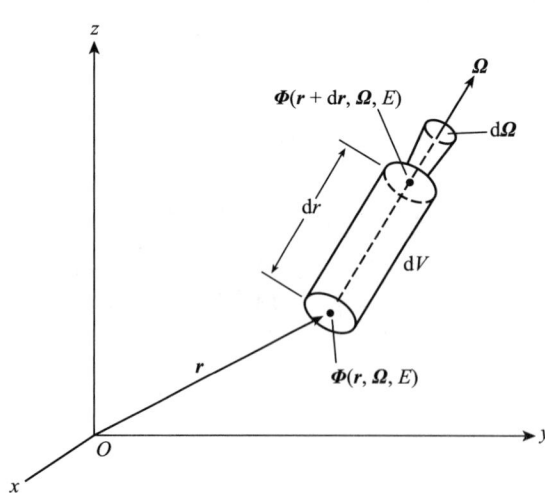

图 14.2 描述典型材料单元中中子通量平衡的玻耳兹曼输运方程的几何图形

前两个损失率项由所研究的体积内的中子散射到目标能量和方向的速率以及该区域内包含的任何源（S）来平衡。散射项写为

$$\int dE' \int d\Omega' \Sigma_s(E' \to E, \Omega' \to \Omega) \Phi \tag{14.2}$$

式中，积分对能量为 E'（大于 E）的中子以及所有其他方向 Ω' 进行。散射截面 $\Sigma_s(E' \to E, \Omega' \to \Omega)$ 必须考虑散射角度相关性以及可能存在的中子可以散射到指定能量 E 的有限能量范围（E'）的事实。

就目前而言，解析方法很难求解 BTE 方程。然而，已经开发出了许多数值求解方法。离散纵坐标法通过允许方程中的变量只取一组有限的离散值，从而将 BTE 简化为一组（通常很大）耦合方程。对于选定的采样间隔，必须根据连续数据（如果存在）计算与离散能量和角度相对应的横截面。蒙特卡罗方法以其最简单的形式，通过利用横截面数据计算相互作用的概率、相互作用之间的路径长度和散射角来对中子迁移进行数值模拟。适当变换的随机数与计算出的概率相结合，用于追踪中子从产生到俘获的全部过程。对这些"典型"历史数据进行大量采样，可以预测含有中子源的特定系统的反应。对于任何重要仪器响应的计算，都采用蒙特卡罗方法。然而，研究简单案例的解析方案有助于找到表征仪器响应的重要参数。

BTE 的解析方案都以某种方式依赖于通过对一个或多个变量进行积分或求平均值来降低问题的复杂性。其中一种更有用的方法是扩散近似法，所采用的基本简化是角通量仅与方向弱相关。进一步简化，只考虑单能中子群，使得 BTE 可以写成标量通量 $\Phi(r)$，它只有一个空间变量。考虑到微弱的角影响或直接应用菲克定律（中子的电流与通量的梯度成正比），使得 BTE 的净流出部分可以表示为包含扩散系数的项。在这种情况下，BTE 简化为[2-4]

$$D \nabla^2 \Phi(r) - \Sigma_a \Phi(r) + S = 0 \tag{14.3}$$

其中，扩散系数 D 为

$$D = \frac{1}{3(\Sigma_t - \bar{\mu}\Sigma_s)} \tag{14.4}$$

它取决于总横截面（Σ_t）与散射截面（Σ_s）乘以散射角的平均余弦（$\bar{\mu}$）的差。方程 (14.3) 中的吸收截面 Σ_a 与之前的截面关系如下：

$$\Sigma_t = \Sigma_a + \Sigma_s \tag{14.5}$$

稍加改进上述方法，即把中子能量变化减少到一个单一的平均量，就可以得到两个目标能量区：超热和热。在这种情况下，可以写出两个耦合扩散方程，分别对应于一个能量区：[2-4]

$$D_1 \nabla^2 \Phi_1 - \Sigma_{r1} \Phi_1 + Q = 0 \tag{14.6}$$

和

$$D_2 \nabla^2 \Phi_2 - \Sigma_{r2} \Phi_2 + \Sigma_{r1} \Phi_1 = 0 \tag{14.7}$$

其中第一个适用于超热（下标 1）能量区，其包含一个能量为 Q 的源。第二个适用于热（下标 2）能量区，来自超热区（$\Sigma_{r1}\Phi_1$）的散射起到了源的作用。截面 Σ_{r1} 称为移除截面。它考虑了可以充分降低中子能量的散射作用，使中子在较低能量区计数。截面

Σ_{r2} 是我们熟悉的热吸收截面。

对于简单几何而言,这些耦合方程可用于求解通量的空间分布。对于无限介质中的点源,超热通量为

$$\Phi_1(r) = \frac{Q}{4\pi D_1} \frac{\mathrm{e}^{-r/L_1}}{r} \tag{14.8}$$

式中,L_1 也称为减速长度(L_s),由 $\sqrt{D_1/\Sigma_{r1}}$ 给出,其中 D_1 是与高能中子相关的扩散系数。第 13 章对这个同样的量给出了一个不太正式的定义。

热通量的表达式稍微复杂一些,为

$$\Phi_2(r) = \frac{QL_2^2}{4\pi D_2(L_1^2 - L_2^2)} \times \left(\frac{\mathrm{e}^{-\frac{r}{L_1}}}{r} - \frac{\mathrm{e}^{-\frac{r}{L_2}}}{r} \right) \tag{14.9}$$

在该表达式中,$L_2 = \sqrt{D_2/\Sigma_{r2}}$,其中 D_2 为热扩散系数;L_2 也称为热扩散长度,通常写为 L_d。

为了预测超热中子孔隙度仪器的响应,我们可以使用方程(14.8)的结果。结果表明,在含有快中子点源的无限均匀介质中,超热中子的通量随着距源 r 的距离呈指数下降,其特征长度 L_s 由介质的成分决定。对于如图 14.1 所示的井眼仪器来说,超热中子计数率应随着地层的减速长度而几乎呈指数变化。在图 14.3 中可以看到这种表现的迹象,图 14.3 显示了一种早期超热中子仪器的计数率与三种类型地层中减速长度的函数关系。在图 14.4 中,该数据显示为孔隙度的函数。图 14.4 给出了地层岩性对响应分离趋势的影响,这又被称为骨架或岩性效应,稍后在 14.9.1 节中讨论。在第一次演示中,骨架效应减少了很多,但并未完全消除。然而,正如方程(14.8)所预期的那样,减慢长度是描述计数率变化的更具代表性的参数。

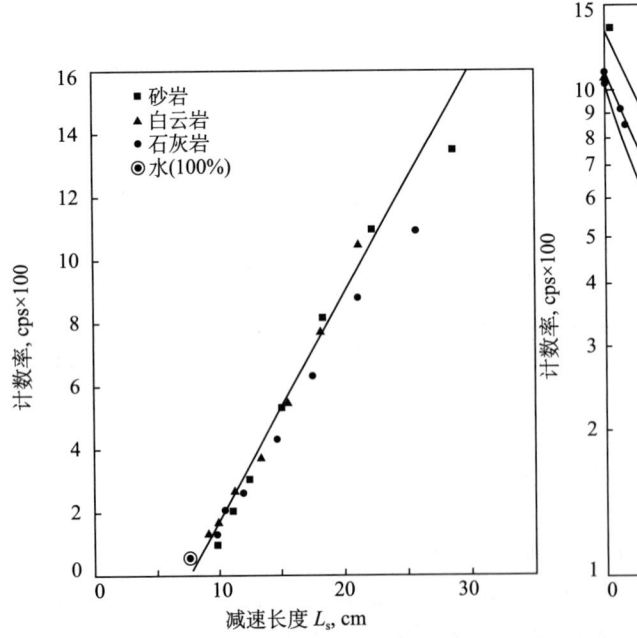

图 14.3 单探测器超热仪器的计数率与校准地层减速长度的函数关系[5]

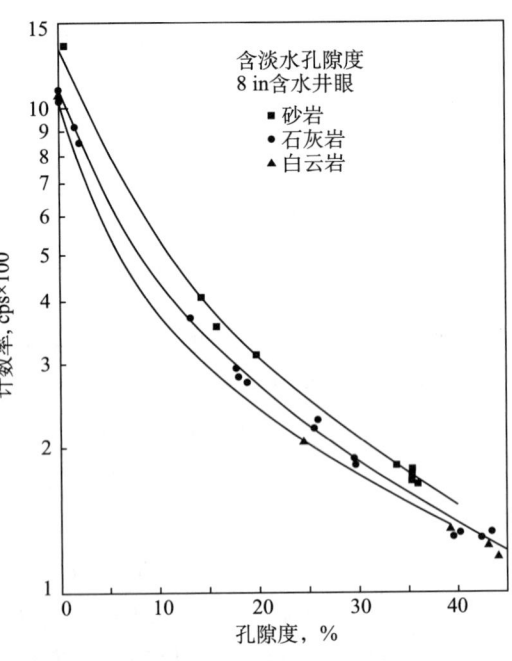

图 14.4 数据与图 14.3 相同,但绘制为砂岩、石灰岩和白云岩地层孔隙度的函数[5]

图 14.3 还显示了一旦计算出该特定仪器的减速长度,如何估算该特定仪器在任何其他材料中的计数率。相反,可以根据超热通量测量结果确定地层的减速长度。由于地层的减速长度在很大程度上取决于存在的氢量,因此,可以利用图 13.10 的数据确定孔隙度。从图中可以看出,如果已知岩石骨架类型,则可以根据地层减速长度来确定地层孔隙度。

14.5 测量技术概述

最早定量中子孔隙度仪器中的一种采用了单个超热中子探测器,该探测器安装在与井壁机械接触的滑块中[6]。这种贴井壁超热中子仪器具有减小井眼尺寸效应的优点,但可能会受到极板表面和井壁之间滤饼的干扰。

首先,通过增加第二个探测器来实现对这两种环境影响的补偿。补偿仪器(图 14.1)使用一对热中子探测器,这会增加计数率,从而降低地层孔隙较大时得出的孔隙度值的统计不确定性。通过对两个计数率的简单划分,实现近探测器对远探测器井眼效应的补偿。虽然使用的是热中子探测,但从方程(14.9)中可以看出,如果选择的源距足够大,则可以忽略第二个指数项(因为扩散长度通常比减速长度小得多),因此,就像单个超热中子探测器的情况一样,两个计数率的比值应随减速长度的倒数呈指数变化。

为了表征与方程(14.9)预测值有一定偏差的热中子仪器的实验室数据,引入了另一个特征长度 L_m,称为迁移长度。它表示为减速长度和扩散长度的平方和的平方根:

$$L_m^2 \equiv L_s^2 + L_d^2 \tag{14.10}$$

使用迁移长度(而不是 L_s)明确说明了在热中子仪器测量孔隙度时由地层吸收而产生的额外扰动。利用宏观热吸收截面或 Σ_a 表征地层的热吸收。测量这一重要参数的测井仪器将在第 15 章中讨论。

如上所述,迁移长度为表征热中子仪器的响应提供了一种便捷方法。图 14.5(a)为这种仪器在三种不同岩性中近远计数率比值与孔隙度的函数关系。请注意,三条趋势线对应于校准地层中存在的三种岩性。如果利用图 14.6(该图给出了迁移长度 L_m 与

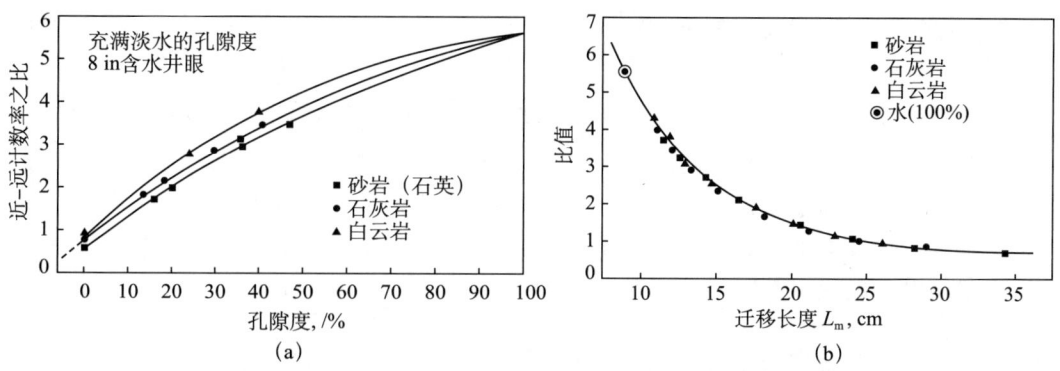

图 14.5 三种不同岩性地层中热中子孔隙度仪器的测量响应[5]
(a)近远计数率之比与孔隙度的函数关系;(b)近远计数率之比与所用地层条件下适当迁移长度的函数关系

孔隙度的函数关系）转换与该图测量点相对应的孔隙度值，则发现三种岩性的计数率位于一条线上，如图 14.5（b）所示。这表明，对于这组有限的数据，热中子孔隙度仪器的响应特性可以通过减速长度和扩散长度的函数来描述，而非通过孔隙度来描述。对于由地层和井眼矿化度引起的较大变化范围内的 Σ 数据，需要修正迁移长度[8]，以提供良好的估值。

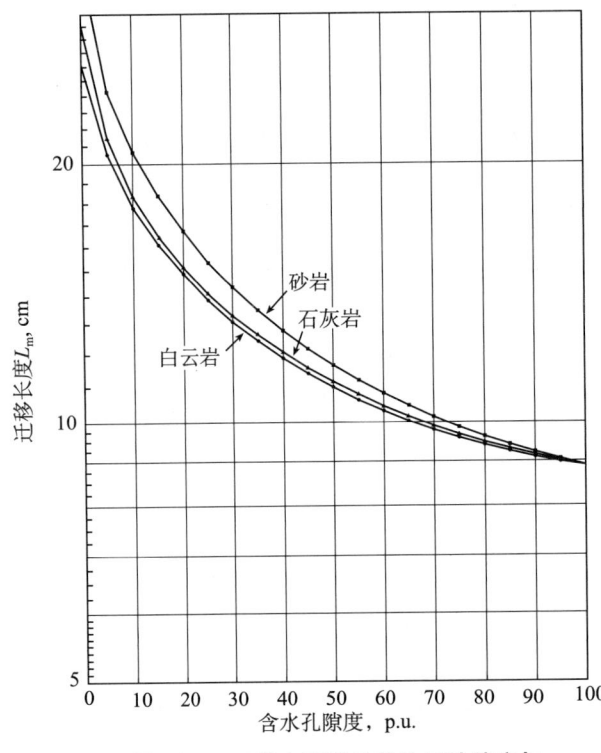

图 14.6　三种主要岩性的地层孔隙度与
计算出的迁移长度的函数关系[7]

从前面的讨论得知，根据测量的计数率比值或迁移长度求取地层孔隙度会简单直接。由于与扩散长度有关，地层和井眼中的热吸收剂会导致与如图 14.5 所示的有限校准数据集得出的响应产生一些偏差。在实践中发现，如果井眼和地层的热俘获特性彼此明显不同，则必须对推断的孔隙度进行一些额外的校正。这些校正通常由服务公司以图版或列线图[9-11]的形式，或者作为计算机解释的一部分来提供。

尽管 API 委员会已经建立了自然伽马（GR）刻度标准，为使中子测井响应❶标准化也采取了一些措施，但他们所推荐的 API 单位还未被使用[12]。常规的方法是在石灰岩地层中刻度仪器，并以视"石灰岩孔隙度"来报告所有仪器读数。然后利用转换图版校正实际测量的骨架视石灰岩孔隙度。基于前面的讨论，以减速长度和迁移长度作为测井评价参数时必须考虑很多因素。通过使用类似于图 14.6 的图表转换为孔隙度将完全属于解释领域。

14.6　通用热中子仪器

蒙特卡罗模拟对于在有限数据点之间进行插值、确定校正图版以及了解中子孔隙度仪器的详细响应都非常有用的。由于中子孔隙度测井已经商业化实践了近 60 年，因此，已经发展出了大量的仪器[13-17]。与其考察特定服务公司仪器的细节，不如对与市场上许多商业仪器类似的通用热中子仪器进行数学建模[1,18]。下面讨论根据该模型得到的一些结果，以说明井眼尺寸效应的大小，更好地描述岩性效应，以及如何利用减

---

❶　在中子孔隙度测井刚出现时，中子计数率是常规标度。当然，这不仅会随着孔隙度的变化而变化，而且会随着服务公司的不同而变化，具体取决于源到探测器的间距（通常标记在测井图头上）、中子源活性和探测类型。而如今，孔隙度的解释需要与岩心或岩屑分析进行对比，因此，解释问题看起来极少。

速长度和迁移长度进行基本表征。

确定了通用热中子仪器在整个孔隙度范围内石灰岩地层 8 in 含水井眼中近远探测器计数率的计算比值。计算出的比值与每个石灰岩地层减速长度和迁移长度倒数的函数关系如图 14.7 所示。尽管蒙特卡罗计算的统计性质在散点中很明显，但很显然，该比值预测了这种岩性和流体类型中地层的迁移长度或减速长度。

为了了解井眼尺寸效应，计算了含水多孔石灰岩无限介质中点源的理想化比值响应。在图 14.8 中，将理想化比值计算的结果（在无限介质中）与通用热中子仪器得到的值进行了对比。这两组比值都以含水孔隙度函数的形式绘制出来。很明显，理想化情况下的比值动态范围更大。这两种比值性能之间的差异可归因于仪器的存在和井眼中的高含氢量。比值与孔隙度曲线的动态范围将随着井眼尺寸的增加而减小。事实上，井眼尺寸将是一个非常重要的参数，应将中子测量校正到 8 in 的标准。

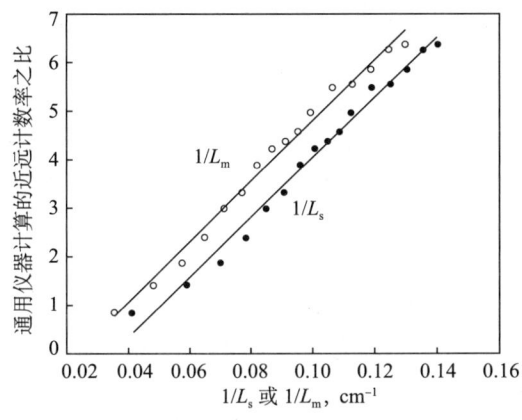

图 14.7 一定地层孔隙度范围内通用热中子仪器的近远计数率之比与地层 L_s 和 L_m 值的函数关系[1]

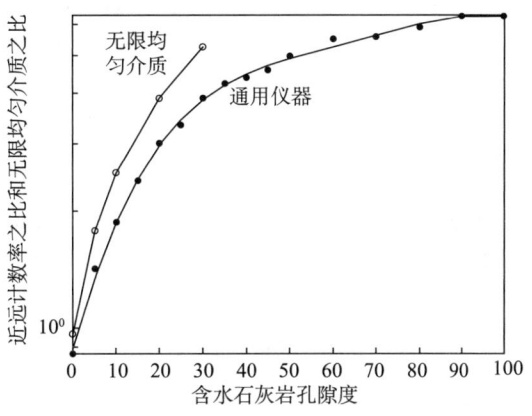

图 14.8 通用热中子仪器在 8 in 含水井眼中的远近计数率之比与无限均匀地层计数率之比的对比[1]
该仪器在含水井眼中的孔隙度灵敏度低于理想化条件下的计算结果

图 14.8 中的下部曲线是通用仪器的所谓石灰岩变换。通过计算的通用模型的比值与含水孔隙度值的多项式拟合，建立了将该仪器的任何测量比值转换为等效"石灰石孔隙度"的变换。

可以用类似的方法得到含水砂岩和白云岩地层的校准曲线。蒙特卡罗模型生成的数据如图 14.9 所示，图中有三条明显分离的趋势线。从该图中可清楚地看出，20 p.u. 砂岩的比值位于石灰岩线以下，因此，"视石灰岩孔隙度"将比真实孔隙度小几个 p.u.。白云岩的情况正好相反。

如 14.5 节所述，传统上使用迁移长度 L_m 来描述热中子仪器的响应，然而，如图 14.7 所示，也可以使用减速长度来描述。如果将图 14.9 中的比值数据重新绘制为其相应计算出的 L_s 值的函数，则得到图 14.10 中的曲线。含水石灰岩点用圆圈（带误差条）表示，0~40 p.u. 的砂岩点用方块表示，白云岩点用菱形表示。所有这三种岩性基本上都位于同一条响应线上，由此我们可以得出结论，响应主要由地层减速长度决定。

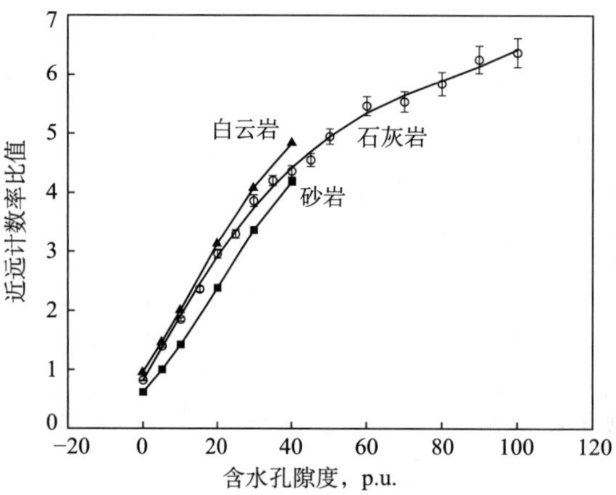

图 14.9 通用热中子仪器的骨架效应[1]
显示了三种饱含水岩性的计算比值与孔隙度的关系

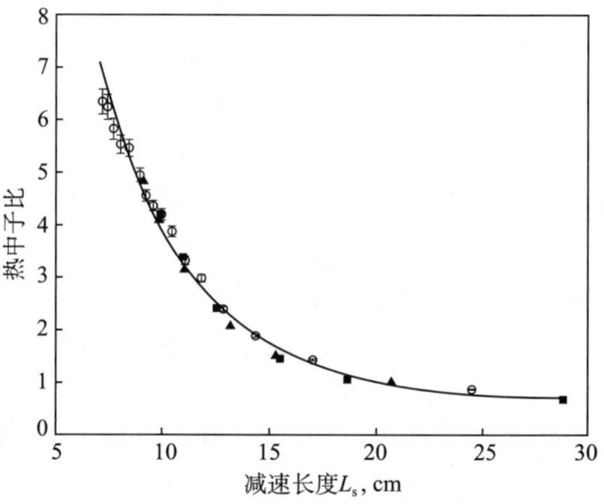

图 14.10 通用仪器对三种岩性的响应与每个多孔地层减速长度的函数关系[1]
岩性标识与图 14.9 的相同

我们得出的结论是，L_s 可以用于预测含水地层中的计数率比值。目前，虽然我们认为盐水或其他热中子吸收剂引起的扰动可由 L_m 更好地描述，但是我们继续使用 L_s 来解释，因为即使使用 L_m，也必须对其进行修正，这样才能得到更好的结果[8]。

14.7 典型的测井曲线

图 14.11 显示的是"标准测井曲线"，也许应该称为传统测井曲线，因为当大多数测井工程师和岩石物理学家都拥有计算和成图能力时，这可能不再是一个"标准"了。为什么孔隙度曲线 NPHI 标注着"砂岩"，而 NPHI 的标度却好像是逆序的？

在图 14.11 中，中子和密度曲线在第 3 道，比例尺的选择保证二者可以重叠。所示的特定显示方案是假设岩性预计以砂岩为主。这个重叠的想法是调整这两条曲线的增益和偏移，以便在地层为含水砂岩时，它们一致或重叠。因此，中子曲线表示为"砂岩"。可以看出，还有另外两种常见的岩性："石灰岩"和"白云岩"。据推测，当仪器测量值以所选单位显示时，孔隙度读数将与所选类型含水岩石的孔隙度一致。

回到增益和偏移，传统上用 1 g/cm³ 来表示整个密度道（或有时两个道）的动态范围。很容易证明，在含水地层中，体积密度改变 1 g/cm³ 相当于孔隙度变化约为 60 个单位（p.u.）。因此，中子曲线通常以 60 p.u. 的动态范围显示在整个密度道上。偏移只是将中子道上的零点转变成骨架的密度点；在此情况下，石英砂岩密度值为 2.65 g/cm³。密度值也会变化，使得标度从 1.9 g/cm³ 到 2.9 g/cm³。此组合中，0 p.u. 点位于道右侧的 2.5 个分格处。调整 60 p.u. 的中子孔隙度变化的结果，使其范围从道右边的 -15 p.u. 到道左侧的 45 p.u.。

石灰岩所兼容的标度（可能是一个标准，也可能取决于现场）将在另一个例

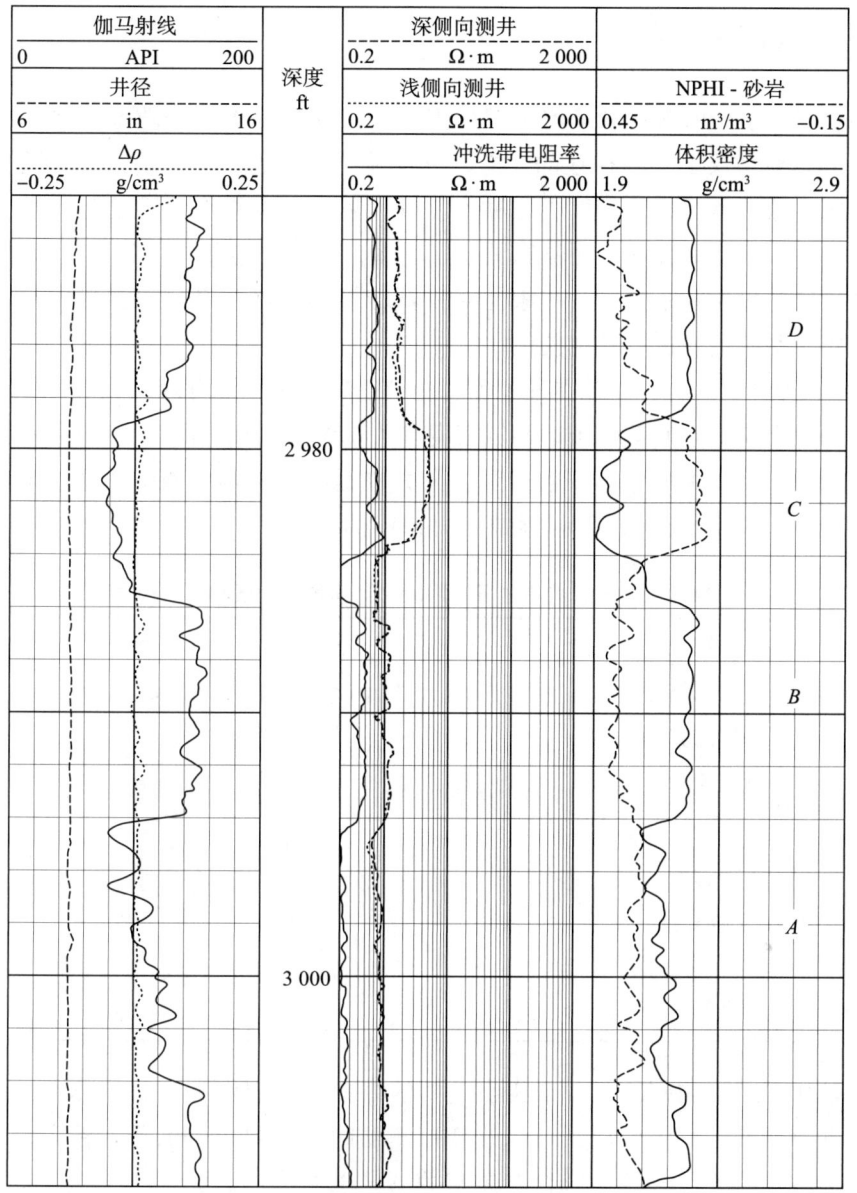

图 14.11 第 3 道是"典型的"中子密度曲线[1]

中子孔隙度以"砂岩"为单位,从 0.45 到 –0.15,往左增加;密度范围为 1.9~2.9 g/cm³,向右增加

子中看到。对于那种情况,密度标度通常在 1.95~2.95 g/cm³ 之间。石灰岩的骨架密度为 2.71 g/cm³,因此,中子标度(但以石灰岩为单位,后面会有更详细的说明)保持在 45~–15 p.u.,以保证 0 p.u. 上的近似匹配。另一个标度在墨西哥湾很常见,那里的视中子孔隙度通常很高,中子在 60~0 p.u. 之间,密度在 1.65~2.65 g/cm³ 之间。

14.8 环境效应

我们已经从实验室测量和蒙特卡罗模拟中得出通用热中子孔隙度仪器（在 8 in 含水的井眼中）对地层中氢的存在的响应，以及地层的减速长度（L_s）是预测中子仪器响应的有用参数。然而，除了地层孔隙度之外，还有一些效应会改变测量比值，其中最明显的是井眼尺寸。源和探测器周围的氢越多，仪器对地层中的氢变化就越不敏感。因此，必须首先校正井眼尺寸——根据对仪器特性的了解和井径仪对井眼尺寸的同时测量，对中子测井曲线进行常规校正。

表 14.1 列出了影响热（或在某种程度上是超热）中子测井仪器视孔隙度读数的众多因素。一般来说，它们都与当地的氢密度有关。无论是在井眼钻井液中还是滤饼中，影响最大的参数是井眼尺寸和仪器间隙，其影响程度当然与井眼流体的性质有关。温度和压力也会影响密度，从而影响地层和井眼中的氢密度。

表 14.1　一些影响热中子孔隙度仪器读数的地层和井眼性质

地层	井眼
骨架类型	井眼流体
孔隙度	钻井液固化物
孔隙流体类型	流体类型
含氢指数（HI）	矿化度
密度	温度
矿化度	压力
温度	滤饼 HI
压力	几何形状
	井眼直径
	椭圆度
	仪器间隙

影响热中子仪器响应的另一个相当重要的因素是地层水和井眼流体的矿化度。水矿化度有两种相互矛盾的效应，可以改变探测器附近的热中子通量。首先，向水中添加盐通过溶解来置换氢，从而降低含氢指数（HI）。[一个方便的经验关系式（HI = $1 - 2.93 \times 10^{-3} S - 5.34 \times 10^{-5} S^2$）将 HI 与矿化度 S（用质量分数表示）联系起来。] 氯化钠（NaCl）体积分数最大时（占26%），HI 降低至约 0.89[19]。由于氢的减少，该效应本身往往会降低视孔隙度。另一方面，NaCl 的添加增加了热中子吸收截面，并将热通量降低到大约 $1/\Sigma_a$。然而，该效应的大小随着与探测器的距离而变化，并且观察到的总体效应是比值的增大，因此，它倾向于抵消氢的缺乏。然而，这种抵消并不完美，因此，必须为每个特定的仪器几何形状建立校正图版。

温度是热中子仪器要特别注意的因素，因为 ^{3}He 热探测器对低能中子最敏感。例如，如果环境温度远高于室温，则与能量较低的情况相比，这些"较热"热中子的探测效率将降低。

校正图版的原始名称是"离差"曲线。这更清楚地表明，中子仪器是在标准条件下校准的，通常是在室温下含淡水石灰岩地层中的 8 in 含水井眼中。该标准条件的任何变化都将导致仪器读数"偏离"与"孔隙度"无关的正常校准曲线。因此，常规中子测井仪器测量后要经过蒙特卡罗计算校正，以得到任何测量条件的视孔隙度。最初，这些以列线图的形式给出，其示例如图 14.12 所示。最近，这些校正图版内置在软件中，可以由客户或用户自行决定应用。

从图 14.12 中可以看出，它是一套与表 14.1 相关的特定热中子孔隙度仪器的校正图版。竖线左侧校正图的每个面板都涉及井眼或地层的特性，该特性会影响仪器读取的视孔隙度。图 14.12 的整个竖线右侧专门用于间隙校正，此外，还可以看出，间隙校正是井眼尺寸的函数。

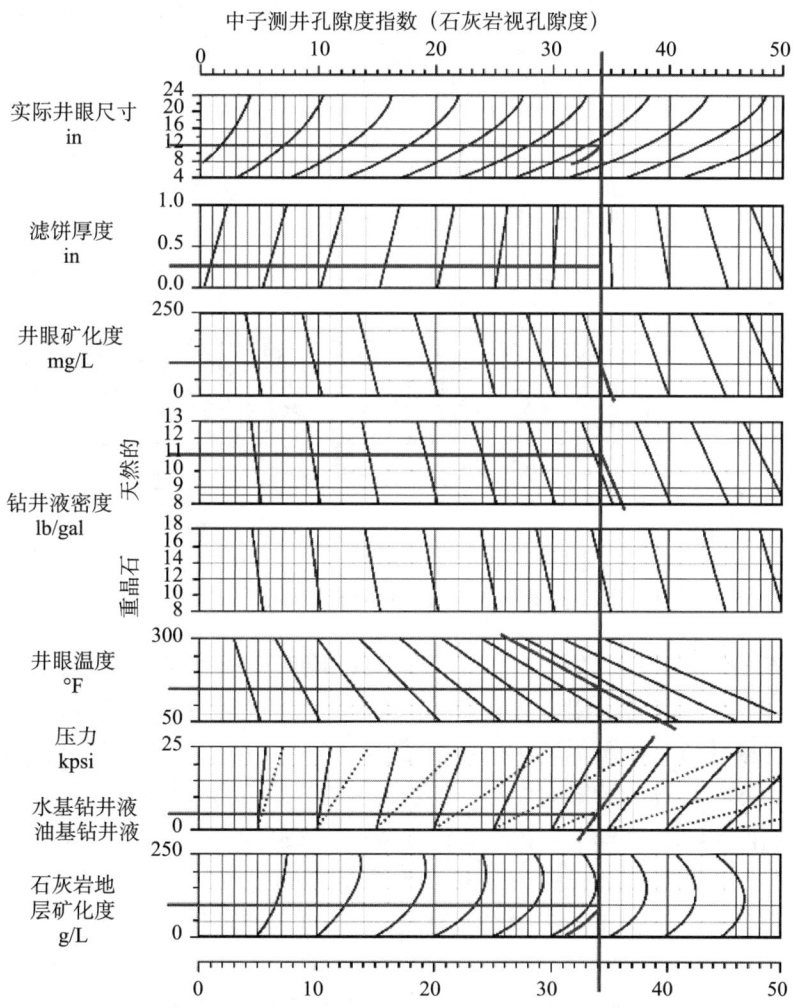

图 14.12　斯伦贝谢公司一种特定热中子孔隙度仪器的校正图版[10]

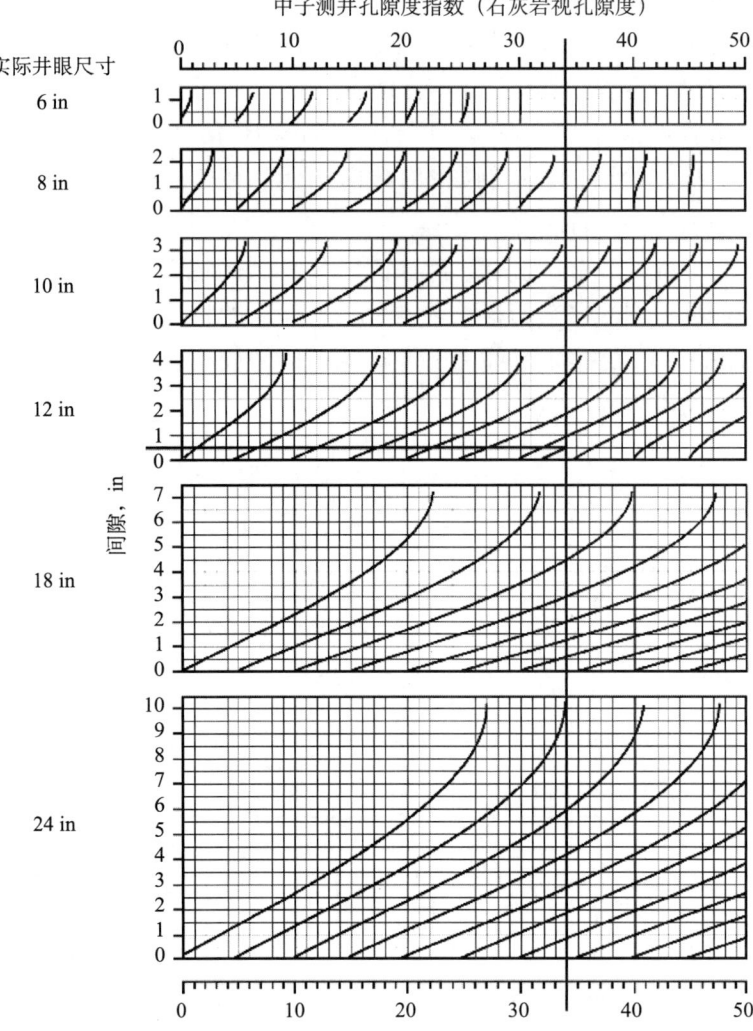

图 14.12 斯伦贝谢公司一种特定热中子孔隙度仪器的校正图版[10]（续）

通常，现场测井只针对井眼尺寸进行校正，使用的是井径仪读数或钻头尺寸的常量值。许多其他校正通常由用户自行决定。然而，在高温井中测量时，有一个不容忽视的量——温度效应。简单地说，视热中子孔隙度随着地层和井眼温度的升高而减小。虽然在低孔隙度下，温度的影响较小，但在大约 30 p.u. 的中等孔隙度范围内，其影响程度可以根据图 14.12 估算出来，大约为 2.4 p.u./50°F。

除了井眼尺寸和温度之外，一个非常重要的影响是仪器和井壁之间接触不良而产生的间隙。只要看一眼图 14.12 的校正图版，就可以了解到间隙效应的大小。由于与正在分析的地层相比，仪器进行测量的井眼流体通常富含氢，因此，间隙对测量来说是重要的扰动因素这一事实并不奇怪。对于常规的热中子仪器，间隙的大小可能由不规则井眼和长仪器串共同决定而无法确定，通常假设为很小的恒定值。有时，间隙用于将测井读数转换为所需值。然而，没有理由假设间隙为恒定值。在 15.4 节中，我们将讨论一种相对新型的中子仪器[20]，它使用脉冲 14 MeV 中子源，具有仪器间隙辅助测量功能，用于监测和校正这种潜在的巨大环境扰动。

14.9 中子孔隙度的主要扰动

有三种地层特性会显著干扰中子孔隙度读数：岩石组构的岩性或矿物成分、骨架中泥岩矿物的存在以及孔隙空间中气体或低密度碳氢化合物的存在。

14.9.1 岩性效应

所谓的岩性效应，是指如果中子仪器在含水石灰岩罐中进行校准，将得到数值上等于以石灰岩为单位的含水孔隙度值，但该值不适用于其他岩石类型。在具有相同含水孔隙度的砂岩地层中使用此校准，该仪器的读数将略低于真实孔隙度。而对于白云岩地层的情况，石灰岩校准仪器的孔隙度读数将略高于实际值。因此，传统上以"石灰岩"单位标记的中子测井往往只有在含淡水的石灰岩中才能得到正确读数。如果以"砂岩"为单位进行标记，则只有在砂岩地层中才能得到正确读数。

使用不适当的岩性变换的效果如图 14.13 中的模拟测井曲线所示。密度和中子测井曲线均以石灰岩孔隙度单位表示。（这意味着，对于密度，假设孔隙中有淡水时，颗

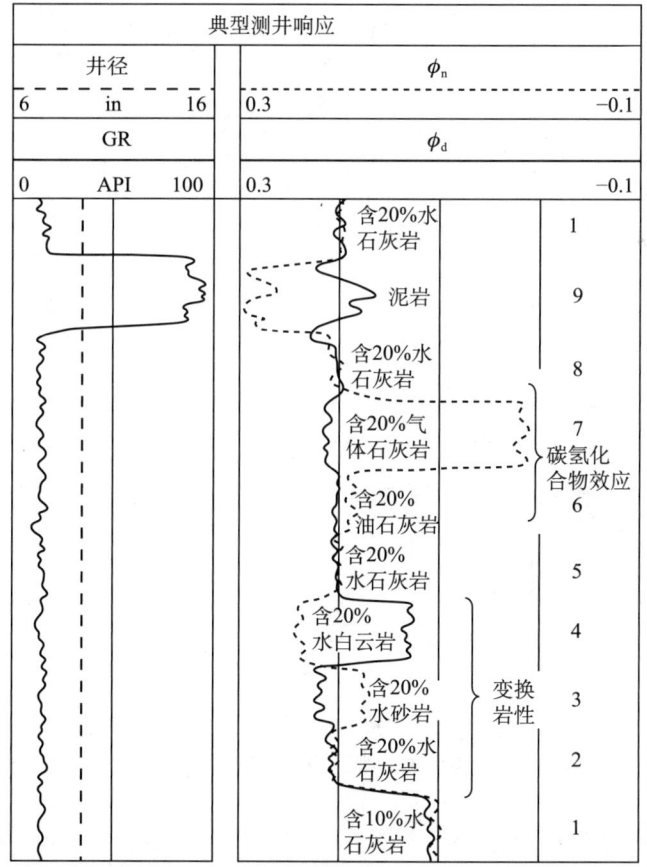

图 14.13 不同岩性、流体含量和井眼条件下 20 p.u. 地层的假设中子和密度测井响应[1]

粒密度为 2.71 g/cm³。）在图 14.13 中的 5 号地层，两条曲线恰好在 20 p.u. 的含水石灰岩中重叠。其下的 4 号地层是 20 p.u. 的含水白云岩，密度显示视孔隙度较低，这是因为白云岩的颗粒密度（2.87 g/cm³）大于石灰岩的颗粒密度，从而导致曲线右移。另一方面，中子孔隙度高估了 4 号地层的孔隙度约 2.3 p.u.。在 3 号地层中，由于砂岩颗粒密度（2.65 g/cm³）低于石灰岩颗粒密度，因此，20 p.u. 含水砂岩的密度视读数稍高。在这种情况下，当使用石灰岩变换时，中子孔隙度低估了真实孔隙度约 4.5 p.u.。

根据图 14.14 可以更好地理解标有"石灰岩""砂岩""白云岩"孔隙度曲线的生成过程。仪器测量的标准条件是 8 in 井眼、没有间隙以及常规温度和压力。图 14.14（a）是普通 8 in 含水井眼校准曲线，该曲线可以将测量比值转换为减速长度。（尽管显示的数据是特定的仪器模型，但它也可以替换为前面参考文献中提到的通用仪器的计算响应。）仪器测量特定的比率值，在本例中为 4.4。从曲线上看，该比率对应于约 11 cm 的 L_s。

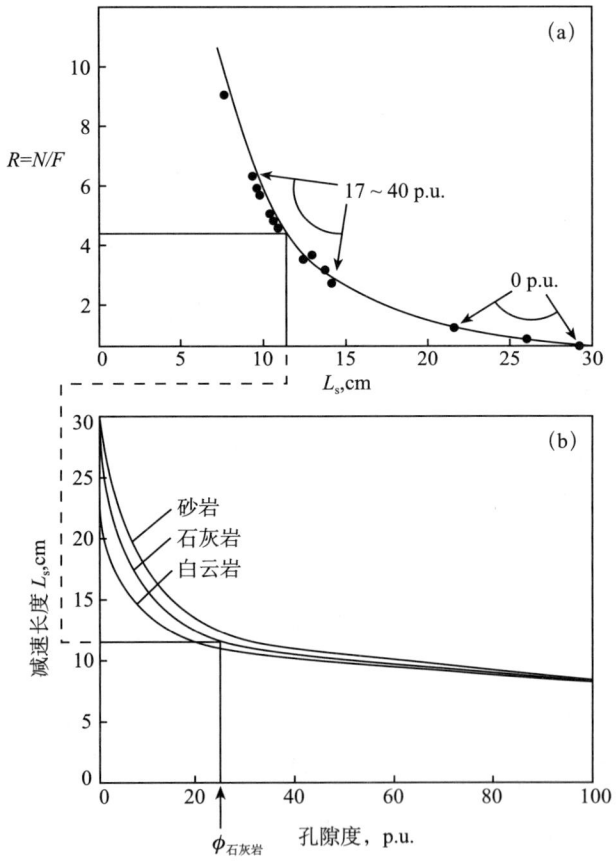

图 14.14 通过减速长度将测量比值转换为以"石灰岩"为单位的视孔隙度的图示[22]

图 14.14（b）为砂岩、石灰岩和白云岩的减速长度与含水孔隙度的函数关系。根据假定岩性的选择，使用图 14.14（b）将推断的地层减速长度转换为"孔隙度"值。

当然，可以使用诸如 SNUPAR[21] 之类的代码绘制无限数量的减速长度与含水孔隙度曲线，该代码可以根据详细的地层组分计算减速长度。在本例中，给出了三种传统地层的结果，上部曲线表示砂岩中 L_s 随孔隙度的变化，中间曲线表示石灰岩中的变化，下部曲线表示白云岩中的变化。

"石灰岩"孔隙度的值是根据中间曲线推导出来的，如图 14.14（b）所示，大约为 25 p.u.（对应于 4.4 的比值）。"砂岩"孔隙度值将通过上部曲线得到。利用同样的比值转换成的 L_s，根据上部曲线得到的孔隙度值较大。这是岩性或骨架效应，如果以石灰岩为单位，则实际结果会低估含清水砂岩地层的孔隙度。

类似地，利用最下面的曲线，根据 L_s 值可得到"白云岩"孔隙度值，可以看出，得到的视孔隙度值较低。在考虑固定地层孔隙度的情况下，白云岩的减速长度小于相应的石灰岩地层的减速长度，因此，石灰岩的视孔隙度超过了预期值。从概念上讲，这就是三条视孔隙度曲线的产生方式。

14.9.2 泥岩效应

中子孔隙度测井曲线的特点之一是，它给出的泥岩层的视孔隙度值相当大（以及多孔泥岩层的视孔隙度值偏大）。一个常见的误解是，泥岩中热中子孔隙度读数的误差是由具有较大热俘获截面的相关微量元素引起的。然而，即使没有热中子吸收剂的额外影响，黏土和泥岩也会给所有中子孔隙度的解释带来问题，因为黏土矿物结构中含有氢氧根[22]。视孔隙度值较大主要是与泥岩骨架相关的氢浓度造成的。

泥岩效应的草图示例如图 14.13 的 9 号层所示，在图 14.11 的层 B 和 D 层中可以看到更真实的例子。在这两种情况下，"砂岩"骨架的视中子孔隙度都超过了这两个层的密度孔隙度（使用 2.65 g/cm^3 作为颗粒密度，即砂岩），在这两个地层中，伽马射线读数的增加通常表明存在泥岩。有关泥岩效应的进一步阐述，参见 21.3.2 节。

14.9.3 气体效应

中子孔隙度仪器在含有充满液体孔隙度的地层中进行校准。在氢密度低于预期的含气地层中，视孔隙度将会产生误差。这是因为气体取代了孔隙中的液体，对地层的减速长度有相当大的影响，从而极大地影响视孔隙度。地层中的水被密度小得多的气体部分取代会增加中子减速长度，从而降低视孔隙度。视孔隙度的降低主要与真实孔隙度、含水饱和度、气体密度以及某种程度上的岩性有关。用低密度的气体取代孔隙中的流体也会降低地层的体积密度。通过在一次测量中测量密度和中子孔隙度，实现了这两种效应在测井中的利用。在测井曲线图上，密度和中子曲线在一个方向上分离，因此，很容易地看到气体的存在。

在图 14.13 的 7 号层中可以看到所谓的气体效应的例子，标记为"碳氢化合物效应"。从图中可以看出，视中子孔隙度变得非常小，而视密度孔隙度变大，这可能是由于通常预期的水被较低密度气体取代所致。在图 14.11 的 C 层中可以看到实际的测井实例。在这种更真实的情况下，视中子孔隙度从预期的 33 p.u. 左右下降到大约只有

20 p.u.。在研究这种响应的原因之前，首先看一下理想的气体响应，有时称为气体效应或挖掘效应。

气体效应是由于在碳氢化合物井中的大多数现场条件下，氢密度以及气体的体积密度都小于水的体积密度。因此，饱含气体地层的减速中子能力将较低，并且由于密度降低，碰撞之间的平均自由程将更大。为了证明含气地层对通用中子仪器的影响，利用蒙特卡罗模型计算了 5 p.u.、10 p.u.、20 p.u. 和 30 p.u. 石灰岩地层的响应，这些地层饱和了密度为 0.176 g/cm³ 的甲烷（CH_4）气体。

计算出的近远探测器计数率比值如图 14.15 所示，并分布在先前确定的将计数率比值和减速长度联系起来的响应线上（图 14.10）。可以看出，所有四个气体点都分布在响应曲线的最右侧附近，具有非常长的减速长度，因此，视孔隙度将很小。

因此，再次说明，中子测井的这种响应特征可以简单地通过减速长度来解释和理解。对于任何给定的孔隙度，如果水被较低密度的气体取代，则会发现计算出的减速长度大于含水的情况。视孔隙度的实际减小幅度将取决于孔隙体积、气体成分及其密度。如果含气的减

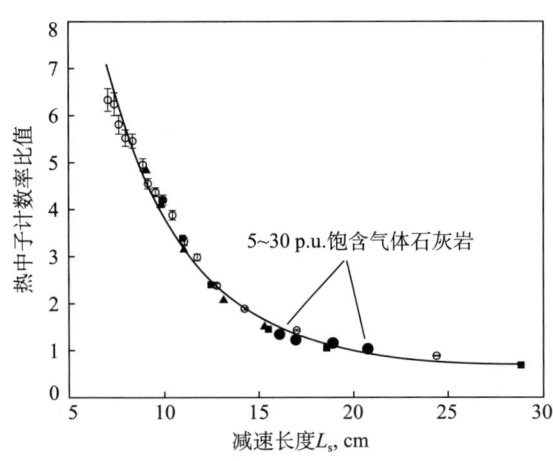

图 14.15 显示在先前建立的含流体响应线上的饱含气体石灰岩地层的响应[1]

速长度大于等效的 0 p.u. 减速长度（因为地层的挖掘密度小于地层的骨架密度），则意味着视孔隙度可能是负的，但传统的做法是，由仪器软件将其设置为零或一些较小的值。

14.10 探测深度

当我们试图评价气体饱和度时，中子仪器的探测深度是我们感兴趣的问题。然而，与感应仪器的探测深度不同，它是一个令人困惑的量。热中子孔隙度仪器的探测深度可以通过实验[23]或计算[26]来确定。首先，我们考虑实验方法。

为了确定仪器在单一地层孔隙度时的探测深度，建立了如图 14.16 所示的实验装置。测试地层由许多同轴圆柱形松散干砂组成，该地层的孔隙度约为 35 p.u.。仪器就位后，离井眼最近的圆柱形砂层用水饱和，一次一层。观察到的视孔隙度变化与该水侵深度的函数关系如图 14.17 所示。显示了实验超热中子孔隙度仪器的数据，这三条曲线分别是两个独立探测器得出的孔隙度值以及两个计数率的比值。

正如我们直观预期的那样，远探测器的探测深度略大于近探测器的探测深度。实际上，这两种探测器都不能单独用于确定孔隙度，而是使用它们的比值。我们看到，该比值的探测深度大于任何一个单探测器的探测深度，这有点类似于前面所描述的感

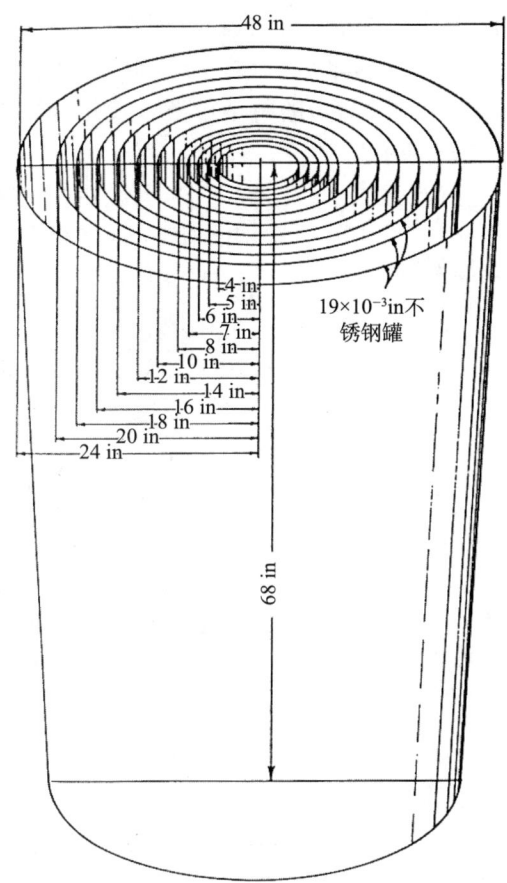

图 14.16　确定中子孔隙度仪器探测深度或伪几何因子的实验室装置[23]

应仪器的情况。在这种情况下，引入了第二个探测器线圈，以去除较远探测器中一些来自井眼附近的信号，从而加权强化来自地层深处的信号贡献。对于中子仪器而言，采用近探测器和远探测器计数率的比值部分消除两个探测器对浅层的共同响应，从而增加对超出近探测器探测深度区域中氢的相对敏感性。

图 14.17 的曲线在本质上与电极型电阻率仪器的伪几何因子相似。响应曲线的确切形状取决于实际试验条件。然而，很明显，35 p.u. 地层中的气体敏感性来自大约前 8 in 的地层。

现在我们转向利用蒙特卡罗来计

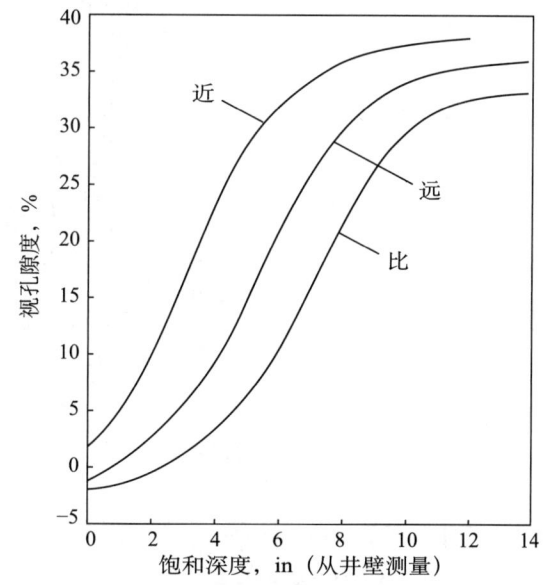

图 14.17　双探测器超热中子孔隙度仪器探测深度的测定结果[23]

请注意，组合测量比任何一个单个探测器都具有更大的探测深度

算探测深度。一种类型的探测深度可以通过模拟钻井液滤液侵入含气地层来计算。这与测井情况非常相似，其中饱含气体地层中的中子响应将因任何侵入钻井液滤液的存在及其侵入的深度而改变。在侵入前沿的每个位置，使用蒙特卡罗代码来计算这两个探测器的响应，由此可以确定视孔隙度。

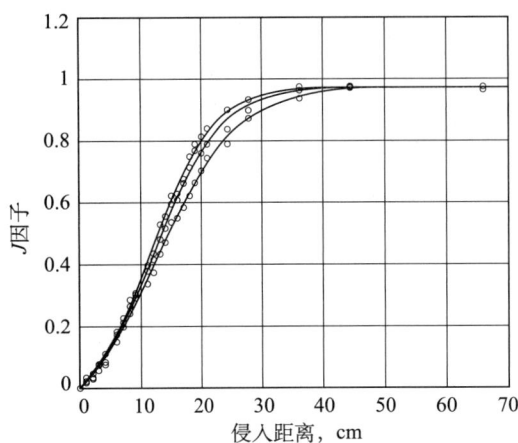

图 14.18 滤液侵入含气地层的蒙特卡罗模拟，计算了 5~30 p.u. 各种孔隙度的侵入 J 因子[18]

为了说明探测深度，用相对积分径向几何因子或所谓的 J 因子对蒙特卡罗系列运算进行总结。该因子作为侵入径向范围的函数，在 0 和 1 之间变化。图 14.18 给出了针对通用仪器的视孔隙度计算的 J 因子。观察到 J 因子的形状随地层孔隙度的变化非常小。可以定义为 50% 或 90% 点的探测深度，如人们所希望的，分别约为 15 cm 或 25 cm。

为了强调饱和流体对探测深度的影响，图 14.19 给出了远探测器探测到的粒子在 20 p.u. 地层中的曲折路径上从源到探测器的最大穿透深度分布。分布中的峰值显示出大约 10 cm 的偏移，对于含气地层（图中标记为干层）的情况，穿透深度更大，这与含气地层更长的减速长度的预期一致。

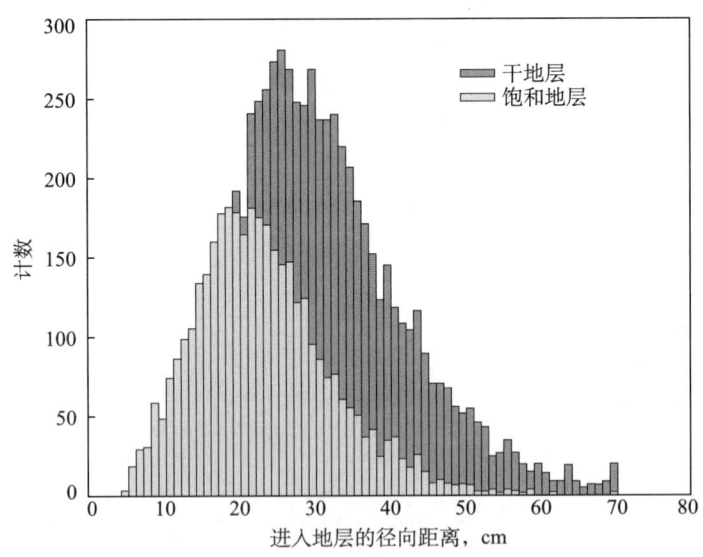

图 14.19 远探测器成功探测到的中子对地层的最大径向穿透[1]

14.11 LWD 中子孔隙度仪器

详细介绍了电缆测井仪器之后，本节简要介绍一下 LWD 中子测井仪器。它们基本上是安装在钻柱底部的钻铤中的常见电缆仪器，但有一些区别。在一种现实版的仪器中[24,25]，近探测器和远探测器是成排排列的，综合或合并它们的测量值可得到方位响应。有时可提供上下左右四种响应。

与其表亲电缆测井一样，随钻仪器也需要类似的校正或偏差图版。无须为奇，井眼尺寸（或钻头尺寸）是最大的校正因素。为了满足钻井的需求，LWD仪器具有多种尺寸。当钻铤直径接近钻头尺寸时，井眼校正量最小。

LWD中子仪器对间隙也很敏感，根据仪器尺寸和使用的钻头尺寸之间的差异，间隙可能会很大。尽管存在针对这种效应的校正图版，但由于对地层氢的敏感性降低，仪器和钻头尺寸越不匹配，测量结果就越差。

LWD中子孔隙度仪器的探测深度与我们已经研究过的电缆测井仪器非常类似。图14.20（a）详细说明了一个特定地层（22 p.u.砂岩）中的探测深度。这是针对钻井液滤液侵入含气地层的情况计算的。图14.20（b）则是气体侵入含水地层的情况。这两种情况在探测深度上的差异是巨大的，是中子仪器的气体灵敏度造成的。对于这种差异的合理解释是，中子可以在地层中减速长度最长的部分相对无阻地行进（称为流）。当饱和气体接近井壁时，中子更容易流过浅层路径，而不是饱和水的深部地层，从而导致探测深度较浅，如图14.20（b）曲线所示。当气体饱和地层在侵入带后面时，设法到达气体饱和区域的少数中子可以很容易地流到探测区域而有可能被探测到，从而导致探测深度更深，如图14.20（a）所示。这种效应将在第20章中被视为在大斜度井中的中子测井曲线上观察到的有趣假象的原因。

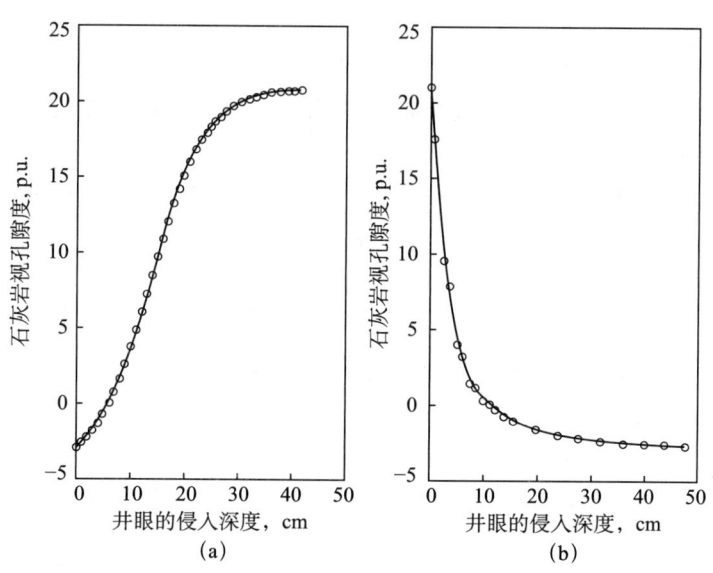

图14.20　LWD中子仪器的两种探测深度[26]

14.12　总　结

对于看到这里的读者来说，已经在学习中领略到中子孔隙度测井的复杂性，没有必要重申中子孔隙度仪器不测量孔隙度——除非在最受限的情况下。如果仪器经过良好校准并在类似于标准校准的环境中测井，或者如果已经进行了适当的校正，则测量结果可能更有效地与地层的 HI 联系起来。这是一个更好的概念，因为中子孔隙度仪器读取的视孔隙度对所有氢源都很敏感。可能存在的黏土矿物中的任何氢都会影响仪器读数。

我们还指出，广泛使用的商业热中子孔隙度仪器主要响应地层的减速长度以及可能存在的任何超热中子吸收剂的扰动。地层的减速长度为理解不同岩性、泥岩的存在和含气地层的扰动效应提供了一个框架。中子测井的进一步使用和使用注意事项可以在参考文献［1，18］中找到。

参考文献

［1］Ellis D V, Case C R, Chiaramonte J M. Porosity from neutron logs I: measurement. Petrophysics, 2003, 44 (6): 383 – 395.

［2］Duderstadt J J, Hamilton L J. Nuclear reactor analysis. New York: Wiley, 1976.

［3］Henry A F. Nuclear-reactor analysis. Cambridge: MIT Press, 1975.

［4］Glasstone S, Sesonske A. Nuclear reactor engineering. Princeton: Van Nostrand, 1967.

［5］Edmundson H, Raymer L L. Radioactive logging parameters for common minerals. Trans SPWLA 20th Annual Logging Symposium, paper O, 1979.

［6］Tittman J, Sherman H, Nagel W A, et al. The sidewall epithermal neutron porosity log. J Pet Tech, 1966, 18: 1351 – 1362.

［7］Ellis D V. Nuclear logging techniques//Bradley H. Petroleum production handbook. Dallas: SPE, 1987.

［8］Ellis D V, Flaum C, Galford J E, et al. The effect of formation absorption on the thermal neutron porosity measurement. Presented at the SPE 62nd Annual Technical Conference and Exhibition, paper SPE 16814, 1987.

［9］Dresser Atlas. Well logging and interpretation techniques: the course for home study. Houston: Dresser Atlas, Dresser Industries, 1983.

［10］Schlumberger. Log interpretation charts. Houston: Schlumberger, 1997.

［11］Gilchrist W A, Galford J E, Flaum C, et al. Improved environmental corrections for compensated neutron logs. Presented at SPE 61st Annual Technical Conference and Exhibition, paper SPE 15540, 1986.

［12］Belknap W B, Dewan J T, Kirkpatrick C V, et al. API calibration facility for nuclear logs. Gamma ray, neutron and density logging, SPWLA Reprint, paper E, 1978.

［13］Alger R P, Locke S, Nagel W A, et al. The dual-spacing neutron log CNL. Presented at the 46th SPE Annual Technical Conference and Exhibition, paper SPE 3565, 1971.

［14］Allen L S, Tittle C W, Mills W R, et al. Dual-spaced neutron logging for porosity. Geophysics, 1967, 32 (1): 60 – 68.

[15] Arnold D M, Smith H D Jr. Experimental determination of environmental corrections for a dual-spaced neutron porosity log. Trans SPWLA 22nd Annual Logging Symposium, paper W, 1981.

[16] Davis R R, Hall J E, Boutemy Y L. A dual porosity CNL logging system. Presented at SPE 56th Annual Technical Conference and Exhibition, paper SPE10296, 1981.

[17] Scott H D, Flaum C, Sherman H. Dual porosity CNL count rate processing. Presented at SPE 57th Annual Technical Conference and Exhibition, paper SPE11146, 1982.

[18] Ellis D V, Case C R, Chiaramonte J M. Porosity from neutron logs II: interpretation. Petrophysics, 2004, 45 (1): 73 – 86.

[19] Kleinberg R L, Vinegar H J. NMR properties of reservoir fluids. The Log Analyst, 1996, 37 (6): 20 – 32.

[20] Scott H D, Wraight P D, Thornton J L, et al. Response of a multidetector pulsed neutron porosity tool. Trans SPWLA 35th Annual Logging Symposium, paper J, 1994.

[21] McKeon D C, Scott H D. SNUPAR-a nuclear parameter code for nuclear geophysics applications. Nucl Geophys, 1988, 2 (4): 215 – 230.

[22] Ellis D V. Neutron porosity devices-what do they measure? First Break, 1986, 4 (3): 11 – 17.

[23] Sherman H, Locke S. Depth of investigation of neutron and density sondes for 35-percent-porosity sand. Trans SPWLA 16th Annual Logging Symposium, paper Q, 1975.

[24] Holenka J, Best D, Evans M, et al. Azimuthal porosity while drilling. Trans SPWLA 36th Annual Logging Symposium, paper BB, 1995.

[25] Evans M, Best D, Holenka J, et al. Improved formation evaluation using azimuthal porosity data while drilling. Presented at the SPE 70th Annual Technical Conference and Exhibition, paper SPE 30546, 1995.

[26] Ellis D V, Chiaramonte J M. Interpreting neutron logs in horizontal wells: a forward modeling tutorial. Petrophysics, 2000, 41 (1): 23 – 32.

习 题

14.1 你要解释的是一组老的超热中子测井曲线,这些测井曲线无意中使用了"石灰岩"("LIME")骨架设置。感兴趣的部分肯定是砂岩。

14.1.1 根据你对超热中子孔隙度仪器响应的理解,构建一个校正图版,用于将测井孔隙度值转换为"真实"砂岩孔隙度。该校正方程应为 $\phi_{true} = \phi_{log} + \Delta\phi$。绘制 0 ~ 30 p.u. 之间 ϕ_{log} 值的 $\Delta\phi$ 与 ϕ_{log} 的关系图,步长为 5 p.u.。

14.1.2 如果测井读数在 15 ~ 30 p.u. 之间,你能简单地改变数值以获得良好的孔隙度值吗?

14.2 通过使用迁移长度 L_m 可以很好地表征热中子孔隙度仪器的响应。正如你所记得的, $L_m^2 = L_s^2 + L_d^2$,其中 $L_d^2 = \dfrac{D}{\Sigma}$。($D$ 是热中子扩散系数,Σ 是宏观热中子吸收截面。）

14.2.1 对于淡水饱和的 40 p.u. 砂岩，你期望仪器的视"石灰岩"孔隙度读数是多少？

14.2.2 暂时忽略氢取代的影响，如果淡水被饱和盐水（260 g/L NaCl）取代，你期望它的孔隙度是多少？

14.2.3 然而，在这种情况下，你不能忽略氢取代的影响，因为盐溶液的密度为 1.18 g/cm^3。如果是这样，除了矿化度之外，"石灰岩"视孔隙度是多少？（提示：首先计算由于盐水中氢浓度较低而产生的等效孔隙度。）

14.3 如文中所述，超热中子孔隙度仪器主要测量减速长度。假设由于某种原因，用于推导减速长度的计数率比值误差为 10%，那么对于孔隙度为 5% 的砂岩和孔隙度为 30% 的石灰岩，以孔隙度为单位，会转化为多大的误差？

14.4 以与图 14.11 的 A 层相关的 2 994 ft 以下的纯砂岩为例，其孔隙度是多少？
如果热中子孔隙度测井是在温度为 300°F 而不是 50°F 的井眼中进行的，其视孔隙度值是多少？简单地画出由此产生的中子—密度气体交会图。

14.5 在气体饱和度为 50% 的 10% 多孔砂岩中，预期的中子—密度分离是多少？气体的密度可以取为 0.25 g/cm^3，以石灰岩单位计算 ϕ_n 和 ϕ_d。

14.6 参见图 14.11 中的气层 C 示例，为什么视中子孔隙度下降得这么少？你能想出三个可能的原因吗？

14.7 当岩石骨架由 50%（按体积计）的伊利石组成时，20% 多孔泥质砂岩的超热中子孔隙度读数（砂岩单位）预计是多少？

15

脉冲中子仪器与能谱

15.1 引 言

脉冲中子源的使用促成了一些有价值的地层评价技术的发展,如热中子衰减测井和中子激发伽马能谱测井。这些技术的核心是在 13 章中讨论过的中子发生器。在热中子衰减测井中,中子发生器的脉冲能力对于确定地层热中子吸收性质非常重要——这种方法可以将烃类和含盐地层水区分开。氯元素几乎总是存在于地层水中,具有很大的吸收截面。氯元素宏观吸收截面(Σ)的测量结果可以用于识别盐水层并估算含水饱和度。

将高能中子受控注入地层和中子激发伽马射线能谱分析相结合,可以得到地层的有限化学分析结果。通过利用高能中子反应,我们可以确定地层中的碳氧比。如果岩性和孔隙度已知,则利用该比值还能得到含水饱和度。

随后的热中子俘获反应产生的伽马射线能谱可以探测出地层中存在的十几种重要元素。既有使用脉冲中子源的俘获伽马射线(GR)能谱测井仪器,也有使用化学中子源的。本章将讨论从仪器测量结果中提取元素质量分数,而定量岩性识别方法将在后面的章节中讨论。

脉冲中子技术还用于监测和定量评价生产井中的油水流量,方法是产生和探测氧活化,或者测量注入地层的放射性示踪物质或有效吸收剂的通道。脉冲中子技术还可用于测量地层密度。

在测量中子孔隙度和减速时间的仪器中,也可以用脉冲中子发生器替代传统的镅铍(AmBe)中子源。

15.2 热中子衰减测井

脉冲中子仪器最初的应用是测量套后生产井的含水饱和度(S_w)。当然,测量 S_w

的传统方法无疑是基于电法测量。然而，多年来，生产井的金属套管使得电法测量技术无法应用，因而促进了其他测井替代方法的发展。人们很自然地想到使用能够轻易穿透套管的中子测井方法，利用该方法可以完成这种情况下的地层探测。近些年，已经出现一些能够穿过套管测量地层电阻率的仪器，如第 6.6 节所述。然而，使用脉冲中子技术监测储层饱和度似乎已经成熟。

热中子衰减仪器反映宏观热中子俘获截面（Σ），该参数与岩石骨架和孔隙流体的化学成分有关。为了能够测量 Σ，首先要弄清楚热中子吸收剂质量分数与宏观截面值之间的关系。这将对测井应用中的 Σ 的动态范围给出预测。本节考察了在井眼中测量 Σ 的技术，并指出了它的一些局限性，介绍了 Σ 测量的解释和一些应用。

15.2.1 热中子俘获

正如第 13 章中所讨论过的，中子俘获是中子与物质相互作用过程中可能发生的众多反应之一。在低能区，俘获截面小到 $1/v$，其中 v 是中子速度。因此，这是热中子能量阶段的主要反应机制，也是从系统中移除中子的唯一方式。在中子的俘获过程中，原子质量为 A 的靶核转变为原子质量为 $A+1$ 的元素的另一种同位素。这个"组合的核"处于一种激发态，多数情况下，都会快速衰减，并放射出一条或多条伽马射线。GR 的能量最高可达约 8 MeV。

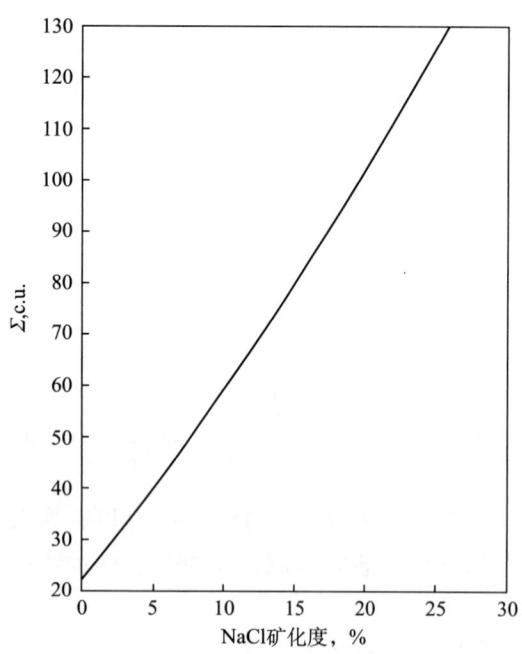

图 15.1 水的宏观热中子吸收截面（用俘获单位表示）与矿化度的函数关系
矿化度以溶解的 NaCl 质量分数表示

要了解选定的几种常见（和不太常见）元素的热中子吸收截面的大小，请参阅表 13.1，该表将元素按质量归一化吸收截面进行排序。这是一个有用的单位，因为质量归一化横截面的一千倍在数值上等同于每立方厘米散装材料每克元素贡献的捕获单位（c.u.）的数量。

可以看出，就质量归一化吸收截面而言，氯在通常与岩石物理应用相关的元素列表中非常突出。硼和钆除外，它们通常与黏土有关，镉用于制造超热中子探测器。下一个最重要和经常遇到的元素是氢，它的原子横截面比氯小两个数量级。然而，它比大多数其他元素发挥着更大的作用。

图 15.1 给出了盐水宏观截面（以俘获单位为单位）与 NaCl 质量分数的函数关系。淡水的相对较大的俘获截面（22 c.u.）主要取决于水中的氢元素，但 NaCl 的添加（其结晶形式的俘获截面约为 750 c.u.）显著增加了液体的俘获截面。由于大多数岩石基质中缺乏有效的吸收剂，其俘获截面通常小于 10 c.u.，因此，地层的俘获截面主要

取决于隙间水的矿化度、孔隙度和含水饱和度。由于烃的俘获截面与淡水的俘获截面大致相同，因此，含水饱和度是地层 Σ 中的重要组成部分。中子衰减测井或脉冲中子俘获测井（PNC）俘获截面的刻度值通常在 0~60 c.u. 范围内，这反映了该地层参数的预期变化范围。仅包含饱和盐水（按质量分数计为 26% NaCl）的 30% 多孔地层的 Σ 将超过 40 c.u.，具体取决于与岩石基质相关的吸收剂。因此，高饱和度的油将使 Σ 的观测值降低。

15.2.2 测量技术

为了确定地层的宏观热截面，需要测量热中子在吸收介质中的寿命，即衰减率的倒数。这种仪器测量功能的实际实现取决于高能中子脉冲源的可用性。该仪器能够周期性产生大量被吸收的快热中子，然后对其吸收过程进行监测。

操作的基本模式是在极短的时间内激发 14 MeV 中子源。这些高能量的中子通过与井眼和周围矿物质的原子核连续碰撞，能量迅速地降低，成为低能量的热中子。这些热中子被井眼和地层（地层中的大多数典型的同位素）所俘获，并向外释放伽马射线，中子的俘获率与井眼和地层中的热吸收剂性质有关。局部中子的俘获率与中子的密度成正比，并随时间而降低。因此，俘获伽马射线的产生率也随时间而降低。伽马射线计数率的衰减表明了中子总数的衰减。这就是为什么除了 14 MeV 中子源外，测井仪器通常还包括伽马射线探测器的原因。

图 15.2 给出了该仪器的工作原理。在稍早于热化时间 t_1 内，激发出的高能中子形成了中子云。随着时间的消逝，中子经过无数次碰撞后，从发射点传播至更远处，见图中的 t_2 时间段。热化之前的中子云的特征尺寸叫减速长度。当中子到达热中子能级，并且中子云的尺寸达到了迁移长度的尺寸时，中子便通过热中子俘获过程而被吸收。随着时间的推移，中子密度随中子云的扩散而降低（取决于吸收率），如图 15.2 中中子密度随时间变化的示意图所示。

以类似于放射性衰减的方式，可以预测热中子俘获随时间变化的情况。热中子吸收的反应速率由宏观吸收截面 Σ_a 和中子速率 v 的乘积给出。因此，对于 N_t 中子系统，在时间 dt 内被吸收的数量为

$$dN_t = -N_t \Sigma_a v dt \quad (15.1)$$

积分得到

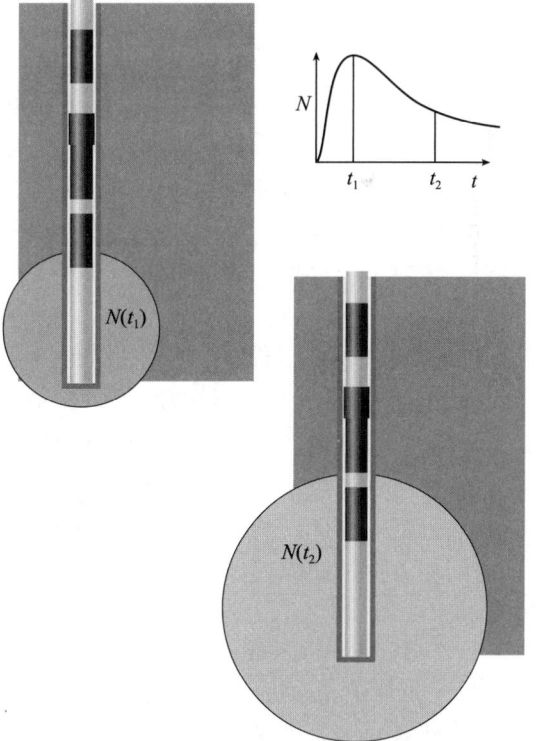

图 15.2 脉冲中子仪器放射热中子的过程

$$N_t = N_i e^{-\Sigma_a vt} \tag{15.2}$$

式（15.2）将 t 时刻的中子数量与零时刻的中子数量 N_i 建立了关系。衰减时间常数等于 $1/v\Sigma_a$。

表 15.1 列出了许多感兴趣的材料在 300 K 温度下的俘获截面 Σ_a 值。表中包括与每个 Σ_a 值有关的衰减时间常数。根据以下关系，使用以 c.u. 为单位的热中子俘获截面计算了衰减时间常数：

$$\tau_d = \frac{1}{v\Sigma_a} = \frac{4\,550}{\Sigma_a}(\mu s) \tag{15.3}$$

衰减时间关系的推导是基于一个简单的模型，该模型从零时刻的热中子云开始。我们希望知道从 14 MeV 中子被激发到热中子云的形成需要经过多长时间。根据平均碰撞次数评估该时间需要等到中子能量衰减到热中子能级范围，碰撞的平均自由程的变化表明，该时间为 1~10 μs，比表 15.1 中给出的典型衰减时间短很多。

表 15.1 不同材料在 300 K 下的俘获截面和衰减时间常数

材料	Σ, c.u.	τ_d, μs
石英	4.26	1 086
白云岩	4.7	968
石灰	7.07	643
20 p.u. 石灰	10.06	452
水	22	206
盐水（26% NaCl）	125	36

对俘获 GR 时间相关性的简单推导忽略了实际测量中遇到的一个重要问题：热中子扩散效应。中子在均匀介质中的扩散由中子密度（或通量）的空间变化所引起。我们觉得热化的中子云会有如下的空间变化：最初，热中子的通量在源附近最高，并且随着与源的距离增加而降低。从物理上讲，中子的扩散是可以预料的，因为在高通量区域中，碰撞率将很高，结果中子将更频繁地散射到碰撞密度较低的区域，从而导致中子从通量较高的区域向通量较低区域的流动。扩散速率取决于扩散系数和中子通量的梯度（第 14 章）。方程（15.2）推导过程中的隐含假设是，中子密度的总体行为在任何时候都能被监测。在这种情况下，扩散的影响可以被忽略。然而，在实际测井应用中，只能记录到探测器附近的中子量衰减，因此，这是一种局部测量。

在任何观测点，局部热中子密度都会降低，因为中子正在扩散并被俘获。为了量化扩散分量对局部衰减时间常数的影响，需要使用时间相关性扩散方程。热中子密度 n 的时间相关性扩散方程如下：

$$\frac{\partial n}{\partial t} = S - nv\Sigma + Dv\,\nabla^2 n \tag{15.4}$$

式中，v 是热中子速度；D 是热中子扩散系数。

将式（15.4）与稳态情况下的方程（14.3）进行比较，时间导数为零。在该方程中，通量（Φ）已被中子速度（v）和热中子密度（n）的乘积所取代。激发之后，源项 S 变为零，调整后的方程为

$$\frac{\partial n}{\partial t} = -nv\Sigma + Dv\nabla^2 n \qquad (15.5)$$

或

$$\frac{1}{n}\frac{\partial n}{\partial t} = -v\Sigma + Dv\frac{\nabla^2 n}{n} \qquad (15.6)$$

在之前的整体分析中，没有 $Dv\frac{\nabla^2 n}{n}$ 项。通过将方程（15.6）与整体模型的结果进行比较，可以预测中子数的视衰减时间 τ_a。总体中子数随时间 t 呈指数（$e^{-t/\tau}$）衰减，衰减常数的倒数被确定为乘积 $v\Sigma$。

以这种方式，从方程（15.6）可以看出，中子数的视衰减时间常数（τ_a）由固有时间常数和扩散时间常数之和组成。固有时间常数由下式给出：

$$\frac{1}{\tau_{\text{int}}} = v\Sigma \qquad (15.7)$$

扩散时间常数如下：

$$\frac{1}{\tau_{\text{diff}}} = -Dv\frac{\nabla^2 n}{n} \qquad (15.8)$$

所以局部视时间常数关系如下：

$$\frac{1}{\tau_a} = \frac{1}{\tau_{\text{int}}} + \frac{1}{\tau_{\text{diff}}} \qquad (15.9)$$

结果表明，局部中子的视衰减时间包含两个分量：τ_{int} 是地层的固有衰减时间（即根据吸收的整体观测值所预期的衰减时间）；τ_{diff} 是扩散时间，与中子从云中部扩散导致密度降低的变化时间函数有关。在均匀介质中，τ_{diff} 的值取决于与源发射点的距离和扩散系数。由于探测器附近热中子扩散率较低，扩散效应的实际影响是未经校正测量的 Σ 值会比固有值偏大。由于扩散系数 D 随着孔隙度的增大而减小，因此，在低孔隙度时，这种影响也会更大（图 13.16）。

如果这看起来很复杂，那么它确实如此，但与实际测量中涉及的情况相比，还是小巫见大巫。井眼可能被高吸收剂（如盐水）充满。如果井眼充满盐水，那么激发后十几微秒内，井眼区域的高能中子就会消耗殆尽；地层情况变得更加复杂，因为扩散的中子云本该进入地层，可现在却都被吸收了。

另一种极端情况是井眼充满淡水，而地层充满盐水。在这种情况下，地层的 Σ 远大于井眼的 Σ，因此，井眼在以后成了额外的中子源。随着地层中的中子被俘获和扩散，来自井眼（初始密度最高的地方）的其他未被俘获中子开始扩散到地层中，使得任何一点的视衰减率都低于预期。金属套管和可能是用盐水制成的水泥环都会使情况变得更加复杂。Preeg 和 Scott 已经使用蒙特卡罗模型对这些场景进行了研究，以阐明井眼和地层对探测器在各种源距处测得的信号的贡献[1]。

15.2.3 仪器

由于 PNC 测量是为套管生产井中的饱和度测量而设计的，因此，仪器通常非常细长，直径一般为 1 11/16 in，这样可以保证仪器进入含有油管的生产井中。当然，这种小直径仪器在设计上很复杂。采取了许多方案控制 14 MeV 中子向外发射周期和伽马射线的测量周期。一些仪器采用双探测器系统，试图校正可能由井眼引起的干扰，并提供孔隙度的估值。随着针对不同孔隙度、矿化度、套管和井眼环境的仪器实验测量数量的增加，求取地层固有俘获截面的技术日渐丰富。

进行热中子衰减测量的挑战之一是井眼信号和地层信号的分离。虽然人们只想监测地层的中子数量，但实际上也探测到了井眼中的俘获伽马射线。显然，后者是不需要的。图 15.3 给出了在一种测量仪器中实现该意图的方法[2]。在中子激发后的很短时间内，采用一系列时间门累积持续减少的 GR 计数率，其周期为 800 μs。重复 1 250 次后，测定出一个背景信号，然后从前面的脉冲测量值序列中适当地减去该背景信号值。

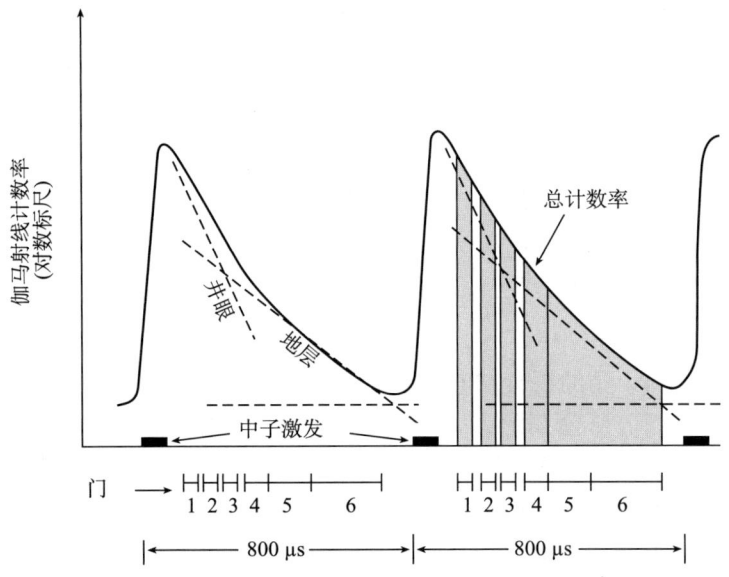

图 15.3 伽马射线时间分布说明了信号的井眼部分和由于地层引起的部分的衰减[2]

图 15.4 给出了双组分信号的响应性质，给出了两种不同源距长短探测器的伽马射线衰减率。在该实验中，井眼吸收俘获截面（Σ_{bh}）超过地层吸收俘获截面（Σ_{for}），使得井眼信号快速衰减。对两组数据进行了指数拟合，衰减时间常数较长的曲线与 Σ_{for} 有关，也可以通过在确定衰减率之前等待一段充足的时间（这种情况下为 400 μs），从合成衰减曲线中确定。另一种情况是，井眼流体是淡水，地层流体是盐水，因此，$\Sigma_{for} > \Sigma_{bh}$，衰减最快的曲线将与地层有关。在这种情况下，如果再采用前面的测量方法，只能得到 Σ_{bh} 值。因此，在这种情况下，采用指数分解的方法是最佳选择。

在测量衰减曲线中克服井眼影响只是问题的一部分。图 15.4 中还可以看到扩散效应的影响。42 p.u. 的砂岩地层 Σ 值为 11.1 c.u.。井眼为盐水，而地层充满淡水的 Σ 值为 15.7 c.u.。从左边看，源距较小探测器得到的地层衰减视 Σ 值为 18.3 c.u.，从右边看，距离源最远的探测器的视 Σ 值为 16.7 c.u.。正如预期的那样，后者与固有值很接近，但扩散效应仍然存在。表 15.2 给出了一些纯净材料的固有 Σ 值与先前测量系统的测量值的对比。特别要注意基质材料的巨大差异：部分是由样品中吸收杂质的影响引起的，部分是早期仪器未对扩散效应进行校正引起的。

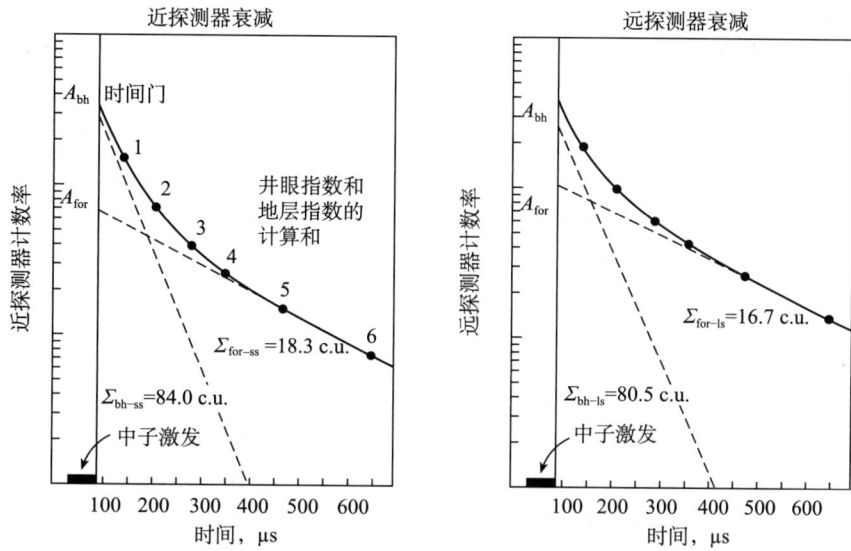

图 15.4　双探测器仪器的实验室数据说明了双组分时间衰减[2]

将观测到的地层 Σ 与 15.7 c.u. 的固有值进行对比表明，远探测器的扩散效应较小

表 15.2　淘汰的早期测量系统中几种纯材料的 Σ 固有值和观测值的比较[6]

材料	Σ, c.u.	Σ_{meas}, c.u.
砂岩	4.32	8~13
石灰岩	7.1	8~10
白云岩	4.7	8~12
硬石膏	4.7	8~12
石膏	18	18
（淡）水	22	22
油	22	16~22
泥岩		20~60

另一种消除井眼效应并根据测量数据确定扩散效应的方法是基于使用中子源双脉冲的仪器[3]。该仪器首先使用一个短脉冲来近似确定 Σ_{bh} 值，因为该脉冲的衰减主要由井眼环境引起，然后使用更长的脉冲，将井眼和地层西格玛效应以及扩散效应结合在一起。

尽管这些测量系统有所改进，但为了使测量和固有地层俘获横截面之间的一致性更好，有必要将仪器中的许多测量参数与广泛的数据库结合起来[4]。有文献报道[5]，使用了 2 500 种不同井眼和地层矿化度组合的数据库来验证处理算法。

15.2.4　解释

无论工程细节和脉冲模式的变化如何，上述仪器都用于确定含水饱和度，特别是在套管井中。最常见的重要热中子吸收剂是氯元素，它存在于大多数地层水中。因此，对参数 Σ 的测量类似于裸眼井中通常进行的电阻率测量，它可以区分孔隙中所含的油和盐水。如果孔隙度已知，则可以定位气/油界面。当矿化度、孔隙度和岩性都已知时，可以计算含水饱和度 S_w。如果根据其他（可能是裸眼井）测井方法获得孔隙度，则可以简化这种类型的分析。然而，在许多情况下，并没有裸眼井测井资料，并且套管井中的油管又使得稍大型的补偿孔隙度仪器无法使用。对于这些情况，可以根据双探测器仪器的综合计数率之比来估算孔隙度。这种估算必须考虑井眼尺寸、套管尺寸和岩性[7]，并且可能还包括水泥环的尺寸。

尽管 Σ 的测量和工程应用的物理基础很复杂，但它有一个特别简单的混合方程。在单一矿物最简单的情况下，Σ 的测量值由两部分组成：一部分来自骨架，另一部分来自地层流体，即

$$\Sigma = (1 - \phi)\Sigma_{ma} + \phi\Sigma_f \tag{15.10}$$

方程之所以可以写成这样简单的形式，是因为我们正在处理宏观截面；根据定义，它们以体积方式组合。为了确定含水饱和度，将流体组分进一步分解为水和碳氢化合物组分：

$$\Sigma = (1 - \phi)\Sigma_{ma} + \phi S_w \Sigma_w + \phi(1 - S_w)\Sigma_h \tag{15.11}$$

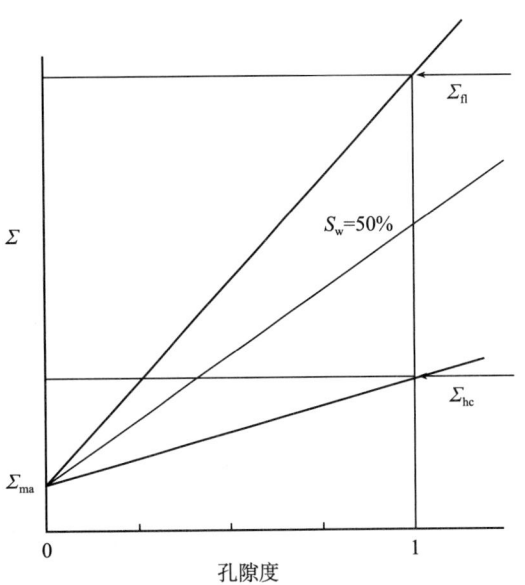

图 15.5 当纯地层中的孔隙度已知时，通过测量 Σ 得出含水饱和度的图解

在纯（无泥岩）地层中，这个特别简单的求取 S_w 的图解方法如图 15.5 所示。为了使用该方法，Σ_w、Σ_h 和 Σ_{ma} 必须已知或根据测井曲线确定。测井区间的水层简化了这一问题。

对于饱和度测定，如果水的矿化度小于 100 000 mg/L，并且孔隙度低于 15%，则对测量结果的解释是有问题的，尤其是在泥质区，因为 Σ 随饱和度的变化范围有限。泥岩中可能含有硼等热中子吸收剂，虽然泥岩的存在严重扰乱了这种简单的解释方案，但许多参考文献给出了解决该问题的方法[8]。黏土矿物的 Σ 响应在第 21 章中讨论。

也许这种测量方法最成功的应用是采用时间推移测量技术。两次测量中储层饱和度的变化可以直接根据两次 Σ 测量值之间的差值、Σ_w 和 Σ_h 的差值以及孔隙度值来确定，即

$$S_{w1} - S_{w2} = \frac{\Sigma_1 - \Sigma_2}{\phi(\Sigma_w - \Sigma_h)} \tag{15.12}$$

在这种差分测量技术中，诸如 Σ_{ma}、Σ_{cl} 和黏土体积之类的量所导致的不确定性消失了。设计储层监测程序的实际注意事项另外给出[9]。

图 15.6 给出了模拟储层的碳酸盐岩和泥质砂岩层段的脉冲中子测井曲线。请注意，在这种显示格式中，Σ 和 GR 逆相关。因此，高俘获截面值与高伽马射线值相关，由此推测可能与黏土相关。此外，Σ 曲线的显示特性与其他孔隙度仪器的相同（向左

或向底部增加，具体取决于你持测井图的方式）。图中还显示，对于高含水饱和度储层，其响应与电阻率测井曲线的类似。对图 15.6 中 12 200 ft 以下区域的数据和密度值进行了相关处理，结果如图 15.7 所示。图中给出了可能 100% 含水饱和度的趋势线。孔隙度非常低的点群很容易识别，"泥岩"点群也是如此。

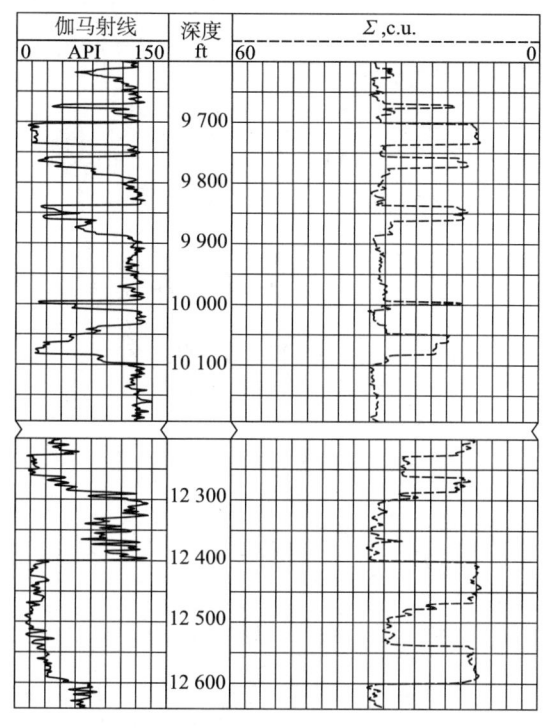

图 15.6　模拟储层中 Σ 值的典型曲线

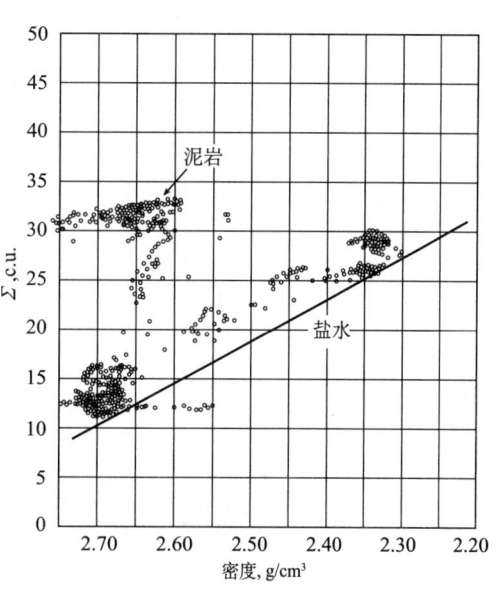

图 15.7　模拟储层区域的 Σ 和 ρ_b 交会图
由于使用的层段不含烃，因此，可以测定 Σ_w

15.3　脉冲中子能谱

向不同类型的脉冲中子仪器（次生伽马射线能谱仪）的演变主要是由于希望在未知或不断变化的地层水矿化度的情况下进行含油饱和度测量。原则上，这可以通过测量地层中碳原子与氧原子的比值（C/O）来实现。设计用于进行此测量的仪器通常被称为 C/O 仪器，但正如我们将看到的那样，它们已经催生了许多其他用途。

次生伽马能谱仪器是一个更复杂的脉冲中子仪器系列。该仪器系列是对中子与地层中原子核相互作用产生的伽马射线进行识别，而不是简单地监测伽马射线通量的时间特性（伽马射线计数率）。这些反应属于前面讨论过的三种常见类型：俘获反应、非弹性反应和粒子反应。在所有三种情况下，产生的原子核都处于衰变的激发态，产生伽马射线，其能量是经过去激发的特定原子核的特征。从伽马俘获谱中分离出非弹性散射伽马射线的分离技术，在第一代仪器[10,11]中就已经率先应用，并在随后的几代仪器[12-14]中持续应用，现在已经成为标准技术。这种测量是在发射一系列短（大约几十微秒）中子脉冲过程中进行的。非弹性相互作用是由相对高能的中子激发产生的，它仅发生在一定能级之上，不同的原子核能级不同。因此，在平均中子激发期间以及之后不久，在中子能量下降太多之前探测到的伽马射线很可能是非弹性散射的。在中子发生器关闭一段时间后，随着中子的热化，俘获伽马射线将开始出现。各种俘获能谱仪器已经改变了中子激发时间和周期，以改善 C/O、俘获截面（Σ）或用于元素分析的俘获能谱的测量（稍后讨论）。

图 15.8 演示了脉冲中子能谱仪器在非弹性阶段观察到的重要反应。一种情况是，碳被快中子激发，并发射出 4.43 MeV 的伽马射线；另外两种是与氧相互作用的反应。其中一种是氧嬗变为氮，随后衰减，并发射出 6.13 MeV 的伽马射线；第三种情况更为复杂，因为氧嬗变为 ^{13}C，然后发射出 3.68 MeV 的伽马射线。

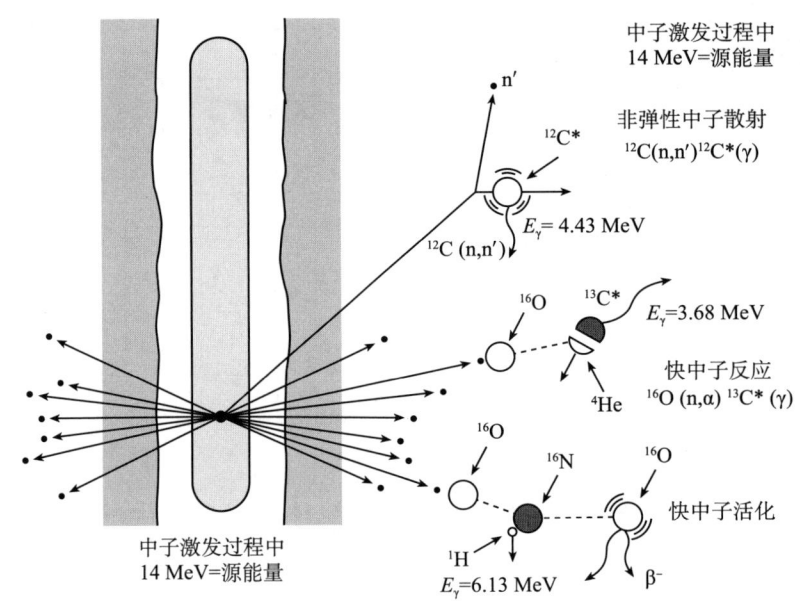

图 15.8　井眼测井应用中感兴趣的非弹性中子反应[11]

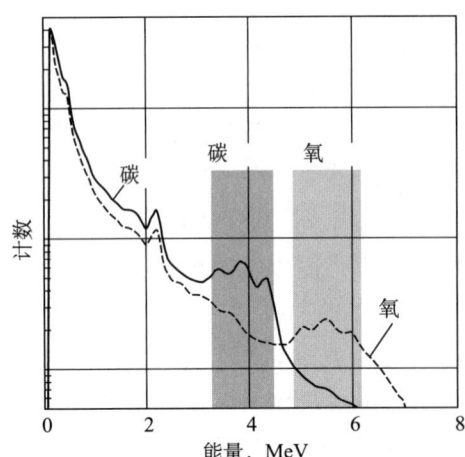

图 15.9　第二代 C/O 仪器在油箱和水箱中记录的非弹性谱
显示了用于提取 C/O 的统计改进值的开窗技术

图 15.9 给出了第二代仪器在对比度最大的两种情况（分别在油箱和水箱中）下测得的两个实际非弹性伽马能谱。尽管探测器会引起失真，但很容易识别碳和氧的峰值。第二代测量仪器[13,15]不再依赖碘化钠（NaI），而是使用具有更好工作特性和能谱特性的探测器，如硅酸钆（GSO）和锗酸铋（BGO）（第 10 章），以加强对与 C 和 O 相关的伽马射线的监测。无论探测器类型如何，都存在失真，因此，在实验室中仔细确定了具有显著伽马射线发射能谱的元素的标准能谱[16]。图 15.10 给出

了一套用于分析一台仪器测得的能谱的非弹性标准。为了量化碳和氧（以及其他元素）的相对量，使用了一种称为加权最小二乘法（WLS）[11]的技术，将井眼中测得的能谱与加权标准能谱的线性和进行比较。应用于每个标准的权重是不断变化的，直到总和在最小二乘意义上与观测到的能谱最匹配为止。此时，权重代表元素在标准数据集合中的相对质量分数，归一化化的权重通常被称为能谱的产额。另一种测量系统采用更直接的方法，使用能谱中适当位置的窗口计数率来确定 C/O 值[17]，而第三种使用的则是开窗和 WLS 相结合的方法[18]。

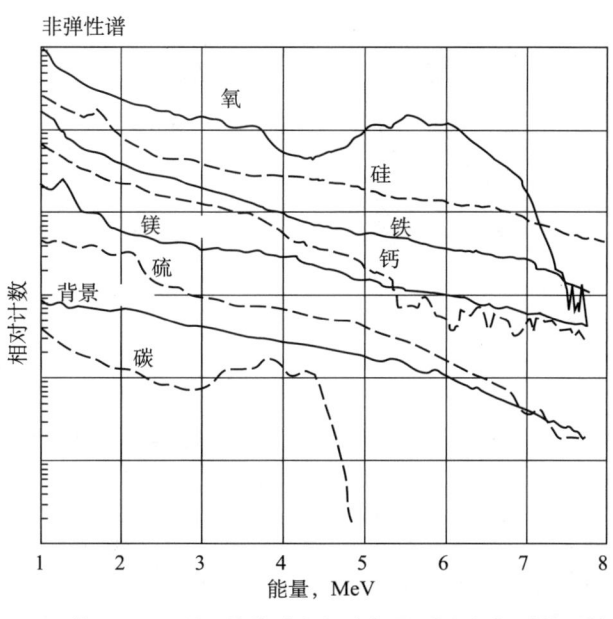

图 15.10　一组用于从图 15.9 所示的能谱数据中提取碳和氧相对信号的非弹性元素谱

进行非弹性测量（这是从碳和氧中产生伽马射线的唯一方法）的目的可以从表 15.3 中看出。从表中可见，水和油中的碳原子和氧原子密度之间存在巨大差异。图 15.11（a）显示了石灰石、白云石和砂岩的含油饱和度与 C/O 的函数关系，图 15.11（b）显示了仪器的实际响应；碳和氧的相对能谱权重之比表示为孔隙度和含油饱和度的函数。实际测量造成动态范围的巨量减小是显而易见的。内插曲线仅根据 10 in 井眼、7 in 套管以及 1.5 in 水泥环带中的少量测量值（带误差线的六个点）得到。在这种情况下，井眼和水泥中肯定有额外的 C 和 O 源，它们形成了"背景"，与理论预期相比，往往会减小测量的动态范围。从这张扇形图中可以清楚地看出，对于给定岩性和完井几何形状的纯净地层，当孔隙度已知时，解释相对简单；孔隙度的估值可以通过双探测器系统获得。然而，它可能很复杂。例如，在砂岩中，方解石胶结物可能与烃混淆。此外，测量中的内在困难也是显而易见的。当孔隙度较低时，反映含水饱和度的 C/O 值的动态范围缩小至零。在更复杂情况下对该比值的解释实例可见参考文献［10］和文献［17］。

表15.3 感兴趣的地层和流体中碳和氧原子密度（以阿伏加德罗数为单位）的比较[10]

地层	体积密度 密度，g/cm³	原子的密度（$6.023 \times 10^{23}/cm^3$）	
		氧	碳
石灰岩	2.71	0.081	0.027
白云石	2.87	0.094	0.031
石英	2.65	0.088	—
硬石膏	2.96	0.087	—
油	0.85	—	0.061
水	1.0	0.056	—

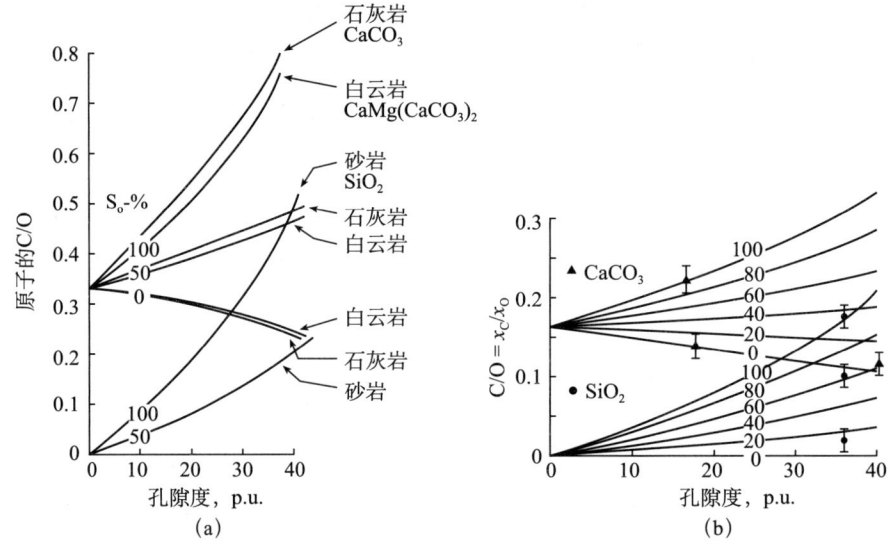

图15.11 （a）显示了碳和氧元素之比与孔隙度和含油饱和度的函数关系，特定仪器响应C/O的扇形图见（b）[11]

这些统称的C/O仪器最初是为了测量碳氧比。然而，它们的能谱能力可应用于其他许多方面。对俘获GR能谱的分析可以揭示地层的岩性，有助于校正C/O测量值，而且其本身也很有用；改变脉冲持续时间和间隔也可以测量水流的氧活化；与脉冲中子伽马（PNG）仪器一样，俘获伽马能谱的时间分析可用于测量地层的Σ。

15.3.1 C/O

对于着重测量C/O的仪器，需要强调两个方面。首先是探测器。为了能够分开碳和氧非弹性伽马射线，探测器必须具有两种不同的探测特性——高能谱质量和良好的光电效率，还必须能够显示两个邻近到达的脉冲，这意味着具有非常短的光衰减特性，以便能够记录中子激发阶段特有的瞬时极高的计数率。这使得GSO和BGO探测器有着不同的应用。

无论使用哪种类型的探测系统或能谱处理技术，在处理不同环境C/O值时，都存在根本的困难。影响图15.11扇形图简单解释的变量是特定岩性、孔隙度和井眼尺寸、套管尺寸、水泥厚度和井眼流体。

C/O 解释中最大的问题之一是井眼中油的影响，例如，在生产井中。为此，对仪器改进包括两个方面：一是仪器直径较常规的 1 11/16 in 仪器的直径稍大；二是包括屏蔽了地层响应的第二探测器，以增强其对井眼中 C/O 的测量。通过组合这种较短井眼聚焦探测器和较长源距探测器的视 C/O，可以获得有关井眼持油率（油的相对体积分数）和地层含水饱和度的信息。图 15.12 给出了典型的远、近探测器 C/O 交会图。该图消除了地层孔隙度的影响，给出了包括套管尺寸、地层岩性和油气密度等特定环境下由四个极限点（含油饱和度和井眼持油率）构成的四边形。使用该方法需要大量的数据[14,15]。其他解决该问题的方法将扇形图的基本最小和最大 C/O 线参数化为孔隙度的函数，其中一组 90 个系数是根据 2 500 种不同情况的计算数据库确定的[19]。

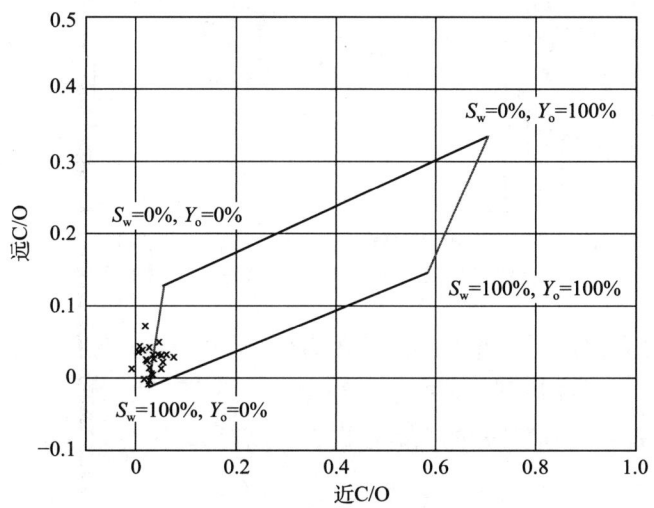

图 15.12　双探测器仪器 C/O 解释示意图
对 C/O 扇形图版响应进行组合，消除了对孔隙度的明确需求。利用该平行四边形，根据一对 C/O 可以估算地层 S_w 和井眼持油率 Y_o。平行四边形的端点取决于岩性、套管尺寸和烃碳密度

图 15.13 显示了含油井眼中的 C/O 测井实例。第二道给出了两探测器的 C/O 以及由图 15.12 得到的井眼持油率解释。第三道给出的是以油水体积表示的含油饱和度，它是利用第一道给出的裸眼井地层孔隙度得出的。第四道是 Σ 值，利用它可以进一步将第三道"混合水"分成原生水和注入水。

15.3.2　俘获截面（Σ）

当地层矿化度足够高且恒定时，最好使用 Σ 测井而不是 C/O 测井来确定储层监测的饱和度。其中的一个原因是，与 C/O 测井相比，Σ 测井通常可以更快速地完成，因为 Σ 测井固有的统计精度更高。因此，多功能 C/O 仪器具有脉冲序列，类似于前面提到的 PNC 仪器，用于将井眼 Σ 与地层 Σ 分离。一种用于确定固有地层 Σ 的改进仪器设计和资料处理方案[20]使用多维数据库中的插值方案。该方法不是进行参数化的求解，而是构建一个多维数据库，该数据库由来自大约 1 000 个井眼和地层条件下的多个探测

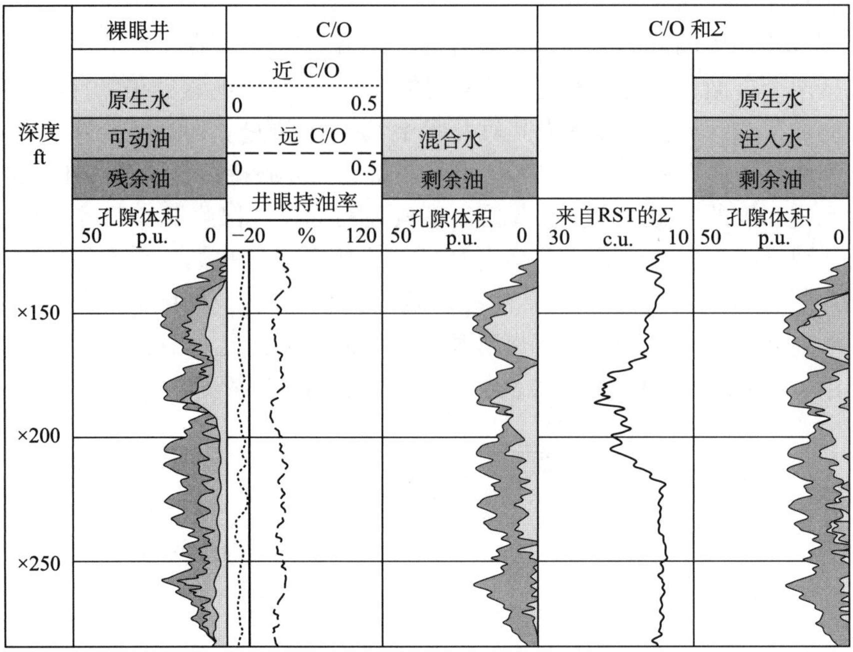

图 15.13 使用双探测器 PNG 仪器通过包括 Σ 和裸眼井孔隙度来解释含油饱和度（来自 C/O）和注水进展的实例

器的多组分测量结果组成。这些所谓的参数组分 C_i 可能是，例如，远探测器和近探测器的视 Σ_{for} 和 Σ_{bh}，两个探测器的非弹性计数率（在中子激发期间）的比值等。使用数据库中固有俘获截面期望值已知的点的数据，可以对 Σ_{int} 进行以下形式的线性预测：

$$\Sigma_{int} = a_o + \sum_i a_i C_i \qquad (15.13)$$

为了改善特定点的估算结果（对于一组特定的条件和 Σ_{int}），只使用数据库中最临近的数据来计算加权系数 a_i。为了根据 C_i 组分的单次测量值来估算地层的固有俘获截面，在实践中，数据库中所有数据都用于估算，但对 a_i 最小二乘解的贡献由从数据库中每个点到未知地层测量组分的"位置"的"距离"来调节。这种获得内插值的过程称为加权多重线性回归。

15.3.3 俘获伽马射线能谱

另一种测量模式需要在激发后等待足够长的时间，以避免非弹性反应的影响。这一时间段内，伽马射线来自俘获热中子。在该模式下测得的能谱与图 15.10 中的能谱非常相似。俘获反应中元素的识别和量化是通过使用正常的标准进行的，其方式与非弹性能谱所描述的方式相同。

图 15.14 给出了一种类型的测井仪器测量非弹性和俘获谱的定时过程。从图中可以看出，该过程包括中子激发期间的非弹性数据采集、紧随其后的背景值测量，以及中子热化之后俘获伽马射线的记录。从时间门 A 的早期采集中减去一部分背景，以获得从中提取 C/O 的非弹性频谱。

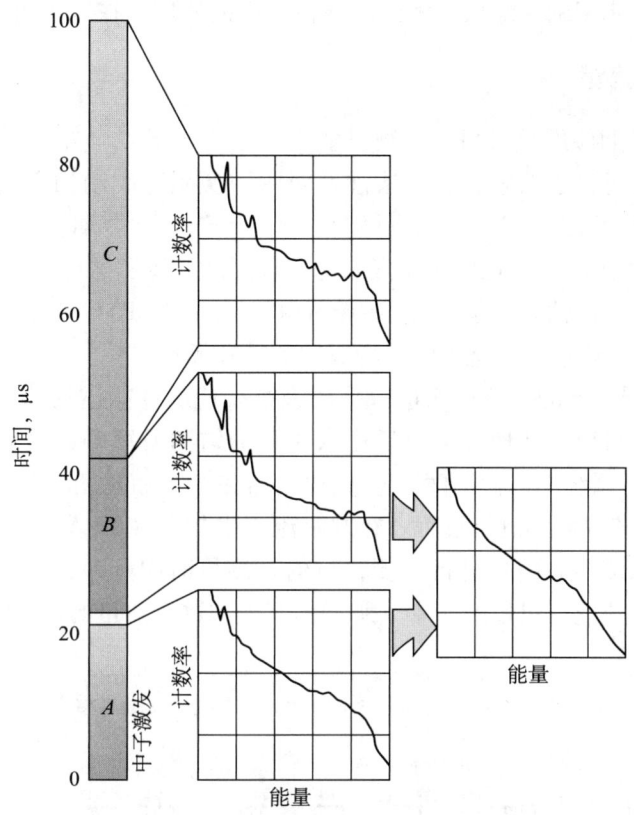

图 15.14 特定 PNG 仪器的定时过程

左侧的竖栏是一个操作周期的时间,分为三个窗口。在中子激发阶段,窗口 A 用于获取包括早期俘获作用期间的非弹性伽马射线和背景计数的数据。就在中子激发之后,在窗口 B 中,对背景进行估算,并从 A 中累积的能谱中消除背景,以得到非弹性能谱。窗口 C 中累积的数据包含俘获伽马射线,用于地层元素浓度分析

利用时间窗口 C 中探测到的次生俘获伽马射线可以识别出大量元素:氢、硅、钙、铁、硫、氯等。岩性识别可以通过比较特定元素的伽马射线产额来实现。例如,硬石膏很容易通过包含该矿物的硫和钙的高 GR 值来识别。通过比较硅和钙的伽马射线产额,可以将石灰岩和砂岩区分开来。许多参考文献介绍了这种处理过程的实例和一些服务公司提出的解释方案[21,22]。第 21 章进一步讨论了这种测量方法在地层矿物学测定中的应用。

尽管前面对非弹性俘获能谱用途的描述听起来前景非常美好,但在井眼中进行这种类型的测量还存在一些内在的问题。其中最重要的一个问题是统计学带来的。在非弹性模式下,碳和氧伽马射线特征谱的产生是由俘获截面决定的,截面非常小。因此,对于中子发生器的实际输出而言,测得的 GR 通量远小于可靠连续测井的必需值。另一个问题与传统 NaI 探测器引起的伽马射线能谱的失真有关,这种类型的探测器分辨率不够高,只能对来自典型地层的大量伽马射线进行粗略分析。

使用固态伽马射线探测器的高分辨率能谱仪器解决地层的岩性问题,该探测器的能量解析能力比 NaI 的高几个数量级。然而,商用测井仪器的发展并没有新的超越。伽马射线能谱仪器的进步得益于探测器的可替代性和畸变小,如 BGO 和 GSO 等晶体探

测器。前者在专门用于确定地层元素浓度的仪器中的使用将在后面的章节中描述。

15.3.4 水流量

PNC 仪器的早期应用是探测并监测可能发生在水泥胶结质量不佳情况下的套后水流。许多作者对此进行了探索，其想法涉及对中子源附近蠕动的水流进行辐射。n、p 与 ^{16}O 反应产生 ^{16}N 的截面很小。^{16}N 同位素衰变，产生半衰期为 7.13 s 的伽马射线（6.13 MeV，70% 的时间）。在中子激发后的一段时间，探测器记录到延迟的伽马射线，表明存在流水，并可以估算其速度。Ostermeir 描述了使用 PNC 仪器进行这种测量的注意事项[23]，McKeon 等描述了这种仪器的成功验证和操作[24]。

早期 PNC 仪器开创的水流量测量似乎成为第二代脉冲能谱仪的标准功能。使用第三个探测器的仪器可以方便地进行氧活化水流量的监测或短寿命放射性示踪剂注入的监测[12]。在另一种系统中，使用两个 C/O 探测器和一个额外的 GR 仪器进行测量。图 15.15 说明了利用该仪器的测量过程。在井眼流水中的氧被 14 MeV 脉冲中子激发活化后，对到达三个探测器的信号进行监测，目的是测量时间延迟，很容易将其转换为速度。为了适应各种流速，可以改变中子脉冲的宽度和进行测量的延迟时间。

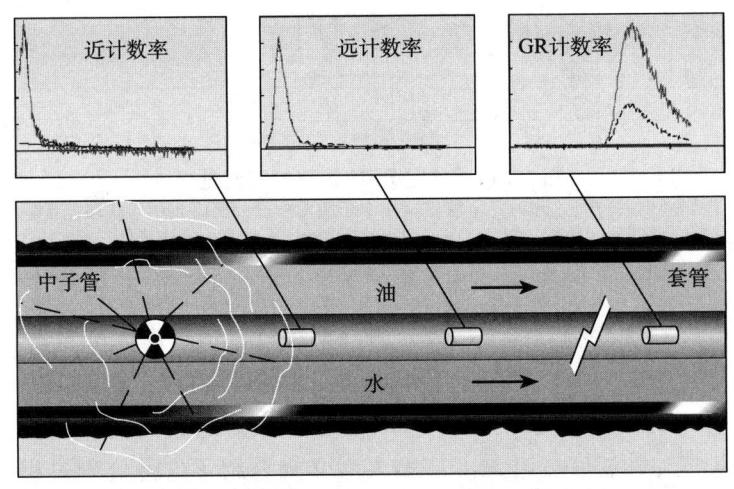

图 15.15 测量水流量的 PNG 仪器操作示意图
来自中子管的 14 MeV 中子激发活化了源附近的氧。水中氧的衰减伽马射线被近、远和更远的 GR 探测器相继探测到。利用各种探测器之间的探测延迟来推导水流速度

15.3.5 油流量

为了测量油流量，可以使用一种带有机械流体喷射器的仪器进行测量[25]。要注入的流体由钆化合物组成。之所以选择钆化合物，是因为它具有非常大的热中子俘获截面和优先溶解于碳氢化合物的性质。该操作是通过注入这种特殊的流体来启动的，从而产生一个油柱混溶标记。当高吸收 Gd 在探测器附近经过时，要探测的井眼俘获截面 Σ_{bh} 信号将出现强烈变化。注入混溶液体和大 Σ 信号到达之间的时间延迟可以提供油相速度。

15.3.6 视密度

利用高能中子脉冲源一个有趣的可能性是进行视密度测量。如果出于安全原因排除了传统伽马—伽马方法的化学源，或者可能只使用伽马—伽马方法很难估算过套管密度，在这种情况下，该方法可能很有吸引力。其想法是利用高能中子激发期间地层中产生的非弹性伽马射线[26]。简单的观点是，中子源附近（大概在地层中）的原子核（主要是氧）将作为伽马射线的一种扩散源。如果它们在两个不同的间距处被检测到，则两个伽马射线探测器之间的相对衰减可以缩放为密度，因为衰减可能主要由康普顿散射控制。多功能脉冲中子测量仪器的一个版本的要求是通过包括远间隔的伽马射线探测器[27]来进行密度测量。下面提到的 LWD 测量方法中会用到这种所谓的脉冲中子密度测量。

15.4 脉冲中子孔隙度

现在我们考虑一种采用脉冲中子源和多个中子探测器但不采用伽马射线能谱的仪器。该类型的仪器[28]已经商业化多年，并被用作第 14 章中讨论过的常规中子孔隙度仪器的替代品。已经提及过使用脉冲中子源替代传统的 AmBe 源的环境和安全优势。为了进行孔隙度测量，使用了超热探测器，以便响应与地层的含氢指数更接近于成正比，并且对可能影响估值的吸收变化不敏感。

为了利用源的脉冲特性，还测量了另外一个有趣的物理量——减速时间。减速时间与局部氢含量密切相关，而局部氢含量可以转化为饱含水孔隙度，或者用于测量仪器间隙或与井壁的距离[28]。超热中子时间分布的物理特性可以实现这两种应用，如图 5.16 所示。图 15.16（a）显示的是含氢指数从 0 变到 1 的地层的时间分布。衰减的初始斜率可以很容易地与地层含氢指数相关联。图 15.16（b）显示的是仪器与 0 p.u. 地层之间各种间隙的时间分布。初始斜率或时间衰减谱的其他属性可以很容易地转换为仪器间隙。

孔隙度估算的探测深度相当浅，但垂直分辨率较好[29]。实际仪器与地层的间隙测量值（无法通过传统的双探测器中子孔隙度仪器确定的量）通常用于为中子测井中的一个最大环境因素提供自动校正。还可以进行额外的减速时间测量，用其可以在一定的水泥厚度范围内求取套管井中的地层含氢指数[30]。

使用脉冲源的第二个好处是测量俘获截面。与前面讨论的仪器不同，该仪器的探测器是热中子探测器而不是伽马射线探测器。因此，热中子数量是直接测得的，而不是通过俘获中子时发出的伽马射线间接得到。与基于伽马射线的 Σ 测量相比，热中子测量俘获截面的探测深度较浅，因为该过程的特征长度，即扩散长度，通常远小于地层中俘获伽马射线的平均自由程。

该技术还在 LWD 中进行了试验应用。它是由斯伦贝谢公司和日本石油公司（JNOC）联合研究开发的[31]，用于测量中子孔隙度、俘获截面、脉冲中子密度，以及计算矿物元素的相对丰度。此外，通过时间门控制记录非弹伽马射线的一对远源距伽

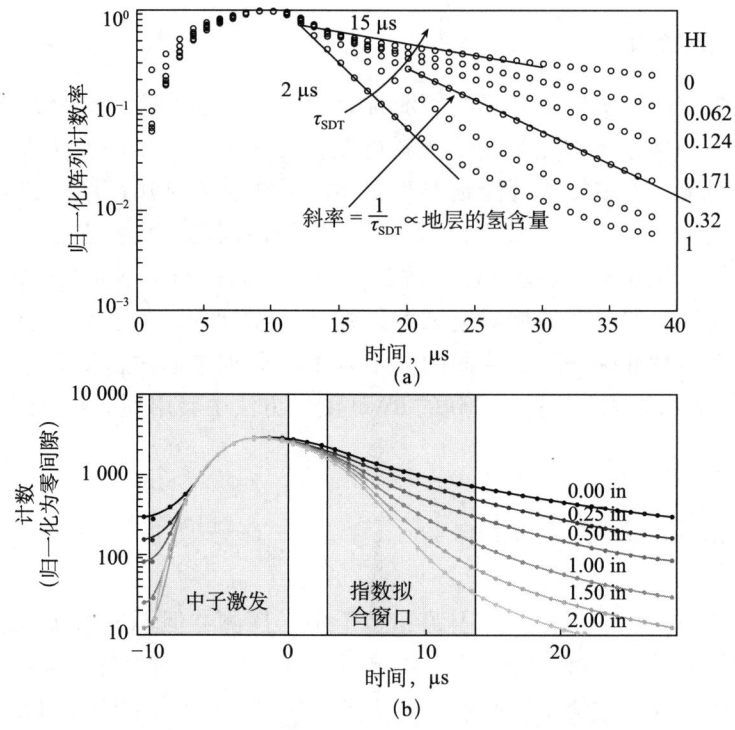

图 15.16　超热中子探测器计数率与时间关系的试验测量减速时间曲线

中子激发持续约 10 μs。(a) 显示的是，仪器位于 8 in 的井眼中，并与各种孔隙度［或含氢指数（HI）］地层接触。特征衰减时间（τ）与含氢指数成反比。(b) 显示的是，在孔隙度恒定的地层中，不同间隙（最大 2 in）的超热中子计数率曲线。在这种情况下，特征衰减常数可以与间隙联系起来

马探测器可以提供视密度测井值，该值与配套裸眼井密度测井值相比具有优势，如图 15.17 所示。最近宣布了一种本质上更为成熟的版本的商业 LWD 服务或仪器[32]。在脉冲中子密度测量的评价阶段，它使用^{137}Cs 源和一对伽马射线探测器进行传统的伽马—伽马密度测量。

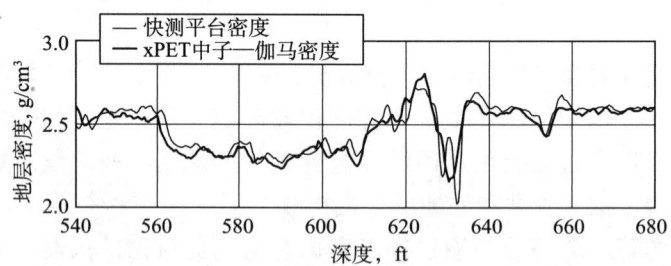

图 15.17　LWD 仪器中电缆密度仪测量结果与脉冲中子密度测量结果的对比

15.5　能　谱

最后，我们来讨论并不一定需要脉冲中子源的情况，尽管在之前的讨论中已经涉及了几种这样的仪器。用于确定地层矿物的伽马射线能谱的发展有着悠久的历史，包

括化学中子源的使用。它始于 20 世纪 70 年代末，当时有一种能谱仪器[33]，能够同时测量天然存在的 K、Th 和 U；快速俘获来自 Si、Ca、Fe、S、Tl 和 Gd 的伽马射线，以及来自 Al 活化伽马射线。虽然这是一个利用基本元素计算岩性的有趣的试验台，但该仪器由 6 个探头（包括早期 PNC 仪器）组成，长度为 70 ft，而且需要特殊的低能 ^{252}Cf 中子源——操作难度超过了研究兴趣。大约 10 年后，出现了重新设计版本的仪器，称为元素俘获能谱（ECS）探测器。它使用单个常规中子源和大型能谱特性 BGO 探测器，并根据其测量结果得出岩性的解释方案[34]。

在这里，我们简要回顾[33]一下从类似于 ESC 的仪器的俘获能谱中提取地层中的元素浓度（质量分数）。首先，我们从如图 15.18 所示的砂岩地层中探测到的能谱开始。图中的上部线条是总能谱；中间部分是将加权最小二乘拟合方法应用于标准谱可以分离的各种元素（如 Fe、Gd、Si、Cl、H）的贡献；最后是需要摒弃的非弹伽马射线激发而产生的部分。

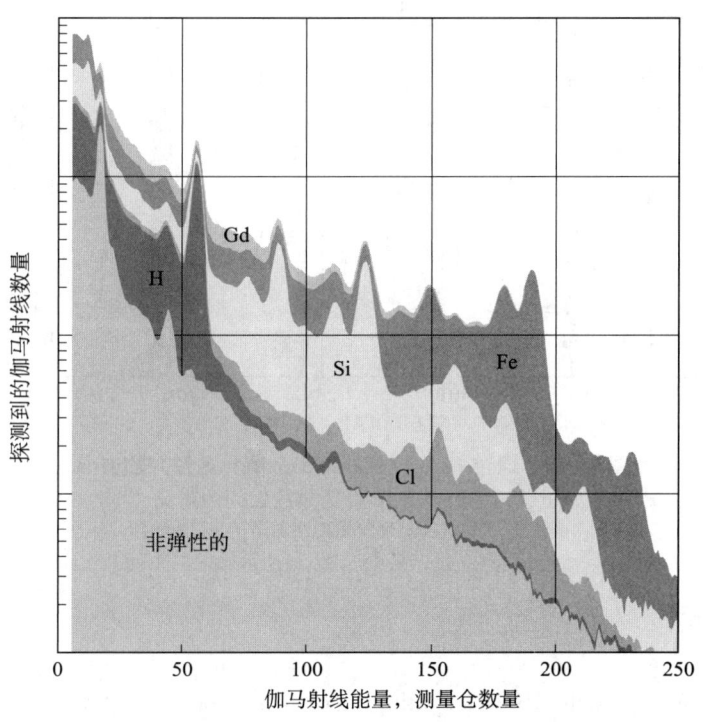

图 15.18　砂岩地层中 ECS 测得的俘获伽马射线谱
上部线条是总能谱。也给出了由若干元素贡献的部分能谱

为了专注于与地层相关的元素，能谱中的氢和氯部分也需要剔除掉，剩下的部分可以转换为能谱产额——每种元素占 GR 谱的比例。下一步是通过灵敏度因子调整每种探测到的元素的产额。灵敏度因子是每种元素的仪器实验常数，与特定元素的热中子吸收的相对可能性、特定元素的热中子吸收激发的伽马射线、伽马射线的能量范围以及在井眼环境中使用的能谱仪对伽马射线的相对探测能力有关。

要将相对产额转换为元素浓度，需要使用闭合模型。如果对地层中的所有元素都进行了测量，那么对应于每种元素的相对产额之和就等于 1，即所谓的闭合。闭合模型

（其中每种探测到的元素都与适当的氧化物或碳酸盐岩[35]相关联）用于解释未测量的元素；最大的质量分数通常与氧有关。大多数沉积地层中氧的质量分数接近50%。因此，氧化闭合模型的近似实现方法只要使归一化产额的和达到50%即可。当然，氧化物闭合模型在有些地层中不奏效，例如，岩盐地层。俘获能谱法无法探测到两种常见元素 K 和 Al，但由于它们最常出现在黏土中，因此，它们与 Fe 有很强的相关性，并且可以与之相关联。然而，在大多数情况下，计算的元素质量分数与岩心分析结果非常接近。图 15.19 给出了 Si、Ca、S、Ti 和 Gd 元素的测井和岩心分析的对比。第三道表明，铁能谱受到 Al 的影响，不再采用 ECS 仪器中的活化技术进行测量。

将这些元素质量分数转换为岩性的方法将在第 21.5 节中讨论。

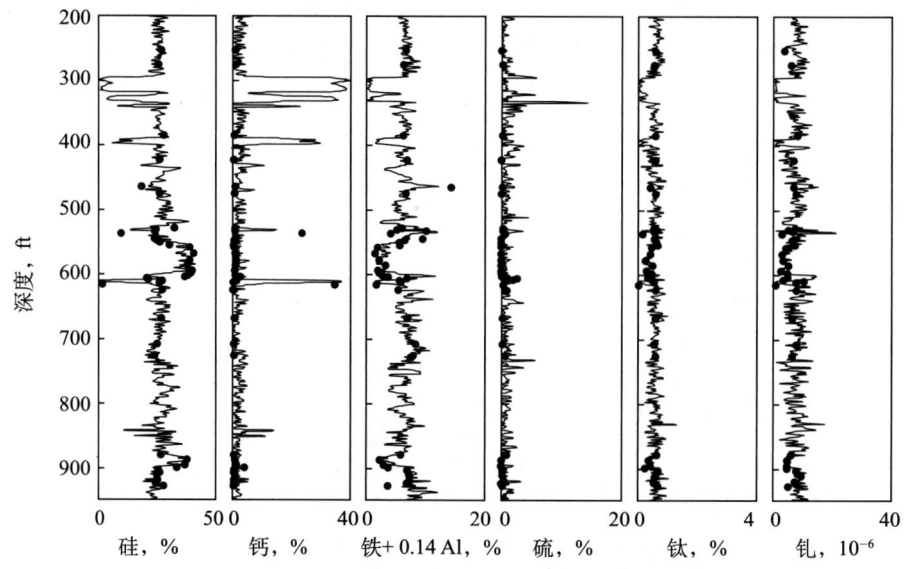

图 15.19　通过 ECS 俘获能谱的分解和通过井的岩心
分析获得的六种元素质量分数之间的对比[34]
请注意，Fe 信号受到仪器无法测量的 Al 的影响

参考文献

[1] Preeg W E, Scott H D. Computing thermal neutron decay time environmental effects using Monte Carlo techniques. Presented at the 56th SPE Annual Technical Conference and Exhibition, paper SPE10293, 1981.

[2] Schultz W E, Smith H D Jr, Verbout J L, et al. Experimental basis for a new borehole corrected pulsed neutron capture logging system. Trans SPWLA/CWLA 24th Annual Logging Symposium, paper CC, 1983.

[3] Steinman D K, Adolph R A, Mahdavi M, et al. Dual-burst thermal decay time logging principles. Presented at the 61st SPE Annual Technical Conference and Exhibition, paper SPE15437, 1986.

[4] Smith H D, Wyatt D F Jr, Arnold D M. Obtaining intrinsic formation capture cross

sections with pulsed neutron capture logging tools. Trans SPWLA 29th Annual Logging Symposium, paper SS, 1988.

[5] Olesen J-R, Mahdavi M, Steinman D K. Dual-burst thermal decay time logging overview and examples. Presented at the 5th SPE Middle East Oil Show, paper SPE15716, 1987.

[6] Clavier C L, Hoyle W R, Meunier D. Quantitative interpretation of thermal neutron decay time logs. J Pet Tech, 1971, 23 (June): 756 – 763.

[7] Jeckovich G T, Olesen J-R. Enhancing through-tubing formation evaluation capabilities with the dual-burst thermal decay tool. Presented at the 64th SPE Annual Technical Conference and Exhibition, paper SPE 19580, 1989.

[8] Hoyer W A. Pulsed neutron logging. Houston: SPWLA, 1979.

[9] Kimminau S J, Plasek R E. The design of pulsed-neutron reservoir monitoring programs. Presented at the 65th SPE Annual Technical Conference and Exhibition, paper SPE20589, 1990.

[10] Westaway P, Hertzog R, Plasek R E. The gamma spectrometer tool, inelastic and capture gamma-ray spectroscopy for reservoir analysis. Presented at the 55th SPE Annual Technical Conference and Exhibition, paper SPE 9461, 1980.

[11] Hertzog R C. Laboratory and field evaluation of an inelastic-neutron scattering and capture-gamma ray spectroscopy tool. Presented at the 53rd SPE Annual Technical Conference and Exhibition, paper SPE 7430, 1978.

[12] Gilchrist W A Jr, Prate E, Pemper R, et al. Introduction of a new through-tubing multifunction pulsed neutron instrument. Presented at the 74th SPE Annual Technical Conference and Exhibition, paper SPE56803, 1999.

[13] Truax J A, Jacobson L A, Simpson G A, et al. Field experience and results obstined with an improved carbon/oxygen logging system for reservoir optimization. Trans SPWLA 42nd Annual Logging Symposium, paper W, 2001.

[14] Hemingway J, Plasek R, Grau J, et al. Introduction of enhanced carbon-oxygen logging for multi-well reservoir evaluation. Trans SPWLA 48th Annual Logging Symposium, paper O, 1999.

[15] Scott H D, Stoller C, Roscoe BA, et al. A new compensated through-tubing carbon/oxygen tool for use in flowing wells. Trans SPWLA 32nd Annual Logging Symposium, paper MM, 1991.

[16] Grau J A, Schweitzer J S. Prompt γ-ray spectral analysis of well data obtained with NaI (Tl) and 14 MeV neutrons. Nuclear Geophys, 1987, 1 (2): 157 – 165.

[17] Oliver D W, Frost E, Fertl W H. Continuous carbon/oxygen logging: instrumentation, interpretive concepts and field applications. Trans SPWLA 22nd Annual Logging Symposium, paper TT, 1981.

[18] Stoller C, Scott H D, Plasek R E, et al. Field tests of a slim carbon/oxygen tool for reservoir saturation monitoring. Presented at the SPE Asia Pacific Oil and Gas Conference and Exhibition, paper SPE25375, 1993.

[19] Mickael M, Trcka D, Pemper R. Dynamic multi-parameter interpretation of dual-detector carbon/oxygen measurements. Presented at the 74th SPE Annual Technical Conference and Exhibition, paper SPE56649, 1999.

[20] Plasek R E, Adolph R A, Stoller C, et al. Improved pulsed neutron capture logging with slim carbon-oxygen tools: methodology. Presented at the 70th SPE Annual Technical Conference and Exhibition, paper SPE30598, 1995.

[21] Gilchrist W A Jr, Quirein J A, Boutemy Y L, et al. Application of gamma ray spectroscopy to formation evaluation. Trans SPWLA 23rd Annual Logging Symposium, paper B, 1982.

[22] Flaum C, Pirie G. Determination of lithology from induced gamma ray spectroscopy. Trans SPWLA 22nd Annual Logging Symposium, paper H, 1981.

[23] Ostermeier R M. Pulsed oxygen-activation technique for measuring water flow behind pipe. The Log Analyst, 1991, 32 (3): 309-317.

[24] McKeon D C, Scott H D, Olesen J-R, et al. Improved oxygen-activation method for determining water flow behind casing. Presented at the 66th SPE Annual Technical Conference and Exhibition, paper SPE20586, 1991.

[25] Roscoe B A, Lenn C, Jones T G J, et al. Measurement of the oil and water flow rates in a horizontal well using chemical markers and a pulsed-neutron tool. Presented at the 71st SPE Annual Technical Conference and Exhibition, paper SPE 36563, 1996.

[26] Wilson R D. Bulk density logging with high-energy gammas produced by fast neutron reactions with formation oxygen atoms. IEEE Nuclear Sci Symp Med Imaging Conf Rec, 1995, 1: 209-213.

[27] Odom R C, Hogan G P III, Crosby B W, et al. Applications and derivation of a new cased-hold density porosity in shaly sands. Presented at the 62nd SPE Annual Technical Conference and Exhibition, paper SPE 38699, 1987.

[28] Scott H D, Wraight P D, Thornton J L, et al. Response of a multidetector pulsed neutron porosity tool, Trans SPWLA 35th Annual Logging Symposium, paper J, 1994.

[29] Ellis D V, Perchonok R A, Scott H D, et al. Adapting wireline logging tools for environmental logging applications. Trans SPWLA 36th Annual Logging Symposium, paper C, 1995.

[30] Scott H D, Darling H L, Toufaily A K, et al. Hydrogen index and sigma measurements in air-filled boreholes and cased boreholes using an array neutron tool. Proceedings of The 3rd Well Logging Symposium of Japan, paper B, 1997.

[31] Evans M, Adolph R, Vilde L, et al. A sourceless alternative to conventional LWD nuclear logging. Presented at the 75th SPE Annual Technical Conference and Exhibition, paper SPE 62982, 2000.

[32] Adolph A, Stoller C, Archer M, et al. No more waiting: formation evaluation while drilling. Oilfield Rev, 2005, 17 (3): 4-13.

[33] Colson L, Ellis D V, Grau J, et al. Geochemical logging with spectrometry

tools. Presented at the 67th SPE Annual Technical Conference and Exhibition, paper SPE 16972, 1987.

[34] Herron S L, Herron M M. Quantitative lithology: an application for open and cased hole spectroscopy. Trans SPWLA 37th Annual Logging Symposium, paper E, 1996.

[35] Grau J A, Schweitzer J S, Ellis D V, et al. A geological model for gamma-ray spectroscopy logging measurements. Nuclear Geophys, 1989, 4 (4): 351–359.

习 题

15.1 图 15.1 显示了 Σ 与矿化度的函数关系。由于 Σ 具有线性体积混合定律，你如何解释图中所示的非线性？

15.2 通过考虑热中子的速度和俘获单位的大小，证明 τ 和 $\frac{1}{\Sigma}$ 之间的比例常数为 4 330 μs。

15.3 利用表 13.1 中的数据，计算密度为 2.17 g/cm³ 的 NaCl 的 Σ 值。结果用俘获单位表示。

15.4 你正在使用脉冲中子仪器对二次开采项目中石灰岩段的一口井进行测井。淡水注入井位于附近。已知原始地层水含有 120 g/L NaCl。

15.4.1 绘制一个解释图版，将 Σ 转换为石灰岩层段中作为密度函数的含水饱和度。

15.4.2 在石灰岩的最低层段，孔隙度为 20 p.u.，温度为 100℃。深侧向（LLD）读数为 2.75 Ω·m，Σ 为 12 c.u.。根据侧向测井和 Σ 计算 S_w。怎样合理解释这种差异？

15.4.3 量化产生这种差异的原因。

15.5 图 15.20 显示了包含水层、烃层和气层的砂岩储层中 Σ 和密度的交会图。与气层相关的点已经确定。在图上绘制一个类似于图 15.5 的解释图版。

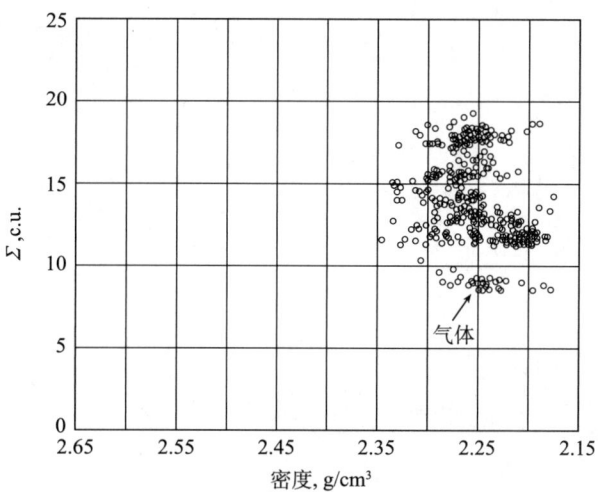

图 15.20 习题 15.5 的 Σ 和 ρ_b 的交会图

15.5.1 Σ_{ma} 的估值是多少？

15.5.2 估算 Σ_w 是多少？

15.6 在习题 15.5 的井中，已知在 115 ℉ 的地层中，水电阻率为 0.18 Ω·m。假设水中只含有 NaCl，这意味着 Σ_w 的值是多少？

15.6.1 使用这个新输入值，水层的 S_w 值是多少？

15.6.2 感应测井清楚地将该层视为 100% 含水。然而，钻井液是油基钻井液。这对 Σ 测量的相对探测深度有什么影响？

15.7 根据表 13.1 中的数据，估算俘获单元中水的俘获截面。

估算溶解了 100 g/L NaCl 的盐水在俘获单元中的俘获截面。它与图 15.1 的吻合程度如何？

15.8 使用图 15.13 中测井数据，并假设注入水是淡水，计算 ×150 ft 深度的原生水的矿化度。

16

核磁共振测井

16.1 引 言

对原子核深奥量子属性（自旋和磁矩）的测量使得核磁共振（NMR）家喻户晓。早在第二次世界大战前，人们就开始尝试测量磁共振（MR），最终在1946年取得成功。尽管物理学家和化学家最初利用这种现象在分子量级方面研究物质，但在不久之后的1960年，雪佛龙就发明了第一台NMR测井仪器。利用高性能计算机和图形处理算法，使NMR有了大量的医学应用并成为可视诊断工具，进而NMR成为日常生活的一部分。确切地说，NMR应该是磁共振成像（MRI）技术。

MR用于测井最初是基于一种新发现的方法，该方法可以测量常见孔隙流体中的氢原子，进而测量孔隙度。20世纪60年代使用的第一批测井仪器只是用来测量自由流体指数。由于仪器依赖于地球磁场，它们对井眼中的氢原子敏感，需要对钻井液进行昂贵且耗时的处理，这极大地限制了其应用。因此，对于支持这种方法的人们来说，NMR仍然是一项优势技术，需要足够的预算来激励更多的开发应用。然而，在20世纪90年代中期，由于10年前洛斯·阿拉莫斯（Los Alamos）的Jasper Jackson[1]的一项发明（即"由内而外NMR"），以及在多孔介质中进行的大量NMR实验室测量，重新引起了人们对井眼NMR的兴趣。随着新的测井仪器设计的出现，不仅可以测量孔隙度，还可以测量流体的特性，比如，区分油和水，并界定孔隙结构的微观结构性质，进而估算渗透率。事实上，一些狂热者声称NMR这种测量能够终结所有的岩石物理测量。虽然在本章中我们对此不予置评，但我们将概述早期自由感应衰减仪器的物理基础，以及使NMR测量在岩石物理应用中再现辉煌的具有外部磁场的现代仪器。

为了介绍核磁共振测井（NML），我们将首先关注质子磁力仪的描述，而不是物理学家和化学家使用的强大的NMR分析技术。这种常用的地球物理勘探仪器与某种NML仪器直接相关。对磁力仪物理原理的描述将足以让我们清楚认识NML测量原理。

16.1.1 核共振磁力仪

绝大多数原子核都有一个磁矩。经典理论认为，每个原子核相当于一个微小磁偶极子。可以预料的是，当外部施加磁场时，偶极子将会沿磁力线方向排列。当对这一经典理论进行更深入的研究时，我们还会发现每个原子核除了有一个磁矩外，还有一个角动量。角动量用旋转轴方向上的矢量描述。磁矩和角动量同轴。

利用 NMR 测量时，根据原子核的这两个属性可以推断出两个重要的结论。一是通过改变磁偶极矩与外部磁场的相对方向，磁矩使得电磁能（在某个共振频率）被磁偶极子吸收；二是角动量或与偶极距同轴的自旋会抵制任何角动量矢量方向的改变。

磁矩和外加磁场之间的相互作用产生扭矩，扭矩反过来产生一个围绕外加磁场轴的角动量矢量的进动。这种进动类似于陀螺仪的旋进，陀螺仪的角动量矢量与重力轴偏离。对于原子核来说，进动频率由固有磁矩和外加磁场决定，被称为拉莫尔频率。

由于只有一个质子，氢原子是拥有自旋和磁矩的化学元素原子核的最简单例子。另一方面，氧原子没有磁矩。当施加外部磁场时，水是一种容易被核磁极化的物质，因而可以作为磁力仪的探测元素。

磁力仪的工作原理：利用线圈对水样施加磁场，强度大约是地球磁场的 100 倍，水样可能仅为一瓶水而已。几秒钟后，某些质子的磁矩与外部磁场一致，方向几乎垂直于地球磁场。在外加磁场方向上，质子自旋和磁矩与外加磁场方向取向一致的过程会在水容器中产生净磁矩。

当移除外加磁场后，感应磁矩将开始围绕另外的磁场（如地球磁场）进动。进动频率与局部磁场强度成正比。样品感应体磁矩的进动将在线圈中产生正弦电压，而这个线圈正是先前产生外部磁场的线圈。这种效应被称为核自由感应。因此，局部地磁场的测量包括确定线圈中感应电压的频率。

此时，很多问题接踵而至。比如，这与测井仪器有什么关系？可能你更好奇磁力仪的工作原理。为什么外加磁场只能持续几秒钟而不是一个小时？一旦移除外加磁场，拉莫尔进动会无限期地持续吗？如何在测井中利用这种效应？它与获得产烃地层评价有什么关系？

16.1.2 为什么要进行 NML？

正如我们从质子磁力仪的描述中看到的那样，有一项非常强大的技术用于识别质子的自由进动。这对测井来说有何意义？如果人们知道氢原子是地层中唯一可以通过核感应技术轻松探测到的原子核种类，那么答案就会更为明显。

探测能力将在下一节中讨论，但先决条件是原子核需要具有核角动量和磁矩。许多常见元素没有足够数量具有这些属性的同位素，尤其是碳、氧、镁、硫和钙。而具有这些属性的常见元素中，比氢原子更易被探测到的几乎没有。因此，地层中的质子自由进动测量几乎只反映氢原子。由于采用这种技术测量自由进动，唯一可探测到的氢原子将是与地层孔隙中的流体相关的氢，无论是水还是碳氢化合物。该测量对与泥岩黏土矿物中的氢氧根相关的氢不敏感。因此，井眼中核磁共振测量的重要推论之一与地层的孔隙度有关。

首先，为了了解实验室 NMR 氢含量测量的物理基础，我们要回顾一下陀螺运动以及磁矩与磁场的相互作用。然后，详细介绍导致样品核自旋极化的核感应、产生核感应的脉冲射频（RF）场中的操作以及两个特征弛豫率及其来源。

第二，为了推进脉冲 NMR 在岩石物理学中的应用，下面将讨论体积流体的 NMR 属性，包括氢指数（HI）、T_1 和 T_2 弛豫时间以及扩散系数；流体类型和利用磁场梯度确定扩散系数，扩散系数和黏度之间的经验关系。

第三，为了对测量的弛豫速率进行岩石物理解释，讨论了多孔介质中质子弛豫的各种源。已经开发出的测量包括孔径分布、孔隙度、自由流体体积和渗透率估算。

最后，介绍井眼仪器。对传统的自由感应衰减仪器进行了简要描述，然后，描述了使 NMR 测井重现辉煌的"由内而外"装置。该装置使得过去 50 年中在实验室进行的许多脉冲 NMR 测量可以在井眼中实现。随着商业竞争的加剧，开发出了几种类型的仪器，包括电缆测井仪器和 LWD 仪器，每种仪器都有其优缺点，我们将对此进行概述。样品测井曲线将说明可编程井下 NMR 测量结果的各种岩石物理用途。

16.2 磁陀螺仪

在磁场中，氢原子核的自由进动起因于一个事实：原子核有一个磁矩和一个角动量，都为矢量属性。NML 中利用的正是氢原子的这种属性。在考虑原子核的情况之前，让我们先从角动量 J 和磁矩 μ 之间的关系开始。如图 16.1 所示，距离原子核中心为 r 处的电子绕着原子核旋转，电荷为 q_e，在这个轨道上，电子的瞬时速度为 v，系统角动量垂直于轨道平面，其大小由下式给出：

$$J = m_e v r \tag{16.1}$$

式中，m_e 为电子质量。

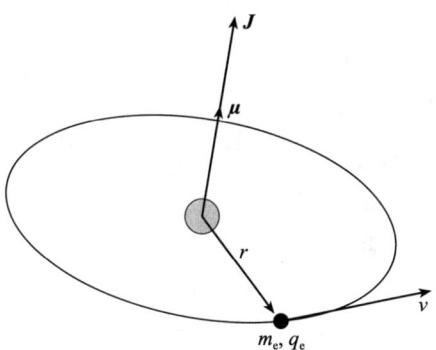

图 16.1 圆形轨道上带电粒子的角动量与磁矩示意图[2]

利用圆形通电回路的表达式计算该简单系统的磁矩：它等于回路中的电流乘以线圈面积。电流用循环运动电荷表示，定义为单位时间内通过任一给定点的电荷量：

$$I = q_e \frac{v}{2\pi r} \tag{16.2}$$

由于线圈面积是 πr^2，则磁矩的大小为

$$\mu = \pi r^2 I = \frac{q_e v r}{2} \tag{16.3}$$

其方向与角动量方向一致，因此，记为

$$\boldsymbol{\mu} = -\frac{q_e}{2m_e} \boldsymbol{J} \tag{16.4}$$

式中，q_e 为电子的电荷（负数）。

利用量子力学定义电子，关系变为

$$\mu = -g\left(\frac{q_e}{2m_e}\right)J \quad (16.5)$$

式中，g 是原子的特征因素。

尽管上述方程是针对一个轨道电子的，但也适合自旋电荷。对于纯自旋电子，特征因素 g 等于 2。对于质子来说，磁矩表达式为

$$\mu = g\left(\frac{q_e}{2m_p}\right)J \quad (16.6)$$

然而，对于质子来说，特征因素 g 的值并不是 2，而是 2.79。通常情况下，用 γ 表示常数 $g\left(\frac{q_e}{2m_p}\right)$，称为旋磁比。

16.2.1 原子磁铁的进动

在外加磁场中，磁矩和角动量共轴的原子粒子将会进动。强度为 B 的磁场将在磁矩 μ 上产生一个扭矩 τ：

$$\tau = \mu \times B \quad (16.7)$$

然而，角动量会抵制扭矩，进而在绕着磁场矢量方向产生角动量的进动。角动量的变化率等于在该外加磁场中产生的扭矩。图 16.2 给出了两个瞬时时间点的角动量矢量的位置，以说明定义进动角速度 ω_L 所需要的变量。

在 Δt 时间内，进动角度为 $\omega_L \Delta t$。根据几何学，角动量 J 的矢量变化由下式给出：

$$\Delta J = (J\sin\theta)(\omega_L \Delta t) \quad (16.8)$$

角动量的变化率为

$$\frac{dJ}{dt} = \omega_L J \sin\theta \quad (16.9)$$

其值必定等于扭矩（$\mu B \sin\theta$），因此

$$\omega_L = \frac{\mu}{J} B \quad (16.10)$$

由于 μ 与 J 的比值是旋磁比 γ，因此，

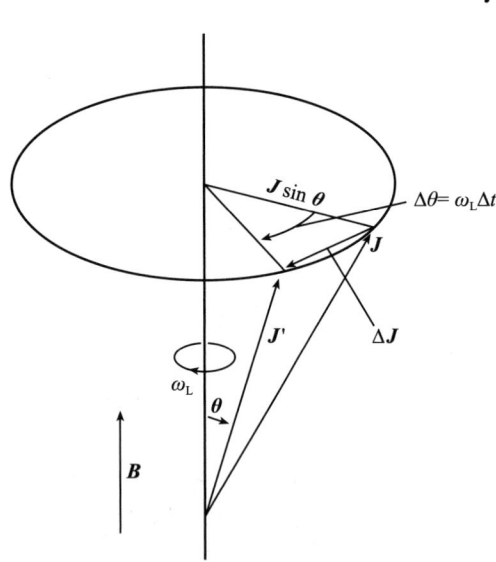

图 16.2 具有磁矩物体的角动量在受到强度为 B 的外部磁场力矩作用下的进动[2]

角进动（或拉莫尔）率为

$$\omega_L = \gamma B \quad (16.11)$$

对于任意原子核，拉莫尔频率为

$$f_L = \frac{\omega_L}{2\pi} = 0.76gB\left(\frac{kHz}{Gs}\right) \quad (16.12)$$

对于质子来说，g 值约为 5（2×2.79），地球磁场强度大约为 0.5 Gs，意味着拉莫

尔频率在 2 000 Hz 左右。如今的 NMR 仪器内部有一磁铁，其感应区的磁场强度比地球磁场强度高得多（大约为 1 000 倍）。因此，这种仪器的工作频率为 1~2 MHz。

16.2.2 大块材料的顺磁性

考虑那些自身具有磁矩粒子的物质样品，比如，水中的氢原子，当外加磁场时，总体上会发生什么变化？在外加磁场之前，假设氢原子的磁矩方向是随机的，在外加磁场之后，磁矩将排列在磁场方向上，而不是远离磁场，物体作为一个整体会在一定程度上被磁化。

磁化强度 M 是一个矢量，定义为单位体积的净磁矩。因此，如果每个粒子都有一个平均磁矩 μ，单位体积中含有 N 个粒子，则磁化强度为

$$M = N \langle \mu \rangle \tag{16.13}$$

净磁化强度与在外加磁场下排列的磁矩矢量之和成正比（比例常数称为磁化率）。为了评估感应磁矩的可探测性，下面给出了磁化率相关因素的推导。

自旋的量子力学图像将自旋值以二分之一的倍数分配给核粒子。第二个观察结果是，在外部磁场中，具有自旋和磁矩的粒子的方向仅限于等于 $2\left(J + \dfrac{1}{2}\right)$ 的多个离散值，其中粒子的自旋为 J。因此，对于自旋为 1 的粒子，其方向有三种可能，如图 16.3 所示。磁矩的这些取向将对外部磁场激发的总磁化强度产生影响。

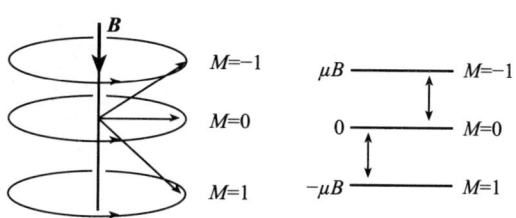

图 16.3 自旋为 1 的粒子在外部磁场中的可能方向

如果考虑到粒子（如氢原子）角动量为 1/2，磁矩为 μ_o，此时，只有两种可能的能量状态：磁矩方向与外加磁场方向一致，或旋转和磁矩方向与外加磁场方向相反。能量与排列方向有关，E 等于 $+\mu_o B$ 或 $-\mu_o B$。根据玻耳兹曼方程，原子核处于哪种状态与 $e^{-(E)/kT}$ 有关。

在外加磁场中，向上旋转的原子数为

$$N_{\text{Up}} = a e^{+\mu_o B/kT} \tag{16.14}$$

向下旋转的原子数为

$$N_{\text{Down}} = a e^{-\mu_o B/kT} \tag{16.15}$$

常数 a 由以下条件确定

$$N_{\text{Up}} + N_{\text{Down}} = N \tag{16.16}$$

因此

$$a = \frac{N}{e^{+\mu_o B/kT} + e^{-\mu_o B/kT}} \tag{16.17}$$

式中，N 为单位体积的原子总数。

平均磁矩 $\langle \mu \rangle$ 由向上和向下排列的原子数得到

$$\langle \mu \rangle = \mu_o \frac{N_{\text{up}} - N_{\text{down}}}{N} \tag{16.18}$$

这就可以计算磁化量 M：

$$M = N\mu_\text{o} \frac{e^{+\mu_\text{o}B/kT} - e^{-\mu_\text{o}B/kT}}{e^{+\mu_\text{o}B/kT} + e^{-\mu_\text{o}B/kT}} \quad (16.19)$$

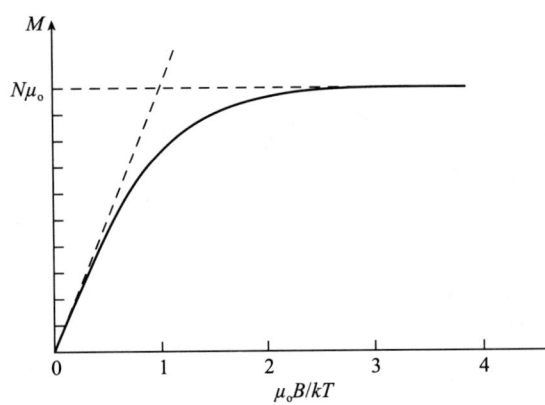

图 16.4 感应磁矩随磁场强度变化的关系图[2]

图 16.4 对此给予了说明，可以看出，当相互作用能量小于 kT 时，M 与外加磁场强度呈线性关系。此时，式（16.19）可以简化为

$$M = \frac{N\mu_\text{o}^2 B}{kT} \quad (16.20)$$

这便证明了一推论：磁化强度与外加磁场强度 B 成正比，常数 $N\mu_\text{o}^2/kT$ 或 χ 被称为样品的磁化率。

至此，我们已经获得了估算放置在磁场中的物质感应磁性的表述形式。为了更好地理解核感应技术的微妙本质，首先了解一下有多少个原子核实际参与了产生感应磁矩的过程。

考虑水样品中质子的情况。由于外加磁场的存在，一些质子处于向上的状态，一些处于向下的状态。可以根据玻耳兹曼分布得到两种状态质子数量的比例：

$$\frac{N_\text{Up}}{N_\text{Down}} = \frac{e^{\mu_\text{o}B/kT}}{e^{-\mu_\text{o}B/kT}} \quad (16.21)$$

在磁相互作用能量比热能 kT 小很多的情况下，式（16.21）可写为

$$\frac{N_\text{Up}}{N_\text{Down}} \approx 1 + 2\frac{\mu_\text{o}B}{kT} \quad (16.22)$$

如果该方程用来评价室温下的强磁场（10 000 Gs），我们会发现大约十万分之一的原子核对样品的内部极化有贡献。对水的粗略计算表明，感应磁场强度大约为 10^{-6} Gs。因此，直接对磁矩进行测量会比较困难。为此，共振电法测量技术应运而生。

下一节将分析在核感应情况下的探测灵敏度。这将更好地解释在井眼实验中为什么唯一具有实际可探测能力的原子核是氢质子。

16.3 核感应的一些细节

无论是对于实验室测量还是改进后适用于井眼测量的装置，NMR 都会经历一些共同的基本步骤。第一步是质子在外加磁场中的排列。虽然地球磁场很弱，但早期的测井仪器还是由其提供极化。然而，实验室测量以及如今所有的 NMR 测井仪器都对样品施加了外部磁场，使初始状态的质子磁矩进行重新排列。与极化相关的时间常数称为纵向时间常数，或 T_1。

第二步，为了产生可测量的信号，通过施加适当的拉莫尔频率磁场将极化质子旋转 90°至"横向平面"，进动质子在与外部磁场对齐的过程中实现"共振"。一旦旋转完成后，极化质子将沿垂直于极化场的平面方向继续进动，这样就产生了一个易于探

测的波动磁场。这些极化质子快速失相,这种所谓的横向磁场迅速消失。

根据仪器的不同,质子进动在横向平面中的大部分失相可能是由质子所在位置极化磁场中的缺陷引起的。这些失相过程是可逆的,并不是实际物理源的不可逆过程。后者用特征时间常数 T_2 描述。许多所谓的脉冲回波技术,包括极化脉冲序列,能够克服这种可逆的失相,将在后面进行讨论。

16.3.1 纵向弛豫 T_1

早些时候我们看到,外加磁场能够在样品中产生与磁场强度 B 成正比的感应磁矩。产生感应磁矩的原理是质子在高能状态和低能状态之间的重新分配。但是,这两种状态的重新分配需要多久呢?

为了定性地了解该分配过程,将 n 定义为单位体积中高能状态自旋质子与低能状态自旋质子之间的差值,即

$$n = N_{up} - N_{down} \tag{16.23}$$

假设 P_+ 和 P_- 为单位时间内一个原子核向上或向下迁移的概率。虽然这两种概率未明确定义,但可以证明其值是不相等的。当经过一段时间后,整个系统达到平衡状态,就可以说明其值不相等。从平衡条件的定义可知,高能状态和低能状态之间的质子移动数量必定相等,可表示为

$$P_- N_{up} = P_+ N_{down} \tag{16.24}$$

或写成比例形式为

$$\frac{P_+}{P_-} = \frac{N_{up}}{N_{down}} \approx 1 + 2\frac{\mu_o B}{kT} \tag{16.25}$$

从平衡的角度考虑:向上移动的质子增加 2 个,向下移动的质子便减少 2 个。因此,单位时间内的平衡状态可写为

$$\frac{dn}{dt} = 2N_{down}P_+ - 2N_{up}P_- \tag{16.26}$$

回到前面的一个实际例子,即水样处于强度为 10 000 Gs 的相对大的磁场中,这两种概率彼此相差很小,可以用一个合适的平均概率 P(向上与向下概率之间的绝对值)来代替它们,因此,有

$$\frac{dn}{dt} = -2(N_{up} - P_- N_{down} P_+) = -2Pn \tag{16.27}$$

解方程,求得

$$n = n_o e^{-t \times 2P} + c = n_o e^{-t/T_1} + c \tag{16.28}$$

式中,时间常数 T_1 称为自旋晶格弛豫时间或纵向弛豫时间。

为了确定方程中两个常数的值,假设 $t \to \infty$ 时,处于向上和向下移动的质子数量差值达到最大,记为 n_{max},则常数 c 的值就是 n_{max};当 $t = 0$ 时,无外加磁场,处于向上和向下移动状态的质子数量的差值为零,因此,$n_o = -n_{max}$。同时注意到,感应磁化量 M 与处于向上状态和向下状态质子数量的差值 n 成正比,因此,有

$$M \propto n = n_{max}(1 - e^{-\frac{t}{T_1}}) \tag{16.29}$$

图 16.5 说明了这种情况。中间的图是单位时间内 5% 的质子向上移动和 0.5% 的质子向下移动的计算结果。其余的 5 张图给出了质子的自旋方向，按照时间增加的方式给出了自旋进动方向。顶部图表示处于实验的开始阶段，由于质子磁矩处于随机状态，外加磁场方向上没有净磁化量。在施加极化磁场 B_0 的瞬间，即 $t=0$ 时，自旋的质子将顺着或反向于外加磁场的方向排列，此时仍然没有净磁化量。为方便起见，自旋与磁场方向之间的夹角已从 54° 减小了很多，54° 应为自旋粒子自旋角度的一半（习题 16.3）。在每个时间段中，都计算了移动方向改变的自旋质子的数量，包括从上到下和

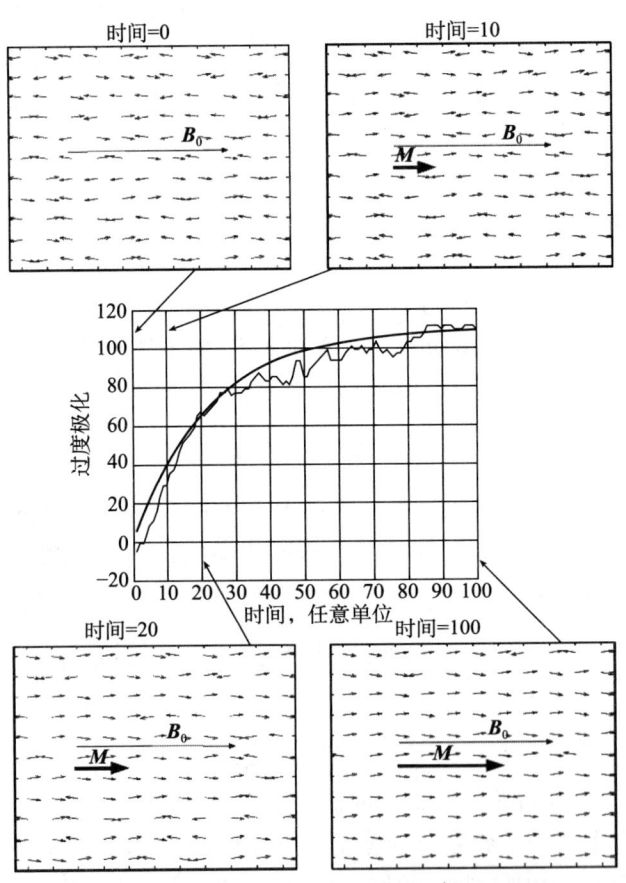

图 16.5　121 个质子样品中的感应磁化矢量演变图

每个时间段里，都有 5% 的质子沿着磁场方向排列，另外有 10% 的质子反向排列。中间这幅图给出了计算以及预测的感应磁化强度的增长，定义为正向和反向排列的质子之间的差。图边缘附近显示的是不同时间可视化自旋对齐的状态。在最上面的图中，在外加磁场之前，所有质子都是随机排列的。当 $t=0$ 时，自旋质子将沿着磁场或反向于磁场排列。另外两幅图显示的是时间步长为 10 和 20 时的极化状态。最后一幅图是时间步长为 100 时计算的平衡状态

从下到上，过度极化与时间的关系以及根据方程（16.30）预测净磁化如中间图所示。其中两幅图极化时间为 10 个和 20 个时间单位。最后一幅图表示 100 个单位时间后，极化处于平衡状态，此时，粒子数为 110（习题 16.6.2）。

在上述模拟中，可以根据外加迁移概率计算 T_1。尽管如此，通常情况下，参数 T_1 用来定量描述样品中观测到的磁化量的变化率，只有当原子核释放或从周围吸收能量量子❶时，磁化量才有变化。这种变化可能来自其他分子中的质子在热扰动时产生的波动磁场。通过波动磁场吸收或传递能量的周围分子统称为晶格。之所以这样称谓，是因为在该领域中，最早的研究人员是固体物理学家。自旋晶格或纵向弛豫时间 T_1 的值随原子核的类型和环境的不同而有很大差异。

为了更好地了解 T_1 的测量，有必要介绍一下旋转坐标系概念以及对极化自旋质子进行磁场脉冲的技术。下面的探讨将很自然地引出另一个重要的弛豫时间常数 T_2。

16.3.2 旋转坐标系

为了理解弛豫时间的测量，我们抛开量子理论，首先看一下核感应测量的特定实验程序。如图 16.6 所示，将球形样品放置于均匀的稳态磁场中，在超过 T_1 的时间后，样品的磁矩 M 将与该恒定磁场对齐。我们已经知道，该感应磁场的强度相当小，如要对其进行观测，需要另一项技术。

观察感应磁矩的常用实验室技术之一是，通过对另一个为此目的定向线圈施加脉冲，在与主磁场成直角的位置产生一个更弱的交变磁场。该交变磁场的频率（由缠绕在样品上的线圈产生，如图所示）恰好等于主磁场 B_0 中磁矩的拉莫尔频率。

为了观察这第二个交变场（B_1）的效果，可以方便地使用角频率等于拉莫尔频率的旋转坐标系 (x', y', z')。在该系统中，样品磁化方向最初与 z 轴对齐，如图 16.7（a）所示。附加线圈产生的交变磁场将在新的坐标系中显示为恒定磁场，如图 16.7（b）所示。

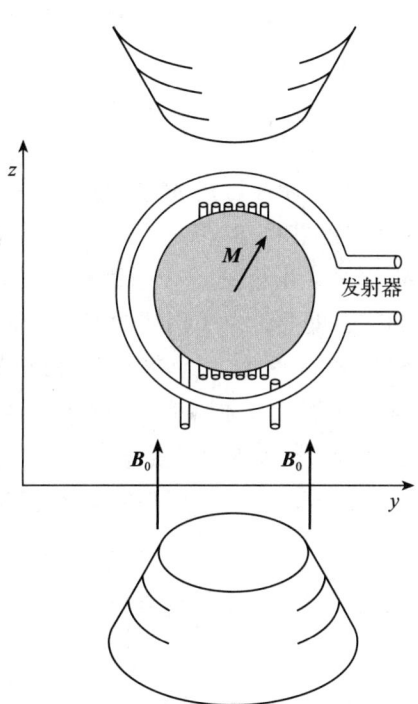

图 16.6 观测核感应衰减的实验装置[3]

在该坐标系中观察，磁矢量 M 将开始围绕新的外加磁场旋转，并偏离其初始方向。当然，偏离其初始 z 轴方向将导致拉莫尔进动，频率为 γB_0，但在旋转的参考坐标系中，它仍然是静止的，仅仅是开始倾斜。实际上，倾斜归因于磁矢量试图绕着新磁场 B_1 进动（尽管由于振荡磁场的强度很低，以很低的频率进动）。偏移 z 轴的 M 的旋转

---

❶ 这就是 NMR 中 "R" 的来源。引起自旋翻转的量子具有能量 $E = h\nu_0$，其中 $\omega_0 = 2\pi\nu_0$ 是极化磁场 B_0 中质子的拉莫尔角频率。只有这种能量的量子才能翻转自旋，因此，称之为共振。

可由脉冲参数控制,参数包括振荡磁场的强度以及其持续的时间。

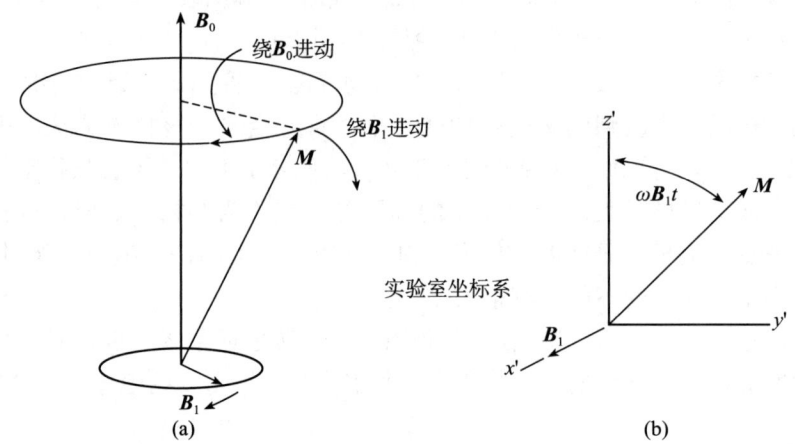

图 16.7 由恒定极化场 H_0 产生并由旋转场 H_1 扰动的磁化矢量 M 的运动示意图
在旋转坐标系中,可以看到 M 随时间线性地旋转偏离 z' 轴

16.3.3 脉冲

为了使体磁矩 M 的进动信号最大,坐标系以 z 轴为中心,y 轴向 x 轴方向转动 90°,如图 16.8(a) 所示。这被称为 90°脉冲。施加脉冲后,在实验室坐标系中看到的磁化矢量开始在 $x-y$ 平面中旋转,如图 16.8(b) 所示。如果该磁化矢量包含在下面的线圈里面,由于磁链的变化,该磁化矢量将感应出一个交变信号。理论上,当磁矩 M 在 $x-y$ 平面上旋转时,线圈里的感应信号应该产生一个正弦信号。由于热弛豫,随着 M 开始与 z 轴对齐,该正弦信号随时间常数 T_1 逐渐衰减。然而,观察到它随另一个更快的时间常数 T_2^* 衰减。为了将依赖于物理学的弛豫 T_1 与依赖于实验装置的弛豫区分开来,需要一个更为复杂的步骤。

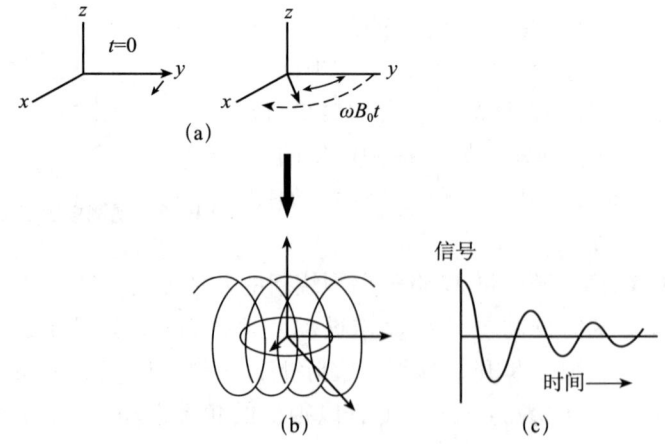

图 16.8 从核感应实验中获得最大信号的条件[4]
磁化矢量沿 z 轴旋转 90°。包含旋转系统的线圈将产生一个正弦感应衰减电压

测量 T_1 的方法叫饱和恢复法。该方法为双脉冲方法，第一个脉冲使其旋转，第二个脉冲使其能够被测量。如前所述，为了改进可探测性（因为对于大多数材料来说，其感应磁场极其微弱），磁化矢量先开始 90°旋转，通过自由感应衰减的包络线便可测量初始极化幅度。一部分衰减是由转回极化磁场方向的自旋减少造成的。我们希望测到的自旋便是这种类型的自旋。短（与预期的 T_1 值相比）时间间隔 τ 后，另一个 90°旋转开始。此时，在截面中进动的可探测矢量将只包括在时间 τ 内转回初始感应磁场方向的自旋。如果这种极化序列——磁矢量旋转 90°转回原来方向，在时间 τ 内衰减，再旋转 90°返回原来的方向——可以重复，若干次后，就可在第二次转回后，从一系列的幅度测量中获得在某个时间 t（即 $1-e^{-t/T_1}$）内的饱和曲线演变。

16.3.4 横向弛豫时间 T_2 和自旋失相

现在，我们开始讨论另一个感兴趣的弛豫时间 T_2。除其他因素外，T_2 与核自旋的失相有关，核自旋是局部磁场不均匀性的结果。通过将磁化矢量 M 旋转 90°后再回到原状态，可以最大限度地验证这种被广泛引用的弛豫机理的来源。图 16.8 给出了磁化矢量自由进动在接收线圈中产生的信号及其衰减过程，称为自由感应衰减。包络线通常以指数衰减形式出现，其特征时间常数为 T_2^*。这种信号的弛豫率衰减快于 T_1 值的预期值。

导致这种视衰减的一个因素来自对旋转矢量 M 有贡献的单个自旋，这些自旋都应该以拉莫尔频率一起旋转。然而，由于某种原因，它们的旋转频率并不完全相同，因此，随着时间的推移，它们开始明显偏离相位。这样，磁矢量 M 的大小将随时间而减小。自旋进动频率的改变可能来自质子自旋的相互作用（自旋—自旋）或局部磁场的不均匀性。因此，这种视衰减时间包含自旋—自旋相互作用（T_2）以及局部磁场不均匀性的影响。

导致信号衰减的另一个因素不是自旋的失相，而是旋转的自旋重新定向到仍然存在的初始磁场方向。既然初始磁场仍然存在，磁化量在 z 轴的分量将从初始值零增加到最终值 M，除了在体积流体中，特征时间常数 T_1 通常比 T_2 长得多。孔隙流体中质子失相的另一个原因是孔壁上的自旋与质子自旋的相互作用，这将在后面讨论。所有这些不可逆的弛豫（或信号衰减）的影响因素都在 T_2 值上反映出来。

可以通过考虑施加 90°脉冲后处于旋转系统中的磁化矢量 M 的状态来理解由磁场不均匀性导致的磁场衰减因素。演化过程如图 16.9 所示。将磁化矢量 M 旋转 90°后，y'轴方向有最大值。如果样品某个部分磁场存在轻微的不均匀性，那么每个质子的进动频率可能略有不同。在磁场强度略大于 δB 的区域，质子将以略快的速率（$\gamma(B_0 + \delta B)$）进动。在时间 t 后，这些质子已经进动了（$\gamma \delta B$）t 弧度，大于其在标称磁场 B_0 中的进动弧度，反之亦然。质子在一个稍小的磁场中进动。经过一段时间之后，来自这些不同区域的自旋将趋于分离。随着时间的推移，自旋失相，在 y'轴上的分量变小。

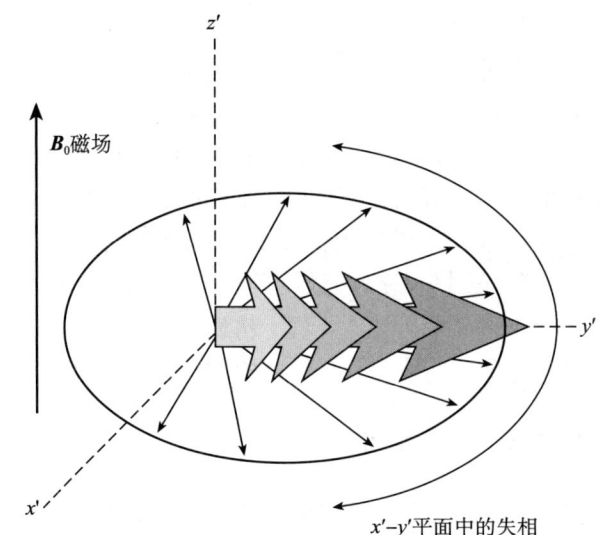

图 16.9　自由感应衰减过程中，磁化矢量 M 的横向分量演变图
随着时间的推移，由于感应磁场 B_0 中的不均匀性和分子相互作用，质子的初始同步性被打破。
横向分量的减小也反映了感应磁场 M 随时间常数 T_1 重新定向到 B_0 的方向

16.3.5　自旋回波

一旦质子自旋倾斜到横向平面（垂直于极化场 B_0），它们就会以拉莫尔频率进动，但可以看到，它们会随着时间的推移而失相。如图 16.10 中（a）和（b）平面所示。为了测量能够反映由其他流体分子或孔隙表面分子产生的质子的自旋—自旋相互作用引起的自旋弛豫率的 T_2，将测量值中所有可逆失相相关值去除显得十分必要。前面描述的可逆失相类型针对的是极化场 B_0 中的空间不均匀性。为此，开发出了许多脉冲序列。

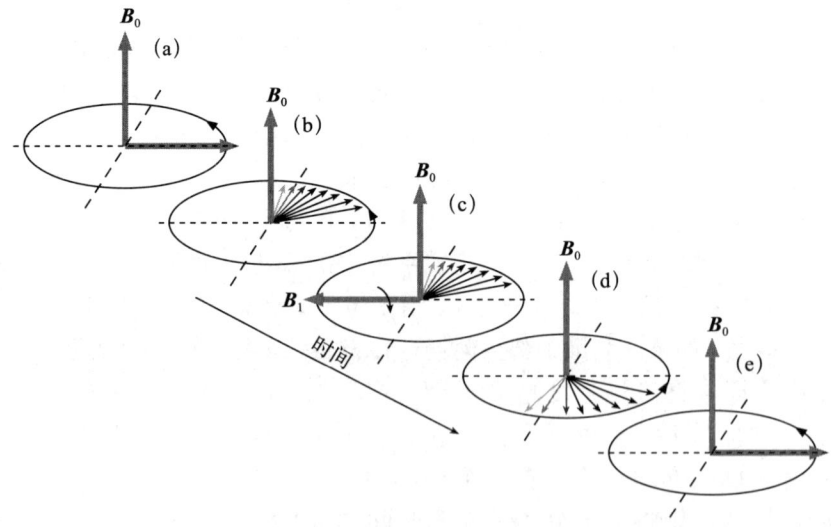

图 16.10　在稍微不均匀的磁场中，Carr–Purcell 脉冲序列消除质子的可逆失相示意图（由斯伦贝谢提供）
在图（a）和图（b）中，自旋质子开始失相。在图（c）中，施加了足够强度和持续时间的外部磁场，
以将扇形自旋旋转（进动）180°，以便它们在纵向剖面上倒序排列。在图（e）中，自旋质子旋转
产生了一个局部最大值，因为最快的旋转已经赶上了最慢的旋转。这便产生了"脉冲回波"

通过施加另一个持续时间大概是 90°旋转脉冲两倍的脉冲，可实现所有对其所在截面的迅速翻转，从而实现慢速度进动质子在前，快速度进动质子紧随其后。图 16.10 中图（c）和图（d）说明了这一情况。随着时间的推移，围绕极化场 B_0 进动的自旋将重合（再次产生拖尾效应之前），从而产生一个称为"自旋回波"的相干磁场的局部最大值。在最后一个脉冲的拖尾效应结束之后的 T_e 时刻，施加另外一个翻转脉冲以重复该过程。只要回波间隔时间 T_e 小于样品的 T_2 值，该过程就可以多次重复。探测到的波列图如图 16.11 所示。该脉冲序列以 Carr 和 Purcell[6] 以及 Meiboom 和 Gill[7] 等发明者的名字命名，称为 CPMG 脉冲序列。

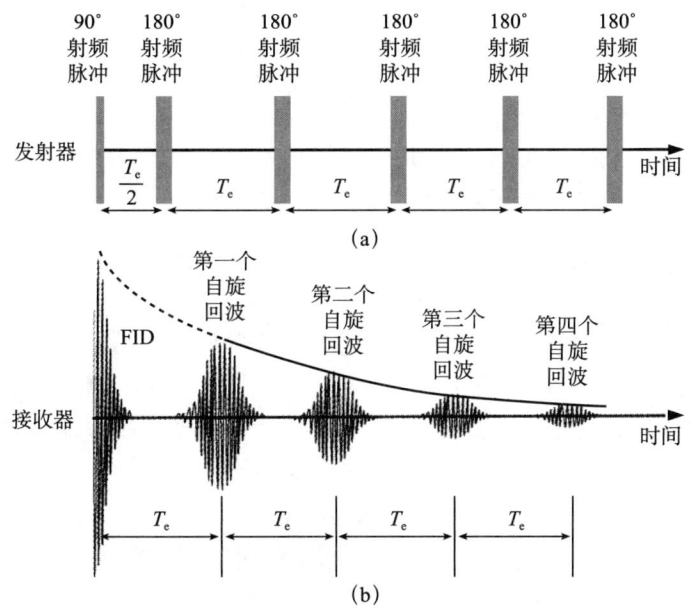

图 16.11　利用 CPMG 脉冲序列表示测井仪器的操作顺序[5]

在图（a）中，第一个脉冲将自旋质子旋转到横向平面上，在自由感应衰减模式中，可以看到自旋的幅度在该界面上减小了。然后，在图（a）中，发射一个脉冲，使自旋翻转 180°，紧接着，在图（b）中，"回波"中的自旋质子开始集聚和衰减。然后，这个 180°脉冲每隔一定时间重复多达数千次。
自旋回波幅度的最大值随时间常数 T_2 衰减

从图 16.11 中可以看出，回波幅度随着时间的推移而逐渐减小，因为存在不可逆的弛豫源，如流体或附近表面中其他分子自旋的随机相互作用。自旋回波技术只处理弱磁场的不均匀性。与减小的回波幅度相关的时间常数将揭示有关孔隙几何形状和其他众多信息。

16.3.6　磁场梯度中的弛豫和扩散

现在我们花一点时间来探讨极化场中强磁场梯度的影响。为了便于讨论，将样品看作体积流体。如果样品体积中存在磁场梯度，则 CPMG 脉冲序列翻转 90°后，一些质子将迁移到某个新的位置，该位置的磁场强度略微不同，其频率也会略有变化，大小与此时此刻的场强成正比。为了控制随机磁场效应，发展了 CPMG 脉冲序列，以使磁矢量转动，进而产生自旋"回波"。然而，对于那些通过扩散被取代的粒子，其拉莫尔频率将会发生变化，并且随着时间的推移，尽管有 180°翻转，拖尾现象仍将继续扩大，从而减少了相干信号的可用自旋粒子数量。这就是不可逆弛豫的一个例子，它将增加所谓的 T_2 衰减率，使截面中磁化量幅度减小：

$$\frac{1}{T_2} = \frac{1}{T_{2B}} + \frac{1}{T_{2D}} \qquad (16.30)$$

式中，$\frac{1}{T_{2B}}$ 是与体积流体相关的衰减率；$\frac{1}{T_{2D}}$ 是与磁场梯度相关的衰减率。

正如 16.10 节所述，该附加衰减率与旋磁比（γ）和磁场梯度（G）的平方、扩散系数（D）、在 180°CPMG 脉冲之间的 T_e（称为回波间隔时间）的平方的乘积成正比：

$$\frac{1}{T_{2D}} = \frac{(\gamma G T_e)^2 D}{12} \qquad (16.31)$$

稍后我们将讨论如何利用这种效应来测量可能与流体黏度有关的扩散系数，以及如何利用其时间演化过程来更多地了解孔隙结构的几何形状。

16.3.7 测量灵敏度

计算核感应测量的探测灵敏度很有意义。为简单起见，假设缠绕线圈的样品处在强度为 B_0 的均匀磁场中，在垂直于 B_0 的方向上产生一个磁矩 M。当磁矩 M 以拉莫尔频率旋转时，被线圈所拦截的磁通量 F 大小将取决于线圈面积 A 和线圈匝数 N_t。磁通量可写成

$$F \propto N_t A M \sin(\omega t) \qquad (16.32)$$

根据感应定律，线圈中的感应电压 V 将与磁通量的时间变化率成正比：

$$V \propto \frac{dF}{dt} \propto N_t A M \cos(\omega t) \qquad (16.33)$$

磁矩 M 的大小与初始极化场 B_0 成正比［其中比例常数为磁化率 χ，参见方程（16.20）］。因此，感应信号可以写成

$$V \propto N_t A \chi B_0 \omega \cos(\omega t) \qquad (16.34)$$

量子力学中的磁化率取决于核自旋 J 和旋磁因子 γ（考虑到磁矩的多个方向以及随后磁化强度的降低），由下式给出：

$$\chi = N \frac{J(J+1)}{3kT}(\gamma h)^2 \qquad (16.35)$$

用频率关系代替式（16.34）中的 B_0 ［根据方程（16.11），可得 $\omega = \gamma B_0$］，得出电压的最终结果：

$$V \propto N_t A N \frac{J(J+1)}{3kT} h^2 \gamma \omega^2 \cos(\omega t) \qquad (16.36)$$

方程（16.36）以及更多的细节表明，完全由探测线圈包围的体积为 2 cm³ 的样品将在 1 800 Gs 的强磁场中产生几毫伏的信号。

方程（16.36）中，$J(J+1)\gamma\omega^2$ 的乘积用于确定各种同位素探测的相对灵敏度，如表 16.1 所示。对于测井应用，质子信号受到的干扰可能来自与具有相对较长弛豫时

间的流体相关的自旋。对于裸眼井测井，与地层水相关的 Na 是唯一的干扰源。从表中可以看出，在恒定频率下，大约 30% 的同位素比氢更容易被探测到。由于 Na 的质量分数，即使在高盐饱和溶液中，与氢相比也相当小，因此，在上述类型的实验装置中，Na 的可检测性很低。由于仪器操作模式的影响，后面章节中讨论的第一代测井仪器对 Na 的敏感性甚至更差。

表 16.1　几种核子的性质[9]

同位素	10 000 Gs 磁场的 ν_0 MHz	天然丰度 %	相同数量核子的相对灵敏度		μ/μ_N	J/h
			恒定磁场	恒定频率		
n_1	29.167	—	322	0.685	−1.91315	1/2
^{1}H	42.576	99.9844	1.000	1.000	2.79268	1/2
^{2}H	6.357	1.56×10^{-2}	9.64×10^{-2}	0.409	0.85738	1
^{11}B	13.660	81.17	0.165	1.60	2.6880	3/2
^{13}C	10.705	1.108	1.58×10^{-2}	0.251	0.70220	1/2
^{14}N	3.076	99.635	1.01×10^{-3}	0.193	0.40358	1
^{15}N	4.315	0.365	1.04×10^{-3}	0.101	−0.28304	1/2
^{17}O	5.772	3.7×10^{-2}	2.91×10^{-2}	1.58	−1.8930	5/2
^{19}F	40.055	100	0.834	0.941	2.6273	1/2
^{23}Na	11.262	100	9.27×10^{-2}	1.32	2.2161	3/2
^{27}Al	11.094	100	0.207	3.04	3.6385	5/2
^{31}P	17.236	100	6.64×10^{-2}	0.405	1.1305	1/2
^{35}Cl	4.172	75.4	4.71×10^{-3}	0.490	0.82091	3/2
^{53}Mn	11.00	—	0.361	5.41	5.050	7/2
^{59}Co	10.103	100	0.281	4.83	4.6388	7/2
^{119}Sn	15.87	8.68	5.18×10^{-2}	0.373	−1.0409	1/2
^{205}Tl	24.57	70.48	0.192	0.577	1.6115	1/2
^{207}Pb	8.899	21.11	9.13×10^{-3}	0.209	0.5837	1/2
自由电子	27.994	—	2.85×10^{-8}	658	−1 836	1/2

注：$\nu_0 = \omega_0/2\pi$。μ_N 是中子磁矩。

虽然如此，但现在的某些 NMR 测井仪器的状况略有不同。这些仪器使用偶极子磁铁，其磁场强度的降低与仪器/磁铁中心线距离平方的倒数成比例。这种仪器运行时，其频率的选择使得发生共振的质子尽可能在远离仪器的地层中。很容易证明，Na 的共振半径大约是氢的共振半径的一半。如果共振半径正好位于充满盐水钻井液的裸眼井中，影响会非常明显。对于某种仪器[8]，其影响相当于钻井液中每 100 g/L NaCl 的几个孔隙度单位。专门设计的图版可以校正这种影响，或者可以使用一种叫流体封堵器的装置贴在仪器周围来消除这种影响。

16.4 体积流体的 NMR 属性

由于在实验室和裸眼井仪器的岩石物理应用中验证了质子与岩石孔隙中饱和的流体有关,因此,有必要了解流体的一些属性,以说明其与 NMR 测量属性之间的关系。对于流体来说,在 NMR 测量中,需要关注其四个属性:含氢指数、纵向弛豫时间 T_1、横向弛豫时间常数 T_2 和可能与黏度相关的扩散系数。我们从第 13 章中提到的最明显的重要量——含氢指数(HI)开始。

16.4.1 含氢指数

由于 NMR 信号的强度取决于与流体相关的质子密度,因此,需要计算氢原子质量浓度,以便估算氢原子在流体中的变化。用 HI 来衡量比较方便,它将所讨论的流体的氢质量浓度与常温常压(STP)下水的氢质量浓度进行比较。虽然这个概念很简单,但是达到实际应用可能会变得复杂。

举一个简单的例子,在地质构造中经常遇到的盐水中,HI 随着盐水中 NaCl 质量浓度的增加而降低(参见 14.8 节)。此外,相比于水,由于纯碳氢化合物分子结构和体积密度的不同,它可能具有不同的氢原子密度。不管碳氢化合物的氢原子密度计算的具体方法如何,只需与水中氢原子密度的 1/9 进行比较即可。Appel 提出了一种计算盐水、天然气和碳氢化合物混合物的 HI 的简便方法[5]。在后一种情况下,必须知道各种成分的质量密度和氢碳比(H/C)。

另一种计算溶液中无气体的原油 HI 的方法来自与碳氢化合物 API 密度的经验相关性。Kleinberg 和 Vinegar 指出,视 HI(通过 NMR 测量的)仅在 API 密度为 20° API 以下时偏离统一值[10],API 密度为 10° API 时,该值低至 0.7。这种降低是由于衰减时间小于 1 ms,且仪器无法识别造成的。因此,在重油中,大部分衰减发生在短时间内,视 HI 将取决于测量中使用的仪器的回波间隔时间[方程(16.31)中的 T_e]。Dun 等人的文章给出了更多的例子,各地区的油都有相似的规律,其视 HI 取决于回波间隔时间[11]。

16.4.2 水和碳氢化合物中的体积弛豫

纵向弛豫时间(T_1)和横向弛豫时间(T_2)是由定向质子和其他磁矩源(分子间质子、相邻质子和成对向上的轨道电子都在列表中)之间的波动磁相互作用引起的。通常情况下,在流体中,T_1 和 T_2 弛豫速率近乎相等。在体积水中,弛豫时间非常长,T_1 和 T_2 衰减率都接近 3 s,但大部分衰减发生在 1 s 左右的时间内,这取决于样品中溶解氧(它是顺磁性的,能够使质子产生相移)的多少。每当极化质子遇到时间分量接近拉莫尔频率的波动磁场时,就有可能产生磁性弛豫。在这种情况下,质子会失相(影响 T_2)或传递足够的能量来改变其相对于极化场 B_0 的方向(影响 T_1)。衰减率取决于极化自旋质子与其他分子磁矩的随机相互作用。这些衰减基本上可以通过一个指数来表征。

T_1 取决于质子迁移率和局部磁场的大小。要产生这种弛豫，在时间尺度上，自旋电子和具有逆向拉莫尔角频率的晶格分子运动之间必须存在相互作用。用相关时间 τ_c 衡量相互作用时间。当相关时间等于拉莫尔频率的倒数时，衰减率 $1/T_1$ 将达到最大值，如图 16.12 所示。对于大于或小于拉莫尔频率倒数的相关时间，具有足以翻转自旋状态的分量的磁场波动的概率降低。由此可以得出结论，无论是分子流动性非常低（即非常黏稠的液体），还是分子流动性

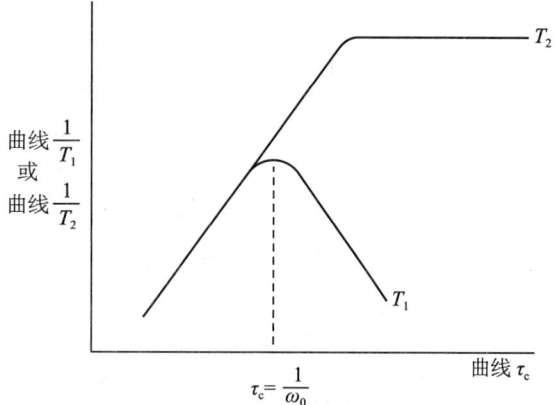

图 16.12　T_1 和 T_2 衰减率随分子相关时间变化的示意图

非常高（即气体），弛豫时间都很长。后一种情况是由相互作用时间太短而影响能量传递造成的。

T_2 衰减率的趋势与 T_1 衰减率的趋势一致，除非相关时间超过临界值。对于较大的相关时间，更容易使 90°旋转的自旋质子失相，直至达到某个饱和点。这种情况也在图 16.12 中进行了说明，可以看出，T_2 值总是小于或等于 T_1 值。在此图中，从左至右依次为气体、低黏度液体、高黏度液体和固体的衰减时间。

由于质子与其他磁矩的随机相互作用由温度和与质子相关的分子的自扩散系数控制，因此，流体的衰减率将由黏度等物理特性决定。在这一领域，有一个关于 T_1 与原油黏度相关性的经典有趣的例子（引自于该领域的一位前辈——Brown[12]），如图 16.13 所示。这一差不多 60 年前发展起来的简单理论[13,14]预测 $1/T_1$ 取决于质子之间的相关时间。根据 Stokes–Einstein 关系式，$1/T_1$ 随着黏度与温度之比 $\left(\dfrac{\eta}{T}\right)$ 的变化而变化（习题 16.8）。对于结构简单的烷烃，Winkler 等给出了一个令人信服的实验室结论，如图 16.14 所示[15]。与液体不同，气体的弛豫时间直接与其密度成正比。

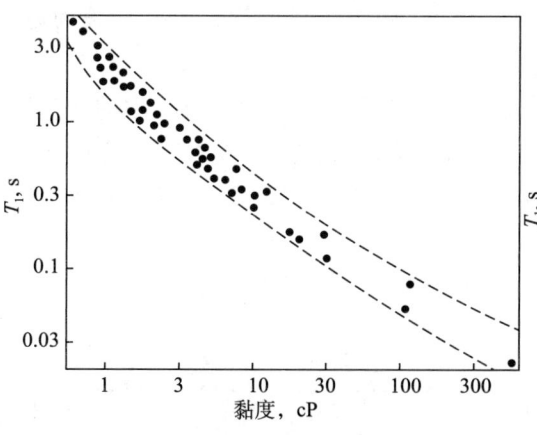

图 16.13　测得的原油样品的弛豫时间与其黏度关系图[12]

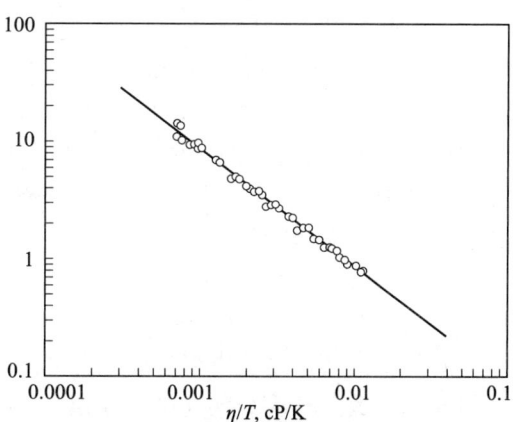

图 16.14　测得的高级烷烃的 T_1 弛豫时间是黏度（η）除以温度的函数[15]

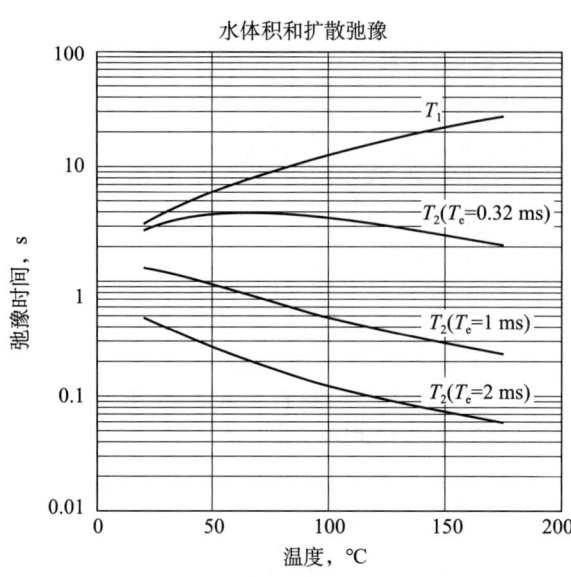

图 16.15 水的体积弛豫时间（T_1）与温度的关系[10]
对于固定的磁性仪器梯度，回波间隔时间（T_e）
对作为温度函数的视 T_2 值的影响

图 16.15 为体积水的弛豫时间与温度的关系图版。图中上部曲线是 T_1 弛豫时间曲线，表明弛豫时间随着温度的增加而单调递增。这是随着分子热震动的增加，相关时间减少的结果。T_2 的第二组曲线是在具有空间梯度的磁场中扩散的结果；如果测量是在均匀磁场中进行的，则 T_2 等于 T_1。然而，如果磁场存在梯度，极化水分子扩散到改变拉莫尔频率的磁场区域，形成了另外一种弛豫机理，因为如 16.3.6 节所述，一些自旋将产生不可逆的失相。因此，在梯度磁场中，分子扩散将导致 T_2 加速。从方程（16.31）可知，弛豫率将随着回波间隔时间 T_e 的平方和与温度有关的扩散系数的乘积而变化。在 70℃ 和 150℃ 之间，弛豫率增加了三倍[10]。计算了仪器探测体积内特定磁场梯度和一系列回波间隔的曲线，表明仪器的设计对获得的绝对值有很大影响，但正是与温度有关的扩散系数导致 T_2 随温度变化（习题 16.5 以及水的扩散系数随温度变化的示意图）。

到目前为止，质子所处的波动磁场是由分子间距离的变化引起的。这些磁场由其他质子提供，但顺磁离子可能是更重要的来源。在溶液中，顺磁离子可以大大缩短 T_1 和 T_2。

16.4.3 原油的黏度相关性

从上面的分析中可以看出，对于简单的烷烃，T_1 弛豫率完全符合时间相关理论。Brown 的早期研究表明，测得的 T_1 和黏度之间存在良好的相关性[12]。然而，对于实际原油的 T_2 测量而言，情况更为复杂，即使在均匀磁场（消除了任何对衰减率的扩散影响）中进行测量，其弛豫时间分布也很宽。图 16.16 呈现了这种复杂性。该图的表现方式最早由 Jackson 给出[17]，现在已经被业界采纳，用于分析非指数 T_2 衰减曲线并将其显示为成分衰减时间。对数坐标中，T_2 与相对磁化强度具有明显的函数关系。在 T_2 分布上呈现跨越数十倍的几个区间，这是由多种碳氢化合物混合所致。其曲线特征是，在相应最具流通性的化学链的长弛豫时间内出现峰值，然后一直减小到相应于

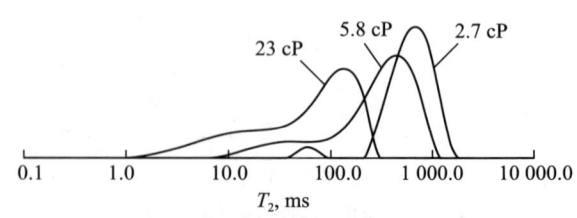

图 16.16 在三种不同黏度体积油样上测得的 T_2 分布[16]

流动性最小链的短弛豫时间（长链具有更大的黏度）。

一种确定黏度关系式的简便方式是对 T_2 分布曲线求和，利用 i 个磁化强度（m_i）的离散值来计算对数平均 T_2 或 T_{2LM}。其定义很简单：

$$T_{2LM} = \exp\left(\frac{\sum m_i \ln T_{2i}}{\sum m_i}\right) \quad (16.37)$$

图 16.17 显示，T_{2LM} 与黏度相关性非常好，因此，如果原油黏度已知，则可计算出 T_2 对数平均值。对于具有特定磁场梯度的 NMR 测量，针对不同的回波间隔，可利用图 16.18 估算并推断 T_2。

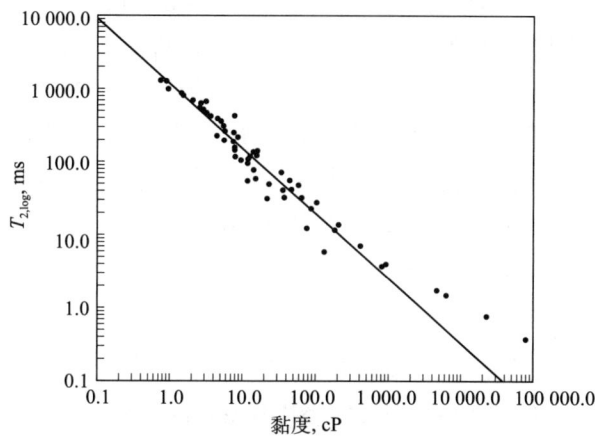

图 16.17 体积油样 T_2 分布的对数平均数值与黏度关系图[16]

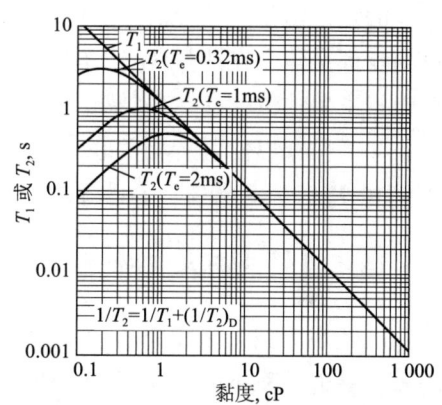

图 16.18 对于 20 Gs/cm 的仪器梯度，原油弛豫时间随黏度和回波间隔的变化[10]

当使用梯度磁场仪器进行测量时，为了预测 T_2 分布，需要已知扩散常数。为此，Bloembergen 等人理论[13]的一个结论是，扩散系数也与温度和黏度之比有关[15]。Vinegar 给出了其研究成果[15]，如图 16.19 所示。Lo 等人针对烷烃和气体混合物还进行了额外的研究[18]，得到的认识是，测得的扩散系数并非常数。使用扩散系数的对数平均值，对温度归一化黏度进行了类似的关联。

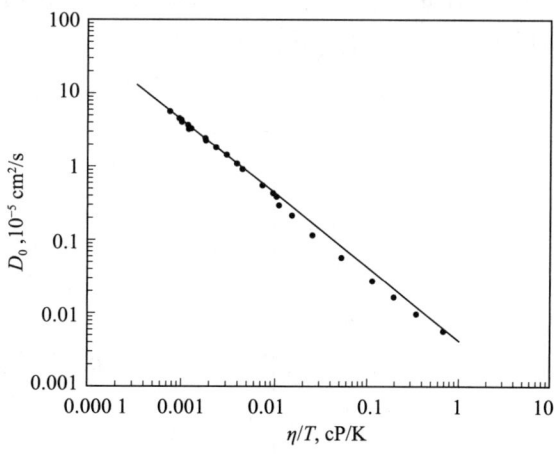

图 16.19 油的扩散系数是其黏度与温度之比的函数[15]

16.5 多孔介质中的 NMR 弛豫

岩石颗粒表面的局部磁场强度是影响多孔地层中流体有效 T_1 和 T_2 的另一个主要因素。假如质子靠近颗粒表面，它很可能会与表面上的顺磁物质相互作用，从而扰乱其进动相位。为此，质子不必束缚在表面上。流体扩散长度（$\sqrt{DT_1}$）及其与孔径的关系决定了影响程度。

Brown 的早期试验[19]表明，受限流体中的弛豫时间（T_1）比体积流体中的弛豫时间短得多。体积流体和多孔介质中观测到的流体之间的 T_1 和 T_2 差异是由分子扩散和分子附近颗粒表面造成的。流体分子（一些含有极化质子）扩散并接近孔隙—颗粒界面。在那里，质子弛豫的概率是有限的。在本节中，我们讨论弛豫的由来、快扩散极限和慢扩散极限之间的差别，并给出将弛豫时间分布与孔径分布（至少在碎屑岩中）联系起来的岩石物理依据。

对于测井来说，尽管 T_1 和 T_2 都很重要，但在现代设备中，测量 T_2 更为快速方便。不幸的是，由于 T_1 能规避无梯度磁场的问题，因此，岩石物理应用中的许多早期实验室测量都是建立在测量 T_1 的基础上。下面讨论的孔壁或表面弛豫效应通常在水饱和岩石中占主导地位。在这些情况下，T_1 和 T_2 的弛豫效应相似。对于水饱和岩石，已经做了一些工作，以使两者相关联[20]，在仔细排除可能引起巨大差异等扩散因素后，发现 T_1 超过 T_2 50%～60%。在本节中，出于历史原因，将交替对 T_1 和 T_2 进行讨论。

16.5.1 表面相互作用

已经观察到，多孔介质中水的热弛豫时间比体积水样中的热弛豫时间预期值有所缩短。最近，Kenyon 证明了这一现象[21]，如图 16.20 所示。图中曲线是使用反转恢复脉冲序列（它采用磁化矢量的 180°翻转，然后在通过与前面讨论的饱和恢复方案类似的连续重复而改变的等待时间后，采用 90°脉冲）对 Berea 砂岩的水样和水饱和样品进行的 T_1 测量。在砂岩中，由弛豫曲线得出的 T_1 近似值为 214 ms，而从岩石中提取之前和之后，原始水的弛豫速度要慢得多，约 3.8 s。得出的结论是，水中质子更快的弛豫一定与孔壁处的增强弛豫有关，因为水没有改变。

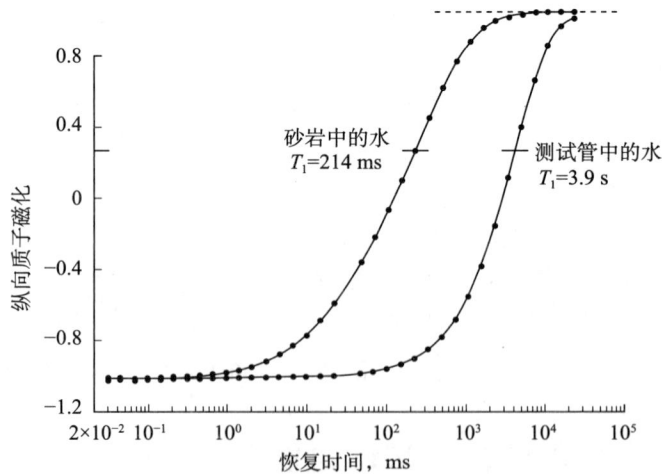

图 16.20 水和水饱和砂岩的 T_1 弛豫曲线[21]
实验过程采用了反转恢复方案，其中极化质子翻转 180°。从曲线中可以清楚地看出，砂岩中的水的弛豫速度远远快于体积水的弛豫速度

在 NMR 测井过程中，布朗（Brownian）运动允许流体分子扩散相对较大的距离，扩散时间达到秒的量级。该距离可以根据扩散的一个定义进行估算，该定义指出，在时间 t 内传播的均方距离与扩散系数（D）和时间的乘积成正比：

$$<x^2> = 6Dt \qquad (16.38)$$

由于室温下水的分子扩散系数为 $2 \times 10^{-5} \text{cm}^2/\text{s}$，因此，一个分子在一秒钟内可以扩散 100 μm 左右。对于许多多孔岩石来说，这比孔隙的尺寸要大得多。这意味着在测量期间，分子可以有很多机会接近或撞击孔壁。在每次接近的过程中，自旋质子都有一定的概率会发生弛豫。无论是自旋质子将在外加磁场中重新排列（T_1 过程），还是自旋质子将发生不可逆失相（T_2 过程），在弛豫发生之前都可能会发生几次碰撞。该弛豫被认为是由颗粒表面的顺磁铁离子引起的。对于砂岩，铁离子含量约为百分之一。在碳酸盐岩中，发现了更慢的弛豫率，将在稍后讨论。

这种表面使自旋质子发生弛豫的能力称为弛豫或表面弛豫系数（ρ），用下标 1 或 2 表示影响横向或纵向弛豫的能力。该系数是解释具有磁极化质子的流体分子与位于孔壁中具有显著磁矩的原子之间原子相互作用的所有杂乱细节的便捷方法。系数大小取决于材料，但在许多情况下，可以假设某些岩石类型（如砂岩）的表面弛豫系数为常数。

在单孔隙模型的基础上，KST 模型[22] 将衰减率视为孔隙中心的自由流体的体积平均衰减率 $\left(\dfrac{1}{T_{1B}}\right)$（图 16.21）和孔隙周围厚度为 h 层的不同衰减率 $\left(\dfrac{1}{T_{1S}}\right)$。衰减率 $1/T_1$ 可写为

$$\frac{1}{T_1} = \frac{1}{T_{1B}}\left(1 - \frac{hS}{V}\right) + \frac{1}{T_{1S}}\frac{hS}{V} \qquad (16.39)$$

式中，V 为孔隙体积；h 为距离孔隙表面的厚度；S 为孔隙内表面积。

由此确定 h/T_{1S} 为表面弛豫系数 ρ_1。注意到，对于特定的测量设备和测量时间，$hS/V \ll 1$，式（16.39）变为

$$\frac{1}{T_1} = \frac{1}{T_{1B}} + \rho_1 \frac{S}{V} \qquad (16.40)$$

同理可得

$$\frac{1}{T_2} = \frac{1}{T_{2B}} + \rho_2 \frac{S}{V} \qquad (16.41)$$

使用这种方法，建立了 T_1 或 T_2 与实验室样品的表面体积比之间的合理关系。这对于估算地层渗透率很有意义。

为了了解多孔径样品弛豫时间的可能分布，需要对扩散机制进行说明。如果分子在特征时间 T_{1B}（或 T_{2B}）内充分扩散，扩散距离就会大于孔隙体积的尺寸，那么扩散分子中的质子有多种机会接近孔隙表面并去相。如前面两个方程所示，单个孔隙将有一个单一衰减率，该衰减率取决于孔径 a 和表面弛豫系数 ρ。孔径 a 的估值可以简单地根据孔隙体积与表面积之比（V/S）来获得。

快速扩散机制的正式定义中，需要满足一个孔径量级距离的扩散时间小于衰减时间：

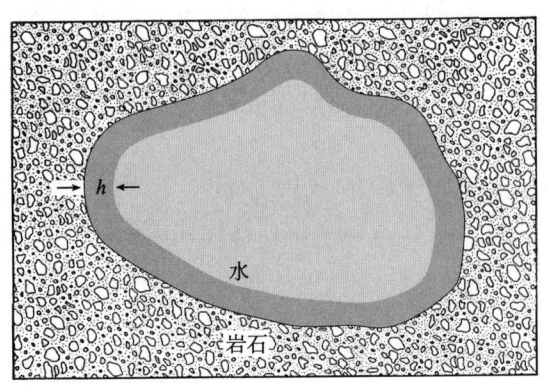

图 16.21 孔隙空间中所含流体 NMR 的 KST 模型示意图

$$\frac{a^2}{D} \ll T_{1,2} = \frac{1}{\rho_{1,2}} \frac{V}{S} = \frac{1}{\rho_{1,2}} a \tag{16.42}$$

或

$$\frac{\rho a}{D} \ll 1 \tag{16.43}$$

缓慢扩散的条件又是怎样的呢？根据单孔隙模型推断，缓慢扩散机制将包含一系列的衰减率，或者在极端情况下，包含两个衰减率。孔隙中心的流体，其衰减率应与体积流体速率相对应。临近孔隙表面的薄层中的流体，由于孔壁的存在，其衰减率将会增大。

弄清楚岩石中哪种扩散机制占主导地位更有意义。通过比较不同温度下的 T_1 分布发现，碎屑岩和一些碳酸盐岩的快速扩散机制更为常见[23]。这就意味着每个孔径都会有相应的增强衰减率。然后，根据岩石的孔径分布，我们希望测得的衰减率由一系列的衰减率谱组成。图 16.22 说明了这种情况。在下一节中，我们将检验这一重要推理的实验依据以及在岩石物理评价中的实用性。

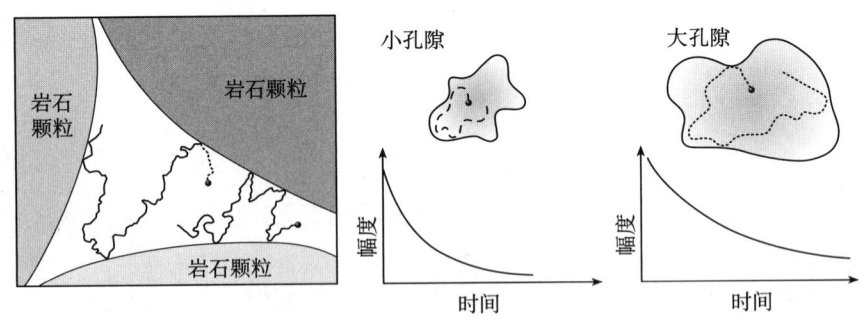

图 16.22 颗粒弛豫的机制和大小孔隙在弛豫曲线衰减时间中的作用

16.5.2 孔径分布

在快速扩散过程中，单个孔隙的磁化衰减（T_1 或 T_2）应该呈单一指数形式。正如预料的那样，实际岩石的磁化衰减稍微复杂一点。图 16.23 为砂岩 T_1 的测定结果。在早期的分析中，这种非常明显的非指数衰减已被分解为三种不同衰减的总和[25]。其值的分布与样品粒度属性有关，也可能与孔径分布有关[26]，其前提是假设岩石样品中有很多种孔径或孔径分布。

为了开发这种解释方法，有两步需要做。第一，首要的问题是如何分析出（通常是嘈杂的）衰变曲线的特征时间分布。已经有很多方法解决这个问题，其中用得最多的一种就是 Kenyon 等人的方法[28]。该方法实质上对一组对数坐标中预先确定好的衰减曲线进行最小二乘拟合。图 16.24 为带有干扰信息的 T_2 衰减曲线及其转换为 T_2 分布曲线的实例。

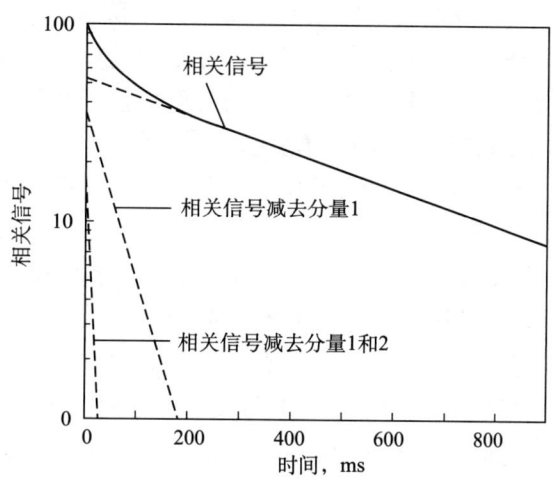

图 16.23　砂岩岩心样品的测量弛豫时间[24]

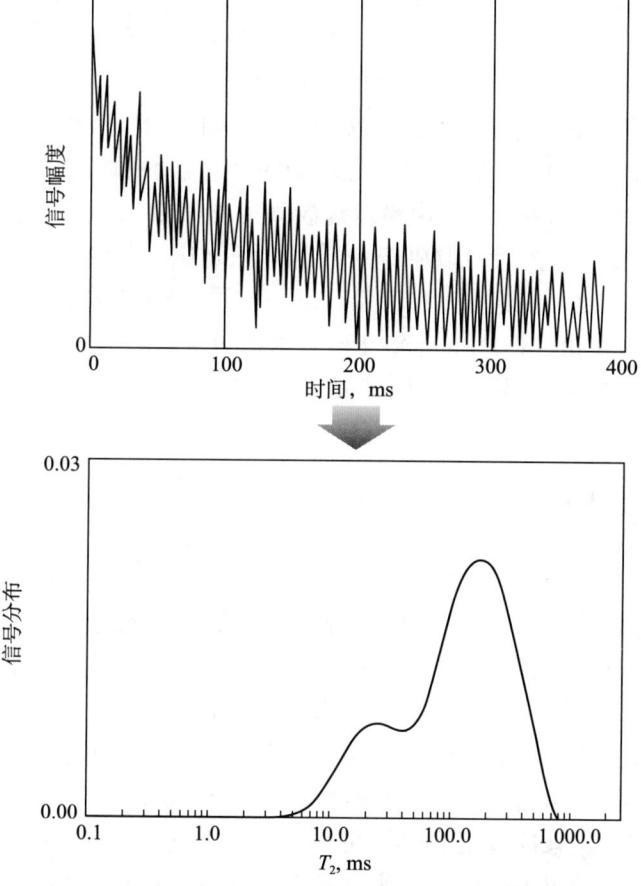

图 16.24　带有干扰信息的 T_2 弛豫测量曲线及其转换为衰减时间的分布

衰减时间分布形态为双峰。据推测，衰减快的部分与较小孔径有关。适当归一化曲线下的总积分为孔隙度对于将衰减时间的分布视为孔径的分布，有一组重要的假设为前提：每个孔隙都处于快速扩散极限，因此，体积中的质子都对孔壁的弛豫特性进行采样，所有孔壁的弛豫特性相同，并且孔隙与孔隙之间无扩散。稍后，我们将看到一些样品系统特性不满足最后一条假设的情况。

这种转换的实验验证是什么呢？许多研究人员对此进行了研究，这里仅提及其中的几位。

Straley 等人的研究非常有名[27]。他们测量了离心后水饱和岩石的 T_1，这些岩石在测量之间以连续较高的转子速度离心。当离心力大于毛细管压力时，较小孔隙中的水就会被依次驱离出来。弛豫测量表明，随着离心速度的增加，最长的 T_1 最早消失，而最短的 T_1 逐渐消失。这表明，衰减时间越长，孔隙中的水越容易被驱离出来。

Kenyon[28] 和 Morriss 等人[29] 还利用水银孔隙度测定法研究了孔径与弛豫率之间的关系。结果表明，所研究砂岩的弛豫时间分布与微观几何特征之间存在对应关系。Straley 等人展示了早期利用 T_1 测量获得的结果与利用 T_2 测量获得的结果之间的对应关系[30]。

所有这些研究表明，孔径，或者更确切地说，表面与体积之比与 T_1 或 T_2 分布之间存在相关性。为了获得实际的孔径分布，需要确定表面弛豫率，并且需要使用一些几何模型。更为谨慎的做法可能是，认为弛豫时间的分布只是 S/V 比分布的反映。稍后将在第 16.8.2 节中详细讨论这种概念的实用性、影响力和局限性。

NMR 弛豫谱这种如此强大的解释功能基于一个隐含的假设。如果假设孔隙结构具有某种几何形状，并且如果表面弛豫率是常数（通常假设），那么孔径分布与 T_1 和 T_2 分布之间将存在联系，因为后者取决于表面与体积之比。假设某一几何形状也相当于在孔径测量值和 S/V 比之间建立某种联系。进一步讲，NMR 岩石物理应用依赖于孔隙体大小和孔喉尺寸之间的相关性，这对于砂岩来说很常见。（将该技术应用于石灰岩的难点之一可能是孔隙体和孔喉之间的松散关系。）在这些情况下，弛豫分布可用于估算毛细管压力曲线。

16.5.3 扩散束缚

我们在第 16.3.6 节中提到的 T_2 衰减率的增强是指自旋在梯度磁场中的扩散位移引起的额外失相。方程（16.31）能估算 T_2 的衰减率，而扩散系数 D 决定了衰减率的大小。这个预测的衰减率是针对极化分子的运动不受阻碍得出的。比如说，水分子被限制在多孔岩石中的小孔隙中，扩散或许并非不受阻碍。由于孔径和自扩散系数大小的限制，水分子可能达不到预测的均方偏移。事实上，在快速扩散中，对于饱和水岩石样品，预计在一个回波间隔期间分子将多次碰到颗粒表面。

这种差异可以使用脉冲梯度能谱仪在实验上加以利用，其中梯度实际上应用于磁场以增强效果，而这种效果可以表现为自扩散系数的时间依赖性。在很早的时候，自由流体只有一个 D 值，其视值将随着时间的增加而减小，并且可以看成是孔径和弯曲度的量度[31,32]。随着梯度仪器与复杂的脉冲和信号处理仪器的综合发展，可以同时测

量 D 和 T_2。这些测量在传统测量的基础上增加了第二个维度，对于确定流体性质和润湿性非常有用。这些交会图的解释可能需要考虑孔隙系统扩散限制。

16.5.4 内部磁场梯度

仅就 T_2 失相率的增加而言，它是由极化磁场中存在的磁场梯度或精确地诱导其对扩散的敏感性而施加的梯度所致。除了磁体构造的不均匀性之外，还有其他原因造成磁场存在梯度。在强磁场中，这些内部磁场梯度是由饱和流体和岩石颗粒材料之间的磁化率差异产生的。

计算空间磁场梯度的分布是一个困难的问题，它依赖于很多参数，对于实际材料而言，这些参数不是很确定。对测井测量的影响（如果存在）就是导致自旋质子的失相增加。这将与扩散限制理论相违背，还可能使在扩散系数与 T_2 交会图上的某些测井数据的解释复杂化，将在以后讨论。

16.6 第一代 NMR 测井仪器的操作

NML 仪器的概念和诞生归功于石油工业，尤其是雪佛龙公司。雪佛龙公司的研究人员率先利用测井仪器测量饱和地层的 NMR 属性。最早发表关于裸眼井测井的一篇参考文献是在 1960 年[33]。早在 1952 年，雪佛龙的科学家与 Varian 一起启动了一个研究地球磁场 NMR 可行性的联合项目。为了获取井眼以外地层的油和水的自由进动信号，并能够根据弛豫时间区分油和水，最终在 1956 年生产出了一种实验性仪器。Dresser Atlas 的前身于 1960 年初提供了初步的商业服务。斯伦贝谢紧随其后，于 1965 年开始提供商业服务。

1962 年，雪佛龙公司停止了他们的理论和实验 NMR 项目，但并非是因为对这个强大的技术失去了兴趣。1971 年，他们在壳牌的帮助下，游说斯伦贝谢生产改进版的 NML 测井仪器。1984 年，斯伦贝谢生产出了最终版本的地球磁场 NMR 测井仪器，下面将对其进行介绍。

在 20 世纪 80 年代中期之前一直都在使用的常规测井仪器的基础元件[34]由一个线圈组成，在该线圈中，有大量电流通过。由于其绕组的性质，该线圈产生了一个大致垂直于地球磁场的磁场。这就使得，如果极化场保持足够长的时间（约 2 s），在探测深度之内，一部分水、油和气中的自旋质子将重新排列起来。

在足够长的时间间隔（取决于仪器操作模式）之后，极化线圈中的电流将改变方向。这时，当先前已经排列好的自旋质子围绕地球磁场以拉莫尔频率进动时，也是由该线圈来接收这些质子的感应信号。接收到的信号频率约为 2 kHz，并且发现在岩石中，大概在 50 μs 内衰减，而在大体积纯水中的衰减时间为 2 s 或 3 s。图 16.25 阐明了在某几个时刻，极化场 B_p 激发的磁矩的上述特征。可以看出，它是从同相个别时刻开始的。随着时间的推移，相位开始移动，震荡信号开始单调减小，因为没有 Carr-Purcell 脉冲信号使自旋质子重新排列。衰减后的自旋质子在所谓的自由感应衰减中最终沿着地球磁场 B_e 重新排列。

观测到的信号如图 16.26 所示。请注意，在极化脉冲结束和观测开始之间有大约

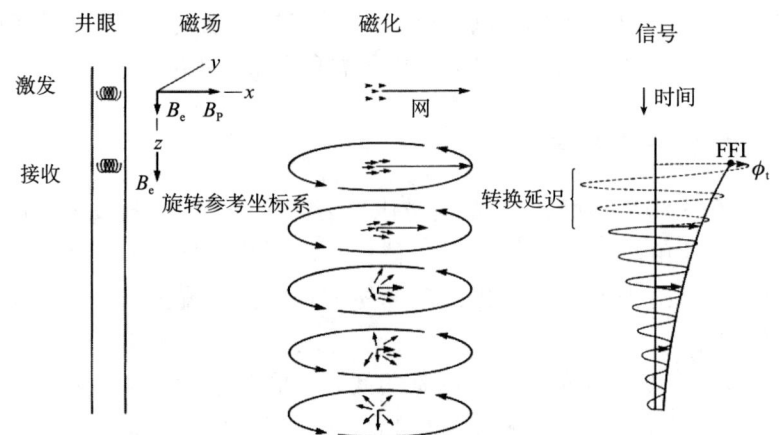

图16.25 观测到的NML仪器信号的产生及其外推至自由感应衰减开始的示意图

20 μs 的延迟。这既是缺点，也是优点。在此期间，非常短的 T_2 分量信号会衰减，但不影响后续测量。这些可能是由钻井液的信号影响所致（钻井液中必须掺入磁铁矿，以防止井眼中的氢妨碍测量），或者是由泥岩或粉砂中的氢的信号影响所致，或者是由高黏度流体的信号影响所致。

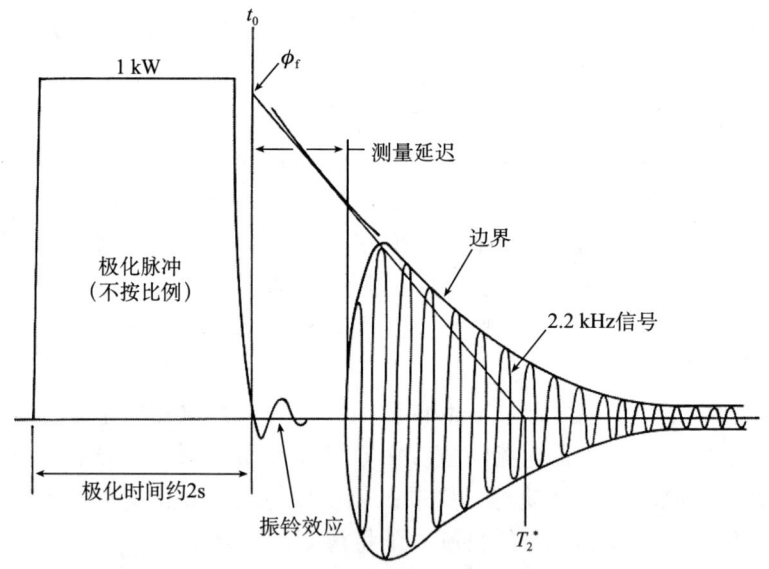

图16.26 从自由感应衰减曲线中提取自由流体指数 ϕ_f

缺点是获得测量的主要目标的不确定性，主要目标可以用来推断在时间 T_2^* 内衰减的边界，在图16.26中也有展示。这一点的边界值称为自由流体指数或FFI。经过仪器和环境校正后，FFI表示地层中可动流体的体积分数。

根据前面的分析［见方程（16.34）］，可以描述与该测井仪器信号强度有关的主要因素。感应电压的基本关系相同：

$$V \propto N_t A M \omega \tag{16.44}$$

式中，$\omega = \gamma B_e$。

然而，M 是通过极化脉冲得到的，其值将取决于测井仪器产生的感应磁场 B_p 的强度。因此，感应电压［见方程（16.36）］的最终形式为

$$V \propto \frac{J(J+1)}{kT}\gamma^2 \omega B_p = \frac{J(J+1)}{kT}\gamma^3 B_e B_p \tag{16.45}$$

磁场强度 B_e 由地球磁场强度决定，B_p 则受井下仪器功率因素限制。这表明对其他同位素的敏感性将取决于 $J(J+1)\gamma^3$。表 16.1 中的数据表明，在原子核数相等的情况下，该测量对 Na 的敏感性约为氢的 1/10。

利用方程（16.46）提取 FFI 之前，必须对信号幅度进行校正。第一个校正处理的是磁倾角，当仪器的磁场和地球的磁场不成直角时，这种校正很有必要。信号幅度是磁偏角余弦的函数。另一个校正处理的是温度——它对地层材料的磁化率有影响。井眼尺寸也会影响信号强度，因为接收线圈"看见"的材料体积相对恒定。当井眼尺寸和仪器直径大小相等时，地层信号达到最大值，随着井眼尺寸的增加，地层信号减小（因为"掺杂"阻止了钻井液发出信号）。

16.7 "由内而外"设备的 NMR 复兴之路

20 世纪 70 年代第一次石油禁运的意外收获之一是产生了改变 NML 这一革命性的想法。石油禁运之后，为了避免另一场能源危机，卡特政府号召美国国家实验室参与化石燃料研究。在这一背景下，Los Aolamos 国家实验室的贾斯珀·杰克逊（Jasper Jackson）被分配到一个新组建的地球物理小组。作为该小组的一员，他通过与雪佛龙公司的科学家联系并参加了斯伦贝谢公司为雪佛龙开展的 NML 项目，对 NMR 测井进行了介绍。在此期间，他目睹了利用混合磁铁矿来消除井眼信号所花费的时间和精力，这给他留下了深刻印象[36]。

如前所述，为了使常规测井仪器能够看清地层的信号，必须采取措施"消除"井眼信号。通过向钻井液系统中添加顺磁离子并使其循环以产生均匀的混合物便可实现。反对之人批评这种方法耗时耗力，而对于 Jackson 来说，该方法富有灵感性。

16.7.1 一种新方法

Jackson 提出了一种新的仪器设计理念，原则上可以避免这些问题[1]。其设计被称为由内而外的 NMR。为了替代利用地球磁场使质子产生进动，仪器中放置了两块相对的永久磁铁，如图 16.27 所示。这两块相对的偶极子磁铁在它们之间的平面中产生一个径向磁场。径向磁场随距离的变化而异乎寻常：首先，它增大到最大值，由磁铁长度控制，然后随着距离的增加而减小。这在探头周围形成了一个大致环形的区域，在该区域里，磁场相对恒定，进而产生一个沿 B_r 径向向外的净磁矩 M。使用这种结构类型的仪器，可以完成更多的经典脉冲 NMR 实验，并且预计信号不会受到井眼的影响。

为了进行测量，在适当的时间长度内，利用线圈中频率为环形区域拉莫尔频率的振荡电流将净磁化矢量 M 翻转 90°。一旦翻转脉冲改变方向（这可以在 0.5 μs 内完成，

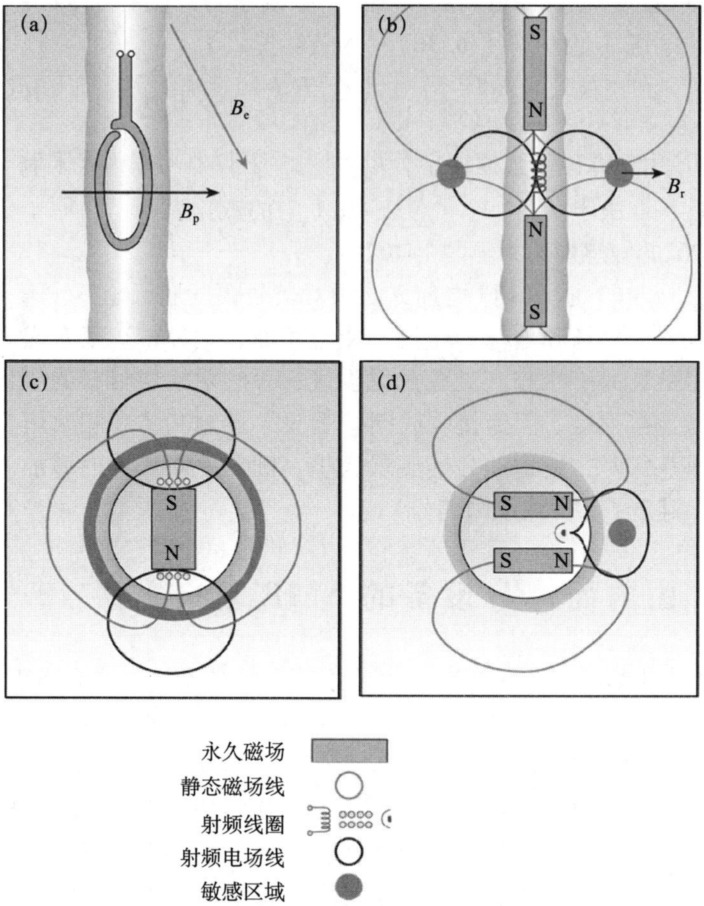

图 16.27 NMR 测井仪器设计的演变

（a）第一代利用地球磁场进行极化的装置；（b）Jasper Jackson 提出的 NMR 测井仪器的结构，图中所示为两个相对的偶极子和几乎恒定的径向磁场的环形区域。用于旋转极化质子，然后监测随后 T_2 衰减的线圈显示与极化磁体同轴；（c）NUMAR 仪器的基本设计利用了具有强空间梯度的单个加长偶极子；（d）CMR 的设计具有两个并列加长偶极子，在地层内部产生相对平稳的磁场

而在第一代仪器中则可以在 20 μs 内完成，因为不需要大的极化信号），线圈便用作接收器来接收质子在 B_r 附近进动的信号。

这种系统的主要优点是避免了钻井液掺杂，另一个优点是具有最小延迟信号的可用性。因此，它可以更精确地确定可动流体体积或 FFI，因为避免了推断极化脉冲结束时间的不确定性。可以在早期检验 T_1 曲线形态并去卷积以给出孔径分布。Jackson 是因这个工作程序而受到奖励的第一人[17]，现在该工作程序已成为数据分析和描述中的标准技术。

样机的缺点主要是信号强度小，需要较长的数据累积时间才能利用信号平均。此外，它的探测深度相当小，并且与永久磁铁的尺寸和强度有关，而永久磁铁的直径对于实际应用来说已经过大。然而，由于该技术具有很多优点，对仪器进行进一步的改进还是值得的。

在进行样机改进之前，美国政治发生了重大变化。1983 年，里根政府发布了一项指令：规定联邦政府不应该涉足于石油研究，该项目被迫终止。然而，Los Alamos 工程计划最终使其成为具有商业竞争力的仪器。

16.7.2 NUMAR/哈里伯顿磁共振成像测井（MRIL）

1985 年，NUMAR 公司获得了 Jackson 专利的专有权。他们开始着手改进样机的信噪比问题，并解决 Jackson 磁铁的共振体积延伸到井眼中和提供的很大一部分测量信号来自井眼中的氢原子的问题。

在为 Jackson 的设计增加磁铁的过程中，对原有概念进行了全新的突破，即设计一个长磁铁使其产生横向极化磁场。不同于 Jackson 意图在地层中产生均匀磁场的设计理念，这种新设计，即二维偶极子（或平板磁铁），使得磁场随着进入地层距离的负二次方而减弱。沿磁铁长轴缠绕的线圈（图 16.27 和图 16.28）与磁极化方向成直角。磁极化产生一个几乎处处垂直于静力场的电磁场。

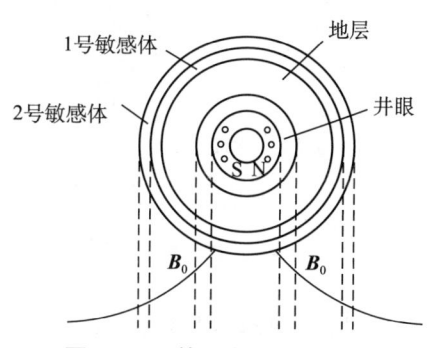

图 16.28 第一支 NUMAR 仪器的径向相关场[35]
该仪器由一个细长偶极子组成，偶极子的力矩垂直于测井仪器轴

这种设计的明显优点是，在任何合理的频率下都可以找到共振体积，并且这些体积由仪器轴周围的同心圆柱体表示（图 16.28）。1989 年，对两个版本的样机进行了广泛的现场测试，证明了技术的可行性。然而，三大服务公司认为，此类仪器的市场尚未得到证实，NUMAR 公司感到有必要成立自己的服务公司。1991 年，NUMAR 公司开始利用单探测体积的 MRIL 仪器进行商业测井。脉冲回波序列只包含一个快回波串和一个慢回波串。对基础设计理念的改进包括增加一个工作频率，以便可以同时探测到第二个敏感体积[37]。

16.7.3 斯伦贝谢组合式磁共振（CMR）及其发展

在 NUMAR 获得 Jackson 专利并试图改进样机的同一时期，斯伦贝谢公司的研究人员[38]正在寻求不同的方法以适应 Jackson 有趣的"由内而外"方法。为了改进信噪比，他们决定使用滑板型仪器，最终称为 CMR 仪器。图 16.27 给出了磁铁设计的演变，从最初的相对圆柱形长磁铁到平板磁铁，最后到一对平板磁铁。一对平板磁铁在距仪器表面约 1 in 地层内的外部磁场中提供鞍点。

这两块平板磁铁产生的磁场强度约为地球磁场强度的 1 000 倍，因此，操作频率（拉莫尔频率）约为 2 MHz。该磁场在地层里面约 1 in 位置产生了一个通量相对恒定的区域（图 16.29）。在最佳状态下，实现完全极化的典型极化时间约为 1.3 s。根据测量 T_2 的 CPMG 技术，随后是大约 600 个脉冲产生脉冲回波，每个脉冲回波间隔 320 μs[29]。

与以前的仪器不同，滑板型仪器可与其他测井仪器组合使用。井壁设计的优点是避免了导电钻井液对天线工作的干扰，并且通过在极板前放置一瓶水来模拟 100% 孔隙度，可以方便地校准仪器。

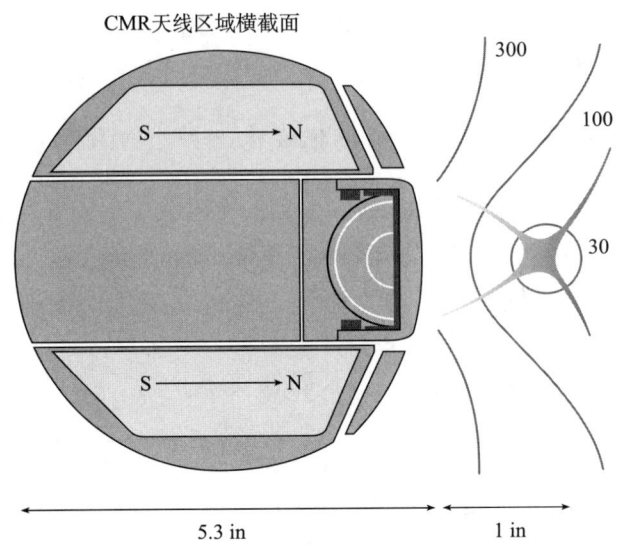

图 16.29　CMR 天线区域的横截面，显示了恒定磁场鞍点在距仪器表面 **1 in** 处（由斯伦贝谢提供）

早期的测井仪器测量速度慢，探测深度浅，通过使用预先极化好的长磁铁提高了测井速度和分辨率。在过去十年间，服务公司、学术界和石油公司采用我们已经讨论过的方法对 NMR 测量用于流体识别进行了大量研究。为了利用流体性质和侵入剖面的潜力，以及对信号处理和采集进行改进，下一代测井仪器（哈里伯顿的 MRIL – Prime 和斯伦贝谢的 MRX）利用了仪器产生的磁场梯度。共振的拉莫尔频率范围可以很大，每个频率对应于测量距磁铁不同距离处的极化质子。（与大多数其他测井测量方法不同，NMR 技术能够定义非常明确的探测体积。）仪器工作在不同的频率下，可以得到不同的探测深度。这些取决于 RF 天线的尺寸、磁铁尺寸和设计，使得制作地层流体径向剖面成为可能。图 16.30 给出了 MRIL – Prime 仪器的同心共振环的排列以及与每个共振环相关的频率。滑板型 MRX 仪器的共振区域如图 16.31 所示，该仪器的测量方向更加明确和集中。

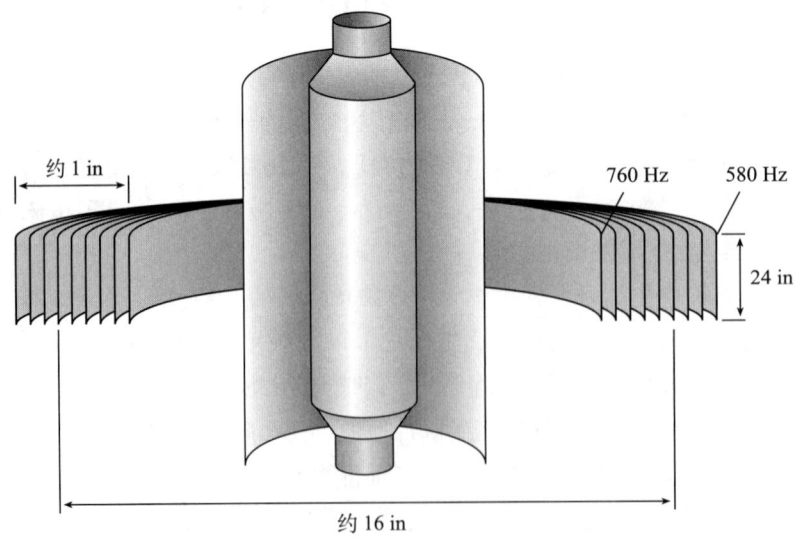

图 16.30　MRIL – Prime 的径向共振环草图以及共振频率范围[44]

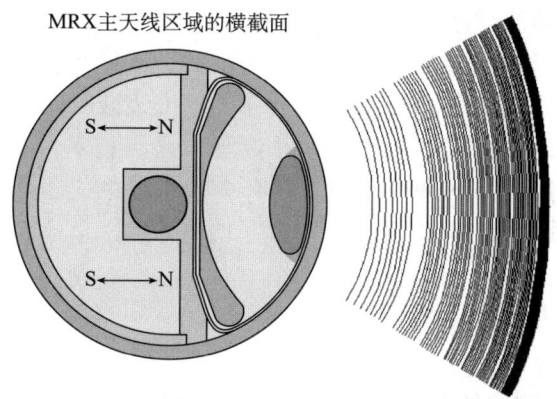

图 16.31　显示共振区域的 MRX 横截面（由斯伦贝谢提供）

使用具有空间梯度的极化磁铁，使基于扩散的新技术成为可能。梯度与适当的自旋操作循环相结合，可以进行流体分析——估算黏度和流体饱和度，确定流体扩散系数 D，以及绘制 $D-T_2$ 交会图。新一代仪器具有可编程脉冲序列，功能强大，因此，可以针对感兴趣的应用定制测量。稍后将讨论这些仪器的编程原则以及一些测井实例。

16.7.4　LWD 仪器

在钻井过程中进行 NMR 测量遇到了另外的挑战，这种挑战与测量期间钻柱的移动有关。虽然该仪器的 LWD 版本的开发始于 20 世纪 90 年代初，但提供商业服务经历了差不多 10 年的时间[39,40]。

这些仪器中，其中一种仪器的设计（图 16.32）显示了包含相对偶极磁铁的对称装置。这些长磁铁产生一个共振区域，类似于一个大约 6 in 长、直径为 14 in 的外壳，这

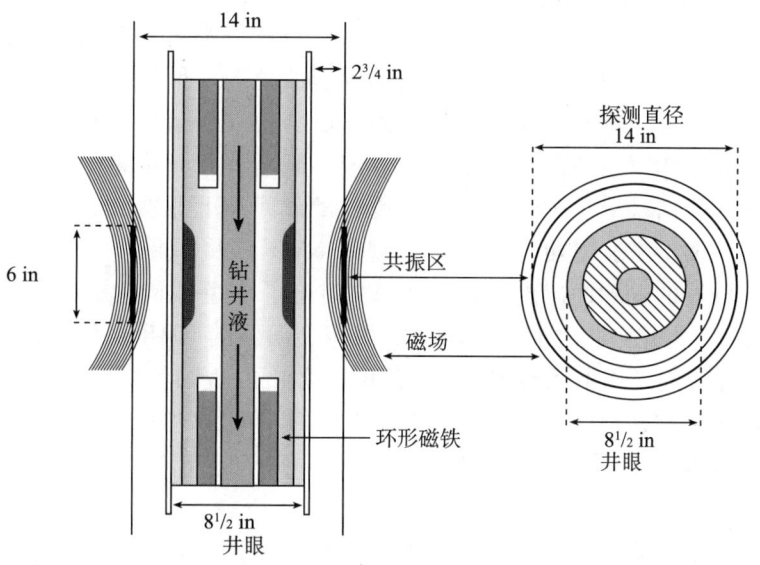

图 16.32　LWD NMR 仪器的横截面
这种居中型仪器利用一对环形磁铁来建立标称测量直径为 14 in 的梯度场

意味着它从仪器表面延伸了近 3 in。其中一种仪器可以同时或分别测量 T_1 和 T_2，但在通常情况下，T_2 的统计重复性最好。其通常较快的衰减使得在时间间隔内进行多次重复测量很有必要，以此来确定较长时间 T_1 分布的单一衰减时间。

对于实时应用来说，数据必须通过钻井液脉冲遥测技术传输，因此，原始测量结果必须通过适当的算法在井下进行处理。只有少数重要的岩石物理测量结果，如总孔隙度、束缚流体孔隙度，以及 T_2 分布的对数平均值才发送至地面。

16.8　应用及测井实例

尽管有很多 NMR 测井仪器可用，无论是电缆测井还是 LWD，加之它们的操作模式多种多样，但原始测量结果对它们来说都是通用的。所有的仪器都利用磁铁的排列来极化敏感体积中的质子，然后通过天线的振荡磁场控制自旋，从而可以探测到它们的弛豫。最基本的测量是感应磁场的强度，即磁化弛豫曲线的初始振幅。下一步是将弛豫曲线分解成不同的组分。弛豫可以来自各种不同的弛豫源：当极化质子仅相互作用时，流体本身的体积弛豫，与孔壁相互作用引起的弛豫，以及梯度磁场中分子扩散引起的增强弛豫。

从磁化弛豫曲线中可获得大量的岩石物理应用。总孔隙度、孔径分布、束缚水体积、渗透率估算、润湿性和孔隙体积流体分析等只是其中的一部分。在举例之前，有必要讨论一下测量方式。开发这些复杂且多功能的新型 NMR 测井仪器需要针对最受关注的特性优化测量工序。

16.8.1　仪器规划师

Kenyon 在仪器规划方面进行了早期尝试[21]。在早期型号的脉冲 NMR 仪器（在调整用于增强梯度场中扩散的脉冲序列之前）中，只有三个可变参数用于数据采集，分别是极化时间或等待时间、回波间隔和采集的回波总数。增加等待时间可以确保完全极化，从而获得总孔隙响应。缩短等待时间，仪器将区分诸如具有长弛豫时间的气体之类的成分。如果缩短回波间隔，则扩散效应会减弱，并且更多的重点放在可能与黏土相关的快速弛豫信号上。改变采集的回波数量或回波上花费的时间会影响测井速度和信噪比。有许多参考文献可以帮助详细规划 NMR 测井作业[41-43]，其他参考文献无疑会随着测井仪器的发展而出现。然而，下文讨论了一些基本考虑要素。

在进行 NMR 测井作业之前，建议确定预期会遇到的 NMR 流体属性，包括计算体积 T_1 和 T_2 弛豫时间、扩散系数和 HI。表 16.2 给出了一些计算体积弛豫率和扩散系数作为温度与黏度之比函数的经验法则。根据预测的 T_1 最大值能估算出等待时间。理想情况下，它应该是流体平均 T_1 值的 3～5 倍。有一些方法可以校正不完全极化的测量[43]。

第二个要评价的要素是地层中流体的预期衰减谱，这是一个稍微更具推测性的问题。如果流体为水、气和油的混合物，则衰减谱将取决于仪器设计以及是否使用磁场梯度。磁场梯度将产生一个额外的衰减率［方程（16.32）］，并明显取决于梯度的大小

表 16.2 估算 NMR 流体性质[44]

	体积弛豫时间，s	扩散系数，$10^{-5}\,\mathrm{cm}^2/\mathrm{s}$	含氢指数
水	$\approx 3\dfrac{T}{298\eta}$	$\approx 1.3\dfrac{T}{298\eta}$	≈ 1
油	$\approx 2.1\dfrac{T}{298\eta}$	$\approx 1.3\dfrac{T}{298\eta}$	≈ 1
气	$\approx 2.5\times 10^{4}\dfrac{\rho}{T^{1.17}}$	$\approx 8.5\times 10^{-2}\dfrac{T^{0.9}}{\rho}$	2.25ρ

注：T 的单位是 K；η 为黏度，单位是 cP；ρ 为密度，单位是 g/cm³。

和选择的回波间隔。假设岩石是水湿的，磁场梯度便会使油和气的弛豫率增加。在这种情况下，水的衰减速率将由表面效应决定。它不仅会因自由扩散分量而变得复杂，还会因与孔壁的相互作用而变得复杂，这种相互作用将取决于表面体积比（S/V）（很可能是一种分布），可能很难确定的孔壁材料 ρ 的弛豫率。

16.8.2 孔隙度和自由流体孔隙度

使用 NMR 的其中一个要求是获得与岩性无关的孔隙度。然而，这最大限度地降低了必须准确知道孔隙流体的 HI 的复杂性，并低估了 NMR 确定束缚水饱和度的能力。与所谓的含水率密切相关的束缚水饱和度可帮助确定区域的生产潜力：是产烃，还是产烃和水的混合物，还是只产水。

这个最有价值的岩石物理参数是 Straley 非常卓越的发现[30]，即 T_2 分布可用于确定有效孔隙度，而以前是用 T_1 来确定[27]（16.5.2 节）。该技术基于以下原理：可采流体位于较大孔隙中，T_2 时间较长；毛细管和黏土束缚流体与较小孔隙相关，因此，T_2 较短。综合适当归一化或校正后的 T_2 分布可得出总孔隙度。为了得到束缚流体体积，通过找到归一化分布的下限与通过在 100 psi 空气—盐水等效毛管压力下离心样品得到的流体的部分体积匹配来确定 T_2 的截止值。图 16.33 显示的是完全饱和以及离心去饱和后再次饱和样品测得的 T_2 分布。根据该图，确定截止值为 33 μs。值得注意的是，该值好像适用于

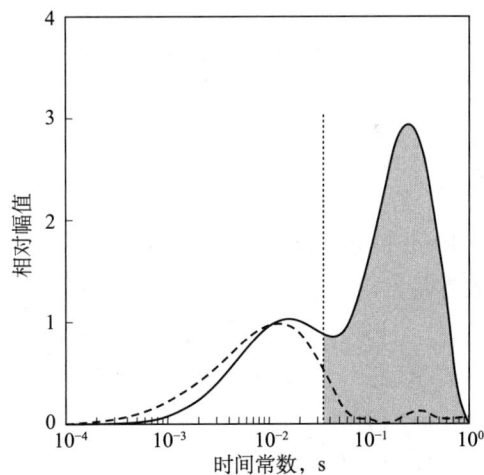

图 16.33 离心去除自由流体前后的水饱和岩心的 T_2 分布[30]

根据该图，通常确定截止值为 33 μs

世界各地的碎屑岩储层。在一组类似的测量中，确定黏土束缚水对应的 T_2 值小于 3 μs。图 16.34 是水湿性碎屑岩的 T_2 分布的解释情况总结。这些关注点为最典型 NMR 测井演示提供了基础，实例如图 16.35 所示。

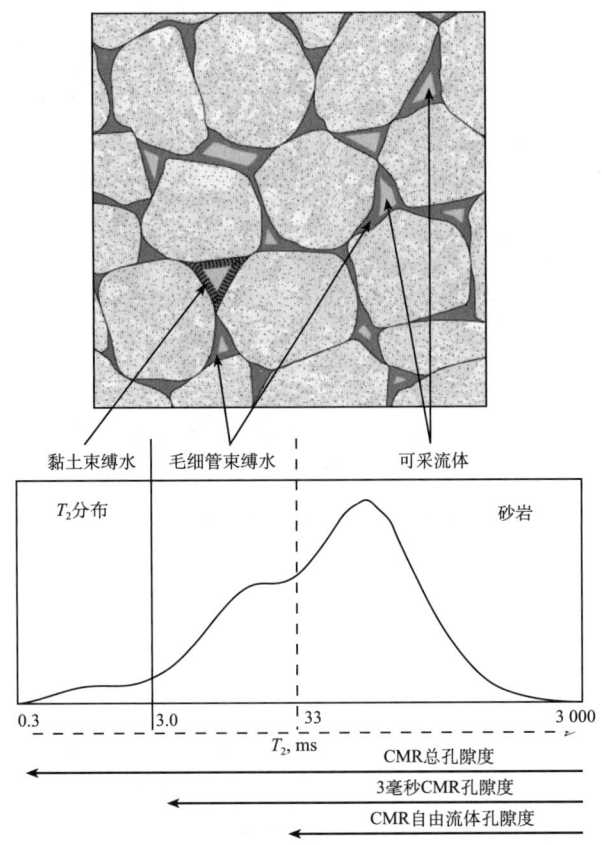

图 16.34 水湿性碎屑岩 T_2 分布的理想化解释总结

在 T_2 值大于 33 μs 的分布中发现了可采流体，而毛细管束缚水分布在 3～33 μs 之间。黏土束缚水的组分衰减时间常数小于 3 μs。信号大小在 33 μs 以上的称为自由流体孔隙度

对碳酸盐岩小样进行的其他测量[30]表明，截止值为 93 μs 时，NMR 孔隙度和离心体积之间的一致性最好。该值没有普遍用于碳酸盐岩，因为含有顺磁性物质的碳酸盐岩密度变化大，并且孔隙结构通常比碎屑岩环境的复杂得多。

图 16.36 将砂岩和泥岩序列中 NMR 孔隙度估值与常规中子和密度孔隙度估值进行了比较。第三道为半对数网格上的 T_2 分布。可以根据以下两点清楚地识别泥岩层：(1) 第一道的伽马射线值在 540 ft 以上明显变小；(2) T_2 分布集中在 3 μs 左右。

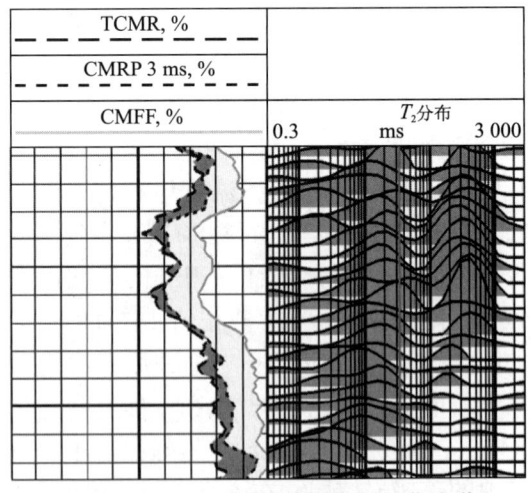

图 16.35 CMR 显示的两个测井曲线道

右边的是随深度变化的 T_2 分布。左边的是值在 0%～30% 之间的三种孔隙度。曲线幅度最低处对应于 T_2 大于 33 μs 截止值的曲线幅度之和——自由流体孔隙度。在该曲线幅度最低处和虚线之间，灰色阴影是 3～33 μs 之间的额外贡献值，对应于毛细管束缚水，而深色阴影区域对应于 T_2 小于 3 μs 的最快分量

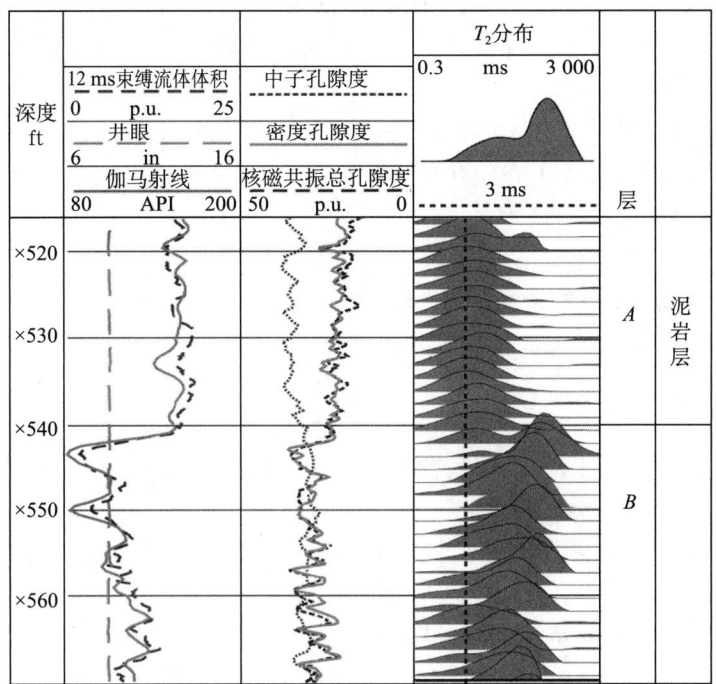

图 16.36　NMR 总孔隙度与中子和密度估值的比较
在砂岩 B 层，三个估值一致。在泥岩 A 层，中子孔隙度过高，因为它对黏土矿物中的
氢氧根敏感。在第一道中，通过将低于 12 μs 的 NMR 信号值比作 NMR 总孔隙度
来估算束缚水体积分数。它可以代替 GR 来指示泥岩

这些低值小于束缚流体截止值，表明流体与岩石骨架或其他具有顺磁性位置或极微小孔径的表面紧密接触。通过将低于 12 μs 的信号部分与 NMR 总孔隙度进行比较，可以估算出束缚流体体积。通过选择特殊的截止值，可以看出其变化与作为泥质指示曲线的 GR 曲线变化一致。

还要注意的是，在 ×540 ft 以下的含水层，孔隙度的三个估值均一致。然而，在 ×540 ft 以上，CMR 总孔隙度（表示为 TCMR）与密度孔隙度估值一致。中子孔隙度的读数远高于总孔隙度，因为它对泥岩中与黏土矿物有关的氢氧根敏感。

16.8.3　孔径分布和渗透率估算

与碎屑岩相比，碳酸盐岩的杂乱性或其固有的非均质性是这些岩石中 NMR 测量解释困难的原因之一。碎屑岩中 T_2 分布的传统解释是基于孔隙尺寸和观测到的 T_2 值之间较强的相关性。这是砂岩中不变的表面弛豫效能，以及在某种规则定义的系统中孔隙之间缺少相互作用的结果。相比之下，碳酸盐岩主要包含三种孔隙尺寸：极其小的微孔隙、类似于晶粒物质所支撑的中等孔隙、非常大且通常独立的溶洞。尽管孔隙尺寸差异非常大，但其 T_2 分布并非双峰，通常仅为单峰。对其研究[51,52]表明，这种现象是由表面弛豫效能和小大孔隙系统之间的扩散传播相互作用引起的。结果是，在碳酸盐岩中，通常很难建立良好的 T_2 截止值用于确定自由水与束缚水或估算渗透率。相比之下，碎屑岩的情况要乐观得多。

从 Seevers[45]和 Timur[46]的早期工作到 Kenyon 等人[47]的最近贡献，根据 NMR 测量结果估算多孔岩石的渗透率已有很长的历史。所有已建立的关系都是基于理论关系和实验测量的组合。

物理基础来自这样一个概念，即渗透性（将通过多孔样品的流速与压降联系起来的系数）在很大程度上取决于介质孔喉的大小。与 NMR 的偶然联系是，T_2 分布的某些测量值（如对数平均值）与典型的孔隙尺寸有关。表面上看，孔径尺寸也与孔喉尺寸有关。这种关系在砂岩中比在碳酸盐岩中更稳定。

目前，有两种通用的变换广泛用于估算渗透率。

第一种称为 Coates–Timur 关系，由下式给出：

$$K = a\phi^4 \left(\frac{\text{FFI}}{\text{BVI}}\right)^2 \tag{16.46}$$

式中，FFI 为自由流体体积，通过高于某个阈值（例如，33 μs）的 NMR 幅度计算；BVI 为相应的束缚水体积分数。

第二种是所谓的斯伦贝谢道尔研究中心（SDR）关系式：

$$K = a\phi^4 T_{2,\text{LM}}^2 \tag{16.47}$$

式中，$T_{2,\text{LM}}$ 为测得的 T_2 分布的对数平均值。

这两种方法中的常数 a 可能需要根据当地情况进行调整，或许对于孔隙度为 4，对于 NMR 为 2，通过调整来更好地拟合在岩样上确定的或通过其他手段确定的已知渗透率值。

图 16.37 是根据 NMR 连续估算渗透率与岩心测量结果对比的实例。

16.8.4　流体分类

尽管孔隙度是主要关注的参数之一，但同时也希望将孔隙空间中的水和碳氢化合物区分开。为了做到这一点，包括电法和核方法的许多方法都已派上用场。然而，除了进行一些新的分析外，还可以利用 NMR 进行一些旧的分析，例如，连续记录黏度。

首先，我们结合另一种孔隙度测井曲线，了解一些探测气体或沥青存在的简单方法。

16.8.4.1　气体和沥青的确定

针对包含磁场梯度的井眼 NMR 仪器，Akkurt[48]提出了一种通过 NMR 测量识别气体存在的早期方法。气体分子在磁场梯度中的扩散对 T_2 衰减率做出了贡献。该技术依赖于这一点以及更长的气体 T_1。因此，数据是成对获取的。经过短暂的极化时间（或等待时间）后，获得第一个回波；然后，经过一个更长的极化时间后，又获得一个回波。对这两个谱不同的地方进行数据反演便可分离油信号和气体信号，从而给出气体存在的定性独立指示。

一种概念上更简单的识别气体存在的方法是将 NMR 总孔隙度测井曲线与中子/密度交会孔隙度测井曲线进行比较。中子/密度交会图孔隙度补偿了低 HI 对中子测井的影响和低流体密度对密度测井的影响。这使得在纯地层中，对孔隙度的估算出奇地好。将气层的 NMR 孔隙度与中子/密度孔隙度进行比较，可以看出，NMR 孔隙度不准确。可能是由以下两个原因造成的：其一是气相的 HI 指数偏低；其二是气体（其密度的函

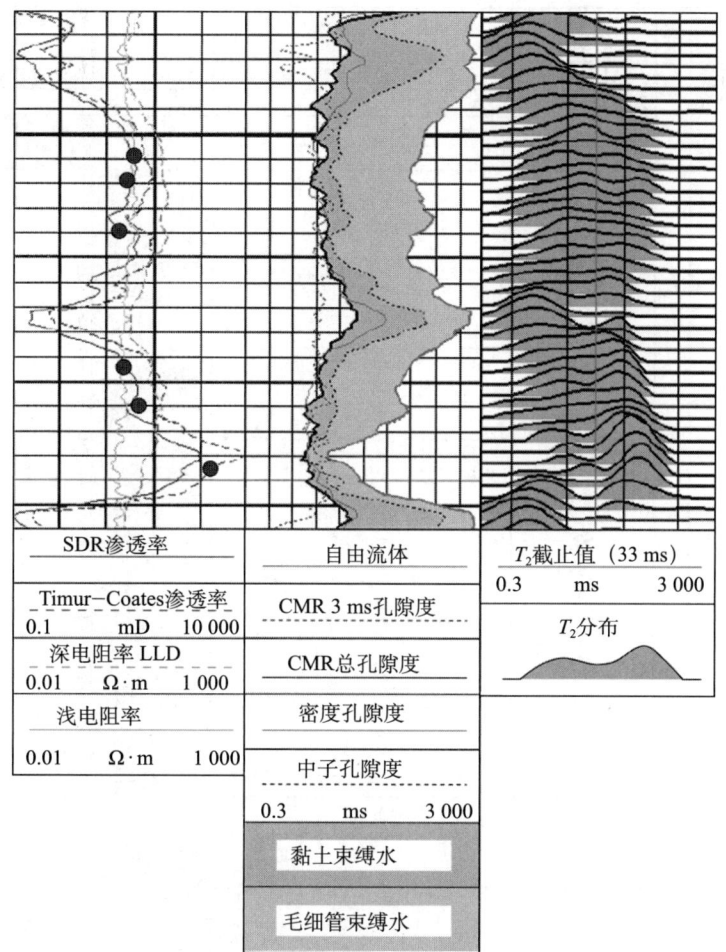

图 16.37　估算渗透率与岩心测量结果对比实例
第一道是根据 NMR 测量结果得出的两个渗透率估值与井下采样仪得到的
渗透率的对比；中间道是 NMR 测量的孔隙度，第三道是 T_2 分布

数）的极化时间可能很长而导致不完全极化。这两种原因导致了 NMR 孔隙度相对于中子密度孔隙度偏低。关于这一观点的充分论述在 Freedman 等人的著作中可以找到[49]。

对于沥青而言，与气体不同，HI 与水的类似。然而，其黏度非常大，导致 T_2 值非常小，约为 1 ms。对于目前的井眼 NMR 仪器来说，这种衰减时间太短，无法探测到。所以，根本发现不了沥青——其信号就像黏土矿物中的氢氧根一样无法测量。因此，识别沥青最简单的方法是将 NMR 孔隙度与中子或密度孔隙度进行比较。从如图 16.38 所示的实例中可以看出，地层沥青的含量与核测井估值和 NMR 估值之间的孔隙度差值直接相关。

下一个问题是如何将油与水分离。

16.8.4.2　黏度

在前面的章节（16.4.3）中，我们讨论过原油黏度与 T_2 的关系。因此，在 T_2 谱中将油信号与水信号分离的一种方法是，假设油的某些属性已知，寻找在地层温度下

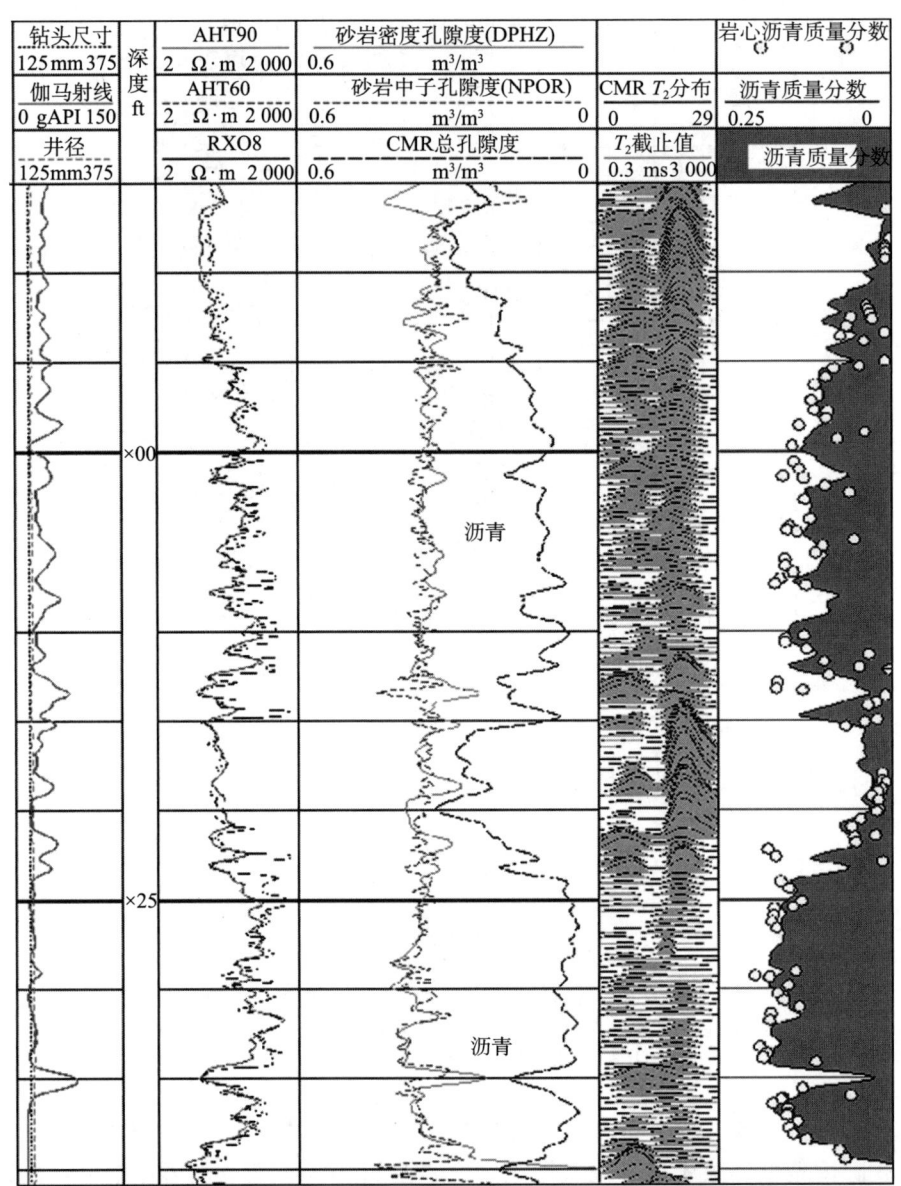

图 16.38 两个沥青区域是通过在很短的时间内 T_2 贡献的巨大优势以及 TCMR（总孔隙度）曲线与中子/密度孔隙度估值之间的巨大差异来确定的。最后一道可以证明此说法，该道将沥青岩心分析与孔隙度差值得出的结果进行了比较[50]

引起对应于假设黏度（通常大于水或至少具有较短 T_2）的 T_2 预期值的原因所在。这种方法的困难在于 T_2 分布为双峰。双峰分布的原因可能是探测到了相对较长 T_2 的水层以及表面弛豫占主导地位的区域。如果油确实存在，根据其黏度，它对 T_2 谱的贡献可能很容易被掩盖。更好的解决方案是：NMR 仪器需要一个梯度磁场，这样可以很容易地利用极化质子的扩散。

图 16.39（a）中最上面那条 T_2 分布曲线为双峰分布。这条曲线的样品实际上是油和水的混合物。下面两条曲线分别为水和油的 T_2 分布。这种分离能力来自同时包括导

致 T_2 衰减率提高的扩散系数分布的测量。如图16.39（b）所示的 $D-T_2$ 交会图表明幅度有两个聚集点。如图16.39（c）所示，在这种情况下，根据扩散系数很容易实现水和油的分离。

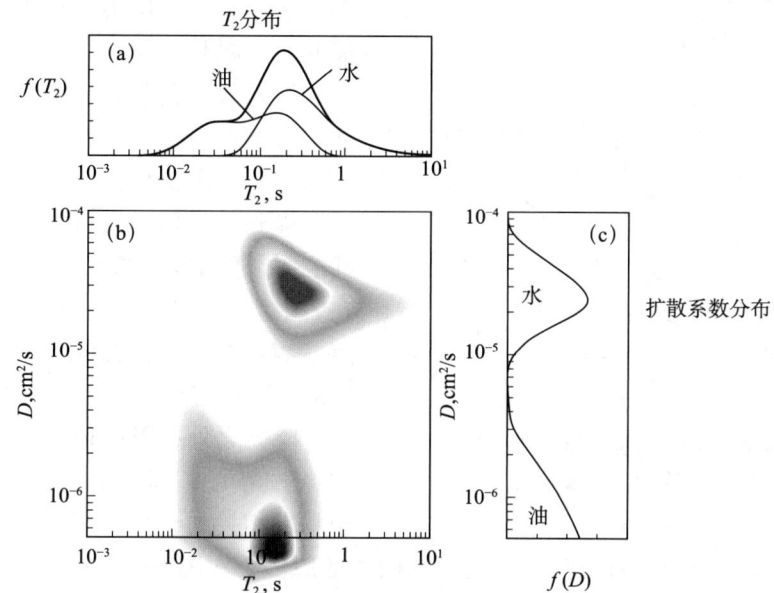

图 16.39 将观测到的双峰 T_2 分布分解为油和水的贡献的实例

T_2 分布如图（a）所示。（b）是 $D-T_2$ 数据交会图，幅度用阴影表示。两个区域明显不同。（c）为扩散系数的分布，可以轻松识别水和油

在16.4.3节中讨论了各种流体的扩散系数和黏度。对于水、油和气体，扩散系数是温度的函数。在固定温度下，水的扩散常数只有一个值。然而，油的情况并非如此——在给定温度下，根据油的成分，可能有一系列的 T_2 值和 D 值。实验观察到，对于油，T_2 值与扩散系数之间存在相关性，这种相关性取决于黏度值。油的这些经验相关性可以表示为

$$\frac{1}{T_{2\text{bulk}}} = \frac{\eta f(\text{GOR})}{aT} \tag{16.48}$$

和

$$D = \frac{bT}{\eta} \tag{16.49}$$

式中，$f(\text{GOR})$ 是气油比的无量纲函数[53]。

因此，在 $D-T_2$ 交会图上，油点轨迹应该在斜率为 b/a 的线上（$f(\text{GOR})=1$）。此外，沿这条线的测量点（$D_i - T_{2i}$）的位置应显示油的黏度。图16.39表明，利用该交会图可轻松区分该实例中的油和水。利用交会图分析，可以将 T_2 值的谱划分为与水相关的部分和与油相关的部分。

已经提出了许多方法来从NMR弛豫数据中提取这些二维图的参数。所利用的基本物理特性是，由扩散引起的磁化衰减率与扩散系数和回波间隔平方的乘积（$1/T_{2D} \propto DT_e^2$）成正比，正如16.3.6节和16.10节所述。所有这些方法的基础是使用不同的回

波间隔重复测量，以便 T_2 衰减的扩散部分可以从衰减率的其他因素中分离出来。Hürlimann 等人描述了这种特别精妙的方法[54]。

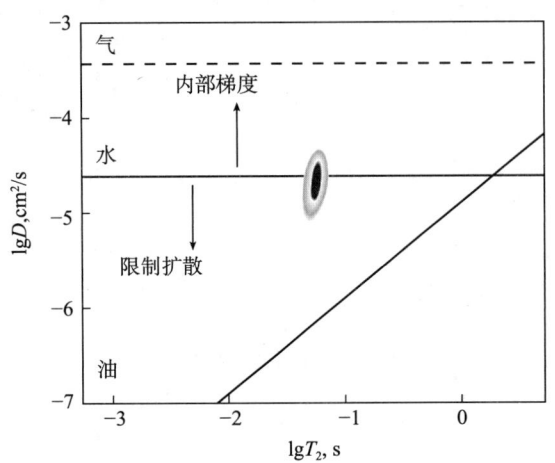

图 16.40 提到的经典解释"例外情况"的水层 $D-T_2$ 交会图[42]

图 16.40 是利用油、水、气轨迹叠加绘制得到的水层 $D-T_2$ 交会图。最上面的水平线是气体趋势线，标有给定温度扩散系数。它下面的第二条是水的趋势线（数据集中的地方），同样标有给定温度下体积流体的扩散系数。正如上面所提到的，斜线对应于油。黏度大的油绘制在图的左下方，而较轻的油绘制在右上方。事实上，这种解释有一个难点，当右上方的数据降到两条线的交叉处时，一些轻油可能无法与水区分开来。

除此之外，图中还有许多这种简洁解释方案的"例外情况"。可能由与黏土颗粒相关的铁离子引起的内部梯度磁场将使视扩散系数增加，以解释 T_2 衰减率增加的原因。在图 16.41 中，测量的是富含黏土砂岩的含水层，幅度集中在水线上面，这是内部梯度磁场的影响所致。

最后，由于多种原因，水点可能在体积水的扩散值以下，其中一种可能是扩散受限[31]。如果孔喉太小，造成其与孔喉结构冲突，导致与水相关的质子扩散受阻，无法充分扩散，则可能会发生这种情况。

历史上，简洁的 $D-T_2$ 处理技术与正确的 T_2 截止值相结合，是取代第一代 NMR 仪器某项功能的有效方法。该仪器还能够测量残余油饱和度，方法是在井中进行两次测量。在钻井液中掺杂顺磁性离子（锰 EDTA）并等待其侵入地层之后，再进行第二次测量。这样，地层中水信号也被"消除"，剩余的 NMR 信号是由残余油饱和度引起的。

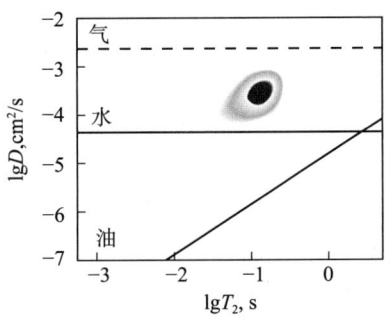

图 16.41 内部梯度对富含黏土砂岩水层数据外观的影响[42]

16.9 NMR 展望

从磁力仪到油的黏度，这是一条漫长的道路。为了理解 NMR 测井的基础，我们必须了解氢原子是如何像磁陀螺仪那样旋转，然后深入了解核感应及其伴随的弛豫现象的细节。这些细节都很复杂，但正是因为有几种不同类型的弛豫，NMR 信号才包含如此多的信息。一种类型的弛豫，即自旋失相，取决于磁场的变化而非地层的变化，但可以通过使用巧妙的脉冲序列来消除。其他类型的弛豫——纵向弛豫和横向弛豫，以及快速、慢速或受限扩散的效应——自然属于流体和多孔介质的 NMR 属性。我们已经看到，最早的测井仪器无法充分利用这些特性，但由内而外磁铁这个概念使得共振方法能够应用于井下，核磁共振测井也由此重新焕发出青春和活力。通过 NMR 测量获得的基础数据是每个深度上的弛豫时间曲线。通过分离扩散的效应可以获得更多信息，这可以通过记录不同的极化时间和回波间隔来实现。

如果在井中只有一个很容易地被核感应探测到的核粒子，那么这个粒子便是氢原子。没有其他粒子能够为我们提供如此多关于岩石微观性质的信息，尤其是关于岩石中流体的信息。我们已经看到了这一点被利用的程度。NMR 测井曲线为我们提供了有关流体总量及其在不同孔径之间的分布，以及可能具有生产潜力部分的信息。此外，我们现在能够区别不同的流体，并说出它们的特性。大自然在制造岩石这一复杂体的时候不会如此友好，因此，要解开相互矛盾的效应并不容易。例如，在碳酸盐岩中，由于弛豫现象相对较弱，提取有用的信息仍然很困难。然而，NMR 的一大优势是，井下测量结果几乎与实验室岩心样品上的测量结果相同。虽然其他测量必须在很大的地层块上进行，或者使用计算机模型进行研究，但 NMR 实验室结果可以直接应用于测井测量。因此，有充分的理由希望，随着实验室里的新发现，NMR 信号将揭示出更多有助于解开储层特性的信息。

16.10 扩散的物理推导

本节的目的是提供扩散的物理推导过程，它是可以使用 NMR 技术测量的重要效应之一。在 Carr – Purcell 技术的文献中，有一个与横向自旋 180° 翻转相关的时间 T_e，它克服了不可逆磁场梯度 $\frac{\partial B}{\partial x}$ 引起的磁化矢量的衰减，本节假设一维模型中仅有 x 方向的变化。接下来是推导分子中磁化质子的扩散如何对 DT_e^2 给出的衰减谱产生额外的衰减率，其中 T_e 即所谓的脉冲回波时间，是在 180° 翻转内的任意时间。

首先，我们回到第 3 章中首次讲到的扩散。在第 3 章中已经讲过，菲克定律将粒子 J 的电流和梯度磁场中粒子密度的变化 dN/dx 联系起来。在一维实例中，电流正是粒子密度的时间变化率。因此，可以通过求出左右方向上的电流差来获得任意点的总电流：

$$\frac{dN}{dt} = J_+ - J_- = D \frac{dN}{dx}\bigg|_+ - D \frac{dN}{dx}\bigg|_- \tag{16.50}$$

或

$$\frac{dN}{dt} = -D \frac{\partial^2 N}{\partial x^2} \tag{16.51}$$

方程的解为

$$N(x, t) = \frac{1}{4\pi \sqrt{Dt}} e^{-\frac{x^2}{Dt}} \tag{16.52}$$

该方程描述了最初在 $x = 0$ 时，粒子的密度如何随时间和与源的距离而扩散。有趣且有用的结果是，时间 t 后，乘积 Dt 替代了均方值，其中 D 为分子自扩散系数。

考虑磁化矢量 M，它由许多小的已被静态磁场极化的 m_i 组成。将这些 m_i 限制在一维空间里，并想象所有的 m_i 都将在 $x = 0$ 处找到。然后，施加 90° 翻转脉冲，磁化矢

量 M 开始在 $x-y$ 平面上以拉莫尔频率旋转。现在我们来看看，在旋转坐标系中，磁化矢量 M 会发生什么变化。在某个时间 t 时，每个 m_i 的位置将以某种分布向外扩散，在 x 方向上的分布由式（16.52）给出。

如果极化场 B_0 并非均匀，但有一定的梯度 $\frac{\partial B}{\partial x}$，此时，对于主磁化矢量，每个 m_i 的旋进速率都将稍有不同，从而引起相移。在每个脉冲回波周期 T_e 结束时产生的相位角将取决于每个 m_i 的位置 x，由下式给出：

$$\Delta = \gamma \frac{\partial B}{\partial x} x T_e \tag{16.53}$$

这将导致磁化矢量的拖尾现象，如图 16.11 所示。为了计算脉冲回波磁化矢量的大小，我们需要总结所有 m_i 在 x 的每个位置的贡献（相位角的余弦），因为在回波间隔时间 T_e 结束后，m_i 的位置已经发生变化。然后，在时间 t 的第 n 个脉冲回波的磁化矢量由下式给出：

$$M(t) = \int N(x,t)\cos\Delta \, dx = \int \frac{1}{4\pi}\frac{1}{\sqrt{Dt}} e^{-\frac{x^2}{Dt}} \cos\left(\gamma \frac{\partial B}{\partial x} x T_e\right) dx \tag{16.54}$$

与其去实际经历积分的痛苦，不如将第一部分近似为函数幅度和宽度的乘积，可以将其视为 $2\sqrt{Dt}$。此外，将余弦函数展开到第一项，得到 $M(t)$ 的下列近似表达式：

$$M(t) = \frac{1}{4\pi}\frac{1}{\sqrt{Dt}} 2\sqrt{Dt}\left[1 - \left(\gamma \frac{\partial B}{\partial x} x T_e\right)^2\right] \tag{16.55}$$

由于我们正在寻找衰减率的方程，因此，我们将第一项近似展开为指数函数，并用 $\sqrt{Dt}$ 的值替换用于计算磁场梯度的距离 x。

$$M(t) \propto e^{-\left(\gamma\frac{\partial B}{\partial x}\right)^2 Dt T_e^2} \tag{16.56}$$

该表达式清楚地给出了与 DT_e^2 成正比的衰减率，正是我们想要的结果。

参考文献

［1］Jackson J A. Nuclear magnetic well logging. The Log Analyst，1984，25（5）：16-30.

［2］Feynman R P，Leighton R B，Sands M L. Feynman lectures on physics v2. Reading：Addison-Wesley，1965.

［3］Bloch F. Nuclear induction. Phys Rev，1946，70（7-8）：460-474.

［4］Fukishima E，Roeder S. Experimental pulse NMR：a nuts and bolts approach. Reading：Addison-Wesley，1981.

［5］Appel M. Nuclear magnetic resonance and formation porosity. Petrophysics，2004，45（3）：296-307.

［6］Carr H Y，Purcell E M. Effects of diffusion on free precession in nuclear magnetic resonance experiments. Phys Rev，1954，94（3）：630-638.

［7］Meiboom S，Gill D. Modified spin-echo method for measuring nuclear relaxation times. Rev Sci Instrum，1958，29：688-691.

[8] Mardon D, Prammer M G, Taicher Z, et al. Improved environmental corrections for MRIL pulsed NMR logs run in high-salinity boreholes. Trans SPWLA 35th Annual Logging Symposium, paper DD, 1995.

[9] Davis J C Jr. Advanced physical chemistry, molecules, structure, and spectra. New York: Ronald Press, 1965.

[10] Kleinberg R L, Vinegar H J. NMR properties of reservoir fluids. The Log Analyst, 1996, 37 (6): 20-32.

[11] Dunn K-J, Bergman D J, Latorraca G A. Nuclear magnetic resonance: Petrophysical and logging applications. New York: Pergamon, 2002.

[12] Brown R J S. Proton relaxation in crude oils. Nature, 1961, 189: 387-388.

[13] Bloembergen N, Purcell E M, Pound R V. Relaxation effects in nuclear magnetic resonance absorption. Phys Rev, 1948, 73 (7): 679-703.

[14] Pople J A, Schneider W G, Bernstein H J. High-resolution nuclear magnetic resonance. New York: McGraw-Hill, 1959.

[15] Winkler M, Freeman J J, Appel M. The limits of fluid property correlations used in NMR well logging: an experimental study of reservoir fluids at reservoir conditions. Petrophysics, 2005, 46 (2): 104-112.

[16] Morriss C E, Freedman R, Straley C, et al. Hydrocarbon saturation and viscosity estimation from NMR logging in the belridge diatomite. The Log Analyst, 1997, 38 (2): 44-59.

[17] Brown J A, Brown L F, Jackson J A, et al. NMR logging tool development: laboratory studies of tight gas sands and artificial porous material. Presented at the SPE Unconventional Gas Recovery Symposium, paper SPE 10813, 1982.

[18] Lo S-W, Hirasaki G J, House W V, et al. Correlations of NMR relaxation time with viscosity, diffusivity and gas/oil ratio of methane/hydrocarbon mixtures. Presented at the SPE 75th Annual Technical Conference and Exhibition, paper SPE 63217, 2000.

[19] Brown R J S, Fatt I. Measurements of fractional wettability of oil fields' rocks by the nuclear magnetic relaxation method. Pet Trans AIME, 1956, 207: 262-270.

[20] Kleinberg R L, Straley C, Kenyon W E, et al. Nuclear magnetic resonance of rocks: T_1 vs. T_2. Presented at SPE 68th Annual Technical Conference and Exhibition, paper SPE 26470, 1993.

[21] Kenyon W E. Petrophysical principles of applications of NMR logging. The Log Analyst, 1997, 38 (2): 21-43.

[22] Korringa J, Seevers D O, Torrey H C. Theory of spin pumping and relaxation in systems with a low concentration of electron spin resonance centers. Phys Rev, 1962, 127 (4): 1143-1150.

[23] Latour L L, Kleinberg R L, Sezginer A. Nuclear magnetic resonance properties of rocks at elevated temperatures. J Colloid Interface Sci, 1992, 150 (2): 535-548.

[24] Timur A. Pulsed nuclear magnetic resonance studies of porosity, movable fluid,

and permeability of sandstones. JPT, 1969, 21: 775 – 779.

[25] Timur A. An investigation of permeability, porosity and residual water saturation relationships for sandstone reservoirs. The Log Analyst, 1968, 9 (4): 8 – 17.

[26] Loren J D, Robinson J D. Relations between pore size fluid and matrix properties, and NML measurements. Presented at the SPE 44th Annual Technical Conference, paper SPE 2529, 1969.

[27] Straley C, Morriss C E, Kenyon W E, et al. NMR in partially saturated rocks: laboratory insights on free fluid index and comparison with borehole logs. Trans SPWLA 32nd Annual Logging Symposium, paper CC, 1991.

[28] Kenyon W E, Howard J J, Sezginer A, et al. Pore-size distribution and NMR in microporous cherty sandstones. Trans SPWLA 30th Annual Logging Symposium, paper LL, 1989.

[29] Morriss C E, Macinnis J, Freedman R, et al. Field test of an experimental pulsed nuclear magnetism tool. Trans SPWLA 34th Annual Logging Symposium, paper GGG, 1993.

[30] Straley C, Rossini D, Vinegar H J, et al. Core analysis by low-field NMR. The Log Analyst, 1997, 38 (2): 84 – 94.

[31] Sen P N. Time-dependent diffusion coefficient as a probe of geometry. Concepts Magn Reson Part A, 2004, 23A (1): 1 – 21.

[32] Kleinberg R L. Nuclear magnetic resonance//Wong P-Z. Experimental methods in the physical sciences v35. San Diego: Academic Press, 1999.

[33] Brown R J S, Gamson B W. Nuclear magnetism logging. Pet Trans AIME, 1960, 219: 201 – 209, paper SPE 1305.

[34] Herrick R C, Couturie S H, Best D L. An improved nuclear magnetism logging system and its application to formation evaluation. Presented at the SPE 54th Annual Technical Conference, paper SPE 8361, 1979.

[35] Prammer M G. NUMAR (1991 – 2000). Concepts Magn Reson, 2001, 13 (6): 389 – 395.

[36] Jackson J A. Los Alamos NMR well logging project. Concepts Magn Reson, 2001, 13 (6): 368 – 378

[37] Prammer M G. NMR pore size distributions and permeability at the well site. Presented at the SPE 69th Annual Technical Conference and Exhibition, paper SPE 28368, 1994.

[38] Kleinberg R L. NMR well logging at Schlumberger. Concepts Magn Reson, 2001, 13 (6): 396 – 403.

[39] Prammer M G, Drack E, Goodman G, et al. The magnetic resonance while-drilling tool: theory and operation. Presented at the SPE 75th Annual Technical Conference and Exhibition, paper SPE 62981, 2000.

[40] Morley J, Heidler R, Horkowitz J, et al. Field testing of a new nuclear magnetic

resonance loggingwhile drilling tool. Presented at the SPE 77th Annual Technical Conference and Exhibition, paper SPE 77477, 2002.

[41] Akkurt R, Prammer M G, Moore M A. Selection of optimal acquisition parameters for MRIL logs. The Log Analyst, 1996, 37 (6): 43-52.

[42] Cao Minh C, Heaton N, Ramamoorthy R, et al. Planning and interpreting NMR fluid-characterization logs. Presented at the SPE 78th Annual Technical Conference and Exhibition, paper SPE 84478, 2003.

[43] Morriss C E, Deutch P, Freedman R, et al. Operating guide for the combinable magnetic resonance tool. The Log Analyst, 1996, 37 (6): 53-60.

[44] Coates G R, Xiao L, Prammer M G. NMR logging principles and applications. Houston: Halliburton Energy Services, 1999.

[45] Seevers D O. A nuclear magnetic method for determining the permeability of sandstone. Trans SPWLA Annual Logging Symposium, paper L, 1967.

[46] Timur A T. Nuclear magnetism studies of carbonate rocks. Trans SPWLA 13th Annual Logging Symposium, paper N, 1972.

[47] Kenyon W E, Straley C, Sen P N, et al. A laboratory study of nuclear magnetic resonance relaxation and its relation to depositional texture and petrophysical properties-carbonate Thamama group, Mubarraz field, Abu Dhabi. SPE Middle East Oil Show, Bahrain, paper SPE 29886, 1995.

[48] Akkurt R, Vinegar R J, Tutunjian P N, et al. NMR logging of natural gas reservoirs. The Log Analyst, 1996, 37 (6): 33-42.

[49] Freedman R, Cao Minh C, Gubelin G, et al. Combining NMR and density logs for petrophysical analysis in gas-bearing formations. Trans SPWLA 39th Annual Logging Symposium, paper II, 1998.

[50] Mirotchnik K D, Allsopp K, Kantzas A, et al. Low field NMR-tool for bitumen sands characterization: a new approach. Presented at the SPE 74th Annual Technical Conference and Exhibition, paper SPE56764, 1999.

[51] Anand V, Hirasaki G. Diffusional coupling between mico and macroporosity for NMR relaxation in sandstone and grainstones. Trans SPWLA 46th Annual Logging Symposium, paper KKK, 2005.

[52] Ramakrishnan T S, Schwartz L M, Fordham E J, et al. Forward models for nuclear magnetic resonance in carbonate rocks. The Log Analyst, 1999, 40 (4): 260-270.

[53] Freedman R, Lo S, Flaum M, et al. A new NMR method of fluid characterization in reservoir rocks: experimental confirmation and simulation results. SPEJ, 2001, 6 (4): 452-464.

[54] Hürlimann M, Venkataramanan L, Flaum C, et al. Diffusion-editing: new NMR measurements of saturation and pore geometry. Trans SPWLA 43rd Annual Logging Symposium, paper FFF, 2002.

习　题

16.1 使质子产生 2 MHz 拉莫尔频率所需的磁场是什么？

16.2 为了产生 2 MHz 拉莫尔频率，假设测量体积一部分中的场强比额定场强大 1%，这些自旋运动要旋进多少圈才能领先 45°？

16.3 根据量子力学定理，自旋粒子 J 可以有 $h/2$ 倍数的自旋投影 $2(J+1/2)$，并且自旋矢量的大小由 $\sqrt{J(J+1/2)h^2}$ 给出。对于自旋为 1/2 的质子，证明自旋矢量 I 与外加磁场之间的夹角为 54°。

16.4 在图 16.15 中，为什么 T_1 的斜率是温度的函数？即使黏度是温度的函数，也可以用黏度/温度关系来解释吗？

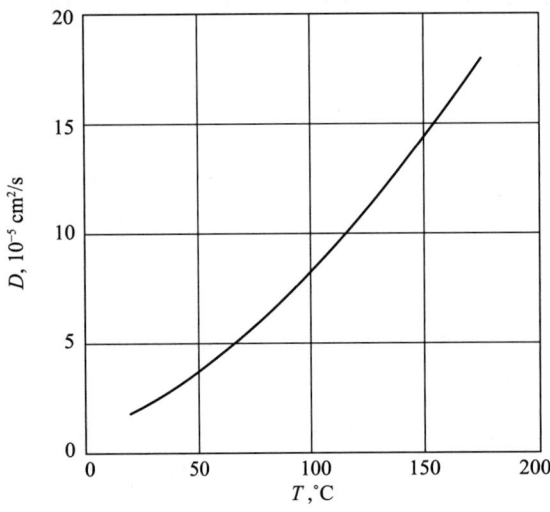

图 16.42　水的扩散系数与温度的关系[10]

16.5 使用扩散系数随水温度变化的数据（图 16.42），计算 150℃ 下，场梯度为 20 Gs/cm、回波间隔为 2 ms 的仪器测得的水的 T_2 值（应与图 16.15 一致）。

16.6 使用图 16.5 中有关感应磁化数值模拟的信息：

16.6.1　计算 T_1 值；

16.6.2　证明该实例的 121 个粒子中，正好有 110 个粒子处于磁化平衡状态。

16.7 对于具有同轴偶极磁铁的居中井眼测井仪器，极化场随距井眼中心 r 的距离而变化，如 $B(r) = \dfrac{B_0}{r^2}$。证明钠离子共振的半径 r_{Na} 由下式给出，即

$$r_{Na} = \sqrt{\frac{\gamma_{Na}}{\gamma_H}} r_H \tag{16.57}$$

式中，r_H 是质子的共振半径。根据表 16.1 给出的值计算百分数。

16.8 根据流体黏度 η 和温度 T 推导 T_1 弛豫率和相关时间 τ_c 之间的关系。建议：首先根据第 3 章中建立的关系式，将扩散系数与半径为 a 的粒子的流体黏度联系起来。然后，使用统计学扩散系数的定义［方程（16.39）］，将相关时间确定为接近扩散距离 a 所需的时间。

17

声波测井介绍

17.1 引言

尽管岩石自身的声学特性令人着迷,但促使井眼声波测井发展的并不是学术界的兴趣,而是油气勘探和评价的需要。油气勘探和评价需要在测井技术中引入第三种物理测量,于是声波测井粉墨登场。与可直接用于油气探测的电阻率测量和起初用于确定孔隙度的核测量不同,声波测井最初是作为地震勘探的辅助工具。本章的第一部分叙述了声波测量如何从地震勘探的一个不稳定辅助工具,一步步最终演变成为电缆测井重要组成部分的发展历程。

本章综述了材料的弹性特性,为理解声波测量的一些应用(已实现和有望实现的)提供了基础;总结了用于描述材料的各种弹性参数之间的关系,它与剪切波(也称横波)和压缩波(也称纵波)在弹性介质中的传播速度有关;介绍了一种最简单和最常见的用于测井测量的基本测井装置,即纵波声波时差测井仪,以及将传播时间与孔隙度联系起来的基本经验数据,从而改变了声波测井的整体应用,这些数据表明需要用岩石声波模型来详细解释观测结果。

17.2 井眼声波测量简史

利用声能产生地下图像已有很长的历史。反射地震勘探包括在地面使用低频声源,产生向下传播的能量脉冲,这些能量脉冲或多或少地被声源正下面的地层反射。通常,靠近声源的地面探测器阵列探测反射波。这项技术是多年地震工作实践的产物,其中与反射器的深度相比,声源和接收器之间的距离很大。最早的一些折射研究是第一次世界大战期间在德国完成的,它通过一种三角测量法确定敌人炮兵阵地的位置。后来人们将该方法扩展到寻找石油,并在 1920 年左右首次用于探测盐丘。

反射地震技术迅速应用于石油勘探领域,并在绘制之前发现的盐丘位置方面进行了首次成功演示。1925年，它第一次独立成功地确定了美国俄克拉荷马州石油矿床的位置。从那时起，它成为一种常用的工具，在某些情况下，还成为一种标准的勘探技术。

对于早期地震先驱者来说，最大的解释问题是时间与深度之间的相关性。即使知道各种岩石类型的声速，也无法确定给定反射层的深度。为了解决这一问题，1927年开始进行速度测量。速度测量包括在地面引爆爆炸和记录井内已知深度的到达时间。随后，速度测量业务快速增长。

看到了增加收入的机会，斯伦贝谢油井测量公司在20世纪30年代中期通过出租卡车和电缆开始从事速度测量业务。大约在同一时间，康拉德·斯伦贝谢获得了一项设备专利，该设备用于测量井眼所穿过的一小段岩石的声速[1]。专利封面如图17.1所示。从图中看不出来的是，井下声能的来源是型号A福特喇叭。第一代设备经过测试，但无法正常工作。这是一个超前的想法。为使设备正常工作，需要更先进的技术，该技术在第二次世界大战末期得以实现。

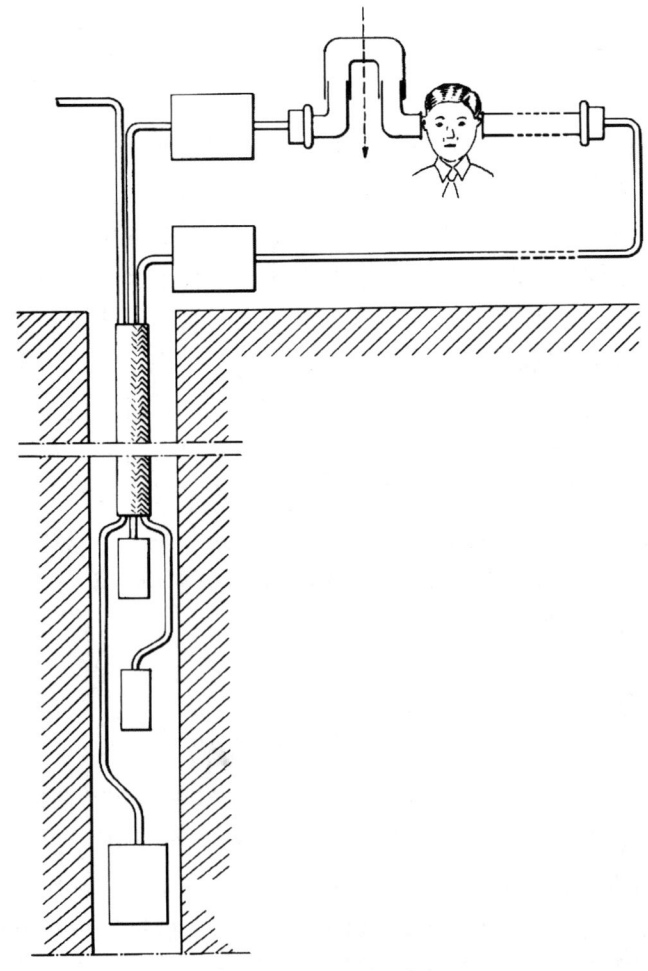

图 17.1　1935 年获得声波时差的专利封面[1]

渴望了解局部地层速度的愿望促使三家石油公司（Humble、Magnolia 和 Shell）几乎同时开发了井眼测井仪器。其中两家公司推出了双接收器仪器，而第三家公司只使用了一个接收器。当时，斯伦贝谢一位富有进取心的人发明并实现了一种速度倒数测量[2,3]。他提议将炸药放入井中，然后在地面记录到达时间，无须在地面钻许多的炮眼。第一种信号源是井壁取样器（一种将钢杯打入地层以提取岩石样本的爆炸装置），但是它没有产生足够的声能，因此，很难在地面探测到。之后，他尝试了常规的射孔枪，使用的是仿制胶木子弹，该枪射孔深度低于 3 500 ft。

当射孔枪悬挂在 400 ft 的特殊低速电缆上时，这种速度倒数测量便演变为声波测井的前身。在这根专用电缆的顶部悬挂着一个地震检波器，在 400 ft 高处悬挂着第二个地震检波器。通过沿井眼上下每 400 ft 放置一个检波器，该仪器可以连续测量速度。然而，由于仪器笨重，该想法被束之高阁。

1955 年，斯伦贝谢通过获得 Humble 速度测井专利正式进入速度测井行业，改进了设计，使之成为一种不需要任何声波测井解释概念的实用测井仪器。幸运的是，在同一年，海湾地区的研究人员正在测量真实和合成岩石样品的速度与孔隙度之间的关系。该测量数据的公布催生出了著名的怀利时间平均方程，这为使速度测井成为测井和地层评价的重要工具提供了必要的突破。

随着声波测井（最初用于速度测量）采集经验的不断积累，建立了劣质测井曲线与被冲蚀（扩大的）井眼之间的相关性，从而提出了一种新的仪器设计［井眼补偿（BHC）］，即将一对发射器和一对接收器结合起来补偿井眼扩大的影响。最初无法解释的套管井信号丢失现象归因于水泥与套管胶结不好，从而促使整体并行开发超声仪器来测量套管和水泥胶结质量。

后来发现，离井眼最近地层的力学性质的改变对测量结果产生了不可忽视的影响，因此，制造了探测更深的仪器。这些长源距的声波仪器增加了源与探测器的间距，在速度测量中，可以测量未受干扰的压缩波速度。

对剪切波速度测量重要性的认识激发了人们记录井下波列的热情，这在很大程度上得益于波形数字化的发展。接着在电子设备、传感器设计和信号处理方面都取得了许多技术进步，最终使得采用多个单极子和偶极子发射器以及多方位接收器阵列的仪器性能达到顶峰。除了通常的压缩波测井外，该仪器至少还可以进行剪切波测井，以及其他有意义参数中的声波各向异性测量。

17.3 井眼声波测井的应用

传统的声波测井方法采用的是传输法。它由一个声能发射器和一个与之间隔一定距离的接收器组成。声能频率范围通常在 20 kHz 左右，以短脉冲方式发射而不是连续发射。探测到的声波信号已经穿过井眼周围的部分地层。这种方法通常用来测量压缩波和剪切波波速（最近以来）。速度测量最常见的用途是建立速度与地层孔隙度和岩性的关系。然而，正如第 19 章所讨论的，也可以根据声波测量结果推测和估算异常高的孔隙压力，以及评价岩石力学性质。

除了速度之外，在传输模式下可以测量的另一个参数是衰减。虽然不像简单的声波时差测量那样常用,但声波衰减测量在探测裂缝方面却取得了成功。另一方面,声波衰减法通常用于评价水泥与钢套管的胶结质量。

井眼声波测量的第二种方法是反射法。在这种情况下,声能源频率要高得多,约为 500 kHz。通常,发射器和接收器是一个单一元件。根据具体应用,测量声波信号在发射器和接收器之间的传播时间或衰减。反射技术的应用之一是获得井壁的声波图像。该方法在探测和评价裂缝方面已经取得了相当大的成功。第 19 章描述的另一种应用也是用于评价水泥胶结质量。

自从引入偶极子发射器和阵列接收器、复杂的信号处理技术以及详细的声学模拟技术以来,一系列新的测量方法已如雨后春笋般涌现出来。这些领域的发展使得弥散井眼声波的测量和利用成为可能,弥散分析在地质力学中的应用将在第 19 章中进行介绍。

17.4 弹性介质性质综述

弹性介质具有两种重要的能量输送机制:压缩波和剪切波。图 17.2 用一悬浮或彼此用弹簧连接的质点体系阐明了压缩波的概念。这表示晶体结构中具有静电排斥的原子可以代替弹簧。如果这种质点—弹簧装置的远端快速向右移动而引起压缩,然后突然停止,压缩将以速度 v_p 向右传播。这种压缩扰动的传播将导致局部应力(力)和局部位移,如图底部所示。对于这种类型的波,粒子位移和扰动传播的方向相同。

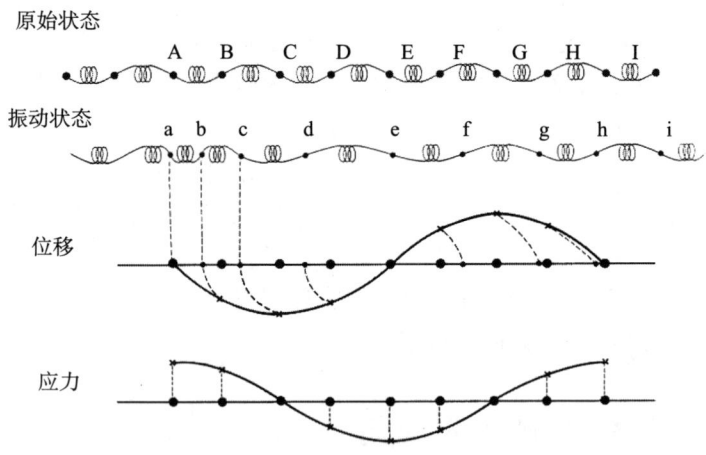

图 17.2　用耦合弹簧和质点表示弹性介质
材料的振动被视为在每个点的位移和应力的改变

为了说明剪切波的概念,其中粒子位移与扰动运动方向成直角,请参考图 17.3。在这种情况下,图 17.2 中的一维质点—弹簧组合被交叉弹簧的二维结构取代。两个连接起来的质点链组成的材料单元如图 17.2(a)所示,图 17.2(b)表示该单元正在经历剪切运动。其结果是对角线上的一个弹簧被拉伸,另一个被压缩。一旦剪切力被去除,这个小系统将会重新调整:压缩的弹簧被拉伸,另一个被拉伸的将被压缩。

图 17.4 显示了连接在一起的这些元素。在左端可以看到一个剪切变形，如果去除剪切力而左侧边缘仍被固定住，则剪切变形将会以速度 v_s 向右侧传播。

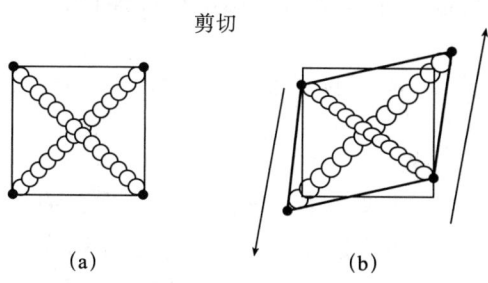

图 17.3　弹性材料中的剪切力，考虑了质量元素的交叉耦合

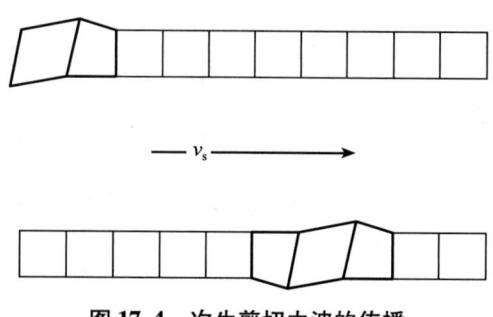

图 17.4　次生剪切力波的传播

为了量化这两种基本类型波的传播，有必要回顾一下描述弹性介质特性的参数。第一个参数是杨氏模量 Y（有时用 E）。图 17.5 说明了在均匀张力下一个长方体的拉伸效果。根据胡克定律，拉伸的长度 Δl 将与拉力 F 成正比。长方体所受的应力 σ 定义为力 F 除以横截面积 A，杨氏模量是应力与应变的关系常数，或者是应力方向上长度改变的百分数：

$$\frac{F}{A} = Y \frac{\Delta l}{l} \tag{17.1}$$

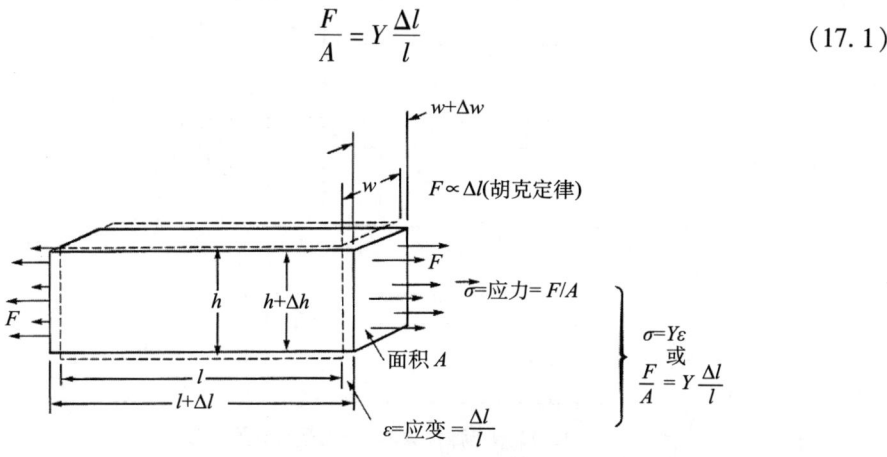

图 17.5　弹性体在均匀水平张力下的形变[4]

施加在所示弹性体上的应力还会使宽度 $\frac{\Delta w}{w}$ 和高度 $\frac{\Delta h}{h}$ 缩小。如果将伸长量取为正值，宽度和高度的缩小量将与伸长量成正比，并且弹性体宽度和高度会变小。可以写成

$$\frac{\Delta w}{w} = \frac{\Delta h}{h} = -\upsilon \frac{\Delta l}{l} \tag{17.2}$$

式中，υ（有时写成 σ）是泊松比。

因此，当应力均匀时，一个坐标轴方向的伸长量乘以泊松比可以得到另外两个坐标轴方向的缩小量。杨氏模量和泊松比这两个常数是能够完全详细说明均匀各向同性材料弹性特性的两个唯一必要参数。然而，还有其他常用的各种弹性常数也描述了相同的介质。它们要么来自用来研究材料的实验方法，要么来自理论分析。

其他常用的常数之一是体积模量 B（有时写为 K），它是材料在均匀围压下的压缩率。体积模量定义为

$$p = -B \frac{\Delta V}{V} \tag{17.3}$$

式中，体积模量 B 与压力 p 有关，这是体积改变量 $\frac{\Delta V}{V}$ 的必要常数。

图 17.6 以及下面讨论的内容指出，实验室测量中的一个明显的体积模量参数是如何与杨氏模量和泊松比建立关系的。

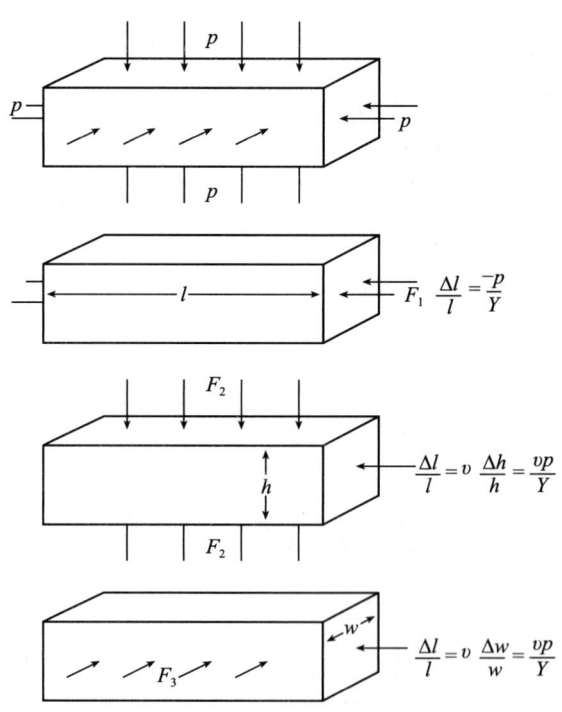

图 17.6　弹性体在均匀压力下的形变[4]

施加在弹性体上的均匀压力被认为在同一时刻只有一个方向。分析首先从三个方

向检查弹性体长度的变化。围压力 F_1 将会使长度产生变化，由下式给出：

$$\frac{\Delta l}{l} = -\frac{p}{Y} \tag{17.4}$$

长度改变是负数，这是因为长度会减小。长度减小的结果将会使弹性体在高度上增加，如图 17.6 序列的第二个简图所示。

第二步，考虑由于施加在弹性体顶部和底部的压力导致的长度变化。弹性体在高度上的微小变化将导致弹性体变长：

$$\frac{\Delta l}{l} = \upsilon \frac{\Delta h}{h} \tag{17.5}$$

由力 F_2 引起的弹性体高度的微小变化与最后一个方程 $\left(\frac{p}{Y}\right)$ 一样，因此

$$\frac{\Delta l}{l} = \upsilon \frac{\Delta h}{h} = \frac{\upsilon p}{Y} \tag{17.6}$$

第三步，侧面压力会引起弹性体宽度和长度发生变化，其影响可用类推方法表示为

$$\frac{\Delta l}{l} = \upsilon \frac{\Delta w}{w} = \frac{\upsilon p}{Y} \tag{17.7}$$

因此，压力的三个方向上引起的长度总变化用分数表示为

$$\frac{\Delta l}{l} = -\frac{p}{Y}(1 - 2\upsilon) \tag{17.8}$$

据此，可得到总体积应变 $\frac{\Delta V}{V}$，它是长度变化的三倍：

$$\frac{\Delta V}{V} = 3\frac{\Delta l}{l} = -3\frac{p}{Y}(1 - 2\upsilon) \tag{17.9}$$

从该表达式中可以看出，泊松比的一个限制条件是其一定小于 $\frac{1}{2}$。

接下来考虑切变模量与两个初始常数的关系。图 17.7 是纯剪切力作用下的实例。向表面积 A 施加正切力 G，以产生均匀的剪切力。图 17.8 说明两对剪切力能够等效于一对压缩力和拉伸力，如图的下部所示。切变模量 μ 将剪应变 θ 和剪应力 $\frac{G}{A}$ 联系起来，$\frac{G}{A}$ 是单位面积上的正切力。图 17.9 说明了剪切角 θ 的定义，它是在剪切力的作用下，立方体最大的位移 δ 与立方体长度的比值。根据定义，θ 表达式为

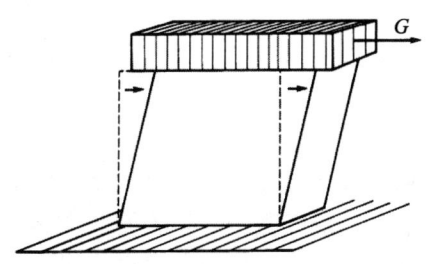

图 17.7 立方体在均匀剪切力下的形变[4]

$$\theta = \frac{\delta}{l} = \frac{1}{\mu}\frac{G}{A} \tag{17.10}$$

为了建立切变模量与之前弹性常数的关系，图 17.8 给出了剪应力的等效图，

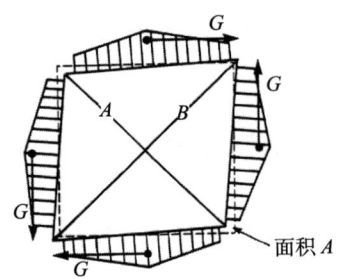

需要评价对角线长度的变化。沿着所示的对角线，由拉伸力产生的伸长率可由胡克方程给出：

$$\frac{\Delta D}{D} = \frac{1}{Y}\frac{G}{A} \quad (17.11)$$

压缩力将产生类似的伸长率，由方程（17.12）给出：

$$\frac{\Delta D}{D} = v\frac{1}{Y}\frac{G}{A} \quad (17.12)$$

因此，对角线长度的总变化为

$$\frac{\Delta D}{D} = \frac{1}{Y}(1+v)\frac{G}{A} \quad (17.13)$$

同样的关系在另一条对角线上也成立，所以，总的剪应变将是这个量的两倍。

故剪应变的方程可以写为

$$\theta = \frac{\delta}{l} = \frac{2\Delta D}{D} = \frac{2(1+v)}{Y}\frac{G}{A} \quad (17.14)$$

根据上面给出的关系，可以确定切变模量 μ 为

$$\mu = \frac{Y}{2(1+v)} \quad (17.15)$$

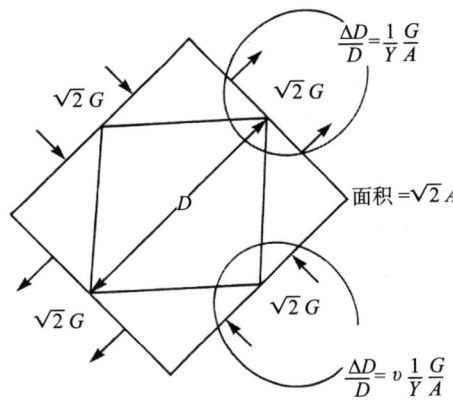

图 17.8 将作用于立方体上的力分解成等效的拉伸力和压缩力[4]

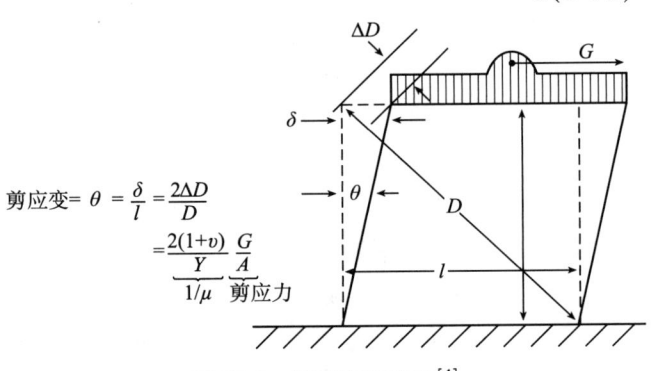

图 17.9 剪应变的定义[4]

用于描述弹性介质的第三个常数是所谓的拉梅常数 λ。结合切变模量 μ，一起简化表示应力与应变张量之间的关系[5,6]。另一个优点是，当使用该方程时，压缩波和剪切波速度具有相当简单的数学表达式[7]。

17.5 波的传播

图 17.10 是一个理想的压缩波示意图。压力变化周期为 T，频率为 $\frac{1}{T}$。用颗粒密度的增加来表示压力的增大，可以看到颗粒密度增加的间隔为波长 λ。下面著名的方程通过压缩波的传播速度 v_c 将压力扰动之间的间隔 λ 与扰动的频率建立关系：

$$\lambda f = v_c \tag{17.16}$$

假设图中所示的材料可以用适当的杨氏模量 Y 和密度 ρ 来描述，我们就可以推导出特殊情形的一维压缩波的传播速度 v_c。

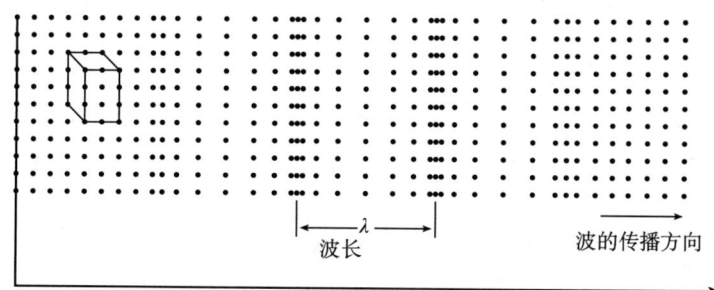

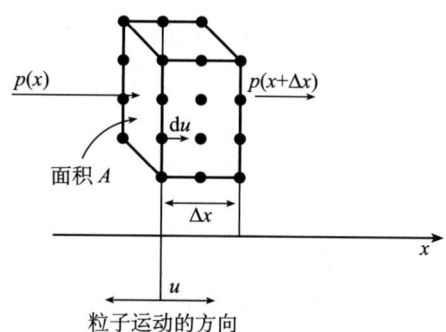

图 17.10 非常坚硬材料中的一维波传播

该方法是考虑厚度为 Δx、面积为 A 的一个小体积元，并为其写出运动方程。首先注意图 17.10 中的参照系。x 轴位置将表示体积元的位置，叠加轴 u 将表示粒子围绕其静止位置 x 的运动。运动方程（$F = Ma$）的表达式可写为

$$F = \rho A \Delta x \frac{d^2 u}{dt^2} \tag{17.17}$$

力 F 是作用在体积元的两个面之间的压力差：

$$F(x) - F(x + \Delta x) \tag{17.18}$$

可以通过在方程的两边同时除以横截面积 A 与压力差建立关系：

$$p(x) - p(x + \Delta x) = \rho \Delta x \frac{d^2 u}{dt^2} \tag{17.19}$$

将杨氏模量引入该方程，建立起了单位体积的两面压力与单位体积长度变化之间的关系：

$$p(x) = Y \frac{\Delta l}{l} = Y \frac{du}{\Delta x}\bigg|_x \tag{17.20}$$

$$p(x + \Delta x) = Y \frac{du}{\Delta x}\bigg|_{x + \Delta x} \tag{17.21}$$

根据前两个方程和微分方程的定义，压力梯度可表示为

$$\frac{dp}{dx} = Y \frac{d^2 u}{dx^2} \tag{17.22}$$

使用关系式（17.22），可将运动方程表示为

$$Y\frac{\mathrm{d}^2 u}{\mathrm{d}x^2}\Delta x = \rho \Delta x \frac{\mathrm{d}^2 u}{\mathrm{d}t^2} \tag{17.23}$$

或

$$\frac{\mathrm{d}^2 u}{\mathrm{d}t^2} = \frac{Y}{\rho}\frac{\mathrm{d}^2 u}{\mathrm{d}x^2} \tag{17.24}$$

该方程被称为波动方程，波的传播速度由弹性常数比值的平方根给出：

$$v_c = \sqrt{\frac{Y}{\rho}} \tag{17.25}$$

然而，这是特殊情况下的传播速度，因为通常情况下的传播速度是

$$v_c^2 = \frac{Y}{\rho}\frac{1-v}{(1+v)(1-2v)} \tag{17.26}$$

它包含泊松比（这里用 v 表示）。因此，我们所考虑的这种波传播的特殊性对应于非常坚硬的材料（$v=0$），在垂直于压缩力方向不发生膨胀。

剪切波的速度由一个更简单的表达式给出：$\sqrt{\mu/\rho}$。其推导与前面的很相似，只是更复杂一些。然而，如果我们将该方法和拉梅常数一起使用，几乎一眼就能找到这个结果[8]。

表 17.1 给出了弹性常数和两种类型波速之间一些有用的关系。通过该表可以推导出一些弹性参数的限制条件，以及剪切波和压缩波速度之间的关系。

表 17.1 弹性常数和波速度之间的关系[8]

	Y, v	B, μ	Λ, μ	ρ, v_c, v_s
拉梅系数 λ	$\dfrac{Yv}{(1+v)(1-2v)}$	$\dfrac{3B-2\mu}{3}$	λ	$\rho(v_c^2 - 2v_s^2)$
切变模量 μ	$\dfrac{Y}{3(1-2v)}$	μ	μ	ρv_s^2
杨氏模量 Y	Y	$\dfrac{9B\mu}{\mu+3B}$	$\dfrac{\mu(3\lambda+2\mu)}{(\lambda+\mu)}$	$\dfrac{\rho v_s^2(3v_c^2 - 4v_s^2)}{v_c^2 - v_s^2}$
体积模量 B	$\dfrac{Y}{3(1-2v)}$	B	$\lambda + \dfrac{2}{3}\mu$	$\rho\left(v_c^2 - \dfrac{4}{3}v_s^2\right)$
泊松比 v	v	$\dfrac{3B-2\mu}{2(3B+\mu)}$	$\dfrac{\lambda}{2(\lambda+\mu)}$	$\dfrac{v_c^2 - 2v_s^2}{2(v_c^2 - v_s^2)}$
v_c^2	$\dfrac{Y(1-v)}{\rho(1+v)(1-2v)}$	$\dfrac{B+\dfrac{4}{3}\mu}{\rho}$	$\dfrac{1+2\mu}{\rho}$	v_c^2
v_s^2	$\dfrac{Y}{\rho 2(1+v)}$	$\dfrac{\mu}{\rho}$	$\dfrac{\mu}{\rho}$	v_s^2

根据体积模量的定义，有

$$B = -\frac{p}{\frac{\Delta V}{V}} \tag{17.27}$$

我们可以立即判断出 $B>0$。参照表 17.1，其中一个含义是

$$v_c^2 - \frac{4}{3}v_s^2 > 0 \tag{17.28}$$

因此，我们期望 v_c 超过 v_s 至少 15%。然而，通过考察对泊松比 υ 的限制可以得到速度对比的另一个估值。

υ 的上限可以根据体积模量与杨氏模量和泊松比的函数关系得到。该表达式为

$$B = \frac{Y}{3(1-2\upsilon)} \tag{17.29}$$

上式表明 $\upsilon < \frac{1}{2}$。υ 的下限可以根据泊松比的表达式得到，它是体积量和切变模量的函数：

$$\upsilon = \frac{3B - 2\mu}{2(3B + \mu)} \tag{17.30}$$

如果 B 设置为 0，则 υ 的最小值为 -1。然而，这意味着样品由于其他方向的拉伸会产生垂直方向的膨胀。实际材料，如岩石，就不会显示出这种怪异的特性。多数情况下，垂直于拉伸方向上的尺寸不会变化。因此，υ 的一个实际极限值是零，用 υ 表示的速度表达式显示，泊松比取最小值时，压缩波速度将超过剪切波速度 40%。

声波的反射和折射可以用惠更斯原理直观显示，类似于光学反射。图 17.11 显示了两种不同介质的界面，两种介质密度分别为 ρ_1 和 ρ_2，压缩波和剪切波的速度分别用 v_p 和 v_s 表示，速度在两种介质中是不同的。梯状物的平行梯级相当于入射的周期压力干扰的最大值。在 A 点，压力干扰将在介质 2 中产生外行波，用速度 v_{p2} 表示，介质 2 中的速度比介质 1 中的速度大。[对于该实例，我们只考虑压缩波（P 波）传播，但同样适用于在该界面上产生的剪切波（或 S 波）。]假设在 C 点之前，在第一种介质中，波传播了距离 x 到达界面上的 B 点，介质 2 中的压缩波干扰已经扩展成半径大于 x 的因子 $\frac{v_{p2}}{v_{p1}}$。因此，标记 D 点将与在 B 点起始的新波同相。最终结果是，与法线夹角为 i 的入射波将会以一个新角 r 离开界面。这两个角之间的关系由两种介质中的速度差决定：

$$\frac{\sin i}{\sin r} = \frac{v_{p1}}{v_{p2}} \tag{17.31}$$

这是著名的斯奈尔定律。这种关系的一个有趣方面是，如果入射角 i 变得足够大，则折射波将平行于界面表面传播。临界入射角 i_{crit} 由下式给出：

$$\sin i_{\text{crit}} = \frac{v_{p1}}{v_{p2}} \tag{17.32}$$

临界折射并沿界面传播的波称为首波。当它们沿界面传播时，会将能量辐射回初始介质。正是这种现象使我们可以通过井眼中居中的声波仪器来探测主要在地层中传播的声能。

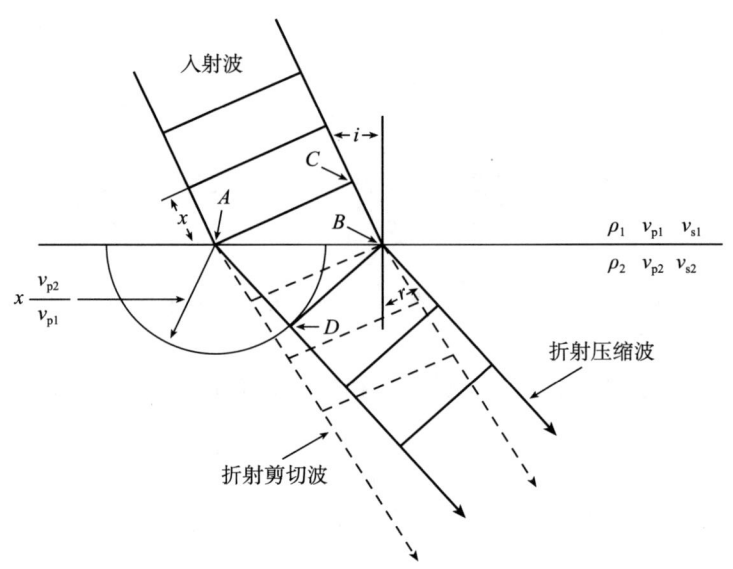

图 17.11　传播声能的射线表示方法
折射显示在两种不同声波特性材料之间的界面处

17.6　基本声波测井

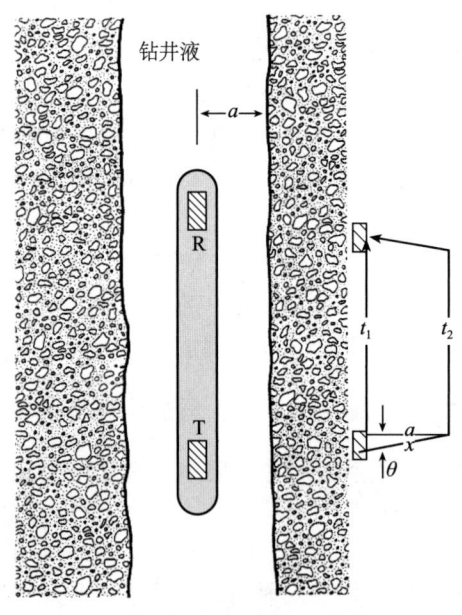

图 17.12　测量声波时差 Δt 的基本井眼装置
侧面显示的是声能从井眼折射到地层并
返回到接收器的射线路径

图 17.12 画出了地层压缩波速度测量仪器的必要元素，由一个声能发射器和一个接收器组成。该仪器在充满流体的井眼内居中，流体的压缩波速度约为 5 000 ft/s。侧面的射线图指出了声能的两条传播路径，一条在钻井液中，另一条在地层中以临界角折射。地层中的压缩波速度在 10 000 ~ 20 000 ft/s 之间。仪器测量包括记录从发射器发射到第一个可检测信号到达的时间。

即使对于这样一个基本的仪器，其设计也必须采取一些预防措施。为了避免井眼钻井液中传播的声能早于地层信号到达接收器，发射器和接收器之间的间距必须足够大。图 17.12 的射线图显示了要达到该条件所需的发射器和接收器之间最小源距 d 的有关参数。钻井液传播时间必须大于在地层中的传播时间加上在钻井液中的双向传播时间。钻井液传播时间 t_1 为源距 d 除以钻井液速度 v_1。在地层中的传播时间约为 $\dfrac{d}{v_2}$。钻井液到地层的双向传播时间可以根据长度 x 得到。根据临界角的定义，距离 x 由下式给出：

$$x = \frac{a}{\sqrt{\frac{v_2^2 - v_1^2}{v_2^2}}} \tag{17.33}$$

源距 d 的最终结果是

$$d > \frac{2a\sqrt{v_2^2 - v_1^2}}{v_2 - v_1} \tag{17.34}$$

17.7 基本声波测井解释

怀利等人工作的突破性意义在于让声波测井成为测井解释中的一个核心角色[9,10]。他们着手此项工作的时候，只有基本的中子测井仪器，几乎无人知晓孔隙度测井。他们对材料（包括岩样在内）声速的测量为测井解释人员提供了一条途径，即在地震校正时，将测量的传播时间转化成其他形式，而不是累计的声波传播时间，它将累计的声波传播时间与岩石孔隙度联系起来。

引发这场革命性进步的数据如图 17.13 所示。测量包括不同孔隙度砂岩岩样的速度（用倒数表示，并称为声波时差或 Δt）。这些测量都是在几种不同的环境下进行的。图中上部的两条趋势线显示的是干燥、松散的岩样，其速度最低，当岩样被水饱和时，速度会增加。然而，令我们感兴趣的是底部趋势线，它对应于在测量过程中被压实的一些水饱和岩样。这些点的声波时差遵循以下表达式：

$$\frac{1}{v} = \frac{1}{v_{\text{solid}}}(1 - \phi) + \frac{1}{v_{\text{fluid}}}\phi \tag{17.35}$$

或

$$\Delta t = \Delta t_{\text{solid}}(1 - \phi) + \Delta t_{\text{fluid}}\phi \tag{17.36}$$

这就是著名的怀利时间平均方程，该方程中的声波时差与孔隙度呈线性关系。

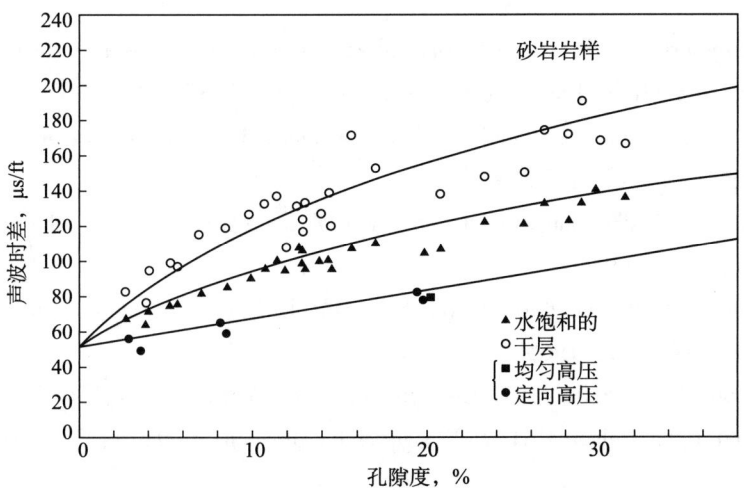

图 17.13　岩样声波时差和孔隙度之间关系的实验室数据[9]

方程（17.35）的非凡之处在于，它是怀利为铝和有机玻璃交替平行层构成的人造样品提出来的。对于这样一个层状模型，总的时间延迟由各种长度地层与流体的延迟之和给出是合理的，流体延迟大小与孔隙度有关。承压砂岩岩样为什么也会这样，目前尚不清楚。

在研究过程中，怀利等人发现，传播时间取决于另外一些参数。这些参数包括骨架材料、胶结质量、孔隙中流体的类型和压力。例如，图 17.14 显示了不同有效压力下白云岩的传播时间与孔隙度的函数关系。很明显，斜率不仅取决于流体速度，还取决于孔隙压力和外部压力之间的差值。为了解释这些事实，接下来我们将不得不研究一些已开发出的用于解释这些速度变化的岩石模型。

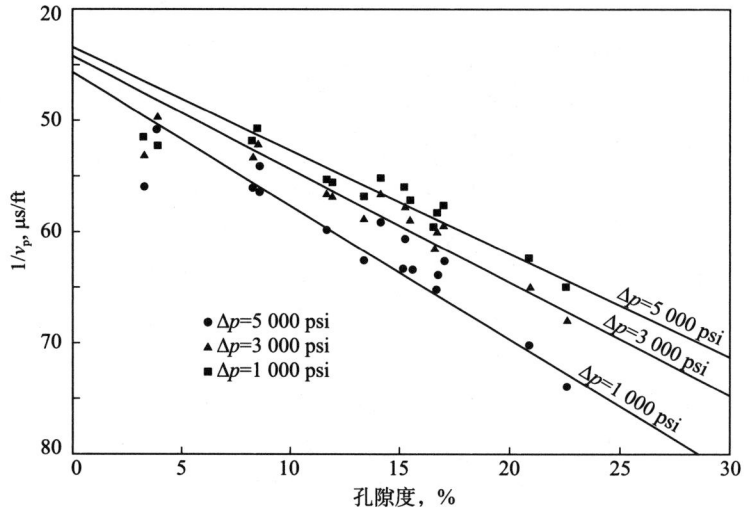

图 17.14　声波时差与岩石样品压差相关性的实验室数据[11]

参考文献

[1] Schlumberger C. Procede et appareillage pour la reconnaisance de terrainstraverses par un sondage. Republique Francaise Brevet d'Invention, 1935, 786, 863.

[2] Kokesh F P. The development of a new method of seismic velocity determination. Geophysics, 1952, 17 (3): 560 – 574.

[3] Kokesh F P. The long interval method of measuring seismic velocity. Geophysics, 1956, 21 (3): 724 – 738.

[4] Feynman R P, Leighton R B, Sands M L. Feynman lectures on physics, vol2. Reading: Addison-Wesley, 1965.

[5] Turcotte D L, Schubert G. Geodynamics. New York: Wiley, 1982.

[6] Hearst J R, Nelson P H. Well logging for physical properties. New York: McGraw-Hill, 1985.

[7] Tittman J. Geophysical well logging. Orlando: Academic Press, 1986.

[8] White J E. Underground sound: application of seismic waves. Amsterdam: Elsevier, 1983.

[9] Wyllie M R J, Gregory A R, Gardner L W. Elastic wave velocities in heterogeneous and porous media. Geophysics, 1956, 21 (1): 41 – 70.

[10] Wyllie M R J, Gregory A R, Gardner L W, et al. An experimental investigation of factors affecting elastic wave velocities in porous media. Geophysics, 1958, 23 (3): 459 – 493.

[11] Pickett G R. Formation evaluation. Golden: Colorado School of Mines, 1974.

习 题

17.1 地层压缩波速度通常在 10 000 ~ 20 000 ft/s 之间，而钻井液的压缩波速度约为 6 000 ft/s。

17.1.1 在极限值情况下，临界角（以度为单位）的变化是多少？

17.1.2 对于给定间距为 3 ft 的一对发射—接收器，在井径为 10 in 的井眼中居中，当临界角是上面确定的最大值时，首波压缩波在地层中传播的实际距离是多少？

17.2 为了理解 Δt 测量的时间限制和成功进行该测量的困难，需要考虑声波发射频率与发射器和接收器之间源距的关系，以获得给定精度的压缩波传播时间。

17.2.1 为时差测量满足孔隙度精度达到 1 p.u. 以内的要求，应用怀利的原始数据（图 17.13）建立一个 Δt 测量精度图。

17.2.2 假设检测系统能够在正弦发射波列的第一个四分之一周期的某个地方确定首波，为了使源距 3 ft 的仪器分辨率达到 1 p.u.，发射频率最低值为多少？

17.2.3 假如首波在检测到的波列最大振幅是 0.1 ~ 0.5 倍之间的某个位置被检测到，则所需的频率是多少？

17.3 参照图 17.12，确定首波为地层压缩波信号而非钻井液直达波所需的最小间距。井眼直径为 16 in，钻井液和地层的声波时差分别为 189 μs/ft 和 120 μs/ft。在某些泥岩中，声波时差可能高达 150 μs/ft。所需的最小源距是多少？

17.4 声波时差 Δt 和速度常规单位之间的换算系数是多少？声波时差单位为 μs/ft，速度单位为 km/s。

请注意，该换算系数数值上等于常数 c，该常数将流体声波时差期望值 Δt（单位为 μs/ft）与 $\sqrt{\dfrac{\rho}{B}}$ 联系起来，其中 B 是体积模量（单位为 GPa，1GPa = 10 kbar），密度 ρ 的单位是 g/cm^3，即

$$\Delta t = c \sqrt{\frac{\rho}{B}} \qquad (17.37)$$

18

声波在多孔岩石和井眼中的传播

18.1 引 言

第17章回顾了描述理想弹性介质所需的参数，也推导出了弹性模量与压缩波和剪切波传播速度之间的关系。在本章的结论中，指出了一种可能的测井应用，即应用测量的压缩波慢度和怀利时间平均经验方程确定孔隙度。

除了孔隙度之外，岩石的其他性质（如岩性）和环境影响（如压力）可能是决定压缩波和剪切波声速的重要因素。影响岩石声速的重要因素有哪些？这些因素如何与代表岩石的弹性常数相关联？如何利用测得的剪切波和压缩波速度推导出一些有用的岩石物理、地球物理或力学性质？这些是本章将要解释阐明的一些问题。

作为背景，我们首先描述了用于研究岩石声学特性的实验步骤，然后回顾了大量研究岩石声学特性的研究人员积累下来的一些实验室和现场数据。该项研究表明，声传播速度并不是简单的怀利时间平均方程所意味的那样，而是一种更为复杂的现象。作为实验室观测的结果，一些尝试描述实际岩石声学特性的岩石模型应运而生，也描述了几种模型中使用的方法。言归正传，本章的最后部分介绍了井眼中声波的某些特点，以及不同材料界面处声能的传播。

18.2 实验室测量回顾❶

对文献的研究表明，岩石中的压缩波声速主要取决于六个因素：孔隙度、组分或岩性、应力状态、温度、饱和多孔岩石的流体成分和岩石结构[1,2]。在所有这些因素

---

❶ 对于原始章节的大部分内容，灵感（和图表）来自文献 [1] 中的"声波测井"，以及文献 [2]。

中，温度是最不重要的，因此，这里不予考虑。在我们研究某些实验数据之前，有必要研究一下如何测量岩石的声学特性。

图 18.1 是测量岩石样品声速的典型实验室装置示意图。它由压缩波（P 波）或剪切波（S 波）传感器（通常是压电式的）组成，传感器通过电脉冲供电。在样品的另一端是一个类似的传感器，它产生一个输出电压，该输出电压是传感器应变产生的。发射脉冲和接收脉冲之间的时间延迟被转换成相应的声速。

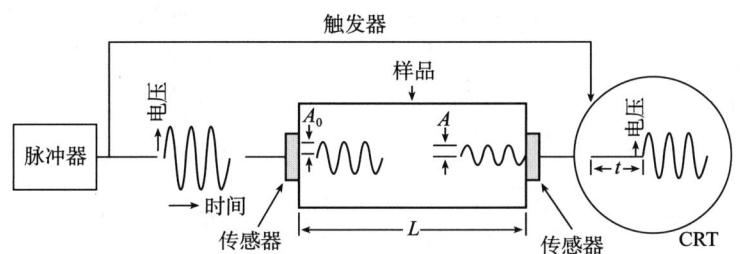

图 18.1　测量岩石样品声学特性的实验室装置[1]

影响声速的重要因素之一是岩石应力的实际状态。尽管对于实际地层来说，很难精确地知道这种状态，但在实验室中，可用围压和孔隙压力之间的压差近似表示。为了研究应力对声速的影响，可以将样品放置在一个类似于如图 18.2 所示的特殊容器中。

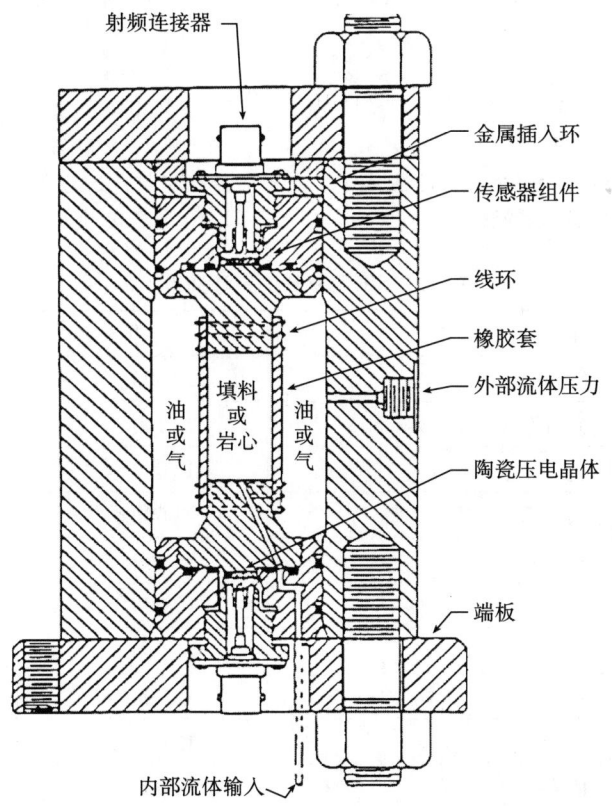

图 18.2　用于模拟上覆岩层压力和孔隙压力的压差传感器详细示意图[3]

从图中可以看出，样品被一个橡胶套完全封闭，然后被某种流体包围，流体的压力可以改变，以产生与上覆岩层压力相等的压力。图右下方有一个附加连接，它起到了与饱和多孔样品流体的连接作用。因此，孔隙流体的压力也可以改变，并且声速可以确定为这两个压力差的函数。

孔隙度对许多砂岩样品压缩波速度的影响如图 18.3 所示。孔隙度是测得的声波时差的函数，直线是数据的时间平均拟合。图中给出了拟合中使用的骨架和流体声波时差值。这些测量是在没有围压的情况下进行的，数据分散可能代表有其他重要的影响因素，如纹理。在图 18.4 中，清楚地看到了骨架的影响，其中绘制了石英和方解石岩心样品的孔隙度与声波时差的关系图。方解石的骨架速度略大于石英的骨架速度，如图所示。表 18.1 总结了一些流体和骨架的剪切波和压缩波速度。

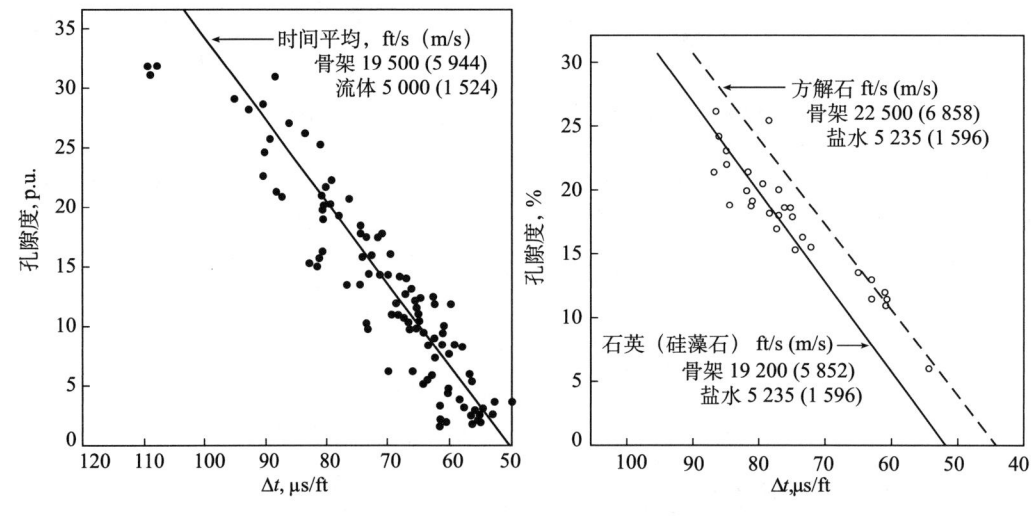

图 18.3 孔隙度对砂岩样品压缩波声波时差影响的测量[4]

图 18.4 岩石组分对孔隙度与声波时差之间关系的影响[1]

表 18.1 不同材料的声波速度[1]

非孔隙性固体	v_c, ft/s	v_s, ft/s
硬石膏	20 000	11 400
方解石	20 100①	
水泥（固化）	12 000	
白云石	23 000	12 700
花岗岩	19 700	11 200
石膏	19 000	
石灰岩	21 000	11 100
石英	18 900①	12 000
盐	15 000①	8 000
钢（铁）	20 000	9 500

续表

非孔隙性固体		v_c, ft/s	v_s, ft/s
现场饱含水多孔岩石			
	孔隙度		
白云石	5%～20%	20 000～15 000	11 000～7 500
石灰岩	5%～20%	18 500～13 000	9 500～7 000
砂岩	5%～20%	16 500～11 500	9 500～6 000
砂（未胶结）	20%～25%	11 500～9 000	4 000～1 700
泥岩		7 000～17 000	
液体②			
水（纯）		4 800	
水（NaCl 含量 100 00 mg/L）		5 200	
水（NaCl 含量 200 00 mg/L）		5 500	
钻井液		5 700～3 600	
石油		4 200	
气体②			
空气（干燥或潮湿）		1 100	
氢		4 250	
甲烷		1 500	

①沿坐标轴的算术平均值[3]。
②在常温常压下。

为了研究总围压对声波速度的影响，测量要在孔隙流体保持在大气压下而围压（图 18.2 中橡胶套周围流体的压力）是变化的情况下进行。图 18.5 给出了用这种测量方式测量的三种主要岩性样品的结果，速度发生了显著变化：砂岩样品中的变化接近 20%，而石灰岩样品中的变化不到 10%。

通过测量不同孔隙和上覆岩层压力条件下的速度来研究围压和孔隙压力的不同影响。图 18.6 给出了一种情况的研究数据。最上面的曲线显示了孔隙流体在一个大气压条件下随上覆岩层压力的速度变化，如图 18.5 中的数据所示。其他三条曲线指的是附带孔隙流体压力或略低于上覆岩层压力的情况。$\Delta p = 0$ 时，趋势线几乎水平，这表明，如果围压和孔隙压力相等，则样品的平均弹性特性与无应力状态时相比没有发生改变。观察结果可以概括为，压缩

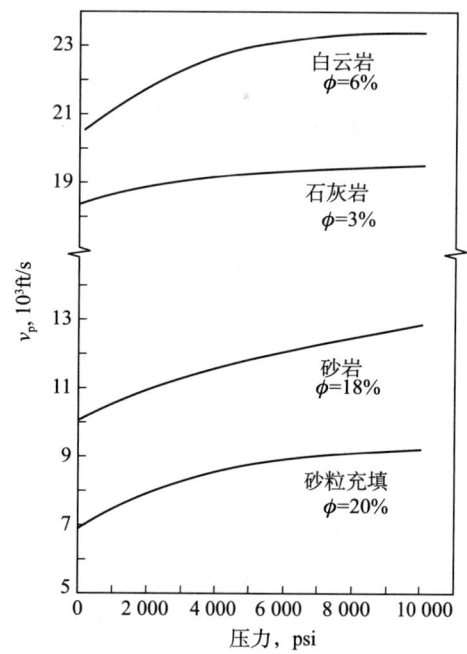

图 18.5 几种岩石样品的压缩波速度与围压的函数关系[1]

波速度随着上覆岩层压力的增大而增大，随着孔隙压力的增大而减小。

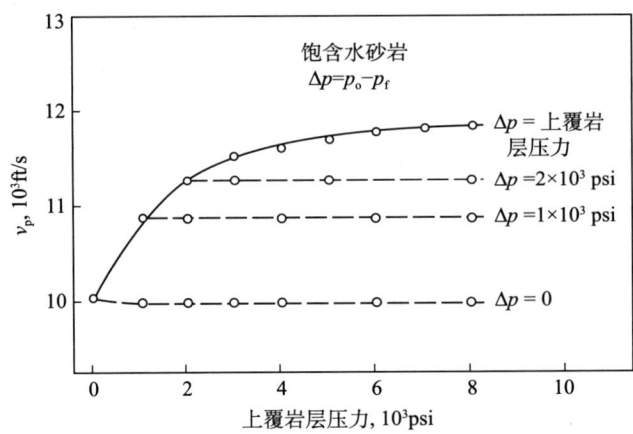

图 18.6　模拟压差对压缩波速度的影响[3]

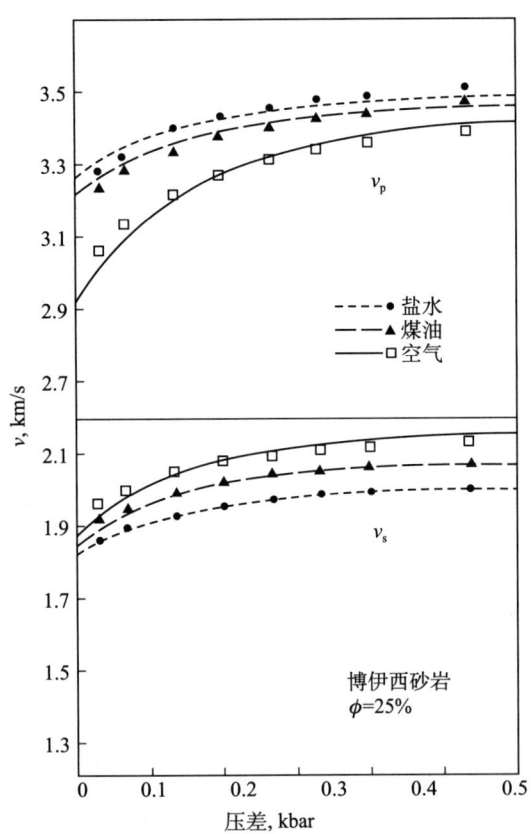

图 18.7　饱和流体对孔隙度为 25％ 多孔砂岩压缩波和剪切波速度的影响[1]

由于我们已经看到孔隙流体对声速有一定影响，考虑到数据的时间平均表示，因此，在图 18.7 中看到三种不同类型孔隙流体（盐水、煤油和空气）的速度差异毫不奇怪。然而，作为样品压差函数的速度变化幅度取决于流体。在图 18.7 中，更让人惊奇的是压缩波和剪切波的颠倒现象。

还研究了饱和流体类型对围压下多孔岩石的压缩波和剪切波速度的影响。代表性数据如图 18.8 所示。从该数据总结中可以得出的第一个结论是，含水饱和度对压缩波（或 P 波）的影响最大。请注意，在所考虑的两种极端条件下，剪切波几乎没有变化。这是因为剪切波在流体中不能传播。然而，特别是在低孔隙度条件下，压缩波速度对含水饱和度非常敏感。剪切波和压缩波在流体中的不同反应自然使得识别气层技术应运而生。两种速度的比值可用作气体指示。

这种影响的定性解释可以从决定速度的基本参数中得到，剪切波速度取决于切变模量 μ 与密度 ρ 的比值：

$$v_s = \sqrt{\frac{\mu}{\rho}} \tag{18.1}$$

在孔隙度不变的情况下，如果水被低密度气体取代，切变模量将不会发生改变，但密度会降低，从而产生如图18.8所示的转变。在压缩波的情况下，还依赖于地层体积模量 K。压缩波速度的一个表达式（表17.1）为

$$v_p = \sqrt{\frac{K+(4/3)\mu}{\rho}} \quad (18.2)$$

如上所述，μ 不会发生变化。然而，密度的降低必须通过体积模量的变化来过度补偿。在孔隙度不变的情况下，用可压缩性很强的气体取代体积模量很大的液体，一定会降低孔隙流体对地层总体积模量的贡献。根据数据，无论孔隙度大小，这种降低都将控制波速。只是流体的压缩性如何影响岩石的总压缩性？这只能通过岩石模型来回答，将在18.3节中进行讨论。

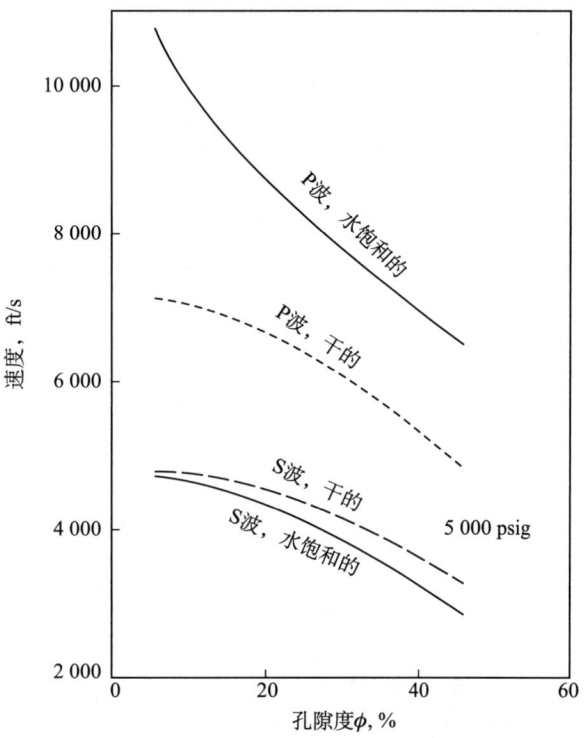

图18.8　完全含水时的压缩波和剪切波速度与孔隙度的函数关系图[1]

用气体置换水会导致剪切波速度随着密度的降低而略有增加。当气体取代水时，由于岩石体积模量的变化，压缩波速度降低

刚刚考虑的数据针对的是完全含水和完全含气的两种极端情况，介于两种情况之间的情形是怎样的？部分饱和时的影响是什么样的？实验室和模型计算结果已证实，除了由于引入少量气体而导致 v_p 急剧下降外，速度比值对饱和度的敏感性很小，如图18.9所示。这些曲线表明，一旦含气饱和度达到10%，压缩波速度就会发生很大变化，之后变化很小。正如所预料的那样，含气对剪切波速度没有明显影响。

为了更真实地了解这些通常水平应力不同于垂直应力的岩石的状态，现代实验室使用三分量测压仪对岩石进行测试。这些设备能够测量应力—应变曲线，对确定岩石破裂以及压缩波和剪切波速度非常有用。三分量测压仪的最简单之处是允许增加独立于常规单轴应力的围压。一种操作方法是当改变模拟的上覆岩层应力时，保持围压不变。

围压恒定为30 MPa时，对砂岩进行实验的实验室测量指南如图18.10所示。共绘制了三组数据，上面的两条曲线对应于剪切波和压缩波速度。最底部的是应力—应变曲线，显示了最初施加应力高达约120 MPa时的典型弹性特征。当应力增加超过该点，达到约200 MPa时，应变的增加速度快于之前的线性趋势，即所谓的塑性屈服或塑性变形。这也称为地层伤害。除此之外，应力的小幅增加会导致岩石因产生裂缝、断层或断裂而破裂。

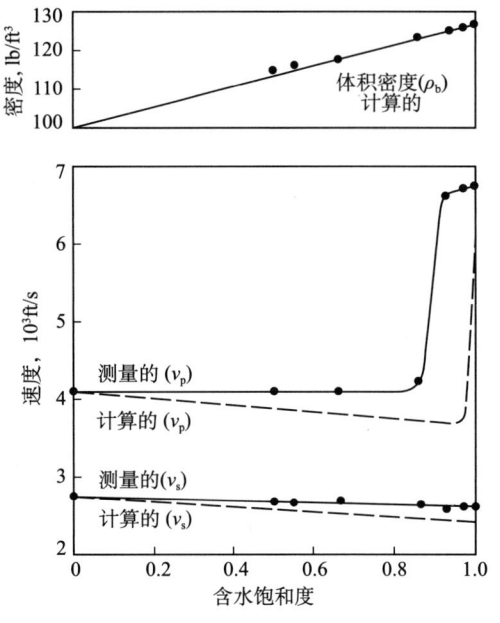

图 18.9 部分含水饱和度对压缩波
和剪切波速度的影响[1]

少量引入气体,体积模量就会发生显著变化

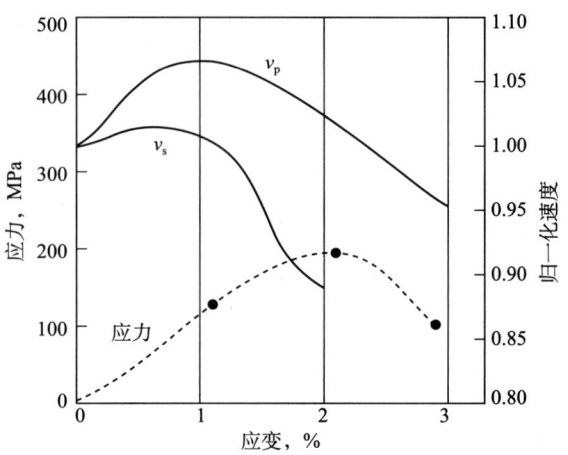

图 18.10 三分量应力—应变装置
测得的砂岩样品数据[5]

将围压保持恒定在 30 MPa,轴向应力增大到略低于 200 MPa,
直至样品破裂。底部曲线表示作为应力函数的测量的应变;
上面两条曲线是归一化的 S 波和 P 波速度

现在我们来谈谈达到(和超过)这一破坏之前的 v_p 和 v_s 的有趣现象。在应力的弹性区,虽然剪切波速度的变化略小于压缩波速度的变化,但最上面归一化后的两条最初速度曲线 v_p 和 v_s 看上去却有所增加。在岩石变形或破坏区域,随着大量微裂缝的形成,两种速度趋于平稳并开始下降。在样品破裂之前,剪切波速度相对于无应力状态时大约降低 15%。之后,剪切波没有进一步传播。压缩波速度也随着应力的增加而降低,甚至超过破裂点。

18.3 多孔弹性岩石模型

经典波动理论没有预测上述任何影响。压缩波和剪切波的速度由材料模量和体积密度的简单组合给出。真实的岩石模型必须为流体饱和岩石提供一种提取适当弹性常数的方法——一种根据岩石的弹性特性和岩石结构的详细资料预测平均弹性特性的方法。

岩石模型的目标是根据一组合理的参数(如围压、压差和孔隙流体性质)预测各种条件下的声波速度。为了了解流体性质对饱和多孔岩石声速的影响,Gassmann 建立了一个著名的和经常被引用的模型[6]。其多孔岩石模型由充满流体的岩石骨架组成,并基于流体和骨架材料的特性已知的假设。主要的合并简化是:基于声波传播过程中流体和骨架之间的相对运动可以忽略不计。

模型中使用的基本定义如图 18.11 所示。根据 Gassmann 的规定,此处使用的体积

模量符号为 k。我们首先了解骨架材料的特性，特别是其密度 ρ_s 和体积模量 k_s。已知真空骨架的孔隙度 ϕ、密度 $\overline{\rho}$、体积模量 $\overline{K}$ 和切变模量 $\overline{\mu}$。流体特性由其密度 ρ_f 和体积模量 K_f 表示。该模型的目的是获得饱和岩石的平均特性——其岩石密度 ρ、体积模量 K、切变模量 μ，进而确定低频声速。

体积密度可以简单地由下式给出：

$$\rho = \phi\rho_f + (1-\phi)\rho_s \quad (18.3)$$

并且切变模量与骨架 $\overline{\mu}$ 值相同。然而，平均体积模量并不清楚，但可通过以下分析确定。对于饱和岩石，体积模量是孔隙度、地层模量和饱和流体模量的函数。因此，Gassmann 模型是岩石物理混合定律的另一个例子。

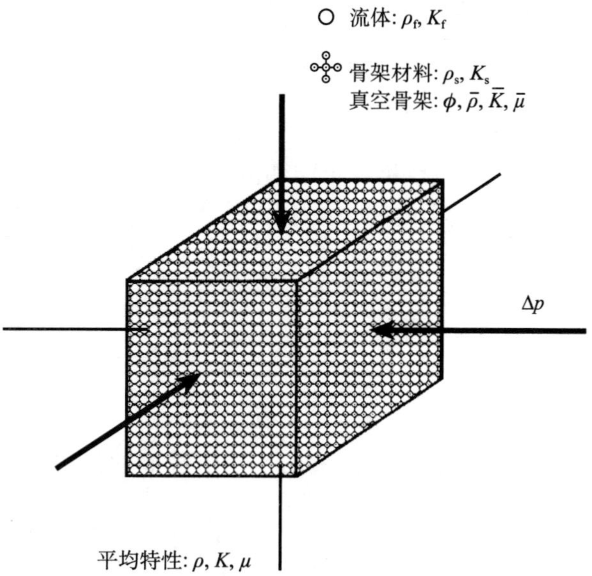

图 18.11 Gassman 多孔岩石模型
该模型认为岩石由硬骨架和饱和流体组成。骨架材料和流体的弹性常数已知。该模型预测了整体的弹性常数

为了确定体积模量，我们首先需要参考定义方程：

$$K = -\frac{\Delta p}{\dfrac{\Delta V}{V}} \quad (18.4)$$

根据图 18.11，该方程给出的是饱和岩石施加压力 Δp 时，骨架的体积会发生的变化。首先，施加的压力可以分为两个部分：

$$\Delta p = \overline{\Delta p} + \Delta p_f \quad (18.5)$$

式中，$\overline{\Delta p}$ 是上覆岩层压力的一部分，实际上是施加给骨架的；Δp_f 是施加给流体的。

施加的压力会产生一个体积变化量 ΔV，ΔV 由两部分贡献之和来表示：

$$\Delta V = \Delta V_f + \Delta V_s \quad (18.6)$$

这两部分分别是流体压缩量和实际骨架压缩量。

这两个方程可以简化为

$$\Delta V_f = -\phi V \frac{\Delta p_f}{K_f} \quad (18.7)$$

该方程直接从体积模量的定义中得出。骨架变化包括两部分：一部分实际上是施加给骨架的压力造成的，另一部分是施加给流体的压力造成的。骨架变化可以表示为

$$\Delta V_s = -(1-\phi)V\frac{\Delta p_f}{K_s} - \frac{V\overline{\Delta p}}{K_s} \quad (18.8)$$

第一项是骨架组分的体积减小，第二项是整个骨架的体积减小。因此，总体积的改变是这两部分的总和：

$$\frac{\Delta V}{V} = \left(-\frac{\phi}{K_f} - \frac{1-\phi}{K_s}\right)\Delta p_f - \frac{1}{K_s}\overline{\Delta p} \quad (18.9)$$

也可以用另外一个关系式表示：

$$\frac{\Delta V}{V} = -\frac{1}{K_f}\Delta p_f - \frac{1}{\overline{K}}\overline{\Delta p} \tag{18.10}$$

这是根据最初压力分解定义式［方程（18.5）］和体积模量的定义得到的。经过代数运算后[7,8]，可以推导出饱和流体的岩石的体积模量 K。K 可以表示为干骨架的体积模量和一个附加项的和。该附加项包含孔隙度和流体、岩石骨架以及干骨架的模量：

$$K = \overline{K} + \frac{(1-r)^2}{\dfrac{\phi}{K_f} + \dfrac{1-\phi}{K_s} - \dfrac{\overline{K}}{K_s^2}} \tag{18.11}$$

式中，$r = \dfrac{\overline{K}}{K_s}$。

式（18.11）是 Gassmann 方程的等价形式，更像常规混合定律，如下所示[9]：

$$\frac{K}{K_s - K} = \frac{\overline{K}}{K_s - \overline{K}} + \frac{K_s}{\phi(K_s - K_f)} \tag{18.12}$$

为了使该模型适用于任何情形，必须建立干骨架的体积模量 K 与岩石骨架 K_s 之间的某种关系。最初，Gassman 能够在一个非常特殊的情况下做到这一点，即将疏松砂岩近似为一个立体球[10]。通过将颗粒接触面积视为施加应力的函数，他可以将压缩性与颗粒大小和颗粒特性联系起来。对于实际应用，未知的骨架体积模量可以从饱含水地层的声速和密度以及其他经验关系中推导出来。测井数据这样应用的实例将在后面的小节中介绍。

尽管 Gassmann 方程有效地预测了不同性质的饱和流体的预期速度（作为孔隙度的函数），但方程（18.11）仍然有些令人不满意。其中的一个事实就是必须去预测压缩波速度 v_p 与压差的关系。然而，这种关系隐藏在 $\dfrac{\overline{K}}{K_s}$ 中。White 和 Pickett 将 Gassman 方程改进成了明确的关系式[11,12]。除了有效应力之外，该方程还需要五个参数才能根据速度的倒数或声波时差 Δt 来预测孔隙度。

Biot 在此模型基础上提出了一个更为完善的模型[13]。这是另外的接近实际的方法，该方法允许流体和岩石骨架之间的相对运动。假设流体运动遵循达西定律（该定律将流体流动与压差、黏度和渗透率联系起来），因此，在分析中会出现渗透率和流体黏度的其他术语。Biot 理论提出了压缩波速度的频率相关性。然而，在低频极限下，该理论简化为 Gassmann 理论。Kuster 和 Toksoz 开发出了其他专门处理岩石结构的模型[14]。他们得到了不同比例球形模型的骨架的平均弹性参数。该模型在拟合数据方面非常成功，类似于图 18.9 中的模型。近年来开发出的各种岩石模型的更完整的总结可以方便地在手册中找到[9]。

虽然在实践中，根据声波测井曲线得到的孔隙度在很大程度上已被放射性测井或核磁共振（NMR）测井曲线确定的孔隙度所取代，但在某些情况下仍在使用。尽管存在一些详细但不常用的声波岩石模型，但在实际测井解释中，怀利时间平均方程已被广泛用于根据 Δt 测量结果来估算孔隙度。问题的简化主要归功于 Geertsma[7]。他提出，在低孔隙度范围内，Biot 理论预测孔隙度可以用干岩石中压缩波速度的倒数来简单表达：

$$\frac{1}{v_{\text{p}}} \propto a + b\phi \tag{18.13}$$

式中，b 的值取决于孔隙和流体的压缩系数。

然而，Geetsma 等进一步指出，平均时间方程忽略了一个重要因素，那就是地层体积随着压力变化而变化的特性[8]。

除了怀利时间平均方程以外，还有其他根据压缩波时差估算孔隙度的经验方法。一个源于现场数据的转换[15]，尝试校正低孔隙度时怀利方程的不足，也考虑到非常高孔隙度时从固体岩石到流体悬浮液的过渡。另一组转换[16]来源于泥质砂岩的实验室数据，泥质砂岩具有不同的围压和泥质含量。如果有一个辅助的泥质含量估算值，这是很有用的。在 Mavko 等人的总结[9]中可以看见大量的其他模型。

图 18.12 是一个图版[17]中的实例，该实例展示了三种常见骨架的时间平均方程的解决方案。然而，值得注意的是，图版有些杂乱。三条主要曲线对应一个解：

$$\phi = \frac{\Delta t - \Delta t_{\text{ma}}}{\Delta t_{\text{f}} - \Delta t_{\text{ma}}} \tag{18.14}$$

式中，流体速度是固定值 5 300 ft/s。

除了预期的不同声波时差的三个骨架的三个线性关系外，对于相同的三个骨架，还有三条稍微弯曲的线。Raymer 等人根据大量的现场观察数据建立了另外一些转换[15]。他们主要考虑的是声波时差似乎一直低估了中等程度的孔隙度。右边带有符号 B_{cp} 或压实系数的其他直线对应于一种经验方法，该方法用于校正那些没有充分压实的或没有充分有效压力的地层的声波时差测量值。

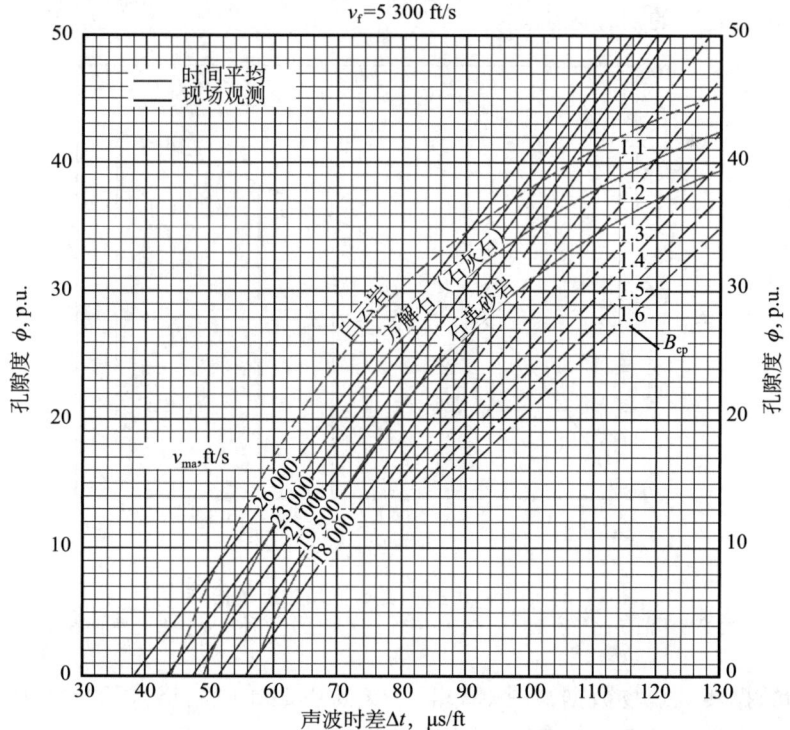

图 18.12　根据纵波时差估算孔隙度的图版[17]

除了怀利平均时间方程和压实校正以外，还展示了另一个由文献 [15] 提出的经验解决方法

18.4 v_p/v_s 的前景

在研究如何在井眼中连续测量 v_p 和 v_s 挑战之前（完成一项就需要强大的物理洞察力和工程智慧），我们希望考察同时测量这两个基本量的前景。

18.4.1 岩性

对于岩石物理应用，将压缩波时差解释成孔隙度部分取决于对岩石类型的了解。这是因为孔隙度与测量的声波时差的线性关系与纯岩石骨架的压缩波速度有关。所以，要知道岩石类型。

通过井眼中测量的声波确定岩性是基于不同岩石间弹性参数的差异。这些差异在剪切波和压缩波速度上都有反应。正如 Pickett 提到的，划分岩性的一种简易方法是将压缩波速度与剪切波速度（v_p/v_s）进行比较[18]。他所提供的大量的实验室和现场数据表明，石灰岩和白云岩的比值是线性恒定关系，石灰岩的 v_p/v_s 大约是 1.9，白云岩的大约是 1.8。砂岩 v_p/v_s 比值范围从 1.6 到 1.75，上限值对应着低有效应力的高孔隙度砂岩。

Pickett 现场观点是在辛苦地人工分析记录的波列数据的基础上总结出来的。随着剪切波和压缩波速度的采集成为常规技术，该技术对确定岩性和识别气体非常有用。根据 Pickett 的原始数据，Domenico[19]确定了所有样品的泊松比（v）。如图 18.13 所示，泊松比值是 v_p/v_s 比值的函数。尽管与这两种岩石相关的取值范围很大，但它显示出砂岩和石灰岩之间的明显区别。

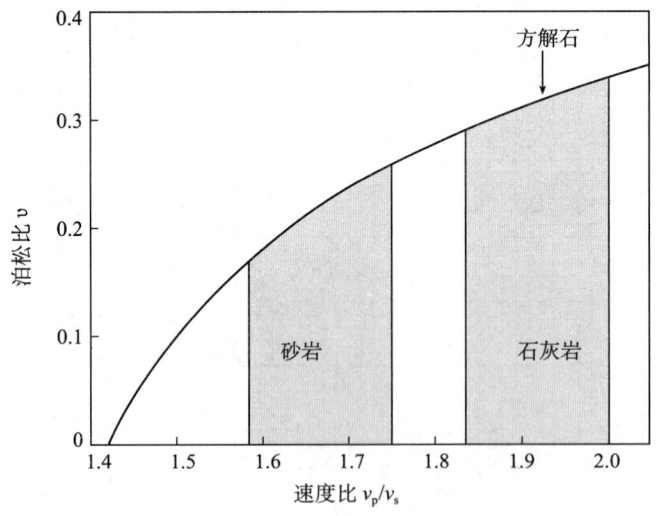

图 18.13 Pickett 关于岩石样品数据的总结[19]

数据显示泊松比是速度比 v_p/v_s 的函数，这是区分三种主要岩石类型的基础

从实验数据转到现场数据，图 18.14 是按照 Pickett 原始格式给出的剪切波时差和压缩波时差交会图。这是 4 口不同井的测井数据的综合，这些井在白云岩、石灰岩、岩盐和砂岩地层，后者中有些是气藏。

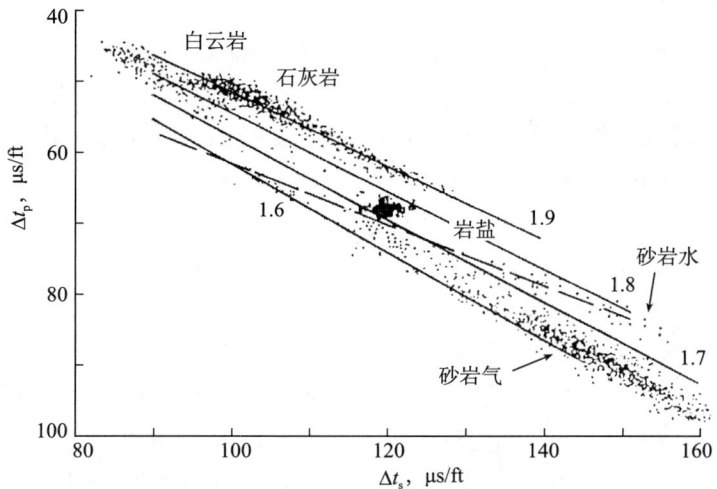

图 18.14 Pickett 提出的识别岩性的剪切波时差和压缩波时差的综合测井数据[18,20]。
显示了白云岩、石灰岩和岩盐地层的识别。观察到的
饱含水和饱含气砂岩的趋势是由 Biot 理论预测的

正如之前所发现的,石灰岩和白云岩对应的点落在恒定比率线上。饱含水砂岩的比值变化范围在 1.6~1.8 之间。然而,饱含气体的点落在一条比值为 1.6 的直线上。这种现象已被证明与 Biot 理论[13]的预测一致。为了探索这种可能性,测井仪器必须具有将剪切波与压缩波分离的能力。

18.4.2 气体检测和量化

声波速度与岩石性质之间的基本联系已经在方程(18.2)和方程(18.1)中给出。已经讨论了多孔地层中用气体置换水时压缩波或剪切波速度的变化。通过取两个速度的比值(比如 v_p/v_s)消除密度。因此,速度的比值取决于岩石的体积模量与切变模量的比值。以往的研究表明,体积模量与流体体积模量密切相关,而切变模量与之无关。如果可压缩气体替代了多孔岩石中相对不可压缩的流体,则比值 v_p/v_s 将反映体积模量的变化,并可用作气体存在的指标。然而,在声波测井中,有希望进一步对实际的含气饱和度进行量化,而不仅仅是表明气体的存在。

有人提出了一种很有前途的含气饱和度定量分析技术,该技术以 v_p/v_s 速度比值与压缩波速度 v_p(压缩波速度代表了砂岩中的孔隙度)的交会图为基础。为了详细阐述早期的观察结果,即 v_p/v_s 值趋于随含水砂层中孔隙度的增加而增加,Brie 等人对这一趋势进行了预测[21]。步骤包括首先将以前两个方程相除得到以下结果:

$$\left(\frac{v_p}{v_s}\right)^2 = \frac{K}{\mu} + \frac{4}{3} \qquad (18.15)$$

它代表饱含水岩石的速度比值。现在考虑如何将其改成孔隙 ϕ 的函数。Biot – Gassmann 方程[方程(18.11)]将饱含水岩石的体积模量 K 与干岩石骨架的体积模量 $\overline{K}$ 和流体性质联系起来。与方程(18.15)类似,干岩石速度比值可以描述为

$$\left(\frac{v_p}{v_s}\right)^2_{\text{dry}} = \frac{\overline{K}}{\mu} + \frac{4}{3} \qquad (18.16)$$

式中，$\bar{\mu}$ 是干骨架的切变模量。

因为干砂岩中的 v_p/v_s 值一般认为是 1.58，导出的 $\bar{K}/\bar{\mu}$ 值是 1.163。

遗憾的是，Gassmann 方程并没有包含干骨架模量与孔隙度的明确函数关系，因此，有必要从数据中得到经验关系以得到期望的结果。在这种情况下，Brie 将干骨架切变模量 $\bar{\mu}$ 的变化与矿物的切变模量联系起来，表示为

$$\bar{\mu} = \mu_m (1-\phi)^c \tag{18.17}$$

式中，c 的值取 7.1。

现在有了这个经验关系式（18.17），对于任何孔隙度 ϕ 值，都可以计算出 $\bar{\mu}$ 值，并根据 $\bar{K}/\bar{\mu}=1.163$ 的关系，求出 $\bar{K}$ 值。现在将该结果代入方程（18.11）中，以得到 K 值。得到 K 值以后，同时将 μ 值看作干骨架的 $\bar{\mu}$ 值，可使用方程（18.15）得到 v_p/v_s 的值，它是孔隙度的函数。然后，根据砂岩怀利时间平均方程将其与相应的压缩波慢度绘制成函数关系，如图 18.15 所示。上面是另一种黏土矿物的趋势线，其中 v_p/v_s 为 1.8，压缩波慢度为 60 μs/ft，用于计算切变模量的孔隙度指数取为 8。

绘制的点显示了测井测量结果的趋势，在含气地层处，它完全位于含水趋势与干气砂岩线之间。很有可能在含气饱和度方面存在较大的差距。使用在地震频率（错误地认为是 Wood 法则，其实是 Reuss 下界面[9]）下很有用的传统混合定律，水—气混合物的等效模量为

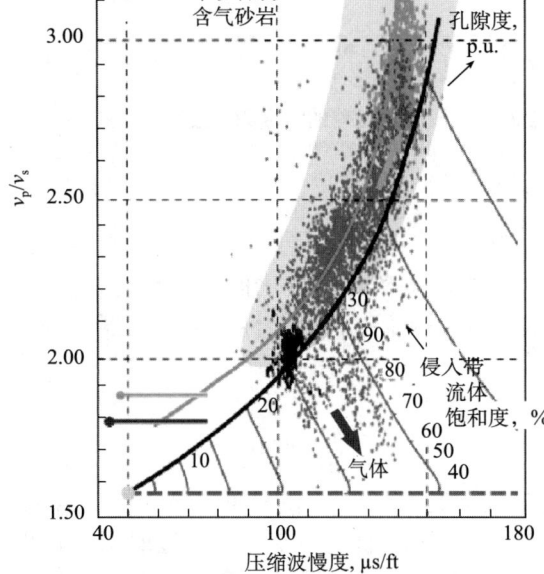

图 18.15 通过同时测量 v_p 与 v_s 来确定含气饱和度的交会图法

$$\frac{1}{K_f} = \frac{S_{xo}}{K_w} + \frac{1-S_{xo}}{K_g} \tag{18.18}$$

只要含有少量的气，就会产生很大的影响，这与测井观测结果不一致。因此，提出了一个专门的孔隙流体经验混合定律。所采用的方法是根据剪切波速度和压缩波速度得出有效孔隙流体体积模量[22]，并将测井数据中的这些结果与其他测井资料中的含气饱和度测定值相关联，详见文献[21]。

尽管解决方案很有吸引力，也很聪明，但这项技术并没有被普遍利用或接受。

18.4.3 力学性能

整个力学性能专业领域都利用声波测井和密度测井来预测三种极其重要的地层特性。一是生产条件下对地层坍塌的预测，也称为出砂分析。二是井壁稳定性——在钻

井时井眼发生坍塌可能性的预测。三是在超压（产生裂缝）条件下，对地层特性的预测。很明显，这三个方面的预测都与破坏力学有关，可以结合对地层弹性模量的了解，再结合理论模型和一些经验模型进行预测。现代声学测量在获得地层力学性能方面的一些应用将在第 19 章中介绍。

18.4.4 地震应用（AVO）

地震处理的最新进展，即 AVO（振幅—炮检距关系），不仅改变了地震数据的采集和处理方式，还改变了可以提取的信息类型。通常，现在可以通过正确处理的地震记录直接预测烃的存在。

大约 100 年前，人们了解了地震波在平面边界处的反射和传播的物理原理。这一领域的一位研究者 Zoepritz 提出了一组方程式，该方程式预测了平面界面反射的 P 波的振幅作为入射角的函数。复杂的函数取决于两个相邻层的密度、P 波和 S 波速度的对比。

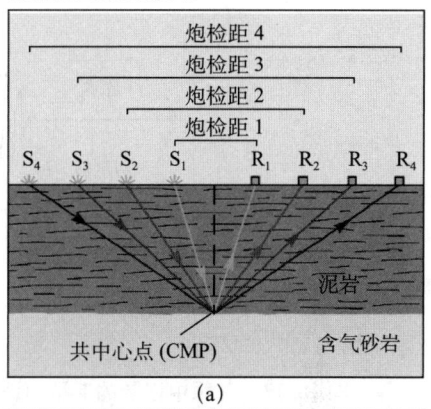

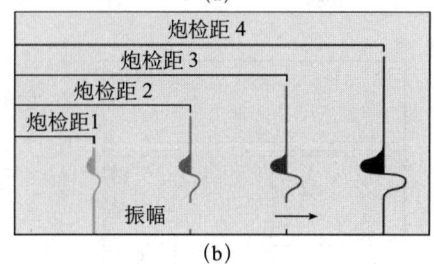

图 18.16　AVO 示意图
（a）显示了与共中心点（CMP）相关的震源和接收器的位置；（b）根据 AVO 处理得到的格式化的地震道，在本例中，随着炮检距的增大，振幅逐渐增大

常规地震剖面是一个"波形"图，代表声能的反射，通常显示具有相对密度和速度次表层的位置，它是一个处理出来的与地层类似的截面图。在 AVO 中，详细探讨了各个层的反射变化（取决于其照明角度或与震源的炮检距）。该过程如图 18.16 所示。通过从根本上改变地震数据的处理方法，反射振幅随入射角的变化得到了增强，如图 18.16（a）所示。为了解释测量结果，需要一个良好的次表层模型，尤其是需要知晓压缩波速度、剪切波速度和密度。使用 Gassmann 方程，还可以预测流体置换的影响，从而可以根据观测到的反射振幅随角度的变化来区分岩性和识别地层流体。

对于 AVO 模型而言，良好输入数据的要求已使声波测井应用回到了它最初的样子。由于需要持续了解 v_p 和 v_s，井眼声波测井再次作为地震分析的辅助手段而卷土重来。这就需要付出巨大的努力去提供连续的井眼 v_s 测量值，这也是接下来的话题。

18.5　井眼中的声波

前面给出的井眼声波测井曲线图（图 17.12）非常简化，尽管第三种（四极子）类型源已经用于 LWD[23]，但该图是单极子的（两种常用类型源之一）。单极子以各向同性方式发射声能，而偶极子源发射方向具有指向性。图 17.12 中接收到的信号近似于所发射的脉冲信号，然而，从图 18.17 中并不能清楚地看出。图 18.17 显示的是测井仪器在井眼中记录的实际声波波形。在这个特定的实例中，可以看见三个不同的能量数据包。第一个是压缩波穿过地层时产生的结果。第二个是较慢的剪切波穿过地层的结果，其振幅要大得多。大约 1 500 μs 之后，最后到达的是一个大振幅的波，称为斯通利波，这是由于井眼的存在造成的，这一点随后就能看到。尽管发射脉冲很短，且相当简单，但由于波在井眼中传播会产生各种反射和干扰，因此，接收到的信号非常复杂。

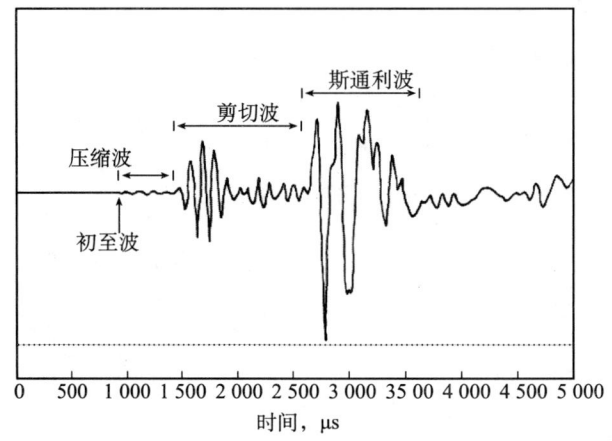

图 18.17　井眼中记录的典型声波波形显示了到达的三种不同的波（由斯伦贝谢提供）

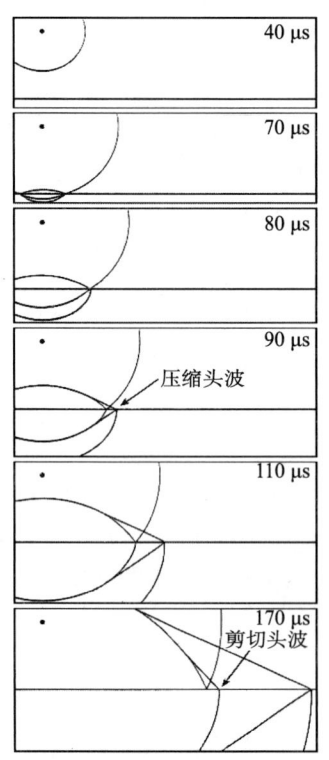

图 18.18　由钻井液和快地层组成的二维介质中波阵面的模拟（由斯伦贝谢提供）

为了理解图 18.17 中的两个基本的到达波，计算了在发射后的不同时间钻井液和地层的二维（2D）介质中产生的波列，如图 18.18 所示。这种情况发生在快速或"硬"地层中，在这种地层中，固体中的剪切波速度大于钻井液中的压缩波速度，即 $v_s > v_{mud}$。发射后 40 μs 的第一帧图像显示了一个球形波面，该波面从震源向地层传播。在 70 μs 时，压力波冲击井眼，产生了三种现象：有一个返回钻井液的反射波，在地层中还产生了剪切波和压缩波，并且所有这些波都已经开始扩散。

如果接着看其余的帧压缩波，我们会看到它随着时间的推移不断扩大。在大约 90 μs 的某个地方，相对于界面的角度为 90°，并且从那个点开始，波会以压缩波速度 v_p 沿界面向下传播。这就是所谓的首波。可以认为，沿井壁会产生一系列扰动，这些扰动以平面波的形式传播到钻井液中，类似于船只产生的尾流。该"尾流"的角度将与地层压缩波速度和钻井液速度之比有关。我们将注意力转移到剪切波上来，由于该剪切波速度降低，所以，其扩散要慢得多。我们看到它在 110 μs 和 170 μs 之间的某个位置才会与界面成直角，此时，它以剪切波波速向右传播，就像在压缩波情况下一样，在井眼钻井液中产生一个波。

图 18.19 是经过近 10 倍时间后的情况（在 1 300 μs 时）。距离比例放大了很多，并显示了 8 个接收器的位置。在这种情况下，压缩波扰动已经通过所有 8 个接收器，即将到达的是剪切波，然后是来自钻井液的直达波，随后是钻井液反射脉冲。

实际上，很少观察到钻井液直达波，也没有单个可识别的钻井液反射脉冲。这就是图 18.18 和图 18.19 中所示的无限大井眼的 2D 模拟失败的地方。如果再用精细的三维（3D）数学描述，则会发现另一种传播波——倏逝面波（表面波）。它沿着界面没有损耗地传播，但在离开界面两侧的表面时会以指数方式衰减。当数学方法所描述的是圆柱形井眼时，由于井眼的大小和波长具有相同的数量级，因此倏逝面波在井眼流体中的衰减较小。该波的能量涉及各种模型，这些模型与剪切波和压缩波相关，最重要的是与斯通利波相关。这一点，稍后将讨论。

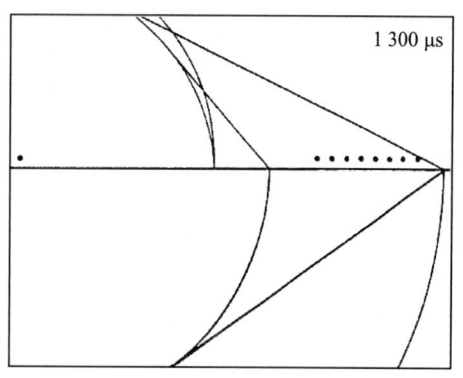

图 18.19　波阵面已经通过阵列探测器很久以后的模拟（由斯伦贝谢提供）

在快地层中，距离发射器越远，剪切波信号越明显。再看井眼中记录的数据，图 18.20 显示了距离发射器越来越远的五个不同接收器的波形。剪切波可以从低振幅的压缩波中很好地分离出来，分离程度随着发射器到接收器距离的增大而越来越大。然而，如图 18.21 所示，对于软地层，显然不存在剪切波。在该实例中，钻井液速度大于地层剪切波速度。

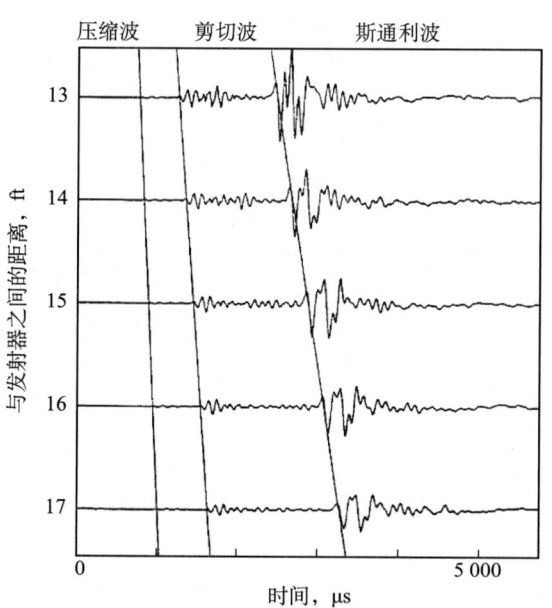

图 18.20　在快地层中，距离发射器 13～17 ft 处所记录的声波波列（由斯伦贝谢提供）
压缩波、剪切波和斯通利波完全分离开来。曲线的斜率表示第一次到达时三种波各自的斜率与其各自的速度成正比

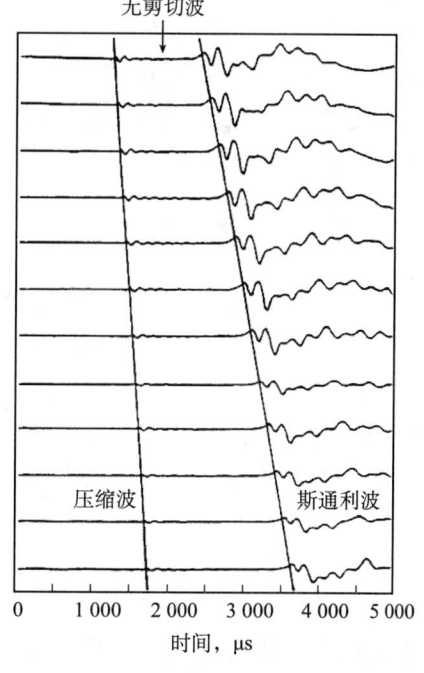

图 18.21　在显然不存在剪切波的慢地层中，间隔为 1 ft 时所记录的声波波列（由斯伦贝谢提供）

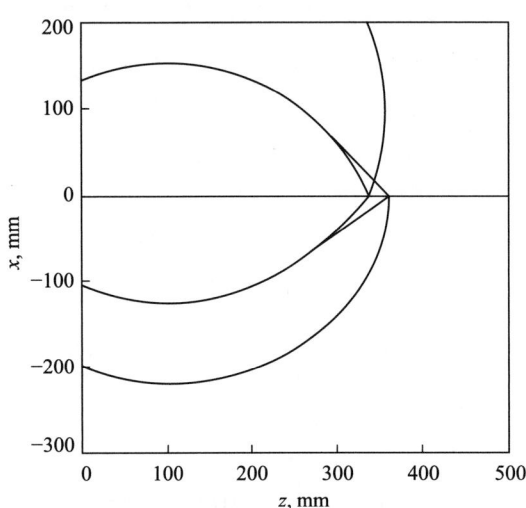

图 18.22　慢地层二维波阵面模拟结果（由斯伦贝谢提供）
剪切波速度使得首波永远不会产生，因此，在井眼中观察不到

为了理解剪切波生成所需的条件，在 2D 软地层模拟了发射一段时间后的波阵面，结果参见图 18.22。很明显，这里肯定会有压缩波。压缩波波阵面垂直于界面，并以 v_p 的速度沿界面传播，在这种情况下，该速度大于 v_{mud}。然而，由于 $v_s < v_{mud}$，剪切波不会形成直角。首波并没有出现，这是因为沿井壁的扰动与其在钻井液中的传播之间的相长干涉的情况没有发生，因此不会出现"尾流"。

参考第 17.5 节的射线追踪讨论可以看出，如果地层剪切波速度与钻井液速度相等，则剪切波相对于入射波射线方向没有产生折射（偏转）。如果地层剪切波速度小于钻井液速度，则偏转将会随着地层剪切波速度的降低逐渐趋于正常，并且无论入射角度如何，它都将始终直接进入地层，而不可能产生首波。

必须指出的是，这些关于慢地层中没有剪切波产生的结论是建立在简单的射线追踪理论模型基础上，该模型只允许平面边界和平面波。近似圆柱形没有平面声波的井眼中的实际测井情况与概念模型相去甚远。因此，不足为奇的是，对更真实的测井情况的详细建模[24]表明，即使使用单极子发射器，剪切波首波仍然能在慢地层中形成。然而，它们很容易被伴随而来的斯通利波掩盖。虽然在特定地层或钻井液参数的圆柱形几何结构中，慢地层中剪切波首波的存在理论上是可能的，但实际仪器是不可能实现的，并且不可能得到可靠的剪切波速度。

18.5.1　井眼中的弯曲波

在所有测井情况下，甚至对于慢地层，v_s 的测量都在期待偶极子源仪器的发展，这是能够在优先方向上产生压力脉冲的仪器[25]。为了生成地层剪切波速度的信息，偶极子的方向应使声源所产生的压力波垂直于声波仪器探头体。声源所产生的压力波冲击井眼的一侧，然后冲击另一侧，随着驱动信号极性的改变，井眼左右震动。一些声能通过井眼流体耦合到地层中，并产生井壁的波动，这被称为弯曲波。弯曲波以质点位移垂直于波传播方向的方式沿井壁传播，如图 18.23 所示。

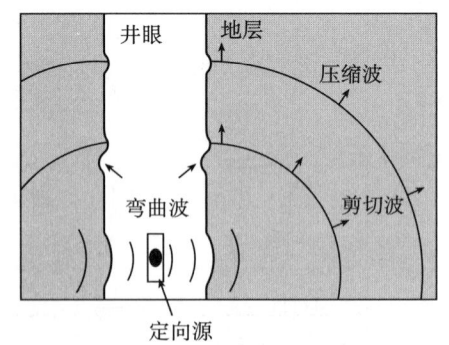

图 18.23　由偶极子源激发的弹性波在慢地层中的传播[26]
显示的是井中弯曲波的传播情况

由于弯曲波沿着井壁前进,其位移在钻井液中产生一个可测量的压力波,正如我们更熟悉的首波。虽然弯曲波与剪切波相似,但并不完全相同。它是一种色散波,也就是说其速度是频率的函数。在图 18.24 中可以看到,随着与声源距离的增加,弯曲波波形的外观发生变化。只有当频率为零时,弯曲波速度与剪切波速度才相等。因此,尽管提取剪切波速度信号处理技术很复杂,但这已经是现代仪器的常规做法[27-29]。

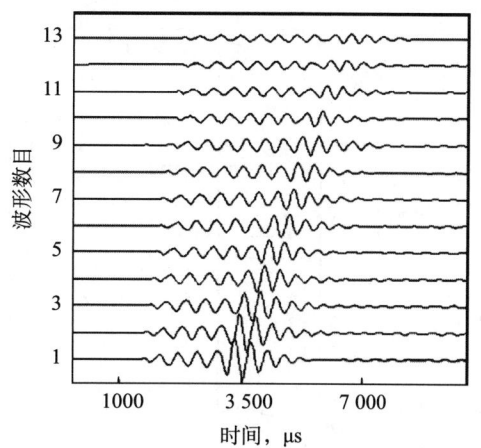

图 18.24　多接收仪器的点测
结果表明偶极子弯曲波形的演变与源距的函数关系。接收器的距离随波形数目的增多而增大

18.5.2　斯通利波

要考虑的最后一个井眼声波波形是斯通利波。图 18.25 是反映这种情况的一个很好的实例。仪器记录了一段超过 200 ft 井眼的完整的声波波形。在剪切波和压缩波中可以清楚地看到由岩性或孔隙度的改变而导致的变化。尽管斯通利波是一种主要在井眼中传播的能量脉冲,但其到达时间也有一些变化。是什么使斯通利波速度产生了这些变化?

图 18.26 说明了斯通利波或管波的基本概念。在外壁非常坚硬、充满液体的管中,低频压力波将以压缩波在流体中的速度以近乎平面波的方式传播。这种现象就是造成所谓的水锤现象的原因。然而,在这种情况下,声音是由盛满水的管壁的微小形变产生的,它已经被突然停止。对于具有半刚性围壁的井眼,压力扰动的速度与井壁的弹性常数以及流体有关。

White 已经证明,在低频极限中,该管波在非渗透性弹性地层中的速度由下式给出[11]:

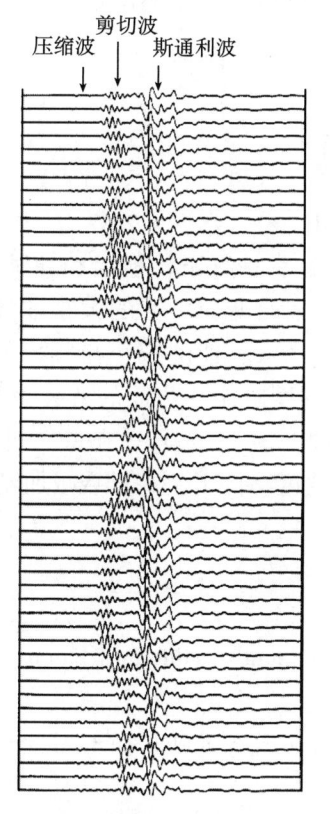

图 18.25　单接收器记录的井眼中一系列不连续深度的声波波形（由斯伦贝谢提供）
波形显示在近似对数模版上;可以清晰地看到剪切波和斯通利波。除了反映地层特性的剪切波速度变化外,斯通利波也有速度变化

$$v_{\text{tube}} = v_m \left(\frac{1}{1 + \frac{\rho_m v_m^2}{\rho v_s^2}} \right)^{\frac{1}{2}} \quad (18.19)$$

式中,v_m 是钻井液中的压缩波速度;v_s 是地层中的剪切波速度;ρ 是地层的密度;ρ_m 是钻井液密度[11]。

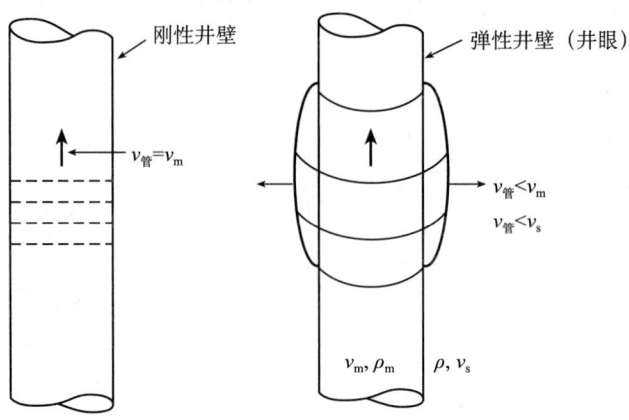

图 18.26 低频斯通利波或管波的简化表示

因此，如果地层的密度已知，则可以在没有剪切波时，根据管波的速度计算得到地层的剪切波速度 v_s。在偶极子源声波仪器开发之前，有时会利用这种技术获取慢地层中的剪切波。偶极子源为获得剪切波速度提供了一种更直接的方法。

利用第 17 章中建立的弹性常数关系，管波速度与钻井液体积模量 K_m 和地层切变模量 μ 的关系可以从前面的描述中得出：

$$v_{\text{tube}} = \left[\frac{1}{\rho_m \left(\dfrac{1}{K_m} + \dfrac{1}{\mu}\right)}\right]^{\frac{1}{2}} \tag{18.20}$$

这说明了井壁刚性在调节钻井液速度中所起到的作用。

多孔岩石井眼中斯通利波的传播非常复杂。在这种情况下，地层和井眼之间会有一些流体运移。它使波发生衰减，并且其速度也发生改变。影响的大小取决于频率。已经开发出基于 Biot 孔隙弹性理论的模型，以解释衰减和速度减小与频率的相关性，以及这两种属性与流体流动性（地层渗透率与流体黏度之比）之间的有趣关系[30]。对实验室岩石进行的实验证实了速度和衰减与频率的相关性，尤其是在低频时。在低频情况下，还证实了通过提高流体流动性，斯通利波速度降低了，并且衰减加剧了[31]。

参考文献

[1] Timur A. Acoustic logging//Bradley H. Petroleum production handbook. Dallas：SPE，1987.

[2] Jordan J R，Campbell F. Well logging II：resistivity and acoustic logging. Dallas：SPE，1986.

[3] Wyllie M R J，Gregory A R，Gardner L W，et al. An experimental investigation of factors affecting elastic wave velocities in porous media. Geophysics，1958，23（3）：459－493.

[4] Wyllie M R J，Gardner G H F，Gregory A R. Some phenomena pertinent to velocity logging. JPT，1961，13：629－636.

[5] Sammonds P R, Ayling M R, Meredith P G, et al. Alaboratory investigation of acoustic emission and elastic wave velocity changes during rock failure under triaxial stresses//Maury V, Four maintraux D. Rocks at great depth. Rotterdam: Balkema, 1989.

[6] Gassman F. Elasticity of porous media. Vierteljahrschr Naturforsch Ges in Zurich, 1951, 96 (1): 1-23.

[7] Geertsma J. Velocity-log interpretation: the effect of rock bulk compressibility. SPE J, 1961, 1: 235-248.

[8] Geertsma J, Smit D C. Some aspects of elastic wave propagation in fluid-saturated porous solids. Geophysics, 1961, 26 (2): 169-181.

[9] Mavko G, Mukerji T, Dvorkin J. The rock physics handbook. New York: Cambridge University Press, 1998.

[10] Gassman F. Elastic waves through a packing of spheres. Geophysics, 1951, 16 (18): 673-685.

[11] White J E. Underground sound. Amsterdam: Elsevier, 1983.

[12] Pickett G R. The use of acoustic logs in the evaluation of sandstone reservoirs. Geophysics, 1960, 25: 250-274.

[13] Biot M A. Theory of propagation of elastic waves in fluid-saturated porous solids. J Acoust Soc Am, 1956, 28 (2): 179-191.

[14] Kuster G, Toksoz M N. Velocity and attenuation of seismic waves in two-phase media. Geophysics, 1974, 39 (5): 587-606.

[15] Raymer L L, Hunt E R, Gardner J S. An improved sonic transit time-to-porosity transform. Trans 21st SPWLA Annual Logging Symposium, paper P, 1980.

[16] Han D-H, Nur A, Morgan D. Effect of porosity and clay content on wave velocity in sandstones. Geophysics, 1986, 51: 2093-2107.

[17] Schlumberger. Schlumberger log interpretation charts. Houston: Schlumberger, 1997.

[18] Pickett G R. Acoustic character logs and their applications in formation evaluation. JPT, 1963, 15: 650-667.

[19] Domenico S N. Rock lithology and porosity determination from shear and compressional wave velocity. Geophysics, 1984, 49 (8): 1188-1195.

[20] Leslie H D, Mons F. Sonic wave form analysis: applications. Trans SPWLA 23rd Annual Logging Symposium, paper GG, 1982.

[21] Brie A, Pampuri F, Marsala A F, et al. Shear sonic interpretation in gas-bearing sands. Presented at the 70th SPE Annual Technical Conference and Exhibition, paper SPE 30595, 1995.

[22] Murphy W, Reischer A, Hsu K. Modulus decomposition of compressional and shear velocities in sand bodies. Geophysics, 1993, 58 (2): 227-239.

[23] Tang X M, Dubinsky V, Wang T, et al. Shear-velocity measurement in the logging-while-drilling environment: modeling and field evaluations. Petrophysics, 2003, 44

(2): 79 – 90.

[24] Wang K. Numerical simulation and field examples of critically refracted shear arrivals in a borehole in soft formations. Presented at 76th SEG Annual Meeting, extended abstracts, 2006: 344 – 348.

[25] Zemanek J, Williams D M, Schmitt D P. Shear-wave logging using multi-pole sources. The Log Analyst, 1991, 32 (3): 233 – 241.

[26] Sinha B, Zeroug S. Geophysical prospecting using sonics and ultrasonics//Webster J G. Wiley encyclopedia of electrical and electronics engineering. New York: Wiley, 1999.

[27] Harrison A R, Randall C J, Aron J B, et al. Acquisition and analysis of sonic waveforms for a borehole monopole and dipole source for the determination of compressional and shear speeds and their relation to rock mechanical properties and surface seismic data. Presented at 65th SPE Annual Technical Exhibition and Conference, paper SPE 20557, 1990.

[28] Kimball C V. Shear slowness measurement by dispersive processing of the borehole flexural mode. Geophysics, 1998, 63 (2): 337 – 344.

[29] Pistre V, Kinoshita T, Endo T, et al. A modular wireline sonic tool for measurements of the 3d (azimuthal, radial, and axial) formation acoustic properties. Trans SPWLA 46th Annual Logging Symposium, paper P, 2005.

[30] Chang S K, Liu H L, Johnson D L. Low-frequency tube waves in permeable rocks. Geophysics, 1988, 44 (4): 519 – 527.

[31] Winkler K W, Liu H L, Johnson D L. Permeability and borehole Stoneley waves: comparison between experiment and theory. Geophysics, 1989, 54 (1): 66 – 75.

习 题

18.1 利用表 17.1，找出压缩波速度 v_c 与体积模量和剪切模量的函数关系。$B + \frac{4}{3}\mu$ 称为平面波模量。证明平面波模量可以表示为 $\lambda + 2\mu$，其中 λ 为拉梅常数。

18.2 思考当两种体积模量为 K_1 和 K_2 的不混溶液体按体积 V_1 和 V_2 混合在一起时，两种液体混合物的体积模量混合定律是什么？用两种组分的体积分数表示。

18.3 可以看出，Gassman 方程预测孔隙度为 ϕ 的充满液体岩石的体积模量 K 为

$$K = K_{df} + \frac{\left(1 - \frac{K_{df}}{K_{ma}}\right)^2}{\frac{\phi}{K_f} + \frac{1-\phi}{K_{ma}} - \frac{K_{df}}{K_{ma}^2}} \tag{18.21}$$

式中，体积模量的下标分别表示如下：df 表示干骨架，ma 表示基质，f 表示流体。

18.3.1 利用问题 18.2 的混合定律，根据含水饱和度状态写出上述体积模量表达式。

18.3.2 在实验室只能慎重地选择测量压缩波速度时,描述将如何获得干骨架体积模量值 K_{df}。干骨架体积模量值 K_{df} 的显式方程可能比想要的要多,请注明步骤。

18.4 假设岩石样品的体积模量为 141.7 GPa,压缩波速度为 7.8 km/s,预计剪切波速度的上限是多少?如果岩石的密度为 5.00 g/cm³,实际剪切波速度是多少?

18.5 图 18.7 显示了孔隙度为 25% 的砂岩的一些数据,这些数据表明了饱和流体对压缩波速度和剪切波速度的影响。在无压差的情况下,视地层压缩波时差 Δt 的隐含变化为最大值。

18.5.1 利用怀利时间平均法,你认为空气的声波时差值 Δt(单位:μs/ft)是多少?表 18.1 中主要材料的速度在本计算中可能有一定用处。

18.5.2 如果在砂岩地层中进行测井时,遇到了对应于该最小速度的地层 Δt,并且没有发现气体,你估算该地层的孔隙度是多少?

18.5.3 与压缩波相比,图 18.7 上的剪切波曲线是倒置的。但是,证明它们处于预期的顺序,并且在无压差的情况下,分离的程度与预期的一致。

19

声波测井方法

19.1 引言

各种各样的测井仪器已经实现了对井下地层简单的声波时差或慢度的测量。尽管这种测量看似简单,只提取了复杂声波波形中的一部分信息,但为了使各种井眼条件下的测量更加有效,需要进行大量创新。本章首先调查了20世纪80年代中期之前在井眼声波测井仪器中普遍使用的技术。

在回顾了典型的测井报告格式后,比较了声波测井仪器与其他孔隙度敏感测井仪器的性能,其中大部分仪器对井眼条件更敏感。常规声波仪器的局限性之一是探测深度浅。早期仪器设计是增大接收器与发射器之间的距离,以克服井眼附近地层改变而引起的扰动。

较新的声波测井仪器采用阵列接收器,单极子和偶极子都有,有些接收器的间距还特别长。波列记录和信号处理有助于避免在某些条件下对常规声波测井造成损害的缺陷。为了提供可靠的 v_s 测量结果,即使在慢地层中,偶极子源也被设计成用来产生井眼弯曲波;然后,从中可以根据多探测器波形数据提取地层剪切波速度。除了剪切波测量外,较新的仪器还可测量管波或斯通利波。所有这些测量结果不仅仅用于常规的孔隙度估算,还主要与岩石性质有关,如裂缝的检测和描述、岩石破裂或出砂预测,对射孔或钻井也有帮助。工作频率为1 MHz 的超声波仪器已经打开了声波井眼成像的大门。这些仪器既可用于探测天然裂缝,又可评价套管井水泥胶结质量。

19.2 换能器——发射器和接收器

声波测量依赖于井眼钻井液对地层产生压力脉冲的实现。两种类型的换能器已经用作声源发生器和接收器。一种类型是基于某些材料的磁致伸缩特性。对于这些材料来说，外加磁场会导致材料体积减小。因此，突然施加的磁场会引发一个压力脉冲；去除磁场后，该压力脉冲消失，但伴随发生体积弛豫。

测井中使用的磁致伸缩换能器的常规形状为圆环形。通过向一个完全包裹环形芯材料的线圈提供电流产生磁场。由于磁致伸缩，材料也被磁化，因此，它可以用作接收器。任何冲击的压缩声能都会导致磁芯的振幅畸变，从而改变穿过线圈的磁场。这种变化的磁场将在线圈终端产生电压，该电压代表着声波信号。

第二种常用的换能器是陶瓷材料的，如钛酸钡（$BaTiO_2$），它具有压电特性。通过改变其体积，这种介电材料会响应外加电场。典型的单极子源是一个陶瓷的圆柱壳。在陶瓷外壳的内外表面之间施加一个电压脉冲，随后会在其中产生波动，从而产生压力扰动。作为接收器，进来的压缩波扭曲陶瓷，形成极化电荷，在圆柱形外壳的两个表面之间形成电压降。

两种类型换能器的输出功率和工作频率都受到表面积和材料特性的限制。由于测井探头尺寸的限制，其频率介于 1～25 kHz 之间。作为发射器，施加电压脉冲会导致中心频率处出现"响声"，时间持续数个周期。

如第 18 章所述，可靠测量井眼剪切波速度有待于偶极子源的发展。Kitsunezaki 很早就发现了这一问题和解决方案，他勾勒出了一些关于换能器的想法，包括今天正使用的电磁驱动的双头活塞，类似于一个扬声器[1]。如图 19.1 所示，这种仪器被激发时，在仪器的一侧产生一个正压力脉冲，在另一侧产生一个负压力脉冲，二者循环反转。

虽然偶极子源也可以由两个反向的定相陶瓷单极子换能器构成（图 19.2），但在低频时，它们通常不能耦合足够的能量进入地层壁而无法实际应用。对于随钻（LWD）声波测井，更希望四极子源耦合能量进入地层而不是进入钻铤。原则上，这可以由四个合适的定相单极子源组合而成。图 19.2 为四个单极子源排列组成四极子源的示意图。

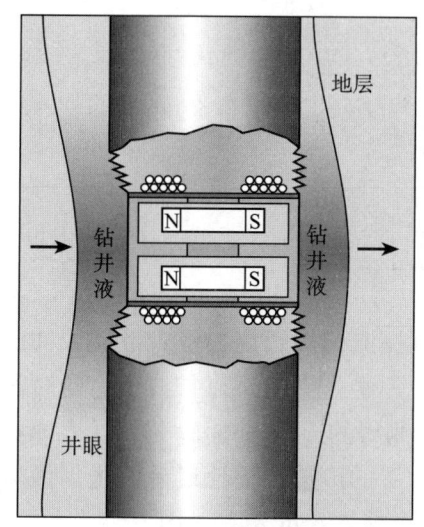

图 19.1 电磁活塞偶极子源示意图，包括井眼壁表面的弯曲波

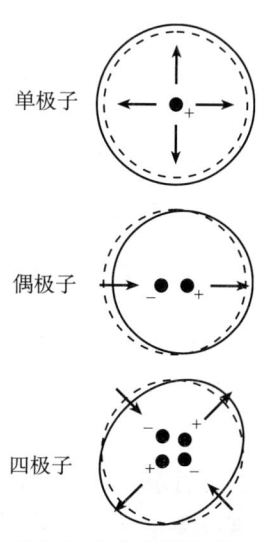

图 19.2 通过单极子声波发射器的适当定相形成偶极子和四极子发射器的示意图

惯例是，正压脉冲由"＋"号表示的单极子径向产生

19.3 传统声波测井

这里所讨论的传统声波测井是指利用具有两个接收器的仪器确定井眼附近材料中压缩波的传播时间。接收器通常位于距离发射器 3 ft 和 5 ft 处。这种类型的仪器如图 19.3 所示。仪器测量的是两个换能器处声能到达的时间差异，该值除以两个探头的距离，得到地层的传播时间，即声波时差（Δt）或慢度（通常用 μs/ft 表示）。在均质地层条件下，该测量的探测深度有些难以确定。由于测量的只是首波的传播时间，因此，测量值将仅对具有最短传播时间的声波传播路径敏感。通常这是一条平行于井壁且非常接近其表面的路径。只有当我们考虑井壁的蚀变和损害（两者都意味着井眼附近地层速度降低）这两个问题时，探测深度的概念才有意义。

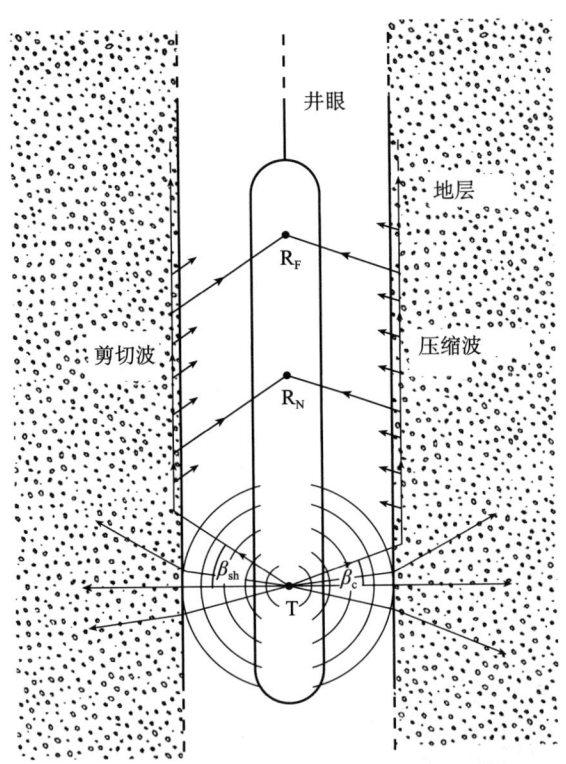

图 19.3　标准声波测井仪的居中测井结构图[2]

首波传播时间可以表征原状地层，这取决于源到探测器的距离、侵入带（或冲洗带）与原状地层之间的速度差以及该冲洗带的厚度。一些作者尝试以首波到达的时间定义伪几何因子[3]。即使冲洗带厚度达到最大值时，测得的声波时差 Δt 仍然代表原状地层。探测深度随着声源到探测器的间距以及这两个层的声波传播速度差的增加而增加。对于常规声波测井仪器来说，标准的探测深度值可能在 6 in 左右（图 19.4）。

普通声波测井的标准显示格式如图 19.5 所示。地层声波时差显示在第 2 道和第 3 道，增大的声波时差（或慢度，因为这个说法在声波测井界更时髦）显示在左边，这也是孔隙度增加的趋势。另外一道包括一系列偶尔出现的小脉冲。这些可以在图中第二道开头看到，每个脉冲代表 1 ms 的总传播时间，并且作为声波测井来源的提醒。它可用于校正地震剖面中的时深关系。

部分模拟储层的常规声波测井曲线如图 19.6 所示。底部为碳酸盐岩剖面，顶部是泥质砂岩剖面。与同一层段的中子和密度测井相比，突出了声波测井对孔隙度的敏感性。

使用双探测器仪器，发射器到接收器的正常间距为 3 ft 和 5 ft，这会导致薄层的分辨率出现一些问题，这些薄层的压缩波速度与周围介质的不同。图 19.7 对此问题给予了考虑，它显示的是一个快速石灰岩地层，周围是速度较慢的泥岩。如图中（a）部分

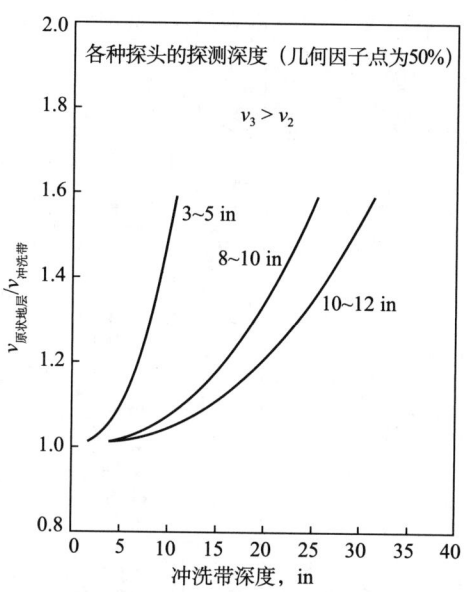

图 19.4　三种常规声波阵列仪探测深度的估算[3]

所示，如果两个接收器之间的距离超过地层厚度，则永远不会得到真实的声波时差测量值，而是某个加权平均值层厚与接收器间距差值的加权平均值。在图中（b）部分，接收器间距比层厚小，对于这种情况，测量的是快地层的声波时差值真值——这是大多数测井仪器的共性问题。

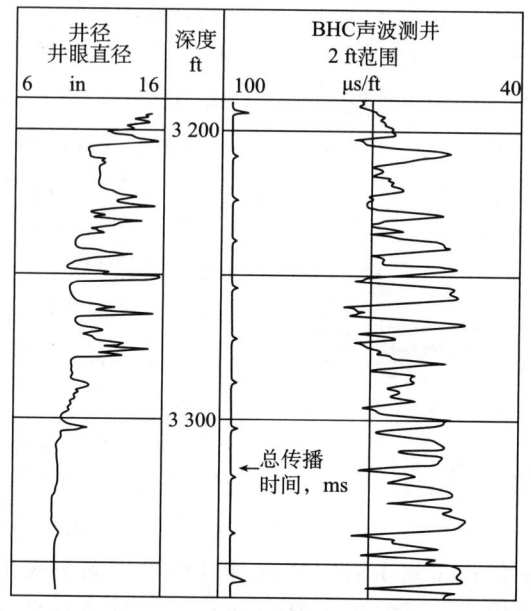

图 19.5　具有总传播时间脉冲的标准声波测井显示格式[4]

声波测井真正的优势之一是它受井径变化的影响相对较小。图 19.8 定性地比较了

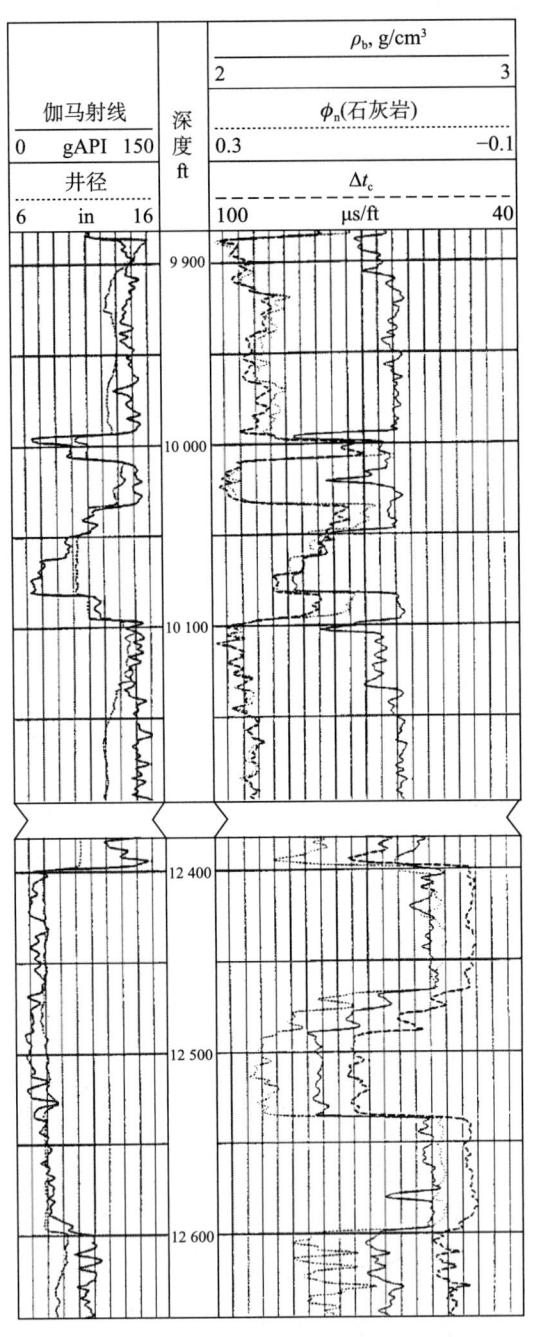

图 19.6 模拟储层模型的样本
层段声波时差测井曲线

井径对密度测井仪器、中子孔隙度测井仪器以及声波测井仪器的影响。在该测井曲线剖面中，井径道有一处超过 20 ft 厚的层段存在巨大的不规则井眼，尽管密度测井的 $\Delta\rho$ 曲线没有显示出来，但经验丰富的解释人员可能会质疑这一区域的密度值（ρ_b）。

在测井曲线中部，可以看到中子孔隙度在泥岩段下方近似是平滑的。然而，在井径变化最大处，中子孔隙度上也有一个峰值，很明显这是补偿不足引起的。第三条测井曲线是这一层段的声波时差曲线，然而，它的数据非常引人注目，尽管井径很大，但它依旧十分稳定。毫无疑问，该层的孔隙度十分稳定，而另外两个孔隙度测井仪器没有一个能得出这个结论。问题仍旧是：井眼补偿声波是如何实现的？

如图 19.9 所示，在井径变化区域，当井径变大时，单个源探测器声波测井仪器测得的传播时间异常长。这是由于声波从发射器穿过钻井液进入地层，然后，返回接收器的过程增加了声波传播的时间。使用单发双收声波测井仪器部分解决了这一问题。通过确定到两个接收器的传播时间，并利用时间差来确定传播时间，如图所示，井径变化界面处，测井响应出现了"喇叭"，除此之外，井径的影响均被排除。

更为普遍的情况如图 19.10 所示。不但井径变化，而且由于井眼偏离和仪器串的压差卡钻，仪器也不居中，可使用双发射器和两对相互靠近、间隔排列的接收器来解决这一问题。仪器提供两组不同的传播时间测量值：一组上发射数据和一组下发射数据。对于图 19.10 描述的情况，上发射传播时间将大于下发射传播时间。通过对这两组测量结果取平均值，即可消除现存不同钻井液行进路径的影响，并且测量结果反映了地层的传播时间。这种类型的仪器被称为井眼补偿声波测井仪器（BHC）。

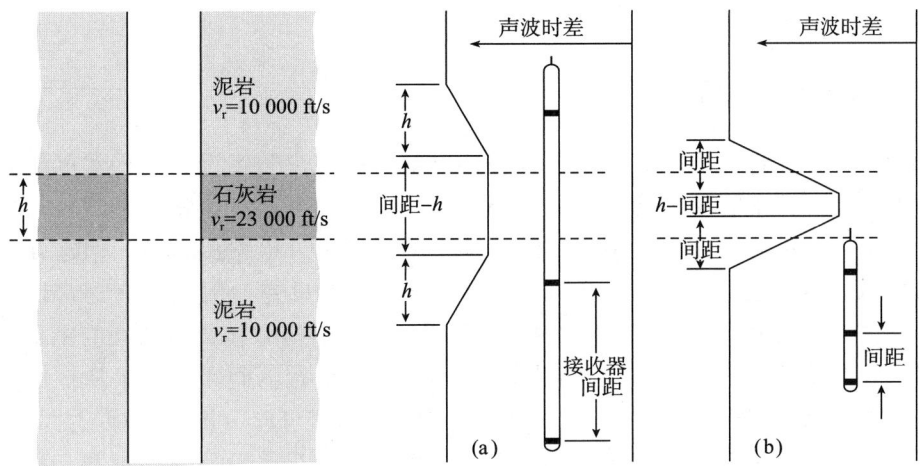

图 19.7 接收器间距对高速薄层声波时差测量值的影响[4]

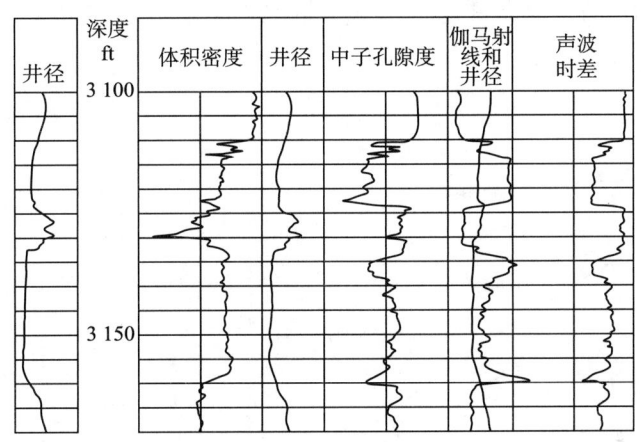

图 19.8 声波测量不受极差井眼环境影响的示意图[4]
与密度和中子孔隙度仪器响应进行了比较,在井眼塌陷段,这两种仪器的响应值均不正确

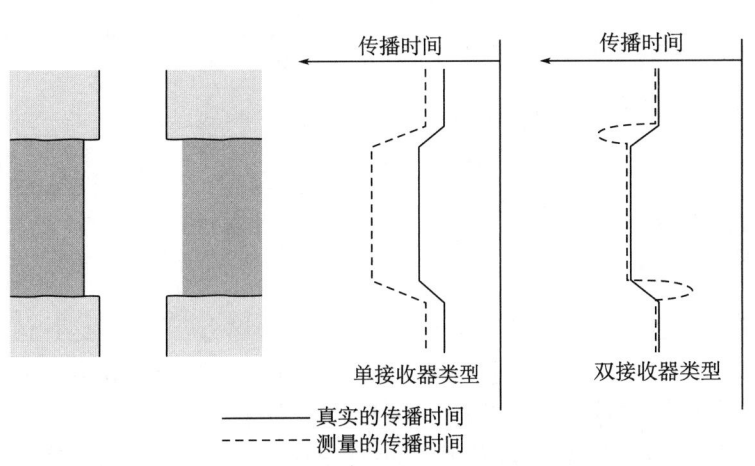

图 19.9 井径变化界面对总传播时间的影响[4]

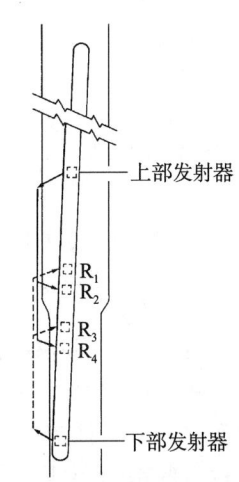

图 19.10 使用四个探测器来补偿井径变化以及仪器倾斜的影响

19.3.1 一些典型问题

如上所述，尽管补偿声波测井仪器性能良好，但在少数情况下，仍然可能会出现一些问题。其中一个原因可能是在大井眼的慢地层中，声波直达钻井液的时间会早于地层。在常规的声波测井仪器中，探测脉冲中的振幅上升以检测首波，但这并不一定是地层信号。由于地层压缩波速度与钻井液声波速度的反差一般较大（通常地层声波速度是钻井液声波速度的 2 倍多），因此，只需增加发射器和接收器之间的距离即可增加穿过地层与钻井液的声波的时间间隔。然而，对于给定的间距，如果从地层往返钻井液的声波传播时间很长（由于井径很大），则两个信号可能会重叠。对于井眼居中的仪器，可以量化这一认识，如图 19.11 所示。对于三种不同间距的接收器，测得可靠声波时差 Δt 的区域为：地层速度越慢，井眼直径必须越小，这样才能在钻井液直达波之前观测到地层的声波。随着源距的增大，情况得到了显著改善。此外，使仪器偏心可以在较大井眼中接收地层信号。

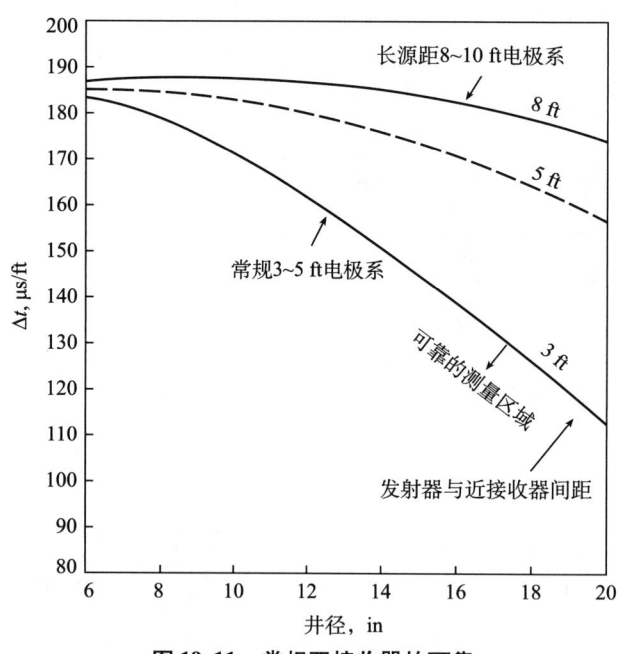

图 19.11 常规双接收器的可靠测量值区域与井径关系图[5]

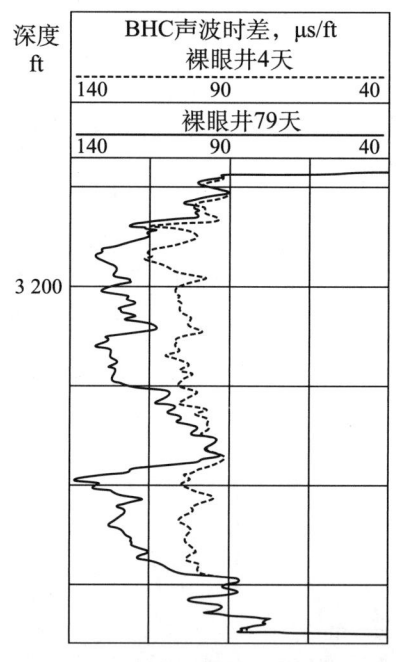

图 19.12 相隔 75 天的两次测井观测到的地层侵入影响的测井实例[4]

对于声波测井仪器来说，严重的环境影响是井壁附近材料的破坏或改变。这种情况通常发生在泥岩层，一般称为膨胀黏土，它们吸水、膨胀，并使地层密度和速度发生变化。另一种变化有可能是由井筒周围的次生裂缝引起的，这可以在很大程度上改变材料的声学特性。前一种泥岩侵入类型的典型例子如图 19.12 所示，它给出了在同一口井中相隔两个月所测量的声波时差。一般来说，由于泥岩改变，声波时差增加了约 20 μs/ft。在这种情况下，首波是较慢的介质中的传播时间。这是由侵入的深度或厚度所致；通过侵入带到达较快原状地层的双向传播时间超过了这两种地层中声波传播的时间差，因此，首波仅在侵入带传播。

声波测井曲线上有时会出现令人烦恼的现象，叫周波跳跃，如图 19.13 所示。可以根据声波时差曲线上的尖锋特征立即将其识别出来，图中视声波时差变化了大约 40 μs/ft。图 19.14 表明，这些问题的由来：要么是被随机噪声触发了同步电路，要么是预期的信号强度降低，直到一个完整周期（25 kHz 时，约为 40 μs）后，信号才被探测到。

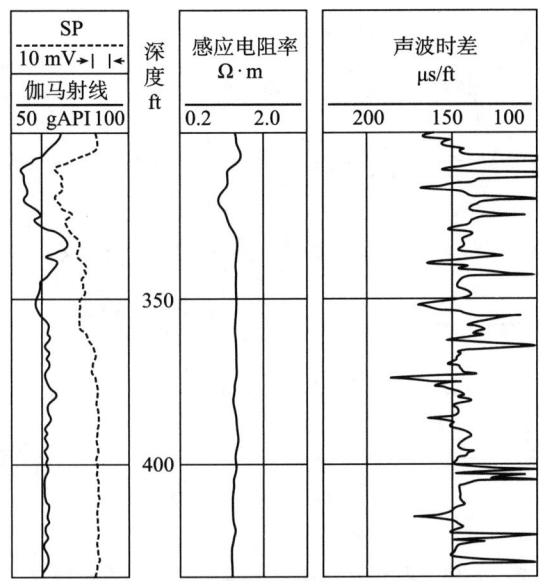

图 19.13　声波时差测井中周波跳跃的例子[4]

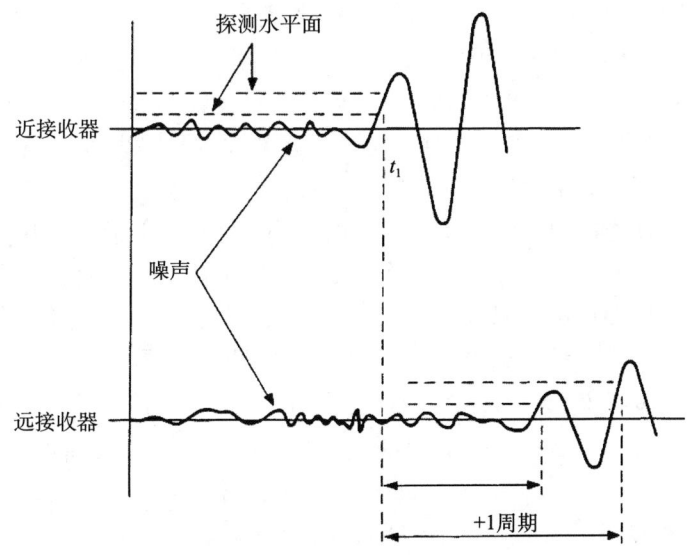

图 19.14　周波跳跃的起源[4]

19.3.2 长源距声波测井

压缩波速度的测量轻松自如。由于这种波速度较快，因此，它总是第一个到达探测器。如果剪切波到达发射器信号响声部分的中心，则它会被屏蔽，或者是淹没于井眼声波的其他一些模式中。最好的情况就是在压缩波到达后直接检测剪切波。在如图 19.15 所示的波形中，剪切波的波至清晰可辨。

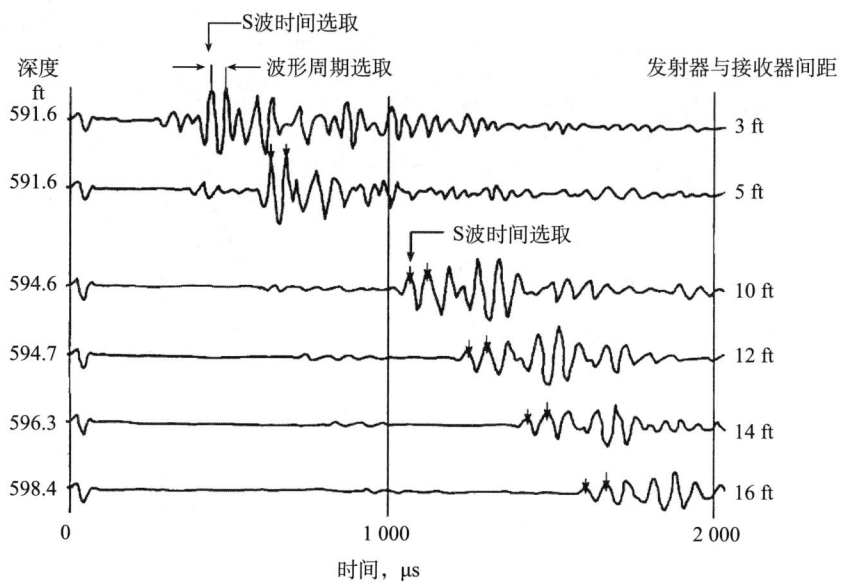

图 19.15 源距对剪切波和压缩波分离的影响[4]

如图 19.15 所示，距离发射器 3～16 ft 的六个接收器的叠加波形表明，源距极大地有助于压缩波与剪切波的分离。这是开发长源距声波测井仪器的原因之一。第二个原因是为了解决侵入带的问题。从图 19.11 的结果和对探测深度的讨论中可以推测，源距越大，较快原状地层的声波时差测量值越可靠。探测器距离发射器一般 8 ft 和 10 ft。

对于 20 kHz 范围内的早期声波测井仪器，这种改进量可以根据图 19.16 得到。它指示了常规的长源距电极系测量的可靠区域（在曲线的左侧）。侵入带可以默认为是层厚的函数，其速度随着在地层中的传播时间而变化。在声波时差为 100 μs/ft 的地层中，常规电极系可允许 5 in 厚的 20 μs/ft 的侵入带，但使用长源距声波测井仪器，厚度可达 14 in。这种对侵入带厚度的容忍性也消除了大井眼中钻井液直达波带来的问题。

井眼补偿技术的另一种变化是使用了长源距仪器，如图 19.17 所示。在这种情况下，使用双发双收装置来产生与如图 19.10 所示的 6 个换能器仪器相同的结果。对于这种长源距仪器，两个发射器位于仪器顶部，两个接收器位于仪器底部（节省了两个换能器）。测量分两个阶段进行。在井中的一个位置，底部发射器发射，并测量顶部两个接收器之间的传播时间。随后，仪器移动，两个发射器占据两个接收器先前的位置，两个发射器连续发射，下部探测器测得两个传播时间（来自不同发射器）。如图所示，这相当于使用了两个发射器和四个接收器，因此，该技术被称为深度对齐井眼补偿技术。

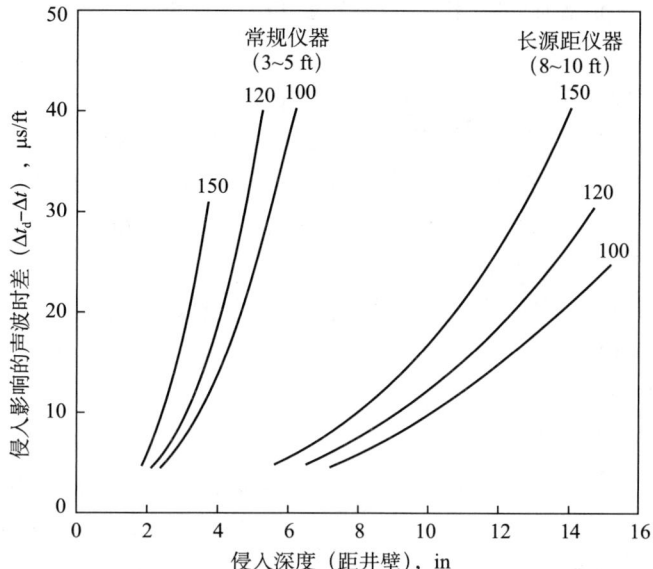

图 19.16　根据观测到的声波时差与地层声波时差的差值判断侵入的影响,它是地层侵入深度的函数。正如预期的那样,在明显的影响出现之前,长源距仪器能够容忍更深的侵入[5]

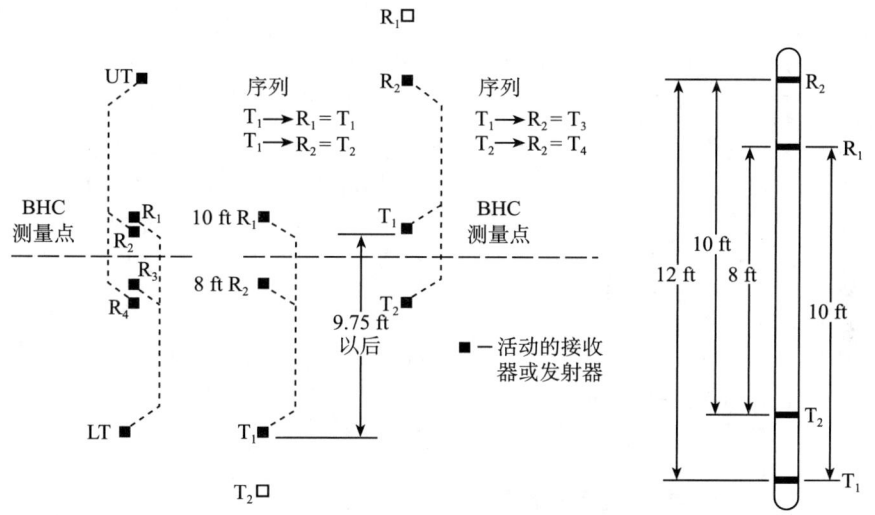

图 19.17　深度对齐井眼补偿原理（由斯伦贝谢提供）

19.4　声波测井仪器的演化

前面讨论的是 20 世纪 80 年代中期在快地层中使用单极子源来获得压缩波速度 v_p 以及使用折射剪切波来获得剪切波速度 v_s 的现状。从那时起,许多复杂尖端的新仪器已经出现,使得其基本测量值得到改进,或者额外提供可供地质力学应用的测量值。在前面的章节中,已讨论过其中一些重要的进展,这里按时间顺序部分列举如下：

（1）用于更好地估算压缩波和剪切波慢度的单极子探测器阵列和先进的信号处理技术；

（2）测量慢地层剪切波速度的偶极子发射器的进展；

（3）应用频散分析从井眼弯曲波中提取地层剪切波慢度的起源；

（4）能够探测并定向地层各向异性，以及连续测量剪切波慢度、具有成对正交发射器和偶极子接收器阵列的交叉偶极子声波测井仪器系列的进展；

（5）LWD 声波测井仪器的进展；

（6）使用模拟技术轻松消除地层信号引起的仪器扰动的仪器设计最新进展。

现在来讨论这些进展的详细情况。

19.4.1 阵列探测器

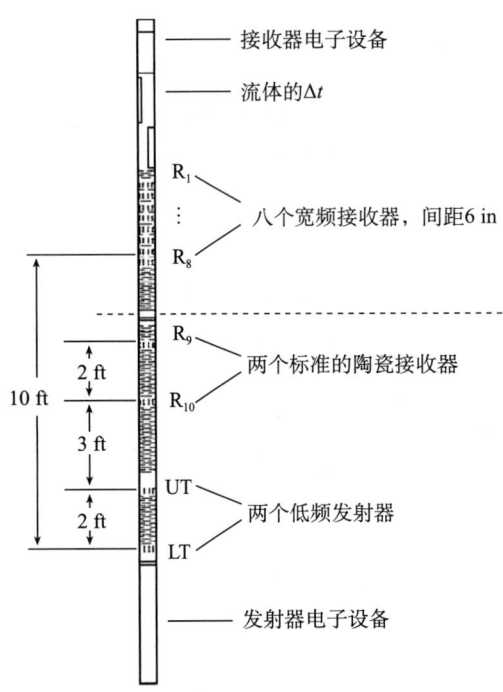

图 19.18　具有八个接收器的声波阵列仪器[6]

阵列声波测井仪器包括一连串接收器、可变探测器间距以及波形数字化，以便在提取可靠的剪切波测量值方面取得进展。图 19.18 为其中的一个仪器，它有八个接收器。在这种阵列仪器中，波形处理和信号提取是通过叠加同一深度不同接收器的信号来完成的，从而区别井眼中产生的其他声波信号并消除噪声。具有 13 个接收器的更现代的仪器测得的典型波形如图 19.19（a）所示，压缩波、剪切波和斯通利波清晰可见。为了处理不如该例子清晰的情况，采用时差相关法（STC）的复杂信号处理方案，它已成功提取出各种类型的声波[7]。基本上，通过比较波列 1 的一部分与其他 12 个波形的偏移部分来测量 13 个波形的相似性。使用该方法，可以绘制如图 19.19（b）所示的曲线。纵坐标为接收器 1 波列的传播时间（单位为 μs）。横坐标为声波时差 Δt 或慢度，由在单一深度测得的其他接收器波形的延迟转换确定。等位线轮廓清晰地描绘了三种波，指示了偏移波形与接收器 1 的信号之间的最相似区域。这种处理方法得到的测井曲线剖面实例如图 19.19 所示，除了简单的压缩波、剪切波和斯通利波的声波时差外，还显示了由一系列 STC 交会图得到的置信区域，以连续的方式围绕着每条计算得到的慢度曲线[8]。

19.4.2 偶极子仪器

偶极子换能器的发展引发了仪器设计的革命，仪器设计采用了偶极子接收器和偶

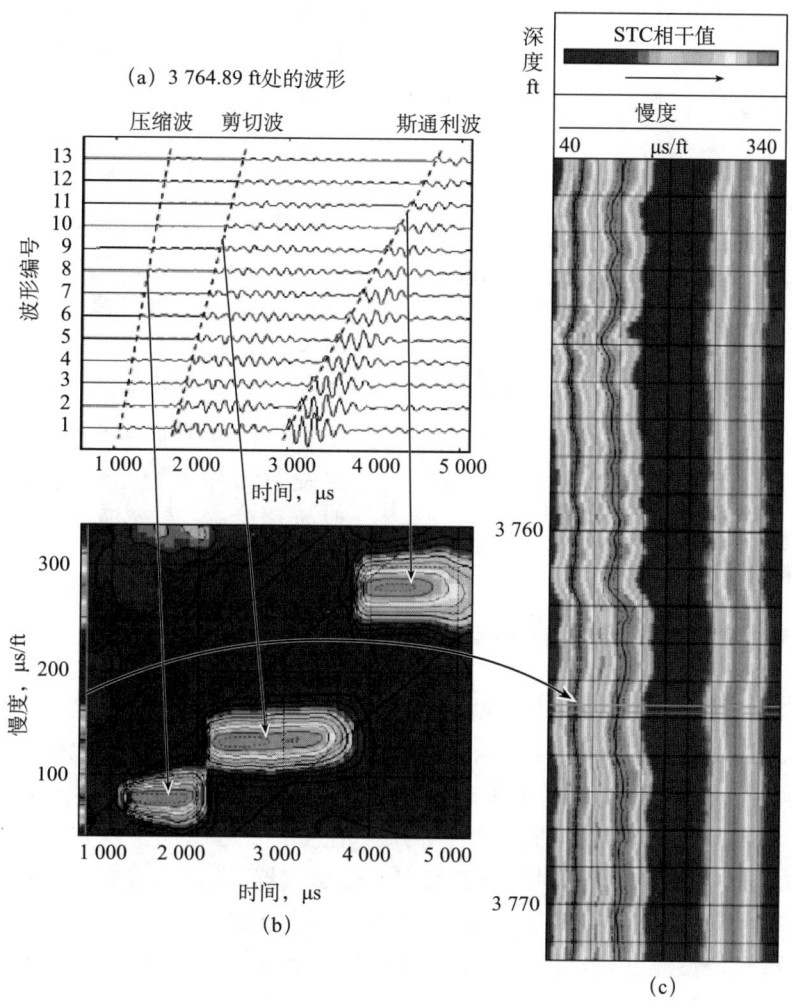

图 19.19　声波测井实例
（a）来自 13 个接收器阵列的波形清晰地显示出压缩波、剪切波和斯通利波。对于特定深度，图左侧的 SCT 图 （b）包含投影相干值的薄带，这些投影相干值作为置信区域出现在生成的慢度测井曲线上（c）

极子源。偶极子接收器是由几对单极子接收器经过适当的相位调整或差分演变而来——通常由软件完成。综合使用偶极子源和成对的单极子接收器可以探测到诱发的井眼弯曲波。

这种仪器的首要任务是测量地层的剪切波速度。然而，它并不像人们想象得那么简单。弯曲波与剪切波相似，但不完全相同。只有在频率为零时，其传播速度才等于地层剪切波速度。由于测量不是在零频率而是在较高频率下进行的，因此，这种做法会有一定的困难。弯曲波的频散特性意味着每个频率分量的波以不同的速度传播，因而最简单的方法是在使用某个有限频率的信号从 STC 图中导出慢度时，首先给增加的慢度引入一个偏移修正值；更复杂的方法是使用弯曲波的模拟频散曲线来"消除"STC 处理之前的影响[9]。

图 19.20 显示了由井眼中阵列探测器探测到的两种类型源产生的计算的波形频散。

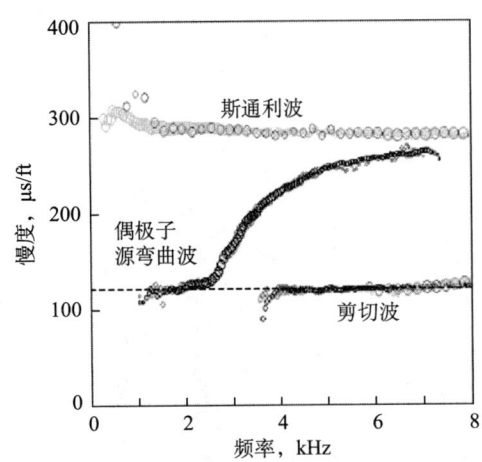

图 19.20 计算出的各向同性地层中双源
阵列声波仪器的频散曲线

在这种快地层中,单极子源的发射在井眼中产生了折射剪切波和斯通利波。由偶极子源产生的弯曲波高度分散

在这个例子中,随着单极子发射器的发射,产生了一种很强的、无频散的斯通利波以及一种未频散的折射剪切波。中间的数据点是偶极子发射器发射而诱发的在井眼弯曲波中观测到的频散度,其典型特征是高频时,慢度较大。如上所述,只有在非常低的频率时,慢度才真正与地层慢度相等。生成一张这样的图,需要一个不同源距的阵列探测器和一些复杂的信号处理方法[8]。但是,一旦这种频散曲线显示出来,只要发射脉冲中有足够的低频能量,提取剪切波速度似乎就是一件简单的事情。

19.4.3 剪切波各向异性和交叉偶极子仪器

阵列声波仪器的发展,阵列接收器无须依靠关键的"初动"测量获得慢度的复杂处理方法的发展,以及偶极子换能器的发展,自然而然地演变出一种称为交叉偶极子阵列装置的仪器。自 20 世纪 90 年代初以来,许多服务公司都拥有此类仪器。这些探测器阵列通常为偶极子接收器阵列,它们对齐并垂直于一对偶极子发射器,这对发射器也是交叉的。这样,在每个阵列间距处就有四组探测器/发射器方向。使用交叉偶极子可以收集表征各向异性地层所需的数据,至少在垂直井中是这样。

交叉偶极子声波测井仪器的问世为大量的理论和实验室工作以及井眼/仪器环境中声波传播的真实计算建模工作提供了驱动力。大量研究阐明了井眼尺寸和仪器特性在确定 P 波和 S 波频散曲线性质中的作用。信号处理的进步使得人们可以确定探测器阵列的频散曲线。频散曲线常规显示的结果之一是发现了一种识别应力诱导各向异性存在的方法。

交叉偶极子声波测井仪器可以测量的其中一个令人关注且令人满意的结果是剪切波各向异性。虽然我们倾向于认为岩石是各向同性的,但沉积岩在声学或力学性质方面与之相去甚远。一种类型的各向异性可能是由固有的结构属性引起的,如成层或定向裂缝,如图 19.21 底部的两个面板所示。当具有内在各向异性的地层传播剪切波时,它们分解或被极化为"慢"轴和"快"轴两个方向。在定向裂缝条件下(假设充满流体),"慢"轴将垂直于裂缝,而"快"轴将平行于裂缝。

在具有任意方位角方向的交叉偶极子仪器中,可能很难分辨出这些信号。然而,由于一个被称为 Alford 旋转的创造性发现,使得利用数学方法能够将波形重新处理成自然正交轴,并且能够确定方位测量仪器的方位角。该信息与仪器方位信息相结合,有助于确定各向异性主要来源的方向。

在 Alford 旋转发现之后,利用交叉偶极子仪器的四组偶极子接收器的方向,可以

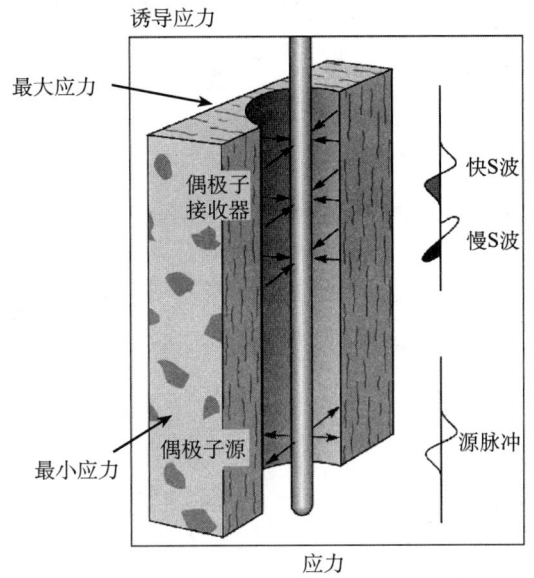
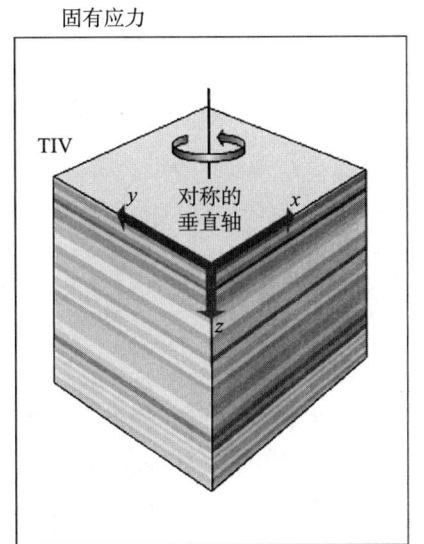
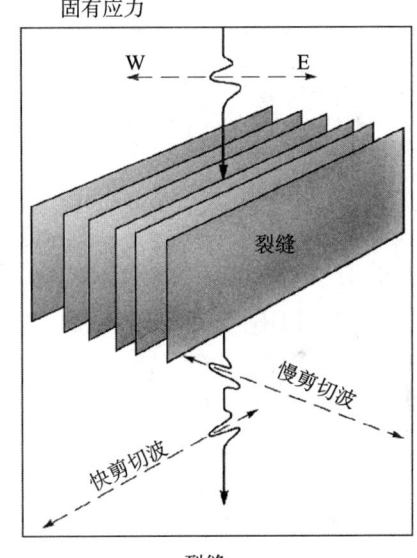

图 19.21　两个版本的固有地层 S 波各向异性和一个诱导应力的例子

提取到两个极化作用的频散曲线。与图 19.22（a）中的各向同性地层相比，如图 19.22（b）所示的频散曲线互相偏离。需要注意的另一点是，这两条频散曲线并不相交。

在第 18.2 节中，我们已经看到，声速取决于所施加的压力。各向异性也可能由水平应力的差异引起，如由构造力产生的应力。地层的差应力将导致剪切波分成两个方向：沿最大水平应力方向和沿最小水平应力方向。

在这种应力材料中钻的井眼周围会显示出异常的应力分布。图 19.23 是一个从图中顶部以 0°方位施加的单轴应变的例子。压缩应力集中出现在 90°和 270°方位，而张应力沿 0°和 180°方位集中。前者与常见的井眼崩落有关，后者与钻井次生裂缝有关。众所周知，井眼崩落[11]与构造应力有关，其方向是确定局部最小应力方向的早期手段。

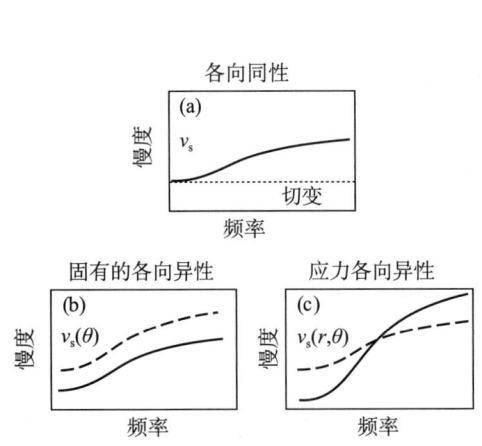

图 19.22　理想的井眼弯曲波频散曲线[22]
在没有应力的各向同性地层中，只有一条曲线，见图（a）；对于固有的各向异性，如平行裂缝或层理面，两条位移频散曲线对应于快极化和慢极化，见图（b）；单轴应力的存在使得快、慢频散曲线产生了明显交叉，见图（c）

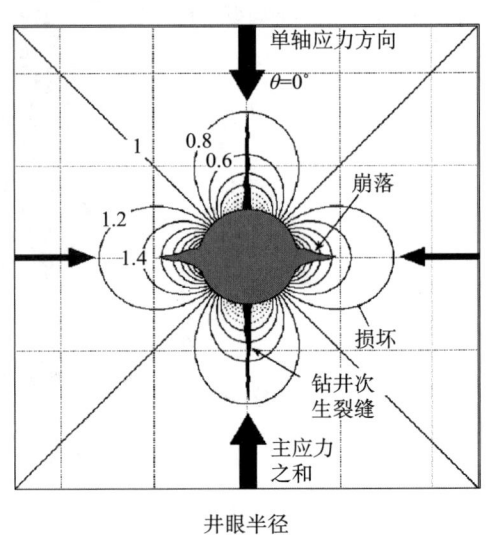

图 19.23　单侧施加应力介质中井眼周围的应力[10]
沿最大压差应力方向显示的是井眼崩落。
沿最大张应力差方向显示的是钻井次生裂缝

这种诱发应力变形在短距离井眼内衰减，因此，其对声波传播的影响将取决于穿透深度。低频时，剪切波在地层中传播得很深（可高达几个井眼直径之和），从而使两个极化方向的声波以不同的慢度传播，如图 19.22（c）所示。然而，频率较高时，剪切波仅限于在井眼表面附近传播，两个极化方向将抽样检测井眼周围的变异应力。在远场方向上传播的剪切波现在将受应力不足材料的影响，并以较慢的速度传播，而另外一个极化方向则与之相反。结果是，两个极化方向的声波频散曲线在某些中等频率处将出现明显的交叉。它是存在巨大应力差异的信号，并且可以根据极化的定向性确定极化方向。

19.4.4　随钻测井（LWD）

无论预期的效益如何，钻井环境似乎都不是进行声波测井的最佳场所，这是一个非常嘈杂的环境。必须容纳仪器组件的钻铤是一个非常坚硬的圆柱形管子，能够产生大振幅的到达波，使测量变得困难。尽管存在这些障碍，但可以设计一个周期性凹槽结构，将发射器与接收器隔离在特定频带，并将接收器放置在远离钻头的位置。在 20 世纪 90 年代中期，出现了第一批 LWD 声波测井仪器。这类仪器能够测量压缩波和快剪切波速度[12,13]。

其次，就像在电缆声波测井仪器中所做的那样，尝试使用偶极子源直接测量剪切波速度是合乎逻辑的。虽然制造了一些偶极子源仪器，但很快就发现存在与 LWD 环境相关的其他问题。钻铤坚硬，不能像电缆测井仪器那样灵活，因此，偶极子源在钻铤中激发的弯曲波无法轻易地与地层信号区别开来[14]。一些仪器在钻铤中设计了衰减器，以减少通过仪器传输的能量，但井眼挠曲信号的频散使其很难获得准确的地层剪切波慢度。

理论研究和建模[15,16]表明，四极子源的使用将很有可能使能量耦合到地层，同时避免激发钻铤波。四极子波在钻铤中的传播有截止频率，因此，对于一个给定的钻铤厚度，有可能找到一个频率截止值，低于该频率，能量只被耦合到地层。遗憾的是，与电缆偶极子源弯曲波的频散相比，最容易检测到的四极子激发井眼波具有截然不同的频散关系。四极子频散不是在低频处有一条渐近线，从而提供地层剪切波慢度，而是在某个低频截止点（如接箍反应）突然结束，因此，很难确定剪切波慢度的精确值。这些问题的解决方案目前正在开发中，并且新仪器开始利用这种类型的源（和检测信号）来获取剪切波速度信息。

19.4.5 模拟驱动的仪器设计

在声波测井中，包含发射器和接收器的测量装置会对压力波场产生巨大的扰动，这可以用没有庞大支撑结构、具有点源和探测器的理论装置进行模拟分析。经过几十年的研究，通过使用复杂但机械强度较弱的结构（带有槽孔套筒），井眼声波仪器设计所涉及的声学问题已经"明了"，形成了一种新型的仪器设计方案[17]。根据几十年的模拟和处理交叉偶极子仪器阵列数据的经验，以及其在从弯曲波中提取剪切波速度时对频散分析的严重依赖，设计了一种易于精确建模的简单仪器结构。选择这种简单的设计是为了计算仪器对地层和井眼波传播的影响，从而在任何频散处理之前消除这种影响。

为了提供不同的测量，如从径向剖面到各向异性提取，以及斯通利波渗透率到成像，这款新仪器配备了各种发射器和接收器。在多个单极子源发射器中，使用低频装置激发斯通利波；两个交叉偶极子发射器用于产生有效的弯曲波。后者激发一种"线性调频脉冲"驱动信号以提供几乎恒定的能量输出，其频率在十分之几千赫到大约十千赫范围内。6 in 间距的探测器组成 6 ft 的阵列；上部和下部的近远端发射器用于模拟传统长源距声波仪器的性能；探测器的轴向方位（每6 in 偏转45°）构成了一个由大约100个探测器组成的阵列，作为定向偶极子接收器。在从这种新一代仪器中提取大量地层物理参数的过程中，对庞大的采集数据进行信号处理至关重要。

19.5 声波测井应用

在井眼声波测井首次得到广泛的应用中，地质对比是其中的一个方面。怀利等人注意到，声波传播时间与胶结地层的孔隙度之间有很强的相关性，从而提出了之前讨论过的所谓的怀利时间平均方程。实验室数据似乎表明，体积混合规律适用于传播时间的情况。已知骨架声波传播时间和流体声波传播时间，利用任何一个传播时间的测量值都可以得到合适的孔隙度。

尽管对声波测井的常规解释采用了非常经验主义的方法，但在许多情况下，求出

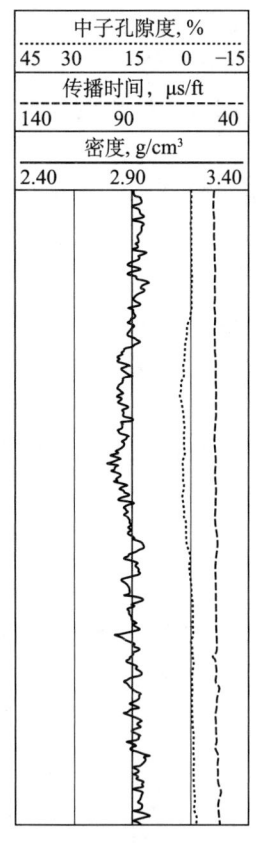

图 19.24　碳酸盐岩剖面测井实例，显示存在"次生"孔隙的迹象。密度孔隙度和中子孔隙度增加，而声波时差 Δt 没有相应的变化，由此推断存在次生孔隙[4]

的孔隙度值确实是令人满意的。为了有效应用这一技术，必须知道岩石的类型及其合适的骨架传播时间，或者必须建立传播时间和孔隙度之间的局部转换关系。通常，在井眼极度不规则或垮塌的情况下，当密度或中子仪器的孔隙度读数无效时，声波测量值仍然是可靠的。

综合使用声波测量和其他测井方法可以确定目的层的其他特性。图 19.24 是声波测量与其他两个孔隙度测量综合使用的例子。在测井曲线中部，中子和密度读数均表明孔隙度增加，最大值约为 3 p.u.。其余地层似乎是孔隙度为零的白云岩。然而，在同一地层中，白云岩显示孔隙度为 3% 的地方，而声波时差 Δt 曲线并没有移动，它仍然指示孔隙度为零。

对这类情况的解释，尤其是在碳酸盐岩中，是由于存在所谓的次生孔隙（源自地质术语，指沉积后岩石蚀变产生的任何孔隙度）所致。这种孔隙多以孔洞和裂缝的形式不均匀地分布在整个岩石中。在这些包裹物的周围，声波能量找到了一条更快的路径，如从井眼的另一侧。在极端情况下，骨架孔隙度为零，传播时间不变。从这个意义上讲，声波测量并不能"发现"次生孔隙度。溶洞和鲕状穴也以均匀分布的球形孔隙形式存在。对于同样的孔隙度，这种孔隙比正常的细长孔隙对声波的影响小，致使传播时间较短，并且与次生孔隙度的影响相同。

19.5.1　地层流体压力

声波压缩波数据最实际的应用之一是探测或预测超压泥岩层，该过程如图 19.25 所示。通常，泥岩的声波时差（Δt）测量值随深度或压实度有规律地（即使不是对数的）增加。这可能与密度的变化以及作为深度函数的围压有关。然而，在孔隙压力大于流体静压力的过压实泥岩中，观察到偏离正常趋势。从 Hottman 和 Johnson 的文献[18]中可知，超压可以根据观测到的声波时差（Δt_{ob}）与该深度预期的正常声波时差（Δt_n）之间的差值来估算。Eaton 根据该偏差对孔隙压力进行了进一步量化[19]。

LWD 声波测量提供了实时探测超压地层的可能性[20]，电缆测量只能在事后从趋势偏差中"检测"超压层。在钻井过程中，它的实用性更强，能够检测到超压层的发生，以便在超压变得过大之前对其做出反应。

19.5.2　力学性质和裂缝

根据第 17 章中回顾的关系式以及表 17.1 中总结的关系式，相对容易地发现，已知岩层的压缩波速度、剪切波速度以及密度，可以获得其弹性参数。例如，体积模量由下式得到：

$$B = \rho\left(v_c^2 - \frac{4}{3}v_s^2\right) \quad (19.1)$$

剪切模量为

$$\mu = \rho v_s^2 \quad (19.2)$$

在20世纪70年代末发展全波形声波测井之前，剪切波速度的确定一直是一项繁琐的工作，而且在确定井筒岩石力学特性方面并未常规化。然而，一个潜在的应用受到了相当大的关注，即预测裂缝启裂。

与任何材料一样，岩石受力超过某一临界阈值时，在拉伸、挤压或剪切作用下会发生破裂。该阈值通常被称为"破裂标准"。一般来说，该阈值取决于内聚力和内摩擦角。根据经验，前者常与剪切模量相关，后者决定抗压强度随施加压力的增加量。在多孔岩石中，孔隙压力会降低抗压强度。上覆岩层压力与孔隙压力之间的差值，或有效围压对岩石的力学性质起着重要作用。另一方面，岩石的抗拉强度只是抗压强度的一部分，胶结质量较差的砂岩尤其如此。井筒中产生的使岩石破裂的压力可以诱发裂缝。在井壁的

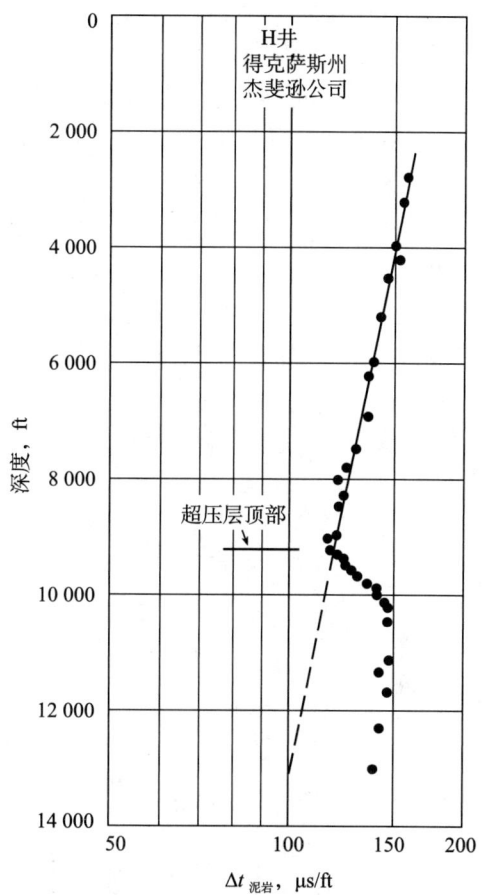

图19.25 根据与声波时差（Δt）—深度趋势的偏差确定超压泥岩层[18]

任意一点上都有三种作用力：上覆岩层压力、上覆岩层压力和孔隙压力产生的有效切向应力以及钻井液柱产生的压力。如果钻井液柱压力增加，它可以有效地抵消压缩切向应力，并形成井壁张力。一旦超过抗拉强度，则开始破裂。Hubbert给出了破裂压力（p_{wf}）的估算方程[21]：

$$p_{wf} = 2(p_o - p_f)\frac{v}{1-v} - p_f \quad (19.3)$$

式中，p_o和p_f分别是上覆岩层压力和孔隙压力。

该表达式涉及许多简化。首先，岩石被看作弹性材料，因此，水平应力与垂直应力之比简单地由$\frac{v}{1-v}$给出，岩石的抗拉强度可以忽略不计。

尽管描述不完整，但泊松比的连续测量有助于预测地层压裂的相对难易程度。已知由密度、v_p和v_s计算的弹性参数，可以预测适合水力压裂的地层。该技术包括通过液压方式隔离由地面泵加压的区域，并增加井筒压力，直到岩石产生裂缝。这种方法常用于激发低孔和低渗油气藏的产能。

虽然有时诱导裂缝是需要的，但自发产生的诱导裂缝是不需要的——这是一种应

避免的井眼稳定性问题。当井筒中的静水压力很高，以至于钻井自然产生裂缝时，就会产生这种不稳定性。另一方面，井筒中钻井液的静水压力可能过低，无法支撑由构造应力和孔隙压力引起的井筒周围的应力分布。在这种情况下，井眼崩落是第二种井筒失稳的形式。除了会影响钻井或使钻杆或测井仪器遇卡外[22]，还会引起井壁坍塌。现在，人们花费了大量精力制作将要遇到的地层模型（岩石力学地层模型），这些模型不仅使用声波求取弹性参数，还使用地层孔隙压力测量值和模型来预测这些参数随深度的演变[23]。这类研究的成果图显示了钻井液重量的上限和下限随深度的变化——钻井液重量窗口，以避免井筒不稳定。这些图表显示了钻井液重量应如何随钻井深度而调整，以及需要何时下套管以避免这两种不稳定性问题。

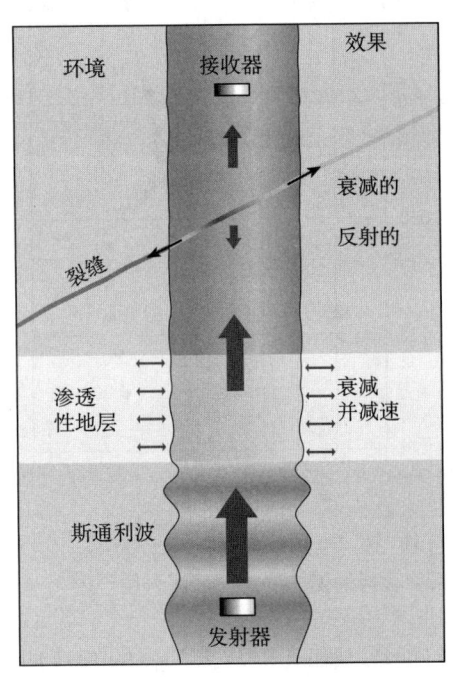

图 19.26　在与张开裂缝相交的井眼中诱导的斯通利波示意图
波在裂缝界面处衰减和反射，并因渗透性地层而衰减和减速

过去，根据声波测井识别天然裂缝层受到了很多关注，Timur、Jordan 和 Campbell 对此进行了广泛讨论[4,24]。这些方法大多是定性的，它们使用了部分以模拟形式显示的声波列。确定裂缝存在的一种方法是分析剪切波的振幅；裂缝的存在会降低剪切波传播的能力。另一种方法是粗略的声波成像。在井壁上交叉存在的裂缝是根据典型的、模拟显示的声波信号人字形图案推断出来的。这些人字形图案的形成源于裂缝界面处剪切波和压缩波能量的转换。

裂缝的存在也可以根据斯通利波振幅和人字形图案推导出来。在含有裂缝的地层，斯通利波振幅变化很大，对声波变密度测井（VDL）或微地震图显示产生了明显影响[25]。图 19.26 指出，通过裂缝时（在这种情况下，描述为水平张开缝），低频管波实际上迫使液体进入裂缝，从而降低其振幅。还要注意的是，给定裂缝将在与发射器—接收器间距相等的距离上的测量中明显可见。

有关裂缝检测的最新研究结果[26]表明，从低频单极子发射器和接收器中提取的斯通利波仍然是一种标准诊断工具，旋转的偶极子弯曲波频散曲线也可用于裂缝识别。

19.5.3　渗透率

渗透率是评价油气藏最重要的岩石参数之一。该参数通常通过岩心分析、试井或其他更容易测量的岩石性质（如孔隙度）的相关关系来获得。这些相关方法将在第 23 章中再次提到。斯通利波的重要性在于，它以测井独有的方式测量渗透率，因为它是动态的，即流体实际上是在岩石中移动的。

当斯通利波通过可渗透性地层时，地层和井眼之间有一些流体流动（图 19.26）。这种流动的结果是波衰减，其速度发生变化。这些影响的大小取决于频率。已经开发出了基于 Biot 孔隙弹性理论的模型，以阐述衰减和慢度的频率依赖性以及这两个属性与流体流动性（地层渗透率与流体黏度之比）之间的有趣关系[27,28]。对实验室岩石的研究证实了速度和衰减的频率依赖性，尤其是在低频时。在低频情况下，还证实了通过增加流体流动性，斯通利波波速降低，衰减增加[29]。

当渗透率对斯通利波的影响刚受到关注之时，人们把斯通利波的慢度或衰减与岩心渗透率进行了相关分析。慢度对渗透率的敏感性只有百分之几，但可以精确测量。衰减的影响较大，但测量精度较低。使用这两种测量结果，现在已经可以反演 Biot 模型以获得流体的流动性[30]。这些模型需要已知井眼、地层和地层组分的弹性性质。尽管可以根据声波和密度测井曲线估算所有这些参数，但累计误差会很大。因此，在实践中，该方法受限于远高于 10 mD/cP 的流动性。典型结果如图 19.27 所示。

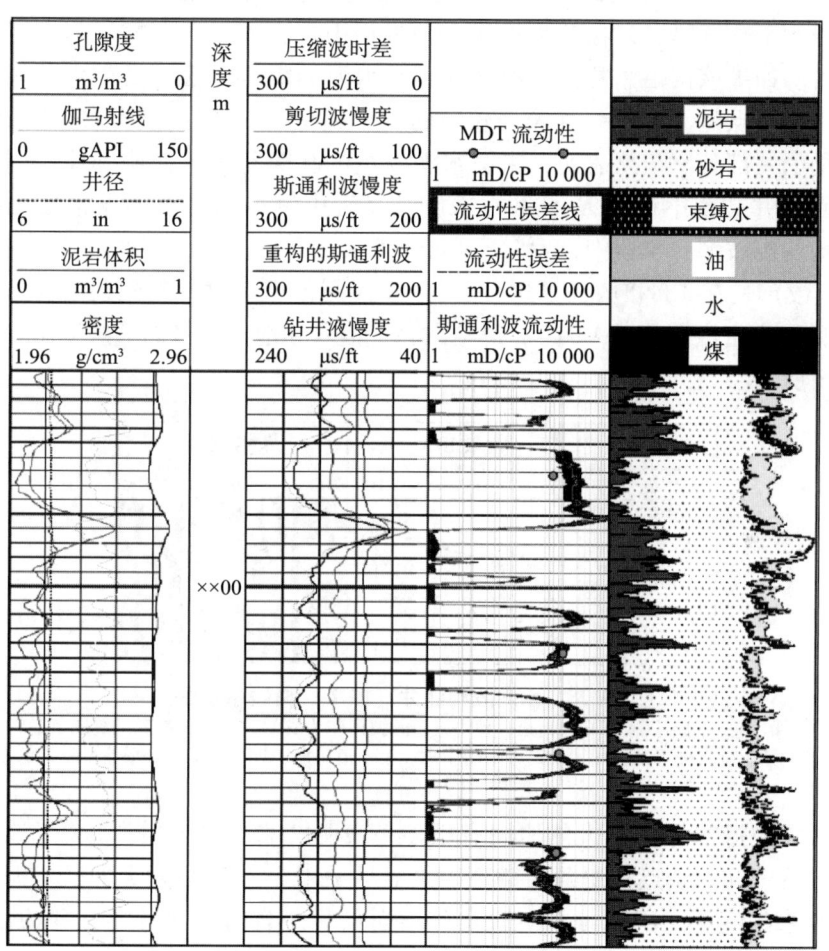

图 19.27 斯通利波得出的流动性与少数地层测试器结果对比的测井曲线实例

滤饼是另一个关心的问题。滤饼的形成很明显阻止了井眼与地层之间的流体流动。那么斯通利波方法如何工作呢？答案是滤饼是柔性的，可以弯曲地进入孔隙空间，从而允许压力传递，但不许流体通过。根据滤饼的硬度可以分析其影响[31]，滤饼越坚实，传递的压力越小。遗憾的是，没有独立测量滤饼硬度的方法。在实践中，它被认为是常数，并经过调整以匹配某一深度的岩心渗透率。然而，从其他来源增加的额外信息可能会解决这个问题。孔隙流体和岩石骨架的相对运动产生了一个随着斯通利波传播的电动信号[32]。有证据表明，这种信号可以帮助区分滤饼和流动性的影响。电动信号的增加还将实际应用范围扩展到远低于 10 mD/cP。

19.5.4 水泥胶结测井

水泥胶结测井（CBL）自 20 世纪 60 年代早期就已出现[33]，并且试图将声波仪器用于孔隙度确定以外的应用。测量的主要目的是确定套管井中水泥胶结可能不完美的层段。这个简单的想法是，初至波与套管内传播的所谓板波（或 Lamb 波）有关，利用单个发射器和一两个接收器的基本仪器就可实现。这种波靠近但不完全等于压缩波，因为其波长大于套管厚度，在与水泥耦合的过程中失去能量。其振幅与水泥对套管的黏附性有关。如果该振幅非常大，则套管不受水泥的阻碍，很容易产生共振。使用这种监控测量的要点是，需要一种胶结较差的简单模型——认为套管周围的水泥环带仅覆盖了圆周的一部分。结果表明，未被水泥胶结的孔隙与第一次明确检测到的套管波的振幅（在测井文献中称作 E_1）和在未胶结套管中测得的首波的振幅之比成对数关系。在常规的声波测井仪器中，发射器位于 3 ft 和 5 ft 处，这种幅度测量（转换为 0 到 1 的胶结指数）是在 3 ft 接收器上进行的。5 ft 探测器用于对探测到的波列进行微地震图显示（称为变密度测井或 VDL），以给出套管信号和地层信号的直观显示。典型显示如图 19.28 所示。

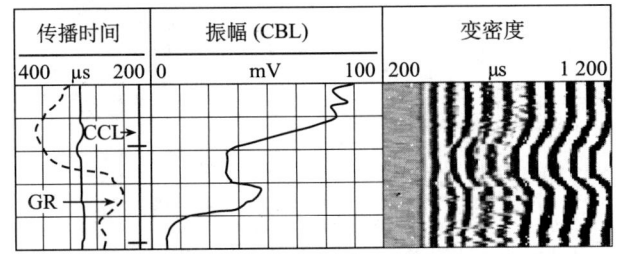

图 19.28　水泥胶结测井（CBL）曲线示意图

第三道是所谓的变密度测井（VDL），是一种将记录的波列作为右侧时间函数的微地震图。套管的响声在记录道的开始处清晰可见，而地层信号随后出现。第二道是用于评价水泥胶结质量的首波的振幅 E_1

当然，首波振幅可能很大的原因有很多，表明"未胶结套管"。关于这种测量技术，一个人尽皆知的缺点是所谓的微环隙。显然，由于水泥黏附力差，水泥环和套管之间有几微米的间距，因此，会引起这种错误信号。有时，通过关井并使压力升高，以便通过套管的轻微膨胀来关闭微环隙，这样就可以避免这种情况。首波振幅异常的另一个原因可能是，在水泥胶结良好的快地层中，地层信号的传播速度会很快，以至于干扰了套管的首波振幅。通常情况下，利用套管居中仪器进行这种测量。仪器偏心也会产生错误的首波振幅读数。

声波测井方法的一大缺点是缺少方位分辨率——套管信号是方位平均值，从而很难将水泥胶结质量差的层段与水泥中的垂直通道或空隙区分开来，后者可能导致层间地层连通。分段探测器的使用是这种仪器的第一次变革。尽管这种类型的测量存在缺陷和不确定性，但多年来它一直被当作一种标准。尽管设计了其他超声仪器来克服这些缺陷（将在 19.6 节讨论），但它可能会作为标准一直持续下去。最新的第三代声波测井仪器中包含 CBL 功能就证明了这一点[17]。

19.6 超声波仪器

不同于常规的工作频率低于 25 kHz 的声波测井仪器，超声波仪器采用的换能器能够在几百千赫至兆赫的频率范围内工作。在这些频率下，波长可以小至 1 mm。这为进行多种类型的测量提供了可能性，其中使用最广泛的是声波成像。

一种广泛用于裂缝识别的成像装置是被称为井中电视的成像仪器。在这种类型的仪器中，居中源和接收器快速旋转（图 19.29），以获得井壁反射信号的精细缠绕螺旋图像。根据反射信号的振幅或其传播时间，可以成像显示展开的圆柱形井壁图像。UBI 超声成像仪的振幅图像示例如图 19.30 所示，该图像表明存在倾斜裂缝。在这个展开的显示图中，倾斜裂缝显示为正弦曲线。其他示例清楚地显示了井眼"崩落"的存在，并且声波时差数据可用于可视化井眼横截面。

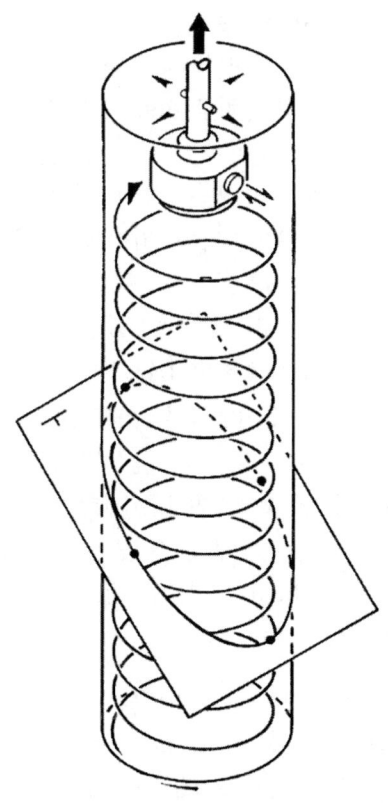

图19.29 井下电视（BHTV）的工作原理（由斯伦贝谢提供）
快速旋转的高频换能器在井眼中移动时发送和接收声能脉冲。与井相交的层理特征会在展开的井壁图像上产生典型的正弦图形

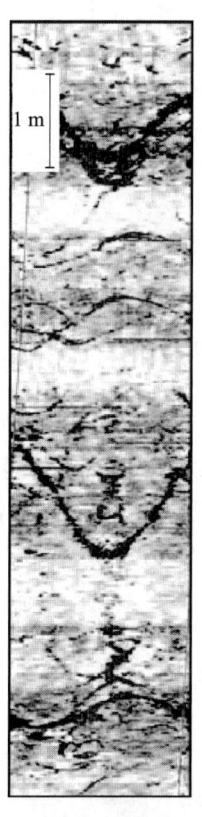

图19.30 UBI 超声波扫描仪获得的图像显示了倾斜裂缝（由斯伦贝谢提供）

19.6.1 脉冲回波成像

脉冲回波模式下的超声波脉冲已被用于评价水泥胶结套管的状况。高频脉冲使得良好的环形分辨率成为可能。反射模式采用一种完全不同于沿套管传播的波衰减的物理现象。早期仪器的操作如图19.31所示。测量由一个接近套管共振频率的超声波能量脉冲启动（与厚度的两倍除以套管中的压缩波速度有关）。使用相同的换能器，令其在接收模式下工作，以记录和分析套管中的回响。当水泥胶结良好时，套管共振迅速减弱。在水泥胶结的套管前面，接收到的信号中包含多条信息。套管中声能的内部反射可用于确定其厚度，从而监控其磨损程度。套管波之后的信号衰减率由套管和水泥之间的耦合程度决定。早期的测井仪器使用换能器阵列来完成井周的覆盖。

更现代的仪器[35]使用旋转发射器来提供井眼360°全覆盖。采用这种仪器得到的各种测量值也可用于确定套管的状况。根据回声的传播时间测量套管的内径，并根据共振频率计算套管的厚度。使用已知钻井液阻抗的模型，根据测量的阻尼值可以计算水泥阻抗（密度乘以压缩波速度）。在测井

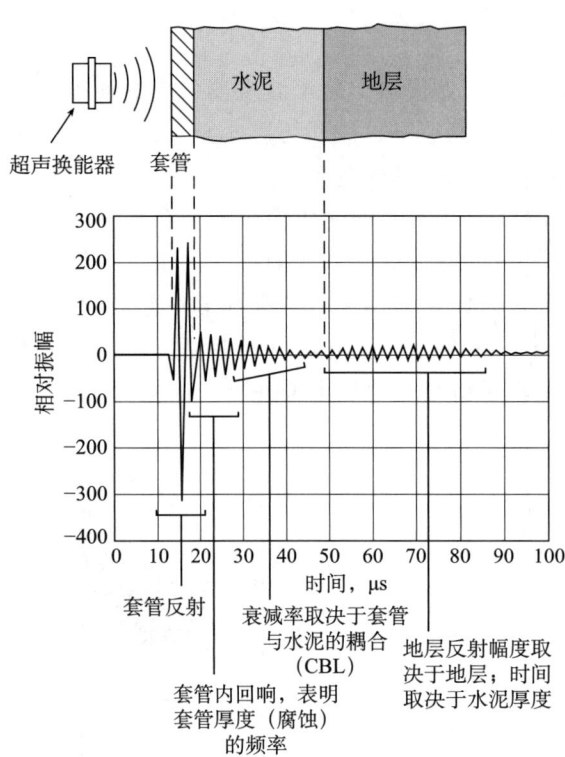

图19.31 使用超声波仪器检查下钢套管后的水泥胶结情况[34]

的校正阶段计算所需的钻井液阻抗，仪器中的钢板反射器固定在换能器的前面，以使波只能在钻井液中的固定距离传播。

全方位覆盖提供了水泥阻抗图，在很多情况下，该图可以方便地显示水泥中的通道，也可以指示存在的套管腐蚀。对于该仪器来说，微环隙不是什么问题，实验室测量[35]表明，当微环隙高达100 μm时，它仍然可以区分套管后面的水和水泥。

19.6.2 水泥评价

声波和超声波测量的共同缺点是探测深度浅。脉冲回波技术很难对水泥环以外的区域进行探测，这主要是由钢套管呈现的高声阻抗差造成的——大多数发射器能量并不能通过套管传播到水泥环。为了解决这一问题，采用了一种革命性的设计[36]，使用一个额外的旋转非常态发射器来激发套管中较低频率（约200 kHz）的弯曲波。这使能量耦合进入套管周围的材料中，并在最佳情况下引起地层界面的三分之一的界面反射。

几个间隔很近，15~25 cm 的非常态接收器探测到衰减的弯曲波和这三分之一的反射。这种反射含有有关井壁几何形状（粗糙度）以及与环带中材料（水泥?）的声阻抗对比的信息。

结合同步脉冲回波信息，无须借助脉冲回波仪器上的反射刻度就可以评价套管流体特性。通过使用推导的阻抗和弯曲波衰减的算法，对数据进行处理，以提供套管外壳材料的阻抗示意图，将其简化为三种主要类型：气体、液体和固体。另一种输出可以是水泥护层的图像，指示套管的位置和经常不同心的井眼。

参考文献

［1］Kitsunezaki C. A new method for shear-wave logging. Geophysics, 1980, 45（10）: 1489 – 1506.

［2］Tittman J. Geophysical well logging. Orlando: Academic Press, 1986.

［3］Chemali R, Gianzero S, Su S M. The depth of investigation of compressional wave logging for the standard and the long spacing sonde. In: Ninth SAID Colloquium, Paper 13, 1984.

［4］Timur A. Acoustic logging//Bradley H. Petroleum production handbook. Dallas: SPE, 1987.

［5］Goetz J F, Dupal L, Bowler J. An investigation into discrepancies between sonic log and seismic check shot velocities. APEA J, 1979, 19: 131 – 141.

［6］Morris C F, Little T M, Letton W. A new sonic array tool for full waveform logging. Presented at the 59th SPE Annual Technical Exhibition and Conference, Paper SPE 13285, 1984.

［7］Kimball C V, Marzetta T M. Semblance processing of borehole acoustic array data. Geophysics, 1984, 49（3）: 274 – 281.

［8］Plona T, Kane M, Alford J, et al. Slowness-frequency projection logs: a new QC method for accurate sonic slowness evaluation. Trans SPWLA 46th Annual Logging Symposium, paper T, 2005.

［9］Brie A, Kimball C V, Pabon J, et al. Shear slowness determination from dipole measurements. Trans SPWLA 38th Annual Logging Symposium, paper F, 1997.

［10］Winkler K W. Acoustic evidence of mechanical damage surrounding stressed boreholes. Geophysics, 1997, 62（1）: 16 – 22.

［11］Prensky S. Borehole breakouts and in-situ rock stress-a review. The Log Analyst, 1992, 33（3）: 304 – 312.

［12］Minear J, Birchak R, Robbins C, et al. Compressonal slowness measurements while drilling. Trans SPWLA 36th Annual Logging Symposium, paper VV, 1995.

［13］Aron J, Chang S K, Dworak R, et al. Sonic compressional measurements while drilling. Trans SPWLA 35th Annual Logging Symposium, paper SS, 1994.

[14] Hsu C-J, Sinha B K. Mandrel effects on the dipole flexural mode in a Borehole. J Acoustic Soc Am, 1998, 104 (44): 2025 – 2039.

[15] Sinha B K, Asvadurov S. Dispersion and radial depth of investigation of borehole modes. Geophys Prospect, 2004, 52 (44): 271 – 286.

[16] Tang X M, Dubinsky V, Wang T, et al. Shear-velocity measurement in the logging-while-drilling environment: modeling and field evaluations. Petrophysics, 2003, 44 (2): 79 – 90.

[17] Pistre V, Kinoshita T, Endo T, et al. A modular wireline sonic tool for measurements of the 3D (azimuthal, radial, and axial) formation acoustic properties. Trans SPWLA 46th Annual Logging Symposium, paper P, 2005.

[18] Hottman C E, Johnson R K. Estimation of formation pressures from log-derived shale properties. J Pet Tech, 1965, 9: 717 – 722.

[19] Eaton B A. The equation for geopressure prediction from well logs. Presented at Fall Meeting of the Society of Petroleum Engineers of AIME, Paper SPE 5544, 1975.

[20] Hsu K, Hashem M, Bean C L, et al. Interpretation and analysis of sonic-while-drilling data in overpressured formations. Trans SPWLA 38th Annual Logging Symposium, paper FF, 1997.

[21] Hubbert M K, Willis D G. Mechanics of hydraulic fracturing. Trans AIME, 1957, 210: 153 – 166.

[22] Plona T, Sinha B, Kane M, et al. Mechanical damage detection and anisotropy evaluation using dipole sonic dispersion analysis. Trans SPWLA 43rd Annual Logging Symposium, paper F, 2002.

[23] Plumb R, Edwards S, Pidcock G, et al. The mechanical earth model concept and its application to high-risk well construction projects. Presented at the 2000 IADC/SPE Drilling Conference, paper SPE 59128, 2000.

[24] Jordan J R, Campbell F. Well logging II: electric and acoustic logging. Dallas: SPE, 1986.

[25] Paillet F L. Acoustic propagation in the vicinity of fractures which intersect a fluid-filled borehole. Trans SPWLA 21st Annual Logging Symposium, paper DD, 1980.

[26] Donald A, Bratton T. Advancements in acoustic techniques for evaluating open natural fractures. Trans SPWLA 47th Annual Logging Symposium, paper QQ, 2006.

[27] Chang S K, Liu H L, Johnson D L. Low-frequency tube waves in permeable rocks. Geophysics, 1988, 44 (4): 519 – 527.

[28] Tang X M, Cheng C H, Toksoz M N. Dynamic permeability and borehole Stoneley waves: a simplified Biot-Rosenbaum model. J Acoustic Soc Am, 1991, 90 (3): 1632 – 1646.

[29] Winkler K W, Liu H L, Johnson D L. Permeability and borehole Stoneley waves: comparison between experiment and theory. Geophysics, 1989, 54 (1): 66 – 75.

[30] Brie A, Endo T, Johnson D L, et al. Quantitative formation permeability evaluation

from Stoneley waves. Paper SPE 60905 in: SPE Reservoir Eval Eng, 2000, 3 (2): 109 – 117.

[31] Liu H L, Johnson D L. Effects of an elastic membrane on tube waves in permeable formations. J Acoustic Soc Am, 1996, 101 (6): 3322 – 3329.

[32] Singer J, Saunders J, Holloway L, et al. Electrokinetic logging has the potential to measure permeability. Petrophysics, 2006, 47 (5): 427 – 441.

[33] Pardue G H, Morris R L, Gollwitzer L H, et al. Cement bond log interpretation of casing and cement variables. J Pet Tech May, 1963: 545 – 555.

[34] Havira R M. Ultrasonic cement bond evaluation. Trans SPWLA 23rd Annual Logging Symposium, paper N, 1982.

[35] Hayman A J, Hutin R, Wright P V. High-resolution cementation and corrosion imaging by ultrasound. Trans SPWLA 32nd Annual Logging Symposium, paper KK, 1991.

[36] van Kuijk R, Zeroug S, Froelich B, et al. A novel ultrasonic cased-hole imager for enhanced cement evaluation. Presented at the International Petroleum Technology Conference Paper SPE 10546 – PP, 2005.

习 题

19.1 根据图 19.6 中的测井曲线确定两组常数 a 和 b，最好将声波时差 Δt 与孔隙度联系起来，即 $\Delta t = a + b\phi$。

19.2 如果使用适当的声波测井仪器获得全波波形，则可以提取地层压缩波速度 v_p 和剪切波速度 v_s。另外，已知地层体积密度 ρ_b，则可以精确确定地层的弹性特性。

假设没有测量地层密度，而是知道钻井液特性（ρ_{mud}、v_{mud} 及其体积弹性模量）。你将如何获得譬如地层杨氏模量和泊松比？写出这两个参数的明确表达式。

19.3 图 19.32 中的测井曲线给出了泥质砂岩中感应声波测井组合的测量结果。使用声波测井及解释图版回答下列问题。

19.3.1 估算储层的平均孔隙度。该层的孔隙度范围是多少？

19.3.2 声波曲线如何与电阻率曲线相结合快速指示油气的存在？

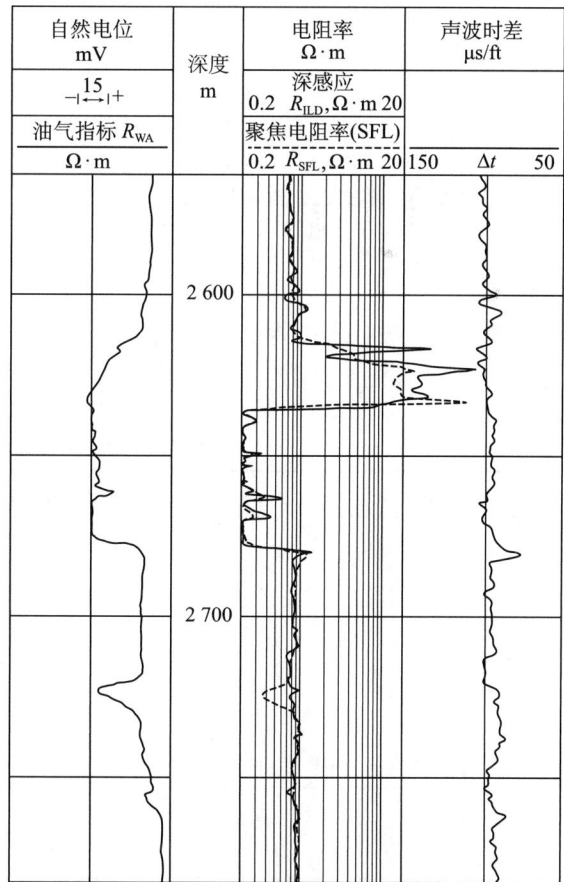

图 19.32 典型的低成本测井系列，感应声波测井组合

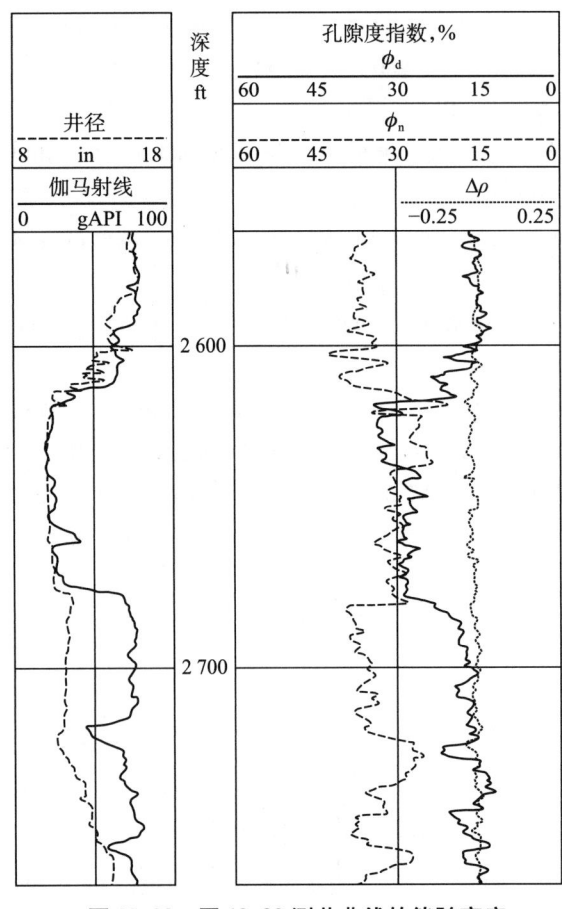

图 19.33 图 19.32 测井曲线的伴随密度、中子、伽马和井径曲线

19.3.3 通过比较同一地层的中子和密度曲线（图 19.33），可以识别出气层。为什么声波曲线没有显示气体的存在？

19.3.4 什么使得声波时差在 2 678 ft 处突然减小？这是真实的特征吗？通过与其他测井曲线进行比较来解释。

19.3.5 储层上面和下面地层的组分是什么？为什么密度增加而声波时差保持不变？

19.3.6 在 2 660 ~ 2 680 ft 的地层中，确定与根据密度估算的孔隙度最匹配的骨架声波时差（Δt_{ma}）和流体声波时差（Δt_{fl}）值。

19.4 表 19.1 给出了从三个连续储层中获得的数据，其中将平均 Δt 与岩心孔隙度测量值进行了比较。你的工作是确定要用于时间平均方程中的适当参数，以便将来根据声波测井测量结果确定孔隙度。使用图 18.12 的解释图版，你获得这三个层的一致结果了吗？关于这三个层的性质，你能得出什么结论？

19.5 声波仪器的探测深度估计约为 6 in。这与孔隙度为 20% 的饱含水砂岩中发射脉冲的波长相比如何？

表 19.1 习题 19.4 的数据

层位	Δt, μs/ft	$\phi_{岩心}$, %
顶部	95	21
	97	25
	93	23
中部	75	15
	87	23
	85	21
底部	75	15
	65	10

20

大斜度井和水平井

20.1 引 言

如果没有特别说明，在先前的章节中都假设井眼垂直、地层水平。对井眼测量物理意义的大部分讨论也都基于此。这些假设很自然，主要是历史原因造成的，因为直到20世纪80年代，大斜度井才变得很普遍，而水平井在20世纪90年代才开始大量钻探。另一方面，高倾角地层很少见，且它只对深探测电阻率仪器有明显影响。

为什么井眼是垂直的还是水平的很重要？测井仪器必须设计成远离仪器主体进行测量，并将关注点放在钻井液、滤饼之外，如果可能的话，还应放在其周围侵入带之外的地层。这些因素在所有的井中都存在，在均质地层中，井眼倾斜无关紧要。虽然多数地层从来都不是均质的，但它们有界面。非均质和各向异性对水平井测量的影响不同于对垂直井测量的影响，而地层之间的界面也起着不同的作用。因此，即使测井的基本原理相同，无论井眼倾角多大，其解释结果也会有很大的不同。这种差异的重要性取决于测井曲线是定性使用还是定量使用。

以前，水平井是开发井，钻进已知的储层中。根据设计轨迹进行钻进，也就是说，根据地震数据和垂直井的储层形态确定井眼轨迹。很快发现，沿井轨迹的地质变化远大于预期。这些主要通过电缆仪器进行测量，因此，只有钻完井后才能知道井眼轨迹是否位于储层之中。测井从而有了新的应用——地质导向，即根据随钻测井（LWD）仪器的测量结果实时改变井眼轨迹。这项技术的成功是水平井数量增加的主要原因。

在其他方面，这项技术的成功还使得水平井不仅应用于开发，而且应用于评价和勘探[1]。这就需要对测井仪器响应有更透彻的认识。虽然在开发井中，定性解释可能足以选择完井间距以及进行地质导向，但在勘探或评价井中，需要进行精确的定量评价。

本章回顾了大斜度井和水平井对测井的特殊影响以及测井在地质导向中的应用。一旦了解了这些井的特殊影响，则应用测井数据求取孔隙度和饱和度等岩石物理参数的过程与垂直井的相同。

20.2 为什么大斜度井和水平井不同？

明智的做法是从定义大斜度井或水平井开始。根据 Passey 等人的文章[1]，我们定义垂直井为视井斜角小于 30°的井；中等斜度井的视井斜角在 30°~60°之间；大斜度井的井斜角在 60°~80°之间；水平井的井斜角大于 80°。在这四类井中，井斜角小于 30°时，测井曲线不需要校正；井斜角在 30°~60°之间时，电阻率和声波测井曲线需要校正，可以通过常规程序进行校正；井斜角在 60°~80°之间时，大多数测井曲线都受到影响，必须清楚地了解井斜角的大小；在水平井中，所有测井曲线都受到影响，因此，在定量解释时，必须准确地了解井斜角的大小。

这些定义是指井眼和地层层理之间的相对角度。这种相对角度对测井测量有两个主要影响，即围岩层和各向异性的影响。两者如图 20.1 所示，图中为电阻率仪器穿过的砂泥岩互层的露头。这是一个常规感应或电磁波传播仪器，电流沿仪器周围流动形成回路。当仪器垂直时，测量的主要是水平电阻率 R_h。在这种情况下，电流不太可能遇到大的电阻率变化，因为在水平面上，电阻率很少发生这样的变化。当仪器水平时，线圈顶部和底部的电流是水平的，而侧面的却是垂直地层的。因此，电阻率测量值受 R_h 和垂直电阻率 R_v 的影响。井上部或下部的地层也可能发生强烈变化。尽管通常对比度较小，但其他测量也受到这种变化的影响。

 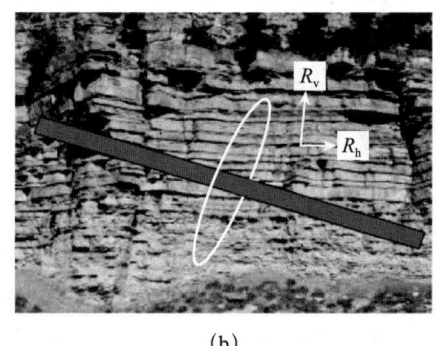

(a) (b)

图 20.1　被垂直井（a）和大斜度井（b）穿过的一组砂泥岩互层[1]
请注意岩层与常规电阻率测井仪器的电流回路之间的不同关系
以及图片底部的垂直裂缝和地层变化的不同影响

相对角度的另一个影响是随着相对角度的增加，遇到断层和裂缝的概率增大，因为它们常常是接近垂向的。例如，在图 20.1 中，在穿过露头的大斜度井中肯定能够遇到图左右两侧见到的大裂缝，但在垂直井中不太可能遇到。

井眼与地层的几何关系是垂直井和大斜度井/水平井测井曲线不同的主要原因，但并非唯一原因。当井接近水平时，由于侵入和井眼环境的其他改变，井自身的角度也有影响。在垂直井中，假设侵入在井周围是方位对称，由于重力对钻井液滤液的影响在所有方位都是相同的，而且地层渗透率通常是横向各向同性的，因此，这是合理的。

在水平井中，同样的两个因素会引起不对称的侵入。在井中油层段，重力可以导致滤液沉降在轻质烃的下面；同时，由于垂向渗透率通常小于水平渗透率，因此，侵入剖面可能是椭圆形的。

不对称侵入对所有的测量都有影响，影响最大的是浅探测深度的贴井壁测井，如密度测井。贴井壁测井仪器受井底岩屑的累积影响。沿井壁通常形成沙丘状的薄岩屑层，看起来像高孔层，对测量有重大影响[1]。最后，垂直井和大斜度井/水平井测井之间的实际区别是测量所采用的传输方式不同：垂直井中，电缆测井和 LWD 混合使用；水平井中，几乎只能用 LWD。如果在一个区域中垂直井和大斜度井/水平井的测井曲线存在差异，应首先检查是否是由 LWD 或电缆测井不同所造成的，然后再寻找其他方面的原因。

20.3 测量响应

人们曾经期望水平钻井储层的测井曲线是直线。在厚而均匀的储层中部确实如此，但在许多情况下，它们看起来更像图 20.2 中的测井曲线。这些曲线是早期水平井的电缆测井曲线，显示了大斜度井/水平井测井曲线的一些典型特征。在大斜度井/水平井中，随着井钻入和钻出砂岩和泥岩薄层，测量到的根本不是直线。井斜或地层倾角的微小变化都会引起曲线发生变化。电阻率测井曲线在 7 250 ft 和 7 400 ft 以下的泥岩处分开，这并不是由侵入带引起的，而是由上方或下方的储层对深侧向测井仪器的影响造成的。伽马和中子测井曲线显示，在 7 350 ft 附近，随着井缓慢移出储层，从砂岩到泥岩有一段很长的过渡。在使用这些测井曲线计算储层的泥质含量之前，必须要消除附近泥岩层的影响。另一方面，在 7 200 ft 附近，曲线出现过于急剧的变化，这不可能是由正常倾斜地层界面引起的，最可能的是穿过断层的井造成的。

考虑本例中测得的地层真实厚度是有用的。穿过 7 205 ft 和 7 265 ft 之间泥岩的井的斜角（未显示）平均为 84°。如果构造倾角平坦，则可计算出泥岩的真实垂直厚度为 6 ft。该计算很容易，但井斜的微小偏差或零倾角的假设对所计算的厚度都有很大影响。因此，电阻率或密度图像对于获得井眼和地层之间的准确相对角度非常重要。在大斜度井/水平井中，储层厚度的计算尤为困难，但进一步的讨论超出了本书的范围。

因此，有必要对大斜度井/水平井中测井曲线上的深度术语进行定义。测量深度（MD）是测井仪器沿井眼测得的深度。真实垂直深度（TVD）是井内任意点到垂直上方表面的垂直距离。计算该深度时，应考虑井斜和方位角。地层的真实垂直厚度（TVT）是指钻穿地层的垂直井所经过的距离。真实地层厚度（TST，有时也记为 TBT）是指垂直于地层倾角的距离。真实垂直深度厚度（TVDT）是油井进入和离开地层的点处 TVD 之间的差值。作为练习，画出这些距离的示意图。

井从垂直到水平的变化对不同的测量方法有不同的影响，主要取决于测井方法的探测深度以及是否测量了方位。这些因素将在以下各节中进行介绍。假设读者熟悉前面章节中提到的各种测量的物理意义。

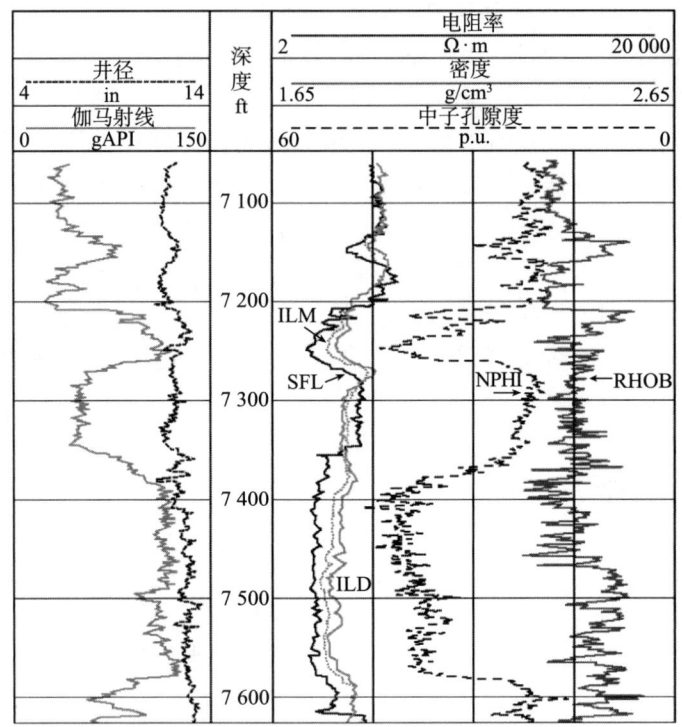

图 20.2 电缆测井仪在早期水平井中测得的一组测井曲线[2]

井斜（未显示）在 7 360 ft 处逐渐变大，从 80°增加到 90°，之后保持接近水平

20.3.1 电阻率

各向异性和围岩层对感应和电磁波传播仪器的一般影响在上文和图 20.1 中进行了描述。该描述适用于具有轴向安装线圈的常规感应和电磁波传播仪器以及电极型仪器。多分量仪器在其他方向上产生电流回路，但将不在本节讨论。

在垂直井中，由于常规的感应和电磁波传播测井仪只对 R_h 敏感，而电极型仪器对 R_v 的依赖性很小，因此，可以忽略各向异性。第 4 章讨论了各向异性对电阻率测量的理论影响，结果表明，垂直于测井仪器测得的电导率从垂直井的 σ_h 变到水平井的 $\sqrt{\sigma_h \sigma_v}$。实际仪器的响应取决于仪器设计的几个因素，必须建模分析。几种不同仪器的结果如图 20.3 所示。到目前为止，各向异性对传播仪器的影响最大，但这也是一个优势，因为结合相移和衰减数据，可以得出 R_v 和 R_h（9.6.5 节）。

比较垂直井和水平井时，应使用哪个电阻率？如果进行对比，通常使用 R_h，因为这是垂直井中最常用的方法。如果进行地层评价，最好同时使用 R_h 和 R_v，并将各向异性与岩石物理情况（如层状砂岩）联系起来。使用合适的模型，可以确定产层的含水饱和度（第 23 章）。请注意，根据相对角度和用于处理的方法，R_v 和 R_h 实际上可能是指平行和垂直于层理，而不是真正的水平和垂直地层的电阻率。

在处理过程中，可以消除垂直井中围岩的影响：井眼穿过围岩，围岩的位置和电阻率已知。在水平井中，井眼上部地层电阻率可根据更远处井的测井曲线进行估算。但是，井下地层电阻率必须根据邻井的测井曲线进行估算。即使这样，围岩与井的距

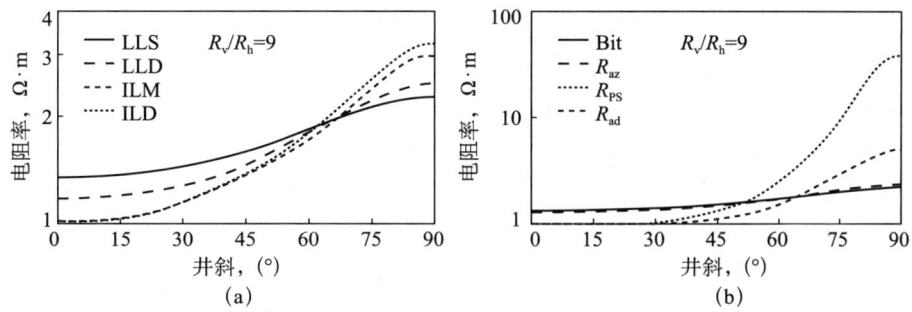

图 20.3 相对井斜对中等强度各向异性地层中测井响应的影响（由斯伦贝谢提供）
(a) 电缆测井仪：LLD 和 LLS 为深侧向和浅侧向；ILD 和 ILM 为传统深、中感应测井。
(b) LWD 仪器：Bit 和 Raz 为 RAB 仪器的钻头电阻率和环状电阻率；R_{ps} 和 R_{ad} 为电磁波传播仪的相移和衰减。请注意两个图不同的 y 轴比例

离仍无法准确得知，并且会不断变化。

一般来说，不应将围岩和各向异性的影响与其他环境影响（如井眼和侵入）分开考虑。对所有这些影响的正确描述需要完整的三维模型，然后，通过三维模型确定不同的参数。Anderson 等人展示了应用三维模型理解大斜度井中阵列感应测井响应的实例[3]。然而，此类研究通常仅限于异常测井曲线的特殊情况。由于计算缓慢以及可能存在多解性，因此，常规应用此类反演尚不可行。这种情况对于 LWD 曲线更为容易，因为在许多情况下，测井时侵入非常小，可以忽略不计，而且井眼和介电效应不明显。这就可以求出电阻率和到界面的距离[4]。图 20.4 为水平井从泥岩层进入砂岩储层的实例。测井曲线在界面处表现出典型的极化尖峰，并且由于围岩层影响，在穿过前后有明显的分离。利用二维模型，每隔几英寸就对数据进行一次反演，数据由五部分组成：井眼所在地层的电阻率、井眼上下围岩电阻率，以及井眼到地层上下界面的距离。

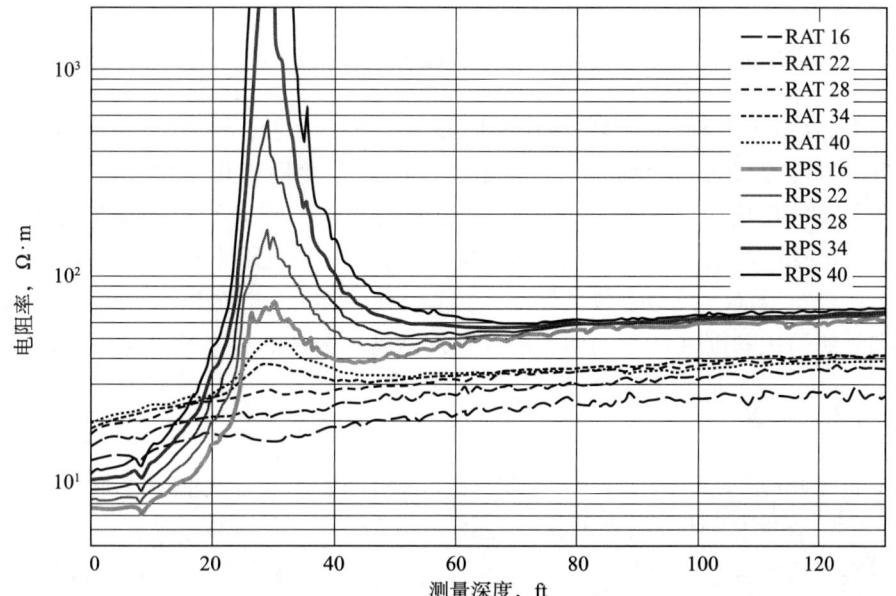

图 20.4 在油基钻井液（OBM）8.5 in 井眼中，LWD 电磁波传播仪器在不同间距上的衰减（RAT）和相移（RPS）曲线（相对井斜为 80°）[4]

图 20.5 显示了中间层和最近层的电阻率以及到最近界面的距离。在 40 ft 界面附近和 90 ft 附近存在一些振荡。除此之外，结果似乎是合理的，并且与 20.4.1 节[4]中要讨论的深探测定向仪器的结果一致。此过程可能看起来很简单，但事实并非如此。在没有地层先验信息的情况下，有必要假设几个不同的初始信息进行反演，并根据拟合度确定哪一个最合适。一种典型的假设是，地层电阻率大于上围岩电阻率，但小于下围岩电阻率。还需要一些进一步的约束，特别是靠近极化角以内的界面。尽管如此，仍然可以得到相当可靠的结果。然而，它们不适用于任何各向异性地层。在没有其他测量值或先验信息的情况下，尚无法根据常规的电磁波传播测井解决围岩和各向异性效应。即使有了这些信息，解决起来也很困难，因为这两种效应相似。

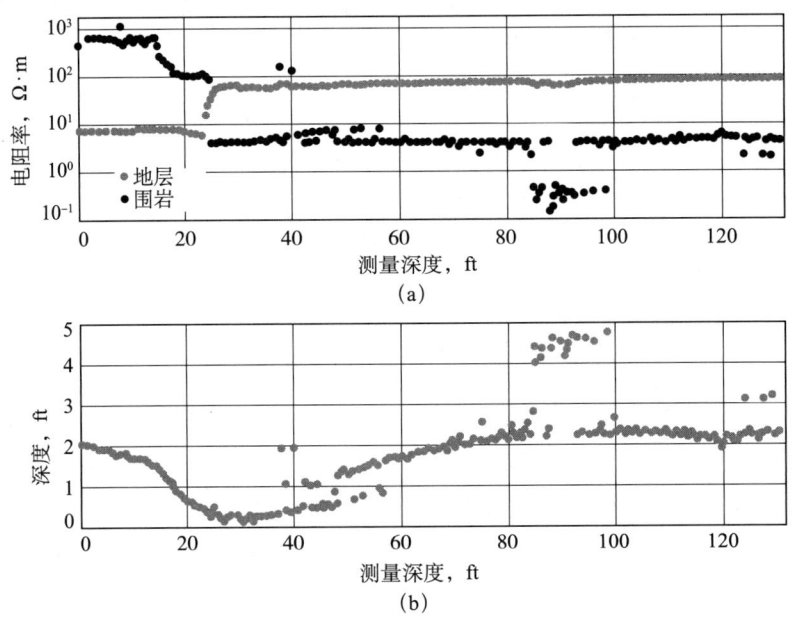

图 20.5 根据图 20.4 测井曲线反演得到的地层和围岩电阻率（a）以及到界面的距离（b）[4]

对于 LWD 电极测量（环形电阻率和纽扣电阻率）来说，围岩对其响应的影响一般小于对电磁波传播仪器的影响。一方面是因为探测深度只有几英寸，另一方面是因为围岩电阻小于储层电阻（因此，对电磁波传播仪器的影响大于对电极型仪器的影响，前者对电导率反应灵敏，后者对电阻率反应灵敏）。钻头电阻率代表几十英寸地层电阻率，但无法进行反演，因为多数条件下，响应是定性的。方位聚焦的纽扣电阻率对地质导向和绘制被大斜度井切割的地层的几何形状特别有用，这些将在 20.4 节中讨论。

20.3.2 密度

在大斜度井/水平井中，LWD 密度测井仪器的最大优势是其能够在不同方位进行测量（第 12 章）。在大斜度井/水平井中，最好的读数通常在底部象限，因为在那里，仪器与地层很有可能接触。不过，有几种因素会使解释复杂化：（1）存在碎屑层，如果碎屑层很厚，会使底部密度读数过低；（2）旋转过程中，钻铤滑向井眼一侧，会导致底部密度出现一些偏差；（3）侵入和地层界面的影响。

后者的实例如图 20.6 所示。层 A 中，中子—密度分离处显示气体，而底部密度读数高于其他密度读数。由于 DRHO 曲线表明在任何象限中均无间隙，因此，可能的解释是重力导致气体置换了上方和两侧的滤液，只有底部象限才看到滤液。在 A 和 B 之间，第 1 道中的钻柱转速曲线显示了没有旋转的部分。探测器通常在滑动时朝向底部，如图所示，因此，看到滤液。在 B 处，顶部密度读数高于其他密度读数，最合理的解释是钻铤进入泥岩层。到达 C 层时，左、右象限已经进入泥岩层，随后底部象限也进入泥岩层。在该实例中，中子—密度分离明确地指出存在气体。如果储层有油，对密度读数的影响将变小，但解释起来会更加困难。该实例说明了研究大斜度井/水平井测井曲线时，必须要牢记侵入、间隙和地层界面等各种因素。

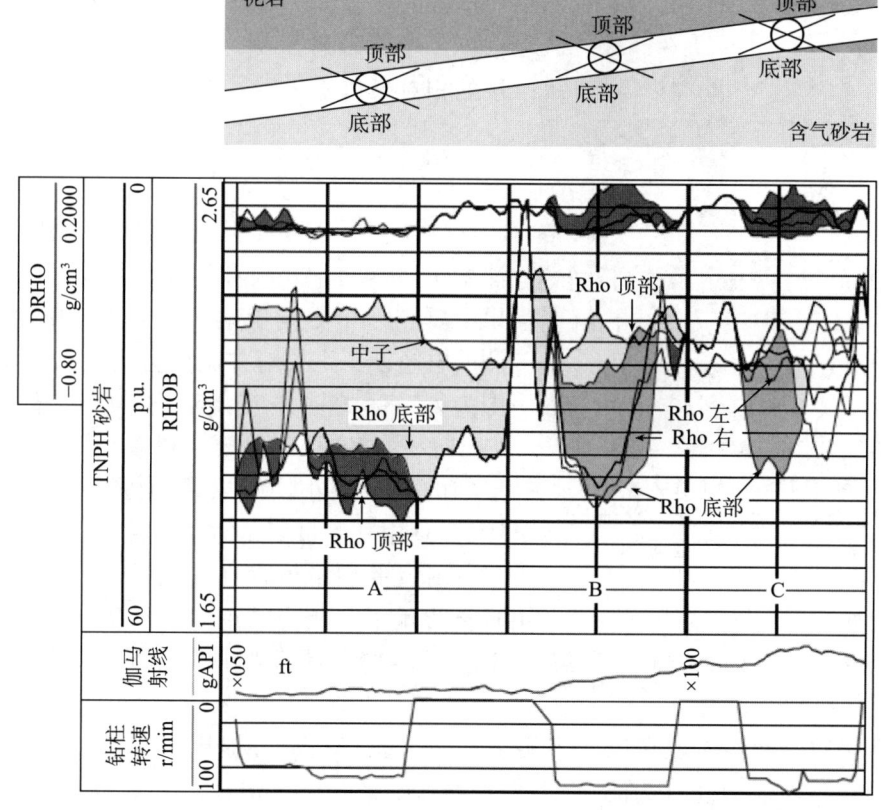

图 20.6　水平井井眼从含气砂岩向上移动到泥岩的密度和中子测井曲线[5]

有这些影响因素，也许就不会惊讶于大斜度井/水平井所测密度比同一储层中垂直井所测密度系统性偏低，这一现象已经有多项研究成果证明[1,6,7]。造成这些差异的原因不可能总是唯一的，因此，不容易校正。尽管如此，在一个薄砂泥岩互层地层的特殊案例中，通过使用精细测量仪器模型[8]，针对垂直井和大斜度井测得的密度不同的现象，可以得到满意的解释。在垂直井测井实例中，测量的分辨率由仪器的垂直分辨率决定，垂直分辨率由仪器源距决定。对于厚度远小于此尺寸（30~40 cm）的地层，仪器得到的是该间距内地层的平均密度。当仪器几乎平行于层状地层时，探测深度（通常比探测器源距小得多）决定着测量值。如果仪器紧挨着水平井眼，测出的是仅几英寸厚地层的正确密度。因此，可以预料，当地层厚度远小于 30 ~ 40 cm 时，根据水平井测量值估算的砂岩层孔隙度将比根据垂直井密度测量值得出的砂岩层孔隙度更能代表储层性质。

LWD 密度测量的进一步应用是识别地层和确定相对倾角。图 20.7 是致密细粒粉砂岩和较粗颗粒砂岩的密度测量图像。该图像由 16 个方位扇区的密度测量值绘制而成。图像不仅可以估算井中的砂岩比例，而且还可以估算层状地层的相对倾角。

20.3.3 中子

传统的补偿中子测井仪器本身相对来说无法聚焦。然而，井眼和地层环境会导致测量结果主要在一个方向上响应。譬如，压在井眼一侧的电缆设备主要对井眼前方的地层做出响应，因为另一侧的钻井液会阻止中子到达探测器。LWD 仪器受这种影响要小得多，因为钻铤和地层间的环带很小。如果井周围几乎没有反差，则 LWD 中子测量值是方位特性的近似平均。如果井附近的测量值存在较大反差，则情况并非

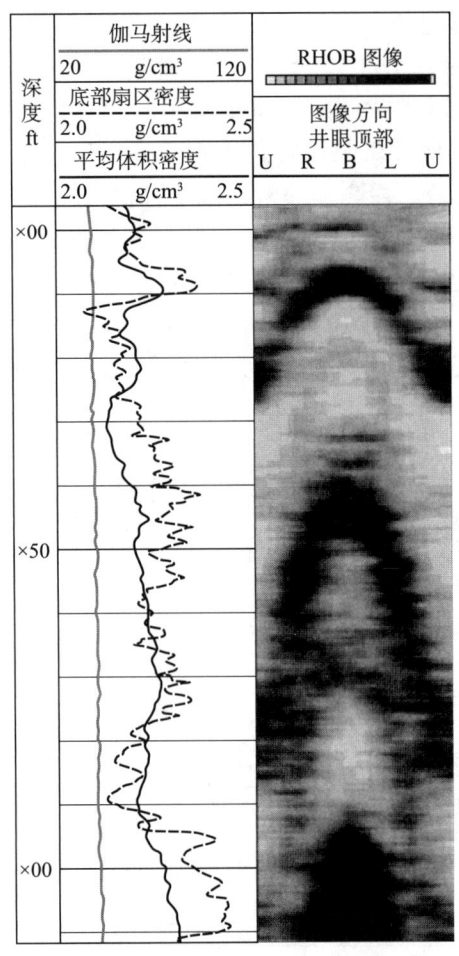

图 20.7 同一口水平井 LWD 密度仪的密度测井曲线和图像，如图 9.22 所示[9]
深色部分是粉砂岩，浅色的为砂岩

如此。譬如，当含气地层即使在水平井底部界面下有相当的距离（约 20 cm），当井眼位于气层时，也会发生有趣的反效应（挖掘效应），即仪器响应几乎不受井眼以下高氢含量地层的影响。

相互矛盾的回答体现在以下事实中：中子能够在部分地层中以最长的减速长度相对畅通无阻地运动（称为流动）。当仪器在水平井气层中时，中子不易穿透并在邻近氢含量较高层通过。另一方面，当井眼中的仪器在氢含量较高的地层中时，邻近的（几十厘米以内）的气层将为设法到达它的少数稀有中子提供一条简单的流通路径。

为了直观地观察这两种情况，请参考图 20.8，(a) 为一具体实例——在 25 p.u. 饱含水砂层下方存在含气砂岩。虽然这在地质学上是不可能出现的情况，但目的是要检测仪器穿过含氢指数（HI）高的地层并进入第一个地层下方含氢指数低的地层时的响应。在图 20.8 (a) 上方的示意中，假设仪器在一个大斜度井中从右到左下降。开始时，井眼完全被 25 p.u. 饱含水地层所包围，仪器顶部和底部测出视的（石灰岩）孔

隙度值为 21 p.u.。随着仪器接近气层，当气层距离井底约 20 cm 以内时，底部探测器首先开始出现响应。由于钻杆中钻井液的屏蔽，顶部探测器较晚出现响应，也许当气层距离井眼底部只有 10 cm 时才响应。随着仪器进入厚的含气砂岩层，当井眼完全处于砂岩层 5~10 cm 时，两个探测器（顶部和底部）最终测得的都是真实的含气砂岩响应值。

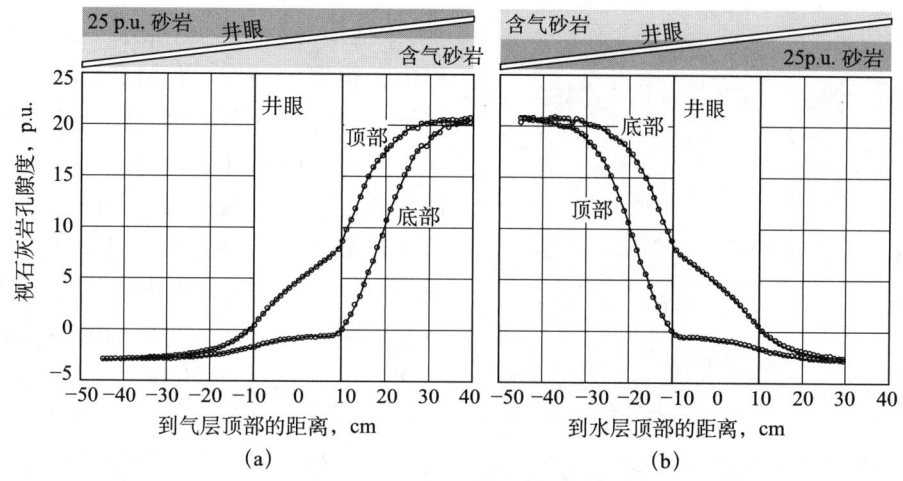

图 20.8 水平井中子测井示例[10]

(a) 为顶部和底部 LWD 中子探测器从右到左接近含气砂岩时的响应。当地层位于井眼下方约 20 cm 时，底部探测器清晰可见含气砂岩。(b) 为顶部和底部 LWD 中子探测器接近仪器几乎看不到的含水砂岩时的响应

图 20.8（b）为互补的实例，显示了含气砂岩下方高孔隙度地层的中子响应。当仪器再次从右到左下降时，请注意，即使是底部探测器也只能开始感应到几厘米远处存在的高孔地层。只有当井眼完全进入高孔地层时，上部探测器才对该层有响应。底部探测器至少进入高孔地层中 10 cm 才完全不受上面气层的影响。这意味着，中子测井仪接近下面的高孔地层时几乎没有响应。另一方面，当井眼从气层进入到高孔地层后，它却相当敏感，分辨率在厘米量级！

20.3.4 其他测量

标准声波测井仪测量压缩波和剪切波首波或与井眼有关的波，如斯通利波或挠曲波。这些波都靠近井壁传播，并且均不定向聚焦。因此，它们将测量井眼周围地层的一些平均值，并且几乎不受围岩层影响。然而，众所周知，声波测井时对各向异性比较敏感。Thomsen 用三个参数描述了压缩波和剪切波速度与各向异性和相对角的关系[11]。确定这些因素具有挑战性[1]。

已开发出具有较大发射器—接收器间隔和多接收器的声波仪器，它在地表发射地震波，在井内接收反射波。在大斜度井中，可用其追踪远离井的反射层的路径，并将井放入地震剖面中[12]。通常反射层需对波反射强烈，例如，煤层或气层。

NMR 测井仪器相当浅的探测深度排除了大部分电法测井仪器中的几何因子的影响，最大的问题在于井筒底部的井眼条件，已经采取措施使测量远离底部。

多数 GR 测井仪对方位不灵敏（即使一些仪器特地设计成向某一方向聚焦[13]），而且电缆测井与 LWD 的响应相似（参见 11.6 节）。因此，GR 测井曲线反映了井周围地层的平均值，探测深度在 18 cm 以内。

20.4 地质导向

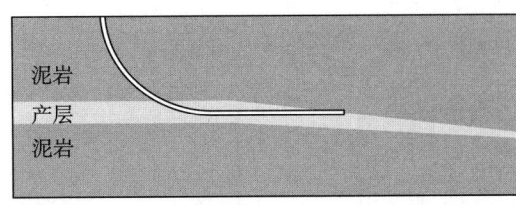
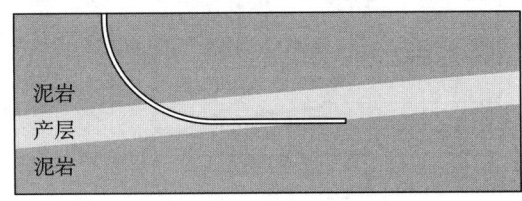
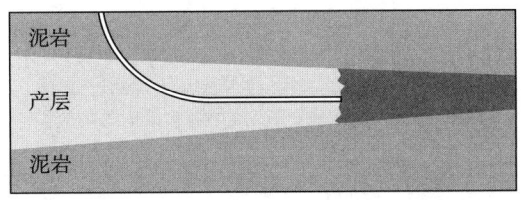

图 20.9 大斜度井从产层进入泥岩层时的三种可能性（由斯伦贝谢提供）

"地质导向"是指在水平井的钻进过程中，根据各种地质资料和随钻测井测量数据实时地调整井眼轨迹的测量控制技术。根据实时钻井过程中遇到的地层调整钻井轨迹已经取代了根据预定轨迹钻井。乍看起来这似乎很简单：当井从砂岩钻入泥岩时，应用 LWD 伽马测井仪器探测应该并不困难。然而，需要知道钻出砂层的方向。该问题如图 20.9 所示。井是从砂岩顶部还是底部钻出，或是遇到了断层？实际上，第二个问题是测量仪器必须尽可能地离钻头很近才算成功，否则，在钻遇地层的变化被发现时，钻头已经钻出很远了。

为了进一步进行研究，我们可以考虑以下四种可能性：钻入泥岩或钻入砂岩，砂岩在顶部或砂岩在底部，如图 20.10 所示。如果井已钻入泥岩层，如图左半部分所示，则钻井必须调整以重新钻入砂岩。如果只用两种非定向测井，如伽马测井和电磁波传播电阻率测井，则不可能知道砂岩现在是在井上方还是下方。应用两条定向测井曲线，纽扣电阻率或密度，通过观察仪器顶部曲线变化发生在底部曲线的之前还是之后，就可以判断出砂岩是在井上方还是下方。仅使用一条定向测井曲线，仍然可以通过观察非定向测量的斜率起点或终点是否发生变化来区分这两种情况。

在其他两种进入砂岩的情况中，现在的方法仍然有效，但调整为平行于砂岩—泥岩界面钻进会更好。在遇到断层的情况下，两种非定向测量应该在同一个深度上。单一定向测量在断层或裂缝处的响应比在层界面产生的响应更加清晰。多方位测量的完整图像将提供更清晰的图像，以确定井是否通过地层界面或其他地层特征，如图 20.10 底部所示。

遗憾的是，并非所有情况都如图 20.10 所示那样简单。通常存在多个砂泥岩层，因此，很难知道哪一层被钻穿。此外，进行这些定向测量的纽扣电阻率和密度探测器的探测深度都较浅，仅对钻铤上方或下方几英寸的变化做出响应。电磁波传播电阻率测井仪器理论上能探测几十英寸的深度，但并不具备定向性。

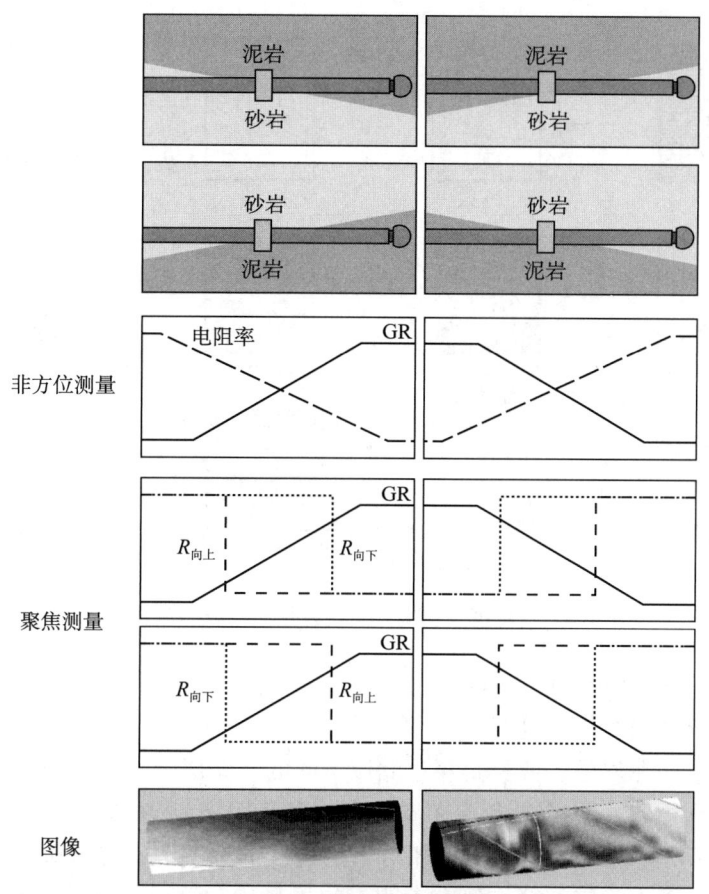

图 20.10 井从砂岩向上或向下移动到泥岩或反过来的四种可能性，显示了非方位测量、聚焦测量（向上或向下）以及电阻率图像（浅色为高电阻率）的响应[14]

为了利用非定向测井资料，需要基于建模的其他程序，如图 20.11 所示[15]。左侧为钻井之前收集的资料，包括储层描述、邻井以及所设计的水平剖面周围区域的平面图。然后，将邻井的电阻率曲线方波化，以便将电阻率对应到每层。地质建模是一个具有对应岩石物理性质的层状地层。下一步是利用这些地层特征和仪器响应来创建一个数据库，该数据库包含井与地层的不同相对角度以及地层内不同位置的仪器读数。由于极化角和围岩层对测量结果的影响，这些测井响应并不总是直接明了。对每个相对角和每个位置进行建模都非常耗时，因此，一般选择一些角度和位置计算响应，然后插值。

然后，通过调用该数据库，可以生成所规划的穿过该层状地层井眼轨迹的模拟曲线。也可以对其他合理情况进行模拟，例如，目标层的深度或倾角与设计的不同；井穿过断层；或层界面并非水平。其他测井曲线也可被模拟，例如，伽马测井，只是仪器响应更简单和直观。

在钻井过程中，将实际记录的测井曲线与模拟测井曲线进行比较。由于实际的井轨迹和地质情况可能与规划的不同，因此，模拟可能需要随着钻井的进行而更新。如果实测的测井曲线与模拟的测井曲线吻合，则说明井的钻探目标的假设合理（尽管与

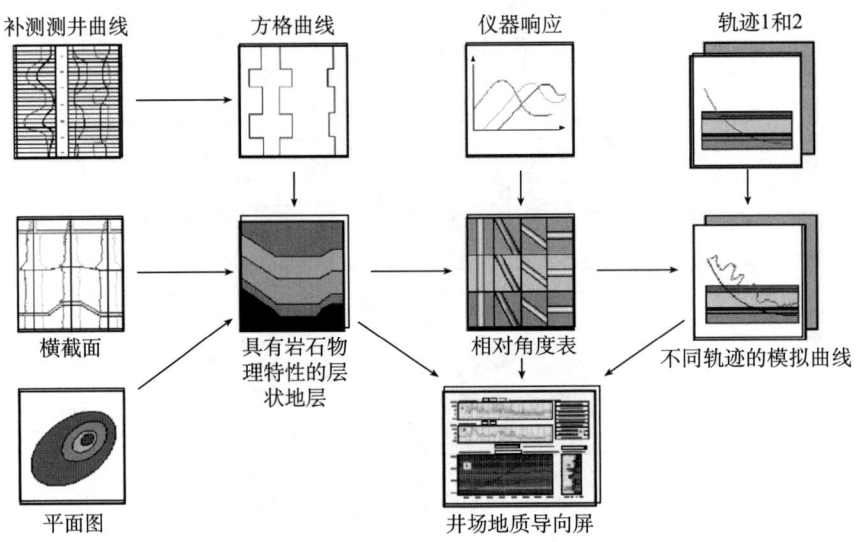

图 20.11　模拟大斜度井中测井预期响应的流程图[16]

任何模拟曲线一样，没有唯一的结论）。如果一开始就出现差异，可以将实测曲线与不同地质情况的模拟曲线进行比较，并且考虑是什么原因造成的。例如，井是否已钻出目标层进入上面的泥岩层，或只是穿过储层中间的薄夹层？

成功的地质导向是使得井保持在储层内。要证明所钻遇的效果是最好的，往往不可能，但挪威 Grane 储层的一个实例却给出了这样的证明[17]。图 20.12（a）为垂直井中储层的典型电阻率响应特征。研究表明，如果最优化开采，水平井必须在油水界面（OWC）以上 9 m 处钻探，低于该位置，水可能会从水层向上钻出；高于该位置，注入的气体可能会从顶部突破。这些井的水平段长达 3 000 m，但在 21 世纪初钻探时，无法以高于井后 ±6 m 和井前 ±12 m 的精度测量井的位置。通过地质导向可以获得更高的精度。图 20.12（b）显示了从 OWC 以下到盖层以上多个位置的六个电阻率测量的建模结果。其他模型考虑了井下部泥岩的影响，在某些层段，泥岩会在 OWC 以上。

不同的测量对 OWC 或底部泥岩上方的距离具有不同的敏感性。进行随钻测量时，为了得到该距离，可以对这些测量进行反演。典型实例如图 20.13 所示。对于前 300 m，测量结果显示井在下降。在将计算出的距离添加到 OWC 之后，发现 OWC 是一致且水平的，因为它应该是一致的。超过 2 400 m，反演显示下界面上升。这不可能是 OWC 在上升，但与底部泥岩向上抬升一致。应用该模型，预计在井钻到 2 560 m 处时，可遇到抬升的泥岩，伽马射线测井证实了这一点。测井后，结果没有立即进行反演用于指导钻井，直到钻到上部泥岩。在后面的井段中，测量结果被立即应用（提前 21 m）。并且只要抬升情况被证实，就立刻做出调整。大部分储层比 Grane 更为复杂，但该实例验证了地质导向反演技术的有效性。

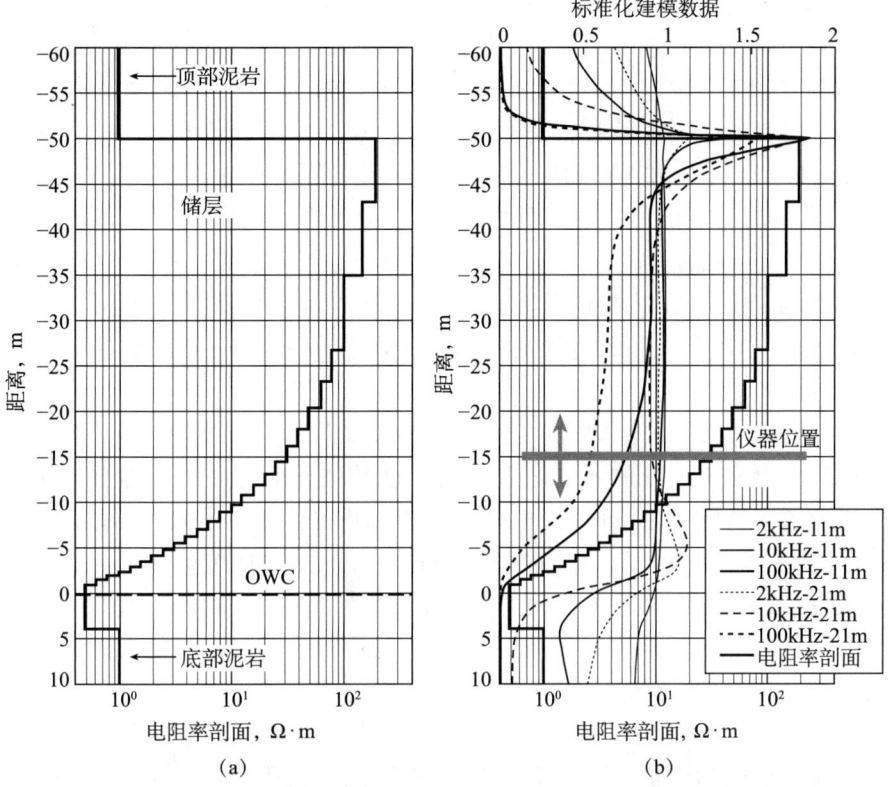

图 20.12 （a）根据垂直井测井曲线得到的 Grane 储层的电阻率剖面；
（b）在储层的许多水平位置计算的六个电阻率测量结果的模拟响应[17]

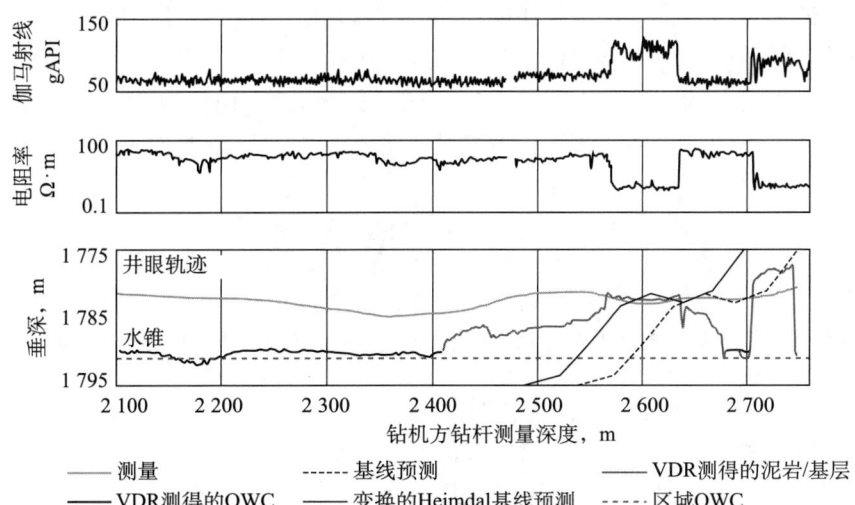

图 20.13 Grane HZ 井的测井曲线，显示了通过电阻率建模计算的 OWC/
泥岩基线与区域 OWC 和地震预测（调整前后）的对比[21]
计算出的 OWC 是从 2 100～2 400 m 的深色曲线；泥岩基线是从 2 400 m 到
底部的较浅色曲线。VDR 是超深电阻率测井仪的缩写

可以使用常规的 LWD 仪器对井进行地质导向，但使用读数尽可能深的探测仪器显然是一个优势，并且最好是定向的。已经专门开发出了几种用于地质导向的仪器。

上面和图 20.13 中讨论的测井曲线都是由一个这样的仪器测得的。该仪器进行常规的感应测井，其接收器在钻头后面 14 m 处，两个发射器分别在 25 m 和 35 m 处，发射频率为 2 kHz、10 kHz 和 100 kHz[18]。在这样的间隔（比电缆感应仪器大一个数量级）下，响应很深，但信号很弱。然而，在正常钻井速度情况下，必须多次进行重复测量，以给出合理的信噪比。由于发射器与接收器间距大，困扰电缆感应仪器的问题（如大的互耦信号、井眼信号以及来自钻铤的信号）减少了。没有尝试聚焦测量。对界面的不同响应是由不同的发射器与接收器间隔和三个频率下不同的趋肤效应提供的。

美国得州 Grane 储层的实例非常适合这种仪器，因为其高电阻率无泥质储层位于地下水位或电阻率低至 1/100 的泥岩之上。用于这种情况的另一种仪器也使用一个发射器和两个接收器，源距相近，但以 20 kHz 和 50 kHz 的频率测量接收器之间的衰减和相移[19]。这两种仪器都声称探测深度高达 12 m，比常规 LWD 传播测量提高了一个数量级。这种大深度的探测在理想的对比条件下是可以实现的，如 Grane 储层顶部和底部界面很好地分开。然而，其缺点是没有方向性。因此，在较薄或更复杂的储层中，无法区分泥岩的顶部或底部。

这种仪器如图 20.14 所示。相较于传统的传播电阻率仪器，该仪器除了一组作为轴向磁偶极子的发射器和接收器（T_1 至 T_5，R_1 和 R_2）之外，还有两个与仪器轴成 45°的接收器（R_3 和 R_4）和一个与仪器轴相互垂直的发射器（T_6）[20]。除了传统的 400 kHz 和 2 MHz 的测量频率外，该仪器还有 100 kHz 的测量频率。相移和衰减测量结果可由发射器和接收器的多重组合得到。最长源距 96 in，可以通过对比最外面的发射器到另一端的接收器的信号获得，即 T_5 至 R_4 和 T_4 至 R_3。在地层中部，这些信号相互抵消，但是当仪器接近大斜度井的地层界面时，会形成明显的极化角（图 20.15）。这种响应的有趣之处在于极性不同，具体取决于仪器是从上方还是下方接近界面。这是接收器 45°定向的结果，并提供所需的方位灵敏度。

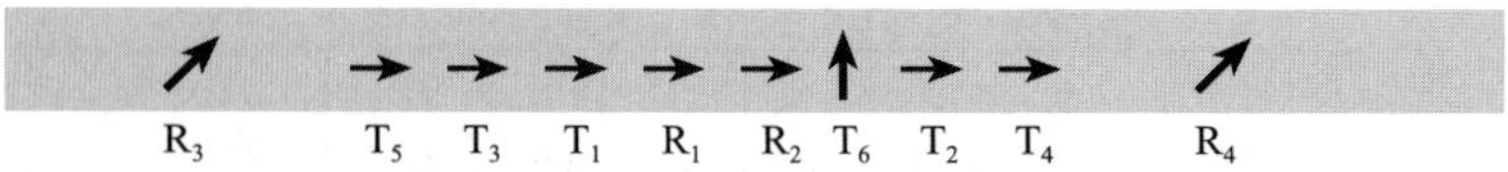

图 20.14　具有定向发射器（T）和接收器（R）的 LWD 传播仪器的设计图[20]

如图 20.15 所示，极化角的大小与大斜度井/水平井的角度关系不大，而且与中间层的各向异性无关。这证明了使用对称线圈（T_5 至 R_4 和 T_4 至 R_3）测量结果的正确性，如果仅使用一个发射器，则无法得到正确结果。对地层界面的敏感性是电阻率对比度和发射器与接收器（TR）间距的函数。对于 10∶1 的对比度和 84 in 的间距来说，当距离井眼 14 ft 时，极化角开始明显。小于 14 ft 时，根据信号的大小和极性很容易确定到界面的距离和方向。

通过参考 8.5 节中讨论过的三轴天线，可以最好地理解能够确定与各向异性或倾角无关的界面距离的原因。在那次讨论中，忽略了交叉偶极子相互作用，如 V_{xz}、V_{zx}。

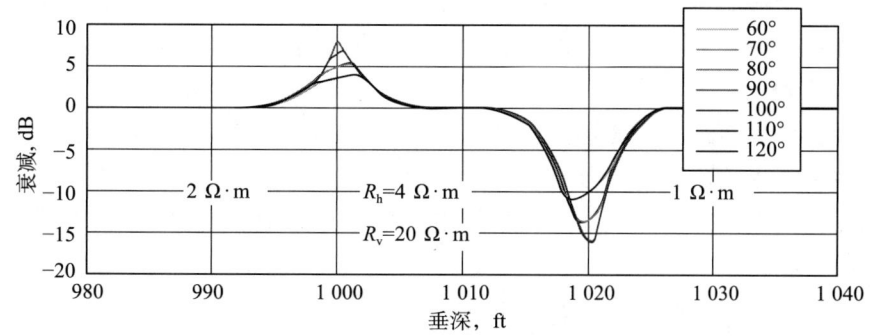

图 20.15 图 20.14 的 LWD 仪对各向异性储层的定向衰减响应曲线[20]
该储层的上、下界面电阻率较低。对该仪器在不同 TVD 深度和不同视倾角的响应进行建模

然而，在这里，它们是测量的关键。如图 20.16 所示，如果我们将两对正交线圈以任意角度放置在各向异性地层中，则发射器 T_z 在 R_x 处的信号 V_{zx} 等于另一个交叉偶极子信号 V_{xz}，正如对称参数所预期的那样。但是，如果引入界面，由于感应电流的方向不同，信号将有所不同。当接近界面时，这种差异会增大。此外，$V_{zx}-V_{xz}$ 的极性对于井上方和下方的界面是不同的。这说明了一个原理，即可以通过组合两个 T-R 对（一个是另一个的镜像）来确定到界面的距离，该距离与各向异性和倾角无关。有关进一步的解释，请参考文献 [21]。

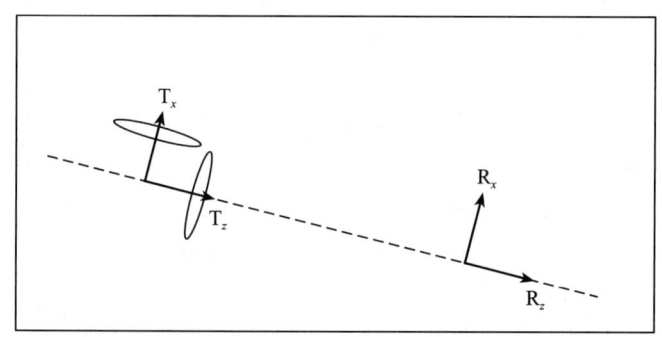

图 20.16 两个正交发射器和接收器
交叉偶极电压是通过使用发射器 T_z（V_{zx}）在 R_x 处测量和使用 T_x（V_{xz}）在 R_z 处测量获得的

在 LWD 环境中，使用传播测量（相移和衰减）代替刚才讨论的感应式电压测量，通常是通过获取两个接收器之间的信号差来实现的。对于未对齐线圈，我们可以利用这样一个事实，即在除均质地层外的所有地层中，信号都随着仪器的旋转而变化。因此，根据单个 T-R 对，如图 20.14 中的 T_5 和 R_4 或 T_4 和 R_3，可以定义"定向"相移和衰减，该相移和衰减是仪器方位角位置、线圈与仪器轴的夹角以及接收器上不同电压分量（V_{zz}，V_{xz}，V_{zx}，…）的函数[20]。这些分量的大小以傅里叶级数中的系数形式出现，可以通过对旋转信号的分析来确定。因此，定向相移和衰减是识别地层界面所需的交叉偶极子耦合 V_{xz} 和 V_{zx} 的函数。还要注意的是，这些测量在仪器旋转时比较不同方位角的信号，以便像传统的相移和衰减一样，将电子漂移和其他漂移归一化。

最后要注意的是，当线圈正交时，定向相移和衰减测量无法区分界面的方向。相反,至少一个天线必须与仪器轴成一定角度倾斜。然后,根据上面讨论的镜像原理,可以推断界面的方向,而对各向异性和倾角不敏感。如图 20.14 所示的仪器中,接收器与仪器轴成 45°。

本节讨论的界面距离计算不仅对地质导向很有用,结合常规传播电阻率测量,还可以绘制图表,以消除界面的影响,并确定地层电阻率,以便进行评价。图表将随围岩层电阻率的变化而变化,但如果围岩层电阻率远小于地层电阻率,则围岩层电阻率无关紧要。

有了正确的地层电阻率,并根据周围地层的影响适当选择和校正密度、中子、伽马射线和其他读数,可以使用以下章节中要讨论的标准技术对地层进行评价。

参考文献

[1] Passey Q R, Yin H, Rendeiro C M, et al. Overview of high-angle and horizontal well formation evaluation: issues, learnings, and future directions. Trans SPWLA 46th Annual Logging Symposium, paper A, 2005.

[2] Singer J M. An example of log interpretation in horizontal wells. The Log Analyst, 1992, 33 (2): 85-95.

[3] Anderson B, Barber T, Druskin V, et al. The response of multiarray induction tools in highly dipping formations with invasion and arbitrary 3D geometries. The Log Analyst, 1999, 40 (5): 327-344.

[4] Yang J, Omeragic D, Liu C, et al. Bed-boundary effect removal to aid formation resistivity interpretation from LWD propagation measurements at all dip angles. Trans SPWLA 46th Annual Logging Symposium, paper F, 2005.

[5] Holenka J, Best D, Evans M, et al. Azimuthal porosity while drilling. Trans SPWLA 36th Annual Logging Symposium, paper BB, 1995.

[6] Bedford J, Cuddy S, White J. The empirical investigation of density anisotropy in horizontal gas wells. Trans SPWLA 38th Annual Logging Sympo-sium, paper I, 1997.

[7] Rendeiro C, Passey Q, Yin H. The conundrum of formation evaluation in high angle/horizontal wells: observations and recommendations. Presented at the 80th SPE Annual Technical Conference and Exhibition, paper SPE 96898, 2005.

[8] Radke R J, Evans M, Rasmus J C, et al. LWD density response to bed laminations in horizontal and vertical wells. Trans SPWLA 47th Annual Logging Symposium, paper ZZ, 2006.

[9] Tabanou J R, Bruce S, Bonner S, et al. Which resistivity should be used to evaluate thinly bedded reservoirs in high angle wells? Trans SPWLA 40th Annual Logging Symposium, paper E, 1999.

[10] Ellis D V, Chiaramonte J M. Interpreting neutron logs in horizontal wells: a forward modeling tutorial. Petrophysics, 2002, 41 (1): 23-32.

[11] Thomsen L. Weak elastic anisotropy. Geophysics, 1986, 51 (10): 1954 – 1966.

[12] Arroyo Franco J L, Mercado Ortiz M A, De G S, et al. Sonic investigations in and around the borehole. Oilfield Rev, 2006, 18 (1): 14 – 33.

[13] Jan Y-M, Harrell J W. MWD directional-focused gamma ray-a new tool for formation evaluation and drilling control in horizontal wells. Trans SPWLA 28th Annual Logging Symposium, paper A, 1987.

[14] Rasmus J, Farruggio G, Low S. Optimizing horizontal laterals in a heavy oil reservoir using LWD azimuthal measurements. Presented at the 74th SPE Annual Technical Conference and Exhibition, paper SPE 56697, 1999.

[15] Allen D, et al. Modeling logs for horizontal well planning and evaluation. Oilfield Rev, 1995. 7 (4): 47 – 63.

[16] Well evaluation conference-Venezuela. Caracas: Schlumberger Surenco, 1997.

[17] Iversen M, Fejerskov M, Skjerdingstad A-L, et al. Geosteering using ultradeep resistivity on the Grane field, Norwegian North Sea. Petrophysics, 2004, 45 (3): 232 – 240.

[18] Seydoux J, Tabanou J, Ortenzi L, et al. A deep resistivity logging-while-drilling device for proactive geosteering. Presented at the Offshore Technology Conference, Houston, paper OTC 15126, 2003.

[19] Helgesen T B, Meyer W H, Thorsen A K, et al. Accurate wellbore placement using a novel extra deep resistivity service. Presented at the SPE Europec/EAGE Annual Conference, Madrid, paper SPE 94378, 2005.

[20] Li Q, Omeragic D, Chou L, et al. New directional electromagnetic tool for proactive geosteering and accurate formation evaluation while drilling. Trans SPWLA 46th Annual Logging Symposium, paper UU, 2005.

[21] Minerbo G, Omeragic D, Rosthal R. Directional electromagnetic measurements insensitive to dip and anisotropy. US Patent Application No 2003/0085707A1, 2003.

习 题

20.1 假设图 20.2 中 7 365 ft 附近井斜为 90°，利用伽马测井中探测深度的知识来计算该深度下地层界面的地层倾角。

20.1.1 计算 7 205 ft 处的界面倾角。

20.1.2 假设中子测井在井眼中偏心，泥岩最有可能从 7 365 ft 附近的上方或下方接近油井吗？

20.2 绘制一口横穿具有平行顶部和底部界面倾斜地层的大斜度井。标记穿过地层的测量深度以及 TVD、TVT、TST 和 TVDT。

20.3 利用习题 20.1 中地层倾角的计算结果，计算 7 365 ft 以上砂岩的 TVT 和 TST。

该倾角估值为近似值，井斜只有在一定的精度下才知道。如果井斜为 91°，并且实际倾角比井眼方向假设的大 2°，TVT 和 TST 会是多少？

20.4 对于图 20.3 中所使用的垂直电阻率和水平电阻率，垂直于自身的测井仪器在相对偏差为 90°时，应记录什么电阻率？图中所示的哪个测井测量值最接近该电阻率？

20.5 假设井眼直径为 8.5 in，根据密度测井曲线响应，估算如图 20.6 所示的井眼角度。

20.6 如果如图 20.7 所示数据的井眼直径为 8.5 in，则井眼的平均相对偏差是多少？如果所钻的井垂直于地层，测得的密度大约是多少？

21

定量确定黏土含量

21.1 引　言

　　油气层中泥岩的存在对储量和生产能力的估算有很大影响。泥岩中存在的黏土矿物使饱和度和孔隙度的确定变得复杂化。渗透性通常由孔隙空间中极低含量的黏土矿物决定。如果对存在的黏土矿物不够了解，则有可能因引入不当流体而伤害储层的渗透性。

　　前面章节中的测井实例表明，岩石中的黏土会影响所有已考虑到的测井读数。黏土与其他矿物有何不同？区别可能在于观测到的影响程度。例如，与黏土有关的氢的存在可以使视中子孔隙度增加高达 40 p.u.。与其他矿物不同，黏土会改变地层的导电性，因此，直接应用阿尔奇方程计算的含水饱和度会偏大。

　　在传统的测井分析中，处理黏土影响的大量成功技术都是基于大段地层［包括块状泥岩和所谓的纯（无黏土）地层］的交会图测井测量结果。通过在最小值和最大值之间缩放测井读数的某些函数来确定黏土含量，最小值和最大值分别代表泥岩为 0% 和 100%。这种技术很主观，能给出黏土体积分数的估值，很少考虑其组分或分布。它们还假设储层中的黏土成分与泥岩中的黏土成分相同。不过，在许多情况下，只能这样做。

　　本章首先回顾了黏土和泥岩的特性，以及它们的物理性质和分布对孔隙度及测井响应的影响；然后讨论了利用一种测井方法确定黏土含量的技术，并较详细地探讨了黏土对三种核测量的影响；研究了中子—密度交会图的使用，特别是如何通过基于对储层中黏土成分的认识来控制参数以改善解释结果，采用俘获伽马能谱中的元素分析进一步提高了解释精度，测井现在能够提供地层的部分地球化学分析。

21.2　什么是黏土/泥岩？

　　与许多测井解释人员和岩石物理学家一样，我们通篇交替使用了泥岩和黏土这两个术语。更准确地说，泥岩是一种细粒岩石，含有相当大比例的黏土矿物和粉砂。从测井的角度来看，粉砂的平均性质通常与砂岩的相似，而黏土的平均性质则截然不同。根据测井曲线很难确定粉砂含量，因此，泥质砂岩既可以被视为砂岩和黏土的混合物（将粉砂作为砂岩的一部分），也可以被视为砂岩和泥岩的混合物（将粉砂作为泥岩的一部分）。这些细节超出了本书的范围。本节将集中讨论对测井很重要的黏土矿物的性质，而非试图完全回答标题中提出的问题。

根据结构和成分，可以将晶体学家、化学家、土壤科学家和黏土矿物学家已经研究过的数百种黏土矿物归纳为五组：高岭石、云母、蒙脱石、绿泥石和蛭石。它们都是铝硅酸盐，可以指示存在的主要元素。含有铝（Al）和硅❶（Si）的基本结构单元的几何性质决定黏土矿物结构呈片状。一种片状结构由围绕中心原子（通常是铝，但有时是镁或铁）的氧或羟基的八面体单元构成。另一种是由被氧包围的中心硅原子组成的四面体单元。上面列出的五组黏土矿物由这两种类型的片状结构通过不同堆叠组合形成。图 21.1 显示的是这五组黏土矿物的层结构和成分，每一组都有特征晶格尺寸或间距。

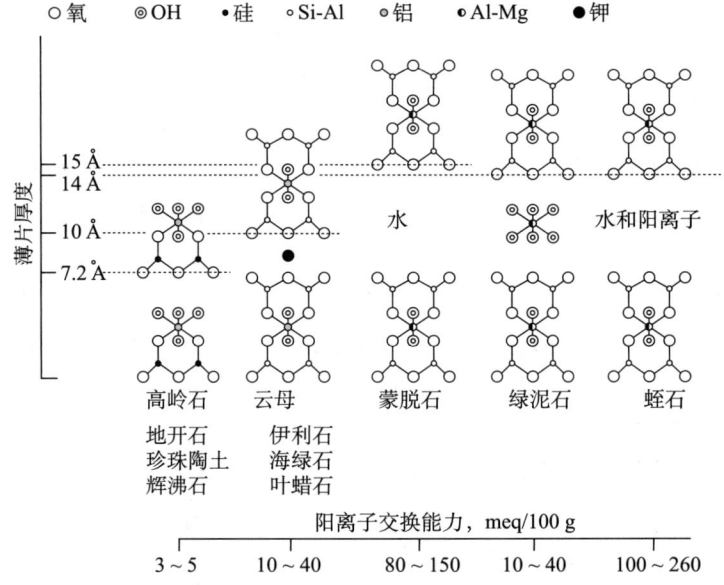

图 21.1 五组黏土矿物的结构和成分示意图[2]

在该平面图中，四面体薄片中只有三个原子似乎与中心原子相连接，而八面体薄片中只有六个原子

高岭石的结构最简单，其单八面体和四面体薄片以 1∶1 堆叠成一个层状或板状。其他黏土矿物由两个共享氧原子的四面体薄片以 2∶1 堆叠方式组成，两个四面体薄片之间有一个八面体薄片。组间差异与晶格中的电荷量及平衡电荷不足的夹层复合物的类型有关，晶格中的电荷量是由同形取代物（即保持相同的几何形状，如用 Mg^{2+} 取代 Al^{3+} 或用 Al^{3+} 取代 Si^{4+}）产生的。晶格中云母的取代量最大，但电荷由夹层空间中的脱水阳离子（通常是 K^+）平衡。K^+ 特别适合该空间，从而形成紧凑的结构。蒙脱石

---

❶ 例如，有关黏土晶体结构的详细讨论，请参见文献 [1]。黏土的术语令人困惑，不同的作者对相同的黏土矿物和组群使用不同的术语。例如，蒙脱石可以指蒙脱石组中的黏土，反之亦然。

的取代量较小，主要由八面体薄片中的 Mg^{2+} 取代。由于电荷低于 Al^{3+}，而且八面体薄片距离夹层空间较远，因此，层之间黏合较弱。这使得水和水合阳离子进入该空间，常常导致蒙脱石膨胀。蛭石和绿泥石都有由替代物造成的中间电荷缺陷。绿泥石是通过 Al 和 Mg 氢氧化物薄片的夹层复合物来平衡其电荷，很像晶格中的八面体薄片。在蛭石中，负晶格电荷也是由水合阳离子平衡，但与蒙脱石不同的是，由于晶格和阳离子之间增加了吸引力，蛭石几乎不膨胀。最后是两个薄层和三个薄层混合在一起的混合层黏土，图 21.1 中未显示。

21.2.1 黏土的物理性质

由于通常通过 X 射线衍射确定的黏土矿物的结构在测井时不可用，因此，图 21.1 中所示信息的直接目的是突出易于通过测井技术识别的元素。遗憾的是，由于缺乏每个家族大部分元素的标准化学分子式，这项工作被复杂化了。之所以没有标准的化学分子式，是由于前面提到的晶格和夹层中存在取代作用。

氢是列出的所有黏土矿物中的重要组成部分。它对中子孔隙度响应有很大影响。可以使用伽马能谱法识别其他一些元素，因为已经证明，尽管该方法间接，但却是井眼中很实用的地层化学分析方法。我们已经在第 11 章中看到了通过确定铀（U）、钍（Th）和钾（K）浓度的范围来识别黏土的实例。从图 21.1 给出的黏土矿物的缩写中，可以看出 K 主要与一组黏土矿物（云母组）有关。

黏土中一种丰富且具有特征的元素是 Al。由于长石中含有 Al，且黏土矿物中 Al 的质量浓度是可变的，因此，地层中的 Al 含量本身并不能完全量化黏土矿物的存在。在许多黏土矿物家族中，用 Al 取代 Si，用 Fe 取代 Al；后一种取代经常出现在绿泥石和一些云母中，而在高岭石中则较少见。可以通过捕获伽马射线能谱或低能伽马射线在确定 P_e 时的衰减轻松探测到铁。

除元素组成外，黏土矿物的其他特性也会影响测井响应。首先黏土矿物特性与其板状性质有关，这是由其结构所致。尽管层间束缚水不被视为"有效孔隙度"的一部分，但它有助于电导率和孔隙度的测量。在沉积过程中，水层会被束缚在内层，其中一些水是在压实过程中或由于矿物反应而释放的。如果周围材料的渗透性不够好，水则无法逸出，从而形成超压泥岩。

黏土矿物的一个重要特性是它们能够吸附暴露表面的离子，主要是阳离子。这是由于其板状结构以及上面所讨论的晶格内同晶取代引起的表面负电荷的结果。在某些情况下，这些离子具有放射性，并解释了通常与黏土矿物相关的伽马射线活动。当有电解液存在时，这种表面电荷还负责在周围流体中产生一个改变成分的薄层。极性水分子和钠或钾离子被吸附，而氯离子被排斥。这种双层通常称为束缚水，在第 3 章中曾经介绍过，第 21.2.2 节会对其进行更详细的讨论。它对电阻率测量有很大的影响。

黏土矿物形成双层的能力通过其阳离子交换能力（CEC）来衡量。它对应于固体表面上相对阴离子过量的阳离子。测量 CEC 的一种方法是，首先用盐水浸透含黏土的样品，然后使钡溶液遍布该样品。钡将取代钠（Na），取代量可以测量。CEC 的单位通常是每 100 g 材料的毫当量（meq）。一个当量相当于中和 6.023×10^{23} 个电子的电荷所需的阳离子数量。五组黏土矿物的 CEC 值的标准范围如图 21.1 底部和表 21.1 所示。正如预期的那样，具有紧密的 1∶1 堆积和低同晶取代的高岭石，其 CEC 低。较大的层间表面导致蒙脱土和蛭石具有较大的 CEC。云母电荷平衡，结构紧凑，理想情况下，CEC 为零。但两种重要的例外情况是海绿石和伊利石。它们虽然具有云母结构，但由于不完全取代和其他因素，CEC 很大。伊利石恰好是油气储层中最常见的黏土之一。

表 21.1　黏土矿物比表面积和其他性质的特征值[4,6]

矿物	比表面积，m^2/g	CEC，meq/100 g	湿黏土孔隙度，p. u.
蒙脱石	700~800	80~150	40
伊利石	113	10~40	15
绿泥石	42	10~40	15
高岭石	15~40	3~5	5

注：CEC 越大，束缚水越多，湿黏土的孔隙度越大。

尽管 Berner 将阳离子交换能力的趋向归因于黏土矿物结构中 Al 对 Si 的取代作用（或缺少取代作用），但肯定还有其他原因[3]。表面负电荷的一个重要来源是片状结构中存在的不规则砌缝。Yariv 和 Cross 指出阳离子交换能力应取决于表面积；他们引用了别人的一项研究，该研究认为高岭石的 CEC 与颗粒大小呈线性关系[4]。Patchett 更进一步指出，比表面积与 CEC 之间存在直接联系[5]。部分数据如图 21.2 所示。

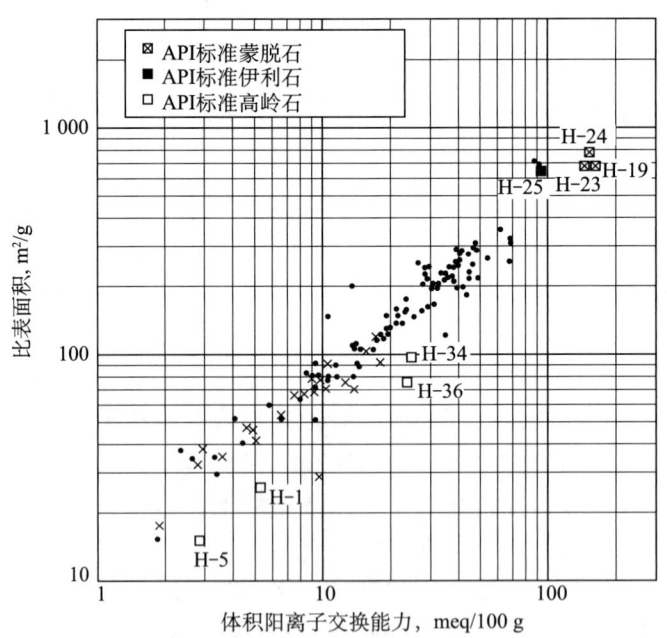

图 21.2　比表面积与体积阳离子交换能力之间的相关性[5]

对于 API 标准黏土，斜率是 450 m^2/meq

现在介绍黏土的最后一个特点：物理尺寸。根据晶格尺寸的简单计算，这些薄片状颗粒的表面积与体积之比可能非常大。颗粒尺寸通常小于 5 μm。实际比表面积取决于黏土矿物。表 21.1 列出了一些黏土矿物的比表面积和其他性质。

21.2.2 总孔隙度和有效孔隙度

上文介绍了"有效孔隙度"一词,但需要进一步解释,特别是要将其与总孔隙度区分开来。总孔隙度是通过分解岩心样品而测得的总的非固体空间。有效孔隙度的定义不太明确。对于岩心分析人员来说,有效孔隙度是指岩心干燥后但分解前测得的孔隙度[7]。这种差异是由不连通的孔隙所致,这种孔隙在砂岩中很少见,但在碳酸盐岩中较为常见。在标准岩心分析中,将样品在 100℃ 或更高温度下干燥,在这种情况下,认为所有黏土束缚水被去除了。(在特殊的湿干岩心中,大部分束缚水仍然存在。)然而,对于测井分析人员来说,有效孔隙度是指总孔隙度减去黏土束缚水,前提是假设黏土束缚水在生产时不会运移。另一方面,对于许多采油工程师来说,有效孔隙度是指有助于生产的孔隙空间。该孔隙空间不包括毛细管束缚(不可动的)水以及孤立的水和黏土束缚水。

这些不同体积之间的关系如图 21.3 所示。测井测量的是哪种孔隙度? 大多数测井方法对所有的孔隙度都有响应,但是在计算孔隙度值时,答案取决于黏土部分是湿的还是干的。例如,在密度测井响应中,如果黏土体积和密度是指湿黏土,那么计算出的孔隙度将是有效孔隙度;如果黏土体积和密度是指干黏土(双电层中没有水),那么结果就是总孔隙度。在任何一种情况下,计算黏土束缚水的体积(V_{cbw})都很有用,以便两种孔隙度之间的相互转换。V_{cbw}反映了双层的大小,如上所述,双层大小与地层的 CEC 直接相关,并影响其电阻率。

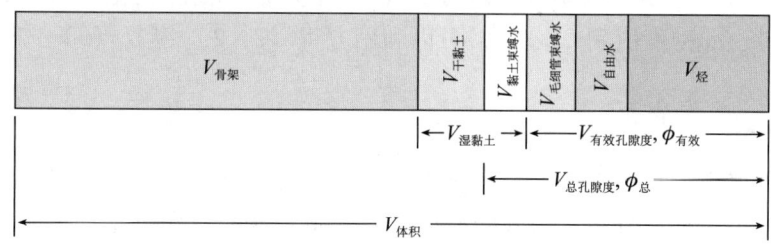

图 21.3 测井分析人员使用的地层体积 V 的定义[8]

在纯黏土中,束缚水的体积称为湿黏土孔隙度(ϕ_{tcl}),可以根据块状泥岩的视孔隙度读数或使用表 21.1 给出的某个特征值进行估算。在其他地层中,可以根据($V_{cl}\phi_{tcl}$)估算 V_{cbw},其中 V_{cl}是湿黏土体积。另一个有用的术语是 S_{wb},即束缚水在总孔隙度中所占的比例,它与其他术语的关系如下:

$$S_{wb} = \frac{V_{cbw}}{\phi_t} = \frac{V_{cl}\phi_{tcl}}{\phi_t} \tag{21.1}$$

式中,ϕ_t为总孔隙度。

V_{cl}和 S_{wb}都是在纯地层为 0 和纯黏土为 1 之间变化,并由本章后面介绍的方法来确定。

有两种更通用的方法将 V_{cbw}与 CEC 和 V_{cl}联系起来。在这两种情况下,首先将 CEC 从其毫当量每克的单位转换为毫当量每单位孔隙体积,即转换成 Q_v,因为从电学角度

来看，这个量与黏土的影响更成比例。根据其定义，Q_v 可以写成

$$Q_v = \frac{\rho_{dcl} V_{dcl} \text{CEC}_{cl}}{\phi_t} \tag{21.2}$$

其中
$$V_{dcl} = (1 - \phi_{tcl})$$

式中，ρ_{dcl} 为干黏土密度；V_{cl} 为干黏土体积；CEC_{cl} 是纯黏土的 CEC。

Hill、Shirley 和 Klein 发现，对于含盐或中等含盐的水，V_{cbw} 和 Q_v 之间存在经验关系[9]：

$$V_{cbw} = Q_v \phi_t \left(\frac{0.084}{\sqrt{n}} + 0.22 \right) \tag{21.3}$$

式中，n 是盐的质量浓度，mol/L。

另外，在双水模型中，根据层的表面积及其厚度计算得出 $V_{cbw}^{[10]}$。从图 21.2 可以看出，每毫当量比表面积 V 为 450 m²/meq。在充足的盐水溶液中，双层的厚度 x_s 由 Stern 层的厚度决定，室温下约为 6.2Å（图 3.9）。然后，在室温下，束缚水的体积 $V_Q^s = V x_s$ 可以计算为 0.28 mL/meq。乘以 Q_v，得到单位孔隙体积的束缚水体积，然后乘以 ϕ_t，得到束缚水占岩石体积的含量：

$$V_{cbw} = \alpha V_Q^s Q_v \phi_t \tag{21.4}$$

参数 α 会造成随着矿化度的下降。图 3.9 中的扩散层变得越来越重要，并对束缚水有贡献。矿化度大约 20 g/L 以上时，α 值为 1；但对于较低的矿化度，α 值大于 1。在双水模型中，通过理论和实验计算了 α 和 V_Q^s 随温度的变化[10]。

因此，使用双水模型或 Hill、Shirley 和 Klein 方程，可以根据 Q_v 和 ϕ_t 计算 V_{cbw}，而假设存在黏土的密度值和 CEC 值，可以利用方程（21.2）将 Q_v 和 V_{dcl} 建立起关系。

21.2.3 泥岩分布

黏土在地层中的分布方式对一些测井方法有影响。因此，测井分析人员已经确定了三种分布类型：层状分布、结构分布和分散分布。这些分布类型如图 21.4 所示，通过考虑将泥岩引入最初纯砂岩时孔隙度受到了怎样的影响来更好地理解该图。分散的泥岩存在于整个孔隙空间中，在不影响颗粒空间的情况下降低了原始孔隙度。结构性泥岩是框架结构的一部分，因此，原始孔隙度不会改变。层状泥岩在原本纯砂岩中显示为分散的泥岩层，泥岩减少了骨架和孔隙度的体积。

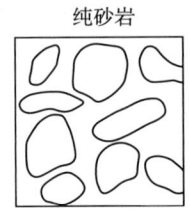
纯砂岩
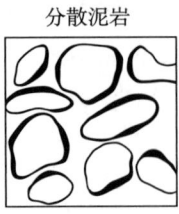
分散泥岩
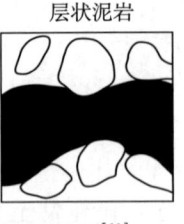
层状泥岩
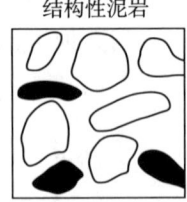
结构性泥岩

图 21.4 泥岩分布分类图[11]

因此，随着泥岩体积的增大，孔隙度与泥岩体积的关系图将根据泥岩的分布方式显示出不同的趋势。图 21.5 显示了将含有 15% 束缚水的泥岩添加到孔隙度为 33% 的砂

岩中的实例。根据总孔隙度和含砂量绘制成果图，含砂量可以根据 GR 测井得到。随着泥岩薄片被添加到砂岩中，砂含量和孔隙度下降，直至泥岩薄片填满整个体积，导致总孔隙度等于湿黏土孔隙度，砂岩响应为零。当添加分散泥岩时，其体积增加，直至填满原始孔隙体积，而结构性泥岩则会增加，直至取代了所有的砂岩。分散泥岩和结构性泥岩的末端不像层状泥岩那么明显，该问题留作练习（习题21.4）。图 21.5 说明了如何利用地层中孔隙度随砂岩体积的变化来确定泥岩分布的类型[12]。然而，需要谨慎，因为在实践中，与这三种类型泥岩相关的束缚水可能并不相同。该方法还假设没有其他因素影响孔隙度或根据测井曲线确定孔隙度。

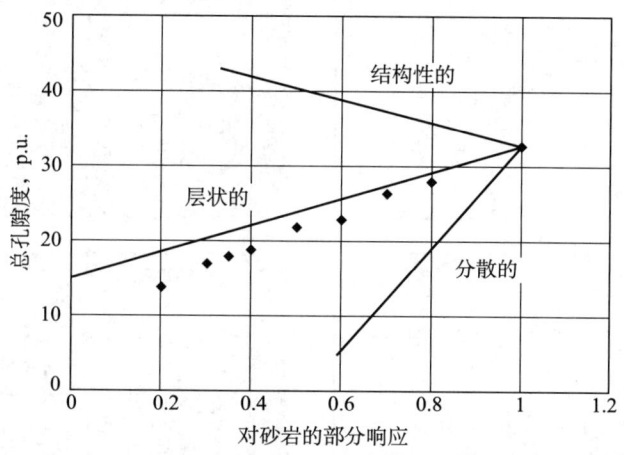

图 21.5 将束缚水含量为 15% 的泥岩添加到孔隙度为 33% 的砂岩中时泥岩分布的影响[12]
对于所示的假设数据点，该图表明泥岩主要是层状的

分散泥岩即使体积浓度很小，它对油气储层评价也具有重要意义。（实际上，这种类型的泥岩本质上是黏土。）由于使用了扫描电子显微镜，已经确定了几种分布类型：孔隙填充型、孔隙附着型和孔隙桥接型。这三种类型的显微照片如图 21.6 所示。

Almon 和 Davies 研究了一些分散黏土矿物对油气产量的影响[6]。高岭石的影响与其结构有关。如图 21.6（a）所示的高岭石堆叠的特点是书本状。这些高岭石堆叠松散地附着在砂岩颗粒上，可以被高速流体分离。由于这些堆叠尺寸很大，它们会堵塞大的孔喉，从而对渗透性造成永久性、不可逆的伤害。

蒙脱石家族的成员由于其较大的比表面积和膨胀能力而暴露出一些问题。由于黏土颗粒的亲水性，在高含水饱和度的情况下，无水油的产生归因于蒙脱石。除非确认存在蒙脱石，否则产层可能被遗弃，因为得到的 S_w 值太高。由淡水钻井液产生的黏土膨胀也会导致颗粒脱落并堵塞孔喉。在这种情况下，必须使用油基钻井液或 KCl 添加剂来防止地层伤害。在一定温度和深度条件下，蒙脱石逐渐变为伊利石，因此，在给定区域，要有一定深度，低于该深度的蒙脱石不太可能转化。

伊利石的大比表面积会产生大量的微孔隙，从而导致 S_w 值较高。在图 21.6 的下部照片中，伊利石的长细丝已经将孔隙空间完全桥接起来。在这种情况下，孔隙度的降低可能性不是很大，但对渗透率的影响肯定会很大。绿泥石矿物，尤其是富含铁类型

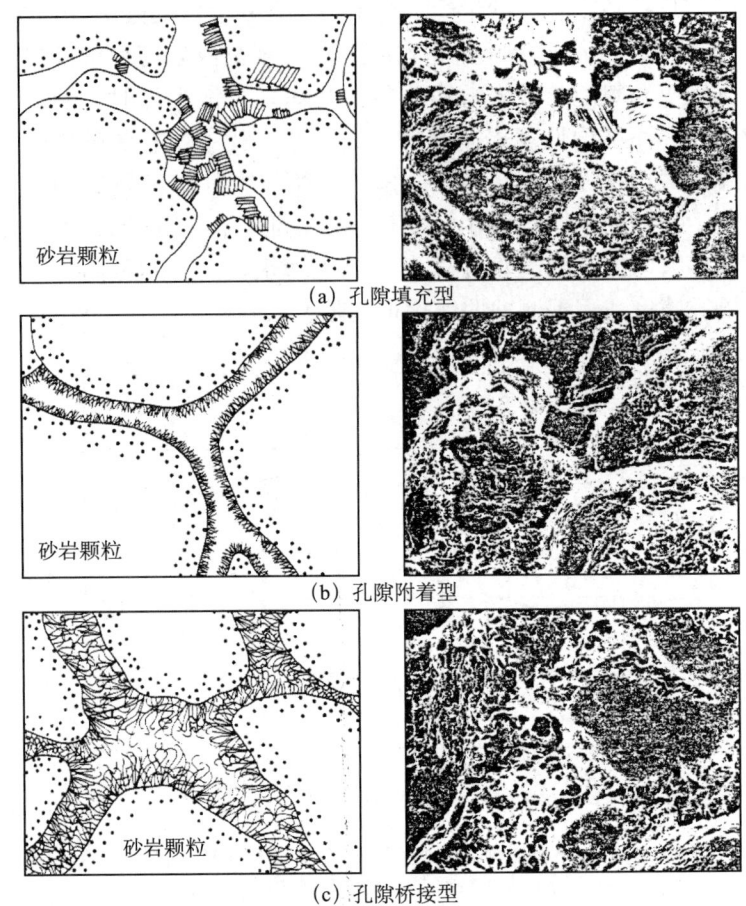

图 21.6　砂岩储层岩石中分散黏土的显微照片[12]

的绿泥石，对酸敏感，有时会注入酸以溶解碳酸盐岩胶结物来增加产量。将绿泥石暴露在酸中会沉淀出胶状铁化合物，这可能会使生产永久停止。

21.2.4　对测井结果的影响

有关黏土对迄今为止考虑的一些测井结果的影响的总结，请参考表 21.2。该表中内含的观点是，所有的测量结果都受地层中黏土的数量或体积分数的影响。此外，三个黏土参数中的任何一个都会引起测井响应发生微小变化。这三个参数是：化学性质/结构、表面积或地层中的黏土分布。

表 21.2　不同的黏土性质对测井响应的影响

测井参数	化学性质/结构	表面积	地层中的黏土分布
R_t		CEC	是
ρ_b	是		是
P_e	Fe		

续表

测井参数	化学性质/结构	表面积	地层中的黏土分布
ϕ_n	(OH)$_x$	B?	
Σ	K, Fe	B, Gd?	
Δt			是
GR	K	Th, U?	
NMR	Fe	表面/体积	
成像			是

化学性质对 P_e 的影响很大,这主要是由于铁的存在。羟基的质量浓度会强烈地影响中子孔隙度响应。如图 21.1 所示,黏土组分分为两类:一类是具有四个 OH$^-$ 的矿物,如云母、蒙脱石和蛭石;另一类是具有八个 OH$^-$ 的矿物,如高岭石和绿泥石。后者的氢含量较高,对中子孔隙度测井影响很大。铁和钾等高吸收性成分也会影响俘获截面 Σ,而黏土矿物中钾的存在会影响伽马射线。铁使 NMR 表面弛豫增大,使 T_1 和 T_2 缩短。

黏土的表面积将对电阻率畸变产生很大影响,因为相关的阳离子交换能力在一定程度上决定了黏土的固有电阻率。表面积可能有助于吸附其他离子,其中一些离子具有放射性,另外一些具有较大的俘获截面。因此,它将对 Σ 值和在黏土中测得的伽马射线产生影响。出于同样的原因,粒径介于黏土和砂岩之间的粉砂通常具有放射性。(由于经常存在含有钾的长石,粉砂也具有放射性。)在 NMR 测量中,较大的表面积通过增加质子快速弛豫的机会来缩短 T_1 和 T_2。

黏土分布将在很大程度上影响电阻率测量:由于各向异性或可接触表面,层状泥岩将产生与同样体积的分散黏土截然不同的结果。黏土分布对孔隙度的影响以及由此对孔隙度测量结果的影响如图 21.5 所示。层状泥岩的适当颗粒密度和传播时间也可能与分散黏土的不同。

表 21.3 列出了测井仪器对各种矿物的定量响应。有关黏土矿物的部分将在后面的讨论中用到。很明显,根据测井曲线推算出黏土含量是一个相当间接的过程,没有一种测井方法可以在所有条件下给出黏土含量的正确结果。那么我们如何知道我们得到了"正确"结果呢?定性分析,总的测井解释结果必须与其他数据(如产量情况)一致。定量分析,其结果可以与通过 X 射线衍射、X 射线荧光或傅里叶变换红外(FT-IR)光谱在岩心样品上测量的结果进行比较[6]。这种测量有其自身的局限性,但这些超出了本书的范围。

表 21.3 沉积矿物的测井参数[15]

名称	分子式	$\rho_{\log}$ g/cm^3	ϕ_{cnl} p.u.	ϕ_{aps} p.u.	Δt_c ms/ft	Δt_s ms/ft	P_e	ε F/m	GR	Σ c.u.
					硅酸盐					
石英	SiO$_2$	2.64	−2	−1	56	88	1.8	4.65	低	4.3
锆石	ZrSiO$_4$	4.5	−3				69		低	6.9

续表

名称	分子式	$\rho_{\log}$ g/cm³	ϕ_{cnl} p.u.	ϕ_{aps} p.u.	Δt_c ms/ft	Δt_s ms/ft	P_e	ε F/m	GR	Σ c.u.
碳酸盐										
方解石	$CaCO_3$	2.71	0	0	49	88	5.1	7.5	低	7.1
白云石	$CaMg(CO_3)_2$	2.85	1	1	44	72	3.1	6.8	低	4.7
菱铁矿	$FeCO_3$	3.89	12	3	47		15	7~	低	52
氧化物										
赤铁矿	Fe_2O_3	5.18	11		43	79	21		低	101
磁铁矿	Fe_3O_4	5.08	9		73		22		低	103
磷酸盐										
羟基	$Ca_5(PO_4)_3OH$	3.17	8		42		5.8		低	9.6
长石										
钾长石	$KAlSi_3O_8$	2.52	−3		69		2.9	5	高	16
钠长石	$NaAlSi_3O_8$	2.59	−2	−2	49	85	1.7	5	低	7.5
钙长石	$CaAl_2Si_2O_8$	2.74	−2		45		3.1	5	低	7.2
黏土										
高岭石	$Al_4Si_4O_{10}(OH)_8$	2.41	37	34			1.8	5.8	中	14
白云母	$KAl_2(Si_3Al O_{10})(OH)_2$	2.82	20	13	49	149	2.4	7	高	17
海绿石	$K_{0.7}(MgFe_2 Al)(Si_4Al_{10}) O_2(OH)$	2.86	38	15			4.8		高	21
绿泥石	$(Mg,Fe,Al)_6 (Si,Al)_4 O_{10}(OH)_8$	2.76	52	35			6.3	5.8	高	25
伊利石	$(K_{1,1.5}Al_4 (Si_{6.5,7}Al_{1,1.5}) O_{20}(OH)_4$	2.52	30	17			3.5	5.8	高	18
蒙脱石	$(Ca,Na)_7 (Al,Mg,Fe)_4 (Si,Al)_8O_{20} (OH)_4(H_2O)_n$	2.12	60	60			2.0	5.8	高	14
蒸发盐										
岩盐	$NaCl$	2.04	−3	21	67	120	4.7	6	低	754
硬石膏	$CaSO_4$	2.98	−2	2	50		5.1	6.3	低	12
石膏	$CaSO_4(H_2O)_2$	2.35	60+	60	52		4.0	4.1	低	19
蒸发盐										
钾盐	KCl	1.86	−3				8.5	4.7	高	565
重晶石	$BaSO_4$	4.09	−2				267		低	6.8

续表

名称	分子式	$\rho_{\log}$ g/cm³	ϕ_{cnl} p.u.	ϕ_{aps} p.u.	Δt_c ms/ft	Δt_s ms/ft	P_e	ε F/m	GR	Σ c.u.
硫化物										
黄铁矿	FeS_2	4.99	−3		39	62	17		低	90
煤										
无烟煤	$CH_{0.36}N_{0.01}O_{0.02}$	1.47	38		105		0.16		低	8.7
沥青	$CH_{0.79}N_{0.02}O_{0.08}$	1.24	60+		120		0.17		低	14
褐煤	$CH_{0.85}N_{0.02}O_{0.21}$	1.19	52		160		0.2		低	13

注：黏土响应适用于湿黏土。

21.3 通过单一测井方法确定泥岩

泥岩或黏土对每种测井方法的主要影响已在相关章节中讨论过。泥岩使 SP 降低，如图 3.11 所示。黏土束缚水在 NMR 分布中的位置如图 16.34 所示。图 11.5 给出了伽马射线和泥岩体积之间的转换。虽然根据伽马射线估算 V_{shale} 可能会产生误导，但它是传统测井解释的支柱，值得进一步研究。图 21.7 给出了测井曲线显示的一些陷阱。取最小读数为 10 gAPI（从底部 1 890 ft 处），最大读数为 135 gAPI，得出的 GR 黏土含量及其与岩心的黏土含量进行的比较如图 21.8 所示。虽然 GR 曲线在 1 870 ft 附近读数正确，但在 1 730 ft 和 1 780 ft 处明显过高。GR 曲线上也有非黏土导致的大尖峰。

假设线性变换（图 11.5 中的线 1），计算出 GR 黏土含量。可以通过选择另一个最小读数或使用其他 GR 变换中的一个来改进结果。其实，可以在 GR 指数和岩心数据之间建立一种可用于该区域其他井的局部变换。这种局部变换是许多测井解释程序的特点，并且可以给出合理的结果。在这种情况下，SP 和中子—密度都能更好地估算黏土含量，如下所述。

该实例很典型，因为当伽马射线出错时，它会高估黏土含量，这在意料之中，因为黏土以外的矿物可能具有放射性。其他单一曲线黏土指标，如 SP、电阻率和中子也会因高估而出错。例如，与渗透层相对的

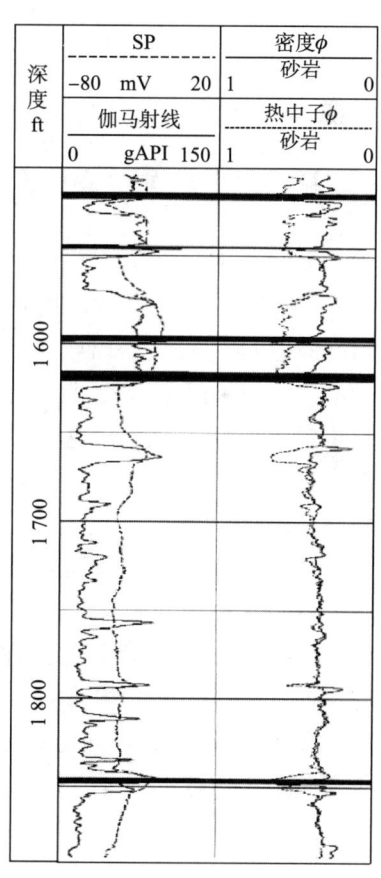

图 21.7 一组砂泥岩序列的测井曲线（黑色条带是煤）[16]

SP 偏转值因黏土而减小，但也因浅层侵入或薄层而减小。据此，早期的计算机程序根据尽可能多的指标估算黏土含量，然后将每个深度计算的最小值作为正确值[11]。

可以在层状地层中采用更直接的方法——成像测井。在如图 6.6 所示的实例中，可以选择合适的截止值将图像划分为砂岩或泥岩。泥岩体积分数是通过计算层段内泥岩的数量直接计算的。这是估算层状地层中泥岩体积的一种方便直接的方法。

另外，显然应该结合两种测量方法或通过更直接地测量黏土中的元素才能提供更好的泥岩体积估值。在考虑这些方法之前，我们将更为详细地研究如何从三种核测量（光电效应、中子孔隙度和俘获截面）中得到黏土含量。

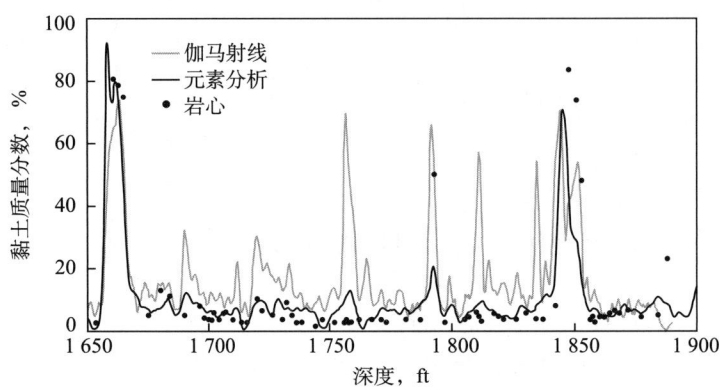

图 21.8 根据伽马射线、元素分析和岩心的 FTIR 光谱得到的图 21.7 所示的井的黏土质量分数[17]

21.3.1 泥质砂岩中 P_e 的解释

根据 P_e 测量值，可以构建一个有趣的用于泥质砂岩的定量黏土含量指标。它是基于泥岩中测得的 P_e 值主要与黏土矿物中的铁含量有关这一事实。如果没有铁的存在，铝硅酸盐的 P_e 能反映出硅含量，与砂岩无法区分。假设骨架为砂岩，根据地层密度测量值计算一条模拟的 P_e 曲线，并将其与 P_e 的实测值进行比较，可以形成一个黏土含量指标。图 21.9 给出了这种模拟的 P_e 测井曲线，在纯砂岩的预期值和测量值之间有阴影。过量 P_e 的阴影部分主要是黏土矿物中的铁导致的，尽管在 2 750 ft 附近有一个例外（习题 21.8.1）。

可以通过另一种计算混合物 P_e 的方法来最好地理解过量 P_e 的定量解释。但首先我们使用参数 U 来确定反映密度变化的基准 P_e 曲线。这里默认的假设是，在泥质砂岩中，砂岩和泥岩的骨架密度相差并不大。泥岩可被视为石英、粉砂和黏土矿物，其颗粒密度可能在 2.6~2.8 g/cm³ 之间。因此，假设颗粒密度接近 2.65 g/cm³，则可根据 ρ_b 获得孔隙度的粗略估值，该估值足以确定 P_e 引起的微小变化。然后，可以根据 U 的体积关系式计算出砂岩的 P_e 预期值 $P_{e,\exp}$：

$$U_{\exp} = U_{fl}\phi + U_{ma}(1-\phi) \tag{21.5}$$

和

$$P_{e,\exp} = \frac{U_{\exp}}{\rho_{e,\log}} \tag{21.6}$$

假设测井读数为 2.34 g/cm³，首先，用下式估算孔隙度：

$$2.34 = 1.00\phi + 2.65(1-\phi) \tag{21.7}$$

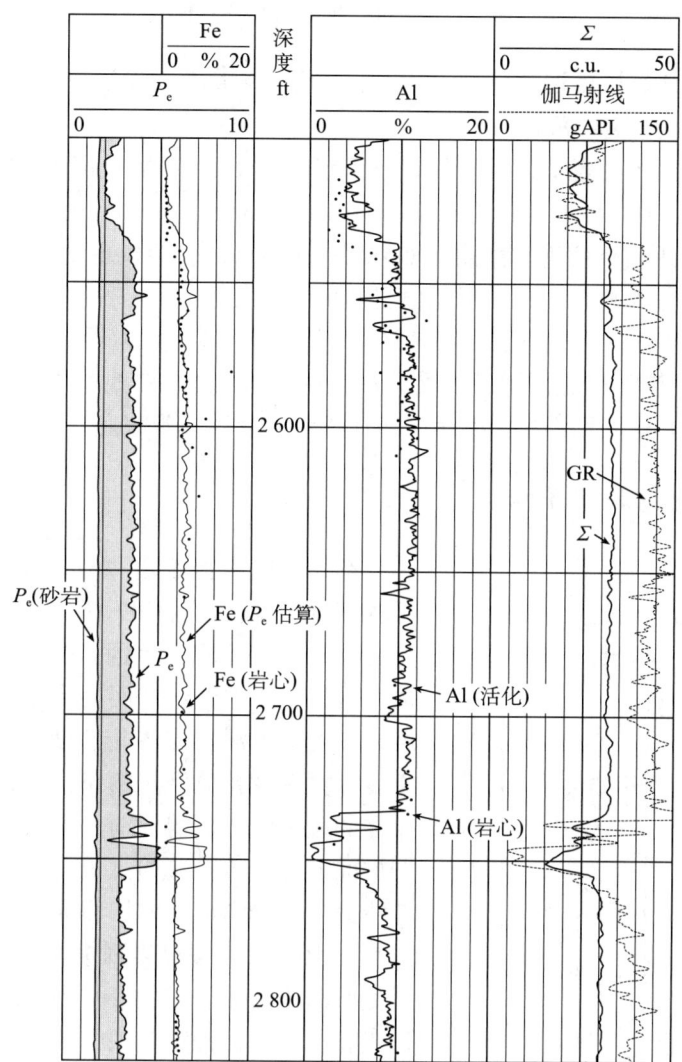

图 21.9　根据 P_e 确定铁含量的测井实例

道 1 为观测的 P_e 与根据密度测井确定的孔隙度在砂岩中的预期值 P_e 进行的比较，阴影对应于过量 P_e，将 Fe 估值与岩心分析进行比较；道 2 显示了活化测井记录的 Al 含量数据与岩心测量值之间的比较；道 3 显示的是 Σ 和作为泥岩指标的伽马射线

可以得到孔隙度 ϕ 约为 20%。根据表 21.1 和方程（21.5），计算出 U 的预期值为

$$U_{exp} = 0.4 \times 0.2 + 4.79 \times 0.8 = 3.91 \tag{21.8}$$

根据方程（21.6），将 ρ_b 转换为 ρ_e 后，发现 $P_{e,exp}$ 的值为 1.67。然而，此步骤通常可以省略。

很明显，原子序数较大的元素即使其质量分数很小，它们对总的 P_e 值的影响也很大。同样明显的是对过量 ρ_e 的解释：它是主要骨架的预期值加上微量重矿物的数量。对于铁，可以写成

$$P_e \approx \sum_i \left(\frac{Z_i}{10}\right)^{3.6} W_i + \left(\frac{26}{10}\right)^{3.6} W_{Fe} \tag{21.9}$$

地层中铁的质量分数只是过量的 $P_e(= P_{e,\log} - P_{e,\exp})$ 除以 31.2。对于任何其他可疑的高 Z 材料，除数为 $(Z/10)^{3.6}$。

方程（21.9）中的近似值是根据以下假设得来的，即假设主要元素的质量分数总计为 1，但加上了另一种未提及的元素。如果地层质量的 10% 是由铁引起的，那么 H、O 和 Si 的质量必须向下调整。然而，如果我们进行计算，会发现预期的 P_e 几乎没有差别。对于少量的高 Z 材料，这种近似值显然更好。

为了证明该程序的有效性，请参考图 21.9 的第一道，该道给出了过量的 P_e 及其使用方程（21.9）将 P_e 转化成的铁质量分数。将得到的测井曲线与岩心样品的铁含量分析进行对比，岩心样品用小星星表示。对比显示一致性非常好。

21.3.2 泥岩的中子响应❶

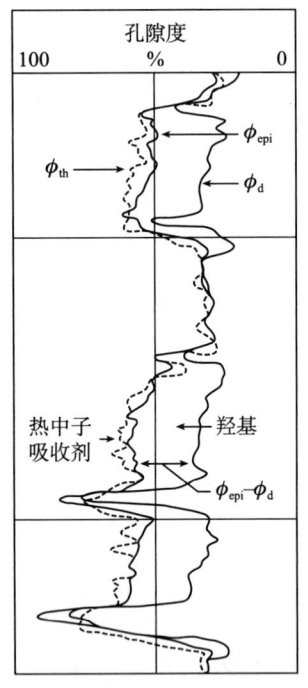

图 21.10 三种视孔隙度[18]
一种是根据密度确定的，其他两种是由超热中子和热中子孔隙度仪器确定的。与密度孔隙度的分离是黏土矿物中的 OH⁻ 含量导致的。另外的分离是由热中子吸收剂引起的

有三个因素控制着中子仪器对泥岩的响应：羟基含量、硼或钆（Gd）等热吸收剂的存在以及组合物的密度。前两个因素的影响在图 21.10 中清晰可见，图中砂岩剖面显示了三种类型的孔隙度，其上下由泥岩层界定。使用适当的砂岩骨架密度计算密度孔隙度。两条中子曲线是由热中子仪器和超热中子仪器同时测得的。这三条曲线在图中间的纯砂岩中重合。在上、下泥岩段，三条曲线分离。分离最大的层段是由黏土矿物中羟基的数量引起的。与超热测量相比，热测量的少许过量归因于与黏土矿物相关的元素对热中子的额外吸收。对一种特定热中子仪器[19]的实验测量表明，仅由大量中子吸收剂引起的过量孔隙度不超过 6~8 p.u.。因此，将泥岩中热中子和密度分离的最大段归因于羟基是合理的；热吸收剂只是一个很小的影响因素。

关于氢的作用，我们需要认识到，在多孔、含水、无黏土的校准地层中，地层氢含量与其密度之间存在内在的相关性。密度确实在中子仪器的响应中有一定作用，它肯定是减速长度的内在因素，因为减速长度与地层密度成反比。然而，在泥岩中，根据混合物中黏土矿物的数量以及是否存在四羟基或八羟基黏土矿物，没有理由期望密度和氢含量将遵循含水、无黏土校准地层相关性。然而，使用减速长度作为中子响应的预测指标，很容易适应

---

❶ 本节大部分引自文献 [20]。

这种情况。

图 21.11 显示了这种情况，其中给出了通用仪器对多孔泥质砂岩的响应。使用蒙特卡罗模型计算一半为砂岩（SiO_2）、一半为半高岭石[21]的"岩石"组成的地层的计数率，该地层含水，孔隙度范围为 0~40 p.u.。计算的比值与 SNUPAR 计算的减速长度 L_s 值在图中用黑色圆点表示。可以看出，"泥质砂岩"点位于将比值与通用仪器在三种主要岩性含水地层中确定的地层减速长度联系起来的响应线上。

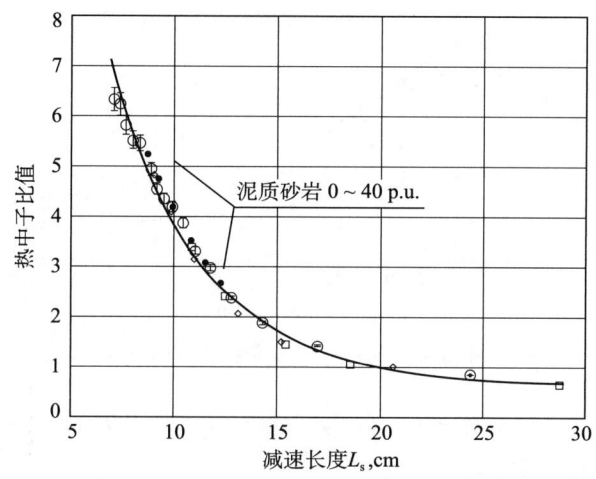

图 21.11 泥质砂岩地层的热中子比与三种主要岩性的减速长度具有相同的关系[20]
泥质砂岩用黑色圆点表示，砂岩、白云岩和石灰岩依次用正方形、菱形和带有误差线的圆圈表示

为了证明泥岩体积和泥岩类型的影响，使用 SNUPAR 的数值模拟了三种实例，详细描述见文献［18］。一种是含有 50% 体积伊利石［一种（OH）$_4$ 黏土矿物］的泥质砂岩，另一种是含有 50% 体积高岭石［一种（OH）$_8$ 黏土矿物］的泥质砂岩，第三种地层是含水纯砂岩。在图 21.12 中，顶部曲线是含水纯砂岩的变化情况，是"砂岩"随比值（或其等效减速长度）和孔隙度的变化曲线。现在假设这三种地层的孔隙度均为 10 p.u.。在 50%/50% 砂岩/伊利石中，L_s 值小于砂岩中的预期值，其视孔隙度约为 16 p.u.。50%/50% 砂岩/高岭石混合物中的减速长度甚至低于预期值，其 L_s 值大约对应于 31 p.u.，这与我们在测井曲线上看到的结果相似。

该实例也指出了将中子/密度分离转换为泥岩体积的风险，因为这种转换不仅取决于泥岩体积，还取决于泥岩类型或混合物。例如，纯四羟基黏土中的超热中子和密度孔隙度之间的分离（$\phi_{epi} - \phi_d$）为 12 p.u.，而纯八羟基黏土中的分离为 35 p.u.。

21.3.3 Σ 对黏土矿物的响应

虽然地层热中子俘获截面（Σ）的常规用途是确定套管井中的含水饱和度，但它也可以作为泥岩指标。这在图 21.9 的测井曲线中可以清楚地看到，其中 Σ 和伽马射线出现在第三道。在泥岩层，Σ 在略高于 30 c.u. 的范围内，而在两种纯地层中则明显降低。观察到的与泥岩含量的相关性是由于某些黏土组含有具有相对较大热吸收截面的元素。钾和铁就是两个例子（表 13.1）。因此，如果清楚地知道黏土矿物的成分，则可

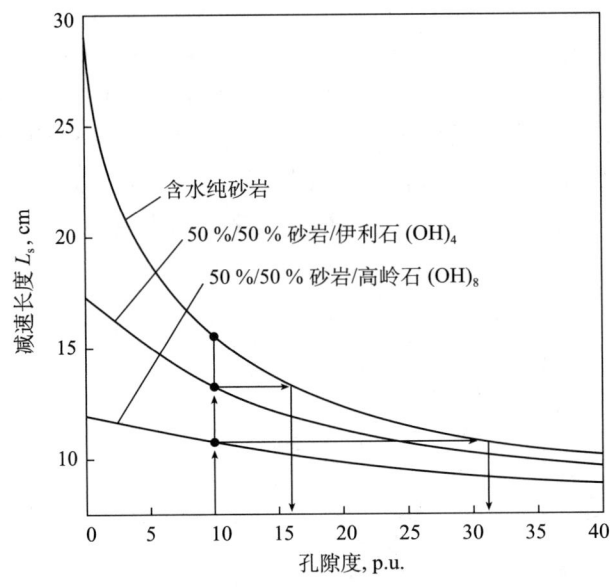

图 21.12　利用 L_s 预测人造泥岩—砂岩混合物对中子仪器响应的影响[18]

以确定其对应的 Σ。表 21.3 列出了一些典型的 Σ 值，范围为 14~25 c.u. 。最大值与含有 K 和 Fe 的黏土矿物有关。

Σ 测量的一个有趣应用是综合 ϕ_d 和 ϕ_{epi}（如果没有 ϕ_{epi}，则使用 ϕ_{th}）之间的分离。这便于区分油气储层中遇到的四种主要黏土类型（图 21.13）。

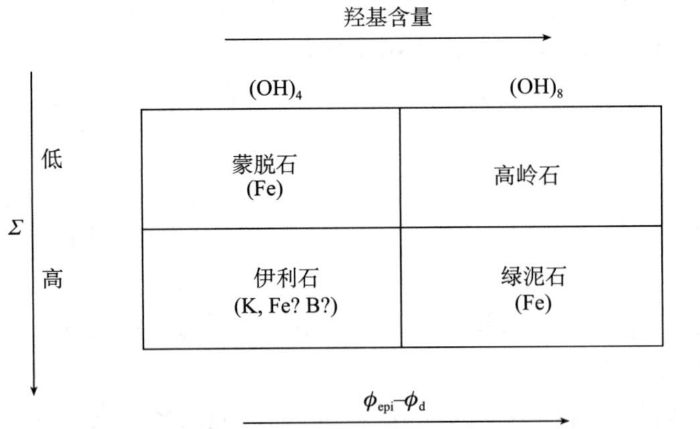

	羟基含量 →	
	(OH)$_4$	(OH)$_8$
低	蒙脱石 (Fe)	高岭石
高	伊利石 (K, Fe? B?)	绿泥石 (Fe)

（左侧纵轴：Σ 由低到高；底部横轴：$\phi_{epi} - \phi_d$ →）

图 21.13　俘获截面（Σ）和羟基含量（通过 $\phi_{epi} - \phi_d$）的测量结果可以区分四种主要黏土矿物

利用 Σ 定量估算黏土含量的一个困难是，具有极大热吸收截面的微量元素通常与某些黏土矿物有关。这些可能包含 B、Gd 和 Sm。根据这些元素与其他稀土元素的体积分数，观测到的 Σ 值可能比表 21.3 中的预期值大得多，表 21.3 中的数值是针对主要元素的平均化学成分计算得出的。在图 21.10（该图对微量元素进行了广泛的岩心分析）的井中，发现浓度高达 400 mg/L 的硼与伊利石有关，但与高岭石无关。这可能反映了两种黏土矿物之间比表面积差别较大。

利用 Σ 的另一个困难是，它对岩石骨架和地层流体中存在的元素都有响应。常见的大吸收截面元素列表中，氯的值很大，并且在地层流体中大量存在。因此，如果孔隙度或地层流体性质存在不确定性，则很难提取岩石骨架的Σ值。更具吸引力的测量方法仅对岩石骨架敏感，其中一种测量方法是元素分析。下面首先介绍最重要的黏土分析方法之一——中子—密度交会图，然后介绍元素分析方法。

21.4 中子—密度交会图

中子—密度交会图对于许多测井解释程序至关重要。这两种测量方法均受孔隙度、油气密度和岩性的影响，包括黏土和非黏土矿物。假如我们知道其中两个参数，就可以得到另外两个参数。例如，在含油或含水的泥质砂岩中，我们可以得到黏土含量和孔隙度。对于砂岩中的气体探测，我们可以使用根据其他方法得到的黏土含量估值，并计算孔隙度和油气密度。

要理解这些方法的传统应用，请参考图 21.14。该图显示了图 21.7 中测井曲线的中子和密度孔隙度值的交会图。含水纯砂岩将落在密度和中子孔隙度估值相等的直线上。含气砂岩将绘制在这条线的左侧。由于羟基形式的额外氢，泥岩中的视中子孔隙度高于密度仪器估算的孔隙度。根据泥质含量很大地层（通常通过参考伽马射线确定）的交会图，可以建立一个 100% 的泥岩点。如果将此点与 0 p.u. 和 100 p.u. 点连接起来，则可以建立一个线性网格，该网格（如果我们相信这个模型）可以给出对应于任何一对密度和孔隙度读数的泥岩含量和孔隙度，如图 21.15 所示。

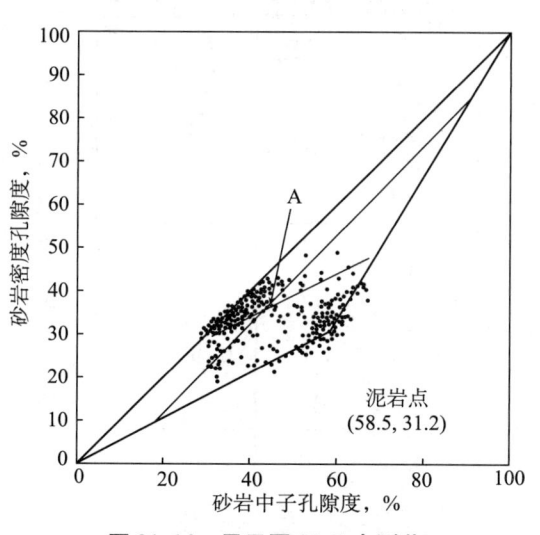

图 21.14　显示图 21.7 中测井数据的中子—密度交会图

泥岩点选自最东南方向的数据点[16]

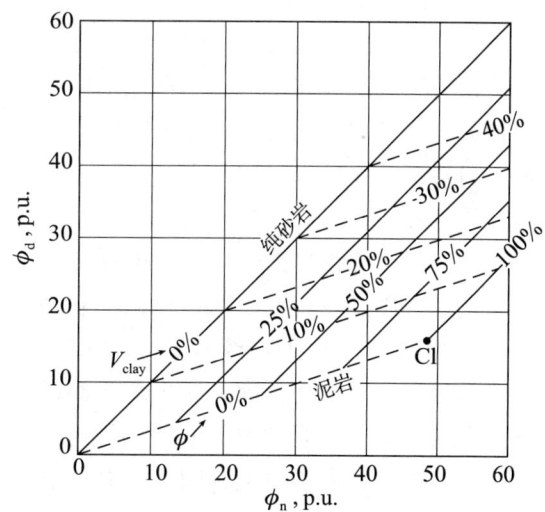

图 21.15　根据中子—密度交会图确定黏土含量的图版，或在存在另一个独立的 V_{cl} 指标的情况下，黏土的中子—密度读数校正图版[22]

由此产生了一种获得地层孔隙度以及估算泥岩体积的图解法。考虑图 21.14 中标记为 A 的区域附近的点。根据图 21.15 的缩放程序，在含水地层中，这些点将被解释成泥岩体积大约为 25%。通过该点画一条平行于泥岩走向的直线，与砂岩线相交，可

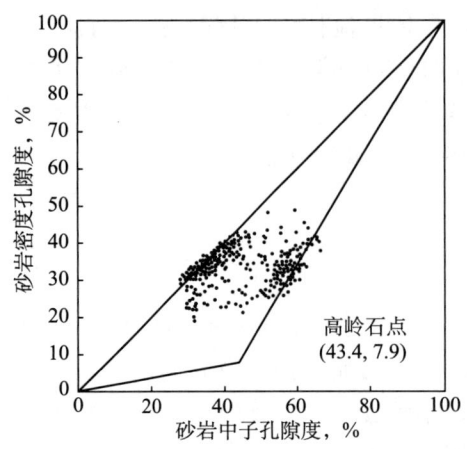

图 21.16　与图 21.13 中相同的中子—密度交叉图[16]
高岭石点是根据已知的化学成分和测量响应计算的

以得到孔隙度值。这些点似乎与孔隙度大约为 32% 的地层有关。显然，要使这种方法发挥作用，需要满足几个条件。岩石骨架必须是砂岩，或者以其他方式明确定义的骨架；需要考虑油气的影响，尤其是气体的影响。另外，如果黏土含量是通过其他测量方法确定的，则可以使用同样的图解技术来消除其影响。然后利用交会图进行气体或岩性分析。

自 20 世纪 60 年代末以来，该方法一直是硅质碎屑岩储层解释的基础[11]。然而，它确实有一些局限性。计算出的孔隙度是有效孔隙度，但由于从中选取泥岩点的块状泥岩既包含湿黏土又包含孤立孔隙，因此，定义不明确。该方法还假设储层中的泥岩与块状泥岩具有相同的成分。如果没有其他信息，我们只能这么做。但是对于图 21.7 中的测井曲线，已知储层中的黏土是高岭石，取平均化学成分和结构，可以计算出干高岭石的密度和中子孔隙度（后者将取决于所使用的中子仪器）[16]。该计算不包括任何黏土束缚水，但包括 OH⁻。计算结果称为干黏土点，与测井数据一起绘制在图 21.16 上。

可以使用传统的图解技术，但使用高岭石点代替经验泥岩点，则计算出的孔隙度是总孔隙度，可以按照第 21.2.2 节所述将其校正为有效孔隙度。泥岩位于高岭石点和水之间，表明它像预期的那样含有一些水。含多少尚不清楚，因为已知泥岩中含有一些伊利石和高岭石，所以，应该使用不同的干黏土点来估算泥岩。通过更为复杂的数值技术可以处理多种黏土，这些技术将在第 22 章中讨论。应用这种技术的结果如图 21.17 所示，将其与岩心孔隙度和黏土含量进行了比较。由于在如此高孔隙度的砂岩中不太可能存在任何孤立

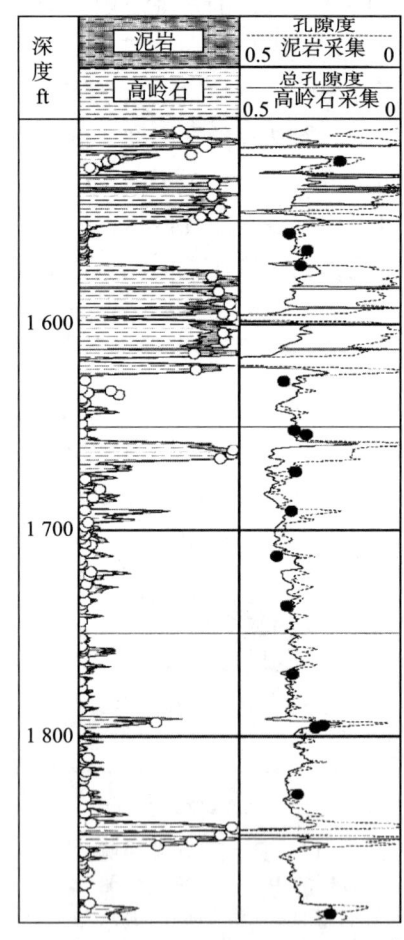

图 21.17　岩心孔隙度与黏土含量对比[16]
2 道是使用经验泥岩点和理论上计算的高岭石点计算出的孔隙度，以及根据岩心分析出的孔隙度。1 道是使用高岭石点计算出的高岭石和剩余干泥岩体积，以及根据岩心分析出的黏土含量

的孔隙，因此，岩心测量给出了总孔隙度，并与高岭石采集的结果更为一致。

采用这种方法，根据已知的非黏土岩性和油气密度，中子—密度交会图可以给出最精确的黏土含量估值中的一个。其他交会图，例如，声波和中子或声波和密度交会图通常用处不大，因为不太清楚声波测量对黏土的响应，并且该响应取决于黏土的分布和含量。第 22 章讨论了这些方法和其他交会图方法，并讨论了它们在岩性确定中的应用。

21.5 元素分析

我们已经看到，在特定情况下，几乎所有的测井仪器都可以用于探测黏土。然而，迄今为止所讨论的方法中，没有任何一种方法可以在所有情况下估算黏土含量。元素分析提供了一种更为独立的方法的希望。图 21.18 显示了总黏土质量浓度与九种元素质量浓度之间的相关性，这些元素可以通过自然能谱或次生能谱进行测量。

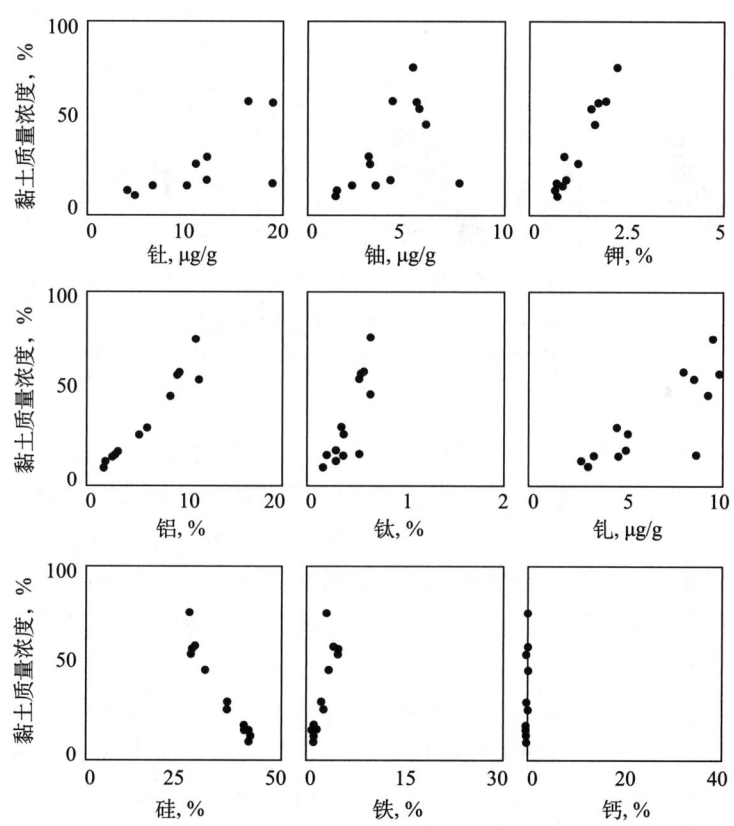

图 21.18 将测井可测量的各种元素的质量浓度与一口井中的黏土质量浓度进行比较[24]
顶行显示了通过自然 GR 能谱测得的元素。除 Al 外的所有其他元素均通过俘获 GR 能谱法进行测量

在大多数井中，铝的相关性最好，这并不奇怪，因为铝是黏土化学成分的组成部分。当占主导地位的黏土为伊利石时，钾有时具有很强的相关性（如本例所示），但这

种相关性会受到长石、云母和其他矿物中钾的干扰。钍、铀、钛（Ti）和钆是经常富集在泥岩中的微量元素，但这些元素通常没有显示出足够可靠的定量相关性。硅显示出很强的逆相关性，质量分数从纯石英中的 46.8% 下降到黏土中的约 21%。铁与重矿物（如菱铁矿和黄铁矿）以及黏土矿物（如伊利石、绿泥石和海绿石）有关。钙主要存在于方解石和白云石中。

铝是黏土的最佳单一元素指标，尽管可以获得合理的结果（图 21.9），但如第 15.5 节所述，很难在井眼中测量。一种更实用的方法是基于与硅的逆相关性[24]。从图 21.19 中的黏土含量与 $100 - SiO_2$ 的关系图中可以看出，逆相关性良好，但会受到碳酸盐矿物、菱铁矿和黄铁矿的干扰。这些矿物就像黏土一样，可以降低硅的含量，但可以通过测量钙、铁和镁（Mg）来解释。因此，通过结合四种元素（Si、Ca、Fe 和 Mg），可以找到与总黏土 W_{cl} 的强相关性，该相关性由下式给出：

$$W_{cl} = 1.67(100 - SiO_2 - CaCO_3 - MgCO_3 - 1.99Fe) \quad (21.10)$$

式中，每一项都用其质量分数表示，元素用其氧化物表示[24]。

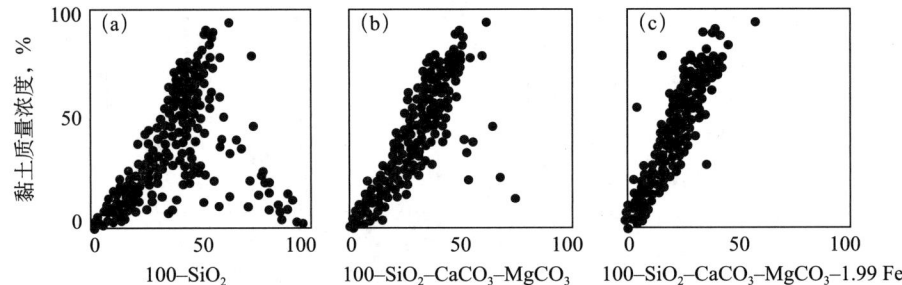

图 21.19　12 口井的黏土质量浓度显示[24]
（a）黏土含量与 $100 - SiO_2$ 的相关性；（b）除去碳酸盐矿物后，相关性变好；
（c）除去富含铁的矿物（如黄铁矿和菱铁矿）后，相关性变得更好

图 21.20 显示了将该方法应用于 12 口井的结果。每口井的数据都有小程度的分散，截距接近零。在检查这些图时，重要的是要关注贫黏土区域，这些区域可能是储层——泥岩中的相关性不太重要。除了包含富含长石砂岩的井 11 和井 12 外，斜率几乎相同。长石是与黏土类似的硅铝酸盐，因此，影响硅含量。一种解决方案是对砂碎屑岩（长石含量 <10%）、亚长石砂岩（介于 10% 和 15% 之间）和长石砂岩（>25%）使用不同的转换。

将该方法应用于测井数据的一个问题是，无论自然伽马能谱还是次生伽马能谱都无法测量镁。然而，黏土中镁的含量很小，因此，镁的缺乏对相关性几乎没有影响。镁主要存在于白云石中，但在实践中，通过测量钙中碳酸盐岩（方解石+白云石）的总量，得出了泥质砂岩中足够准确的相关性。在碳酸盐岩中，可能需要进一步解释。

另外，如第 15 章所示，脉冲中子能谱仪测量 Si、Ca、Fe、S、Gd 和 Ti 的质量分数。可以结合 Si、Ca 和 Fe，根据上述方程（21.10），得到黏土的质量分数，通过以下方程将质量分数转换为体积分数 V_{cl}：

$$V_{cl} = W_{cl} \frac{\rho_{ma}}{\rho_{cl}} (1 - \phi) \quad (21.11)$$

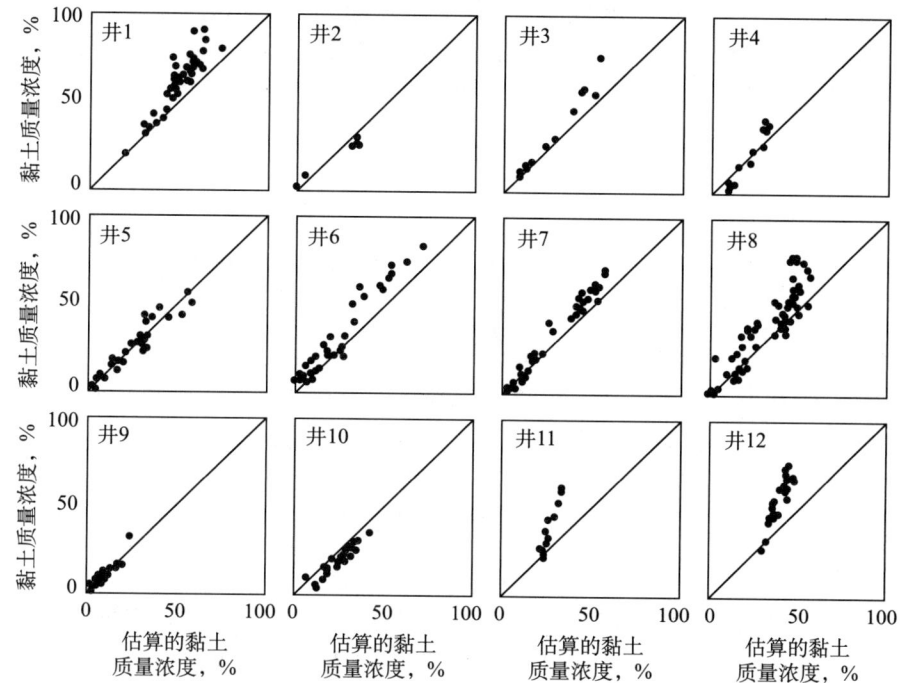

图 21.20 与图 21.19 相同的 12 口井中测得的黏土质量浓度与
通过 Si、Ca、Fe 和 Mg 估算的黏土质量浓度的比较[24]

式中，ρ_{ma} 是所有固体的复合密度；ρ_{cl} 是黏土的密度；ϕ 为孔隙度。

图 21.8 显示了一口井的成果示例，其明显优于根据伽马射线得到的黏土含量。该方法的优点是快速、几乎自动且不主观，非常适合于井场或总黏土含量的初步估算。然而，它本质上是基于并不总是适用的相关性。该方法也没有尝试区分不同类型的黏土，尽管这些黏土可能会对其他测井曲线的解释和产能造成重要差异。本章最后简要概述了黏土分类的方法。

21.6 黏土分类

对于许多测井解释，知道总黏土含量就足够了。然而，根据表 21.3 和前面的讨论可以判断，每种黏土矿物对特定测量的影响可能完全不同。中子—密度分离、P_e 和电导率对黏土类型特别敏感。因此，为了进行最准确的计算，了解每种黏土矿物的类型和含量非常重要。

黏土分类是地球化学分析的核心，地球化学分析确定了地层中每种矿物的含量。当铝测量在 20 世纪 80 年代发展起来时，人们希望能谱和其他测量方法能够根据测井曲线得到精确的地球化学分析结果[26]。如果没有 Al，这是不可能的。在没有进一步发展的情况下，根据测井曲线进行正确的地球化学分析也是不可能的。

已经讨论了一些黏土分类的方法。Th 与 K 交会图在第 11 章中进行了讨论，而 Σ 与 $\phi_n - \phi_d$ 交会图在第 21.5 节中进行过讨论。一些黏土中的 Fe 可以通过 P_e 或元素分析方法来区分。其他基于多种测量的方法与用于确定非黏土矿物的方法相似，将在第 22 章中讨论，其中包括进一步的交会图，以及结合所有可用测量值来求解的数值技术。因此，有关黏土分类的更多信息将在第 22 章中见到。

参考文献

［1］ Grim R E. Clay mineralogy. New York：McGraw-Hill, 1968.

［2］ Brindley G W. Structure and chemical composition of clay minerals//Longstaffe F J. Clays and the resource geologist. Toronto：Mineralogical Association of Canada, 1981.

［3］ Berner R A. Principles of chemical sedimentology. New York：McGraw-Hill, 1971.

［4］ Yariv S, Cross H. Geochemistry of colloid systems for earth scientists. Berlin：Springer, 1979.

［5］ Patchett J G. An investigation of shale conductivity. Trans SPWLA 16th Annual Logging Symposium, paper U, 1975.

［6］ Almon W R, Davies D K. Formation damage and the crystal chemistry of clays//Longstaffe F J. Clays and the resource geologist. Toronto：Mineralogical Association of Canada, 1981.

［7］ American Petroleum Institute. Recommended practices for core analysis (RP40), 2nd ed. Washington：API Publishing, 1988.

［8］ Hook J R. An introduction to porosity. Petrophysics, 2003, 44 (3)：205 – 212.

［9］ Hill H J, Shirley O J, Klein G E. Bound water in shaly sands-its relation toQv and other formation properties. The Log Analyst, 1979, 20 (3)：3 – 19.

［10］ Clavier C, Coates G, Dumanoir J. Theoretical and experimental bases for the dual-water model for interpretation of shaly sands. Paper 6859 in SPE J, 1984：153 – 168.

［11］ Poupon A, Clavier C, Dumanoir J, et al. Log analysis of sand-shale sequences: a systematic approach. J Pet Tech, 1970, 22 (7)：867 – 881.

［12］ Thomas E C, Stieber S J. The distribution of shale in sandstones and its effect upon porosity. Trans SPWLA 16th Annual Logging Symposium, paper T, 1975.

［13］ Almon W R. A geologic appreciation of shaly sands. Trans SPWLA 20th Annual Logging Symposium, paper WW, 1979.

［14］ Matteson A, Herron M M. Quantitative mineral analysis by Fourier transform infrared spectroscopy. Society of Core Analysts Technical Conference, paper SCA 9308, 1993.

［15］ Schlumberger. Log interpretation charts. Houston：Schlumberger, 2005.

［16］ LaVigne J, Herron M, Hertzog R. Density-neutron interpretation of shaly sands. Trans SPWLA 35th Annual Logging Symposium, paper EEE, 1994.

［17］ Herron M. Subsurface geochemistry 1. Future applications of geochemical data. Presented at Nuclear Data for Applied Nuclear Geophysics, IAEA Consultants Meeting, April, 1986, Viennac.

[18] Ellis D V. Neutron porosity logs: what do they measure? First Break, 1986, 4 (3): 11-17.

[19] Ellis D V, Flaum C, Galford J E, et al. The effect of formation absorption on the thermal neutron porosity measurement. Presented at the 62nd SPE Annual Technical Conference and Exhibition, paper SPE 16814, 1987.

[20] Ellis D V, Case C R, Chiaramonte J M. Porosity from neutron logs I: measurement. Petrophysics, 2003, 44 (6): 383-395.

[21] Herron M, Matteson A. Elemental composition and nuclear parameters of some common sedimentary minerals. Nuclear Geophys, 1993, 7 (3): 383-406.

[22] Schlumberger. Log interpretation principles/applications. Houston: Schlumberger, 1989.

[23] Scott H, Smith M P. The aluminum activation log. Trans SPWLA 14th Annual Logging Symposium, paper F, 1973.

[24] Herron S L, Herron M M. Quantitative lithology: an application for open and cased hole spectroscopy. Trans SPWLA 37th Annual Logging Symposium, paper E, 1996.

[25] Grau J A, Schweitzer J S, Ellis D V, et al. A geologic model for gamma-ray spectroscopy logging measurements. Nuclear Geophysics, 1989, 3 (4): 351-359.

[26] Colson L, Ellis D V, Grau J, et al. Geochemical logging with spectrometry tools. Presented at the 62nd SPE Annual Technical Conference and Exhibition, paper SPE 16792, 1987.

习 题

21.1 计算孔隙度为 35% 的干砂岩的比表面积（m^2/g）。砂岩颗粒为球形，接触面积可忽略，颗粒直径为 250 μm，每立方厘米的表面积是多少？

21.2 假设习题 21.1 中砂岩的可用孔隙度的 1/4 被高岭石占据。每立方厘米的表面积是多少？

21.3 验证方程（21.2）中所给的 Q_v 关系。根据图 21.16 中的干黏土点计算干高岭石的密度。

根据图 21.17 中的测井曲线，计算 1 700 ft 处的储层中的 Q_v 和 V_{cbw}（忽略非高岭石黏土，并假设 $Q_v = 0.28$ cm^2/meq）。

21.4 在图 21.5 中，对砂岩的部分响应由 $(R_b - R)/(R_b - R_a)$ 给出，其中 R_b 是测量的响应，例如，泥岩中的 GR 测井，R_a 是砂岩中的响应，R 是混合物的响应。假设 $R_b = 5R_a$，验证结构泥岩和层状泥岩的总孔隙度和部分响应的端点值。使用文中给出的端点定义，并假设初始孔隙度没有放射性。

21.4.1 绘制分散泥岩、结构泥岩和层状泥岩的有效孔隙度和砂岩含量之间的关系图（类似于图 21.5 中的总孔隙度线）。

21.4.2 在图 21.17 中 1 670～1 790 ft 之间的砂岩中，你认为最可能的泥岩分布类型是什么？

21.5 在图 21.7 的测井曲线中,利用 GR 计算 1 700 ft 处的 V_{shale},最小伽马射线值取自 1 870 ft 处。将计算结果与图 21.8 中的结果进行比较,图 21.8 中的最小伽马射线值取自 1 890 ft 处。

21.6 U 体积混合方程为

$$U \approx P_e \rho_b = U_1 V_1 + U_2 V_2 + \cdots + U_n V_n \tag{21.12}$$

证明任何材料的混合定律都可以用其成分的原子序数写成

$$P_e = \left(\frac{Z}{10}\right)^{3.6} W_1 + \cdots + \left(\frac{Z_i}{10}\right)^{3.6} W_i \tag{21.13}$$

W_i 是混合物中元素 i 的质量分数。

21.7 如图 21.1 所示,高岭石中 Al 的质量分数是多少?伊利石中钾的质量分数是多少?

21.8 在图 21.9 的测井曲线中,已知 2 550~2 740 ft 之间的地层主要为伊利石。伊利石的标准化学分子式见表 21.3,表 21.3 中没有铁,尽管已知 Fe 可以代替 Al。鉴于测井曲线上的 Al 和 Fe 曲线,对于这口井中的伊利石来说,更为合理的分子式是什么?

考虑到所有的测井响应,2 750 ft 附近观测到的高 P_e 值最可能的解释是什么?

21.9 含 5% 方解石胶结物的砂岩地层中,根据 P_e 推导的视 Fe 质量浓度是多少?

22

岩性和孔隙度的估算

22.1 引 言

使用前面章节中介绍的大多数测井仪器确定孔隙度依赖于与所测岩石类型相关的参数知识。对于密度仪器，岩石骨架的密度必须已知。骨架传播时间用于解释压缩波传播时间。为了准确反映孔隙度，中子仪器的骨架设置必须与 ϕ_n 值的岩石类型相对应。如果对地层很了解，并且遇到的岩性很简单，比如，纯砂岩或石灰岩储层，则确定这些参数就不是什么大问题。然而，当岩性不确定，或者已知其成分变化相当大（比如，石灰岩地层中含有可变的白云岩和硬石膏内含物，或者砂岩中含有大量方解石胶结物）时，该怎么办？

为了解决这种不确定性，已经开发出了将那些主要对孔隙度有响应但对岩石骨架保持一定敏感性的测井曲线结合起来的多种技术。20 世纪 60 年代开发的早期技术将两条或三条测井曲线合并在简单的图形分析中。通常假设黏土含量已按照前一章所述进行了估算和校正。这些技术今天对于快速评价和理解问题仍然有用。因此，本章的前半部分专门介绍它们。整个过程的重点是确定岩性，因为一旦岩性已知，孔隙度的计算就很简单。在某些情况下，这些部分可能类似于在图表中长篇大论。

在更复杂的岩性中，可能存在许多不同矿物的混合物。对于这些情况，为了进行完整的矿物分析，人们希望使用大量的测井数据，每种测井数据对各种矿物的敏感性略有不同。用图形技术进行这类分析并不能满足需求。不过，这个问题可以用数值方法解决，本章将讨论几种方法。

虽然定量评价岩性对确定孔隙度至关重要，但定性评价也很有用，因为它可以将测井层段划分为不同的岩性类型或岩相。请注意，此处以及测井解释人员使用的术语"岩性"主要指岩石的矿物含量，很少考虑其他方面，如颗粒大小和结构。尽管如此，它仍是一种有用的测井曲线应用，有几种技术可供使用。本章最后讨论了常规的评价方法。

22.2 二元混合物的图形方法

如果我们考虑一下密度、中子和声波测量的响应，我们可以将它们理想化如下：

$$\rho_b = f(\phi, 岩性, \cdots) \quad (22.1)$$
$$\phi_n = f(\phi, 岩性, \cdots) \quad (22.2)$$
$$\Delta t = f(\phi, 岩性, \cdots) \quad (22.3)$$

这三个测量值都取决于孔隙度和岩性的扰动。使用这三个测量值（一次两个）来消除孔隙度，从而获得岩性似乎是很自然的。这正是许多众所周知的交会图技术中所做的，按照实用性的大小，下文将对其进行介绍。岩性可能包括黏土和其他矿物，但在介绍这些技术时，我们通常会假设只处理三种主要岩石类型：砂岩、石灰岩和白云石。提到它们时，常用到"骨架"这一术语。

第一个交会图是如图22.1所示的密度—声波交会图。由于三种主要骨架的骨架密度和传播时间不同，随着含水孔隙度的增加，它们会描绘出三个不同的变化轨迹。从图中可以看出，骨架端点之间没有明显差异，因此，测量对（ρ_b，Δt）中的一点不确定性都可能导致在岩性上出现很大的混淆。此外，岩性混淆也与声波转换方法有关。

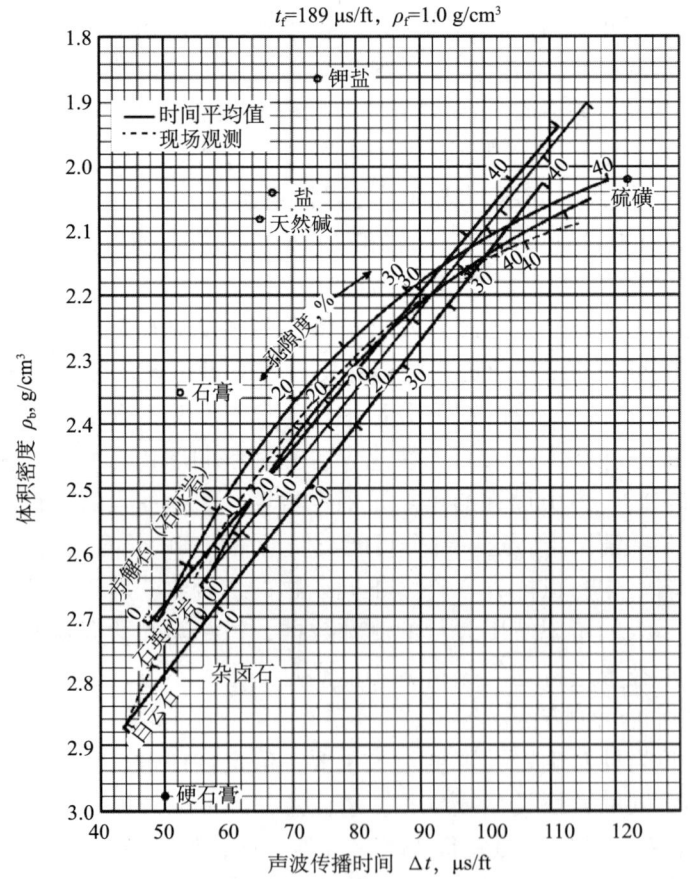

图 22.1 基于两种常见声波孔隙度转换的密度—声波交会图[2]
三种主要矿物的孔隙度变化产生了压缩波传播时间和体积密度的变化趋势。测量值对的位置有助于识别骨架矿物。偏离趋势有时可归因于其他矿物的重要部分，其中一些也显示在图中

如图 22.2 所示，在接下来的中子—声波交会图中部分地克服了这种混淆。在这种情况下，将传播时间和热中子孔隙度仪器得到的石灰岩视孔隙度绘制成关系函数图。由于骨架对中子仪器的影响，图中所示的三个主要骨架之间存在相当大的分离。

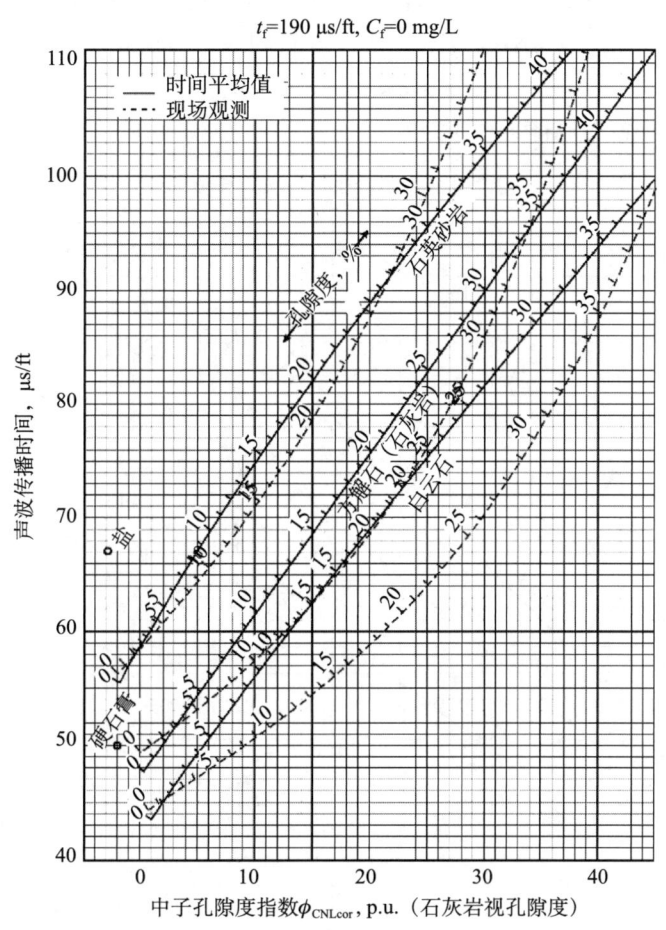

图 22.2　可以明显更好地识别岩性的中子—声波孔隙度交会图[2]

中子—密度交会图是最古老的定量解释工具之一（例如文献［1］等），我们在第 21 章中已经用其进行过黏土评价。在光电效应测量技术发展之前，它是确定地层岩性的主要方法，现在它仍然广泛用于含气地层的骨架识别和地层孔隙度的估算。采用的方法是对黏土进行校正后，再进行绘图，而不是用它来求解黏土。基本图利用的是三种标准岩石类型之间的骨架密度差异以及我们之前看到的中子岩性效应。当密度和视中子孔隙度被以函数形式绘制出来时，三条独特的曲线呈现了三种标准岩石类型。

图 22.3❶是一个当前的通用标准。在这种情况下，将体积密度绘制为石灰岩视孔

---

❶　早期版本的交会图显示，在低孔隙度处，白云石线明显弯曲。Ellis 和 Case 发现，这是由用于定义响应线的"现场数据"点引起的[4]，该点具有未被认可的大矿化度效应，在低孔隙度下，含有一些硬石膏和白云石混合物。

隙度的函数。在绘制以"石灰石"以外的单位报告的中子测井记录点时，必须使用沿相应岩性线的孔隙度标记来指导其水平定位。通过这种方式，可以很容易地确定，20 p.u. "砂岩"单位的测井读数必须在这个特定中子—密度交会图的横轴上的 15 p.u. 处输入。右边的刻度是淡水孔隙流体的密度换算成等效石灰石孔隙度，若要针对其他流体密度调整此图表，通常根据以下关系式重新调整密度值：

$$\rho_b = \phi \rho_{fl} + (1-\phi)\rho_{ma} \tag{22.4}$$

式中，ρ_{fl} 是填充孔隙的流体的密度。

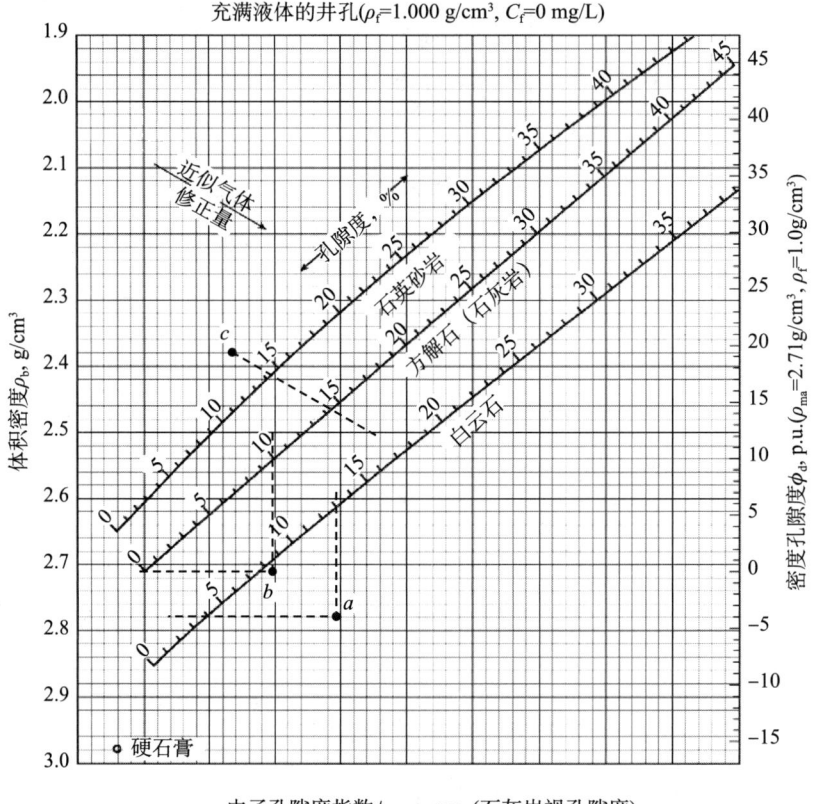

图 22.3 常规用于确定简单岩性中岩性和孔隙度的中子—密度交会图[2]

参考图 22.4 中的测井曲线，作为使用中子—密度交会图确定岩性的实例，给出了密度和中子仪器的两条视孔隙度曲线，以石灰岩单位进行刻度。在 15 335 ft 处，密度孔隙度读数约为 2 p.u.，中子为 14 p.u.。为了确定岩性，我们只需在图 22.3 中找出这两个点的交叉点，最可靠的方法是在所测的骨架曲线上使用孔隙度刻度，这是以石灰岩为例的情况。通过定位石灰岩曲线上的 2 p.u. 这个点，我们看到相应的密度值约为 2.68 g/cm³。从中子值的 14 p.u. 点（到与水平密度值的交叉点）作一条垂直线，我们看到这对点对应于约为 11 p.u. 的白云岩，在图 22.3 中标记为点 a。

如果图 22.4 的测井曲线是在砂岩骨架上测得的，并且得出了相同的视孔隙度值，则解释将大不相同。可以看到，在图 22.3 中的砂岩曲线上，2 p.u. 点的体积密度约为

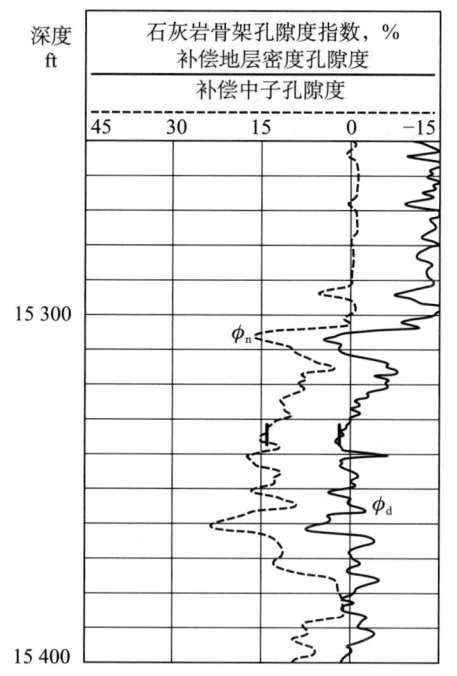

图22.4 中子和密度仪器测量的石灰岩视孔隙度曲线[3]
所测区间包含硬石膏、白云岩和石灰岩

2.62 g/cm³。中子的 14 p.u. 砂岩孔隙度等于 9.5 p.u. 石灰岩的预期读数。这两个点的交点标记在 b 处。这似乎对应于石灰岩和白云岩混合物的地层，但地层也可能是白云岩和砂岩的混合物，只是可能性较小。

我们已经看到了气体对中子和密度测井显示的影响。图 22.5 是另一个实例，显示以约 1 900 ft 为中心的 25 ft 区域有明显的分离。中子读数约为 6 p.u.，密度为 24 p.u.，均以石灰岩视孔隙度为刻度。该区域的位置如图 22.3 交叉图上的 c 点所示，在砂岩线左侧清晰可见。气体影响趋势如图所示，根据这一趋势，如果假设骨架为石灰岩，则估算的孔隙度约为 17 p.u.。

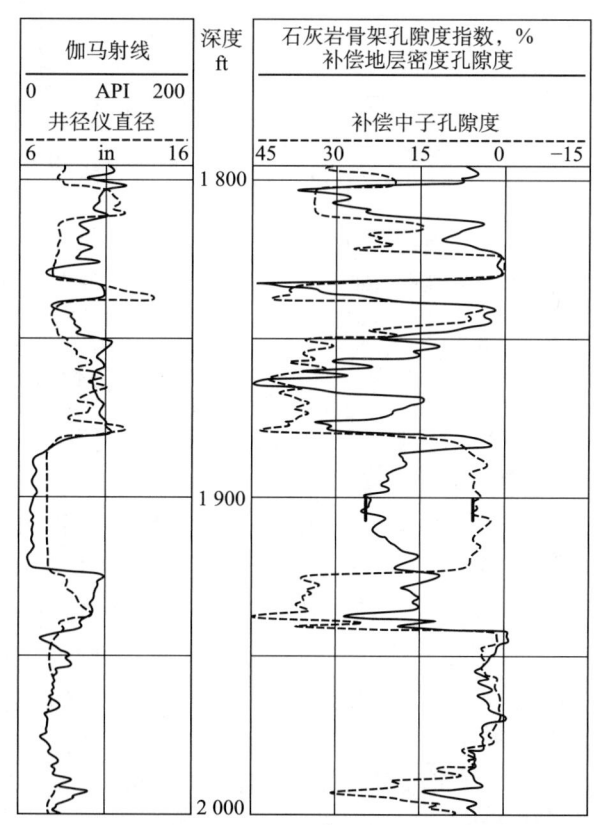

图22.5 中子和密度之间的气体分离使岩性分析复杂化[3]

中子—密度测井组合在气体探测中的普及必须了解骨架和考虑黏土的作用，并加以调整。图 22.6 是一个很好的例子，显示了几乎整个截面上的虚假气体指示。这里我们所看到的是致密砂岩地层（也许有一些气体），它以石灰岩孔隙度为单位。交叉点纯粹是以石灰岩孔隙度为单位的人工产物。将测井曲线中的一些点绘制到图 22.3 上将会令人信服。

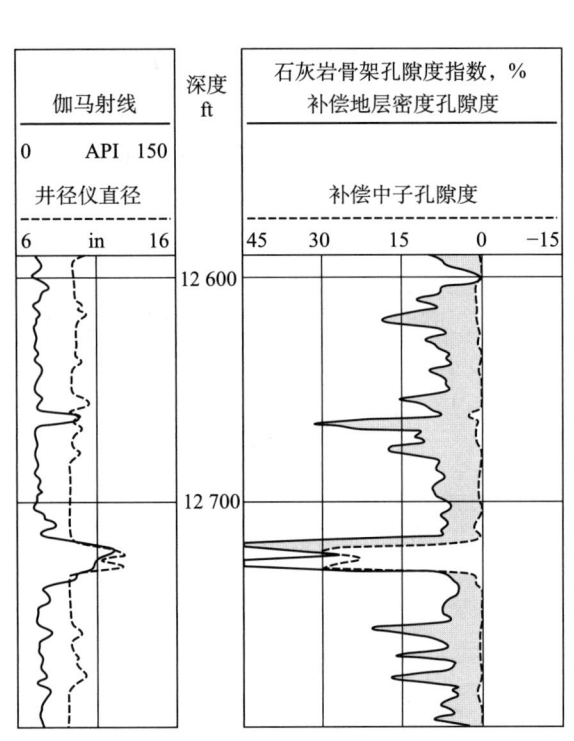

图 22.6　砂岩中的中子和密度测井曲线[3]
使用不适当的骨架设置导致错误地认为大部分所测层段都有气体存在

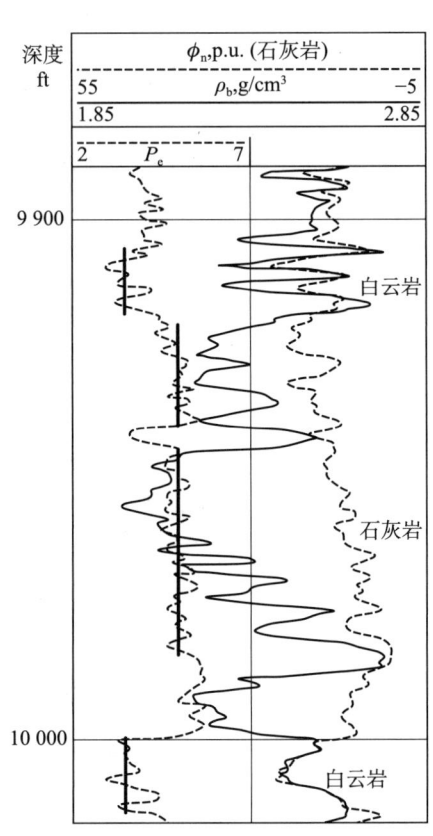

图 22.7　伴生 P_e 曲线简化了石灰岩和
白云岩交替序列中的岩性确定[3]
仅凭中子和密度信息并不能
指示下部层段中的气体

从前面的几个例子中可以明显看出，在气体和黏土的情况下，至少需要有关岩性的额外信息，例如，可能来自声波测量的增加。另一种可能性是使用 P_e，它可与密度测量同时获得。图 22.7 显示了 P_e 在石灰岩和白云石交替序列中的应用实例。第一道包含 P_e，清楚地标明了白云岩和石灰石的部分。第一道和第二道的密度和中子值都在一个范围上，对于这个范围，含水石灰石将显示出近乎完美的轨迹。在石灰岩区，密度和中子有明显的分离，表明存在气体。然而，在略低于 10 000 ft 的短小层段内，密度和中子读数几乎无法区分。如果没有其他信息，这将被视为含水石灰石。可以通过在图 22.3 的交会图上绘制中子为 21 p.u.、密度为 2.48 g/cm³ 的峰值来验证这一点。然而，随着对 P_e 的进一步了解，可以看出它是一种含气白云石。

22.3 三种孔隙度测井组合

在 P_e 测量可用之前，设计了几种方法来综合三种孔隙度仪器的岩性信息。第一种方法称为 $M-N$ 交会图，它试图从三个测量值中消除孔隙度的总体影响，然后再结合三个测量值推导骨架参数。

参数 M 只不过是图 22.1 中 $\Delta t - \rho_b$ 时间平均曲线的斜率，由于骨架端点的原因，三种主要岩性之间的斜率略有不同：

$$M = 0.01 \frac{\Delta t_f - \Delta t_{ma}}{\rho_{ma} - \rho_f} \tag{22.5}$$

中子—密度交会图产生了一个相似的斜率，称为 N：

$$N = \frac{\phi_{Nf} - \phi_{Nma}}{\rho_{ma} - \rho_f} \tag{22.6}$$

同样，三种骨架类型产生的 N 值略有不同。最终结果如图 22.8 所示，其中两个斜率彼此相对。该图显示了取决于流体密度、用于砂岩的声波值和孔隙度范围在骨架坐标中的一些分布。后者的一部分原因是中子响应的非线性，在此图表中，非线性基于早期的错误弯曲白云石线。

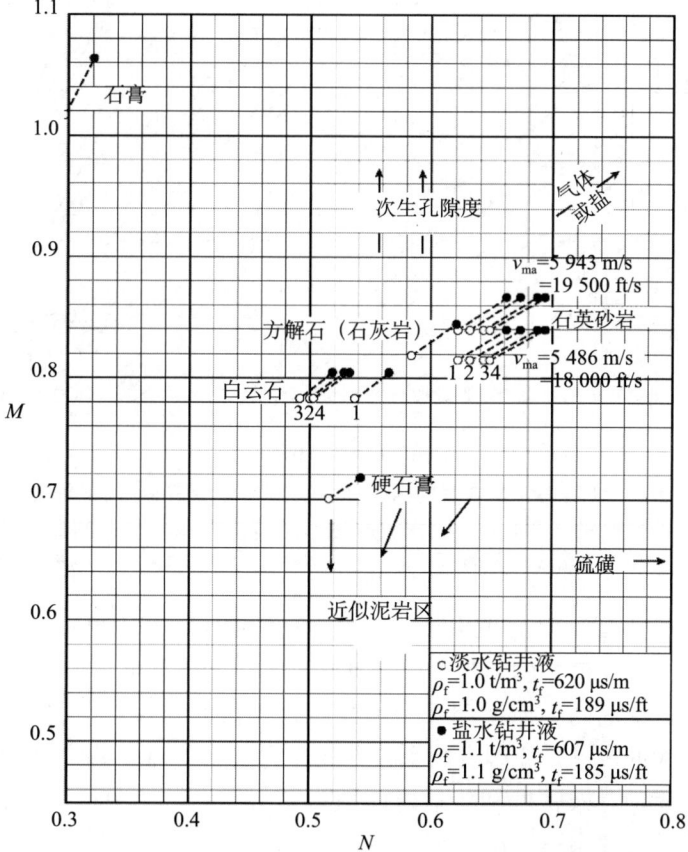

图 22.8 用于矿物识别的 $M-N$ 交会图[2]
孔隙度变化几乎已经消除，但对流体密度仍有一定的敏感性。这种类型的图也用于识别次生孔隙度

这种类型演示的最佳用途之一是突出次生孔隙的存在，这会导致 M 的增加，而对 N 没有任何影响。这是因为 Δt 对次生孔隙的内含物相对不敏感（第 19.5 节），而在 M 的分子中，密度降低。N 保持恒定，因为密度和中子的变化量大致相同。

$M-N$ 图是消除孔隙影响的第一次尝试。第二次尝试——MID（骨架识别）图更进一步，尝试以简化的方式获得实际寻找的骨架参数值。该过程是使用中子—密度交会图获得交会图孔隙度（通常由两者的平均值近似），然后在图 22.9 的下半部分中输入 ρ_b 的测量值，紧接着沿水平方向移动到适当的交会孔隙度线。该交点的 x 值即所寻找的 ρ_{maa} 的值。为了得到合适的 t_{maa} 值，使用中子—声波交会孔隙度和图 22.9 的上半部分，以类似的方式获得视骨架传播时间。

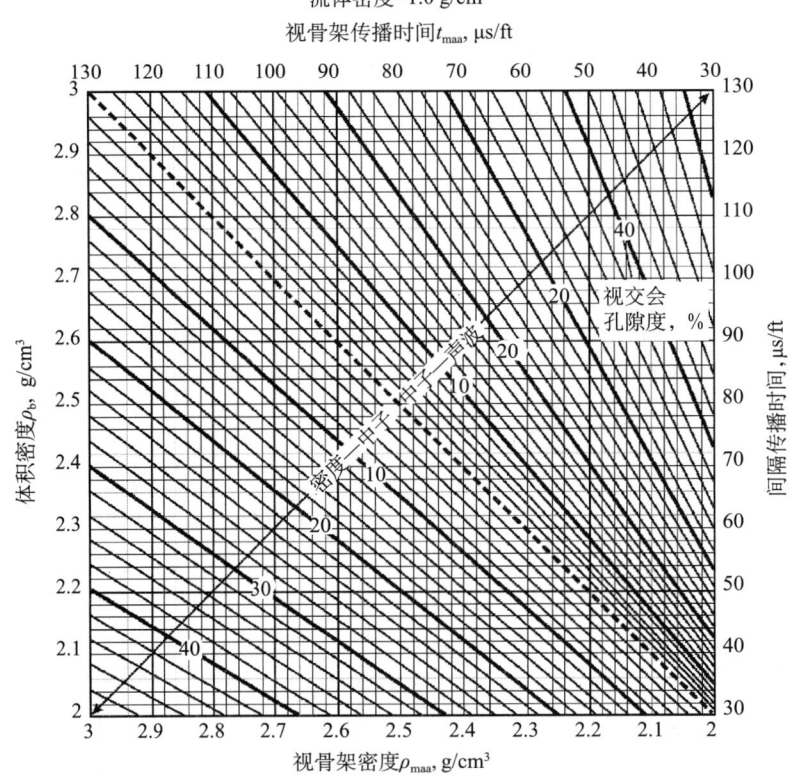

图 22.9　使用 $M-N$ 变量的另一种方法是使用 Δt 和 ρ_b 的视骨架值[2]
通过使用密度—中子和中子—声波测井的交会孔隙度值获得这些值：在图的下半部分
获得 ρ_{maa} 的密度值；在图的上半部分获得 t_{maa} 的压缩波传播时间

有了这些视骨架值，我们可以利用图 22.10 的 MID 图，该图显示的点分布比 $M-N$ 图小得多，并且坐标与已知的物理参数有某种关系，而不是抽象值。

人们可以讨论前面图中所使用骨架值的线性插值的合理性。但是，这种方法确实比 $M-N$ 图有很大的改进，原因有两个：首先，它去除了对一些毫无意义参数的转换，并试图找到更熟悉的骨架密度和传播时间值；其次，可以使用最合适的仪器响应确定视骨架值，因为这些值不是 MID 计算本身的一部分，而是输入数据。然而，该方法的一个弱点是，只能同时显示三条信息。如果要进行四个或多个同时测量，则不能使用它。

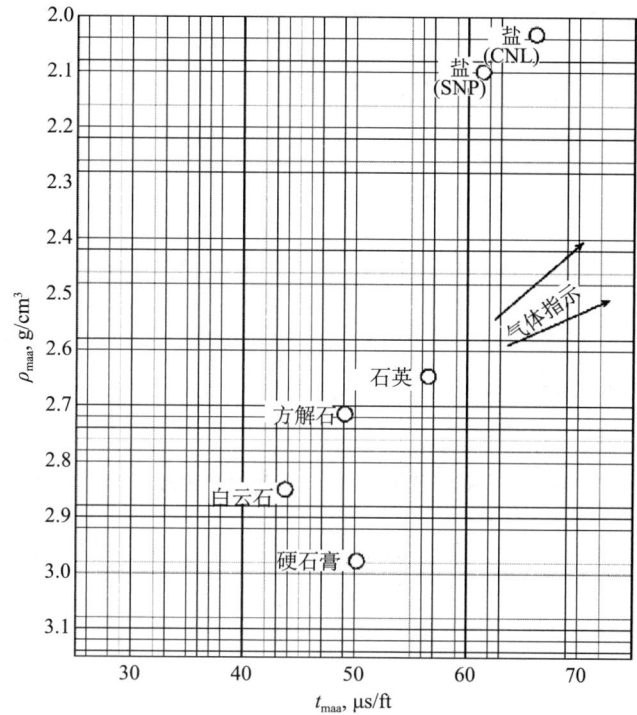

图 22.10 利用视骨架密度和 Δt 的定义值得到的骨架识别图[2]

22.3.1 岩性测井：合并 P_e

在离开二维图形解释领域之前，让我们看看最后一个实例。在以前的技术中，主要对孔隙度敏感的测量结果被综合起来，以消除它们之间的孔隙度相关性，并强调其剩余岩性敏感性。然而，一种常见的测量方法，即光电因子或 P_e，主要对岩性敏感，并受孔隙度影响小。图 22.11 中的岩性引导线说明了 P_e 测量的一个有趣方面，左侧是常规的中子—密度交会图。像其他可能的声波测量组合情况一样，三种主要岩性从上到下依次为砂岩、石灰岩和白云石。P_e 与 ρ_b 的相邻图显示出惊人的差异。在该图中，上面的线是石灰岩，而白云岩骨架线位于砂岩和石灰岩线之间。由于岩性顺序的重新排列，P_e 为中子—密度交会图增加了一个新的维度。因此，使用 P_e 可以轻松解决二元岩性混合物的问题。

在中子—密度交会图上，在某些极端情况下，落在石灰岩线附近的数据点可能对应于白云质砂岩。如果 P_e 已知，则可以立即得到证实或证伪。如果事实上它是石灰岩/白云石混合物，那么它将位于 P_e 图的白云岩线上方，而不是下方。

回想一下，要获得混合物的 P_e，需要计算 U 值：

$$U_{\text{total}} = P_{e,1}\rho_{e,1}V_1 + P_{e,2}\rho_{e,2}V_2 + \cdots \tag{22.7}$$

式中，$\rho_{e,i}$ 是材料 i 的电子密度；$P_{e,i}$ 是材料 i 的光电因子；V_i 是该材料的体积分数。

平均 P_e 的最终值由下式得出：

$$\overline{P_e} = U_{\text{total}}\overline{\rho_e} \tag{22.8}$$

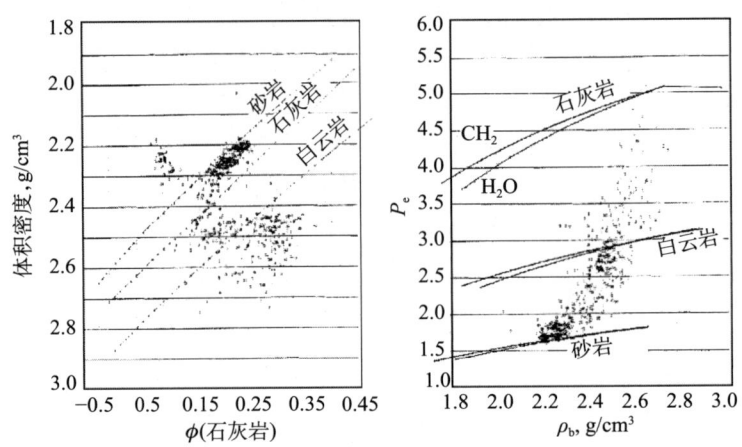

图 22.11 中子—密度交会图以及 P_e 和密度交会图上的测井数据对比

P_e 图中显示了孔隙度从 0% 到 50% 的三种骨架的趋势线。上部线对应于孔隙中的烃，下部线对应于含水孔隙度。数据点来自泥质砂岩

式中，平均电子密度指数 $\overline{\rho_e}$ 由下式给出：

$$\overline{\rho_e} = \rho_{e,1} V_1 + \rho_{e,2} V_2 + \cdots \tag{22.9}$$

通过参考图 22.11 可以看出该计算的一个有趣应用，并注意到为三个骨架绘制了两组线：一组用于含油孔隙度，另一组用于含水孔隙度。水的 P_e 值为 0.36，油的 P_e 为 0.12。有人可能怀疑这三组曲线的上部曲线与水有关。然而，计算的细节（习题 22.3）表明情况并非如此。

体积横截面 U 最明显的用途是结合颗粒密度清晰地描述岩性。该方法是从密度测量和 P_e 测量中消除孔隙度，以获得视颗粒密度和视 U_{ma} 值。使用图 22.12 中的图表可

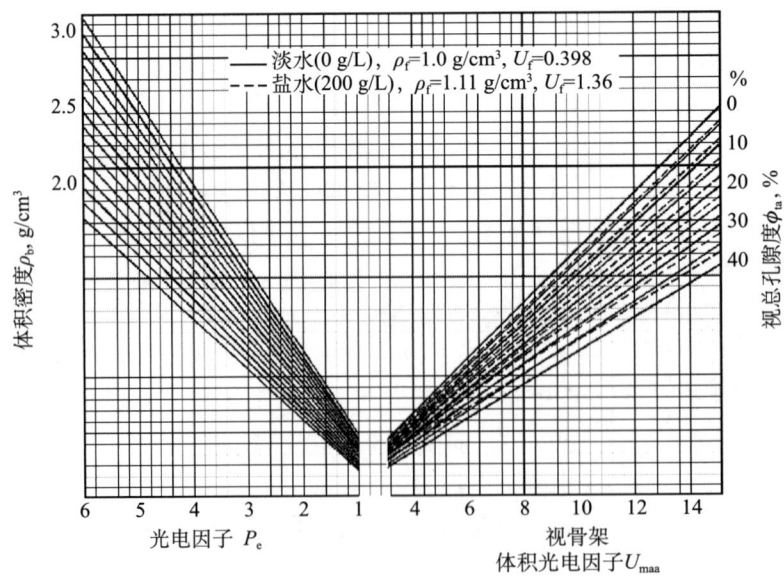

图 22.12 根据 P_e、密度和交会孔隙度知识确定视骨架横截面 U_{maa} 的图表[2]

以方便地找到后一个参数。测得的体积密度和 P_e 值输入到图的左侧，最后根据交会孔隙度的知识（来自中子—密度交会图或其他资料）在右侧提取 U_{ma}。然后，将这种类型的数据绘制在图 22.13 上，该图显示了三个主要骨架之间明显的三角形分离。在该图上，复杂混合物的体积分析可以非常简单地完成，因为一切都呈线性关系。

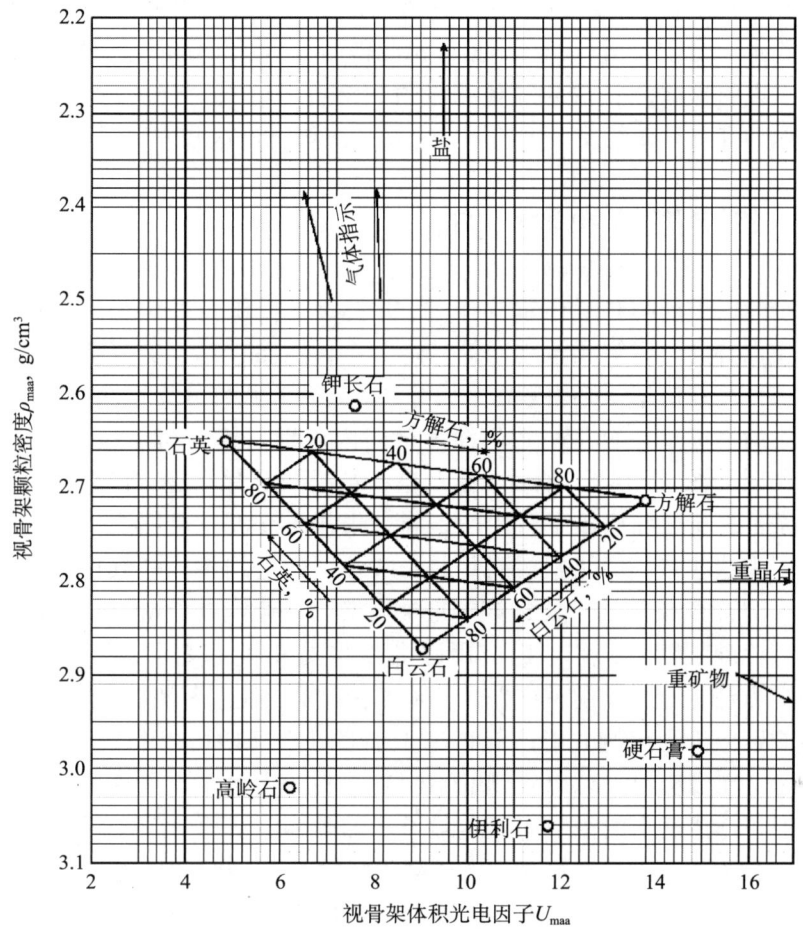

图 22.13　使用 P_e、密度和另一种孔隙度仪器组合的骨架识别图[2]

ρ_{maa} 和 U_{maa} 均用体积测量，以便轻松确定混合比例

这种强大的绘图也在不同的黏土之间产生了明显的分离，因此，可以用于黏土分类。尽管如第 21 章所述，黏土成分差异很大，因此，图中所示的黏土点仅供参考。遗憾的是，图表并非始终明确。例如，在白云岩附近绘制的点也可能是石英和伊利石的混合物。这种情况可以通过 Δt 测量值来解决。Δt 可以使用已经计算的孔隙度并假设石英骨架来预测。对于白云岩，测得的 Δt 将小于预测值；而对于伊利石，测得的 Δt 将更高。

22.3.2　其他方法

前面的章节中已经提到了其他一些岩性评价技术。剪切波与压缩波 Δt 的用途如图

18.14 所示。第 21 章讨论了黏土评价。本章讨论的另一项技术——元素分析——也可用于一般岩性评价。回想一下，可以通过元素分析获得 Si、Ca、Fe、S、Gd、Ti、H 和 Cl 的质量分数。H 和 Cl 受存在的流体影响，但也可以探测煤层和盐层。硫磺存在于黄铁矿（FeS_2）和硬石膏（$CaSO_4$）中。由于这些矿物不太可能出现在相同的地质环境中，因此，可以从中选择需要求解的矿物。然后，在求解其他矿物［如菱铁矿（$FeCO_3$）、碳酸盐岩或黏土］之前，可以相应地推导出测得的 Ca 或 Fe 的质量分数，如第 21 章所述。或者，可以将这些测量值与其他测量值相结合，以更完整的数值方法确定岩性。在完成了对两种和三种矿物交会图的回顾之后，应该讨论这些方法了。

22.4 确定岩性的数值方法

二维交会图已被证明对解释非常有用，并将继续提供一种快速估算主要矿物体积的简单方法，也有助于理解测量之间的基本关系。然而，对于更复杂的岩性以及每个深度上包含多种测井信息，必须考虑其他方法。这些方法可分为定性识别和定量评价。

定性识别的目标是在合理一致的深度区间内识别岩性，结果是一个岩性柱状图，即一个岩相序列（图 22.14）。地质学家对这一结果非常感兴趣，该结果也为岩石物理学家在开始定量分析之前提供了有用的指导。测井曲线没有足够的信息来定义岩相的所有特征，因为这些特征可能包括测井曲线未识别的生物特征和其他特征。测井可以确定一个称为"测井相"的子集，该子集被定义为一组测井响应，用于表征地层，并允许将其与其他地层区分开[5]。已应用许多数学技术解决该问题，参见 Doveton 的总结[6]。对不同方法进行分类的一种方式是基于它们是否使用了测井响应的知识。

分类或判别分析利用测井响应知识来识别多维空间中可以预期不同相的区域[7]。图 22.15 显示了在交会图上可以看到的不同测井相的实例。当点落在重叠区域内或任何区域之外时，使用适当的函数来确定最可能的类别，从而对每个级别的测井数据进行相应分类（例如，参见 Cuddy 使用的模糊逻辑学[8]）。分类简单且自动，但取决于定义区域数据库的准确性。该数据库可以使用本地信息适应油田或油井。

还可以通过对测井分析的结果（例如，孔隙度和矿物体积）进行分类来识别测井相。这样做的优点是，与测井相比，被分类的属性与地质的关系更密切。它也更简单，因为几条测井曲线可能提供基本相同的信息，例如，孔隙度。（使用主要成分分析可以研究一组测井曲线中有多少条独立的信息，以及它们是什么。）然而，测井分析过程涉及响应方程和解释参数的使用，这可能主观，因此，最好避免。

聚类分析是分类的一种替代方法。这是一种忽略任何测井响应知识的技术，只需在测井记录的时间间隔内查找在多维空间中紧密相关的数据组。这种聚类分析本身可以是汇总测井数据的有用方法。对于岩性识别，聚类通常需要足够大，或者与其最近的相邻聚类聚合成 10 个或 20 个更大的组，这些组可以使用外部知识（例如，根据岩心[9]）来识别。然后，可以将该识别应用于同一区域其他井的数据。该方法比分类方法更能代表数据，因为它不使用先验知识，但必然需要努力识别。这对于非定量测量的测井尤其有用，例如，指示薄层井眼图像上的活动。有许多统计方法用于定义和聚

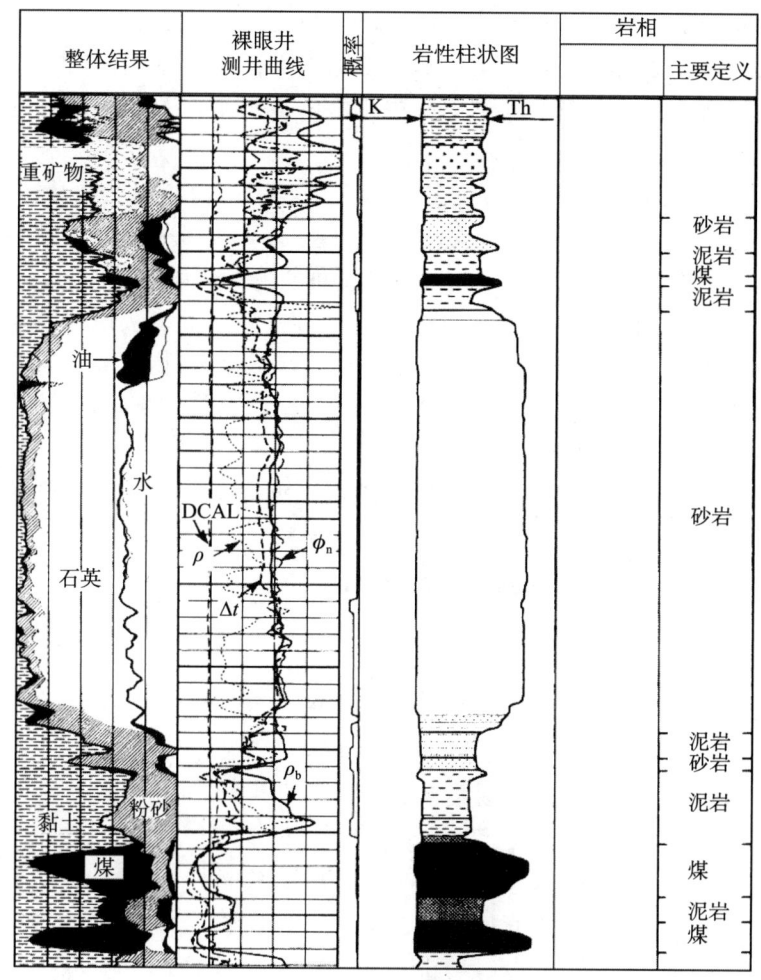

图 22.14 岩性柱状图实例[7]

1 道：使用同步反演计算矿物和流体体积的程序输出。2 道：输入孔隙度曲线。
3 道和 4 道：根据多个预定义的地质模型自动确定岩性的程序输出

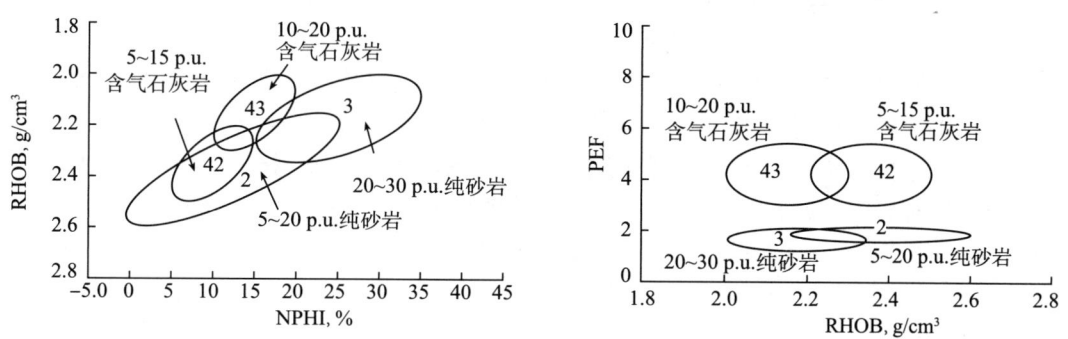

图 22.15 一种处理多个测井测量的 N 维空间方法，一次考虑两个[7]

合聚类[10]。

神经网络可用于模拟分类和聚类过程。在分类中，对网络进行训练，以识别训练数据组的不同间隔中的岩相。根据外部信息已经事先对这些岩相进行了定义。在聚类中，要求网络识别多个仓或模式。用户随后根据外部信息对它们进行标记。无论哪种情况，一旦经过训练，网络都可以自动应用于新的数据集。不同的神经网络具有不同的参数和功能来控制过程与评价结果[11]。

20 世纪 60 年代末，当计算机程序在首次应用于测井解释时，它们倾向于模仿解释人员使用的手动程序，并由一系列的交会图评价组成[12]。另一种方法是将各种仪器的测井响应表示为方程，该方程将响应与存在的每种矿物的体积相关联。

考虑两个测井参数的简单实例——密度和 P_e。首先，我们从地层模型开始，假设地层由两种相对体积为 V_1 和 V_2、密度为 ρ_1 和 ρ_2 的矿物混合物组成。这两种矿物的光电吸收特性用 U_1 和 U_2 表示，孔隙度用 ϕ 表示，并且假设地层充满特征为 U_{fl} 和 ρ_{fl} 的流体。

仪器响应方程或混合定律将测量参数与地层模型联系起来。该测量的完整数据由下式给出：

$$\rho_b = \rho_{fl}\phi + \rho_1 V_1 + \rho_2 V_2 \tag{22.10}$$

和

$$U = U_{fl}\phi + U_1 V_1 + U_2 V_2 \tag{22.11}$$

求解这三个未知数所需的最后一个关系是部分体积的闭合关系：

$$1 = \phi + V_1 + V_2 \tag{22.12}$$

根据联立方程组的骨架表示，最容易看出解为

$$\begin{bmatrix} \rho_b \\ U \\ 1 \end{bmatrix} = \begin{bmatrix} \rho_{fl} & \rho_1 & \rho_2 \\ U_{fl} & U_1 & U_2 \\ 1 & 1 & 1 \end{bmatrix} \begin{bmatrix} \phi \\ V_1 \\ V_2 \end{bmatrix} \tag{22.13}$$

或

$$\boldsymbol{M} = \boldsymbol{R}\boldsymbol{V} \tag{22.14}$$

式中，$\boldsymbol{M}$ 是测量值矢量；$\boldsymbol{R}$ 是响应系数矩阵；$\boldsymbol{V}$ 是未知体积矢量。

对于 N 个未知数和 $N-1$ 个测井值的平衡情况，解是响应矩阵的倒数，即 $\boldsymbol{R}^{-1}$（并且为每个未知数提供至少一个可以将其与其他未知数区分开来的测量值）。对实际测量值进行简单的反演可能会计算出物理上不可能的负体积。为了避免这种情况，体积值不能小于零。Doveton 展示了一个简单求逆的计算机程序[6]。

显然，这种方法可以推广到现有的大量测量数据中，但出现了三个实际问题。第一个问题相对简单，涉及超定问题，当测井测量的数量超过模型中矿物的数量时，就会出现这种问题。解决该问题的一个办法是找到方程组的最小二乘解。在这种情况下，增加一个加权矩阵来表示与每个测量及其响应方程相关的可信度（或不确定性）。Bevington 描述了实现这种方法所需的程序[13]。许多高级编程语言允许在一行代码中求解此类方程组。

第二个问题是，并非所有的响应方程都与体积呈线性关系。对于岩性的确定，该问题很少见，声波孔隙度的经验转换是最常见的例外。下文将进一步讨论非线性反演。

第三个问题是最严重的问题，地层中矿物的数量极有可能远远超过测井测量值。

对于定量评价，唯一的解决办法是减少矿物的数量，直到问题得到平衡或超定。次要矿物可与主要矿物分成一组：例如，在长石砂岩中，长石可与石英分成一组，骨架参数给出了该地层中平均混合物的性质。否则，最好将模型限制为地质意义重大的矿物（例如，泥质砂岩模型通常不包括硬石膏或其他蒸发物）。在复杂地层中，有一种方法可以并行使用多个模型，然后应用合适标准来确定每个深度的哪个模型是正确的（例如，使用电相测井或 SP 测井区分砂岩和泥岩）[14]。

对岩性进行评价通常是确定孔隙度和含水饱和度的一个步骤。如前所述，这种评价取决于了解侵入带流体对密度、中子、声波和其他测量的影响。这种影响取决于含水饱和度，因此，解释过程中的不同步骤并不是独立的。尽管将在第 23 章讨论饱和度估算的特殊问题，但本章最后部分也讨论了其常规评价方法。

22.5　常规评价方法

测井评价软件通过两种主要方法处理不同影响的相互依赖关系。一种方法是按顺序进行的，例如，首先估算岩性，然后是孔隙度，最后是含水饱和度，然后迭代以完善答案。此类程序速度快，易于使用，但往往适合特定类型的地层（例如，泥质砂岩）或特定的测井测量和响应方程。逻辑的复杂性使得很难添加新的测量或响应方程。自 20 世纪 60 年代末以来，此类程序就已经存在[15]。

另一种方法将整个问题视为反演问题之一，并同时解决所有必需的输出。第一个这样的商业性程序出现在 1980 年[16]。方程（22.14）的矩阵扩展到包括流体和矿物，并处理所有的测井测量值。某些测量值（特别是电导率）的响应方程是非线性的，因此，不再可能进行简单的矩阵反演；相反，通过迭代找到最优解，直到根据输出计算出的测井曲线给出了与实际测量值的最佳最小二乘拟合。对于非线性方程，由于两个或多个解可能具有相似的拟合度，因此，不稳定性风险增加。

如果问题是平衡的或超定的，同步方法可以处理几乎任何测井方法、矿物和流体的组合。如前所述，定义地质上合理的模型并比较不同模型的结果是一种很好的做法。同步方法在给定的不确定性范围内使结果和测量之间具有最一致的一致性。添加或更改响应方程，或添加未知项也更简单。另一方面，该技术通常操作难度大，运行速度较慢。一些软件将这两种方法结合在一起，例如，利用反演确定岩性和孔隙度，然后求解饱和度并循环反复以改进反演。

对于这两种方法，都存在确定适当模型参数的实际问题。许多常见的矿物参数可以从表格中找到（如表 21.3）。流体参数更加多变，可以通过测量（如钻井液滤液），也可以根据交会图和快速直观测井曲线（如 R_{wa}）确定。或者，矿物和流体参数都可以在特定储层或地层的本地数据库中获得。对于不寻常的矿物，一种解决方法是反过来找出最适合数据的参数——利用通过岩心或其他测井确定的体积以及参数在间隔内应保持恒定这一事实[14]，有效地求解方程（22.14）中的 R。

如果参数选择得有点主观，那么结果的质量控制更是如此。重建的测井曲线（根据解决方案计算的测井曲线）显示解决方案是否符合输入曲线，但未指出参数或模型是否正确。在实践中，结果的质量取决于解释人员的判断以及与非测井数据（如岩心和测试）的比较。经验丰富的解释人员不会使用软件为它们找到解决方案，而是实现和完善他们从研究原始测井曲线中收集到的想法。这种经验可以在特定的储层或区域快速获得。

通过使用人工神经网络可以最大限度地减少参数选择。这些网络经过设定，可以将测井结果转换为已知井的结果，从而有效地在内部找到特定模型和相关井的必要转换和参数。一旦设定后，网络几乎可以自动应用于应用该模型的其他井。神经网络主要用于岩性分类以及渗透率估算和测井参数减少等显式转换较差或不可用的情况。它们也适用于体积分析[17]。

参考文献

［1］Alger R P, Hoyle W R, Tixier M P. Formation density log applications in liquid-filled holes. J Pet Tech, 1963, 15（3）: 321－332.

［2］Schlumberger. Log interpretation charts. Houston: Schlumberger, 2005.

［3］Dewan J T. Essentials of modern open-hole log interpretation. Tulsa: Penn Well Publishing, 1983.

［4］Ellis D V, Case C R. CNT-A dolomite response. Trans SPWLA 24th Annual Logging Symposium, paper S, 1983.

［5］Serra O, Abbott H. The contribution of logging data to sedimentology and stratigraphy. Presented at the 55th SPE Annual Technical Conference and Exhibition, paper SPE 9270, 1980.

［6］Doveton J H. Geologic log analysis using computing methods. AAPG Computer Applications in Geology, No 2: Tulsa, 1994.

［7］Delfiner P C, Peyrat O, Serra O. Automatic determination of lithology from well logs. Presented at the 59th SPE Annual Technical Conference and Exhibition, paper SPE 13290, 1984.

［8］Cuddy S. The application of the mathematics of fuzzy logic to petrophysics. Trans SPWLA 38th Annual Logging Symposium, paper S, 1997.

［9］Wolff M, Pelissier-Combescure J. Faciolog-automatic electrofacies determination. Trans SPWLA 23rd Annual Logging Symposium, paper FF, 1982.

［10］Ye S-J, Rabiller P. A new tool for electro-facies analysis: multi-resolution graph-based clustering. Trans SPWLA 41st Annual Logging Symposium, paper PP, 2000.

［11］Goncalves C A, Harvey P K, Lovell M A. Application of a multilayer neural network and statistical techniques in formation characterisation. Trans SPWLA 36th Annual Logging Symposium, paper FF, 1995.

［12］Poupon A, Clavier C, Dumanoir J, et al. Log analysis of sand-shale sequences-a systematic approach. J Pet Tech, 1970, 22（7）: 867－881.

[13] Bevington P R. Data reduction and error analysis for the physical sciences. New York: McGraw-Hill, 1969.

[14] Quirein J, Kimminau J, Lavigne J, 1970, A coherent framework for developing and applying multiple formation evaluation models. Trans SPWLA 27th Annual Logging Symposium, paper DD, 1986.

[15] Poupon A, Hoyle W R, Schmidt A W. Log analysis in formations with complex lithologies. J Pet Tech, 1971, 23 (8): 995 – 1005.

[16] Mayer C, Sibbit A. Global: a new approach to computer-processsed log interpretation. Trans SPE 55th Annual Technical Conference and Exhibition, paper SPE 9341, 1980.

[17] Quirein J A, Chen D, Grable J, et al. An assessment of neural networks applied to pulsed neutron data for predicting open hole triple combo data. Trans SPWLA 44th Annual Logging Symposium, paper R, 2003.

习 题

22.1 图 22.4 是致密（低孔隙度）碳酸盐岩段的测井曲线。使用中子—密度交会图（图 22.3）识别该井段中存在的不同骨架类型的区域。

22.2 为了实践人工判断岩性和骨架值，请考虑以下来自纯砂岩储层部分的数据。虽然砂岩不含黏土，但确实含有一些黄铁矿。要回答的问题是：手工交会图技术结果与真实孔隙度有多接近？

表 22.1 列出了从测井曲线中很难读取的值，其格式将帮助你完成任务。请注意通过岩心分析确定的骨架密度值列。在两种不同的条件下绘制仅使用密度仪器获得的孔隙度图：使用岩心测得的颗粒密度以及使用交会图的颗粒密度 $(\rho_{ma})_{n-d}$。对于这两种计算，假设地层流体密度为 1.20 g/cm³。

表 22.1 测井曲线值示例

Δt μs/ft	ρ_b g/cm³	ϕ_n, %	ϕ_{n-d}, %	$(\rho_{ma})_{n-d}$ g/cm³	ϕ_{n-s} %	$(\Delta t_{ma})_{n-s}$ μs/ft	ρ_{ma} g/cm³
95	2.35	21					2.74
90	2.40	19					2.74
94	2.41	18					2.84
87	2.52	26					2.70
97	2.36	24					2.84
95	2.38	20					2.70
90	2.38	19					2.76

22.3 为了验证图 22.11 的 P_e 图中骨架曲线的识别结果，计算 50% 孔隙度的石灰

岩、白云岩和砂岩的 ρ_b 和 P_e 值。考虑水和 CH_2 两种孔隙流体情况。表 12.1 中可能有合适的计算值。

22.4 根据图 22.7 的测井曲线，计算视骨架值 ρ_{maa} 和 U_{maa} 以及石英、方解石和白云岩的体积分数（假设不含黏土）。

22.5 参考图 22.1 至图 22.3，你更愿意使用哪种仪器组合来定义含有石灰岩和白云石的碳酸盐岩储层的岩性？具体来说，5% 孔隙度的石灰岩的最大允许误差是多少时才不会被误判为白云岩？对于每一对交会图，你可以通过任一测量值来评估最大允许误差，或者假设两者同时存在误差。

22.6 考虑密度为 14 lb/gal 的重晶石钻井液，已知 $BaSO_4$ 的质量分数为 46%。钻井液的 P_e 是多少？如果钻井液渗入 20% 的多孔砂岩，P_e 又是多少？

23

饱和度和渗透率的估算

23.1 引 言

本章讨论了测井解释中两个最有价值但也最难确定的参数——含水饱和度和渗透率。我们将只关注根据电阻率确定含水饱和度。尽管其他测井方法可以得到含水饱和度，例如，密度测井与核磁共振（NMR）或中子测井的氢指数结合，但这些测量只对气体敏感，且反映的是井眼附近的测量。脉冲中子测井可以给出过套管饱和度，如第 15 章所述。在大多数情况下，测井得到的饱和度以电阻率为基础。

根据电阻率测量结果进行饱和度解释是通过评价阿尔奇关系实现的，在第 4 章中已有介绍。由于它简单，有许多缺点，有些问题在第 4 章中介绍过。例如，它不能直接应用于泥质或非均质地层。而且，尽管它很简单，但在解决实际解释问题时并不能总是直接应用；应用时必须确定适合于地层的常数。在纯地层中，使用图形法或其等效快速解释曲线可相对容易地计算饱和度。

对于确定泥质地层中的饱和度，目前尚无共识。存在数十种不同的方法，其中一些基于局部经验观察数据，正确性有限。大多数更加科学地基于分散黏土模型的方法都依赖于黏土矿物表面阳离子交换能力的概念，另一组与层状砂岩有关。由于能够测量垂直和水平电阻率，对此类砂岩的评价得到了显著改善。

在计算碳酸盐岩和其他非均质孔隙类型岩石的饱和度时遇到了不同的挑战，因为确定这些条件下饱和度的明确方法更少。即使有正确的方法可以计算饱和度，但测量不同孔隙类型的分数比测量泥质砂岩方程的黏土体积更加困难。本章将考虑几种模型及其对胶结指数和饱和度指数的影响。

与孔隙度和饱和度（它们是简单的体积分数）不同，渗透率是一个张量，不能轻易放大。因此，很难定义一个地面真实渗透率，而且不能用测井得到的渗透率对此进行判断。此外，渗透率也是一种动态测量数据，而大多数测井计算的是静态渗透率。然而，渗透率与孔隙度具有较强的相关性，并且取决于与岩石结构或表面积与体积之比有关的一些因素。本章探讨了可以根据测井确定这些影响因素的几种方法。

23.2 纯地层

鉴于未侵入地层校正电阻率 R_t 和孔隙度 ϕ，基本解释问题是对阿尔奇关系的评价。最简单的形式是

$$S_w^n = \frac{R_w}{R_t} \frac{1}{\phi^m} \tag{23.1}$$

在实际应用中，当无法从生产测试中获得地层水电阻 R_w 时，首要问题是确定 R_w。在早期的测井解释中，它源自自然电位（SP）测井，但如果没有合适的 SP 测井曲线，可能会出现问题，这种情况很常见。此外，如果在地层骨架值未知情况下，甚至可能会对与测量的电阻率值相关的孔隙度值产生相当大的怀疑。最后，饱和度方程中所使用的胶结指数和饱和度指数（m 和 n）可能存在不确定性。

当假设 R_w 为未知常数时，有两种绘图方法可用于解释地层的含水饱和度。必需的基本测量数据是 R_t（根据环境影响进行校正）和孔隙度测井曲线（通常为密度和声波）。另一个要求是在所测层段中存在几个不同孔隙度的含水层，当然，目的层必须是纯净的砂岩层（不含泥岩）。

要考虑的第一种交会图技术是 Hingle 图[1]。在这种情况下，假设孔隙度测量数据可用，即使骨架值未知，也可以构建一个图形，直接给出孔隙度和含水饱和度。要了解 Hingle 图背后的逻辑，请注意，方程（23.1）的简化饱和度表达式（$m = n = 2$）表明，在含水饱和度为定值时，假设地层水电阻率是常数，ϕ 将随 $1/\sqrt{R_t}$ 变化而变化。据此，绘制了孔隙度与电阻率平方根的倒数关系图，如图 23.1 所示。因为我们可以将方程（23.1）改写为

$$\frac{1}{\sqrt{R_t}} = S_w \frac{1}{\sqrt{R_w}} \phi \tag{23.2}$$

很显然，100%饱含水的点将落在斜率最大的直线上。在任何固定的孔隙度下，饱和度较低的点必须具有较大的电阻率，因此位于该线之下。一旦识别并忽略了这些点，就可以绘制对应于 $S_w = 100\%$ 的线，如图 23.1 所示。相对而言，绘制对应于部分含水饱和度的合适斜率的线比较容易。

可以通过分析图形快速确定 R_w 值。在图 23.1 中，与 R_o 对应的最顶部线，由于其完全饱含水，并且满足方程：

$$F = \frac{R_o}{R_w} = \frac{1}{\phi^2} \tag{23.3}$$

这意味着，当孔隙度为 10 p.u. 时，R_o 值将是 R_w 值的 100 倍。对于给出的实例，孔隙度为 10 p.u. 时，R_o 值是 12 Ω·m，这表明水电阻率为 0.12 Ω·m。

在孔隙度值未知的情况下，横坐标可以在原始测井图中通过读数来确定，例如，声波测井 Δt 和密度测井 ρ_b。为绘制孔隙度标度线，R_o 线与横坐标的交叉点（对应于一个无限大的电阻率）将给出骨架值。该图的其他曲线使用不同的 F 与 ϕ 关系。一种常

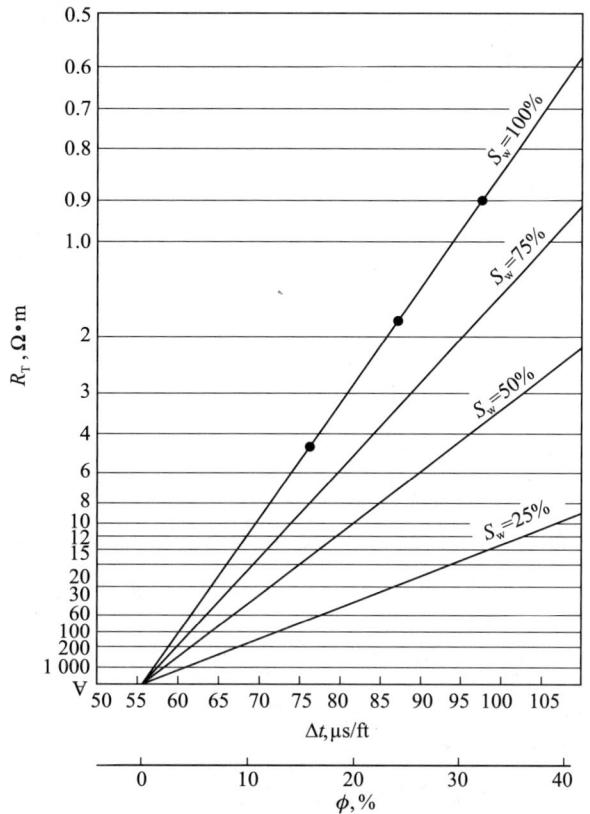

图 23.1 综合电阻率和孔隙度（在本例中为 Δt 值）估算含水饱和度的 Hingle 图[1]
在绘制图表时，采用隐式平方根饱和度关系，在这种情况下，$F=1/\phi^2$

见的替代方法是 Humble 关系，$F=0.62/R_o^{2.15}$。

第二种有用的绘图技术运用的是 Pickett 的研究结果[2]，需要已知孔隙度，但可以获得 m、R_w 和 S_w 的值。在该方法中，通过在对数—对数刻度上绘制来利用饱和度的幂律表达式。从常规饱和度表达式开始：

$$S_w^n = \frac{a}{\phi^m}\frac{R_w}{R_t} \tag{23.4}$$

并将方程两边同时取对数，整理可得

$$\lg\phi = -\frac{1}{m}\lg R_t + \frac{1}{m}(\lg a + \lg R_w - n\lg S_w) \tag{23.5}$$

因此，在含水饱和度为定值时，孔隙度与 R_t 的对数—对数图中将会出现一条负斜率的直线（图 23.2），斜率的大小表示胶结指数，且该值应大约等于 2。

如果将 a 视为一个定值，可写成

$$\lg\phi = -\frac{1}{m}\lg R_o + \frac{1}{m}\lg R_w \tag{23.6}$$

它代表 100% 含水饱和度的线。在这种情况下，100% 孔隙度点的截距直接给出 R_w 值。当 S_w 值小于 100% 时，ϕ 和 R_t 之间的关系将由平行于 100% 饱和情况但向右偏移的线

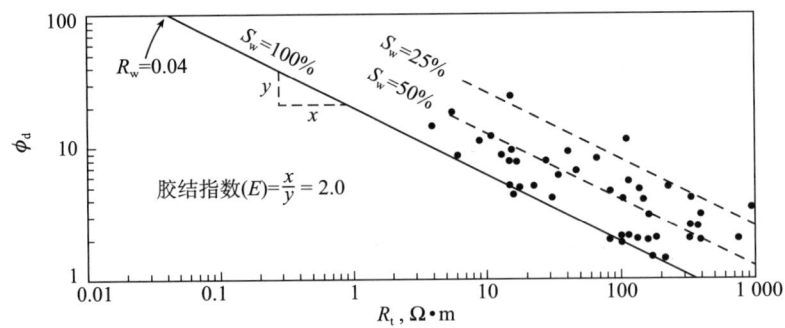

图 23.2 Pickett 给出的电阻率和孔隙度对数—对数示意图[2]
它可用于确定最能描述给定地层的胶结指数

表示。在饱和指数为 2 时,由于认识到在固定孔隙度条件下,饱和度从 1 变成 0.5,对应的电阻率增加 4 倍,这些线的位置与 $S_w = 1$ 线有关。因此,在电阻率增加 4 倍后,通过平移与 $S_w = 1$ 平行的线,可以得到饱和度为 50% 的线。饱和度为 25% 的线也可以通过这种先确定电阻率,再平移线的方法获得。其他饱和度条件下的线,以此类推。由此方法得到的结论如图 23.2 所示。

交会图对于确定区间内的常数参数(如 R_w 或 ρ_{ma})以及当两个参数都未知时最有用。然而,通过计算适当的快速直观测井曲线可以获得相同的信息。例如,可以根据 R_{wa} 或 R_{xo}/R_t 曲线得到 R_w。回想一下 $R_{wa} = \phi^2 R_t$,储层中水层(如果有的话)的 R_{wa} 值最低,此时 $R_{wa} = R_w$。如果不能可靠地确定孔隙度,则最好使用 R_{xo}/R_t 的最大值,此值与水层中的 R_{mf}/R_w 值相等。已知 R_{mf},可以计算出 R_w。

这些测井曲线与 Hingle 和 Pickett 图的假设相同,与交会图不同,它们保持了有关深度趋势的信息(虽然交会图的 z 轴可以给出一些深度指示)。在学习测井解释时,交会图的直观效果可以使其非常有用。然而,对于确定 n 值,无论是测井曲线还是交会图的作用都很有限。n 通常取值为 2,但可以根据岩心样品或储层中的经验确定。

作为应用不同技术的练习,让我们用简单的解释对其进行比较。要使用的测井曲线如图 23.3 所示。这里的总孔隙度是根据砂岩刻度上的中子和密度孔隙度的平均值计算的。伽马射线表明,在 2 979~2 986 m 和 2 994~3 004 m 处为砂岩,除了顶部砂岩的上半段外,R_{wa} 曲线是平直的。这表明水中有烃类物质存在。R_{xo}/R_t 曲线特征支持这种解释。

水电阻率可以根据水层中的 R_{wa} 曲线读取。或者,可以使用每 6 in 采集的数据样本绘制成 Hingle 图,并根据最上面的点画的线推导出 R_w,如图 23.4 所示。这两种情况下确定的 R_w 约为 0.065 Ω·m。Hingle 图上的最低点来自油气层,含水饱和度接近 40%。也可以利用 $S_w = \sqrt{R_w/R_{wa}}$ 关系式,根据 R_{wa} 曲线推导出含水饱和度。可以使用 Pickett 技术进行类似的分析,但将其留作练习。

在 Hingle 图上,饱和度为 100% 和 50% 的线之间有许多点。其中大部分可以追溯到泥岩层段,并且可能已从图中排除(正如读取 R_{wa} 曲线时通过肉眼观察到的那样)。这是否意味着泥岩部分饱和了呢?答案是否定的,它们之所以落在图中的这个位置,只是因为阿尔奇方程的局限性。现在要讨论一下泥岩对饱和度方程的影响。

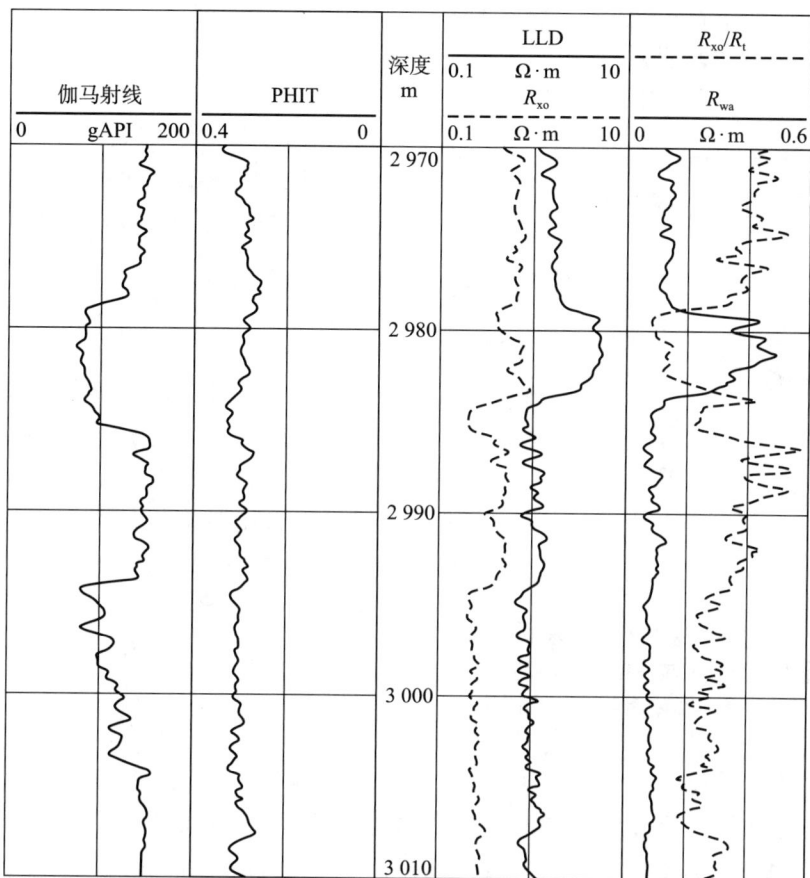

图 23.3 砂岩/泥岩层序的一组测井曲线（含有快速直观曲线 R_{wa} 和 $R_{xo}R_t$）

全套测井曲线如图 14.11 所示

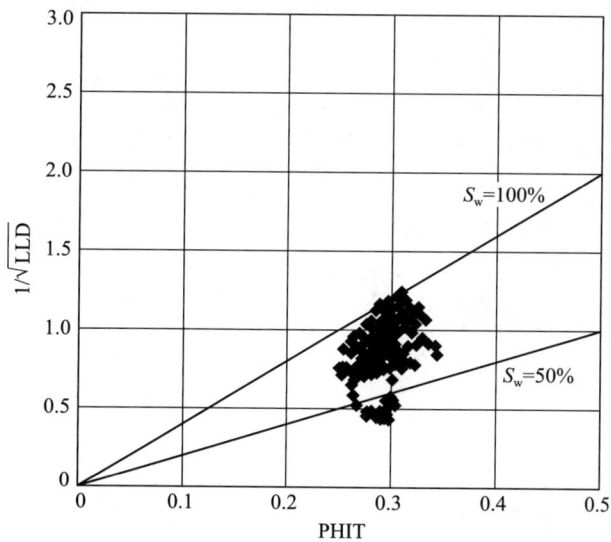

图 23.4 如图 23.3 所示的测井曲线 Hingle 图

23.3 泥质地层

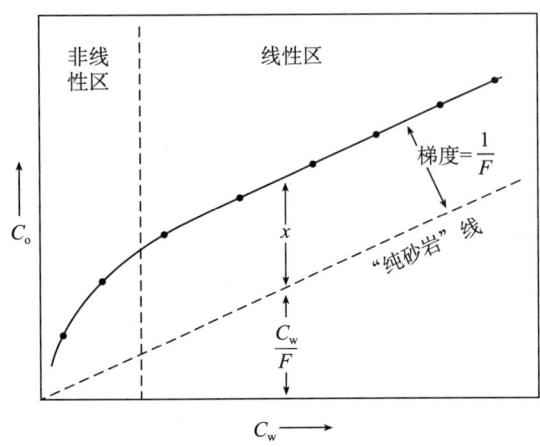

图 23.5 显示了地层水电导率较低时的非线性特征以及较高电导率时的偏移特征的饱含水砂岩电导率示意图[3]

在评价泥质地层分析中使用的各种饱和度方程之前，让我们回顾一下为什么需要这些饱和度方程。为了简便起见，先对完全饱和水的岩石进行分析。图 23.5 总结了证实分散黏土岩石中存在额外导电性的实验数据（另见第 4.4.3 节）。以虚线显示的纯砂层响应表示阿尔奇关系；其斜率是地层因数 F 的倒数。地层水电导率值较大时，泥质地层的响应被视为相对于阿尔奇式行为的简单偏移。与黏土相关的额外电导率可添加到阿尔奇关系中：

$$C_o = \frac{C_w}{F} + C_s \qquad (23.7)$$

式中，C_s 是泥岩产生的附加项，随着黏土含量的消失，其值一定要降至零（黏土和泥岩这两个术语在这里可以互换使用）。

在地层水电导率的某个值之上，它简单地表现为阿尔奇曲线的线性偏移。该线的斜率内地层因数 F 与不含黏土的岩石的地层因数 F 相同。然而，可以看出，在水的矿化度很低时，存在一个非线性区。在该区域，额外的黏土电导率似乎是 C_w 的函数。

为了进一步说明这一问题，图 23.6 给出了作为砂岩岩心样品孔隙度函数的地层因数的一些测量结果。在上图中，样品已被很高矿化度的水饱和（C_w 很大）。由于黏土电导率的影响很小，这些泥质样品的特点与纯砂岩岩心的预期一致。因此，地层因数和孔隙度之间存在明确的关系。图 23.6（b）显示了相同岩心的测量结果，此次用的是很低矿化度的水。在这种情况下，泥岩的固有导电性起到了主导作用，视地层因数似乎是随机的。

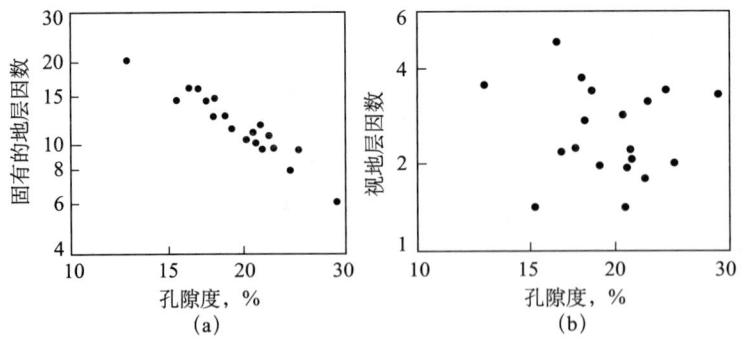

图 23.6 来自 Worthington 的数据证明了黏土含量在水电导率为低值时的影响[3]
图（a）中岩心的地层因数是用高导电饱和水确定的；图（b）中岩心的地层因数是用淡水确定的，较下一组的分布反映了岩石的黏土含量和阳离子交换能力

由此我们可以得出结论，当地层水电阻率较低时，泥质砂岩的异常电特征不太重要。然而，当砂岩用淡盐水饱和或饱和样品中含有大量非导电烃时，泥质砂岩的异常电特征尤为重要。正因为如此，多年来已经开发出了许多应对黏土影响的电阻率测量技术。

23.3.1 早期模型

1950 年，Patnode 和怀利提出了方程（23.7）[4]。他们将额外的导电性归因于导电固体，并通过实验发现 C_s 与黏土或泥岩的百分比成正比。因此，C_s 可以写为 $V_{sh}C_{sh}$。然而，Winsauer 和 McCardell 指出，泥岩在干燥时不导电，并通过实验表明，过量的电导率来自双电层[5]。他们认为双电层具有与电解质相同的弯曲度，因此，C_o 可以写成

$$C_o = \frac{1}{F}(C_w + C_z) \tag{23.8}$$

式中，C_z 是双电层中离子的电导率，其大小随 C_w 而变化。

这种变化很好地解释了图 23.5 中的非线性区，但不能解释线性区，而导电固体方法则相反。怀利和 Southwick 通过引入第三项扩展了导电固体方法，第三项代表了固体和电解质之间的相互作用，该相互作用取决于几何因子[6]，成功地模拟了非线性区，但牺牲了额外的参数。

与此同时，正在基于岩心和测井曲线或仅基于测井曲线开发许多经验方程。由于这些方程将泥岩视为导电体，没有尝试任何物理解释，因此，它们通常被称为 V_{sh} 模型。Worthington 根据 V_{sh} 项进入饱和度方程的方式对 30 多个泥质砂岩模型进行了分类。表 23.1 显示了含水岩石的分类结果[3]。

表 23.1　完全饱和水岩石的四种类型经验电导率关系[3]

序号	方程
1	$C_o = \dfrac{C_w}{F} + V_{sh}^2 C_{sh}$
2	$C_o = \dfrac{C_w}{F} + V_{sh} C_{sh}$
3	$\sqrt{C_o} = \sqrt{\dfrac{C_w}{F}} + V_{sh}\sqrt{C_{sh}}$
4	$\sqrt{C_o} = \sqrt{\dfrac{C_w}{F}} + V_{sh}^{1-\frac{V_{sh}}{2}}\sqrt{C_{sh}}$

注：通过单一的体积参数 V_{sh} 描述岩石的泥质含量。

表 23.1 中方程 1 基于分散黏土逐渐取代孔隙空间中电解质的设想。当分散黏土取代了所有的电解质时，其体积将等于孔隙度，并且通过阿尔奇方程类推了 $V_{sh}^2 C_{sh}$ 的电导率。在方程 2 中，泥岩导致电导率过高，如方程（23.7）所示。在方程 3 中，泥岩和电解质之间存在一个交叉项，可以通过方程两边的平方来表示。怀利和 Southwick 模型

属于这一组。

以这种方式对模型进行分类有助于区分它们，但对基本假设的了解有限。研究人员不得不怀疑，纯基于测井的方程之间的差异有多少是由孔隙度或 V_{sh} 测量的局限性引起的。实际上，并不总是清楚是什么孔隙度（有或没有束缚水，即有效孔隙度或总孔隙度），或者 V_{sh} 是否确实应该是束缚水体积。

另一种更基本的分类基于泥岩分布，即它是层状的、结构性的还是分散的。在层状砂岩中，砂岩和泥岩在电学上是平行的。这就产生了一组特定的模型，将在第23.3.4 节中讨论。结构性泥岩与粒间网络是串联的。结构性泥岩没有具体的模型。在实践中，它被视为分散黏土或微孔状结节。大多数泥质砂岩模型认为黏土是分散的，并与电解质直接接触。在这种情况下，关键是要了解双电层中过量阳离子的贡献。因此，在考虑烃的影响之前，我们将研究饱和水岩石中双层模型的发展。

23.3.2 双层模型

Waxman 和 Smits 于 1967 年开发出了第一个基于双层中过量阳离子并得到广泛认可的方程[7]。根据自己和其他人近 200 个样品的测量数据，他们发现在图 23.5 的线性部分中，过量电导率与单位孔隙体积的阳离子交换能力 Q_v 成正比。他们还假设，像 Winsauer 和 McCardell 一样，来自双层反离子的电流沿着与穿过电解质相同的弯曲路径流动。这导致电导率具有如下表现形式：

$$C_o = \frac{1}{F^*}(C_w + BQ_v) \tag{23.9}$$

式中，F^* 由 C_o 与 C_w 图的斜率定义，以将其与从原点测量的阿尔奇地层因数 F 区别开来；B 是反离子等效电导，以（S/m）/(meq/cm^3) 为单位是温度的函数，但在线性区中是一个常数，非线性区的解释是反离子电导随着矿化度的降低而降低。

通过拟合岩心数据，B 可以表示为整个温度范围内 25℃时温度 T 和 C_w 的函数。已经提出了 B 的几种表达式，例如，文献 [8]：

$$B = 1.58144T(1 - 0.83e^{-C_{w25}/20}) \tag{23.10}$$

式中，T 的单位为℃。

假设 Q_v 可以与测井测量数据相关，这里有一个简单的处理泥质砂岩的方法，该方法完全基于岩心的实验数据。相同的岩心数据可用于找到 m^*（根据 $F^* = 1/\phi_t^{m^*}$）作为 Q_v 和孔隙度的函数的平均关系。

然而，非线性区仍然是一个谜，没有很好的解释曲率，并且在定义 B 随矿化度变化的数据中存在相当大的分散性。Clavier 等提出了孔隙空间可以分为两个体积的想法，每个体积具有不同的电导率——具有反离子电导率的黏土束缚水和具有电解质的自由水[9]。黏土束缚水的体积由 Gouy 扩散层模型确定，该模型预测双层的厚度随着电解质矿化度的增加而减小，直至达到一定极限。超过该极限，双层的厚度是固定的，并由 Helmholz 平面定义（图 3.9）。从概念上讲，固定厚度和与矿化度有关的厚度之间的差异为区分线性区和非线性区提供了一种明确方法。总电导率 C_o 则根据体积加权水电导率 C_{we} 得出：

$$C_{we} = (1 - \alpha v_Q Q_v) C_w + \alpha v_Q Q_v C_{bw} \tag{23.11}$$

$$C_o = \frac{C_{we}}{F_o} \tag{23.12}$$

式中，C_{bw} 是束缚水电导率；$\alpha v_Q Q_v$ 也称为 S_{wb}，是束缚水的比例，如第 21.2.2 节所述。

可以从理论上确定 α 值以及 C_{bw} 和 v_q 的温度相关性，但 C_{bw} 和 v_q 的实际值是通过拟合与 Waxman 和 Smits 相同的岩心数据来确定的。利用该数据还可确定胶结指数 m_o 与 Q_v 和孔隙度（根据 $F_o = 1/\phi_t^{m_o}$ 可知）的相关性。

双水模型对非线性区给出了更令人满意的解释，并解释了低矿化度下的曲率，但仅限于约 1 S/m 的水电导率，低于此电导率值时，双水模型失效。对双水和 Waxman – Smits 方程的检验表明，地层因数 F_o 和 F^* 不同，而且与阿尔奇 F 不同。结果表明，m_o 对黏土含量的敏感性低于 m^*。当 m 未知时，在实际应用中，这是双水模型的优势，因为在整个储层中，使用常数值的误差较小。

Waxman – Smits 模型和双水模型的基本假设是，两个导电路径经历相同的弯曲度。鉴于黏土的复杂表面，Pape 和 Worthington 发现表面电导率的弯曲度远大于自由水的弯曲度也就不足为奇了[10]。两种电导率的不同地层因数的概念是 Sen、Goode 和 Sibbit（SGS）开发的方程中的关键要素[11]。如图 23.7 所示，在高矿化度时，电流主要在孔隙的中心流动，并受孔隙几何形状的控制，而在低矿化度时，电流靠近孔壁流动，也受其几何形状控制。其方程（SGS）的确切形式基于具有表面电导率的球体周期阵列的电导率的理论计算，可以表示为

$$C_o = \frac{1}{F}\left(C_w + \frac{AQ_v}{1 + \frac{CQ_v}{C_w}} \right) + EQ_v \tag{23.13}$$

式中，A、B 和 E 是根据理论和实验确定的常数。

暂时忽略 E 中的项，可以看出，如果 $CQ_v \ll C_w$，则括号中的项简化为 Waxman – Smits 方程，其中 $A=B$，斜率为 $1/F$。然而，如果 $CQ_v \gg C_w$，则斜率变为 $1/[F(1+A/C)]$，该值必然大于 $1/F$，并正确解释了图 23.5 中的曲率。（请注意，第二项是并列的两个电导率项 C_w 和 Q_v，因此，与怀利和 Southwick 模型中的交互项有一定的相似性。）

理论模型表明，A 取决于弯曲度，可能与 m 有关。E 反映了这样一个事实，即一些泥质岩心在 C_w 为零时显示出有限表面电导率的明显趋势。通过拟合 Waxman – Smits 数据库得到 A、C 和 E 的值，$A=1.93$ m，$CQ_v = 0.7$，$E = 1.84\phi^m$（后来修改为 $1.3\phi^m$）。

已发现所有三个双层模型的参数可以最好地拟合填充了一定范围 NaCl 溶液的某组岩心数据。一些储层可能不在此范围内，尽管原则上可以调整参数以适应特定储层的岩心数据，但在实践中很少这样做。还应注意，在所有三个模型中，用于计算地层因数的孔隙度为总孔隙度。

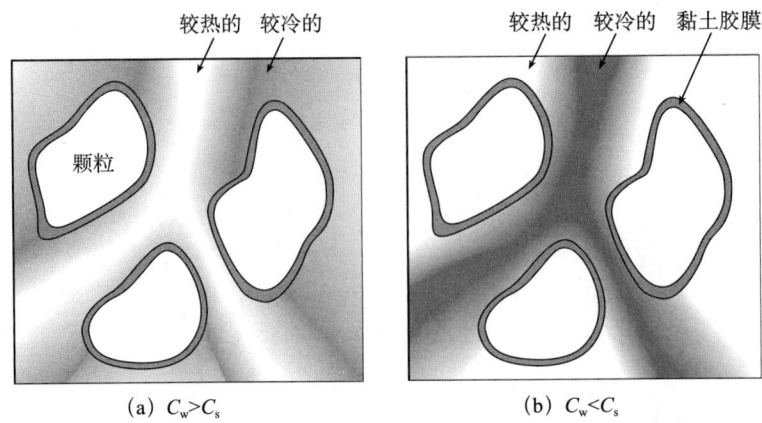

(a) $C_w > C_s$ (b) $C_w < C_s$

图 23.7 随着矿化度变化的电流路径,温度越高代表电流越多[11]

当表面电导率 C_s 大于水电导率 C_w 时,电流偏向于更弯曲的表面区域;反之,电流偏向于孔隙弯曲度。弯曲度的变化解释了 C_o 与 C_w 关系图的曲率

23.3.3 饱和度方程

到目前为止,对泥质砂岩的讨论一直集中在完全饱含水岩石的电学特性上。在孔隙空间中引入非导电的烃会产生什么影响?同样,可以根据 S_w 对泥岩项的影响将泥质砂岩模型分为不同的类型(表 23.2)。在假设泥岩和砂岩独立导电的模型中(方程 1,例如下面讨论的层状砂岩),泥岩项不受烃的影响。然而,对于分散黏土,烃的存在可能会影响黏土的贡献。然后,其他 3 个方程通过是否存在交互项以及哪些项影响 S_w 来区分。例如,方程 4 中的经典且仍在使用的例子是印度尼西亚方程,它有一个交互项,每个项中都有一个 S_w^2 因子:

$$C_t = \frac{C_w S_w^2}{F} + 2\sqrt{\frac{C_w V_{sh}^{2-V_{sh}} C_{sh}}{F}} S_w^2 + V_{sh}^{2-V_{sh}} C_{sh} S_w^2 \qquad (23.14)$$

Poupon 和 Leveaux 根据经验开发了用于许多印度尼西亚储层淡的地层水和高泥质的方程,在这些储层中,石油来自低电阻率地层[12]。因此,交互项提供了在这些条件下将出现的 C_o 与 C_w 的非线性关系。作者指出,应使用有效孔隙度,计算的 S_w 为有效孔隙度中的水含量。然而,有证据表明,结果更接近总孔隙度的水含量[15]。这是可能与此类方程相关的典型歧义。

表 23.2 用所含泥岩的过量电导率 X 表述的四种类型的饱和度方程[3]

序号	方程
1	$C_t = \dfrac{C_w}{F} S_w^n + X$
2	$C_t = \dfrac{C_w}{F} S_w^n + X S_w^s$
3	$\sqrt{C_t} = \sqrt{\dfrac{C_w}{F}} S_w^{n/2} + \sqrt{X}$
4	$\sqrt{C_t} = \sqrt{\dfrac{C_w}{F}} S_w^{n/2} + \sqrt{X} S_w^{s/2}$

在属于方程 2 的双层模型中，随着 S_w 的降低，交换阳离子越来越集中在孔隙水中。Waxman 和 Thomas 认为，应该将 Q_v 视为每一个含水孔隙空间体积的 CEC，即 Q_v/S_w，并通过一系列仅涵盖中等淡水泥质地层的实验来支持这一点[13]。然后，使用与阿尔奇相同的关系来表示烃的一般几何效应，方程（23.9）写为

$$C_t = \frac{S_w^n}{F^*}\left(C_w + \frac{BQ_v}{S_w}\right) \quad (23.15)$$

对双水方程也提出了同样的论点。对于 SGS 模型，将表面和体积电导率的不同地层因数的概念扩展到烃。Sen 和 Schwartz 认为，表面电导率所经历的弯曲度几乎不受烃的影响，但随着 S_w 的降低，体积电导率路径变得越来越弯曲，并接近表面电导率的弯曲度[14]。使用颗粒固结模型，针对水湿孔隙的特殊情况，Sen 和 Schwartz 发现方程 23.13 中的因数 C 应修改为 CS_w^{-n}，而与其他模型一样，$1/F$ 应修改为 S_w^n/F。

当黏土对电导率的贡献较低或中等时，这三个模型都解释了电阻率随 S_w 的变化，但在淡水、泥质地层中，SGS 模型确实优于其他模型。在低 S_w 条件下，最后一项 $(1.3\phi^m Q_v)$ 具有很强的影响力，并且随着 S_w 的降低，更好地预测了 R_t/R_o 比值曲线（图 23.8）。

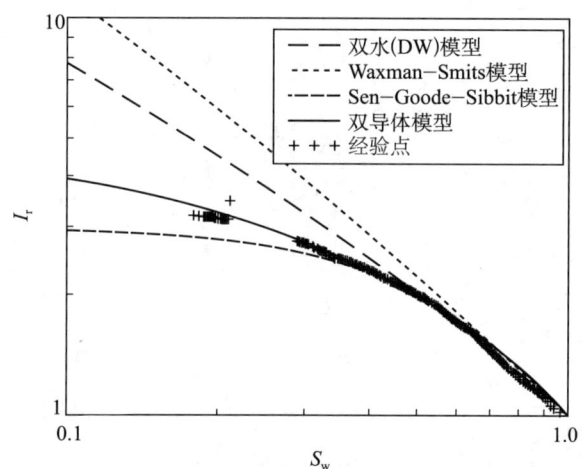

图 23.8 在地层水电导率为 0.354 S/m 的泥质岩心样品上测得的电阻率指数与饱和度[16]
正如双水模型、Waxman-Smits 模型、Sen – Goode – Sibbit 模型和双导体模型所预测的那样。根据高矿化度数据拟合，分别推导出每个模型的饱和度指数 n；Q_v 用化学方法进行测量；SGS 模型的 m 是在样品水饱和的情况下确定的。双导体模型将在第 23.4 节中进行解释

与阿尔奇方程相比，这些模型的应用需要一个额外的测量，即 Q_v（或等效的 S_{wb}）。获取 Q_v 最简单的方法是在岩心数据上找到与伽马射线计数的关系，并将其应用于伽马射线测井。否则，可根据第 21.2.2 节中所述的测井得到的黏土体积确定。在这些参数中，n 通常约为 2；m 要么约为 2，要么根据在本地数据或 Waxman – Smits 数据库中找到的 ϕ_t 和 Q_v 的适当函数计算得出。水层中 R_w 的计算并不像用阿尔奇那么简单，但可以通过 R_t、ϕ_t、Q_v 以及在所需模型中设置 $S_w=1$ 得出。同样的计算将给出双水方程的视束缚水电导率（C_{wb}）（在 Waxman – Smits 和 SGS 方程中，黏土电导率内置于参数 B、A 和 C 中）。

泥质砂岩解释实例如图 23.9 和图 23.10 所示。通过使用油基钻井液（OBM）钻井的序列记录测井曲线进行取心且完好保存[15]。因此，预计岩心中的水含量可以很好地代表储层中的含水饱和度。ϕ_t 是在调整骨架和流体密度以最好地拟合岩心数据后，根据密度测井计算得出的。根据自然伽马测井得到 V_{sh}，假设 $V_{sh}=V_{cl}$，通过方程（21.1）将 V_{sh} 转换为双水方程的 S_{wb}。从附近井中获取样品的水矿化度略低，$R_w=0.13\ \Omega\cdot m$，$m=n=1.8$。根据双水和印度尼西亚方程（RODW 和 ROIND）得到的含水电阻率与在泥质含量最高点测得的 R_t 相匹配，因此很有可能已正确选择了泥岩参数 C_{wb} 和 C_{sh}（尽管不能保证泥岩中的黏土与砂岩中的黏土相同）。

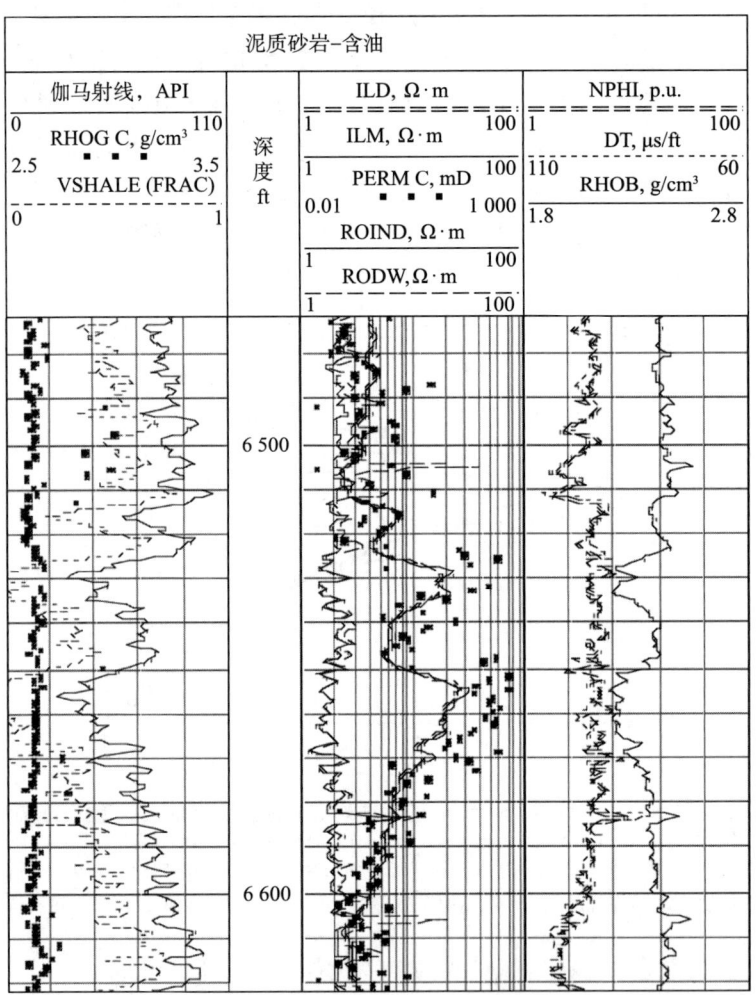

图 23.9　泥质砂岩层段的测井曲线[15]
ROIND 和 RODW 是假设地层饱含水，使用印度尼西亚和双水方程计算出的地层电阻率。
当这些曲线读数小于测得的电阻率时，地层解释为油层

正如预期的那样，总孔隙度计算结果与岩心孔隙度一致，如图 23.10 所示。为了进行比较，已使用阿尔奇方程、印度尼西亚方程和双水方程计算 S_w。对于后者，显示了两个结果：$n=1.8$（DW），调整后 $n=1.42$，以最佳拟合岩心饱和度（DWFF）。阿尔奇方程和双水方程使用的是总孔隙度和含水饱和度，而印度尼西亚方程使用的是有

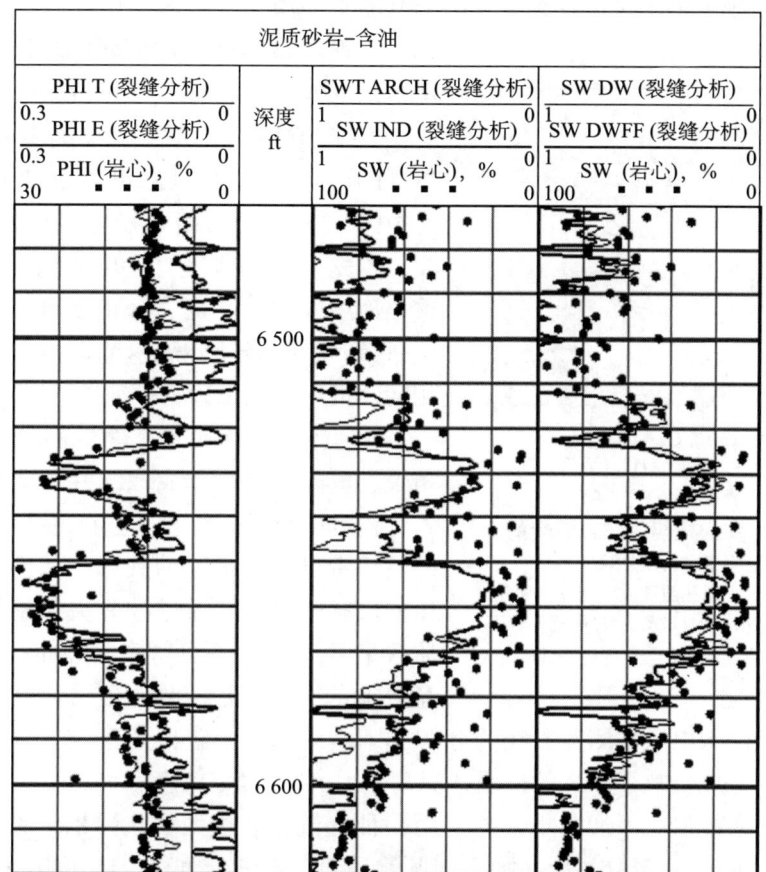

图 23.10　根据中子—密度测井曲线计算 ϕ_t，根据阿尔奇方程、
印度尼西亚方程和双水方程计算含水饱和度[15]

岩心测量是在用 OBM 钻探的保存完好的岩心上进行的，预计可以提供准确的总 ϕ_t 和油气体积有效体积。（正如 Woodhouse 和 Warner 所指出的，两种情况下的油气体积应该相同，见习题 23.5。）

在图 23.9 中 6 560 ft 处的纯地层，调整后的 DWFF S_w 与岩心数据（自然）最吻合，而其他方程在此情况下都简化为相同的阿尔奇方程，因此，解释结果均大于岩心数据。所有的解释结果都略显悲观。在下面的泥质较多地层中，阿尔奇方法很悲观，而印度尼西亚和双水方程解释相似。这些结果说明了泥岩校正的必要性，但也说明了获得岩心数据精确匹配的困难。部分原因可能是方程的限制，但部分原因可能是测量的限制。

23.3.4 层状砂岩

Poupon 等人最早提出了层状砂岩问题的解决方案[17]。假设层厚小于测井曲线的分辨率，并且垂直于井眼，那么砂岩和泥岩在电学上是平行的：

$$C_h = (1 - V_{sh})C_{sd} + V_{sh}C_{sh} \tag{23.16}$$

式中，C_h 由常规电阻率仪器在垂直井中测得的 C_t 确定。

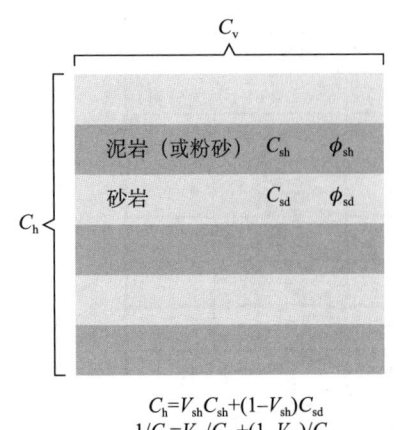

$C_h = V_{sh} C_{sh} + (1 - V_{sh}) C_{sd}$
$1/C_v = V_{sh}/C_{sh} + (1 - V_{sh})/C_{sd}$
$\phi_t = V_{sh} \phi_{sh} + (1 - V_{sh}) \phi_{sd}$

图 23.11　夹层电阻率和孔隙度的层状砂岩示意图

夹层厚度明显小于孔隙度或电阻率测量值（ϕ_t、$R_h = 1/C_h$、$R_v = 1/C_v$）的垂直分辨率，但是可以通过所给的方程与这些测量值相关联

方程（23.16）用于求解 C_{sd}，然后可以使用阿尔奇方程来解释 C_{sd}，即 $C_{sd} = \phi_{sd}^m S_w^n C_w$。砂岩中的孔隙度 ϕ_{sd} 不是直接测量的，但如图 23.11 所示，可以根据测得的 ϕ_t 和附近大块泥岩中的 ϕ_{sh} 得出。应用此方法时需要注意一些事项。首先，S_w 是薄砂岩夹层的饱和度，而不是整个地层（砂岩+泥岩）的饱和度。其次，假设 ϕ_{sd} 和 S_w 在测量分辨率范围内的每个薄层中相同。最后，假设砂岩是纯砂岩。

20 世纪 70 年代末，随着高分辨率地层倾角仪、电阻率测井和成像测井的应用，层状砂岩分析方法有了一些改进。在这些测井曲线上，能够识别出几厘米厚的夹层，从而可以识别更多的层状砂岩，并通过计算夹层给出准确的泥质含量 V_{sh}。这些高分辨率测井曲线的电阻率信息更加定性而不是定量，但可以在几英尺范围内求和，以匹配深电阻率测井曲线的分辨率，然后进行校正以匹配这些曲线。结果表明，该方法较好地反映了砂岩的性质，提高了 C_{sd} 值的确定精度。

可以通过向砂岩中添加黏土，并使用一种分散黏土模型替代阿尔奇方程来定义其电导率、细化方程（23.16）[18]。那么问题就是确定该黏土体积。由于电磁波传播测井仪（EPT）垂直分辨率高，对水矿化度不敏感，因此，应用 EPT 测井计算该体积是可能的，为此，开发了一个程序[19]。然而，仍有必要假设孔隙度和含水饱和度在测井曲线的分辨率范围内是恒定的。

尽管进行了这些改进，但主要缺点仍然存在，即传统的水平测量值 R_t 由高电导率泥岩项控制，而对砂岩不敏感。例如，V_{sh} 或 C_{sh} 值中的一个小误差就可能导致 C_{sd} 为负值。突破性进展是能够通过水平井中三分量感应测井或随钻测井（LWD）传播测井测量垂直电阻率 R_v，因为 R_v 对电阻率较高的砂岩项更敏感。利用第 8.5.2 节中描述的方法，使用 R_v 和 R_h 计算 C_{sd} 和 C_{sh}。因为 C_{sd} 值在很大程度上取决于 R_v，并且计算时无须依赖于从大块泥岩中确定的 C_{sh} 值，所以，得到的 C_{sd} 的精度有了很大提高。

图 8.24 已经说明了使用传统的 R_t、采用阿尔奇方程计算的含水饱和度与层状砂岩分析得出的含水饱和度之间的差异。另一个实例是基于图 9.22 中 LWD 曲线上观察到的各向异性。R_v 和 R_h 是根据这些 LWD 曲线，利用 LWD 仪器响应的知识计算出来的。在这种情况下，已知各向异性不是由泥岩夹层引起的，而是由细粒粉砂薄层引起的，这可以在同一口井的密度成像图上观察到（图 20.7），并计数得出 V_{silt}。在方程（8.7）和方程（8.8）中，用 V_{silt} 和 R_{silt} 替换 V_{sh} 和 R_{sh}，结果如图 23.12 所示[20]。当有足够的砂岩用于确定 R_{sd} 时，可根据阿尔奇方程计算 S_w。

这是低阻油层的经典实例，因为传统的测量值 R_h 会给出非常悲观的 S_w。R_h 和 R_v

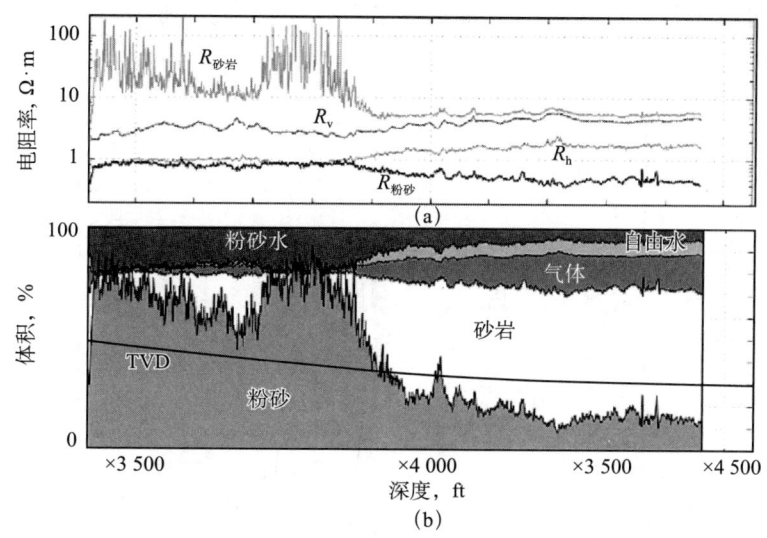

图 23.12 不同方法得到的含水饱和度差异[10]

（a）根据图 9.22 的 LWD 传播测井得到的 R_v 和 R_h，使用 8.5.2 节中的方程［方程（8.7）和方程（8.8）］，根据 R_v 和 R_h 得出 R_{sand} 和 R_{silt}；（b）根据 R_{sand}，使用阿尔奇方程（R_w = 0.035 Ω·m）计算的含水饱和度，假设粉砂只含有水

的测量值确保了 R_{sd} 值更好，同时直接根据密度测井测量砂岩薄层孔隙度的能力也提高了 S_w 的计算精度。

23.4 碳酸盐岩和非均质岩石

大量关于泥质砂岩解释的文献可能会让人认为这种地层是最难解释的。事实上，碳酸盐岩可能至少同样具有挑战性，因为可能遇到的孔径分布范围广且不规则，从小于 1 μm 的微孔到 1 cm 的孔洞，从球形孔隙到裂缝。碳酸盐岩也可能含有黏土，在这种情况下，可通过泥质砂岩方程组中的一个方程进行处理。一些砂岩也可能是非均质的，具有裂缝和微孔。

第 4 章已经讨论了裂缝、孔洞和鲕孔对 m 的影响。我们看到，m 在存在孔洞和鲕孔时增大，在存在裂缝时减小。微孔的影响取决于其分布。微孔分布在不连续的团块中，其作用类似于部分填充的孔洞，在不改变电阻率的情况下增加孔隙度[21]。微孔也可以分布在颗粒表面，并且在整个地层中是连续的，在这种情况下，它以与黏土相同的方式增加表面导电性[22]。

饱和度降低对这些不同孔隙类型的影响，以及由此对指数 n 的影响更难以预测。当石油或天然气被引入这种岩石时，一种孔隙类型中的水可能比在另一种孔隙中的水更容易被驱替。此外，润湿性可能随孔隙类型而变化，导致不同孔隙类型的 n 值不同。（无论如何，碳酸盐岩更容易被油浸湿。）例如，在原始储层中，裂缝应该充满油，但如果储层中有大量的粒间孔隙度，则对电阻率的影响很小。然而，如果裂缝充满水，就像在侵入带中一样，它们将起到短路的作用，并使 n 急剧降低。如果假设两个系统并联，则结果如图 23.13 所示。裂缝往往会降低 n，特别是在裂缝充满水情况下。

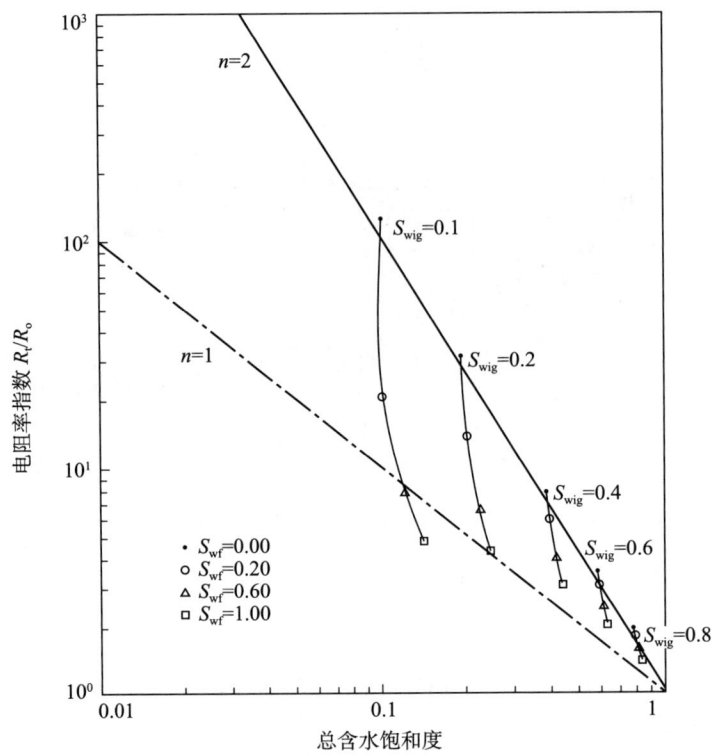

图 23.13　当粒间孔隙度为 0.2，裂缝孔隙度为 0.01 时，裂缝对不同粒间 S_w 情况下电阻率指数的影响（结果在很大程度上取决于裂缝中的含水饱和度）[24]

如果孔洞不与粒间孔隙系统相连，在这种情况下，它们对电导率没有贡献；如果孔洞与孔隙系统相连，对电导率有很小贡献，这与其体积有关。对后者进行建模的一种方法是将孔洞视为具有粒间孔隙度的基质中的分散球形夹杂物。这类问题可以通过 Maxwell – Garnett 方程来求解，从而得到文献［23］的低频电导率响应：

$$C_t = C_{host} \frac{1 + 2V_{si}\dfrac{C_{si} - C_{host}}{C_{si} + 2C_{host}}}{1 - V_{si}\dfrac{C_{si} - C_{host}}{C_{si} + 2C_{host}}} \tag{23.17}$$

式中，C_{si} 和 C_{host} 是夹杂物和基质的电导率；V_{si} 是夹杂物的体积分数。

然后，C_{si} 由孔洞中的水电导率和饱和度（$C_w S_{wsi}$）给出，而 C_{host} 由粒间孔隙体积的阿尔奇关系给出。如图 23.14 所示，得到的 n 在很大程度上取决于孔洞是否含水。方程（23.17）是一种简单的有效介质方程。原则上，此类方程可以用常规方法处理多种孔隙类型和导电系统[25,26]。

由于需要大的毛细管压力来置换水，微孔往往是水湿的和充满水的，因此，它的作用类似于图 23.8 中的黏土，并导致 n 随着饱和度降低而降低。事实上，该图中的第四条曲线基于双导体模型，其中孔隙空间分为正常的粒间大孔隙和微孔隙，这些孔隙在整个地层中是连续的，并与粗糙的表面、黏土和其他小孔隙有关。假设两个孔

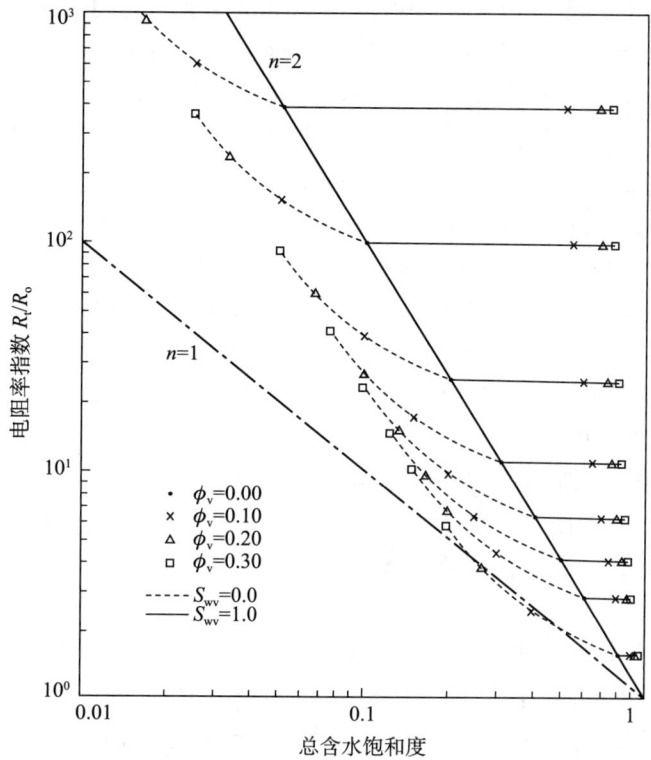

图 23.14 对于 0.1 的粒间孔隙度和各种孔洞孔隙度，孔洞对不同总 S_w 条件下电阻率指数的影响（结果在很大程度上取决于孔洞中是否有水或油）[24]

隙系统在电学上是平行的。最初，两种孔隙类型都同样受到去除水的影响。然而，低于某一临界饱和度（在本例中为 57%），微孔不受进一步去除水的影响，这仅发生在大孔隙中。结果是一条由两段组成的线。

这是已提出的解释微孔岩石的几种模型之一。在另一项研究中，Swanson 分离出微孔团块，并与较大的孔隙串联[27]。在该模型中，微孔直到低于一定饱和度才开始降低饱和度，这同样导致 n 降低，但机理不同。

这些情况说明了解释非均质储层的问题。虽然已经意识到不同的孔隙类型可能需要不同的 m 和 n，但尚不清楚它们应该如何组合，并联还是串联？是否应该有一个交互项？在许多方面，这与早期泥质砂岩解释所面临的问题相同。困难在于碳酸盐岩更加不规则，因此，根据岩心数据进行有意义的推断更加困难。此外，尽管有许多方法可以测量泥岩的体积，但对于不同的孔隙类型，情况并非如此。NMR 测井提供了一些测量孔隙大小的解决方案，而成像测井可以帮助量化孔洞和裂缝。即使可以估算这些体积，仍然需要为每个孔隙类型定义 m 和 n，这对许多碳酸盐岩和非均质岩石的解释仍然是一个挑战。

23.5 根据测井曲线求取渗透率

当阿尔奇开始对岩心样品进行电阻率测量时，其主要目标之一是找出地层因素和渗透率之间的相关性。他没有成功，虽然由此得出了著名的阿尔奇方程，但他的经历很普遍。根据测井曲线求取渗透率很难实现，这也许并不奇怪，因为测井曲线是静态测量，而渗透率是动态性质的量。唯一的例外是斯通利波，因为斯通利波实际上移动了岩石中的孔隙流体。所有其他基于测井的方法都依赖于与使用岩心或测试进行的动态渗透率测量的相关性。本节回顾了一些基于测井的常规方法，并说明了它们之间的关系。大多数讨论不适用于非常不均匀的孔隙系统，因此，排除了许多碳酸盐岩。这里不讨论具体的声学和NMR技术，因为它们已经在相应的章节中介绍过。

在继续讨论之前，重要的是要更仔细地定义渗透率。与孔隙度和饱和度不同，渗透率是一个张量，通常与渗流的方向关系密切。例如，沉积过程通常会导致垂直渗透率小于水平渗透率。其次，渗透率应该如何放大到更大的体积尚不清楚——无论是算术平均、谐波平均、几何平均，还是以其他方式平均。这使得很难比较在不同尺度下测得的渗透率。最后，渗透率取决于所测量体积内的流体。如果有两种或两种以上的流体，它们会严重阻碍彼此的流动，因此，每种流体的有效渗透率都小于绝对渗透率。此外，除非采取谨慎措施，否则流经泥质砂岩的水的矿化度会对黏土产生影响，并改变岩心样品的渗透率。

因此，通过不同技术测得的渗透率可能会有很大差异。对岩心测量得到的大多数数据都是空气的水平渗透率，而通过试井得到的渗透率是石油的有效水平渗透率。试井样品的体积比岩心样品的大2~3个数量级。测井测量体积处于两者之间，并反映与之相关的岩心或测试数据。本节我们将只考虑如何根据测井曲线推导渗透率，而不考虑基于岩心或试井的方法，也不考虑将这三种方法联系起来并将其应用于储层描述所需的技术。除非另有说明，否则术语渗透率是指在孔隙空间中用单一流体测量的绝对渗透率。

23.5.1 电阻率和孔隙度

电阻率和孔隙度这两个主要的测井测量值都可用于估算渗透率。由于电阻率测井在某种程度上取决于流体流动的结果，因此，可用其进行一些广义和半定量的估算。一种方法是基于储层底部的水与上方残余饱和度的石油或天然气之间的过渡带厚度。油藏工程教科书显示，该区域越厚，毛细管压力越高，渗透率越低。因此，过渡带内电阻率随深度的变化可以根据经验与渗透率相关[28]。另一种估算是基于侵入。侵入深度主要取决于钻井历史和滤饼的渗透性，但在极低渗透性地层中，对地层有一定的敏感性[29]。在高渗透性储层中，重力导致滤液上下移动，这取决于地层流体较重（如盐水）还是较轻（如石油或天然气）。因此，垂直侵入剖面包含有关垂直渗透率的信息。一般来说，径向远离井眼的侵入前缘的形状可能与不同流体的相对渗透率有关[30]。

孔隙度比电阻率更频繁地用于估算渗透率。经常观察到如图23.15所示的渗透率和孔隙度对数之间的相关性，特别是当相关性仅限于某一特定储层或地层的数据时。这种相关性的程度令人惊讶，因为预计许多其他因素也会有所贡献，下文将进一步讨论。Nelson总结了各种结构和矿物学因素对这些区域的影响（图23.16）[31]。与电阻率方法相比，一个显著的优势是可以在实验室中建立岩心数据的相关性，然后应用于测井得出的孔隙度。

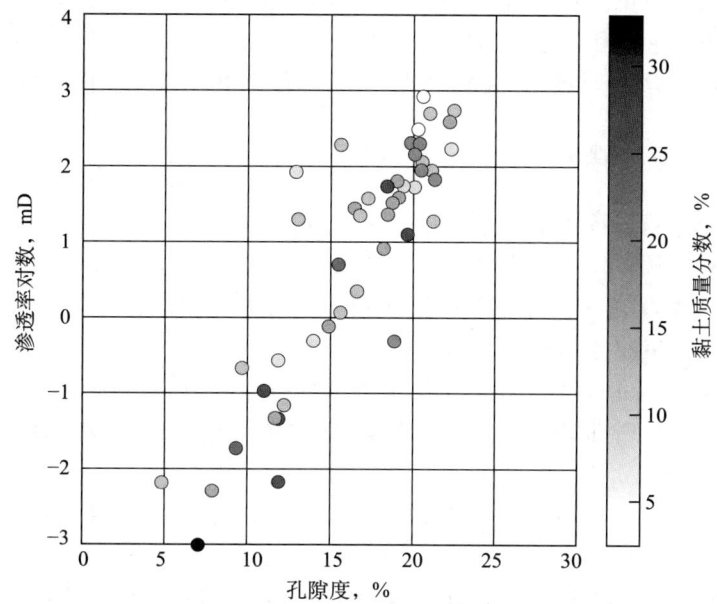

图 23.15 犹他州泥质砂岩样品的实测孔隙度和渗透率值显示了在泥质砂岩中经常观察到的渗透率对数和孔隙度之间的相关性[39]

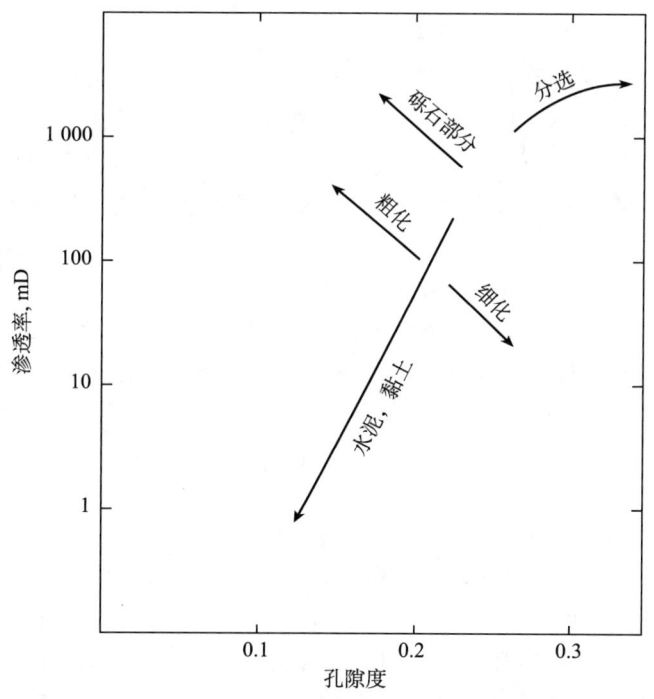

图 23.16 颗粒大小、分选、黏土和隙间胶结物对渗透率—孔隙度趋势的影响总结[31]

当有大量的岩心数据可用时,不仅可能而且经常有必要寻找与孔隙度的相关性,而且还可以寻找与根据测井曲线得出的其他参数(如 V_{cl})的相关性。很少有超过两个或三个参数可以改善预测结果:事实上,如果参数太多,预测渗透率的精度可能降低。

也可以直接在测井数据上建立相关性。Nicolaysen 和 Svendsen 发现了 Troll 油田岩心渗透率与伽马射线、密度和中子—密度分离测井组合之间的相关性[32]。最后，可以使用神经网络或聚类算法等纯统计技术寻找渗透率和测井值之间的相关性，而忽略任何物理关系。

23.5.2 岩石物理模型

通过应用合适的岩石物理模型，已经做出了许多努力来改进纯经验相关方法。可以根据模型是基于颗粒尺寸、孔隙尺寸、矿物学、表面积还是基于含水饱和度对其进行分类[31]。利用岩样可直接测量颗粒尺寸和孔隙尺寸，但利用测井曲线仅可非常间接地测量，因此，这里仅简要提及。

从 Kozeny – Carman 关系出发，可以更好地理解这些模型[33]。它将孔隙空间表示为一束不同半径的独立弯曲管。如果流速足够低，以至于是层流而不是湍流，则渗透率可以计算为

$$K = A \frac{\phi}{\tau S_p^2} \tag{23.18}$$

式中，A 是管子的形状因子；τ 是弯曲度；S_p 是孔隙表面积与孔隙体积的比值。

由于第 4.4.4 节中的 $\tau = F\phi$，且 $F = 1/\phi^m$，因此，渗透率也可写成

$$K = A \frac{\phi^m}{S_p^2} = A\phi^m r_h^2 \tag{23.19}$$

式中，r_h 是 S_p 的倒数，称为水力半径。

在具有多个对比平行路径的样品中，r_h 由导电性最高的路径控制；然而，在任何一条路径中，或在更均匀的样品中，r_h 都由导电性最低的因素控制，这些因素通常是孔喉。然后，根据发现 S_p 或 r_h 的不同方式来区分不同的岩石物理模型。孔隙尺寸模型是最直接的，因为它们基于最直接的 r_h 估算值。这些值是从毛管压力曲线的各种解释中获得的，并被认为反映了孔喉的大小。在颗粒尺寸模型中，r_h 与颗粒尺寸和颗粒分选的某些因素有关，同时，还与孔隙度有关。

基于含水饱和度的模型假设大的孔隙表面体积比意味着大的束缚水饱和度；因此，S_p 与 S_{wirr} 有很好的相关性。这种关系最初由怀利和 Rose 提出[34]，并由 Timur 发展[35]。模型形式如下：

$$K = a \frac{\phi^b}{S_{wirr}^c} \tag{23.20}$$

式中，a、b 和 c 是根据岩心样品的测量值确定的。

在 Timur 的关系中，ϕ 和 S_{wirr} 的单位为 1，K 以 mD 为单位，$a = 10^4$，$b = 4.4$，$c = 2$。也存在其他类似的关系。然而，根据测井曲线确定 S_{wirr} 并不简单。如果已知被解释的地层的饱和度是束缚水饱和度，并且该地层不是过渡带，则可以使用 S_w。此外，在给定的毛细管压力下建立了相关性，而在储层中，该压力随油水界面上方的高度而变化。可以使用图表对这种影响进行校正[36]。无论如何，该方法提供了一种根据基本测井数据估算渗透率的简便方法。

Timur 关系没有详细说明孔隙度是有效孔隙度还是总孔隙度，但由于通常将其应用于纯砂岩，因此，两者的差异并不重要。在泥质砂岩中，尚不清楚应该使用有效孔隙

度还是总孔隙度。Coates 提出了一个同时考虑束缚水和黏土束缚水影响的方程[37]：

$$K = 10^4 (\phi_t - V_{cbw})^4 \left(\frac{\phi_t - V_{wirr}}{V_{wirr}} \right)^2 \quad (23.21)$$

式中，$V_{wirr} = \phi_t S_{wirr}$ 是束缚水的体积。

可使用体积代替饱和度，因为已经发现，在给定的储层中，V_{wirr} 通常比 S_{wirr} 更一致且更容易预测。

另一组岩石物理模型基于根据表面积的其他测量值估算 S_p。最常见的方法之一是使用 NMR 数据中的 T_1 或 T_2，如第 16 章所述。S_p 和 Q_v 之间还存在其他关系[38]。S_p 也可以用单位质量的表面积 S_0 表示（习题 23.8）。Herron 等人已经证明，可以为每种矿物定义 S_0 的特定值。然后，可以使用元素分析或其他测井发现的每种矿物的质量分数，根据质量平均值计算总 S_0[39]。岩心数据表明，方程（23.19）中的 A 值与 100 mD 以上的渗透率数据非常吻合。在 100 mD 以下，A 与 ϕ 和 S_p 的系数必须调整为另一组值（分别为 $0.37A^{1.7}$、$1.7m$ 和 3.4）。在 100 mD 以下，一些孔隙可能会被堵塞，因此，尽管它们有助于水力半径的矿物学估算，但对流量没有贡献；换句话说，估算的 S_p 太低，r_h 太高。通过这种修正，可以很好地与不含黏土的枫丹白露砂岩的岩心样品拟合（图 23.17）。该数据集的有趣之处在于它根本不符合正常的 $\lg K$ 与 ϕ 的关系。图 23.18 显示了将相同方法应用于更正常的数据集的结果，该数据集来自如图 23.15 所示的井。连续渗透率测井曲线是使用元素分析测井中的黏土、碳酸盐岩和石英质量浓度计算的。结果与岩心渗透率对比良好。

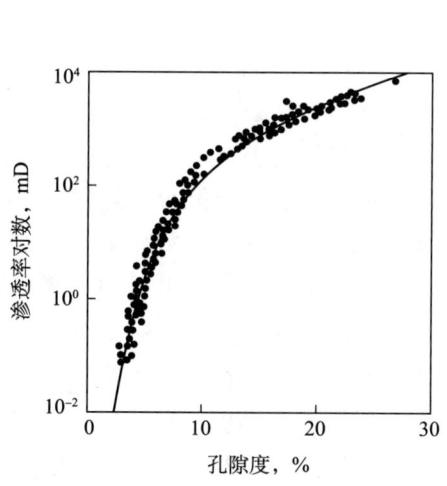

图 23.17 假设 $S_0 = 0.22$ m²/g，测得的孔隙度和渗透率值以及 $K-\Lambda$ 模型对不含黏土的枫丹白露地层石英砂岩的估值[39]

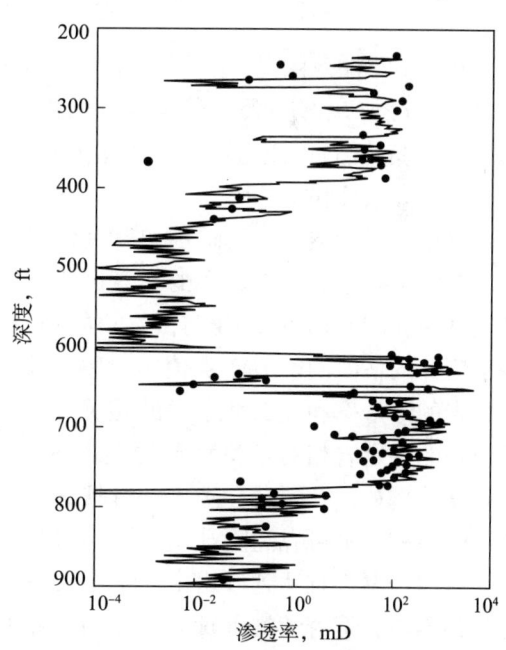

图 23.18 通过元素分析得出的黏土、碳酸盐岩和石英含量，以及 S_0 分别为 60 m²/g、2 m²/g 和 0.2 m²/g，测量岩心渗透率和根据 $K-\Lambda$ 模型进行估算[39]
岩心数据与图 23.15 所示的数据相同

回顾了不同的模型之后，很有兴趣研究为什么 lgK 和 φ 之间的线性关系如此普遍。图 23.19 显示了不同的 r_h 值时，Kozeny – Carman 方程［方程（23.19）］中孔隙度和渗透率关系。显然，直接根据孔隙度确定渗透率不可靠。（系数 A = 0.018，引自 Katz 和 Thompson 对毛细管压力曲线的研究成果[40]。）椭圆表示的是一个砂岩储层的典型数据点。虽然 lgK 对 φ 的直接依赖性很小，但似乎随着 φ 的减小，r_h 也会随之下降。在特定的储层中，孔隙空间可能因压实和成岩作用而减小，从而保持 φ 和 r_h 之间的一致性关系。在非典型的枫丹白露砂岩中，r_h 的下降非常小。

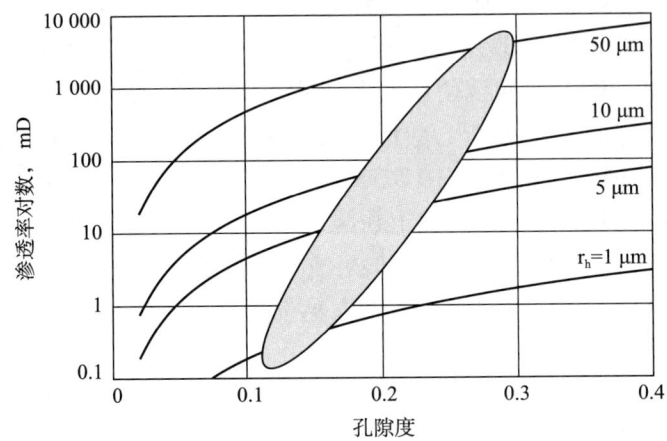

图 23.19　根据 Kozeny-Carman 关系，不同水力半径（r_h）下的渗透率与孔隙度

系数 A 为 0.018。椭圆表示砂岩储层的典型数据点

同样值得注意的是，不同的模型具有不同的孔隙度指数。Nelson 认为，那些使用最合适的 r_h 或 S_p 物理测量值的模型的指数最小，接近 2[31]。那些依赖较少相关测量值（如含水饱和度）的模型通过使用接近 4 的较高指数来弥补其信息的不足。在这些模型中，估算方法反映了总表面积，而总表面积由最小的孔隙加权。然而，最小的孔隙可能被忽略，对渗透率的贡献不如较大孔隙大。额外的孔隙度项用于补偿这种偏差。

最后，碳酸盐岩渗透率的估算因岩石的非均质性而变得复杂，就像其含水饱和度的估算一样。非均质性意味着岩心样品可能太小，无法充分代表岩石，因此，很难为基于测井的估值确定地面真值。对整个岩心截面进行测量更合适，但很少这样做。碳酸盐岩的渗透率和孔隙度之间的相关性通常很差，但有时可以通过开发在测井曲线上可识别的特定岩相的相关性来改善。在其他情况下，识别孔隙类型可以帮助提高渗透率精度。例如，孔洞对孔隙度的贡献很大，但对渗透率的贡献却不大。如果可以测量孔洞的体积，则可以消除孔洞对孔隙度的影响，并改善渗透率相关性。一般来说，碳酸盐岩渗透率很难达到砂岩中通常令人满意的 ±3 因数范围。根据测井曲线得出渗透率总是很困难，但继续推动这一方面的研究无疑是必要的。

参考文献

[1] Hingle A T. The use of logs in exploration problems. Presented at the 29th SEG

Annual International Meeting of SEG, Los Angeles, 1959.

[2] Pickett G R. Acoustic character logs and their application. J Pet Tech, 1963, 6: 659 – 667

[3] Worthington P F. The evolution of shaly-sand concepts in reservoir evaluation. The Log Analyst, 1985, 26 (1): 23 – 40.

[4] Patnode H W, Wyllie M R J. The presence of conductive solids in reservoir rock as a factor in electric log interpretation. Pet Trans AIME, 1950, 189: 47 – 52.

[5] Winsauer W O, McCardell W M. Ionic double-layer conductivity in reservoir rock. Pet Trans AIME, 1953, 198: 129 – 134.

[6] Wyllie M R J, Southwick P F. An experimental investigation of the S. P. and resistivity phenomena in dirty sands. Pet Trans AIME, 1954, 201: 43 – 56.

[7] Waxman M H, Smits L J M. Electrical conductivities in oil-bearing shaly sands. Paper 1863 – A in: SPE J, 1968, 6: 107 – 122.

[8] Gravestock D I. Behavior of Waxman – Smits parameter B in high R_w, high temperature reservoirs. The Log Analyst, 1991, 32 (5): 596 – 602.

[9] Clavier C, Coates G, Dumanoir J. Theoretical and experimental basis for the dual water model for interpretation of shaly sands. Paper 6859 in: SPE J, 1984, 4: 153 – 168.

[10] Pape H, Worthington P F. A surface-structure model for the electrical conductivity of reservoir rocks. Trans SPWLA 8th European Formation Evaluation Symposium, paper Z, 1983.

[11] Sen P N, Goode P A. Shaly sand conductivity at low and high salinities. Trans SPWLA 29th Annual Logging Symposium, paper F, 1988.

[12] Poupon A, Leveaux J. Evaluation of water saturations in shaly formations. Trans SPWLA 12th Annual Logging Symposium, paper O, 1971.

[13] Waxman M H, Thomas E C. Electrical conductivity in shaly sands, I. The relation between hydrocarbon saturation and resistivity index, II. The temperature coefficient of electrical conductivity. J Pet Tech, 1972, 2: 213 – 225.

[14] Schwartz L M, Sen P N. Electrolytic conduction in partially saturated shaly formations. Presented at the 63rd SPE Annual Technical Conference and Exhibition, paper SPE 18131, 1988.

[15] Woodhouse R, Warner H R. Improved log analysis in shaly sandstones-based on Sw and hydrocarbon pore volume routine measurements of preserved cores cut in oil-based mud. Petrophysics, 2004, 45 (3): 281 – 295.

[16] Argaud M, Giouse H, Straley C, et al. Salinity and saturation effects on shaly sandstone conductivity. Presented at the 64th SPE Annual Technical Conference and Exhibition, paper SPE 19577, 1989.

[17] Poupon A, Loy M E, Tixier M P. A contribution to electric log interpretation in shaly sands. J Pet Tech, 1954, 6 (6): 27 – 34.

[18] Patchett J G, Herrick D C. A review of saturation models. Shaly Sand Reprint Volume III, Houston: SPWLA, 1982: 1-7.

[19] Allen D F. Laminated sand analysis. Trans SPWLA 25th Annual Logging Symposium, paper XX, 1984.

[20] Tabanou J R, Anderson B, Bruce S, et al. Which resistivity should be used to evaluate thinly bedded reservoirs in high angle wells? Trans SPWLA 40th Annual Logging Symposium, 1999: 659-667.

[21] Herrick D C. Conductivity models, pore geometry and conduction mechanisms. Trans SPWLA 29th Annual Logging Symposium, paper D, 1988.

[22] Givens W W. A conductive rock matrix model (CRMM) for the analysis of low-contrast resistivity formations. The Log Analyst, 1987, 28 (2): 138-151.

[23] Rasmus J C, Kenyon W E. An improved petrophysical evaluation of oomoldic Lansing-Kansas City formations utilizing conductivity and dielectric log measurements. Trans SPWLA 26th Annual Logging Symposium, paper V, 1985.

[24] Rasmus J C. A summary of the effects of various pore geometries and their wettabilities on measured and in-situ values of cementation and saturation exponents. Trans SPWLA 27th Annual Logging Symposium, paper PP, 1986.

[25] de Kuijper A, Sandor R K J, Hofman J P, et al. Electrical conductivities in oil-bearing shaly sand accurately described with the SATORI saturation model. Trans SPWLA 36th Annual Logging Symposium, paper M, 1995.

[26] Berg C R. Effective-medium resistivity models for calculating water saturation in shaly sands. The Log Analyst, 1996, 37 (3): 16-28.

[27] Swanson B F. Microporosity in reservoir rocks: its measurement and influence on electrical resistivity. Trans SPWLA 25th Annual Logging Symposium, paper H, 1985.

[28] Schlumberger. Log interpretation principles/applications. Houston, Schlumberger, 1989.

[29] Salazar J M, Torres-Verdin C, Sigal R. Assessment of permeability from well logs based on core calibration and simulation of mud-filtrate invasion. Petro-physics, 2005, 46 (6): 434-451.

[30] Ramakrishnan T S, Wilkinson D J. Water-cut and fractional-flow logs from array induction measurements. Paper54673 in: SPE Reservoir Eng Eval, 1999, 2 (1): 85-94.

[31] Nelson P H. Permeability-porosity relationships in sedimentary rocks. The Log Analyst, 1994, 35 (3): 38-62.

[32] Nicolaysen R, Svendsen T. Estimating the permeability for the Troll field using statistical methods querying a fieldwide database. Trans SPWLA 32nd Annual Logging Symposium, paper QQ, 1991.

[33] Carman P C. Flow of gases through porous media. New York: Academic Press, 1956.

[34] Wyllie M R J, Rose W. Some theoretical considerations related to the quan-titative evaluation of the physical characteristics of reservoir rock for electrical log data. Paper 950105

in: Petroleum Transactions AIME, 1950, 189: 105–118.

[35] Timur A. An investigation of permeability, porosity and residual water saturation relationships for sandstone reservoirs. The Log Analyst, 1968, 9 (4): 8–17.

[36] Schlumberger. Log interpretation charts. Houston: Schlumberger, 2005.

[37] Ahmed U, Crary S F, Coates G R. Permeability estimation: the various sources and their interrelationship. Presented at the 64th SPE Annual Technical Conference and Exhibition, paper SPE 19604, 1989.

[38] Sen P N, Straley C, Kenyon W E, et al. Surface-to-volume ratio, charge density, nuclear magnetic relaxation and permeability in clay-bearing sandstones. Geophysics, 1990, 55 (1): 61–69.

[39] Herron M M, Johnson D L, Schwartz L M. A robust permeability estimator for siliciclastics. Presented at the 73rd SPE Annual Technical Conference and Exhibition, SPE 49301, 1998.

[40] Katz A J, Thompson A H. Quantitative prediction of permeability in porous rock. Phys Rev B, 1986, 34 (11): 8179–8181.

习 题

23.1 表 23.3 列出了在含有油气层的井中的许多纯地层以及一些不同孔隙度的水层中观察到的 R_t 和 Δt 值。

23.1.1 使用图 23.1 方格纸上的 Hingle 绘图技术，确定用于分析可疑油气层的 R_w 值。

23.1.2 根据 Hingle 图，为了将 Δt 转换为孔隙度，骨架传播时间 Δt_{ma} 应该使用什么值？

23.1.3 哪个层的含油饱和度高于 50%？

23.1.4 16 号层的孔隙度是多少？

表 23.3 观测值示例

层	Δt	R_t	层	Δt	R_t
1	107	0.95			
2	87	1.9	11	75	5.8
3	107	4.1	12	89	5.9
4	76	5.0	13	92	1.9
5	102	6.1	14	71	12
6	96	12	15	97	1.9
7	97	0.88	16	95	6
8	96	1.2	17	82	10
9	65	23	18	102	1.8
10	85	3.2	19	89	15

23.2 利用前面分析中的孔隙度知识，使用 Pickett 绘图技术分析电阻率数据，以图形方式确定以下内容：

23.2.1 水电阻率；

23.2.2 胶结指数；

23.2.3 3、14、17 和 19 号层的地层含水饱和度。

23.3 在图 23.5 中，假设 x 轴上的刻度为 $0\sim10$ S/m，y 轴上的刻度为 $0\sim0.5$ S/m。

23.3.1 计算 F^*。

23.3.2 当 $C_w = 5$ S/m 时，计算 F，因为它将用于阿尔奇方程。注意 F 和 F^* 之间的区别。

23.4 计算图 2.18 中标记为 A、B、C、C'、D、D' 的地层的 R_{xo}/R_t 和 R_{wa}。R_w 是多少？哪些地层产轻质油？

23.5 根据总孔隙度和总含水饱和度（后者定义为总孔隙度中所有水的比例）写出油气体积的表达式。根据有效孔隙度和含水饱和度写出油气体积的表达式。证明两种情况下的油气体积相同。

23.6 根据如图 23.12 所示的流体体积确定 ×4 250 ft 和 ×4 500 ft 之间的平均 S_w。将其与使用阿尔奇方程计算的 S_w 进行比较，其中 $R_t = R_h$。

使用层状砂岩方程［方程（23.16）］计算 S_w，但假设只有常规的 R_h 测量值可用。请注意，在这种情况下，R_{silt} 是根据无砂岩层段（如 ×3 750 ft 处）的电阻率得到的。

23.7 使用图 23.9 和图 23.10 中的数据绘制各个层段的孔隙度和渗透率的关键值，并建立根据孔隙度得出渗透率的相关性。

使用 Timur 关系，根据不同层段的测井曲线估算渗透率，并与根据渗透率/孔隙度相关性得到的结果进行比较。

23.8 根据骨架密度和孔隙度推导 S_p 和 S_0 之间的关系。